磨工技能认证考试辅导教程

主　编　赵让乾
副主编　李　斌　王　静　马宗正
王晓燕　胡仁喜

机械工业出版社

本书根据《国家职业技能标准　磨工(2009年修订)》编写，为磨工职业技术资格培训和自学教程。本书共分19章，全面介绍了磨工职业道德、机械制图基本知识、金属工艺学基本知识、公差配合与技术测量知识、机械加工基础知识、磨削加工基础知识、数控加工基础知识、液压传动基础知识、钳工基础知识、电工基础知识、外圆磨削、内圆磨削、平面磨削、刀具刃磨及成形面磨削、螺纹磨削、齿轮磨削、导轨面磨削、珩磨、偏心零件磨削等内容。

本书可作为磨工的岗位技能培训与技能测试参考用书，也可供从事磨工技术方面教学、科研、使用与维修等工作人员参考。

图书在版编目(CIP)数据

磨工技能认证考试辅导教程／赵让乾主编. —北京：机械工业出版社，2014.2

ISBN 978-7-111-47677-1

Ⅰ.①磨…　Ⅱ.①赵…　Ⅲ.①磨削—技术培训—教材　Ⅳ.①TG58

中国版本图书馆CIP数据核字(2014)第187354号

机械工业出版社(北京市百万庄大街22号　邮政编码100037)

策划编辑：曲彩云　责任编辑：曲彩云

版式设计：常天培　责任校对：张玉琴

封面设计：路恩中　责任印制：乔　宇

北京铭成印刷有限公司印刷

2015年5月第1版第1次印刷

184mm×260mm · 26.25印张 · 649千字

0001—3000册

标准书号：ISBN 978-7-111-47677-1

定价：69.00元

凡购本书，如有缺页、倒页、脱页，由本社发行部调换

电话服务	网络服务
服务咨询热线：010-88361066	机工官网：www.cmpbook.com
读者购书热线：010-68326294	机工官博：weibo.com/cmp1952
010-88379203	金书网：www.golden-book.com
编辑热线：010-88379782	教育服务网：www.cmpedu.com

前　言

三百六十行，各行各业对从业人员都有自己特有的职业技能要求。从业人员必须熟练地掌握本行业、本岗位的职业技能，具备一定的包括职业技能在内的职业素养，才能胜任工作，为社会做出应有的贡献，实现自己的人生价值。

机械制造业是技术密集型行业，这个行业对职工职业素质的要求比较高。在科学技术迅速发展的今天，更是这样。机械行业职工队伍的一半以上都是技术工人，他们是企业的主体，是振兴和发展我国机械工业极其重要的技术力量。技术工人队伍的素质，直接关系行业、企业的生存和发展。在市场经济条件下，企业之间的竞争，归根结底是人才的竞争，优秀的技术工人是企业各类人才的重要组成部分。

机械行业历来高度重视技术工人的职业技能培训，重视工人技术培训教材的编写等基础建设工作，并在几十年的实践中积累了丰富的经验。本书根据《国家职业技能标准　磨工(2009年修订)》编写，为磨工职业技术资格培训和自学教程。

鉴于磨削加工多样化的特性，本书在内容讲述上注重规范化、通用化及典型性，贯彻学以致用的教学原则，既有操作步骤又有注意事项，使学员通过学习能掌握磨床的操作要领，并掌握简单零件的磨削工艺。

本书收集了近期国内外有关磨工技术发展和应用的先进资料，还参考了一些兄弟院校的教材和资料，同时结合了编者多年教学与科研的经验和成果，可供从事磨工技术方面教学、科研、使用与维修等工作人员参考。

本书由三维书屋工作室策划，河南工程学院的赵让乾为主编，河南工程学院的李斌、王静和马宗正，军事交通工程学院的王晓燕，胡仁喜为副主编。其中赵让乾编写了第1~第6章以及第11~第13章，王晓燕编写了第7~第8章，李斌编写了第9~第10章，王静编写了第14~第16章，马宗正编写了第17~第19章。董伟、周冰、张俊生、王兵学、王渊峰、李瑞、王玮、王敏、王义发、王玉秋、王培合、闫聪聪、张日晶、路纯红、康士廷、王艳池、卢园、万金环、杨雪静、甘勤涛、孟培等也参加了部分编写工作。由于我们水平有限，在编写过程中难免有错误和不妥之处，真诚希望广大读者登录网站 www.sjzsanweishuwu.com 或联系 win760520@126.com 批评指正。

编　者

目　录

第1章

职 业 道 德

职业道德，顾名思义就是从事一定职业的人，在工作和劳动过程中所应遵循的与其职业活动紧密联系的道德原则和规范的总和。它既是对本行业人员在执业活动中的行为要求，又是行业对社会所负的道德责任与义务。

本章将讲述磨工职业道德相关知识。

1.1 职业道德基础知识

由于人们的职业不同，便在特定的职业活动中形成了各自特殊的职业关系、特殊的职业利益、特殊的职业义务和特殊的职业活动范围与方式，从而也就形成了特殊的职业行为规范和道德要求。所以，社会有多少种职业，就有多少种职业道德。

1.1.1 职业道德的基本特征

1. 范围上的有限性和针对性

范围上的有限性是指职业道德不像社会公德，不是对社会全体成员的共同要求，它只适用于从事这一职业的人。对于没有职业的儿童、学生及其他没有工作的人，都是不适用的。针对性是指不同行业的职业道德要求是针对本行业的特点确定的，只能在本行业发挥作用，不同行业的职业道德一般不能互相通用。

2. 内容上的稳定性和连续性

内容的稳定性是指从事同一职业的人，由于长期的职业生活，往往会形成一些共同的、比较稳定的职业心理、职业习惯和职业品德。连续性是指职业道德的基本内容可以世代相传，形成职业传统。只要某种职业存在，与之相适应的职业道德就不可缺少。

3. 形式上的多样性和适用性

形式上的多样性是指职业道德的表达形式灵活多样，不拘一格。常见的形式有制度、章程、守则、公约、须知、誓词、条例等，甚至也可以采取更为简便的标语、口号、标牌、对联等形式。适用性是指由于职业道德采用了灵活多样的形式，既能适应各行业的职业特点，又易于从业人员开展职业活动时所掌握和实行，同时还有利于社会的检查和监督，实用性很强。

1.1.2 职业道德的作用

1. 调节职业交往中的矛盾

职业道德的基本职能是调节职能。职业工作者在职业活动中，都要直接或间接地与服务对象、其他行业和行业内部其他部门之间进行交往，在交往中势必存在着一些矛盾。这些矛盾有的要通过经济、法律手段去调整，还有许多要靠道德去调整，如教师要关心学生、操作工人要对用户负责、服务人员要尊重顾客等。如果教师、工人、服务人员达不到这些要求，势必在师生之间、企业与用户之间、顾客与服务员之间产生矛盾。这些矛盾都是由职业道德问题引起的，所以只能通过道德手段来解决。

2. 促进行业发展，维护行业信誉

职业道德水平的提高，可以直接促进各行业的发展，对推动社会主义物质文明建设起到巨大的作用。同时，一个行业、企业、厂家的信誉，要依靠本行业、本企业从业人员的职业道德来维护。从业人员的职业道德水平越高，这一行业或企业就越能满足社会的需要，因而就越能获得社会的信任。反之，则会信誉扫地。

3. 融洽人际关系，提高全社会道德水准

社会是各行各业有机结合的统一体。在社会主义社会中，大家都是国家、社会的主人，都是为国家的繁荣昌盛、人民的幸福生活而劳动。劳动既是为自己，又是为社会，为他人。因此，每个人都树立全新的职业道德，整个社会就会朝着相互关心、相互爱护、万众一心的祥和团结的局面发展。如果各行各业都有良好的职业道德，就会形成良好的社会风尚，我们的社会就必然会呈现一派和谐融洽的气氛。反之，社会的歪风邪气就会泛滥。

1.1.3 职业道德的基本规范

职业道德是不能离开社会道德而独立存在的。职业道德与社会道德的关系是特殊与一般、个性与共性的关系。

社会主义职业道德是在社会主义道德原则的指导下发展起来的，它继承了历史上优秀的职业道德传统，是人类历史上最进步的职业道德。在社会主义社会，各行各业的职业道德内容虽有不同，但都有一些共同的、基本的规范。

1. 爱岗敬业

爱岗与敬业是相互联系的，不爱岗就很难做到敬业，不敬业也很难做到真正爱岗。提倡爱岗敬业，就是提倡“干一行，爱一行”的精神，实质就是提倡为人民服务的精神，提倡爱集体、爱社会主义、爱国家的精神。如果每个人能够做到爱岗敬业、尽职尽责，每个岗位上的事都做得更好、更出色，社会主义事业就会欣欣向荣。只要用真情去做本职工作，敬业精神就会发扬光大，就会得到社会的尊重和赞扬。相反，那种对工作不负责任的人，是得不到社会尊重的。

2. 诚实守信

对于企业、公司来说，诚实守信的基本作用就是树立自己的信誉，树立值得他人信赖的道德形象。改革开放以来，特别是实现社会主义市场经济以来，社会生活发生了前所未有的变化，这些变化使得交往双方都把对方的信誉看得很高。谁的信誉高，谁在竞争中就能占据优势地位，信誉被视为企业的生命所在，对于从业者个人来讲也具有同样道理。因此，诚实守信作为职业道德规范是与职业良心联系在一起的，做人要讲良心，职业道德中有职业良心。要做到诚实守信，从职业道德角度讲，很重要的就是要靠职业良心来监督。

3. 办事公道

办事能否公道，主要与品德相关。在今天，坚持原则、不徇私情、不谋私利、不计较个人得失、不惧怕权势，就是为了维护国家、人民的利益，为了维护社会主义事业的利益。办事公道作为职业道德，从利益关系的角度来说，就是以国家、人民利益为最高原则，以社会主义事业的利益为最高原则。

4. 服务群众，奉献社会

在社会主义社会，每个人都有权利享受他人的职业服务，每个人也承担着为他人作出置业服务的职责。这就指出了职业与人民群众的关系，指出了每个人心里都应当装着人民群众，应当真心对待群众、尊重群众、方便群众，就是全心全意为人民服务，为社会做贡献。有这种精神境界的人，从事工作的目的不仅是为个人、为家庭，更是为了有益于他人，有益于社会公众，有益于民族与国家。

1.1.4 机械制造行业职业道德要求

机械制造行业是我国国民经济的支柱产业之一，它直接涉及国计民生的许多方面，不仅关系国民经济的宏观发展，而且与人民群众的日常生活息息相关。行业作为一个基础产业，对其他产业的进步发展影响很大。因此，机械制造的行业的职业道德就显得尤为重要。下面结合当前劳动者现状，来说明本行业职业道德要求。

1. 质量第一，用户至上

机械制造业不但为社会提供生活产品，而且还提供生产设备，是所有工业的基础行业，因此就必须保证其产品合格优质，否则会影响整个工业生产。同时，产品质量是进入市场的通行证，企业只有占有质量优势，才能使自己的产品转化为商品，使自己的服务成为有效的投入，从而在市场上赢得竞争，否则其劳动就打了折扣，就浪费了财力、物力和人力，就是对用户的不负责任，所以保证产品质量便成为机械制造行业职业道德的基本要求。

2. 钻研技术，树立高度社会责任感

钻研技术、精通业务不只是对劳动者自身的要求，也是社会发展的必然要求。现代科学技术成果在生产上的大量应用，先进设备和现代化管理思想、管理方法的广泛应用，都要求劳动者努力学习，不断提高业务水平。因此，必须认真钻研技术，树立高度的社会责任感，力争高速度、高质量、高效率地完成各项工作任务，把掌握专业技术看成是向社会负责的一个具体表现。

3. 遵守劳动纪律，听从生产指挥

劳动纪律是为了生产过程的顺利进行而制订的。它对保证正常生产秩序，提高劳动生产率有着不可忽视的作用。现代化大生产具有高度的集中性和统一性，严格遵守规定的劳动纪律，服从统一的生产指挥和调度，是协调整个生产的必要条件。每一个劳动者都应努力培养高度的组织性和纪律性，在工作时间内，把全部精力用于生产劳动中去。

遵守劳动纪律，听从生产指挥，必须一丝不苟，不折不扣，不能有侥幸心理。凡是有责任感的人，都会把遵守劳动纪律看成是自己的道德义务，不论有没有外部监督，都会自觉这样做。任意违反操作规程、不重视安全生产的行为，轻则出次品、废品，影响下一道工序的生产和产品的最终质量，重则给国家财产和人民生命安全造成严重损失。这类教训很多，我们应当引以为戒。

4. 尊重同行，团结协作

尊重同行、团结协作是社会主义职业道德调整职业内容关系的基本要求。社会主义建设是伟大而艰巨的事业，没有亿万人民的共同奋斗就会一事无成。即使要做好一个部门、一个企业、一个班组的工作，也要靠集体的力量，单凭个人或少数人的奋斗是不行的。尊重同行、团结协作就是要做到：同行业之间要相互学习，互相尊重；行业内部要尊师爱徒，团结互助；在各行业之间要互相尊重，团结协作。要坚决反对互相拆台、同行是冤家等不道德的行为。

1.1.5 职业道德的意义

懂得并遵守职业道德，不仅对提高自身道德素质有很重要的意义，对社会主义物质文明和精神文明建设也都有很重要的意义。

1. 职业道德是建设社会主义物质文明的需要

就企业而言，要想真正搞活企业，提高经济效益，除了充分发挥各层管理人员的核心作用外，最重要的是依靠广大职工，发挥他们在企业中的主力军作用，加强对工人的职业道德教育。只要广大职工真正提高了职业道德觉悟，把遵守职业道德变成自己的自觉行动，就会产生巨大的凝聚力和推动力，从而满腔热情地投入到企业的活动中去，创造出更多更好的产品。同时职业道德还可以保证企业发展的方向，使企业沿着健康的道路前进。

就职工而言，职业道德也具有十分重要的意义。职业工作是一个人一生的主要生活内容，如何对待自己从事的职业，是一个人的生活态度、人生价值观念、道德观念的具体体现。从事一定的职业是人们谋求生活的手段，只有树立良好的职业道德，遵守职业道德规范，不断钻研业务，才能获得谋生的机会和岗位。在当今市场经济条件下，高素质的劳动力流向高效益的企业已成为社会发展的必然趋势，劳动力市场供大于求、优胜劣汰显得尤为重要。所以作为一名企业工人，只有树立良好的职业道德，提高职业技能，才能在人才市场的竞争中取得立足之地，发挥自己的能力。

2. 职业道德是建设社会主义精神文明的需要

首先，社会主义职业道德建设是社会主义精神文明建设的一个重要突破口。社会主义精神文明建设的核心内容是思想道德建设，职业道德建设作为社会道德建设的重要组成部分，所涉及的范围十分广泛。在现实生活中，几乎每一个成年人，都以不同的职业在社会中生活。在各种职业岗位上，人人都尽职尽责，更好地为他人、为社会服务，满足社会需要，就会使整个社会形成团结互助、平等友爱、共同前进的人际关系，社会风气就会更好，社会主义精神文明的整体水平就会进一步提高。

1.1.6 职业道德的自我培训

职业培训在现代化社会有了全新的内涵，它不再只是职业知识和技能的培训，还需要有法制观念、职业道德的意识、职业活动习惯等多层次、全方位的训练。职业道德培训所要达到的目标有以下两个方面。

1. 坚定职业理想

职业理想是人们对职业劳动和职业生活寄予的向往。人民所持的与职业劳动和职业生活有关的向往包括三点：维持生活、发展个性和承担义务。每个劳动者应具有的职业理想：不能把自己仅仅视为劳动工具，而要把承担社会义务放在首位，努力做好本职工作，全心全意为人民服务，为集体利益和社会整体利益出谋划策，要“干一行，爱一行，专一行”，努力钻研业务，掌握本职工作所要求的全部技术，成为生产的能手和骨干。

2. 端正职业劳动态度

正确的职业劳动态度，一是指具有遵纪守法的观念；二是尊重他人的劳动，珍惜劳动成果；三是培养诚实劳动、勤奋工作的习惯。

人们要做好本职工作，不但要树立职业理想，端正劳动态度，还必须培养职业良心。职业良心与职业技能一样，是每个合格的职业劳动者必备的基本素质。更重要的是，职业劳动者一旦形成了自己的职业良心，他就会时时处处严于律己，主动用职业道德标准检查自己、督促自己、提高自己，使自己成为自觉的工作者。

1.2 磨工职业守则

作为一名磨工，应该遵守下面的守则：

1）遵守法律、法规和有关规定。

2）爱岗敬业，具有高度的责任心。

3）严格执行工作程序、工作规范、工艺文件和安全操作规程。

4）工作认真负责，团结合作。

5）爱护机床设备及工具、夹具、刀具、量具。

6）着装整洁，符合规定。

7）保持工作环境的清洁有序，文明生产。

第 2 章

机械制图基本知识

技术图样又叫工程图，是工程技术人员表达设计思想，进行技术交流的工具，同时也是指导生产的重要文件。掌握制图的基本知识是培养画图与看图能力的基础。在不同的工业部门，有各自不同的工程图样，机械制造业中使用的工程图样称为机械图样。机械图样表达了机械零件的形状结构特征或机器设备的装配结构。通过标注尺寸、几何公差、表面粗糙度、表面其他质量要求等，图样也传达了加工精度和质量等加工要求信息，所以图样是工业生产中最重要的技术文件，是工程界的技术语言。对机械工人来说，能够正确地读出图样的内容是非常重要的。

2.1 机械制图和技术制图国家标准的基本规定

图样作为工程界的技术语言，必须具有一套大家共同遵守的规则。我国颁布实施的有关制图的国家标准，是各有关行业必须共同遵守的基本规定，是绘图和读图的基本准则，人人都要遵守。

2.1.1 图纸幅面和格式

1. 幅面(GB/T 14689—2008)

为了便于使用和管理，图样应该绘制在一定幅面和格式的图纸上。图纸的幅面分基本幅面和加长幅面两种。绘图时应优先采用基本幅面。基本幅面的图纸分 A0~A4 五种，A0 幅面面积为 1m^2，长短边之比为$\sqrt{2}$。A1 幅面为 A0 幅面的一半(以长边对折裁开)，A2~A4 以此类推，如图 2-1 中粗实线所示。加长幅面的幅面大小按基本幅面的短边成整数倍增加，图 2-1 中的细实线为第二选用加长幅面，如 A3×3；图 2-1 中的细虚线为第三选用加长幅面，如 A3×6。

表 2-1 基本幅面及图框尺寸 (单位:mm)

幅面代号		A0	A1	A2	A3	A4
尺寸 $B\times L$		841×1189	594×841	420×594	297×420	210×297
边框	a	25				
	c	10			5	
	e	20		10		

2. 图框格式(GB/T 14689—2008)

在图纸上必须用粗实线画出图框，图样画在图框内，图框的格式分为不留装订边和留有装订边两种，如图 2-2 所示。基本幅面和图框尺寸见表 2-1。

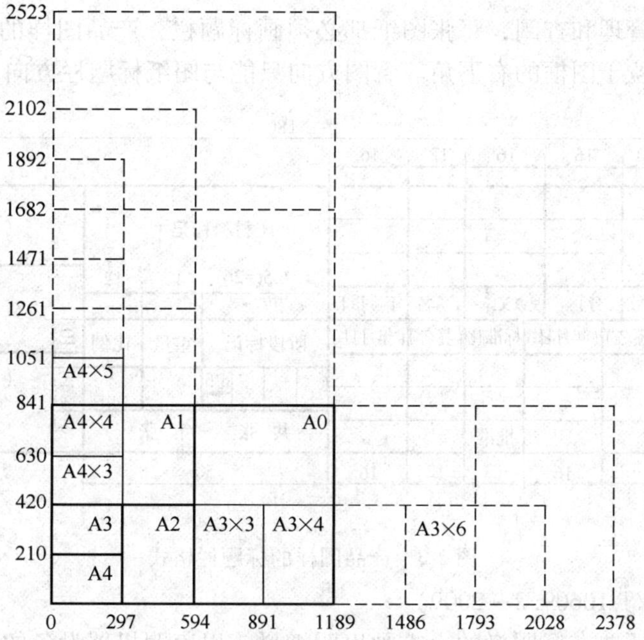

图 2-1　图纸幅面格式

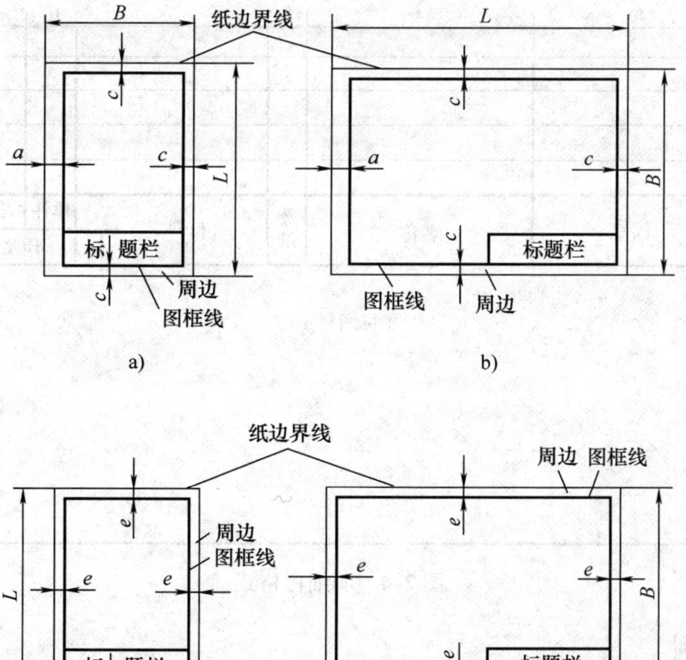

图 2-2　图框格式

a）有装订边图纸（Y 型）的图框格式　b）有装订边图纸（X 型）的图框格式

c）无装订边图纸（Y 型）的图框格式　d）无装订边图纸（X 型）的图框格式

3. 标题栏(GB/T 10609. 1—2008)

为了图样便于管理和查阅，每张图纸都必须画标题栏，产品图样的标题栏格式如图 2-3 所示。标题栏通常位于图框的右下角。看图方向只能与图纸标题栏方向一致。

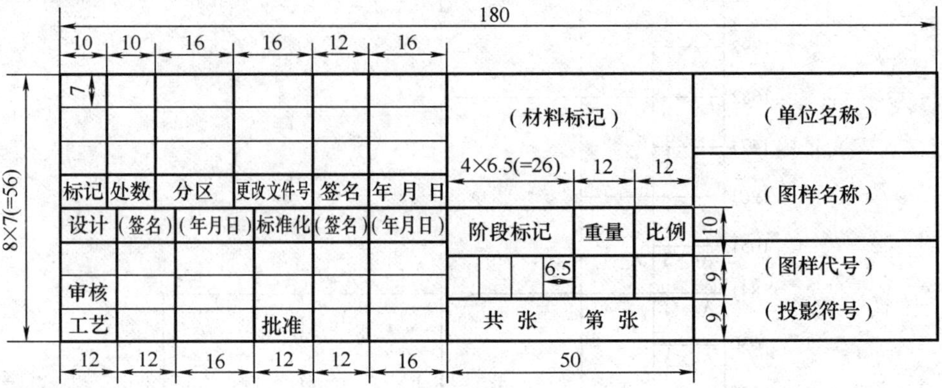

图 2-3　产品图样的标题栏格式

4. 明细栏(GB/T 10609. 2—2009)

在装配图上，还要在标题栏的上方画出明细栏，以表明机器设备的零件组成等。明细栏格式如图 2-4 所示。

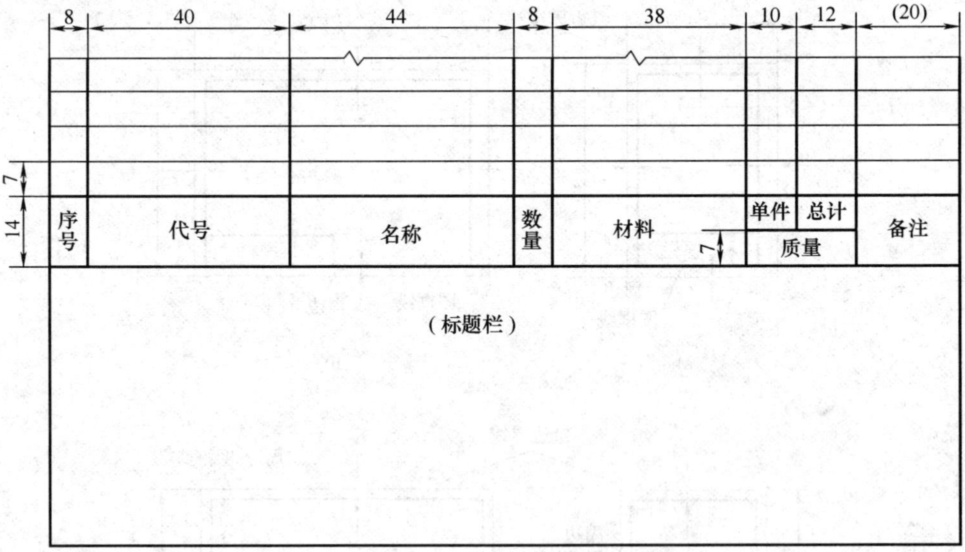

图 2-4　明细栏格式

2.1.2　比例

比例是指图样中的图形与其实物相应要素的线性尺寸之比，即图形尺寸与实物尺寸之比。比例分原值比例、缩小比例和放大比例三种，其比例分别为等于 1、小于 1 和大于 1。

绘图时，所有的比例应符合表 2-2 中的规定。应优先选用第一系列比例，尽量采用 1∶1 的原值比例，必要时允许选用第二系列比例。

同一机件的各个视图应采用相同的比例，并应将其所选比例填写在图纸的标题栏内，必要时，也可在视图名称的下方或右侧标注比例。

表 2-2　比例(GB/T 14690—1993)

种类	比例							
	第一系列			第二系列				
原值比例	1 : 1							
缩小比例	1 : 2 1 : 2×10^n	1 : 5 1 : 5×10^n	1 : 10 1 : 1×10^n	1 : 1.5 1 : 1.5×10^n	1 : 2.5 1 : 2.5×10^n	1 : 3 1 : 3×10^n	1 : 4 1 : 4×10^n	1 : 6 1 : 6×10^n
放大比例	2 : 1 2×10^n : 1	5 : 1 5×10^n : 1	10 : 1 1×10^n : 1	2.5 : 1 2.5×10^n : 1	4 : 1 4×10^n : 1			

注：n 为正整数。

2.1.3　图线

为了与国际标准接轨，我国在 1998 年颁布了 GB/T 17450—1998 “技术制图 图线”，它规定了图线的基本线型，2003 年又实施了 GB/T 4457.4—2002 “机械制图 图样画法 图线”，制图时应遵循这些国家标准中的有关画法。

1. 图线尺寸

所有图线的宽度应按照图样的复杂程度和大小来确定，在 0.18mm、0.25mm、0.35mm、0.5mm、0.7mm、1.0mm、1.4mm、2.0mm 中选择。绘图中的粗实线宽度 b 在 0.5～2.0mm 间选择，一般取 0.7mm，细实线的宽度为 $b/2$。

2. 图线的形式及应用

绘制机件图形常用的图线见表 2-3。常用图线应用实例如图 2-5 所示。

表 2-3　机械制图常用图线形式及应用

图线名称	图线形式	图线宽度	主要用途
粗实线	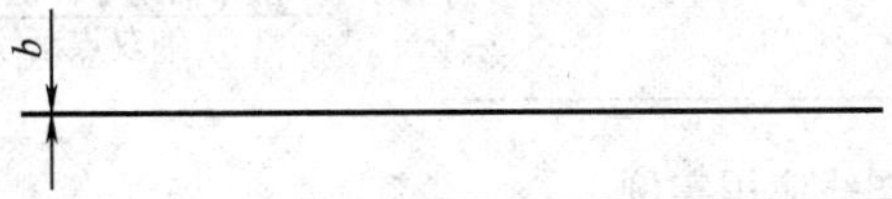	b	可见轮廓线等
细实线		$b/2$	尺寸线、尺寸界线、剖面线、可见过渡线、指引线及重合断面的轮廓线等
波浪线		$b/2$	断裂处的边界线、局部剖视图中剖与未剖部分的分界线等
双折线	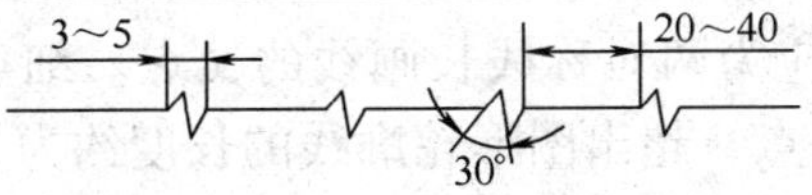	$b/2$	断裂处的边界线等
细虚线		约 $b/2$	不可见轮廓线等
细点画线	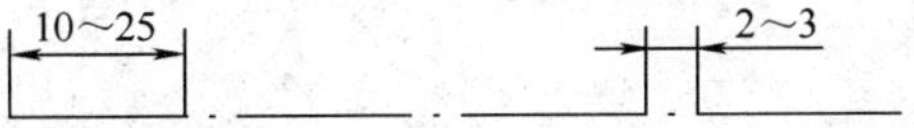	$b/2$	轴线、对称中心线等

（续）

图线名称	图线形式	图线宽度	主要用途
细双点画线	10～20　3～4	$b/2$	极限位置的轮廓线、相邻辅助零件的轮廓线等
粗点画线	10～25　2～3	b	有特殊要求的范围表示线
粗虚线	— — — — — — — — — — —	b	允许表面处理的表示线

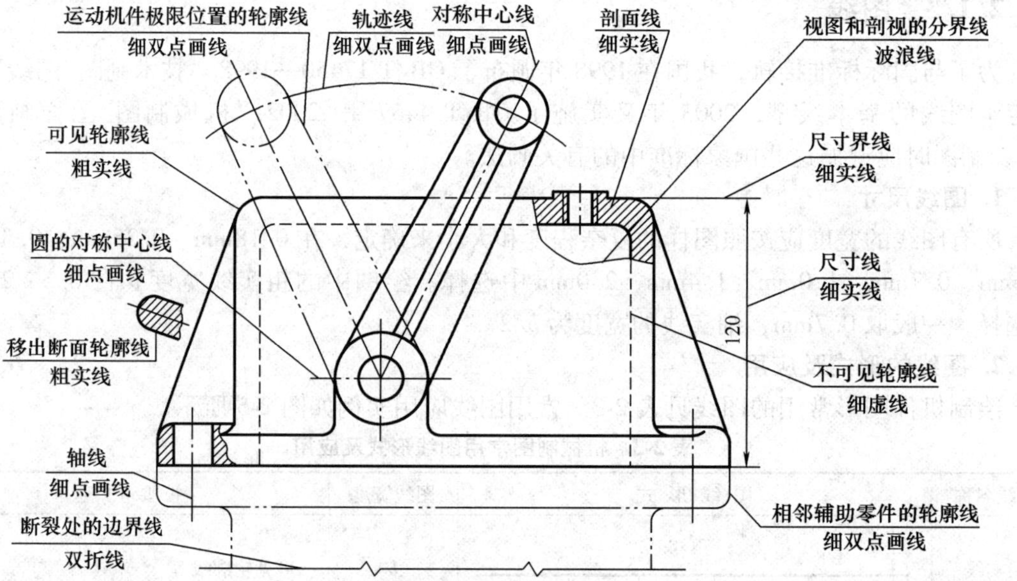

图 2-5　图线应用实例

画图线的基本原则：

1）一张图纸中同类的图线宽度应保持一致。虚线、点画线及双点画线的线段长和间隔应大致相同。

2）两平行线（含剖面线）之间的距离应不小于粗实线的两倍宽度，其最小距离不得小于 0.7mm。

3）绘制图样的对称中心线时，对称中心应为两对称线长画线的交点。细点画线、粗点画线和细双点画线的首末两端应是线段而不是点，超出图形轮廓线的长度约为 3~5mm。

4）在绘制较小的图形时，如绘制细点画线或细双点画线有困难，则可用细实线来代替。

5）当图线相交时，应在线段处相交。当细虚线位于粗实线的延长线时，在细虚线与粗实线连接处应留有空隙，如图 2-6 所示。

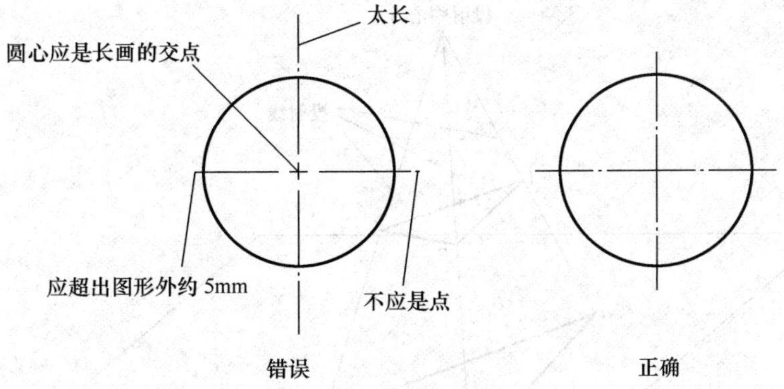

图 2-6　中心线的画法

2.2　正投影的基础知识

实际工程中的各种技术图样，都是按一定的投影方法绘制的，机械工程图样通常用正投影法绘制。

2.2.1　投影法基础知识

1. 投影法

用灯光或日光照射物体，在地面或墙面上便会产生物体的影子。人们从这一现象中得到启示并经过科学的抽象，概括出用物体在平面的投影表示其形状的方法，如图 2-7 所示，

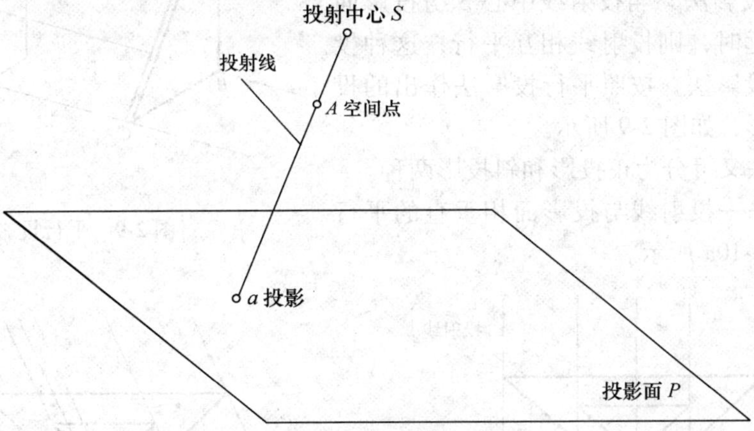

图 2-7　投影法

S 为投射中心，*A* 为空间点，平面 *P* 为投影面，*S* 与点 *A* 的连线 *SA* 为投射线，*SA* 的延长线与平面 *P* 的交点 *a* 为 *A* 在平面 *P* 上的投影，这种产生图像的方法叫做投影法。

2. 常用投影法

常用的投影方法分为中心投影法和平行投影法两大类。

（1）中心投影法　当投射中心 *S* 与投影面距离为有限距离时，投射线均由投射中心 *S* 出发，这种投影法称为中心投影法。图 2-8 所示为三角板 *ABC* 用中心投影法在投影面上得到投影△*abc* 的例子。

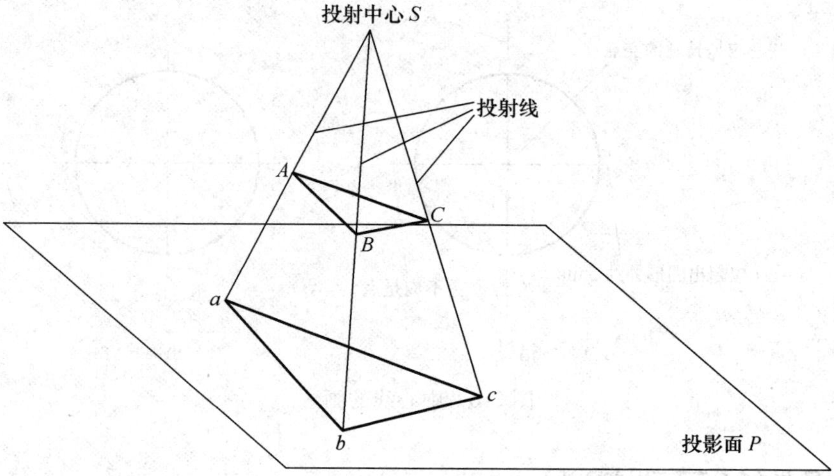

图 2-8　中心投影法

中心投影法与人眼看东西得到的映像相似，所以它具有较强的直观性和立体感，厂房、建筑物常用这种投影法绘制图样。但用这种投影法绘制图样的缺点是不能反映物体表面的真实形状和大小。如改变图 2-8 中三角板与投射中心 S 和投影面 P 的相对位置和距离，则所得到的图形的大小和形状便会改变。

（2）平行投影法　当投射线中心 S 与投影面的距离为无穷远时，则投射线相互平行，这种投影法称为平行投影法。按照平行投影法作出的投影称为平行投影，如图 2-9 所示。

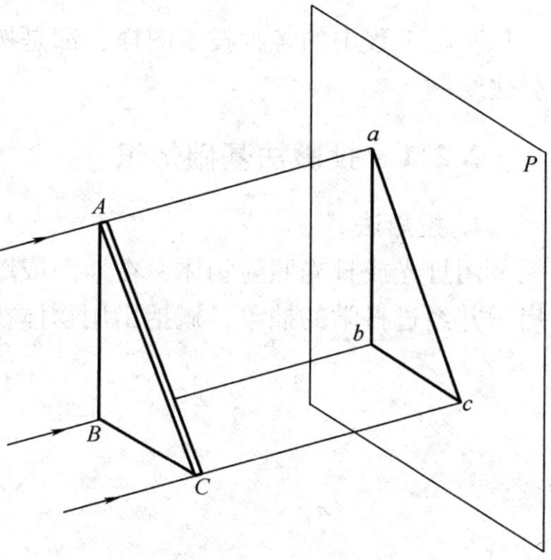

图 2-9　平行投影法

平行投影法又可分为正投影和斜投影两种。

正投影法——投射线与投影面相垂直的平行投影法，如图 2-10a 所示。

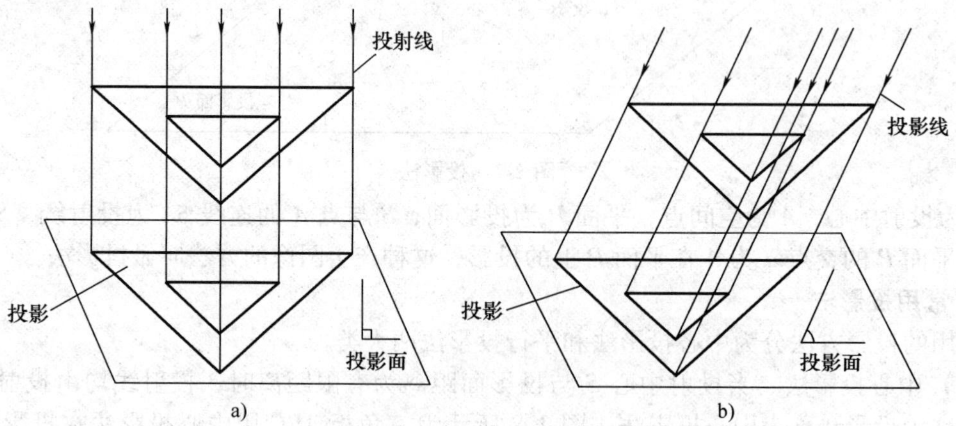

图 2-10　平行投影法的种类

a）正投影法　b）斜投影法

斜投影法——投射线与投影面相倾斜的平行投影法，如图 2-10b 所示。

2.2.2　三视图及其对应关系

1. 三视图的形成和投影规律

在绘制机械图样时，在三面投影体系中，将机件向投影面垂直投射所得的图形称为视图。如图 2-11 所示，机件由前向后投射所得的图形(即正面投影)称为主视图，它通常反映机件形状的主要特征；机件由上向下投射所得的图形(即水平投影)称为俯视图；机件由左向右投射所得的图形(即侧面投影)称为左视图。

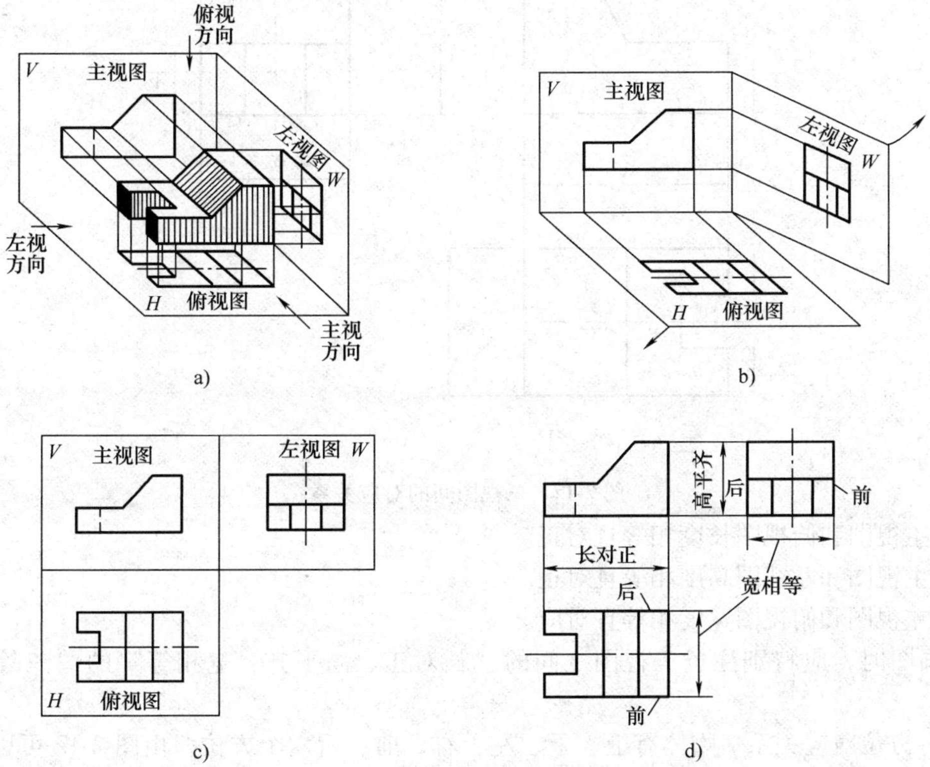

图 2-11　三视图的形成和投影规律

a) 三视图的形成过程　b) 三投影面的展开方法　c) 展开后的三视图　d) 三视图之间的投影规律

在视图中，规定物体表面的可见轮廓线的投影用粗实线表示，不可见轮廓线的投影用细虚线表示。

正立放置的投影面称为正立投影面，简称正面，用 V 表示；水平放置的投影面称为水平投影面，用 H 表示；侧立放置的投影面称为侧立投影面，用 W 表示。

为了使三个视图能画在一张图纸上，规定正立投影面保持不动，水平投影面向下旋转 90°，侧立投影面向右旋转 90°，如图 2-11b 所示。这样，就得到在同一平面上的三面视图，通常称为三视图，如图 2-11c 所示。为了便于画图和看图，在三视图中不画投影面的边框线，视图之间的距离可根据具体情况确定，视图的名称也不必标出，如图 2-11d 所示。

2. 三视图之间的对应关系

(1) 度量对应关系　物体有长、宽、高三个方向的尺寸，在 *X* 轴方向取长度尺寸，在 *Y* 轴方向取宽度尺寸，在 *Z* 轴方向取高度尺寸。

三视图间的对应关系如图 2-12 所示。由图 2-12 可以看出，主视图反映物体的长度和高度，俯视图反映物体的长度和宽度，左视图反映物体的高度和宽度，所以三个视图间的度量对应关系如下：

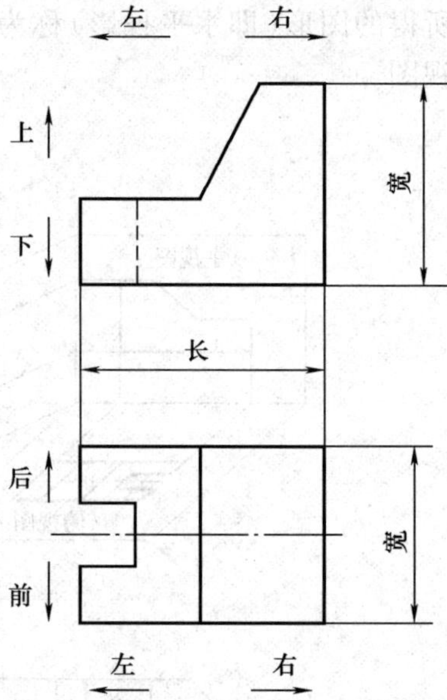

图 2-12　三视图间的对应关系

1) 主视图和俯视图长度相等且对正。

2) 主视图和左视图高度相等且对正。

3) 左视图和俯视图宽度相等且对应。

在画图时，应特别注意三视图之间的“长对正、高平齐、宽相等”的“三等”对应关系。

(2) 方位对应关系　物体有上、下、左、右、前、后六个方位，由图 2-12 可以看出如下内容：

1) 主视图反映物体的上、下和左、右方位。

2) 俯视图反映物体的前、后和左、右方位。

3) 左视图反映物体的上、下和前、后方位。

若以主视图为中心来看俯视图和左视图，则靠近主视图的一侧表示物体的后面，远离主视图的一侧表示物体的前面。

2.3　机件的表达方法

在生产实践中，对简单机件，用两个视图或三个视图并配合尺寸标注就可以表达清楚了。但有些结构和形状复杂的机件，用三个视图也难于表达清楚。为此“技术制图”国家标准(GB/T 17451—1998、GB/T 17452—1998)和“机械制图”国家标准(GB/T4458.1—2002

和 GB/T 4458. 6—2002）等规定了绘制机械图样的方法。标准规定对复杂机件可以采用视图（包括基本视图、局部视图、斜视图、旋转视图）、剖视图（全剖视图、半剖视图、局部剖视图）、断面图、局部放大图等来表示。

2.3.1　视图

用正投影法绘制出的机件图形称为视图。视图主要用来表达机件的外部结构和形状，一般用粗实线画出机件的可见部分，不可见的部分必要时可用细虚线表示。视图分为基本视图、向视图、局部视图和斜视图四种。

1. 基本视图

物体向基本投影面投射所得的视图称为基本视图。

机械制图国家相关标准中规定，采用正六面体的六个面为基本投影面。如图 2-13 所示，将机件放在正六面体中，由前、后、左、右、上、下六个方向分别向六个基本投影面投射，得到六个基本视图：主视图、后视图、左视图、右视图、俯视图、仰视图。这六个基本视图再按图 2-14 规定的方法展开，即正投影面保持不动，其余各面按箭头所指方向旋转展开，与正投影面展成在一个平面上，即得到六个基本视图，如图 2-15 所示。

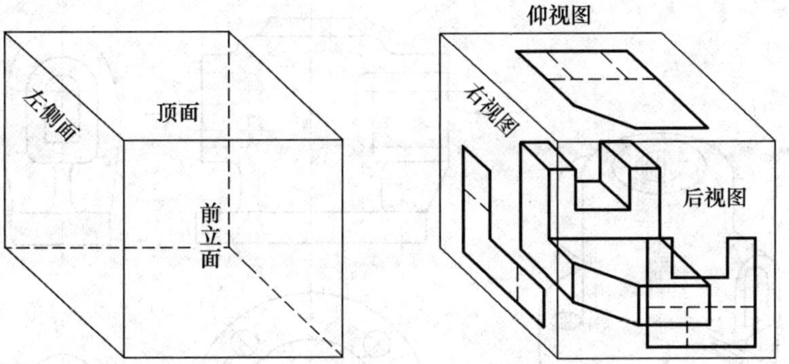

图 2-13　六个基本投影面及右、后、仰视图的形成

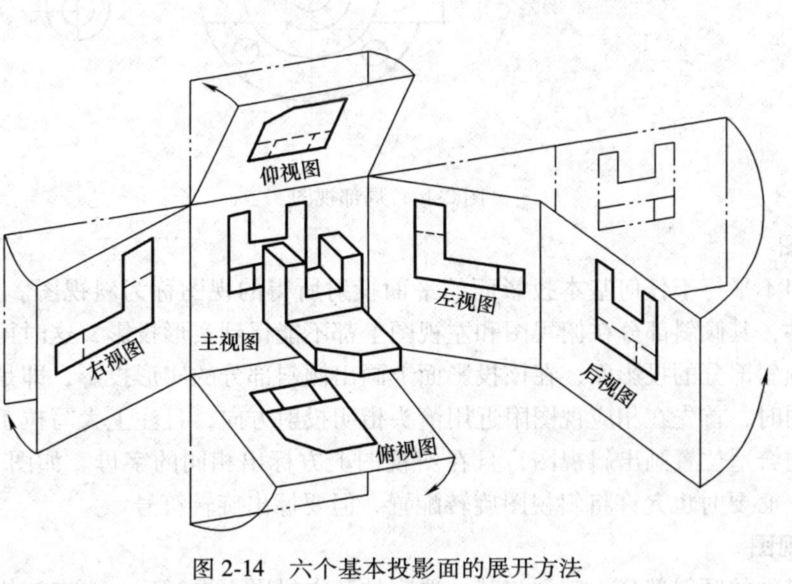

图 2-14　六个基本投影面的展开方法

当然，这六个基本视图中，表达机件时一般不会全部绘制，最常用的是主、俯、左三个视图，实际应用中，到底使用哪几个视图要根据机件的形状特征来确定。

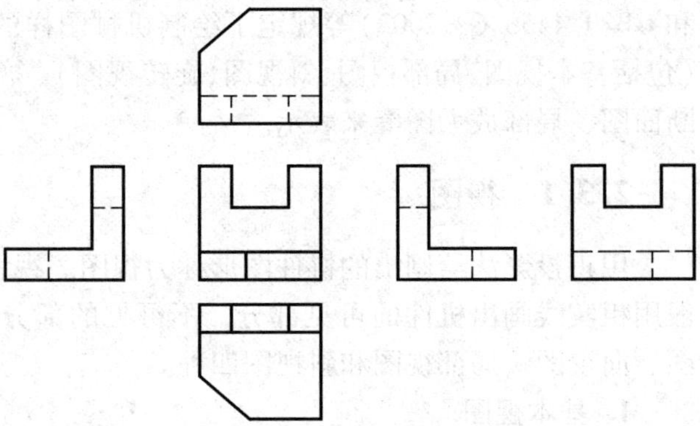

图 2-15 六个基本视图的位置

2. 局部视图

将机件的某一部分向基本投影面投射而得到的视图称为局部视图。局部视图是不完整的基本视图，用于表达机件的局部形状。利用局部视图可以减少基本视图的数量，补充基本视图尚未表达清楚的部分。

如图 2-16 所示的机件，主、俯两基本视图，已将其基本部分的形状表达清楚，唯有两侧凸台和左侧肋板的厚度尚未表达清楚，因此采用 *A* 向、*B* 向两个局部视图加以补充表达。这样就省去了左、右两个基本视图，而且简化了表达方式、节省了画图工作量。

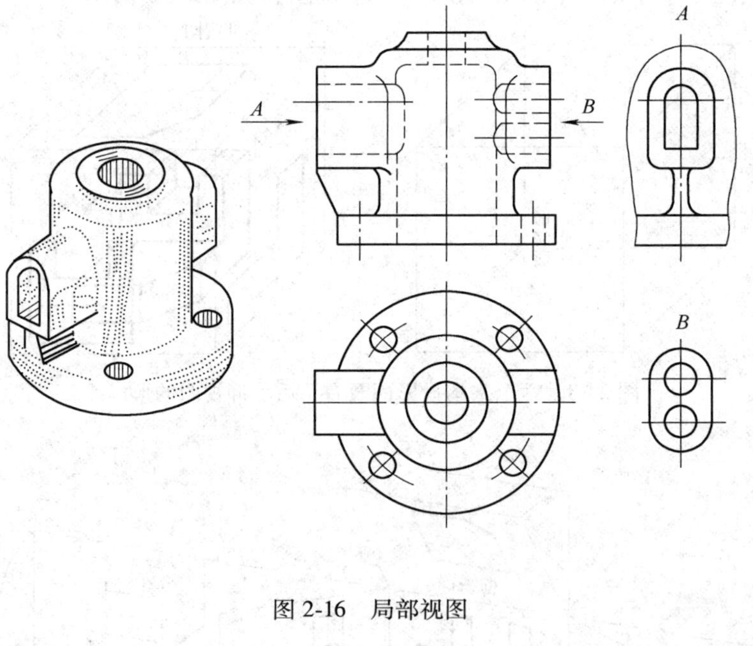

图 2-16 局部视图

3. 斜视图

将机件向不平行于任何基本投影面的平面投射所得的视图称为斜视图。如图 2-17 所示的弯板形机件，其倾斜部分在俯视图和左视图上都不能得到实形投影，这时可以另加一个平行于该机件倾斜部分的投影面，在该投影面上画出倾斜部分的实形投影，即是斜视图。

画斜视图时，首先在相应视图附近用箭头指明投射方向，且注上大写拉丁字母，然后在箭头指示方向合适位置画出斜视图，且在斜视图上方标出相同的字母。如图 2-17 中的 *A* 方向和 *A* 视图。必要时也允许将斜视图旋转配置，但要标出旋转符号。

4. 旋转视图

假想将机件的倾斜部分旋转到与某一选定的基本投影面平行后，再向该投影面投射所得

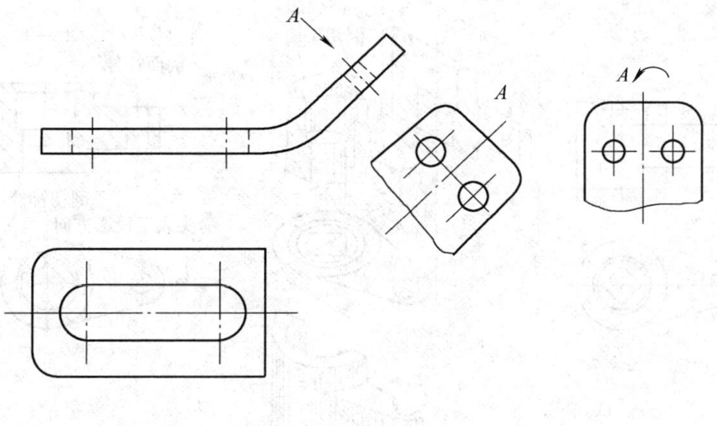

图 2-17　斜视图

到的视图，称为旋转视图。

如图 2-18 所示，连杆的右端对水平面倾斜，为将该部分结构形状表达清楚，即可假想将该部分绕机件回转轴线旋转到与水平面平行的位置，再投射而得的俯视图即是旋转视图。

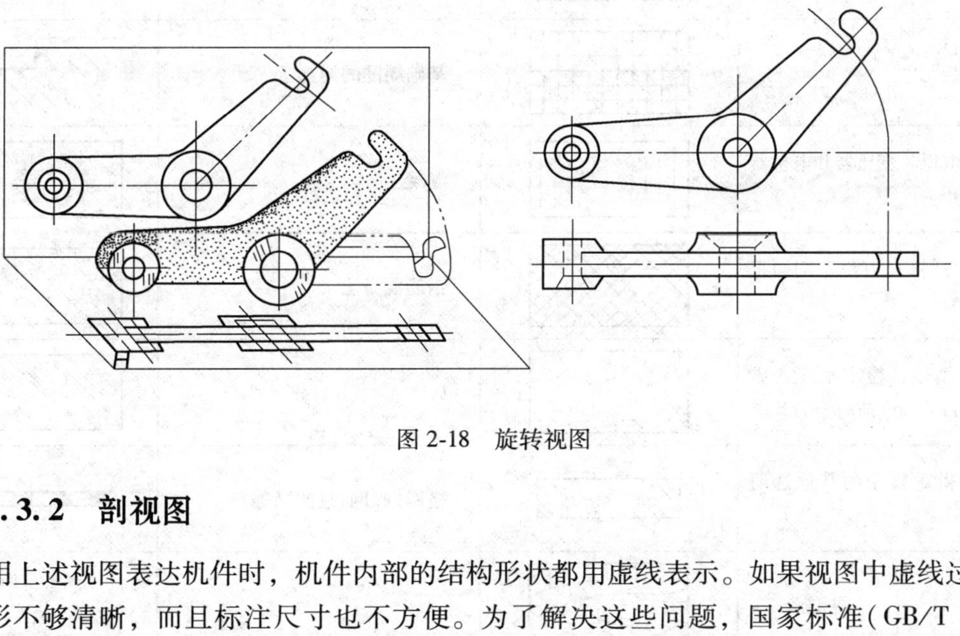

图 2-18　旋转视图

2.3.2　剖视图

用上述视图表达机件时，机件内部的结构形状都用虚线表示。如果视图中虚线过多，会使图形不够清晰，而且标注尺寸也不方便。为了解决这些问题，国家标准（GB/T 17452—1998 和 GB/T 4458.6—2002）规定了剖视图的基本画法。

假想用剖切面剖开机件，将处在观察者和剖切面之间的部分移去，而将其余部分向投影面投射所得到的图形称为剖视图。

如图 2-19 所示，在机件的视图中，主视图用虚线表达其内部形状，不够清晰。假想沿机件前后对称面将其剖开，去掉前部，将后部向正投影面投射，就得到一个剖视的主视图。

在剖视图中，凡被剖切的部分均应画上剖面符号。国家标准 GB/T 17453—2005 和 GB/T 4457.5—1984 中规定了各种材料的剖面符号，见表 2-4。

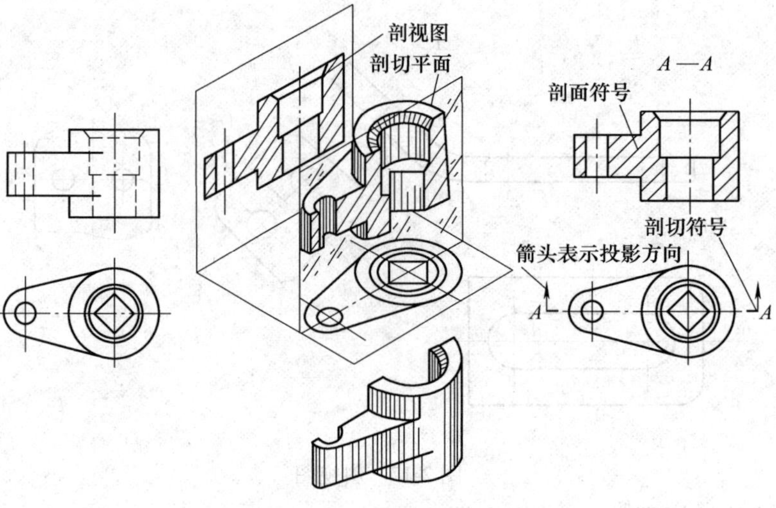

图 2-19　剖视图

表 2-4　各种材料的剖面符号

金属材料(已有规定剖面符号者除外)	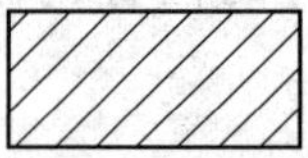	木质胶合板	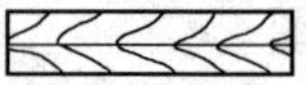
线圈绕组元件	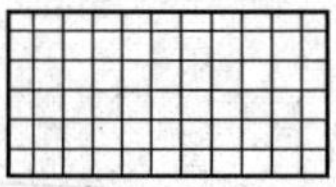	基础周围的泥土	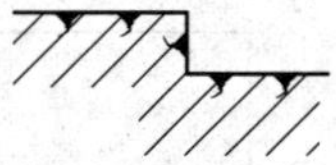
转子、电枢、变压器和电抗器等的叠钢片	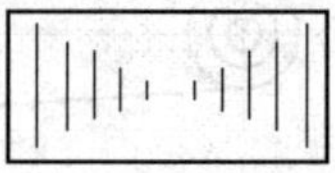	混凝土	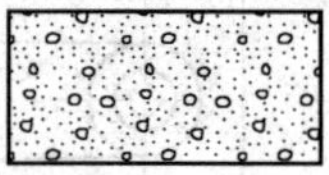
非金属材料(已有规定剖面符号者除外)	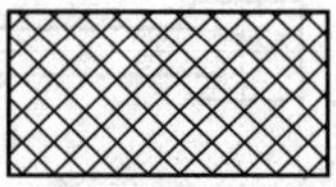	钢筋混凝土	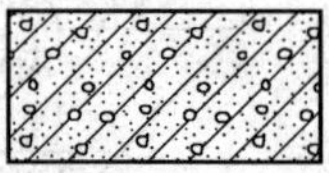
型砂、填砂、粉末冶金、砂轮、陶瓷刀片、硬质合金刀片等	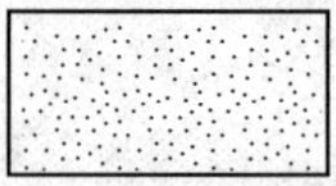	砖	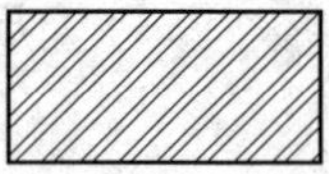
玻璃及供观察用的其他透明材料	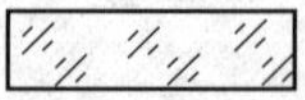	格网(筛网、过滤网等)	
木材　纵剖面		液体	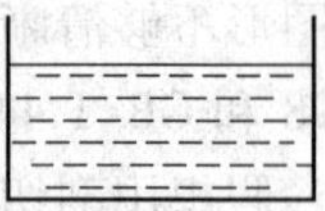
木材　横剖面	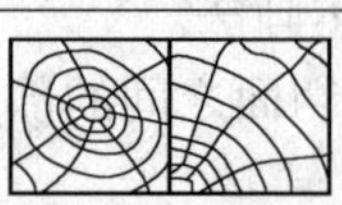		

剖视图的标注，一般应在剖视图上方用字母标出剖视图的名称“×—×”，在相应视图上用剖切符号(粗短实线)表示剖切位置，用箭头表示投射方向并注上相同的字母，如图 2-20 所示。

由于不同结构形状的机件剖视图具体画法各有不同，所以其相应标注形式也各有区别。剖视图按剖切范围大小，可分为全剖视图、半剖视图和局部剖视图。

1. 全剖视图

用剖切面(一般为平面,也可以是柱面)完全地剖开机件所得的剖视图，称为全剖视图。如图 2-20 所示的俯视图为全剖视图。全剖视图一般用于表达内部形状复杂的不对称机件和外形简单的对称机件。对某些内、外形状都比较复杂而又不对称的机件，则可用全剖视图表达它的内部结构，再用视图表达它的外形。

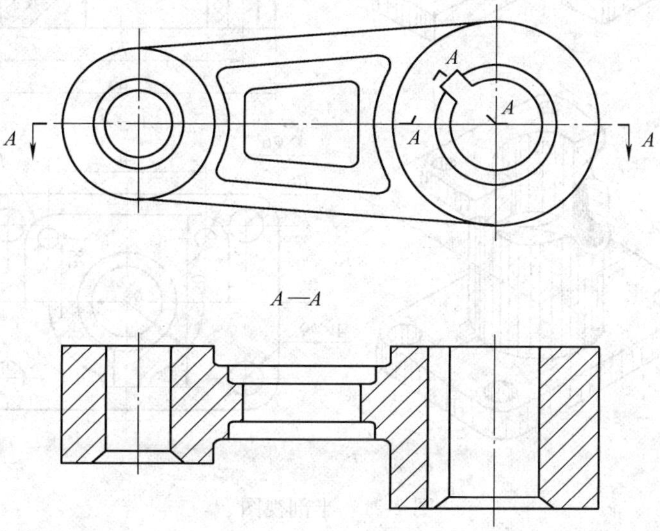

图 2-20　全剖视图

全剖视图的标注，应按不同的情况分别对待。当剖切面通过机件的对称(或基本对称)平面，且剖视图按投影关系配置，中间又无其他视图隔开时，可省略标注。如果剖切位置不是对称平面，则必须按规定方法标注，但如果它是按投影关系配置视图，箭头可以省略。

2. 半剖视图

当机件具有对称形状时，一般以对称平面为界，用相互垂直的剖切平面剖开机件的一半，再向投影面投影，投射时一半画成剖视图，另一半画成视图，这种图形称为半剖视图。

图 2-21 所示机件的主视图和俯视图均为半剖视图。半剖视图既充分地表达了机件的内部形状，又保留了机件的外部形状，所以它是内、外形状都比较复杂的对称机件常用的表达方法。

半剖视图的标注与全剖视图相同。

3. 局部剖视图

用剖切面局部地剖开机件，所得的剖视图称为局部剖视图，如图 2-22 所示。

局部剖视图是一种比较灵活的兼顾内、外结构的表达方法，且不受条件限制，但在一个视图中，局部剖切的次数不宜过多，否则就会影响图形的清晰度。

画局部剖视图时应注意以下几点：

1）局部剖视图中，剖与不剖部分用波浪线或双折线分界，如图 2-22 所示。该波浪线不应和图样上其他图线重合，也不应超出视图的轮廓线。

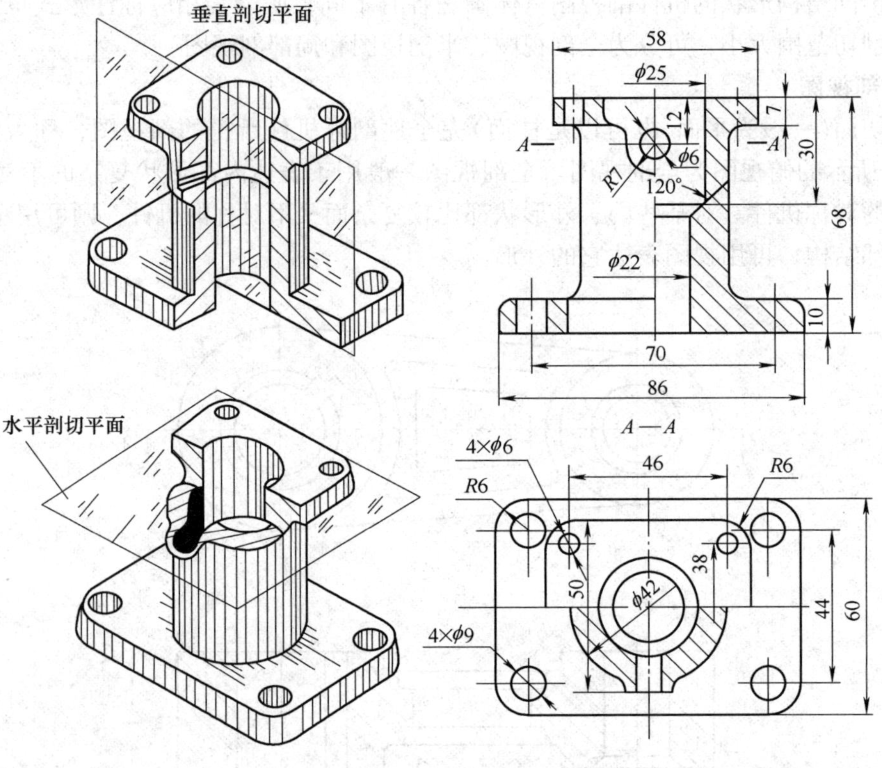

图 2-21　半剖视图

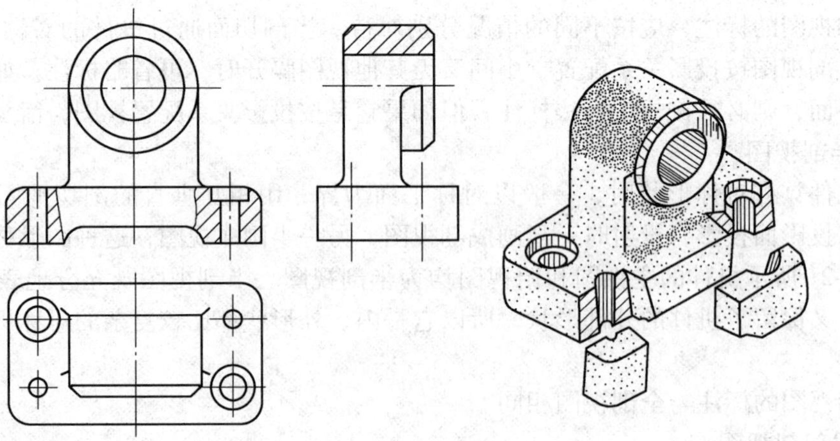

图 2-22　局部剖视图

2）当被剖物体是回转体时，允许将该结构的轴线作为局部剖视图中剖与不剖的分界线，如图 2-23 所示。

3）当对称机件在对称中心线处有图线不便于采用半剖视图时，应采用局部剖视图表示，如图 2-24 所示。

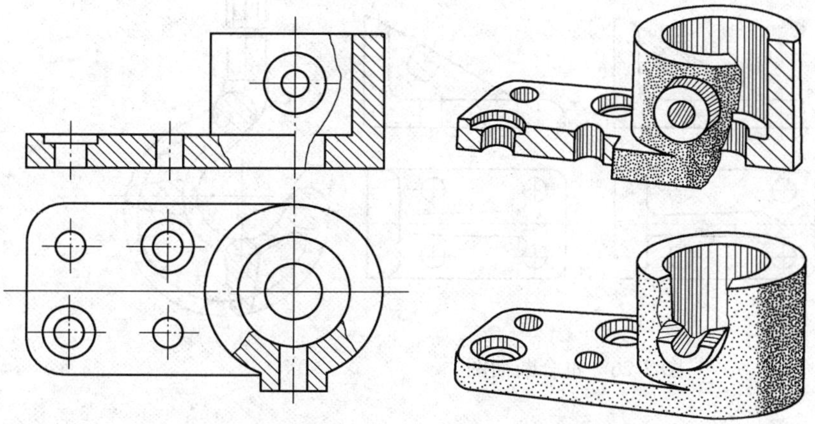

图 2-23　被剖物体为回转体时的局部剖视图画法

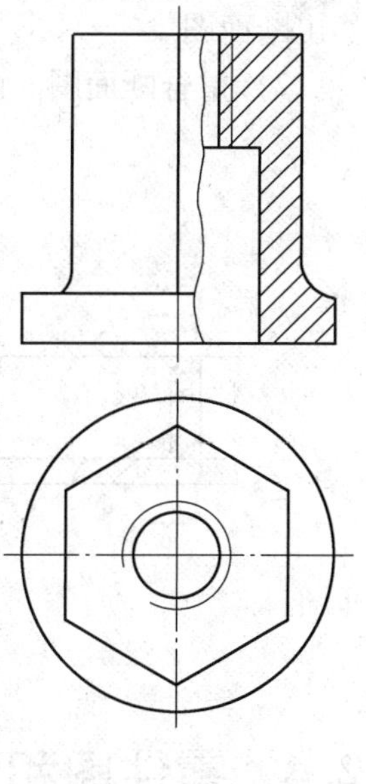

图 2-24　不便采用半剖视图的对称机件

2.3.3　断面图

假想用剖切面将机件的某处切断，仅画出断面的图形，称为断面图，简称断面。

断面图与剖视图不同之处是：断面图仅画出机件断面的图形，而剖视图则要求画出剖切平面以后的所有部分的投影，如图 2-25 所示。

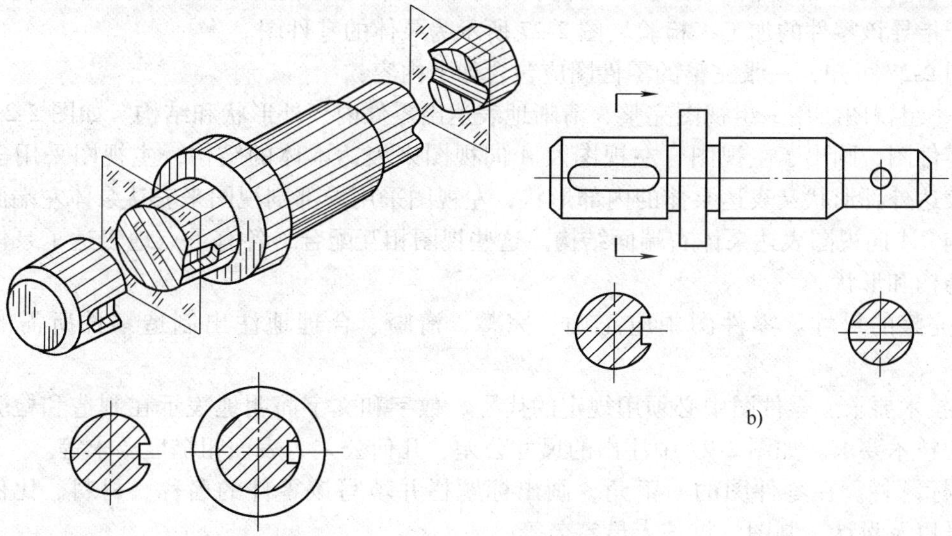

图 2-25　断面图

断面图分移出断面图和重合断面图两种。

1）移出断面图。画在视图轮廓之外的断面称为移出断面图。图 2-25b 所示断面图即为移出断面图。

2）重合断面图。画在视图轮廓之内的断面称为重合断面图，如图 2-26 所示。

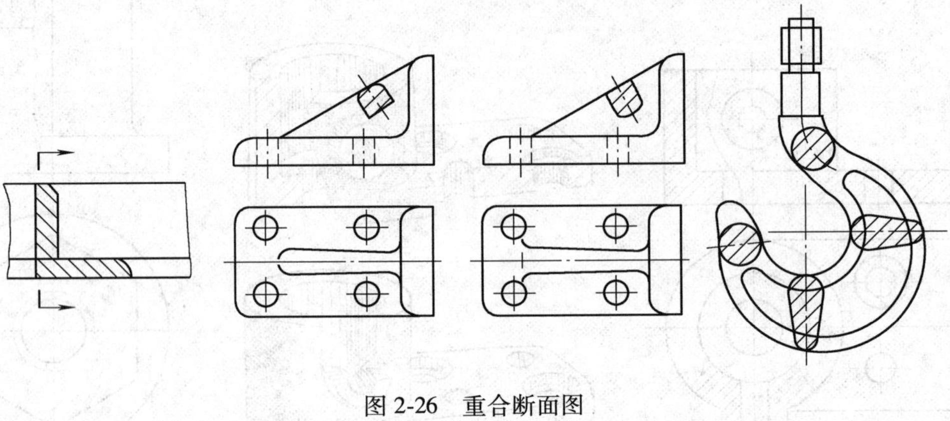

图 2-26　重合断面图

2.4　零件图和装配图

机械制图是机械产品在设计、制造、检验、安装、调试等过程中使用的，用于反映机械产品的形状、结构、尺寸、技术要求等内容的机械工程图样。根据其功能的不同，机械制图可分为装配图和零件图。

2.4.1　零件图

零件图反映的是该零件的形状、结构、尺寸、材料以及制造、检验时所需要的技术要求等，用于指导该零件的加工、检验。图 2-27 所示为泵体的零件图。

由图 2-27 可知，一张完整的零件图应包含如下内容：

1）一组视图。用一组视图完整、清晰地表达出零件内、外形状和结构。如图 2-27 所示的泵体零件图，画出了主视图、左视图及 *A* 向视图来表达本体的结构，主视图采用全剖视图，既表达外部形状又表达泵体的内部形状，左视图采用局部剖视图来表达泵体左端面的形状、结构，*A* 向视图表达泵体右端面结构。这些视图相互配合，各有重点地表达了泵体零件的整体结构和形状。

2）完整的尺寸。零件图中应正确、完整、清晰、合理地注出制造零件所需的全部尺寸。

3）技术要求。零件图中必须用规定的代号、数字和文字简明地表示在制造和检验时所应达到的技术要求。如图 2-27 中注出的尺寸公差、几何公差、表面粗糙度要求等。

4）标题栏。在零件图的右下角，画出标题栏并填写该零件的名称、材料、比例、数量、图号以及设计、制图、校核人员签名等。

2.4.2　装配图

装配图还可分为总装配图（总装图）和部件装配图（部装图）。总装图主要反映整台机器的工作原理，部件间的装配、安装关系，机器的外形，安装使用机器所需要的技术要求，以及机器的主要性能参数等，用来指导机器的总装、调试、检验、使用和维护。部装图则主要

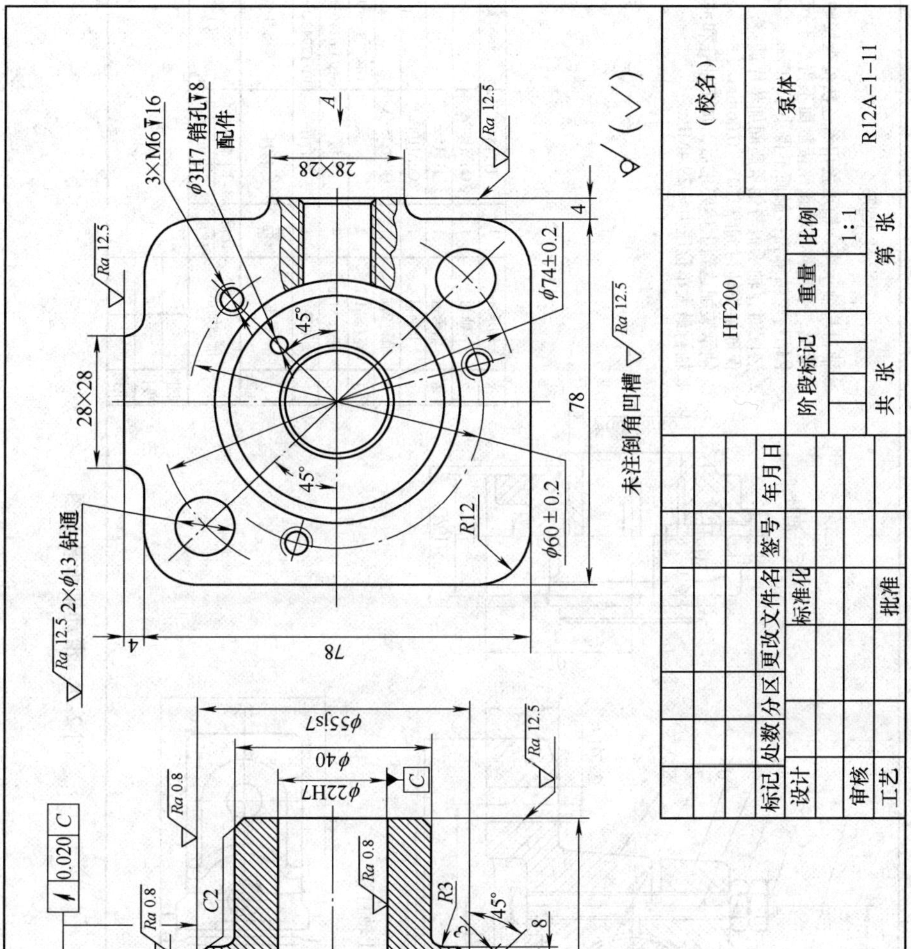
(校名)
泵体
R12A-1-11
HT200
阶段标记
重量
比例
1:1
共　张
第　张
标记
处数
分区
更改文件名
签号
年月日
设计
标准化
审核
工艺
批准
未注倒角凹槽
3×M6▼16
ϕ3H7 销孔▼8
配件
2×ϕ13 钻通
28×28
ϕ74±0.2
ϕ60±0.2
R12
78
2×Rc3/8
ϕ55js7
ϕ40
ϕ22H7
50H7
A

图 2-27　泵体零件图

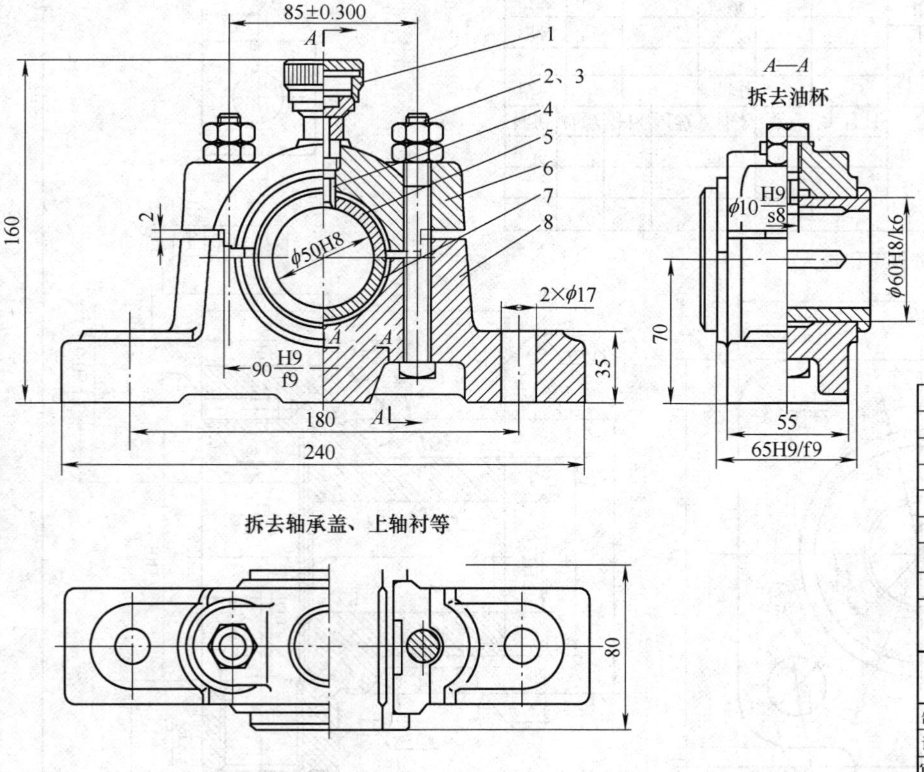

技术要求

1. 轴衬与轴承座、轴承盖用着色法检查接触情况。下轴衬与轴承座接触面不得小于 50%，上轴衬与轴承盖接触面不得小于 40%。
2. 装配时，轴承盖与轴承座间加垫片调整，保证轴与轴衬间隙 0.05～0.06mm。
3. 轴承装配达到上述要求后，加工油孔和油槽。
4. 轴衬最大单位压力≤29.4MPa。

序号	名称	数量	材料	备注
8	轴承座	1	HT150	
7	下轴衬	1	ZCuAl10Fe3	
6	轴承盖	1	HT150	
5	上轴衬	1	ZCuAl10Fe3	
4	轴衬固定套	1	Q–Q235–A	
3	螺栓 M12	2		GB/T 8—1988
2	螺母 M12	4	8 级	GB/T 6170—2000
1	油杯 12	1	组合件	JB/T7940.3—1995

滑动轴承	比例	1:1	第 4 张	01
	质量		第 1 张	
制图				
设计				
审核				

图 2-28　滑动轴承装配图

反映部件的工作原理，各零件间的装配关系，部件的外形和安装关系，以及装配、检验、安装中的所需要的尺寸和技术要求等内容，用于指导部件的装配、调试、检验、维护。图 2-28 所示为滑动轴承装配图。

由图 2-28 可知，一张完整的装配图应具备如下内容：

1）一组视图。选择一组视图，采用适当的表达方法，将机器(或部件)的工作原理、零件的装配关系、零件的连接和传动情况以及各零件的主要结构形状表达清楚。

2）必要的尺寸。装配图上应标注机器(或部件)的规格(性能)、外形、安装和各零件间的配合关系等方面的尺寸。

3）技术要求。用文字说明或标记代号指明机器(或部件)在装配、检验、调试、运输和安装等方面所需要达到的技术要求。

4）标题栏和明细栏。在图纸的右下角处画出标题栏，表明装配图的名称、图号、比例和责任者签字等。各零件必须标注序号并编入明细栏。明细栏直接在标题栏上边画出，填写组成装配体的零件序号、名称、材料、数量、标准件代号等。

2.5　机械图样的识读

在工业生产中，无论是机器的设计和制造，还是使用、维修机器及设备，或者进行技术交流，都要用到机械图样。因此，从事工程技术的工作人员都必须能看懂机械图样。

2.5.1　零件图的尺寸标注

前面我们已经介绍过，零件图反映的是该零件的形状、结构、尺寸、材料以及制造、检验时所需要的技术要求等，用于指导该零件的加工、检验。一张完整的零件图应包括这些内容：一组视图、完整的尺寸标注、必要的技术要求、填写完整的标题栏等，其中尺寸标注不但要正确、完整、清晰，还要求合理。对于初学者而言，尺寸的正确、完整、清晰，通过学习还是容易掌握的，而要做到尺寸标注合理，则非要经过认真学习、实际设计加工生产实践的锻炼不可。

1. 零件图中标注尺寸的注意事项

（1）重要尺寸的标注　设计中的重要尺寸，要从基准单独直接标出。

零件的重要尺寸，主要是指描述零件在整个机器中的工作性能和位置关系的尺寸，如配合表面的尺寸、重要的定位尺寸等。它们的精度直接影响零件的使用性能，因此需直接标出。如图 2-29a 中的重要尺寸 A、B 是直接标出的，因此是正确的；而图 2-29b 中的重要尺寸 A、B 要靠其他尺寸 C、D、L、E 间接计算而得，因而是不正确的。

（2）主要基准与辅助基准　当同一个方向尺寸出现多个基准时，为突出主要基准，明确辅助基准，保证尺寸标注不致脱节，必须在辅助基准和主要基准之间标出联系尺寸，如图 2-30 所示。

（3）不能标出封闭的尺寸链　标注尺寸时不允许出现封闭的尺寸链。如图 2-31a 是不正确的，而图 2-31b 是正确的。

（4）标注的尺寸要方便加工和测量　标注尺寸要便于加工和测量，如图 2-32 和图 2-33 所示。

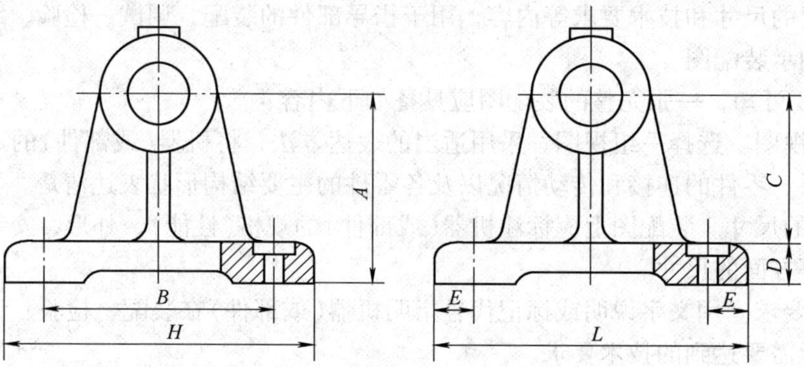

a)　　　　　　　　b)

图 2-29　重要尺寸的标注

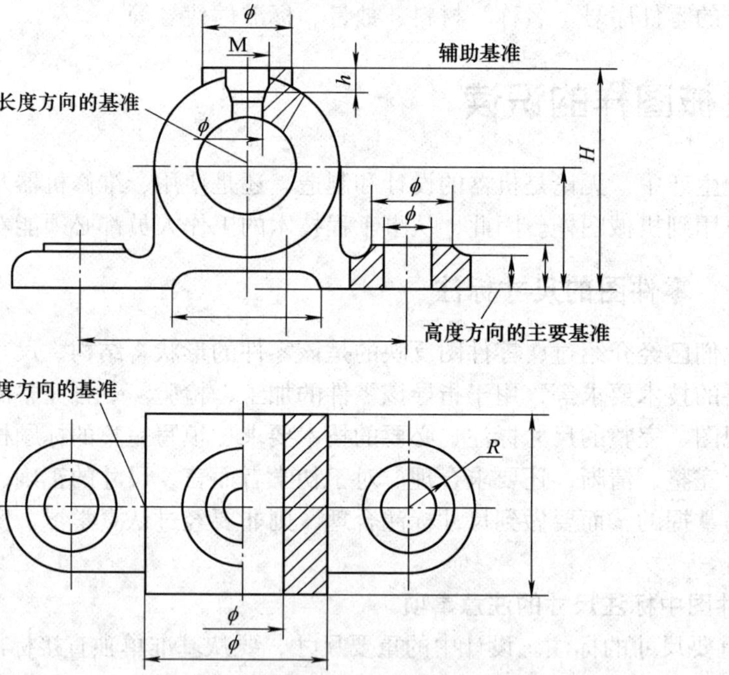

图 2-30　主要基准和辅助基准直接标出联系尺寸

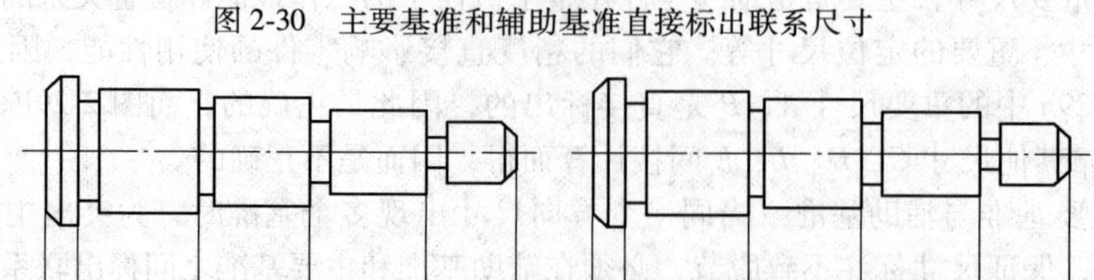

a)　　　　　　　　b)

图 2-31　尺寸链的封闭与开口

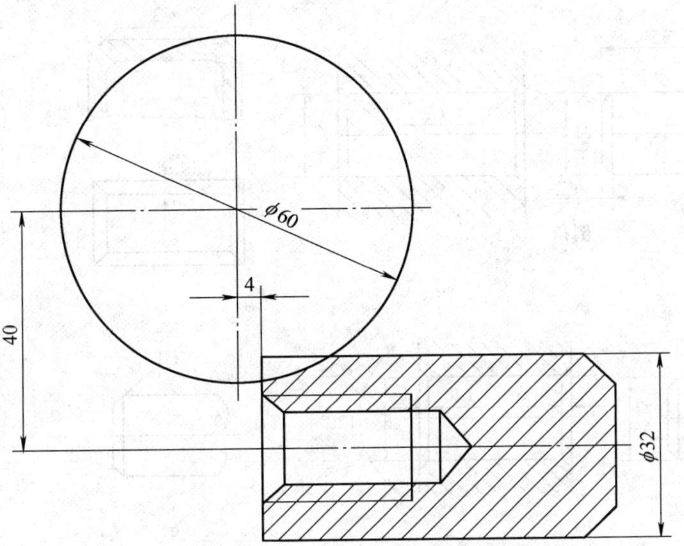

图 2-32　尺寸标注符合加工要求

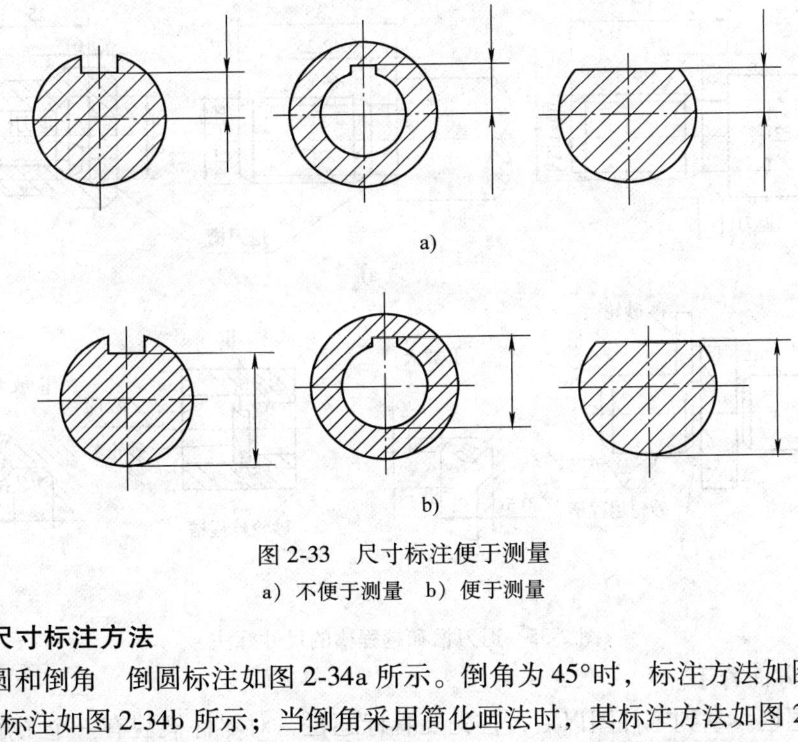

a)

b)

图 2-33　尺寸标注便于测量

a）不便于测量　b）便于测量

2. 其他尺寸标注方法

（1）倒圆和倒角　倒圆标注如图 2-34a 所示。倒角为 45°时，标注方法如图 2-34a 所示；非 45°的倒角标注如图 2-34b 所示；当倒角采用简化画法时，其标注方法如图 2-34c 所示。

（2）退刀槽和越程槽　退刀槽和越程槽是切削加工内外圆柱面或螺纹前，为了便于退出车刀或让砂轮稍微越过加工表面而事先加工出的沟槽，其尺寸标注方法如图 2-35 所示。

2.5.2　零件图的识读

正确、熟练地识读零件图，是技术工人必须掌握的基本功。

1. 读零件图的方法和步骤

读零件图就是要搞清楚零件图所表达的各种内容，以便于制造和检验。一般识读零件图

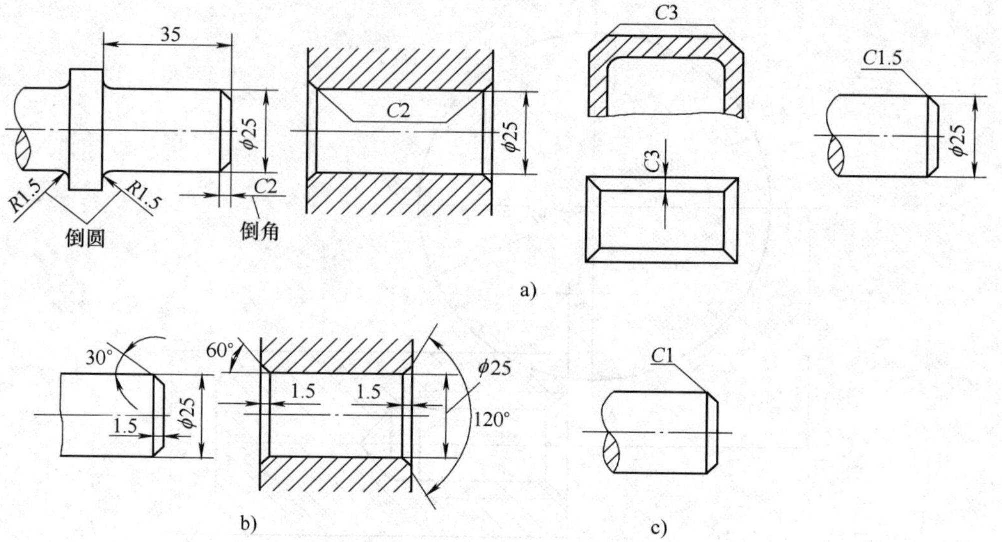

图 2-34　倒角和倒圆的尺寸标注

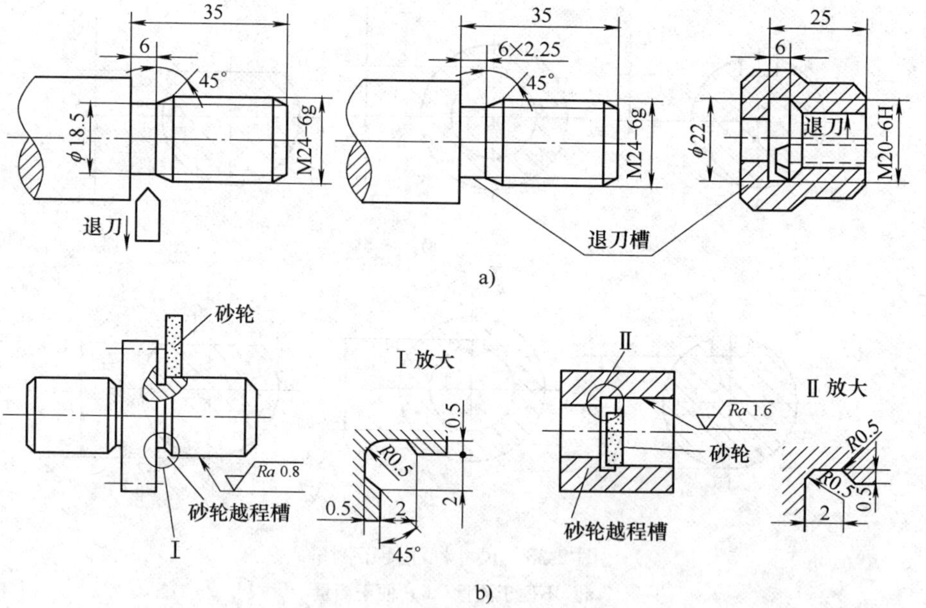

图 2-35　退刀槽和越程槽的尺寸标注

可从以下几个方面着手。

1）看标题栏。拿到零件图以后，首先要看标题栏，对零件概貌有一个了解。例如了解零件的名称、材料、图样的比例、重量等，同时联系典型零件的分类和日常一般经验，对零件有一个初步认识。

2）分析视图，想象形状。读零件的内、外形状结构，是读零件图的重点。从零件的基本视图看出零件大体内、外形状；结合局部视图、斜视图以及断面图等机件表达方法，读懂零件的局部或斜面的形状；同时，也从设计和加工方面的要求，了解零件的一些结构的作用。

3）分析尺寸和技术要求。了解零件各部分的定形、定位尺寸和零件的总体尺寸，以及注写尺寸时所用的基准。还要读懂技术要求，如表面粗糙度、尺寸公差与配合等内容。

4）综合考虑。把读懂的结构形状、尺寸标注和技术要求等内容综合起来，就能全面地了解零件图表达的内容。

有时为了能读懂零件图，还需要参考有关的技术资料，包括零件所在的部件装配图以及与它有关的零件图等。

2. 典型零件图的识读

图 2-36 所示为蜗杆轴零件图，其读图方法和步骤如下。

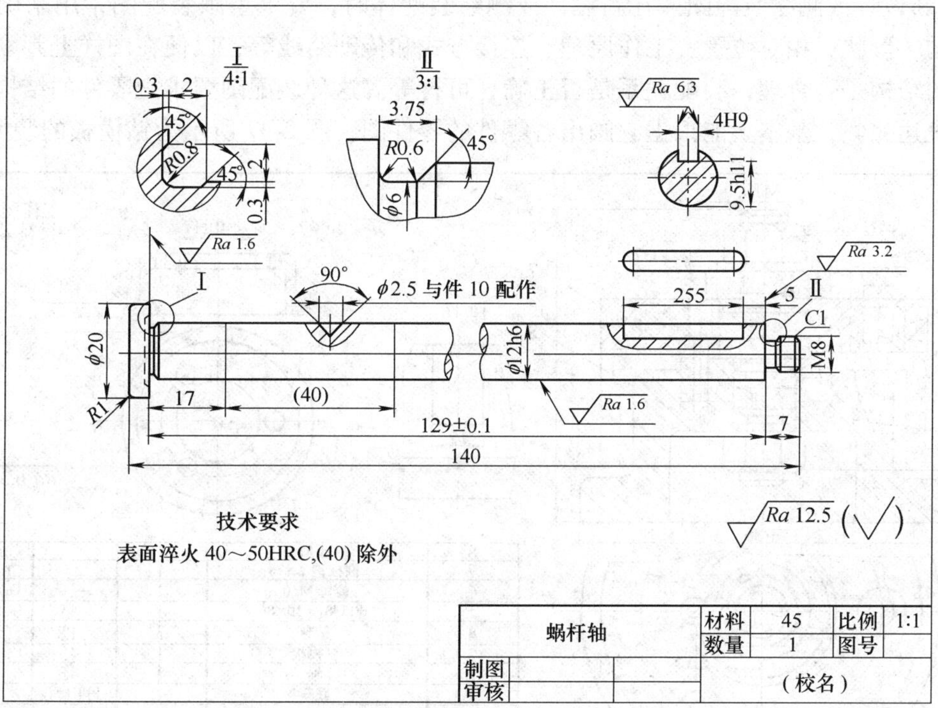

图 2-36　蜗杆轴零件图

1）看标题栏。这个零件的名称为蜗杆轴，由此可知其属于典型的轴套类零件，材料为 45 钢，比例为 1 : 1，说明此零件图中的线性尺寸跟实物尺寸一样。

2）分析图形，想象形状。首先要根据视图的排列和有关的标注，从中找出主视图，并按投射关系，看清其他视图以及采用的表达方法。蜗杆轴零件图采用了主视图、局部视图、放大图和剖面图来表达它的形状和结构。主视图为利用局部剖视图，表达了蜗杆轴基本形状，整体上看它是一个圆柱台阶状零件，局部有退刀槽、平形键槽，外圆柱面上开有径向功能槽，右端为短圆柱螺纹等。两个放大视图，表达了前后端退刀槽的细部结构。移出断面图表达了键槽的形状和尺寸。

3）分析尺寸标注，了解各部分的大小和相互位置关系，明确测量基准。图 2-36 中，“129±0. 1”“17” 等尺寸均从右端台阶面标出，所以右端面即为这些尺寸的基准。

4）看技术要求，明确加工和测量方法。如蜗杆轴外圆面尺寸为“ϕ12h6”，表面粗糙度要求 Ra 为 1. 6μm，这样的尺寸精度和表面质量要求，一般须经磨削加工才能达到要求。

另外，从图 2-36 左下角罗列的技术要求看，除左端“40mm” 长的一段以外，其他外圆表面要求淬火，达到硬度40~50HRC。

2.5.3 装配图的识读

1. 装配图的用途及要求

如前所述，装配图是表达产品中零件与零件、零件与部件、部件与部件之间装配关系、连接方式，以及主要零件的基本结构的图样。装配图中，还包括了装配与检验所必须的数据和技术要求。由于装配图使用的场合不同，常见装配图的形式及要求有以下几种。

1）新设计或测绘装配图。在新设计或测绘装配体时，要求重画装配图，用来确定各零件的结构、形状、相对位置、工作原理、连接方式和传动路线等，以便在图样上判别、校对各零件的结构是否合理，装配关系是否正确、可行等。这种装配图要求把零件的结构、形状尽可能表达完整，基本上能根据它画出各零件的零件图。图2-37所示为钻模板的装配图。

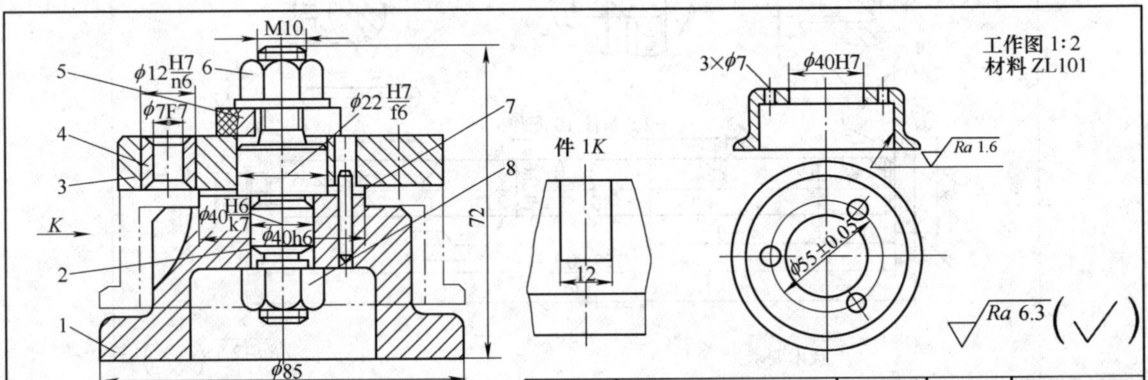

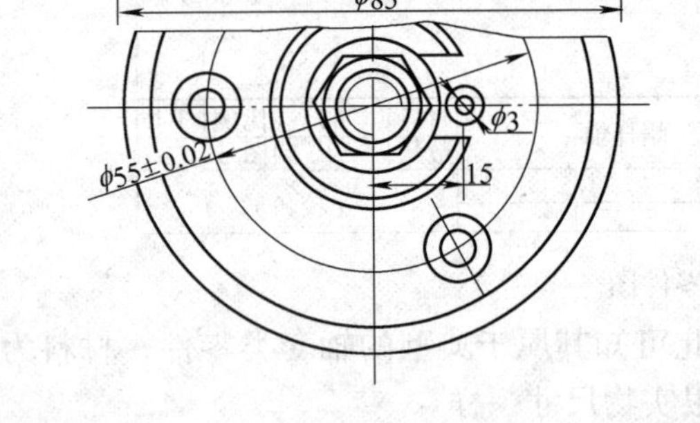

序号	零件名称	数量	材料	备注
8	螺母 M10	1		GB/T 41—2000
7	圆柱销 A×28	1		GB/T 119—2000
6	螺母 M10	1		GB/T 41—2000
5	开口垫圈 10×80	1	45	GB/T 851—1998
4	钻套	3	T8	
3	钻模板	1	45	
2	轴	1	45	
1	底座	1	HT150	
钻模		比例	重量	（图号）
		1:1		
制图	（姓名）	（日期）	（单位）	
校核	（姓名）	（日期）		

图2-37 钻模板装配图

2）对加工好的零件进行装配的装配图。当用已加工好的零件进行机器设备装配时，也需要装配图。这种装配图着重表达各零件的相对位置及装配关系，而对每个零件的结构、同装配无关尺寸则可以采用简略的画法。

3）只表达机器安装关系及各部件相对位置的装配图。这种装配图一般只要求画出各部件的外形即可。

2. 装配图的表达方式

（1）装配图的规定画法　装配图画法的基本规定如图2-38所示。

1）相邻零件的接触面和配合面间只画一条线，而当相邻两零件有关部分基本尺寸不同时，即使间隙很小，也必须画两条线。如图2-38中①、③、⑦所示。

2）装配图中，同一零件在不同视图中，剖面线的方向和间隔应保持一致；相邻零件的剖面线应有明显区别，或倾斜方向相反或间隔不等，以便在装配图中区分不同的零件，如图 2-38 中④⑤所示。

3）装配图中，对于螺栓等紧固件及实心件，若按纵向剖切，且剖切平面通过其对称平面或轴线时，则这些零件均按未剖绘制。而当剖切平面垂直这些零件的轴线时，则应按剖开绘制，如图 2-38 中⑤、②所示。

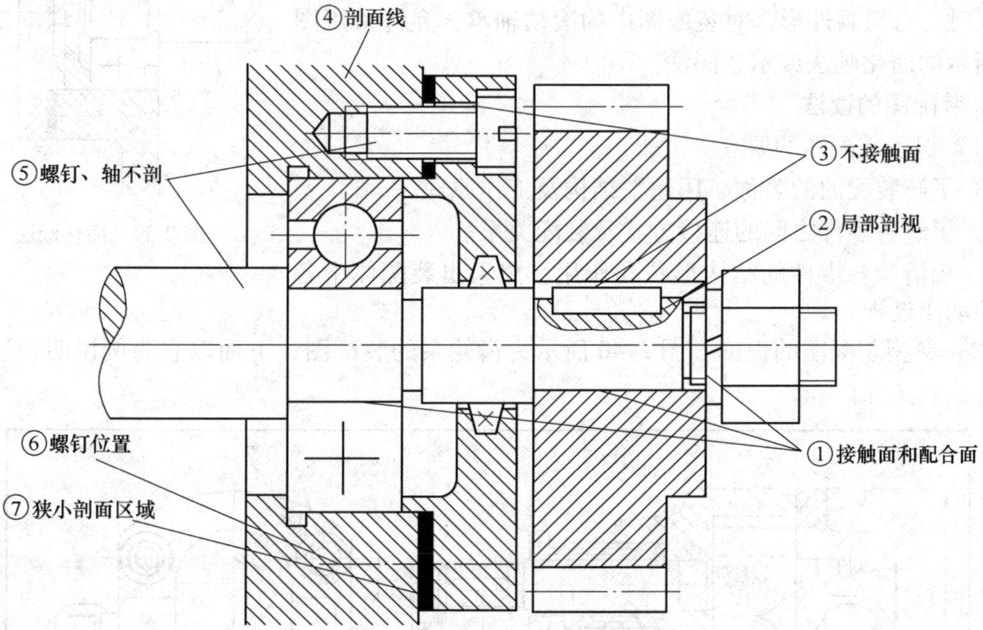

图 2-38　装配图画法的基本规定

4）被弹簧挡住的结构一般不画，可见部分应从弹簧丝剖面中心或弹簧外径轮廓线画出。

（2）装配图的特殊画法

1）沿零件接合面剖切和拆卸画法。装配图中常有零件间相互重叠的现象，即某些零件遮住了需要表达的其他结构或装配关系。此时可假想将某零件拆去后，再画出装配图；或者沿某零件接合面进行剖切，此时接合面上不画剖面线。采用这种画法时，应注明“拆去××”。

2）假想画法。在装配图中，当需要表示某些零件运动范围或极限位置时，可用双点画线画出该零件的极限位置图。在装配图中，当需要表达本部件与相邻部件间的装配关系时，可用双点画线假想画出相邻部件的轮廓线。图 2-37 中，双点画线表示了工件在钻模板中的安装位置及定位情况。

3）展开画法。为了在平面上展示传动机构的传动路线和装配关系，可假想按传动顺序沿轴线将装配结构剖切，然后依次将弯折的剖切面伸直，展开到与选定投影面平行的位置，再画出其剖视图，这种画法称为展开画法。应用展开画法时，必须在相关视图上用剖切符号和字母表示各剖切面的位置和关系，用箭头表示投射方向，在展开图上方注明“×—×展开”字样。

4）夸大画法。在装配图中，当图形上的孔的直径或薄片的厚度等于或小于 2mm 以及需要表达的间隙、斜度和锥度小于 2°时，均允许将该部分不按原比例画，而用夸大画出。

5）简化画法。对于装配图中螺栓紧固件等若干相同零件允许只画出一组，其余用点画线表示出中心位置即可，如图2-39中所示螺钉的画法。装配图中，某些较小工艺结构可省略不画，如图 2-39 中螺钉和螺母的倒角就未画出。另外，当剖切面通过某些标准件产品的组合件（如油杯、油标、管接头等）的轴线时，可只画外形。对装配图中的滚动轴承，允许采用图 2-39 所示的简化画法或示意画法。

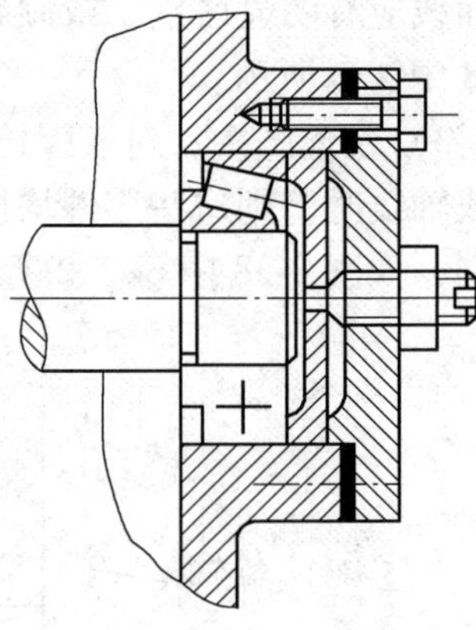

图 2-39　简化画法

3. 装配图的读法

（1）识读装配图的要点

1）了解装配图的名称、用途、结构及工作原理。

2）了解各零件之间的连接方式及装配关系。

3）搞清楚各零件的结构形状和作用，想象出装配体中各零件的动作过程。

（2）典型装配图的识读　图 2-40 所示为齿轮泵的装配图，下面以它为例说明识读装配图的方法和步骤。

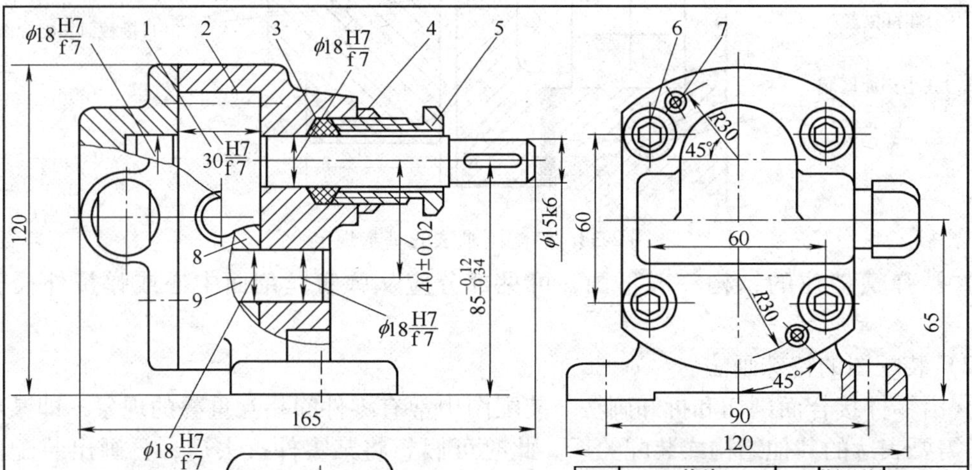

序号	名称	数量	材料	备注
15	垫片	1	软钢纸板	QB/T2200—1996
14	防护螺母	1	Q235A	
13	调节螺钉	1	Q235A	
12	弹簧	1	65	
11	钢球	1	45	
10	泵盖	1	HT200	
9	从动轴	1	45	
8	从动齿轮	1	45	
7	销 A5×30	2		GB/T1191.1—2000
6	螺钉 M8×22	4		GB/T70.1—2008
5	压盖	1	45	
4	螺母	1	Q235A	
3	填料	1	毡	
2	泵体	1	HT200	
1	齿轮轴	1	45	

齿轮泵		比例	重量	共张	（图号）
		1:1		第张	
制图	（姓名）	（日期）	（单位）		
审核	（姓名）	（日期）			

图 2-40　齿轮泵装配图

1）概括了解。识读装配图时，首先通过标题栏了解部件或设备的名称、用途。从明细栏了解组成该部件的零件名称、数量、材料以及标准件的规格，并在视图中找出所表示的相应零件及所在的位置。通过对视图的浏览，了解装配图的表达情况及装配体的复杂程度。从绘图比例和外形尺寸了解部件的大小。

图 2-40 所示为齿轮泵，由经验我们已知齿轮泵一般用于机械设备系统供油循环。绘图比例为 1∶1，再查看尺寸说明其本身体积不大，属于小型设备。明细栏中列出了该齿轮泵是由 15 个零件构成，结构不太复杂。

齿轮泵的表达方案共用了三个基本视图。主视图采用局部剖视图，剖切部分表达了齿轮轴与从动齿轮啮合的情况及它们与泵体、泵盖的配合情况，同时表达了齿轮轴输入端的密封情况。未剖部分与俯视图、左视图的对应部分表达泵体和泵盖的外形。俯视图中有两处局部剖，顶部的局部剖表示泵体与泵盖是采用螺钉联接在一起的。左中部的剖切部分表达该齿轮泵安全溢流装置的内部情况及输油口的形状。未剖部分与左视图相应部分表达底板的形状和安装孔的位置、结构。左视图主要表达泵盖的外形和螺钉联接的分布情况。

2）具体分析视图，掌握形体结构。该齿轮泵主要由泵体、泵盖、齿轮轴、从动齿轮和从动轴组成。其中齿轮轴上的齿轮与从动轴上的齿轮结构参数一致，两齿轮正确啮合的中心距由泵体和泵盖保证。泵体和泵盖由锥销定位，螺钉联接，齿轮的齿宽和齿顶分别与泵体及泵盖形成的内腔相配合，这样两齿轮就将泵体与泵盖的内腔分割成两部分，即高压区和低压区，低压区的油只能经齿轮啮合区压缩后进入高压区。为保证输出油压不致太高，泵盖上有安全装置和低压区相连。

3）综合归纳，搞清工作原理和装配关系。综合以上分析可知，该齿轮泵是一个供油液压泵。图示前方是带锥螺纹的进油口，接进油管，后方应为同样结构的出油口，接出油管。齿轮轴正转时，油液由前端在大气压作用下进入齿轮啮合区，经增压后由后端输出。输出油的压力可由安全装置中的弹簧 12 调节，当输出油压大于调定的压力时，泵盖上与输出端相连的小孔内压力增大，推动钢球压缩弹簧，油液可直接回到输入端，起溢流的作用，直到输出端压力等于调定的压力。

从装配图上也可以了解零件之间的配合关系。在主视图中主动齿轮轴、从动齿轮轴和泵体上支承孔的配合为 ϕ18H7/f7，属于间隙配合，所以其轴端要有填料、压盖等密封装置，以防漏油；而齿轮与泵体泵盖之间同样是间隙配合，则是为了配合紧密又能转动灵活，不干涉。

第3章

金属工艺学基本知识

金属工艺学是以金属制造和加工为核心展开的一门综合学科，包括金属材料性能、铸造工艺、锻造工艺、焊接工艺等相关知识。

本章将讲述金属工艺学的相关知识，为后面的磨工知识学习进行必要的准备。

3.1 工程材料基础

金属作为一种应用非常普遍的工程材料，具有独特的力学和化学性能，下面简要讲述。

3.1.1 金属材料的力学性能

金属材料的性能包括使用性能和工艺性能。使用性能是指金属材料在使用过程中应具备的性能，包括力学性能(强度、塑性、硬度、冲击韧性、疲劳强度等)、物理性能(密度、熔点、热膨胀性、导热性、导电性等)和化学性能(耐蚀性、抗氧化性等)。工艺性能是指金属材料从冶炼到成品的生产过程中，适应各种加工工艺(如冶炼、铸造、冷热压力加工、焊接、切削加工、热处理等)应具备的性能。

1. 强度

金属材料的强度、塑性一般可通过金属拉伸试验来测定。拉伸试验所用的试样有圆柱状和板状两类，图3-1a所示为圆柱形拉伸试样。试验时，将试样两端夹装在试验机的上下夹头上，随后缓慢地增加载荷，试样逐步变形伸长，直到拉断为止。在实验过程中，试验机自动记录每一瞬间载荷 F 和变形量 Δl，并给出它们之间的关系曲线。载荷变形曲线反映了材料在拉伸过程中的弹性、塑性变形和直到拉断时的力学特性。

图3-1b所示为低碳钢的载荷变形曲线，由图可见，低碳钢试样在拉伸过程中其变形可分为弹性变形、塑性变形和断裂三个阶段。在载荷不超过 F_p 时，载荷变形曲线 Op 为一直线，即试样的伸长量与载荷成正比增加，如果卸除载荷，试样立即恢复到原来的尺寸，即试样处于弹性变形阶段。载荷在 $F_p \sim F_e$ 间，试样的伸长量与载荷已不再成正比关系，但卸除载荷，试样仍然恢复到原来的尺寸，故仍处于弹性变形阶段。当载荷超过 F_e 后，试样将进一步伸长，但此时若卸除载荷，变形不能完全恢复，而且有一部分变形不能消失，即试样不能恢复到原来的长度，称为塑性变形或永久变形。当载荷增加到 F_s 时，试样开始明显发生塑性变形，在载荷变形曲线上出现了水平或锯齿形的线段，这种现象称为屈服。当载荷继续增加到某一最大值 F_b 时，试样出现缩颈现象，由于试样局部截面逐渐减小，故载荷也逐渐降低。当到达载荷变形曲线上的 k 点时，试样被拉断。

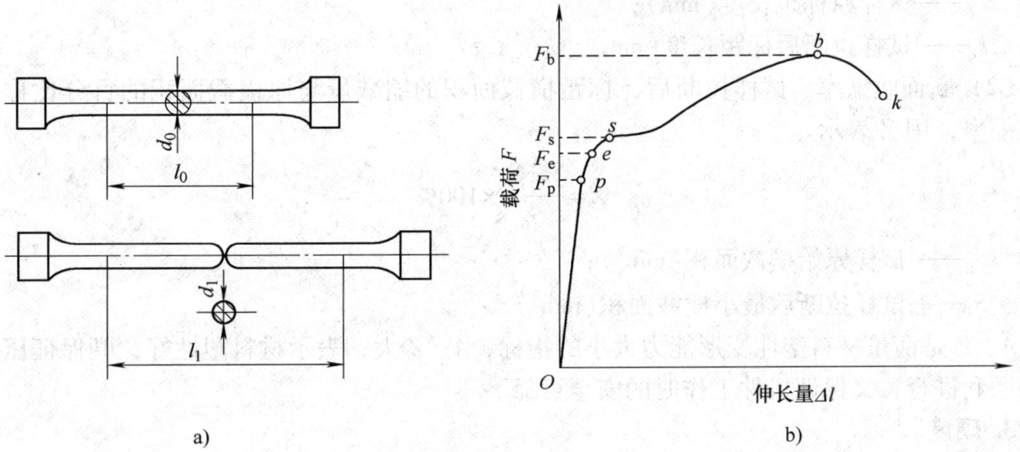

图 3-1　拉伸试样与载荷变形曲线

a）拉伸试样　b）载荷变形曲线

（1）弹性极限　金属材料在载荷作用下产生弹性变形时所能承受的最大应力称为弹性极限，用符号 σ_e 表示。

$$\sigma_e=\frac{F_e}{S_0}$$

式中　F_e——试样产生弹性变形时所承受的最大载荷；

S_0——试样原始横截面积。

（2）屈服强度　金属材料开始明显塑性变形时的最低应力称为屈服强度，用符号 σ_s 表示。

$$\sigma_s=\frac{F_s}{S_0}$$

式中　F_s——试样屈服时的载荷；

S_0——试样原始横截面积。

（3）抗拉强度（又称强度极限）　金属材料在断裂前所能承受的最大应力称为抗拉强度，用符号 R_m 表示。

$$R_m=\frac{F_b}{S_0}$$

式中　F_b——试样在断裂前的最大载荷；

S_0——试样原始横截面积。

脆性材料没有屈服现象，则用 R_m 作为设计依据。

2. 塑性

金属材料在载荷作用下，产生塑性变形而不破坏的能力称为塑性。塑性大小指标常用断后伸长率 A 和断面收缩率 Z 表示。

（1）断后伸长率　试样拉断后，标距长度的增加量与原标距长度的百分比称为断后伸长率，用 A 表示：

$$A=\frac{l_1-l_0}{l_0}\times100\%$$

式中　l_0——试样原标距长度(mm)；

　　　l_1——试样拉断后标距长度(mm)。

（2）断面收缩率　试样拉断后，标距横截面积的缩减量与原横截面积的百分比称为断面收缩率，用 Z 表示。

$$Z=\frac{S_0-S_1}{S_0}\times 100\%$$

式中　S_0——试样原始横截面积(mm^2)；

　　　S_1——试样拉断后最小横截面积(mm^2)。

A、Z 是衡量材料塑性变形能力大小的指标，A、Z 大，表示材料塑性好，既保证压力加工的顺利进行，又保证机件工作时的安全可靠。

3. 硬度

硬度是衡量金属材料软硬程度的指标，它是指金属表面抵抗局部塑形变形或破坏的能力，是检验毛坯件或成品件、热处理件的重要指标。目前生产上应用最广的静载压入法硬度试验有布氏硬度、洛氏硬度和维氏硬度。

（1）布氏硬度　布氏硬度试验时，是用一定直径的钢球或硬质合金球，以相应的试验载荷压入样件表面，经规定的保持时间后，卸除试验载荷，用读数显微镜测量样件表面上的压痕直径。布氏硬度值 HBW 是试验力 F 除以压痕球形表面积 S 所得的商，即

$$\text{HBW}=\frac{F}{S}$$

式中　F——压入载荷(N)；

　　　S——压痕表面积(mm^2)。

（2）洛氏硬度　以顶角为 120°的金刚石圆锥体或一定直径的淬火钢球作压头，以规定的试验力使其压入样件表面，根据压痕的深度确定被测金属的硬度值。

根据所加载荷和压头不同，洛氏硬度值有三种标度：HRA、HRB、HRC，其有效值范围是 20~67HRC。

洛氏硬度是在洛氏硬度试验机上进行的，其硬度值可直接从表盘上读出。洛氏硬度试验操作简便，效率高，可测定软硬金属的硬度，压痕小，可用以成品检验。

（3）维氏硬度　维氏硬度试验原理与布氏硬度相同，也是根据压痕面积上所受的平均载荷计量硬度值，不同的是维氏硬度的压头采用金刚石制成的锥面夹角为 136°正四棱锥体，如图 3-2 所示。

维氏硬度试验是在维氏硬度试验机上进行的。试验时，根据试样大小、薄厚选用(5~120)×9. 8N 载荷压入试样表面，保持一定时间后去除载荷，用附在试验机上的测微计测量压痕对角线长度 d，然后查表或根据公式计算出维氏硬度值。

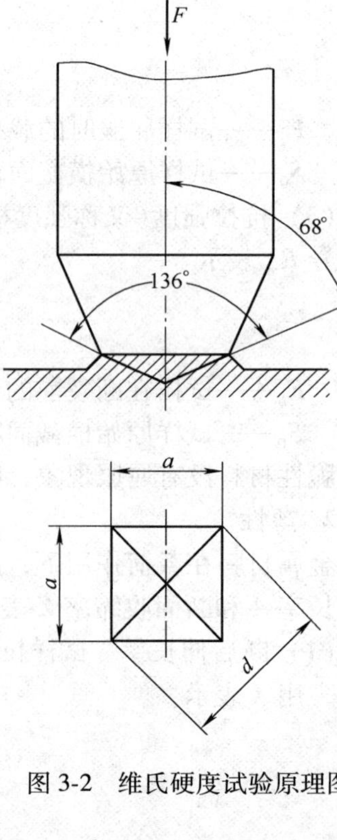

图 3-2　维氏硬度试验原理图

维氏硬度用符号 HV 表示，符号 HV 前的数字是硬度值，

后面的数字表示试验载荷。如640HV30/20表示在30×9.8N作用下保持20s后测得的维氏硬度值为640。

维氏硬度的优点是试验时加载小，压痕深度浅，可测量零件表面淬硬层。

4. 冲击韧性

生产中许多机器零件，都是在冲击载荷(载荷以很快的速度作用于机件)下工作。大量试验表明，载荷速度增加，材料的塑性、韧性下降，脆性增加，易发生断裂。因此承受冲击载荷的机件就不能用静载荷下的性能来衡量，而必须用抵抗冲击载荷的作用而不破坏的能力，即冲击韧度来衡量。

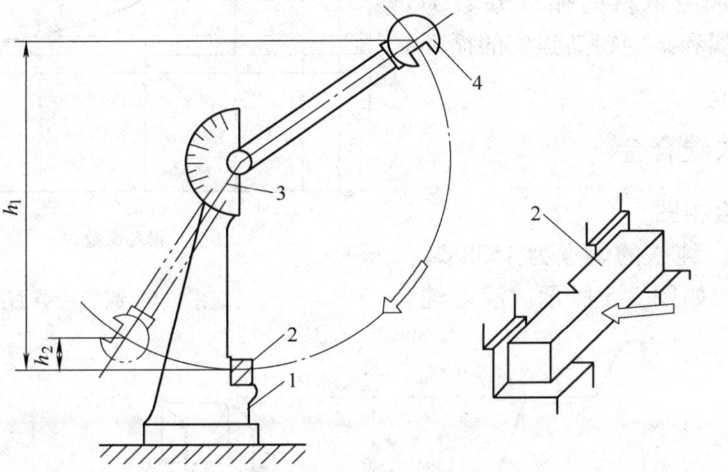

图3-3　冲击试验原理

1—支座　2—试样　3—指针　4—摆锤

应用最普遍的材料韧性测试实验是一次摆锤弯曲冲击试验。如图3-3所示，将标准试样放在冲击试验机的两支座上，使试样缺口背向摆锤冲击方向，然后把质量为 m 的摆锤提升到 h_1 高度，摆锤由此高度下落将试样冲断，并升到 h_2 高度。因此冲断试样所消耗的功为 $A_K=mg(h_1-h_2)$。金属的冲击韧度 a_K (J/cm²) 就是冲断试样时在缺口处单位面积所消耗的功，即

$$a_K=\frac{A_K}{S}$$

式中　a_K——冲击韧度(J/cm²)；

S——试样缺口处的原始截面积(cm²)；

A_K——冲击试样所消耗的功(J)。

冲击消耗功 A_K 值可以从试验机的刻度盘上直接读出，它的大小代表了材料冲击韧度的高低。

5. 疲劳强度

许多零件是在交变应力作用下工作的，如轴类、弹簧、齿轮、滚动轴承等。虽然零件承受的交变应力数值小于材料的屈服强度，但在长时间运转后也会发生断裂，这种现象叫疲劳断裂。它与静载荷下的断裂不同，断裂前无明显塑性变形，因此，具有更大的危险性。

交变应力大小和断裂循环次数之间的关系通常用疲劳曲线来描述，如图3-4所示。

疲劳曲线表明，当应力低于某一值时，即使循环次数无穷多也不会发生断裂，此应力值称为疲劳强度或疲劳极限。在疲劳强度的测定中，不可能把循环次数做到无穷大，而是规定一定的循环次数作为基数。常用钢材的循环基数为10^7次，有色金属和某些超高强度的循环基数为10^8次。

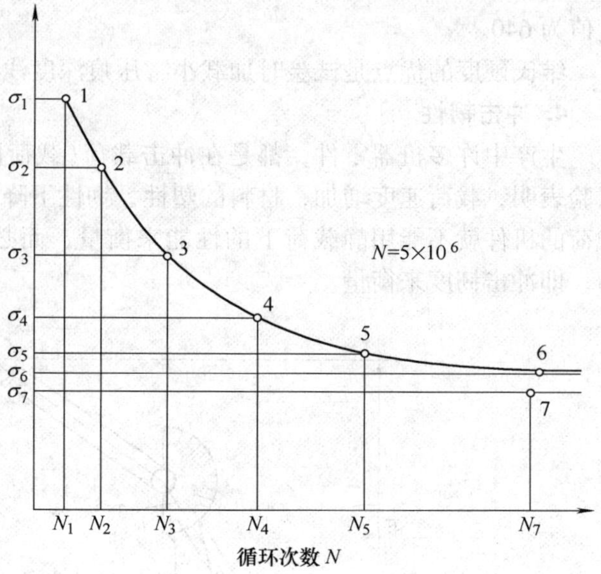

图 3-4　钢的疲劳曲线

3.1.2　铁碳合金

1. 铁碳合金相图

（1）纯铁　纯铁的熔点为1538℃。纯铁的冷却曲线如图3-5所示。液态纯

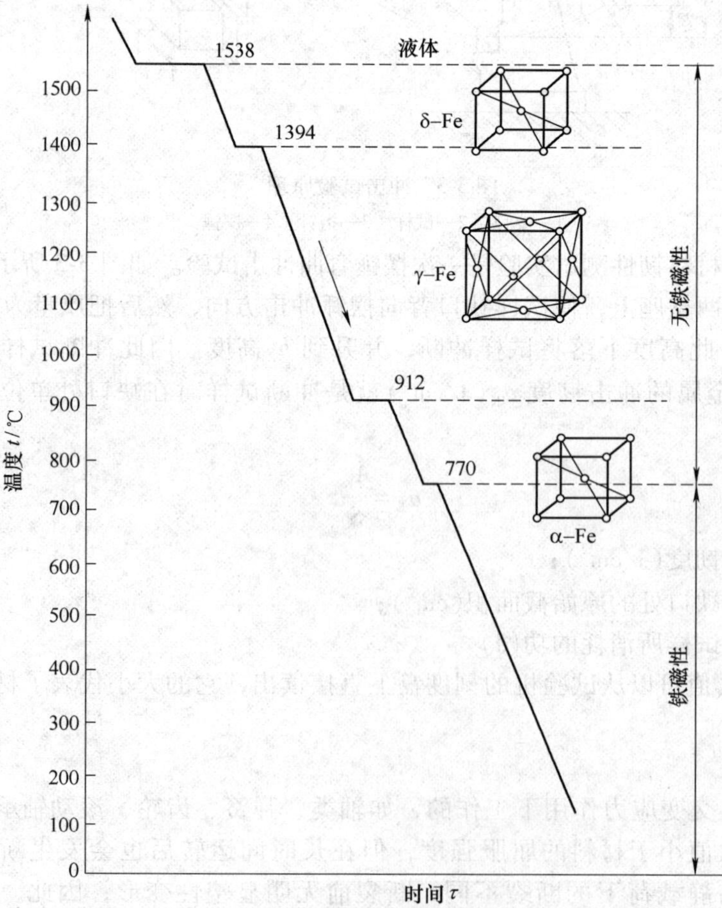

图 3-5　纯铁的冷却曲线

铁在 1538℃时结晶为具有体心立方晶格的 δ-Fe，继续冷却到 1394℃时由体心立方晶格的 δ-Fe 转变为具有面心立方晶格的 γ-Fe，再冷却到 912℃时又由面心立方晶格 γ-Fe 转变为具有体心立方晶格 α-Fe，先后发生两次晶格类型的转变。金属在固态下由于温度的改变而发生晶格类型转变的现象，称为同素异构转变。同素异构转变有热效应产生，故在冷却曲线上，可看出在 1394℃和 912℃处出现平台。

纯铁在 770℃时发生磁性转变，在 770℃以下的 α-Fe 呈磁性，在 770℃以上 α-Fe 的磁性消失。770℃成为居里点，用 A_2表示。

工业纯铁虽然塑性好，但强度低，所以很少用它制造零件。工业生产广泛使用的是铁碳合金。

（2）铁碳合金的基本相　铁碳合金在液态时铁和碳可以无限互溶；在固态时根据碳的质量分数不同，碳可以溶解在铁中形成固溶体，也可以与铁形成化合物，或者形成固溶体与化合物组成的机械混合物。因此铁碳合金在固态下有以下几种基本相。

1）铁素体。碳溶于 α-Fe 中形成的间隙固溶体称为铁素体，常用符号 F 表示。铁素体的力学性能与工业纯铁相似，即塑性、韧性较好，强度、硬度较低。

2）奥氏体。碳溶于 γ-Fe 中形成的间隙固溶体称为奥氏体，用符号 A 表示。奥氏体是一个硬度较低、塑性较高的相，适用于锻造。绝大多数钢热成形时要加热到奥氏体状态进行加工。

3）渗碳体。铁与碳形成的金属化合物 Fe_3C 称为渗碳体，用 Fe_3C 表示。渗碳体中的 w_C=6.69%，熔点为 1227℃，是一种具有复杂晶体结构的间隙化合物。渗碳体的硬度很高，但塑性和韧性几乎等于零。渗碳体是钢中的主要强化相，在铁碳合金中存在形式有：粒状、球状、网状、细片状。其形状、数量、大小及分布对钢的性能有很大影响。

渗碳体是一种亚稳定相，在一定条件下会分解，形成石墨状自由碳和铁：$Fe_3C \rightarrow 3Fe+C$（石墨），这一过程对铸铁具有重要意义。

（3）铁碳合金相图分析　w_C>6.69%的铁碳合金脆性极大，没有使用价值。另外 Fe_3C 中的碳质量分数为 6.69%，它是一个稳定的金属化合物，可以作为一个组元。因此，研究的铁碳合金相图实际上是 Fe-Fe_3C 相图，如图 3-6 所示。

1）铁碳合金相图分析。相图中的 AC 和 CD 线为液相线，AE 和 ECF 线为固相线。相图中有四个单相区：液相区（L）、奥氏体区（A）、铁素体区（F）、渗碳体区（Fe_3C）。

Fe-Fe_3C 相图主要特征点及含义见表 3-1。

表 3-1　Fe-Fe_3C 相图中的特征点

特征点	温度/℃	碳的含量 w_C（%）	说　明
A	1538	0	纯铁的熔点
C	1148	4.3	共晶点
D	1227	6.69	渗碳体的熔点
E	1148	2.11	碳在 γ-Fe 中的最大溶解度
F	1148	6.69	渗碳体的成分
G	912	0	α-Fe、γ-Fe 同素异构转变点
K	727	6.69	渗碳体的成分

（续）

特征点	温度/℃	碳的含量 w_C(%)	说　明
P	727	0.0218	碳在 α-Fe 中的最大溶解度
S	727	0.77	共析点
Q	室温	0.0008	碳在 α-Fe 中的溶解度

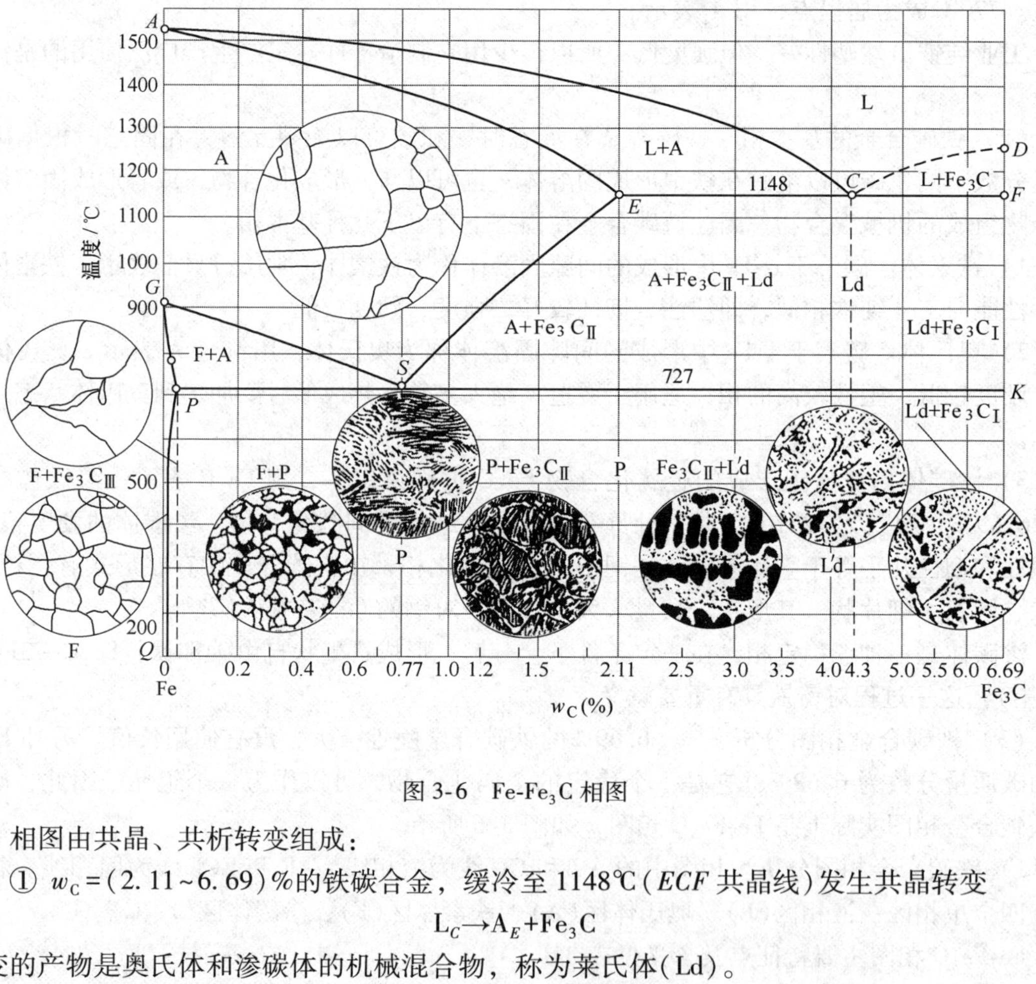

图 3-6　Fe-Fe_3C 相图

相图由共晶、共析转变组成：

① w_C=(2.11~6.69)%的铁碳合金，缓冷至 1148℃(*ECF* 共晶线)发生共晶转变

$$L_C \rightarrow A_E + Fe_3C$$

转变的产物是奥氏体和渗碳体的机械混合物，称为莱氏体(Ld)。

② w_C>0.0218%的铁碳合金，缓冷至 727℃(*PSK* 共析线)发生共析转变

$$A_S \rightarrow F_P + Fe_3C$$

转变的产物是铁素体和渗碳体的机械混合物，称为珠光体(P)。共析温度以 A_1 表示。

铁碳合金相图中还有两条重要的特征线：

(a) *ES* 线。它是碳在奥氏体中溶解度曲线。在 1148℃时，奥氏体中 w_C=2.11%，而在 727℃时，奥氏体中 w_C=0.77%。故凡是 w_C>0.77%的铁碳合金自 1148℃冷却至 727℃时，都会从奥氏体中沿晶界析出渗碳体，称为二次渗碳体($Fe_3C_Ⅱ$)。*ES* 线又称 A_{cm} 线。

(b) *PQ* 线：它是碳在铁素体中的溶解度线。在 727℃时，铁素体中 w_C=0.0218%，而在室温时，铁素体中 w_C=0.0008%。故一般铁碳合金由 727℃冷至室温时，将由铁素体中析

出渗碳体称为三次渗碳体($Fe_3C_{Ⅲ}$)，在碳的质量分数较高的合金中，因其数量极少可忽略不计。

2）铁碳合金分类。按碳的质量分数和显微组织不同，铁碳合金相图中的合金可分为工业纯铁、钢、白口铸铁三大类。

① 工业纯铁。$w_C<0.0218\%$。

② 钢。$0.0218\%<w_C<2.11\%$。钢又可细分为：

(a) 亚共析钢。$0.0218\%<w_C<0.77\%$；

(b) 共析钢。$w_C=0.77\%$；

(c) 过共析钢。$0.77\%<w_C<2.11\%$。

③ 白口铸铁。$2.11\%<w_C<6.69\%$。白口铸铁又分为：

(a) 亚共晶白口铸铁。$2.11\%<w_C<4.3\%$；

(b) 共晶白口铸铁。$w_C=4.3\%$；

(c) 过共晶白口铸铁。$4.3\%<w_C<6.69\%$。

(4) 碳的质量分数对其工艺性能的影响

1）切削加工性。金属的切削加工性能是指切削加工工件的难易程度。低碳钢中铁素体(F)较多，塑性好，切削加工时切削热大，易粘刀，不易断屑，表面粗糙度差，故切削加工性差。高碳钢中渗碳体(Fe_3C)多，刀具磨损严重，故切削加工性也差。中碳钢中铁素体、渗碳体的比例适当，切削加工性好。在高碳钢中，当 Fe_3C 呈球状时，可改善切削加工性。

2）可锻性。金属可锻性是指金属压力加工时，能改变形状而不产生裂纹的性能。当钢加热到高温得到单相奥氏体(A)组织时，可锻性好。低碳钢中铁素体多可锻性好，随着碳的质量分数增加金属可锻性下降。白口铸铁无论在高温或低温，因组织中是以硬而脆的渗碳体为基体，所以不能锻造。

3）铸造性能。合金的铸造性能取决于相图中液相线与固相线的水平和垂直距离。距离越大，合金铸造性能越差。低碳钢的液相线与固相线距离小，具有较好的铸造性能，但其液相线温度较高，使钢液过热度较小，流动性较差。随着碳的质量分数增加，钢的结晶温度间隔增大，铸造性能变差。共晶成分附近的铸铁，不仅液相线与固相线的距离最小，而且液相线温度也最低，其流动性好，铸造性能好。

4）焊接性。随着钢中碳的质量分数增加，钢的塑性下降，焊接性下降。

2. 碳素钢、铸铁

(1) 碳素钢

1）碳素钢的分类。按碳的质量分数可分为低碳钢($w_C<0.25\%$)、中碳钢($w_C=0.25\%\sim0.60\%$)、高碳钢($w_C>0.60\%$)。按钢的冶金质量和钢中有害杂质元素硫、磷的质量分数分为普通质量钢($w_S=0.035\%\sim0.050\%$, $w_P=0.035\sim0.045\%$)；优质钢(w_S、w_P 均 $\leqslant0.035\%$)；高级优质钢($w_S=0.020\%\sim0.030\%$, $w_P=0.025\sim0.030\%$)。按用途分为结构钢和工具钢。

2）碳素结构钢。碳素结构钢牌号由代表屈服点屈子的汉语拼音字母、屈服极限数值、质量等级符号及脱氧方法符号四个部分组成。排号中 Q 表示“屈”；A、B、C、D 表示质量，C、D 级硫、磷质量分数最低，质量好。例如 Q235AF，即表示屈服点为 235MPa、A 等级质量的沸腾钢。

碳素结构钢的硫、磷含量较多，但冶炼容易，工艺性好，价格便宜，在力学性能上一般可满足普通机械零件及工程结构件的要求，因此用量大，约占钢材的70%。

3）优质碳素结构钢。其牌号用两位数字表示，这两位数字表示钢中平均碳质量分数的万倍。例如45钢，表示平均 $w_C=0.45\%$。优质碳素结构钢按锰的质量分数不同，分为普通锰钢（$w_{Mn}=0.25\%\sim0.80\%$）和较高锰钢（$w_{Mn}=0.70\%\sim1.20\%$）两组。较高锰的优质碳素结构钢牌号数字后加“Mn”例如45Mn。

优质碳素结构钢中S、P含量较低，非金属夹杂少，因此力学性能比碳素结构钢优良，被广泛用于制造机械产品中较重要的结构件。为了充分发挥其性能潜力，一般是在热处理后使用。

4）碳素工具钢。其牌号用字母“T”，再在后面加数字表示，后面的数字表示平均碳质量分数的千倍。碳素工具钢分优质和高级优质两类。若为高级优质钢，则在数字后面加“A”字。例如T8A钢，表示平均 $w_C=0.8\%$的高级优质碳素工具钢。对含锰较高的碳素工具钢，则在数字后加“Mn”，如T8Mn、T8MnA等。

碳素工具钢一般用于刃具制造，此类钢在机械加工前一般进行球化退火，组织为铁素体+细小均匀分布的粒状渗碳体，硬度≤217HBW。作为刃具，最终热处理为淬火+低温回火，组织为回火马氏体+粒状渗碳体+少量参与奥氏体。其硬度可达60~65HRC，耐磨性和加工性都较好，价格又便宜，生产上得到了广泛应用。

5）铸造碳钢。其牌号用“ZG”代表铸钢二字的汉语拼音首字母，后面的第一组数字为屈服强度（单位为MPa），第二组数字为抗拉强度（单位为MPa）。例如ZG200-400，表示屈服强度 $\sigma_s\geqslant200$MPa，抗拉强度 $R_m\geqslant400$MPa的铸造碳钢件。

铸造碳钢一般用于制造形状复杂、力学性能要求比铸铁高的零件，例如水压机横梁、轧钢机机架、重载大齿轮等。这种机件，用锻造方法难以生产，用铸铁又无法满足性能要求，只能用碳钢采用铸造方法生产。

（2）铸铁　铸铁是 $w_C\geqslant2.11\%$的铁碳合金，合金中含有较多的硅、锰等元素，使碳在铸铁中大多数以石墨形式存在。铸铁具有优良的铸造性能、切削加工性、减磨性、消振性和低的缺口敏感性，而且熔炼铸铁的工艺和设备简单、成本低。

根据铸铁中石墨的形态，铸铁可分为：灰铸铁（石墨以片状形式存在）、球墨铸铁（石墨以球状形式存在）、蠕墨铸铁（石墨以蠕虫状形式存在）、可锻铸铁（石墨以团絮状形式存在）。

1）灰铸铁。灰铸铁化学成分的一般范围：$w_C=2.5\%\sim4.0\%$，$w_{Si}=1.0\%\sim2.2\%$，$w_{Mn}=0.5\%\sim1.3\%$，$w_S\leqslant0.15\%$，$w_P\leqslant0.3\%$。灰铸铁的牌号用“灰铁”二字的汉语拼音的字首“HT”加三位数字表示，这三位数字表示其最小抗拉强度值，例如HT150等。

灰铸铁的力学性能主要取决于基体组织和石墨存在的形式，一般灰铸铁基体的强度与硬度不低于相应的钢，但由于片状石墨的强度、塑性、韧性几乎为零，所以灰铸铁的抗拉强度、塑性、韧性比钢低。灰铸铁的抗压强度、硬度与耐磨性，由于石墨存在对其影响不大，故灰铸铁的抗压强度较好。灰铸铁具有良好的铸造性能、切削加工性、减磨性和消振性，另外灰铸铁对缺口的敏感性较低。

2）球墨铸铁。球墨铸铁的化学成分与灰铸铁相比，其特点是碳、硅的质量分数高，而锰的质量分数较低，对硫、磷限制较严，并含有一定量的稀土镁。一般 $w_C=3.6\%\sim4.0\%$，$w_{Si}=2.0\%\sim3.2\%$，$w_{Mn}=0.5\%\sim0.7\%$，$w_S\leqslant0.07\%$，$w_P\leqslant0.1\%$。

球墨铸铁的牌号由QT与两组数字组成，其中QT表示“球铁”二字汉语拼音的字首，第一组数字代表最低抗拉强度值，第二组数字代表最低伸长率，例如QT400-18等。

由于球墨铸铁的组织是在钢的基体上分布着球状石墨，对金属基体的割裂作用较小，使球墨铸铁的抗拉强度、韧性和塑性、疲劳强度高于其他铸铁，球墨铸铁一个突出优点是其屈服强度比较高，因此对于承受静载荷的零件，可用球墨铸铁代替铸钢。

3）可锻铸铁。可锻铸铁俗称马铁，它因具有一定的塑性与韧性，因此得名可锻铸铁，但实际上是不能锻造的。可锻铸铁组织是钢的基体上分布着团絮状的石墨，分铁素体可锻铸铁和珠光体可锻铸铁两种。

其牌号由“KTH”或“KTZ”与两组数字表示。其中“KT”表示“可铁”二字的汉语拼音字首；“H”和“Z”分别表示“黑”和“珠”的汉语拼音的字首；牌号后边第一组数字表示最小抗拉强度值；第二组数字表示最小伸长率。例如KTH300-06等。

可锻铸铁的力学性能优于灰铸铁，并接近同类基体的球墨铸铁。但与球墨铸铁相比，具有铁水处理简易、质量稳定、废品率低等优点。所以在生产中常用可锻铸铁制造一些截面较薄、形状较复杂、工作时受振动而强度、韧性要求较高的零件。

4）蠕墨铸铁。蠕墨铸铁因其石墨像蠕虫而命名。蠕墨铸铁的力学性能介于相同基体组织的灰铸铁和球墨铸铁之间，它的抗拉强度、屈服点、伸长率、疲劳强度均优于灰铸铁，接近于铁素体球墨铸铁；而铸造性能、减振性能、导热性、切削加工性均优于球墨铸铁，与灰铸铁接近。

蠕墨铸铁的牌号由RuT与一组数字表示。其中RuT表示“蠕铁”二字汉语拼音的字首，后面的三位数字表示最小抗拉强度值。例如RuT260等。

3.1.3 钢的热处理

钢的热处理是指将钢在固态下进行加热、保温和冷却，以改变其内部组织，从而获得所需要性能的一种工艺方法。热处理的目的是显著提高钢的力学性能，发挥钢材的潜力，提高工件的使用性能和寿命；还可以消除毛坯(如铸件、锻件等)中的缺陷，改善其工艺性能，为后续工序做组织准备。随着工业和科学技术的发展，热处理将在改善和强化金属材料性能、提高产品质量、节省材料和提高经济效益等方面发挥更大的作用。

1. 钢的退火与正火

常用的热处理工艺可分为两类：预备热处理和最终热处理。预备热处理是消除坯料、半成品中的某些缺陷，为后续的冷加工和最终热处理做组织准备。最终热处理是使工件获得所要求的性能。退火与正火主要用于钢的预备热处理，其目的是为了消除和改善前一道工序(铸、锻、焊)所造成的某些组织缺陷及内应力，也是为后续的切削加工及热处理做好组织和性能上准备。

（1）钢的退火　根据钢的成分、退火工艺与目的的不同，退火可分为完全退火、球化退火、等温退火、均匀化退火、去应力退火和再结晶退火。

1）完全退火。完全退火首先是把亚共析钢加热到Ac_3以上30～50℃，保温一段时间，随炉缓慢冷却以接近平衡组织的热处理工艺。

完全退火主要用于亚共析碳钢和合金钢的铸件、锻件、焊接件等，其目的是细化晶粒、消除内应力、降低硬度、改善切削加工性能等。

2）球化退火。球化退火是使钢中碳化物球状化而进行的的退火工艺。球化退火是把过共析钢加热到 Ac_1 以上 10~20℃，保温一定时间缓慢冷却到 600℃以下出炉空冷的一种热处理工艺。

球化退火主要用于过共析钢的碳钢和合金工具钢。加热温度只使部分渗碳体溶解到奥氏体中，在随后的缓慢冷却过程中形成在铁素体基体上分布球状渗碳体的组织，这种组织称为球化体。球化退火的目的是使二次渗碳体及珠光体中的片状渗碳体球化，从而降低硬度，改善切削加工性，并为淬火做好组织准备。

3）等温退火。对于奥氏体等比较稳定的钢，完全退火全过程所需时间长达数十小时，为缩短整个退火周期可采用等温退火。其目的与完全退火、球化退火相同，但等温退火能得到更均匀的组织与硬度，而且显著缩短生产周期，主要用于高碳钢、合金工具钢和高合金钢。

4）均匀化退火。合金铸锭在结晶过程中，往往易于形成较严重的枝晶偏析。为消除枝晶偏析，使成分均匀化，改善性能，需要进行均匀化退火。均匀化退火是把合金钢铸锭或铸件加热到 Ac_3 以上 150~200℃，保温 10~15h 后缓慢冷却的热处理工艺。由于加热温度高、时间长，会引起奥氏体晶粒严重粗化。因此一般还需进行一次完全退火或正火。

5）去应力退火。去应力退火是为了去除锻件、焊件、铸件及机加工工件中内存的残余应力而进行的退火。去应力退火是将工件缓慢加热到 Ac_1 以下 100~200℃，保温一定时间后随炉冷却至 200℃，再出炉冷却。去应力退火是一种无相变的退火。

（2）钢的正火　将钢材或钢件加热到 Ac_1 或 Ac_{cm} 以上 30~50℃，保温一定的时间，出炉后在空气中冷却的热处理工艺称为正火。正火与退火的主要区别是：正火的冷却速度较快，过冷度较大，因此正火所得的组织比较细，强度和硬度比退火高一些。

2. 钢的淬火

淬火是将钢件加热到 Ac_3 或 Ac_1 以上 30~50℃，保温一定的时间，然后以大于淬火临界冷却速度冷却获得马氏体或贝氏体组织的热处理工艺。

淬火的目的是为了得到马氏体组织。再经回火后，使工件获得良好的使用性能，以充分发挥材料的潜力。

3. 钢的回火

将淬火钢重新加热到 Ac_1 点以下的某一温度，保温一定时间后冷却到室温的热处理工艺成为回火。一般淬火件必须经过回火才能使用。

4. 钢的化学热处理

化学热处理是将金属或合金工件置于一定温度的活性介质中加热和保温，使介质中的一种或几种活性原子渗入工件的表面，以改变表面层的化学成分和组织，使表面层具有不同于心部的性能的一种热处理工艺。化学热处理的种类和方法很多，最常见的有渗碳、氮化、碳氮共渗等。

（1）钢的渗碳　将钢件在渗碳介质中加热并保温使碳原子渗入表层的化学热处理工艺，称为渗碳。渗碳的目的是提高工件表面的硬度和耐磨性，同时保持心部良好韧性。

常用的渗碳材料是 $w_C = 0.1\% \sim 0.25\%$ 的低碳钢和低碳合金钢，经过渗碳后，再进行淬火和低温回火，可在零件的表层和心部分别得到高碳和低碳的组织。一些重要的零件如汽车、拖拉机的变速箱齿轮、活塞销、摩擦片等，它们都是在循环载荷、冲击载荷、很大的接触应力和严重磨损的条件下工作的。因此要求此类零件表面具有高的硬度、耐磨性及疲劳强度，心部具有较高的强度和韧性。

常用的渗碳温度为 900~950℃，渗碳层厚度一般为 0.5~2.5mm。图 3-7 所示为气体渗碳法示意图。

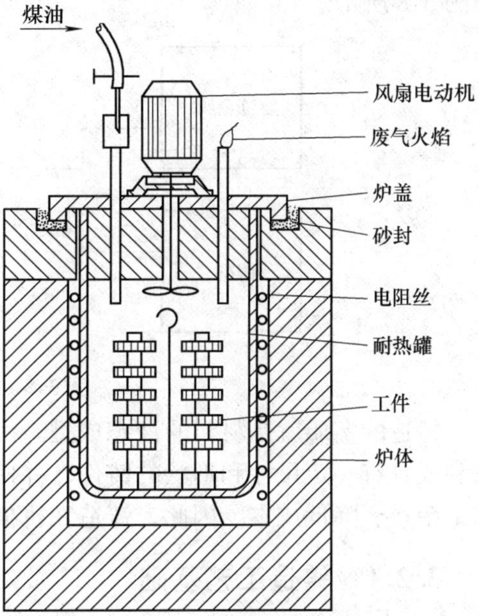

图 3-7　气体渗碳法示意图

（2）钢的氮化　氮化是在一定的温度下（一般在 Ac_1 以下），使活性氮原子渗入工件表面的化学热处理工艺，也称为渗氮。氮化的目的是提高工件表面的硬度、耐磨性、疲劳强度及耐蚀性。氮化广泛应用于耐磨性和精度均要求很高的零件，如镗床主轴、精密传动齿轮等；在循环载荷下要求高疲劳强度的零件，如高速柴油机曲轴；要求变形很小和具有一定抗热、耐蚀能力的耐磨件，如阀门、发动机气缸以及热作模具等。

（3）钢的碳氮共渗与氮碳共渗

1）气体碳氮共渗。在一定温度下同时将碳、氮渗入工件表层奥氏体中，并以渗碳为主的化学热处理工艺称为碳氮共渗。

由于共渗温度（850~880℃）较高，而且是以渗碳为主的碳氮共渗过程，因此处理后要进行淬火和低温回火处理。共渗深度一般为 0.3~0.8mm，共渗层表面组织由细片状回火马氏体、少量的粒状碳氮化合物，以及少量残留奥氏体组成。表面硬度可达 58~64HRC。

气体碳氮共渗与渗碳相比，处理温度低且便于直接淬火，因而变形小、共渗速度快、时间短、生产效率高、耐磨性高。主要用于汽车和机床齿轮、涡轮、蜗杆和轴类等零件的热处理。

2）气体氮碳共渗（软氮化）。工件表面渗入氮和碳，并以渗氮为主的化学热处理，称为氮碳共渗。常用的共渗温度为 560~570℃。由于共渗温度较低，共渗 1~3h，渗层可达 0.01~0.02mm，又称为低温氮碳共渗。与气体氮化相比，渗层硬度较低，脆性较低，故又叫软氮化。

氮碳共渗具有热处理温度低、时间短、工件变形小的特点，而且不受钢种限制，碳钢、合金钢及粉末冶金材料均可进行氮碳共渗处理，达到提高耐磨性、抗咬合、疲劳强度和耐蚀性的目的。由于共渗层很薄，不宜在重载下工作，目前氮碳共渗广泛应用于模具、量具、刀具以及耐磨、承受弯曲疲劳构件的制造。

3.2　铸造

铸造是液态成型，它能制造各种尺寸不同、形状复杂的毛坯或零件。铸造具有适应性广、成本低廉的优点，在一般机械中广泛采用铸件。因此，铸造是机械零件毛坯或成品零件热加工的一种重要工艺方法。

铸造就是熔炼金属，制造与零件形状相适应的铸型，并将熔融金属浇入铸型中，待其冷却凝固后获得毛坯或零件的方法。用铸造方法制造的毛坯或零件称为铸件。铸件的生产过程如图 3-8 所示。

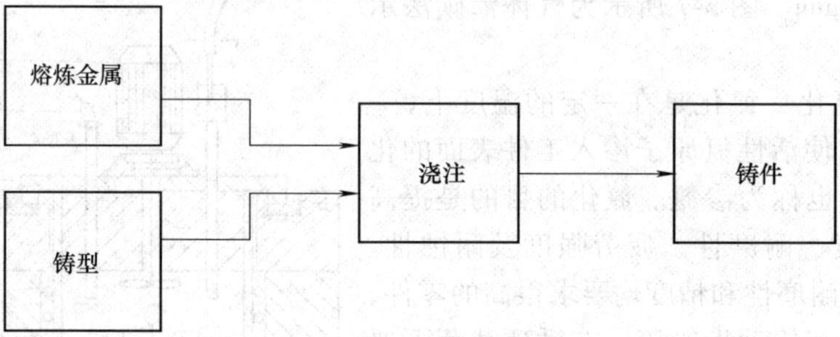

图 3-8　铸件生产过程示意图

铸造的实质就是材料的液态成型。由于液态金属易流动，各种金属材料都能用铸造的方法制成具有一定尺寸和形状的铸件，并使其形状和尺寸尽量与零件接近，以节省金属、减少加工余量、降低成本。因此，铸造在机械制造工业中占有重要的地位。

3.2.1　铸造工艺基础

铸件的质量与铸件的工艺过程密切相关，其中影响最大的是铸件的凝固和合金铸造性能。

1. 铸件的凝固

物质由液态转变为固态的过程称为凝固。常温下由于固态金属单质和合金均为金属晶体，因此金属的凝固过程又称为结晶。

（1）铸造合金的结晶　铸造合金的结晶是通过晶核的形成和晶体的长大这两个相互联系的基本过程来实现的。晶核的形成过程可能是由于液态金属中的一些原子自发地聚集在一起，按金属晶体的固有规律排列起来，形成自发晶核；也可能是由于液态金属中一些外来的微细的固态质点而形成的外来晶核。非均质形核所需能量较小，因而可以在较小的过冷度下获得较多的晶核数目，这也是孕育(变质)处理技术可获得细晶铸件的原因。

晶体长大是合金液体中的原子不断向晶核表面堆砌的过程，也是液-固界面不断向液体中推进的过程。晶体沿各个方向的生长速度是不均匀的，它主要沿生长速度最大的方向发展，这样就形成了晶轴。晶轴继续长大，并在其上长出许多小晶轴，发展为树枝状。在晶体长大的同时新的晶核又陆续出现，它们也同样地形成晶体，这样就有许多晶体在不同的程度上长大着。当它们长大到与相邻的晶体相抵触时，这个方向的长大就停止了。当全部长大的晶体都互相抵触时，液态金属即已耗尽，结晶过程也就完成了。

凝固条件不同，晶体形态会发生变化。铸型型壁处传热快，型壁表面又有促进形核的作用，使得到达液相线温度的那部分液体合金在型壁上产生大量晶核，在型壁“激冷”及液体合金热对流的综合作用下，形成一层很薄的等轴细晶区。在细晶区形成的同时，铸型温度升高，液体合金的冷却速度降低，过冷度减小，形核率降低，使那些与传热最快方向相反、与型壁垂直的晶核优先长大，并顺利长入液体合金；而其他方向上晶核受相临晶体的阻碍，生长较慢。此过程继续下去，就形成了向液体合金内部长大的柱状晶区。铸件心部，过冷度大为减小，温度梯度小，传热逐渐无方向性，晶体向各个方向充分、均匀长大，形成了粗大的等轴晶区。

铸件的质量和机械性能主要取决于柱状晶和等轴晶所占的比例。铸件究竟是以柱状晶为主，还是以等轴晶为主，除了和铸造合金的成分有关，还与铸件的凝固方式有关。

（2）铸件的凝固方式　铸件在凝固过程中，除纯金属和共晶成分合金以外，一般都存在三个区域，即固相区、凝固区（固-液两相）、液相区。根据凝固区宽度的不同，铸件的凝固方式可分为逐层凝固、糊状凝固、中间凝固三种。

1）逐层凝固。纯金属、共晶类合金及窄结晶温度范围的合金，如灰铸铁、铝硅合金、硅黄铜及低碳钢等，倾向于逐层凝固方式，如图 3-9a 所示。

2）糊状凝固。结晶温度范围大的合金，如铝铜合金、锡青铜及球墨铸铁、高碳钢等，倾向于糊状凝固方式，如图 3-9b 所示。

这些合金一旦冷却至液相线温度时，结晶出的第一批晶粒即被周围剩余的液体合金所包围，晶体在各个方向上生长比较均匀；温度继续下降，新形成的另一批晶粒又被液体合金包围，这使小晶粒充斥整个断面，固液交错，最终在铸件整个断面上生成粗大的等轴晶；尚未凝固的液体合金，则被众多的等轴晶封闭。这种凝固方式犹如水泥凝固，先呈糊状而后固化。

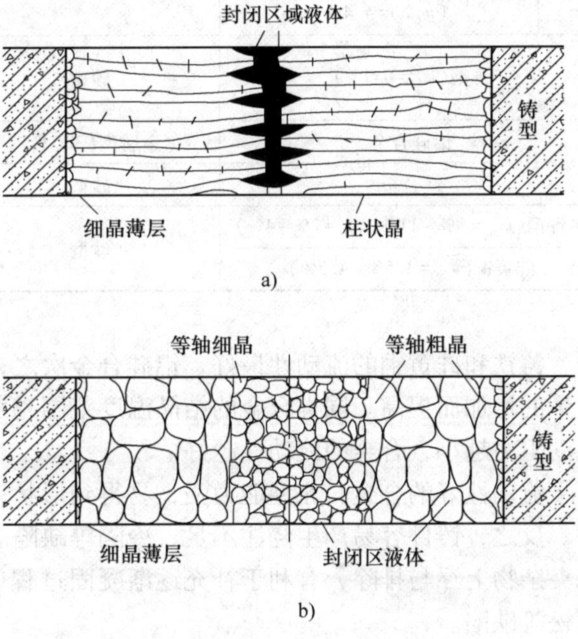

图 3-9　铸件的凝固方式

3）中间凝固。中碳钢、白口铸铁以及部分特殊黄铜等，倾向于中间凝固方式。它介于逐层凝固和糊状凝固之间，既有柱状晶又有等轴晶。

2. 合金的铸造性能

合金的铸造性能是指在铸造生产过程中，铸造成型的难易程度。容易获得正确的外形、内部又健全的铸件，其铸造性能就好。应该指出，合金的铸造性能是一个复杂的综合性能，通常用充型能力、收缩性等指标来衡量。

（1）合金的充型能力　熔融的金属充满型腔，形成轮廓清晰、形状完整的铸件的能力叫做合金的充型能力。影响合金充型能力的因素有两个：一是合金的流动性，二是外界条件。

1）合金的流动性。合金流动性的好坏，通常以螺旋形试样的长度来衡量。将金属浇入图 3-10 所示的螺旋形试样的铸型中，在相同的铸型及浇注条件下，得到的螺

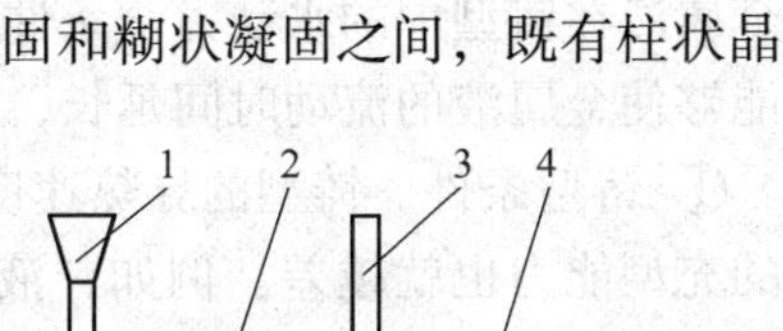

图 3-10　螺旋形试样示意图

1—浇口杯　2—试样　3—冒口　4—试样凸点

旋形试样越长，表示该合金的流动性越好。不同种类合金的流动性差别较大。常用合金流动性比较见表 3-2。

表 3-2 常用合金流动性比较

合金		铸型材料	浇注温度/℃	螺旋线长度/mm
铸铁	(w_{C+Si}=6.2%)	砂型	1300	1800
	(w_{C+Si}=5.9%)		1300	1300
	(w_{C+Si}=5.2%)		1300	1000
	(w_{C+Si}=4.4%)		1300	600
铸钢(w_C=0.4%)		砂型	1600	100
			1640	200
铝硅合金		金属型(300℃)	690~720	100~800
镁合金		砂型	700	400~600
锡青铜(w_{Sn}=9%~11%;w_{Zn}=2%~4%)		砂型	1040	420
硅黄铜(w_{Si}=1.5%~4.5%)			1100	1000

铸铁和硅黄铜的流动性最好，铝硅合金次之，铸钢最差。在铸铁中，流动性随着碳、硅含量的增加而提高。同类合金的结晶温度范围越小，结晶时固液两相区越窄，对内部液体的流动阻力越小，合金的流动性越好。

流动性好的合金，充型能力强，易得到形状完整、轮廓清晰、尺寸准确、薄而复杂的铸件。反之，铸件容易产生浇注不足、冷隔等缺陷。流动性好，还有利于金属中的气体、非金属夹杂物上浮与排除，有利于补充逐渐凝固过程中的收缩，以免产生气孔、夹渣以及缩孔、缩松等缺陷。

2）外界条件。影响充型能力的外界因素有铸型条件、浇注条件和铸件结构等。这些因素主要是通过影响金属与铸型之间的热交换条件，从而改变金属液的流动时间，或是通过影响金属液在铸型中的水动力学条件，从而改变金属液的流动速度来影响合金充型能力的。如果能够使金属液的流动时间延长，或加快流动速度，就可以改善金属液的充型能力。

① 铸型条件。铸型的导热速度越大或对金属液流阻力越大，金属流动时间就越短，合金的充型能力也就越差。例如，液态合金在金属型中的充型能力比在砂型中差。砂型铸造时，若型砂中的水分过多，排气不好，则浇注时产生大量气体会增加充型的阻力，使合金的充型能力变差。

② 浇注条件。在一定范围内，提高浇注温度，可使液态合金黏度下降，流速加快，还能使铸型温度升高，金属散热速度变慢，从而大大提高金属液的充型能力。但如果浇注温度过高，容易产生粘砂、缩孔、气孔、粗晶等缺陷。因此，在保证金属液具有足够充型能力的前提下应尽量降低浇注温度。例如，铸钢的浇注温度范围为 1520~1620℃，铸铁的浇注温度范围为 1230~1450℃，铝合金的浇注温度范围为 680~780℃。薄壁复杂铸件取温度上限，厚大铸件取温度下限。

③ 铸件结构。当铸件壁厚过小、壁厚急剧变化、结构复杂以及有大的水平面等结构时，都会使金属液的流动发生困难。因此，设计时铸件的壁厚必须大于最小允许壁厚值，有的铸

件还需设计流动通道。不同金属和不同铸造方法铸造的铸件的最小壁厚值见表 3-3。

表 3-3　不同金属和不同铸造方法铸造的铸件的最小壁厚值　　（单位：mm）

金属	砂型	金属型	熔模	压铸型
灰铸铁	3	>4	0.4~0.8	—
铸钢	4	8~10	0.5~1	—
铝合金	5	3~4	—	0.6~0.8

（2）合金的收缩性　铸件在冷却过程中，其体积和尺寸缩小的现象叫做收缩。合金的收缩量通常用体收缩率和线收缩率来表示。金属从液态到常温的体积改变量称为体收缩；金属在固态由高温到常温的线性尺寸改变量称为线收缩。铸件的收缩与合金成分、温度、收缩系数和相变体积改变等因素有关，除此之外还与结晶特性、铸件结构以及铸造工艺等有关。

1）收缩三阶段。铸造合金收缩要经历三个相互联系的收缩阶段，即液态收缩、凝固收缩、固态收缩，如图 3-11 所示。

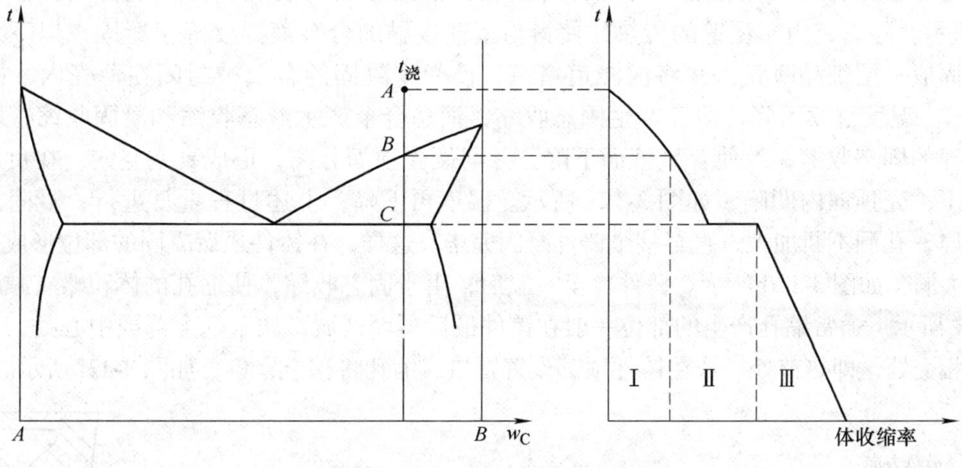

图 3-11　铸造合金的收缩阶段

Ⅰ—液态收缩　Ⅱ—凝固收缩　Ⅲ—固态收缩

① 液态收缩是合金从浇注温度 $t_{浇}$（A 点）冷却至开始凝固（液相线）温度（B 点）之间的收缩。金属液体的过冷度越高，液态收缩越多。

② 凝固收缩是合金从开始凝固（B 点）至凝固结束（固相线）之间的收缩。结晶温度范围越宽，凝固收缩越大。

液态收缩和凝固收缩一般表现为铸型空腔内金属液面的下降，是铸件产生缩孔或缩松的基本原因。

③ 固态收缩是合金在固态下冷却至室温的收缩。它将使铸件的形状、尺寸发生变化，是产生铸造应力，导致逐渐变形甚至产生裂纹的主要原因。

常用的金属材料中，铸钢收缩最大，有色金属次之，灰铸铁最小。灰铸铁收缩最小是因析出石墨而引起体积膨胀的结果。

2）影响收缩的因素。合金收缩为液态收缩、凝固收缩和固态收缩三个阶段收缩之和，它和金属本身的化学成分、浇注温度以及铸件结构和铸型条件等因素有关。

① 化学成分。不同成分合金的收缩率不同，如碳素钢随含碳量的增加，凝固收缩率增加，而固态收缩率略减。

② 浇注温度。浇注温度主要影响液态收缩率。浇注温度升高，使合金液态收缩率增加，则总收缩量相应增大。为减小合金液态收缩及氧化吸气，并且兼顾流动性，浇注温度一般控制在高于液相线温度50~150℃。

③ 铸件结构与铸型条件。铸件的收缩并非自由收缩，而是受阻收缩。其阻力来源于两方面：一是由于铸件壁厚不均匀，各部分冷却速度不同，收缩先后不一致，而相互制约产生阻力；二是铸型和型芯对收缩的机械阻力。铸件收缩时受阻越大，实际收缩率就越小。因此，在设计和制造模样时，应根据合金种类和铸件的受阻情况，考虑收缩率的影响。

3）收缩对铸件质量的影响如下：

① 缩孔与缩松。如果铸件的液态收缩和凝固收缩得不到合金液体的补充，在铸件最后凝固的某些部位会出现孔洞。大而集中的孔洞称为缩孔，细小而分散的孔洞称为缩松。图3-12所示为缩孔形成的示意图。

液态合金注满铸型型腔后，开始冷却阶段，液态收缩可以从浇注系统得到补偿，如图3-12a所示。随后，由于型壁的传热，使得与型壁接触的合金液温度降至凝固点以下，铸件表层凝固成一层细晶薄壳，并将内浇道堵塞，使尚未凝固的合金被封闭在薄壳内，如图3-12b所示。温度继续下降，薄壳产生固态收缩，液态合金产生液态收缩和凝固收缩，而且远大于薄壳的固态收缩，致使合金液面下降，并与硬壳顶面分离，形成真空空穴，在负压及重力作用下，壳顶向内凹陷，如图3-12c所示。温度再下降，上述过程重复进行，凝固的硬壳逐步加厚，孔洞不断加大，直至整个铸件凝固完毕。这样，在铸件最后凝固的部位形成一个倒锥形的大洞，如图3-12d所示。铸件冷至室温后，由于固态收缩，使缩孔的体积略有减小，如图3-12e所示。通常缩孔产生的部位一般在铸件最后凝固区域，如壁的上部或中心处，以及铸件两壁相交处，即热节处。若在铸件顶部设置冒口，缩孔将移至冒口，如图3-12f所示。

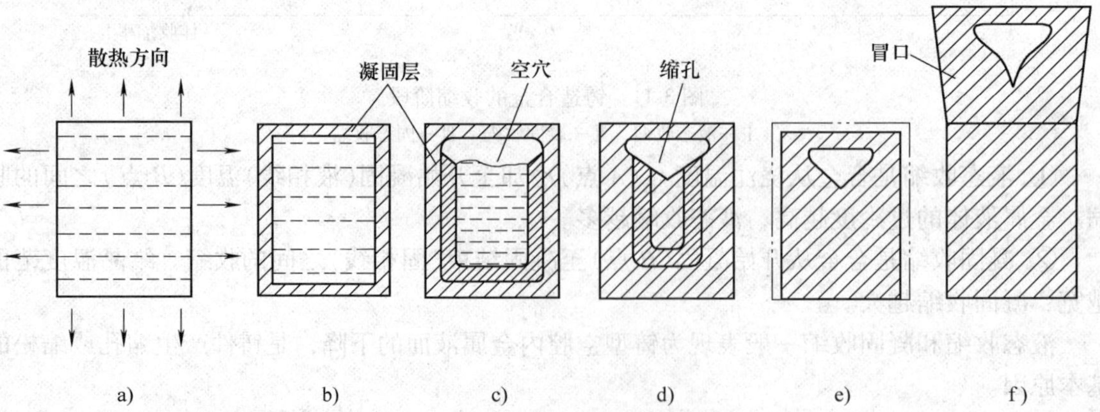

图3-12　缩孔形成过程

缩松形成的基本原因虽然和形成缩孔的原因相同，但是形成的条件却不同，它主要出现在结晶温度范围宽、呈糊状凝固方式的铸造合金中。缩松形成过程如图3-13所示。

这类合金铸件的凝固倾向于糊状凝固或中间凝固方式，凝固区液固交错，枝晶交错，将尚未凝固的液体合金彼此分隔成许多孤立的封闭的液体区域。此时，如同形成缩孔一样，在

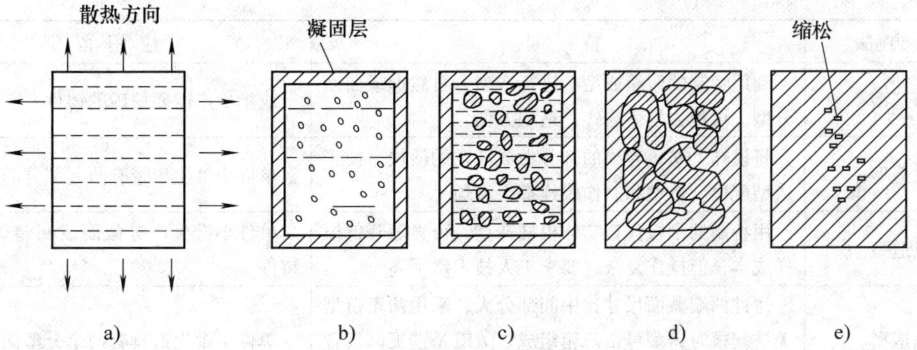

图 3-13 缩松形成过程
a）冷凝初始阶段 b）表层细晶薄壳形成 c）液固交错凝固阶段
d）枝晶交叉形成液体封闭区域 e）产生缩松

继续凝固收缩时由于得不到新的液体合金补充，在枝晶分叉间形成许多小而分散的孔洞，这就是缩松。它分布在整个铸件断面上，一般出现在铸件壁的轴线区域、热节处、冒口根部和内浇道附近，也常分布在缩孔的下方。

不论是缩孔还是缩松，都使铸件的力学性能、气密性和物理化学性能大大降低，以致成为废品。所以缩孔和缩松是极其有害的铸造缺陷，必须设法防止。

② 铸造应力、变形和裂纹。铸件在冷凝过程中，由于各部分金属冷却速度不同，使得各部分的收缩不一致，再加上铸型和型芯的阻碍作用，使铸件的固态收缩受到制约，就会产生铸造应力。在铸造应力作用下铸件容易产生变形，甚至开裂。

3.2.2 铸造方法

根据铸型的类型不同，铸造方法分为砂型铸造和特种铸造两大类。砂型铸造是目前最常用最基本的铸造方法。

1. 砂型铸造

砂型铸造的基本工艺过程如图 3-14 所示。主要工序有制造模样和芯盒、制备型砂和芯砂、造型、合型、浇注、落砂清理和检验等。其中造型(芯)是砂型铸造最基本的工序，按紧实型砂和起模方法不同，造型方法可分为手工造型和机器造型两种。

(1) 手工造型　手工造型操作灵活，工装简单，但劳动强度大，生产率低，常用于单件和小批量生产。

手工造型的方法很多，有整模造型、分模造型、挖砂造型、活块造型、刮板造型等。常用手工造型方法的特点和应用范围见表 3-4。

表 3-4 常用手工造型方法的特点和应用范围

造型方法	特　点	应用范围
整模造型	整体模，分型面为平面，铸型型腔全部在一个砂箱内。造型简单，铸件不会产生错箱缺陷	铸件最大截面在一端，且为平面
分模造型	模样沿最大截面分为两半，型腔位于上下两个砂箱内。造型方便，但制作模样较麻烦	最大截面在中部，一般为对称性铸件
挖砂造型	整体模，造型时需挖去阻碍起模的型砂，故分型面是曲面，造型麻烦，生产率低	单件小批生产，分模后易损坏铸件或使铸件变形

（续）

造 型 方 法	特　　点	应 用 范 围
假箱造型	利用特制的假箱或型板进行造型，自然形成曲面分型。可免去挖砂操作，造型方便	成批生产需要挖砂的铸件
活块造型	将模样上妨碍起模的部分做成活动的活块，便于造型配模。造型和制作模样都很麻烦	单件小批生产带有凸起部分的铸件
刮板造型	用特制的刮板代替实体模样造型，可显著降低模样成本，但操作复杂，要求工人技术水平高	单件小批生产等截面或回转体大、中型铸件
三箱造型	铸件两端截面尺寸比中间部分大，采用两箱造型无法起模时铸型可由三箱组成，关键是选配高度合适的中箱，造型麻烦，容易错箱	单件小批生产具有两个分型面的铸件
地坑造型	在地面以下的沙坑中造型，一般只用上箱，可减少砂箱投资。但造型劳动量大，要求工人技术水平高	生产批量不大的大、中型铸件，可节省下箱

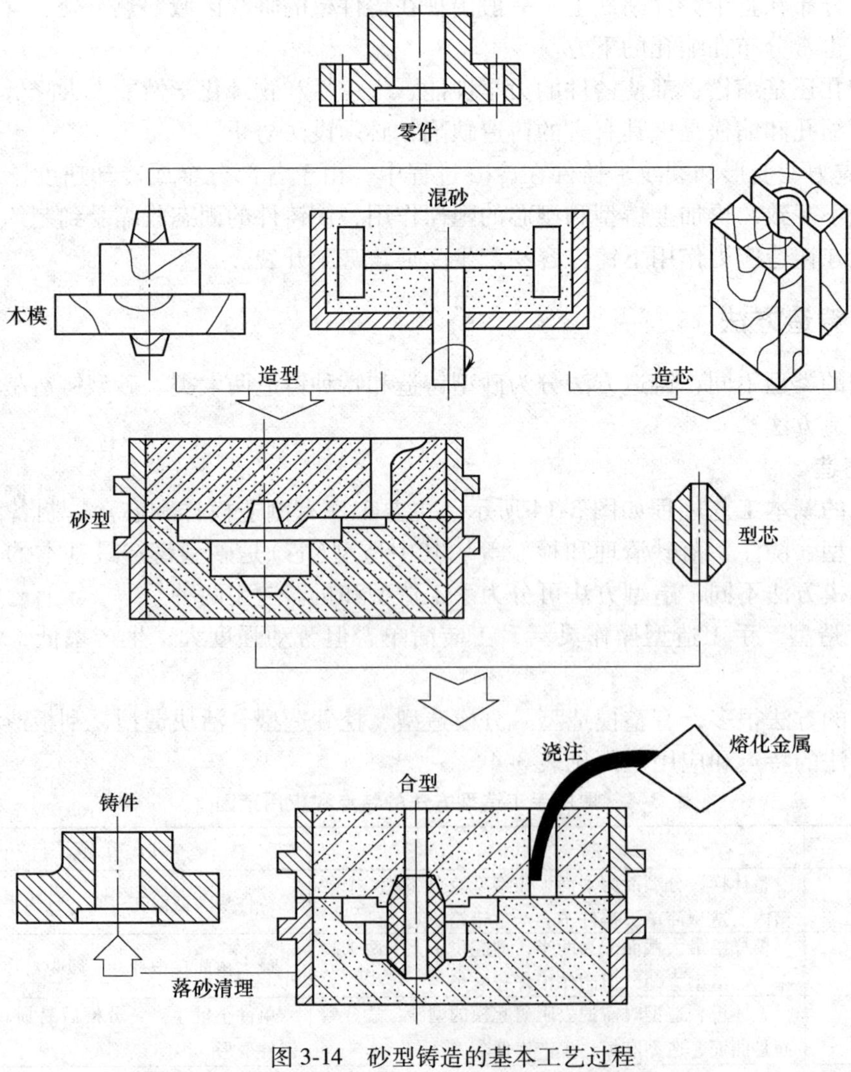

图 3-14　砂型铸造的基本工艺过程

（2）机器造型　机器造型（芯）使紧实和起模两个重要工序实现了机械化，因而生产率高，铸件质量好。但设备投资大，适用于中、小型铸件的成批大量生产。

机器造型按紧实的方式不同，分为压实造型、震击造型、抛砂造型和射砂造型四种基本方式。

1）压实造型。压实造型是利用压头的压力将砂箱中的型砂紧实，图 3-15 所示为压实造型示意图。先把型砂填入砂箱，然后压头向下将型砂紧实。压实造型生产率高，但型砂高度方向的紧实度不均匀，一般越接近模底板，紧实度越差，因此适用于高度不大的砂箱。

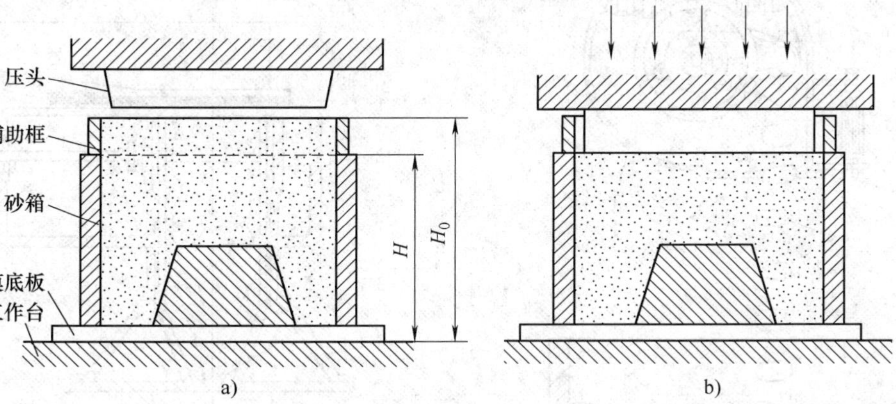

图 3-15　压实造型

a）压头压实前位置　b）压头压实后位置

2）震击造型。震击造型是利用撞击对型砂进行紧实，如图 3-16 所示。砂箱填砂后，震击活塞将工作台连同砂箱举起一定高度，然后下落，与砧座撞击，依靠型砂下落时的冲击力产生紧实作用。

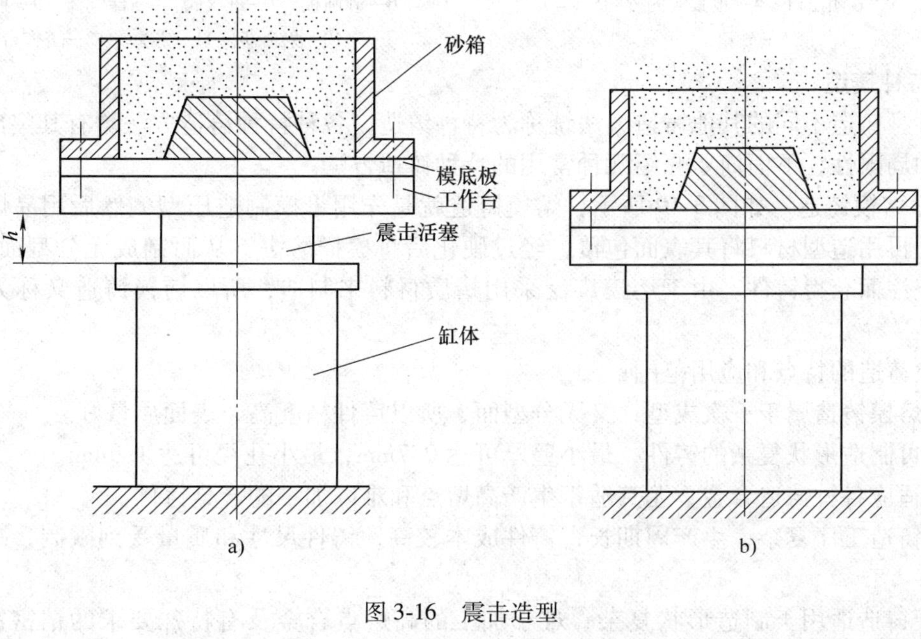

图 3-16　震击造型

3）抛砂造型。如图 3-17 所示，抛砂头转子上装有叶片，型砂由带式输送机连续送入，高速旋转的叶片接住型砂并分成一个一个砂团，当砂团随叶片转到出口时，由于离心力作用，被高速抛入砂箱，同时完成填砂和紧实。

4）射压造型。射压造型的方法除用于造型外多用于造芯。图 3-18 所示为射砂机工作原理。由储气筒中迅速进入到射膛的压缩空气，将型砂由射砂孔射入芯盒的空腔中，而压缩空气经射砂头上的排气孔排出，射砂过程在较短的时间内同时完成填砂和紧实，生产率极高。

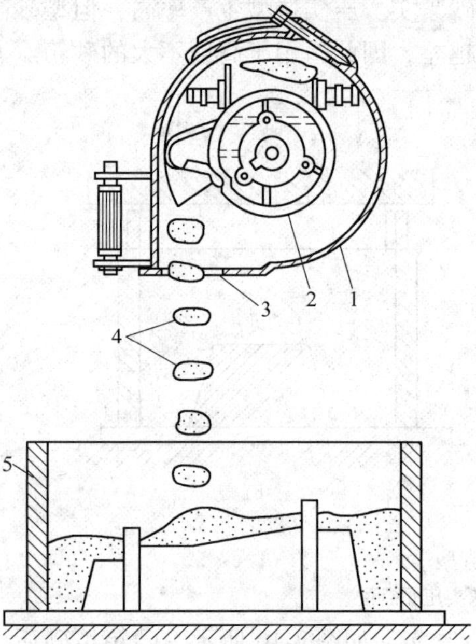

图 3-17　抛砂造型

1—机头外壳　2—型砂入口

3—砂团出口　4—被紧实的砂团

5—砂箱

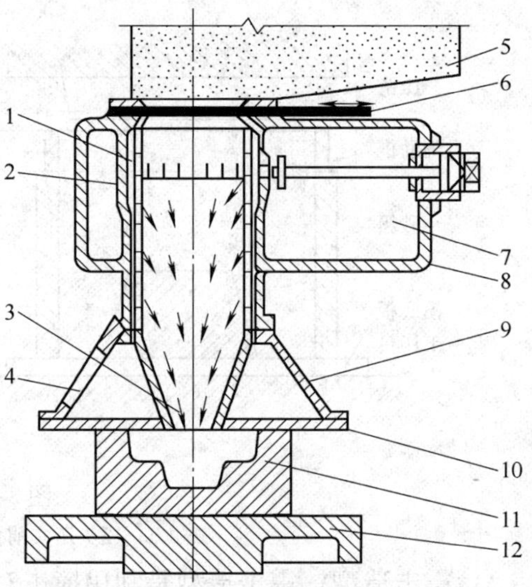

图 3-18　射砂机工作原理

1—射砂筒　2—射膛　3—射砂孔　4—排气孔　5—砂斗

6—砂闸板　7—进气阀　8—储气筒　9—射砂头

10—射砂板　11—芯盒　12—工作台

2. 特种铸造

与砂型铸造不同的其他铸造方法统称为特种铸造。各种特种铸造方法均有其突出的特点和一定的局限性，下面简要介绍几种常用的特种铸造方法。

（1）熔模铸造　如图 3-19 所示，熔模铸造就是先用母模制造压型，然后用易熔材料制成模样，再用造型材料将其表面包覆，经过硬化后将模样熔去，从而制成无分型面的型壳，最后经浇注而获得铸件。由于熔模广泛采用蜡质材料来制造，所以熔模铸造又称为“失蜡铸造”。

熔模铸造的特点和应用范围：

1）熔模铸造属于一次成型，又无分型面，所以铸件精度高，表面质量好。

2）可制造形状复杂的铸件，最小壁厚可达 0.7mm，最小孔径可达 1.5mm。

3）适应各种铸造合金，尤其适于生产高熔点和难以加工的合金铸件。

4）铸造工序复杂，生产周期长，铸件成本较高，铸件尺寸和质量受到限制，一般不超过 25kg。

熔模铸造适用于制造形状复杂、难于加工的高熔点合金及有特殊要求的精密铸件。目前，主要用于汽轮机、燃气轮机叶片，切削刀具，仪表元件，汽车、拖拉机及机床等零件的

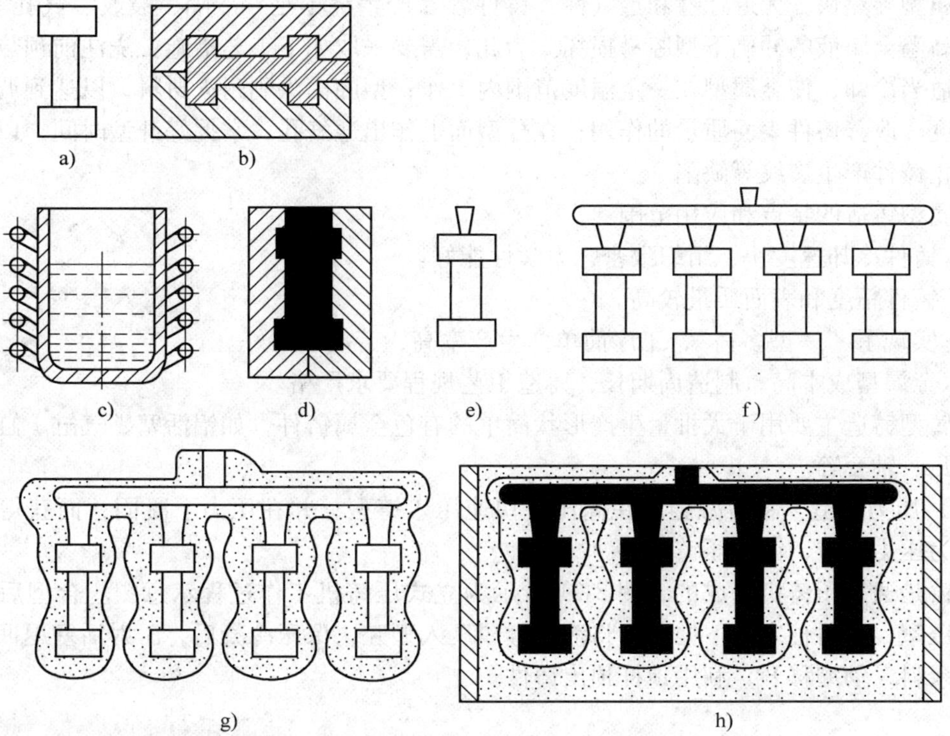

图 3-19　熔模铸造工艺过程

a）母模　b）压型　c）熔蜡　d）制造蜡模　e）蜡模　f）蜡模组　g）结壳、脱蜡　h）填砂、浇注

生产。

（2）金属型铸造　把液体金属浇注到用金属制成的铸型内，而获得铸件的方法称为金属型铸造。一般金属型用铸铁或耐热钢制造，由于金属型可重复使用多次，故又称为永久型。

按照分型面的位置不同，金属型分为整体式、垂直分型式、水平分型式和复合分型式。图 3-20 所示为水平分型式和垂直分型式结构简图。其中垂直分型式便于布置浇注系统，铸型开合方便，容易实现机械化，应用较广。

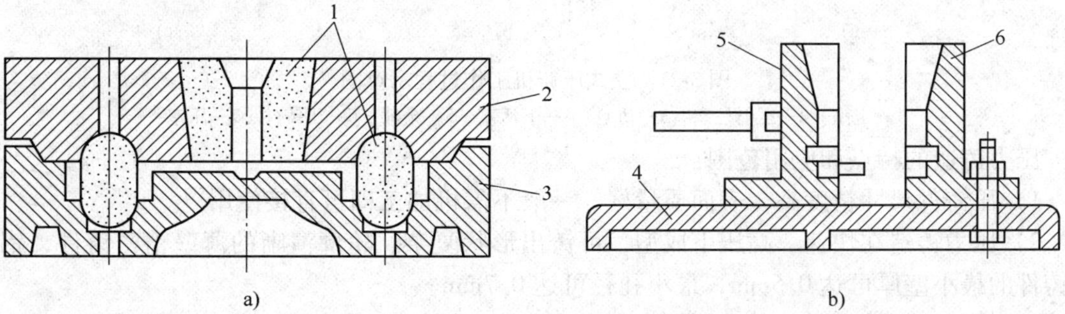

图 3-20　金属型

a）水平分型式　b）垂直分型式

1—型芯　2—上型　3—下芯　4—模底板　5—动型　6—定型

金属型导热快，无退让性和透气性，铸件容易产生浇不足、冷隔、裂纹、气孔等缺陷。此外在高温金属液的冲刷下型腔易损坏。为此，需要采取如下工艺措施：浇注前预热，浇注过程中适当冷却，使金属型在一定温度范围内工作；型腔内涂刷耐火材料，以达到调节铸件冷却速度、改善铸件表面质量的作用；在分型面上作出通气孔；掌握好开型时间，以利于取件和防止铸件产生裂纹等缺陷。

金属型铸造的特点和应用范围：

1）铸件冷却速度快，组织致密，力学性能好。

2）铸件精度和表面质量较高。

3）实现了“一型多铸”，工序简单，生产率高，劳动条件好。

4）金属型成本高，制造周期长，铸造工艺规程要求严格。

金属型铸造主要用于大批量生产形状简单的有色金属铸件，如铝活塞、气缸、缸盖、泵体、轴瓦、轴套等。

（3）压力铸造　将熔融金属在高压下快速压入铸型，并在压力下凝固，而获得铸件的方法称为压力铸造，简称压铸。

压铸是通过压铸机完成的，图 3-21 所示为立式压铸机工作过程示意图。合型后把金属液浇入压室，压射柱塞向下推进，将液态金属压入型腔，保压冷凝后，压射活塞退回，下活塞顶出余料，动型移开，利用顶杆顶出铸件。

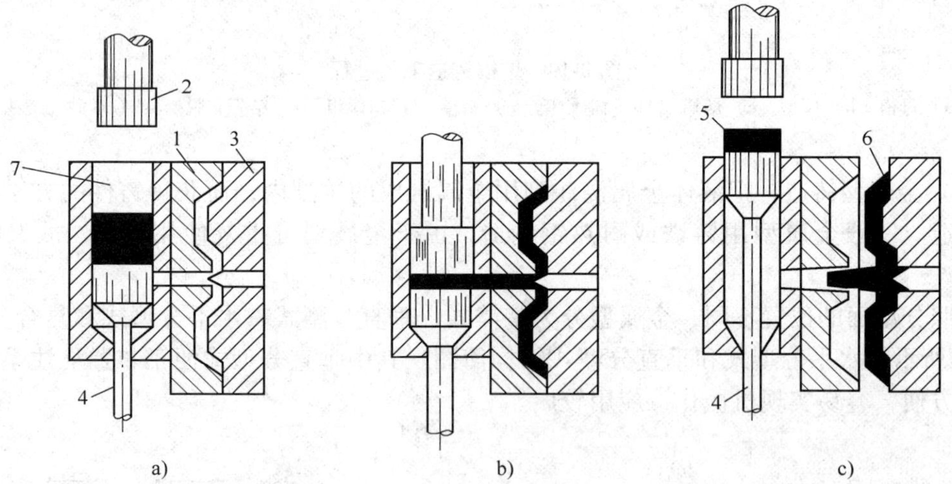

图 3-21　立式压铸机工作过程示意图

1—定型　2—压射柱塞　3—动型　4—下活塞　5—余料　6—压铸件　7—压室

压力铸造的特点和应用范围：

1）压铸件尺寸精度高，表面质量好，一般不需机加工即可直接使用。

2）压力铸造在快速、高压下成型，可铸出形状复杂、轮廓清晰的薄壁精密铸件，铝合金铸件的最小壁厚可达 0. 5mm，最小孔径可达 0. 7mm。

3）铸件组织致密，力学性能好，其强度比砂型铸件提高 25%~40%。

4）生产率高，劳动条件好。

5）设备投资大，铸型制造费用高，周期长。

压力铸造主要用于大批量生产低熔点合金的中小型铸件，如铝、锌、铜等合金铸件，在汽车、拖拉机、航空、仪表、电气等行业获得广泛应用。

（4）离心铸造　离心铸造是将液体金属浇入高速旋转的铸型中，使其在离心力的作用下凝固成型的铸造方法。

根据铸型旋转轴空间位置不同，离心铸造机可分为立式和卧式两大类，如图 3-22 所示。立式离心铸造机的铸型绕垂直轴旋转，如图 3-22a 所示，由于离心力和液态金属本身的重力的共同作用，使铸件的内表面为一回转抛物面，造成铸件上薄下厚，而且铸件越高，壁厚差越大。因此，立式离心铸造主要用于生产高度小于直径的圆环类铸件。卧式离心铸造机的铸型绕水平轴旋转，如图 3-22b 所示，由于铸件各部分冷却条件相近，故壁厚均匀，适用于生产长度较大的管、套类铸件。

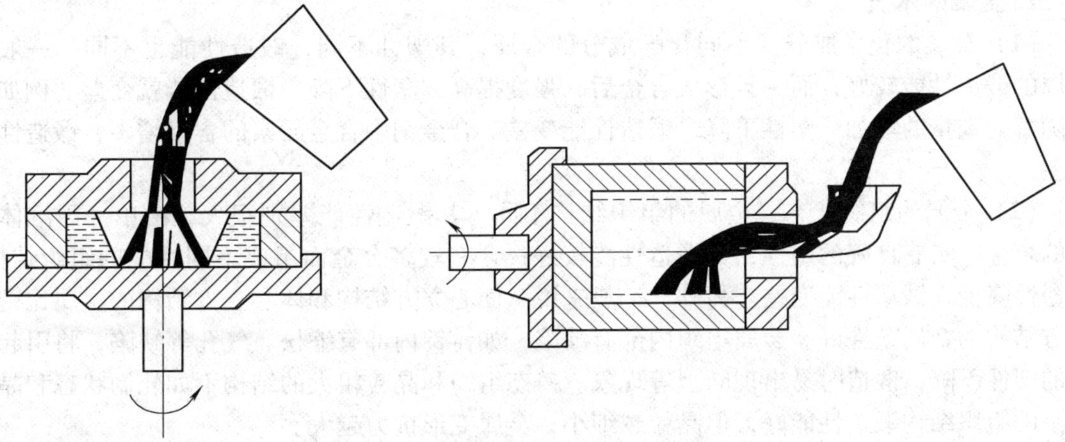

a)　　b)

图 3-22　离心铸造

离心铸造的特点和应用范围：

1）铸件在离心力作用下结晶，组织致密，无缩孔、缩松、气孔、夹渣等缺陷，力学性能好。

2）铸造圆形中空铸件时，可省去型芯和浇注系统，简化了工艺，节约了金属。

3）便于制造双金属铸件，如钢套镶铸铜衬。

4）离心铸造件的内表面粗糙，尺寸不易控制，需要增加加工余量来保证铸件质量，且不易生产易偏析的合金。

离心铸造是生产管、套类铸件的主要方法，如铸铁管、铜套、气缸套、双金属轧辊、滚筒等。

3.3　锻造

锻造是一种借助工具或模具在冲击或压力作用下，对金属坯料施加外力，使其产生塑性变形，改变尺寸、形状及性能，用于制造机械零件或零件毛坯的成形加工方法，锻造又称作锻压或冲压。

锻压加工与其他加工方法比较，具有较高的生产率，可消除零件或毛坯内部的缺陷；锻件的形状、尺寸稳定性好，并具有较高的综合力学性能。锻件的最大优势是韧性好、纤维组织合理、锻件间性能变化小。

但是锻压生产也存在以下缺点：不能直接制成形状复杂的零件，锻件尺寸精度不高；锻压生产需要重型机器设备和复杂的工模具，对厂房基础要求高，初次投资费用较大。

3.3.1 金属的锻造性能

金属的锻造性能是衡量金属材料利用锻压加工方法成形的难易程度，是金属的工艺性能指标之一。金属的锻造性能常用金属的塑性和变形抗力这两个指标来衡量。金属的塑性好，变形抗力低，则锻造性能好，反之则差。影响金属材料塑性和变形抗力的主要因素有两个方面。

1. 金属的本质

（1）金属的化学成分　不同化学成分的金属，其塑性不同，锻造性能也不同。一般纯金属的锻造性能较好，而一旦形成合金后，强度提高，塑性下降，锻造性能就变差。例如碳钢随着含碳量的增加，塑性下降，锻造性能变差。合金钢中合金元素的含量增多，锻造性能变差。

（2）金属的组织状态　金属的组织结构不同，其锻造性能差别很大，由单一固溶体组成的合金，具有良好的塑性，其锻造性能较好；含有较多合金而组成不同性能的组织结构，则塑性降低，锻造性能变差。另外，一般来说，面心立方结构和体心立方结构的金属比密排六方结构的金属塑性好。金属组织内部有缺陷，如铸锭内部有缩松、气孔等缺陷，将引起金属的塑性下降，锻造时易出现断裂等现象。铸态组织和晶粒粗大的结构不如轧制状态和晶粒细小的组织结构锻造性能好，但晶粒越细小，金属变形抗力越大。

2. 金属的变形条件

（1）变形温度　随着温度的升高，金属原子动能升高，易于产生滑移变形，从而提高了金属的锻造性能。所以，加热是锻压生产中很重要的变形条件。但温度过高致金属出现过热、过烧时，塑性反而显著下降。对于加热温度，需根据金属材质不同，控制在一定范围。

（2）变形速度　变形速度是指金属在锻压过程中单位时间内的相对变形量。变形速度大，会使金属的塑性下降，变形抗力增大。但变形速度很大时，由于热效应，会使金属的温度升高而提高塑性、降低变形能力。

（3）变形时的应力状态　压应力使塑性提高，拉应力使塑性降低。工具和金属间的摩擦力将使金属的变形不均匀，导致金属塑性降低，变形抗力增大。

综上所述，金属的塑性和变形抗力是受金属的本质与变形条件等因素制约的，在选用锻压加工方法进行金属成形时，要依据金属本质和成形要求，充分发挥金属的塑性，尽可能降低其变形抗力，用最少的能耗，获得合格的锻压件。

3.3.2 自由锻

自由锻是将加热好的金属坯料，放在锻造设备上、下砧铁之间，施加冲击力或压力，使之产生塑性变形，从而获得所需锻件的一种加工方法。坯料在锻造过程中，除与上、下砧铁或其他辅助工具接触的部分表面外，都是自由表面，变形不受限制，故称自由锻。

自由锻可分为手工自由锻和机器自由锻。手工自由锻是依靠人力使用简单工具对坯料进行锻打，从而改变坯料的形状和尺寸获得所需锻件。手工锻造生产率低、劳动强度大、锤击力小，一般只能完成一些简单手工农具或工艺品的锻造，在现代工业生产中已为机器锻造所取代。机器自由锻是依靠专用的自由锻造设备和专用工具对坯料进行锻打，改变坯料形状和尺寸，获得锻件。自由锻的优点是所用工具简单、通用性好、灵活性大，适用于单件、小批量锻件生产，特别是特大型锻件的生产。自由锻的缺点是锻件精度低、加工余量大、生产率低、劳动强度大。

1. 自由锻设备

根据锻造设备的不同，自由锻又分为锤锻自由锻和水压机自由锻两种。前者用于锻造中、小型锻件，后者用于锻造大型锻件。

（1）锤锻自由锻　锤锻自由锻的通用设备是空气锤和蒸汽-空气自由锤。空气锤由自身携带的电动机直接驱动，落下部分质量在 40～1000kg 之间，锤击能量小，只能锻造 100kg 以下的小型锻件。

空气锤的结构和工作原理如图 3-23 所示，它主要由以下几个部分组成：

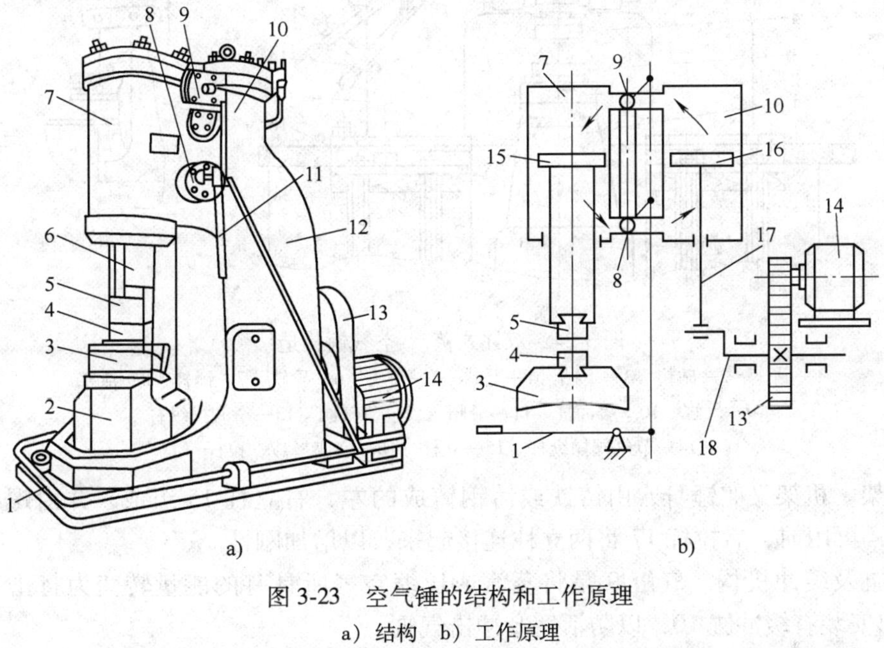

图 3-23　空气锤的结构和工作原理

a）结构　b）工作原理

1—踏杆　2—砧座　3—砧垫　4—下砧　5—上砧　6—锤杆　7—工作缸　8—下旋阀　9—上旋阀　10—压缩缸　11—手柄　12—锤身　13—减速器　14—电动机　15—工作活塞　16—压缩活塞　17—连杆　18—曲柄

1）机架。机架又叫锤体，由工作缸 7、压缩缸 10、锤身 12、底座等组成。

2）传动部分。由电动机 14、减速器 13、曲柄 18 及压缩活塞 16 等组成。

3）操纵部分。由上、下旋阀 9 和 8，旋阀套和踏杆(操纵手柄)1 等组成。

4）工作部分。包括下落部分(工作活塞 15、锤杆 6、上砧 5)和锤砧(下砧 4、砧垫 3、砧座 2)组成。

为满足锻造的稳定性，砧座的质量要求是落下部分质量的 12～15 倍。砧座安装在钢筋水泥基础上，而且在砧座与基础之间垫有枕木，以消除打击时产生的振动。

蒸汽-空气锤利用压力为 0.6～0.9MPa 的蒸汽或压缩空气作为动力，蒸汽或压缩空气由单独的锅炉或空气压缩机供应，投资比较大。常用的双柱式蒸汽-空气锤的构造如图 3-24 所示，其主要组成有：

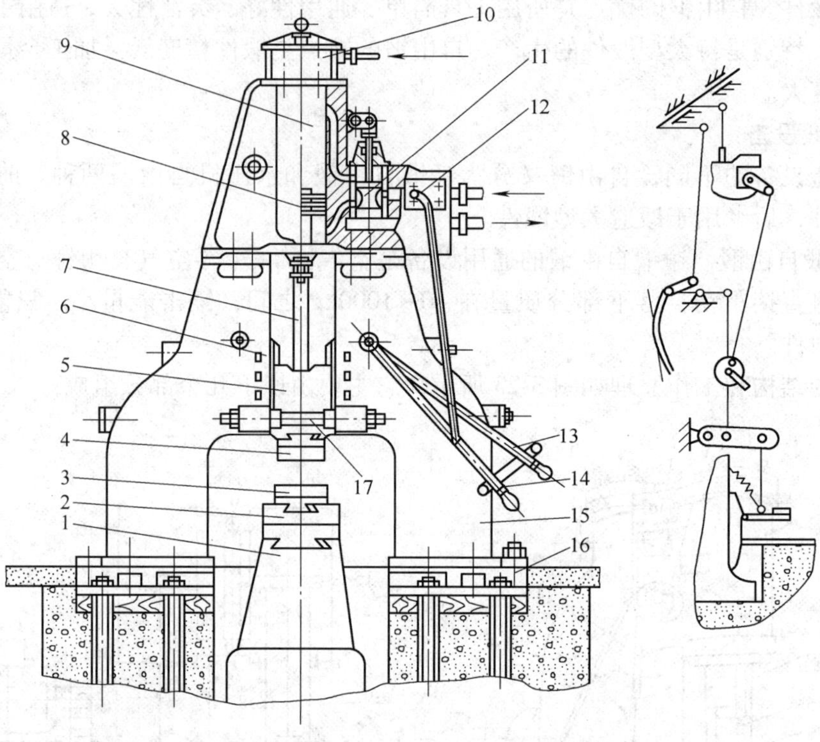

图 3-24　双柱式蒸汽-空气锤构造

1—砧座　2—砧垫　3—下砧　4—上砧　5—锤头　6—导轨　7—锤杆　8—活塞
9—气缸　10—缓冲缸　11—滑阀　12—节气阀　13—滑阀操纵杆
14—节气阀操纵杆　15—立柱　16—底座　17—拉杆

1）机架。机架又叫锤身，由铸铁或铸钢铸成的左、右立柱 15 组成，并由螺栓紧固在底座 16 上，再用前、后拉杆 17 将两立柱连接起来，以增加刚性。

2）气缸及缓冲机构。气缸 9 是将蒸汽或压缩空气所具有的能量转变为打击功能的结构，在上部安装有缓冲缸 10，以防活塞 8 冲击气缸。

3）落下部分。落下部分包括活塞 8、锤杆 7、锤头 5 和上砧 4 等。

4）配气—操纵机构。配气机构位于气缸侧面，由滑阀 11 和节气阀 12 组成。操纵机构由节气阀操纵杆 14、滑阀操纵杆 13 等组成。操纵机构的作用是通过操作节气阀和滑阀，使锤头实现悬空、压紧工件、单次打击和连续打击等动作。

5）砧座。砧座由下砧 3、砧垫 2 和砧座 1 组成。砧座的质量是落下部分的 12~15 倍，足够的质量可保证打击时不会产生弹跳而减弱打击，也不易产生下沉。

（2）水压机自由锻　自由锻水压机是锻造大型锻件的主要设备。我国已能自行设计制造 125000kN 以下的各种规格的自由锻水压机。水压机是根据液体的静压传递原理（即帕斯卡原理）设计制造的。水压机主要由本体和附属设备组成。水压机本体的典型结构如图 3-25 所示，它由固定系统和活动系统两部分组成。

1）固定系统。由下横梁 1、立柱 3、上横梁 6、工作缸 9 和回程缸 10 等组成，下横梁固定在基础上。

2）活动系统。由活动横梁 5、工作柱塞 8、回程柱塞 11、回程横梁 14 和回程拉杆 15 等部分组成。

水压机的附属设备主要有水泵、蓄压器、冲水罐和水箱等。

在水压机上锻造时，以压力代替锤锻时的冲击力，大型水压机能够产生数万千牛甚至更大的锻造压力，坯料变形的压下量大，锻透深度大，从而可改善锻件内部的质量，这对于以钢锭为坯料的大型锻件是很必要的。此外，水压机在锻造时振动和噪声小，工作条件好。

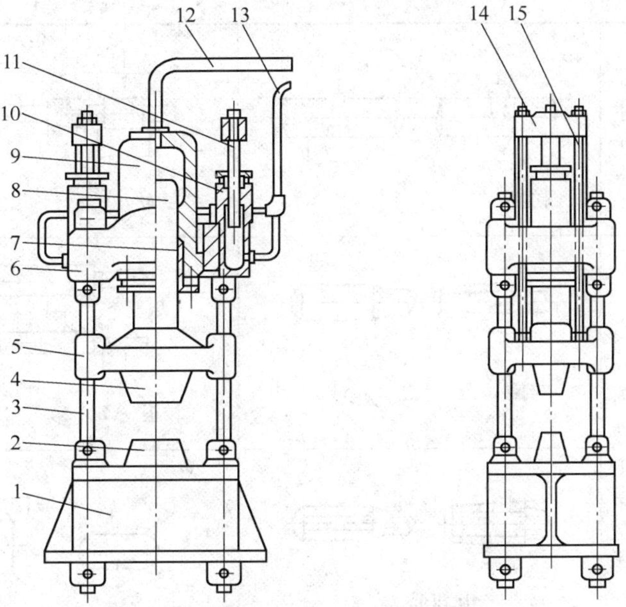

图 3-25　水压机本体的典型结构

1—下横梁　2—下砧　3—立柱　4—上砧　5—活动横梁　6—上横梁　7—密封圈　8—工作柱塞　9—工作缸　10—回程缸　11—回程柱塞　12、13—管道　14—回程横梁　15—回程拉杆

2. 自由锻工序

根据作用与变形要求不同，自由锻工序分为基本工序、辅助工序和修整工序三类。

（1）基本工序　基本工序指改变坯料的形状和尺寸以达到锻件基本成形的工序，包括镦粗、拔长、冲孔、弯曲、切割、扭转、错移等工序。

（2）辅助工序　辅助工序是为了方便基本工序的操作，而使坯料预先产生某些局部变形的工序，如倒棱、压痕等工序。

（3）修整工序　修整锻件的最后尺寸和形状，提高锻件表面质量，使锻件达到图样要求的工序叫修整工序。如修整鼓形、平整端面、校直弯曲等工序。

在任何一个自由锻件的成形过程中，上述三类锻造方法中的各工序都可以按需要单独使用或进行组合。自由锻和工序所包含的内容见表 3-5。

表 3-5　自由锻基本工序和辅助工序中所包含的内容

基本工序	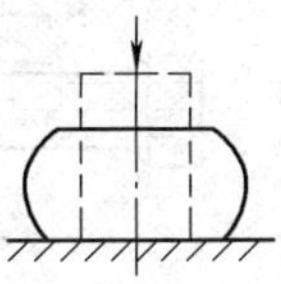 镦粗	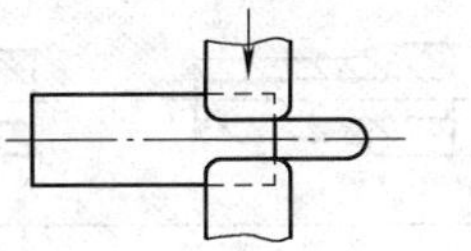 拔长	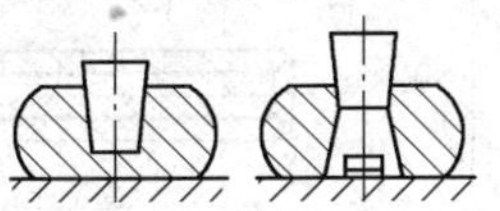 冲孔
	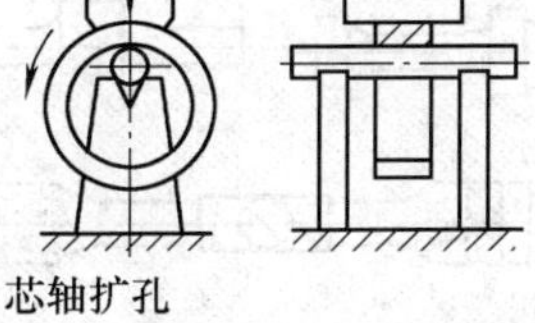 芯轴扩孔	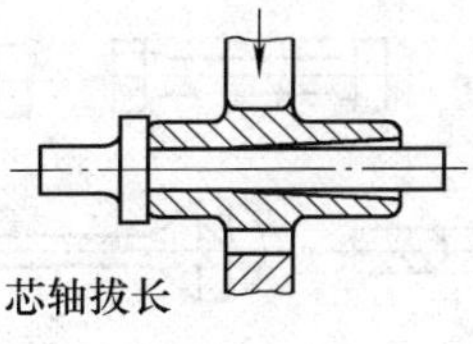 芯轴拔长	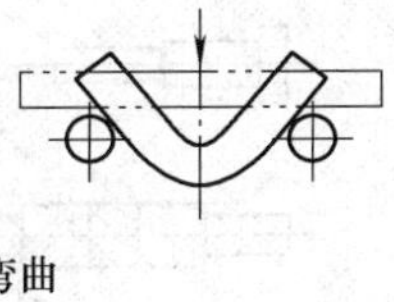 弯曲

（续）

基本工序	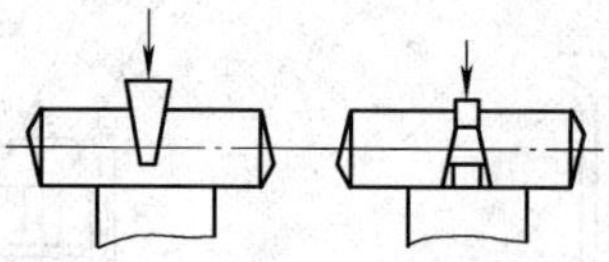 切割	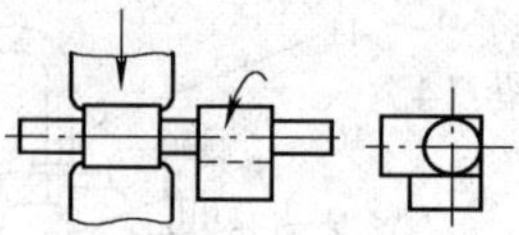 扭转	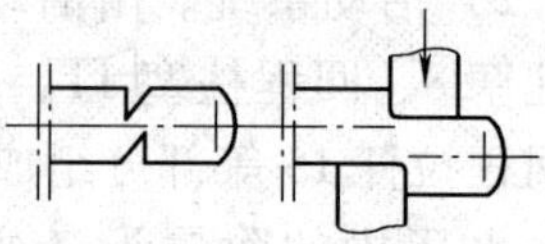 错移
辅助工序	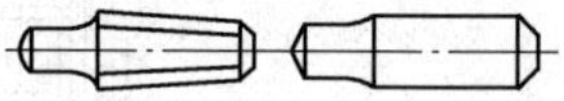 倒棱	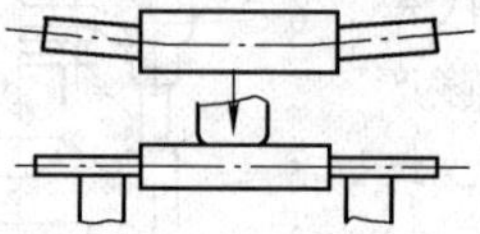 校正	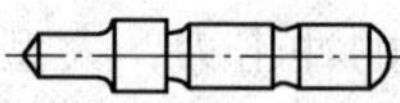 压痕
	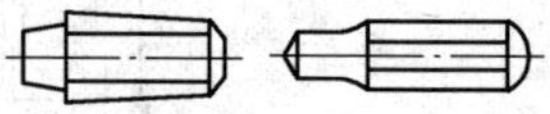 压钳把	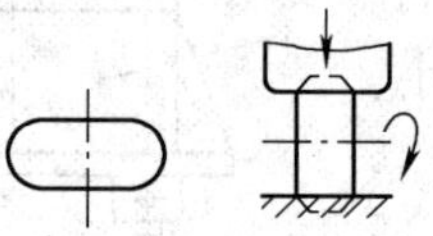 滚圆	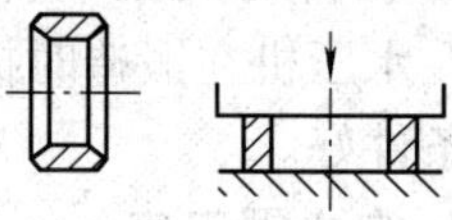 平整

3. 自由锻件分类和锻造过程

按自由锻件的外形及成形方法，可将自由锻件分为六类：饼块类、空心类、轴杆类、曲轴类、弯曲类和复杂形状类。自由锻件分类简图见表3-6。

表3-6　自由锻件分类简图

饼块类锻件	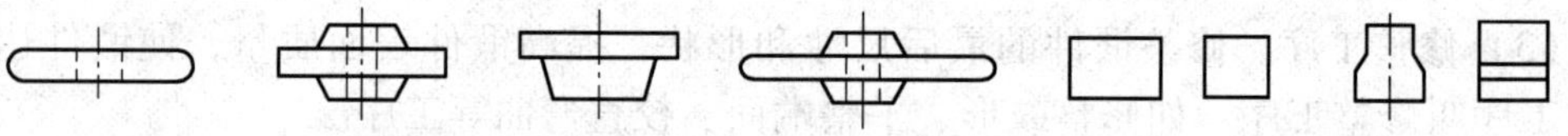
空心类锻件	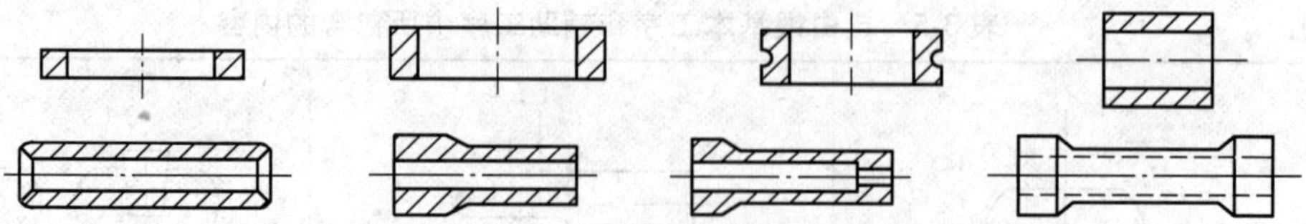
轴杆类锻件	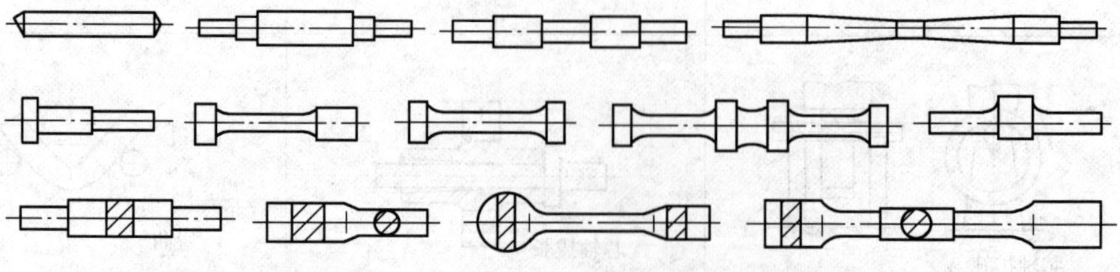

（续）

曲轴类锻件	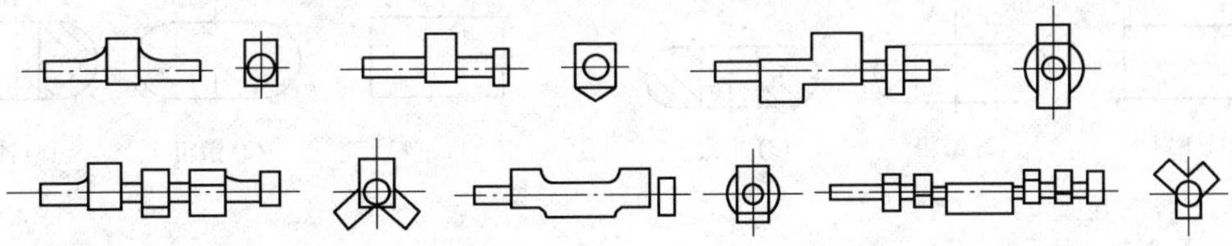
弯曲类锻件	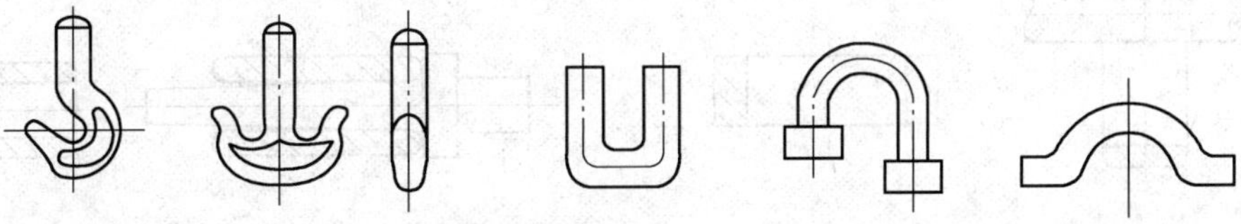
复杂形状类锻件	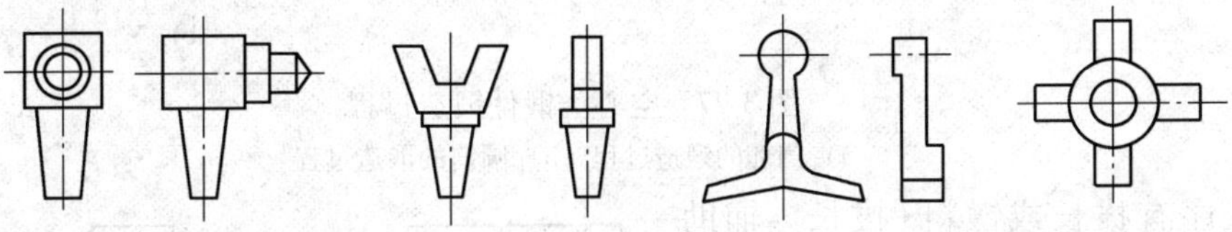

（1）饼块类锻件　这类锻件主要有圆盘、叶轮、齿轮等零件的毛坯。其所采用的基本工序是镦粗。随后的辅助工序和修整工序有：倒棱、滚圆、平整等。其锻造过程如图 3-26 所示。

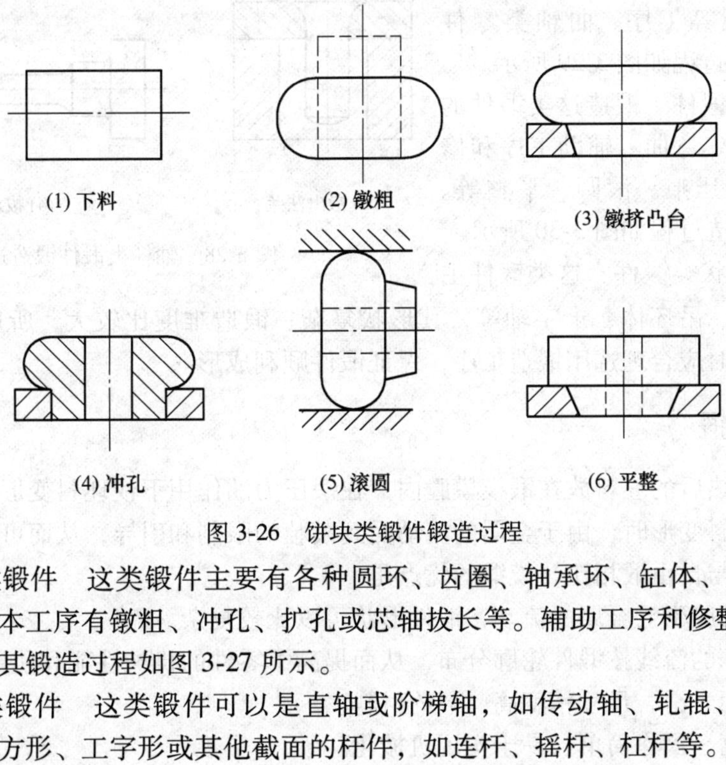

图 3-26　饼块类锻件锻造过程

（2）空心类锻件　这类锻件主要有各种圆环、齿圈、轴承环、缸体、空心轴等零件毛坯。所采用的基本工序有镦粗、冲孔、扩孔或芯轴拔长等。辅助工序和修整工序有：倒棱、滚圆、校正等。其锻造过程如图 3-27 所示。

（3）轴杆类锻件　这类锻件可以是直轴或阶梯轴，如传动轴、轧辊、立柱、拉杆等；也可以是矩形、方形、工字形或其他截面的杆件，如连杆、摇杆、杠杆等。锻造轴杆类锻件

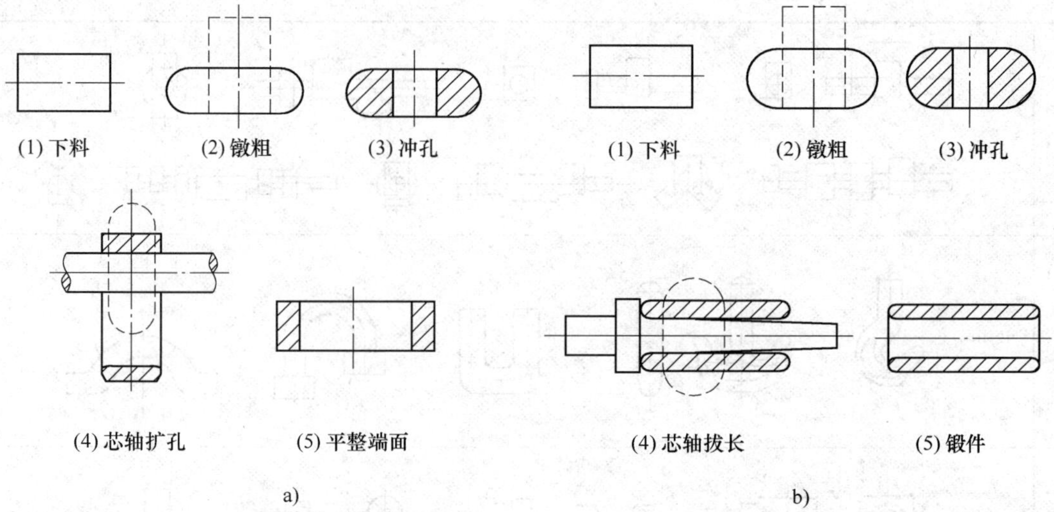

图 3-27　空心类锻件锻造过程

a）圆环的锻造过程　b）圆筒的锻造过程

的基本工序有拔长或镦粗+拔长。辅助工序和修整工序有倒棱和滚圆。轴杆类锻件锻造过程如图 3-28 所示。

（4）曲轴类锻件　锻造曲轴类锻件的基本工序有拔长、错移和扭转等。辅助和修整工序有：分段压痕、局部倒棱、滚圆和校正等工序。曲轴类零件（三拐曲轴）锻造过程如图 3-29 所示。

（5）弯曲类锻件　锻造这类锻件的基本工序有拔长、弯曲。辅助工序和修整工序有：分段压痕、滚圆、平整等。弯曲类锻件的锻造过程如图 3-30 所示。

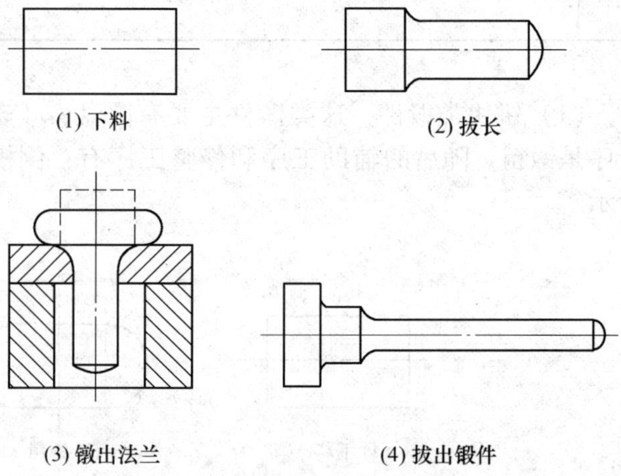

图 3-28　轴杆类锻件锻造过程

（6）复杂形状类锻件　这类锻件主要有阀体、叉杆、吊环体、十字轴等，其形状复杂、锻造难度比较大，所用辅助工具也较多。因此，锻造时应合理选用锻造工序，保证锻件顺利成形。

3.3.3　模锻

模锻是将加热后的坯料放在锻模模膛内，在锻压力的作用下使坯料变形而获得锻件的一种加工方法。坯料变形时，由于金属的流动受到模膛的限制和引导，从而可以获得与模膛形状一致的锻件。与自由锻相比，模锻的优点是：

1）由于有模膛引导金属的流动，锻件形状可以比较复杂。

2）锻件内部的流线按锻件轮廓分布，从而提高了零件的机械性能和使用寿命。

3）锻件表面光滑，尺寸精度高，节约材料。

4）生产率高，操作简单，易于实现机械化。

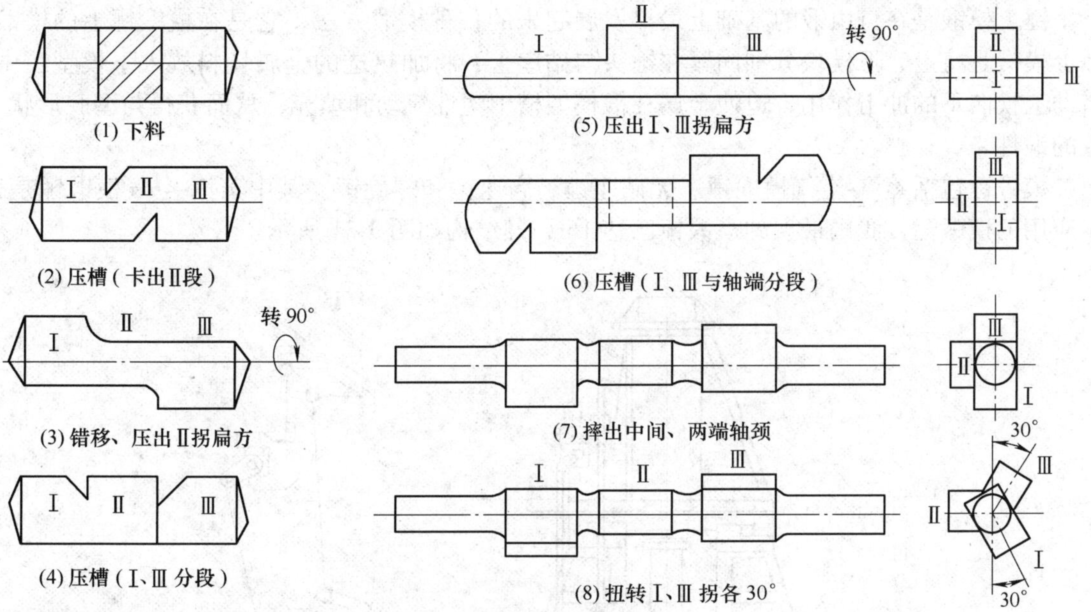

图 3-29　三拐曲轴锻造过程

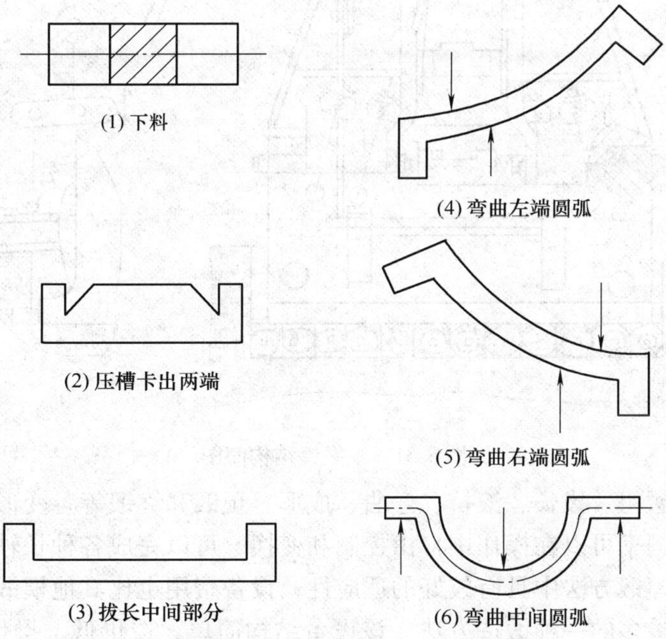

图 3-30　弯曲类锻件锻造过程

但是，由于模锻是整体成形，并且金属流动时，与模膛之间产生很大的摩擦阻力，因此所需设备吨位大，设备费用高。锻模加工工艺复杂、制造周期长、费用高，所以模锻只适用于中、小型锻件的成批或大量生产。

按使用的设备类型不同，模锻分为锤上模锻、曲柄压力机上模锻、平锻机上模锻、摩擦压力机上模锻、液压机上模锻等。

1. 锤上模锻

锤上模锻是在自由锻的基础上最早发展起来的一种模锻方法，它是在模锻锤上的模锻。锤上模锻是将上、下模块分别固紧在锤头与砧座上，将加热透的金属坯料放入下模型腔中，借助上模向下的冲击作用，迫使金属在锻模型槽中塑性流动和填充，从而获得与型腔形状一致的锻件。

模锻锤包括蒸汽-空气模锻锤、无砧座锤、高速锤和螺旋锤。其中蒸汽-空气模锻锤是普遍应用的模锻锤，我国最大的模锻锤已达 16t，其结构如图 3-31 所示。

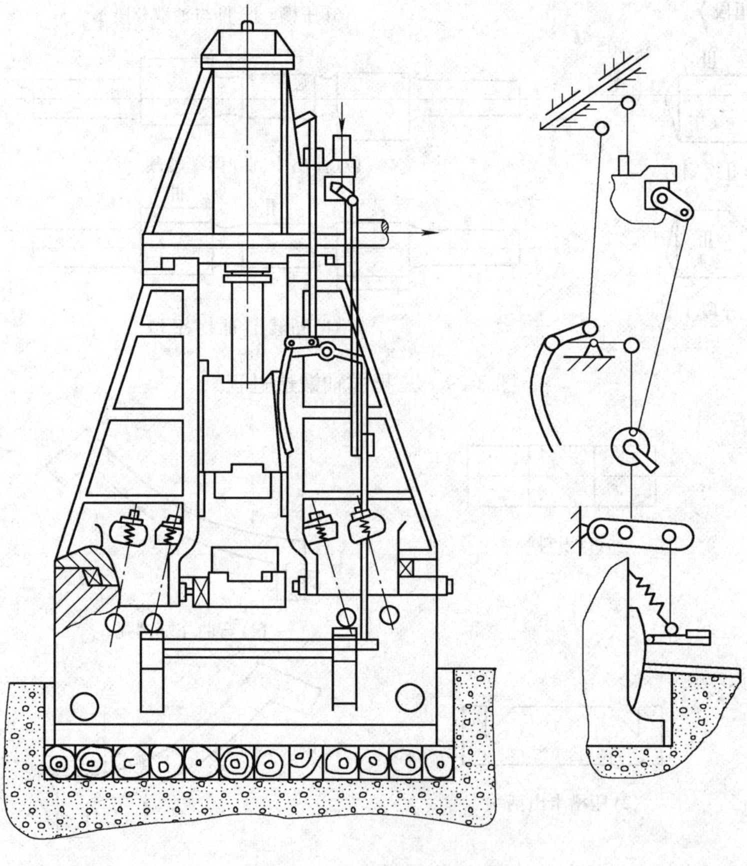

图 3-31　模锻锤结构简图

模锻锤能完成镦粗、拔长、滚挤、弯曲、成形、预锻和终锻等各变形工步的操作，锤击力量的大小和锤击频率可以在操作中自由控制和变换，可以完成各种长轴类锻件和短轴类锻件的模锻，在各种模锻方法中具有较好的适应性；设备费用也比其他模锻设备低，是我国当前模锻生产中应用最多的一种锻造方法。该设备结构简单、造价低、操作简单、使用灵活，目前广泛应用于汽车、船舶及航空锻件的生产。其缺点是工作时振动和噪声大，劳动条件差，难于实现较高程度的操作机械化，完成一个变形工步要经过多次锤击，生产率不太高。因而在大批生产中有被压力机上模锻取代的趋势。

2. 曲柄压力机上模锻

曲柄压力机的结构和工作原理如图 3-32 所示。电动机通过飞轮释放能量，曲柄连杆机构带动滑块沿导轨作上下往复运动，进行锻压工作。锻模分别安装在滑块的下端和工作台上。

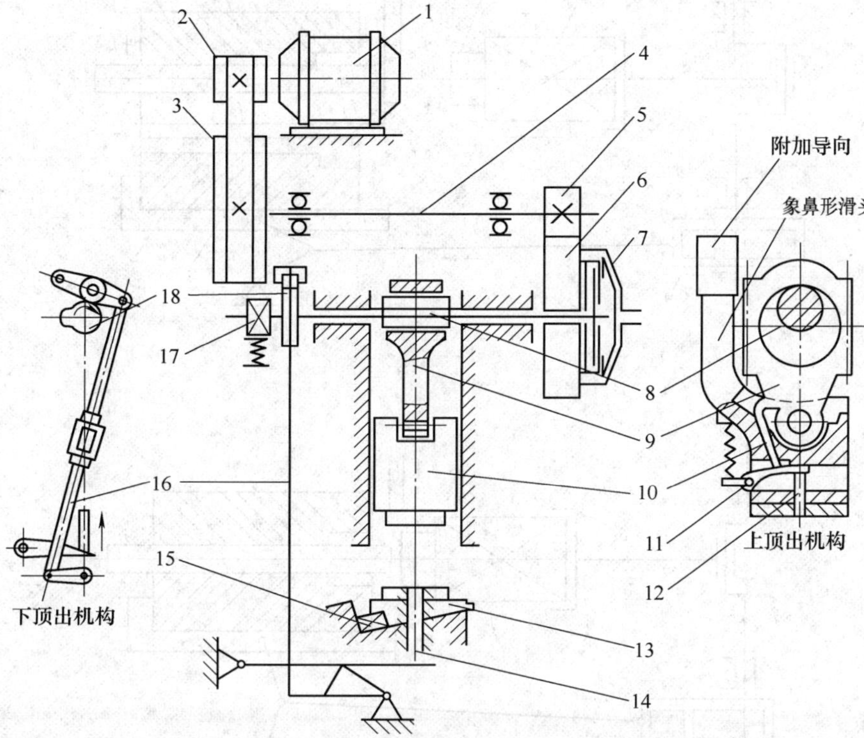

图 3-32 曲柄压力机的结构和工作原理简图

1—电动机 2—小带轮 3—飞轮 4—传动轴 5—小齿轮 6—大齿轮 7—圆盘摩擦离合器 8—曲柄 9—连杆 10—滑块 11—上顶出机构 12—上顶杆 13—楔形工作台 14—下顶杆 15—斜楔 16—下顶出机构 17—带式制动器 18—凸轮

与锤上模锻相比，曲柄压力机上模锻具有以下优点：

1）作用于坯料上的锻造力是压力，而不是冲击力，工作时振动噪声小，劳动条件得到改善。

2）坯料变形的速度较低。这对于低塑性材料的锻造有利，某些不适合在锤上锻造的材料，如耐热合金、镁合金等，可在压力机上锻造。

3）锻造时滑块的行程不变，每个变形工序在滑块的一次行程中即可完成，并且便于实现机械化和自动化，具有很高的生产率。

4）滑块运动精度高，并有锻件顶出装置，使锻件的模锻斜度、加工余量和锻造公差大大减小，因而锻件精度比锤上模锻件高。

这种模锻方法的缺点是：设备费用高，模具结构比锤上模锻复杂，仅适用于大批量生产；对坯料的加热质量要求高，不允许有过多的氧化皮；由于滑块的行程和压力不能在锻造过程中调节，因而不能进行拔长、滚挤等工序的操作。

3. 平锻机上模锻

平锻机是曲柄压力机的一种，又称卧式锻造机，它沿水平方向对坯料施加锻造压力。按照分模面的位置可分为垂直分模平锻机和水平分模平锻机。

图 3-33 所示为平锻机工作原理示意图。平锻机起动前，棒料放在固定凹模 6 的型槽中，

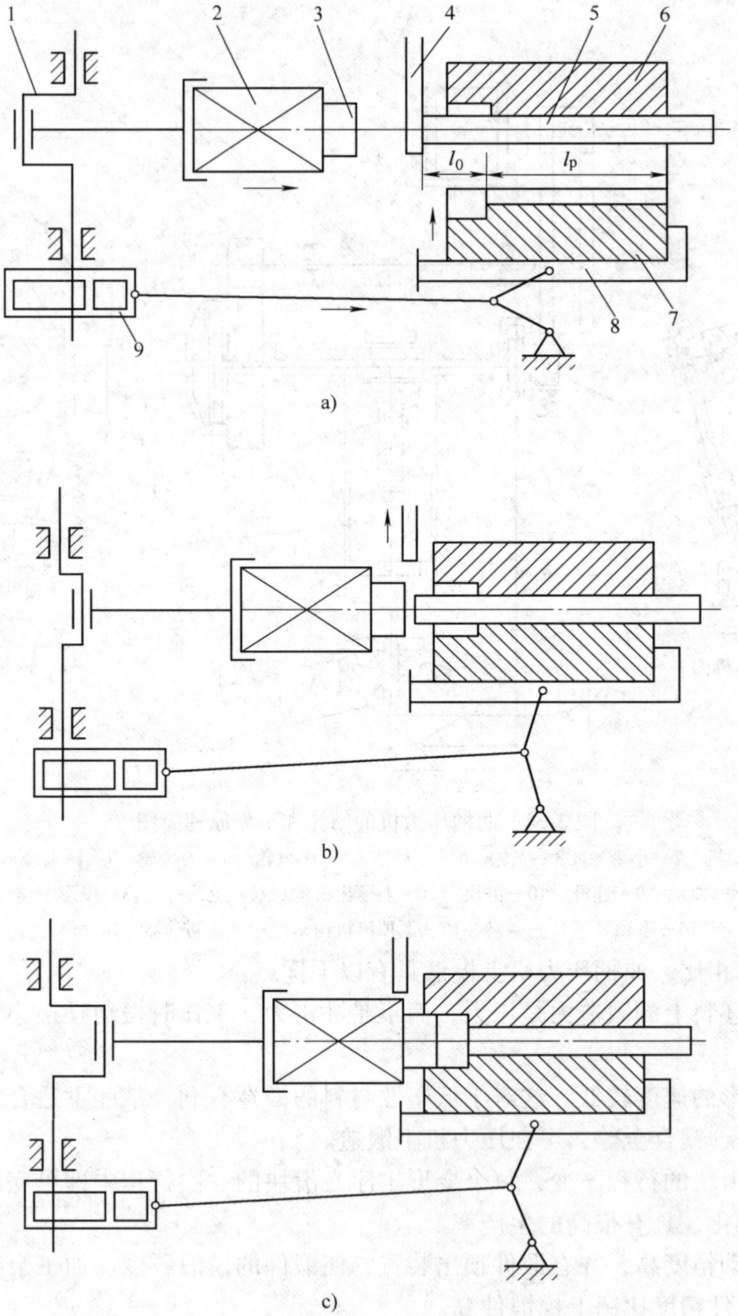

图 3-33　平锻机工作原理示意图

1—曲柄　2—主滑块　3—凸模　4—前挡料板　5—坯料
6—固定凹模　7—活动凹模　8—夹紧滑块　9—侧滑块

并由前挡料板 4 定位，以确定棒料的变形部分长度 l_0(图 3-32a)，然后，踏下脚踏板，使离合器工作。平锻机的曲柄凸轮机构保证按下列顺序工作：在主滑块前进过程中，活动凹模 7 迅速进入夹紧状态，在 l_p 部分将棒料夹紧；前挡料板 4 退去(图 3-32b)；凸模(冲头)3 与热毛坯接触，并使其产生塑性变形直至充满型槽为止(图 3-32c)。当机器回程时，各部分的运动顺序是：冲头从凹模中退出，活动凹模恢复原位，冲头恢复原位，从凹模中取出锻件。

平锻机上模锻在工艺上有如下特点：

1）锻造过程中坯料水平放置，坯料都是棒料或管材，并且只进行局部(一端)加热和局部变形加工。因此，可以锻造在立式锻压设备上不能锻造的某些长杆类锻件，也可以用长棒料连续锻造多个锻件。

2）锻模有两个分模面，锻件出模方便，可以锻出在其他设备上难以完成的在不同方向上有凸台或凹槽的锻件。

3）需配备对棒料局部加热的专用加热炉。

平锻机上模锻也是一种高效率、高质量、容易实现机械化的锻造方法，劳动条件也较好，但平锻机结构复杂、价格贵、投资大，仅适用于锻件的大批量生产。平锻机广泛用于生产气门、汽车半轴、环类锻件等。

4. 摩擦压力机上模锻

摩擦压力机是靠飞轮旋转所积蓄的能量转换成金属的变形能进行锻造，如图 3-34 所示。

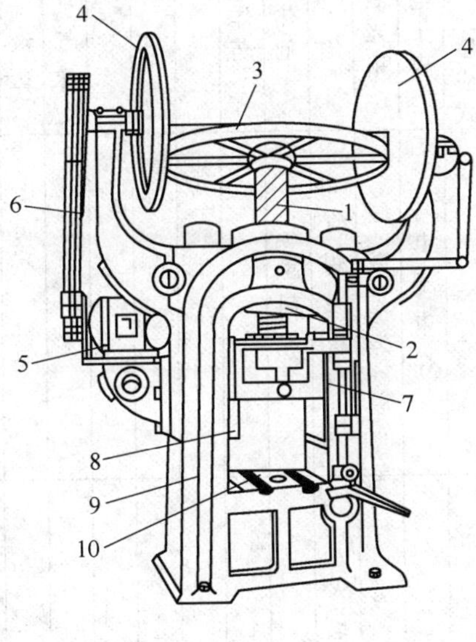

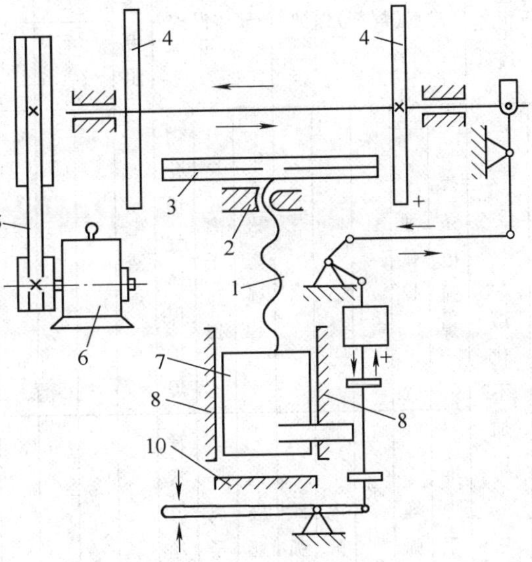

图 3-34 摩擦压力机

a）外形图 b）传动图

1—螺杆 2—螺母 3—飞轮 4—圆轮 5—传动带 6—电动机 7—滑块 8—导轨 9—机架 10—机座

摩擦压力机属于锻锤锻压设备，其打击速度介于模锻锤和曲柄压力机之间，有一定的冲击作用，滑块行程和冲击能量都可自由调节，坯料在一个模膛内可以多次锻击，因而工艺性能广泛，既可完成镦粗、成形、弯曲、预锻、终锻等成形工序，也可进行校正、修整、切边、冲孔等后续工序的操作，必要时，还可作为板料冲压的设备使用。

摩擦压力机的飞轮惯性大，单位时间内的行程次数比其他设备低得多，这对于再结晶速度较低的塑性材料的锻造是有利的，但也因此生产率较低。由于采用摩擦传动，摩擦压力机的传动效率低，因而，设备吨位的发展受到限制，通常不超过 10000kN。

摩擦压力机上模锻适用于小型锻件的批量生产。摩擦压力机结构简单、性能可靠、使用维护方便，是中小型工厂普遍采用的锻造设备。

3.4 焊接

焊接是通过加热或加压，或者两者并用，以及用或不用填充材料，使工件达到结合的一种方法。其实质就是通过适当的物理-化学过程，使两个分离表面的金属原子接近到晶格距离(0.3~0.5nm)形成金属键，从而使两金属连为一体。

焊接的种类很多，根据金属原子间结合方式的不同，可分为熔化焊、压焊和钎焊三大类。以热源类型为横坐标，以两材料发生结合时的物理状态为纵坐标，用二元坐标法将焊接方法进行分类，见表3-7。

表3-7 焊接方法分类(二元坐标法)

两材料结合时状态	焊接过程中手段	电弧焊					电阻热								高能束		化学反应			机械能	间接热能		
		涂料(焊剂)保护					气体保护			熔渣电阻	固体电阻				电子束	激光束	火焰	热剂	炸药		传热介质		
											工频	高频											
											接触式	感应式	接触式	感应式							气体	液体	固体
液相	熔化不加压力	焊条电弧焊	埋弧焊				钨极氩弧焊	等离子弧焊	熔化极气体保护焊	电渣焊					电子束焊	激光束焊	气焊及气割	热剂焊					
		堆焊手弧堆焊	埋弧堆焊	水下电弧焊	电弧点焊	碳弧气刨	钨极亚弧堆焊	等离子弧堆焊	管状焊丝电弧堆焊								火焰堆焊						
	熔化加压力										点焊、缝焊	凸焊	工频感应电阻焊										
					电容储能焊	电弧螺柱焊																	

（续）

两材料结合时状态	焊接过程中手段	电弧焊		电阻热					高能束		化学反应			机械能			间接热能		
		涂料（焊剂）保护	气体保护	熔渣电阻	固体电阻				电子束	激光束	火焰	热剂	炸药				传热介质		
					工频	高频											气体	液体	固体
					接触式	感应式	接触式	感应式											
固相	熔化不加压力			电阻对焊	电阻扩散焊	接触高频对焊	电阻对焊	感应高频对焊	电阻对焊			气压焊		爆炸焊	摩擦焊	超声冷焊	冷压焊	扩散焊	
	加压力熔化			闪光对焊			闪光对焊		闪光对焊										
				电阻钎焊				高频感应钎焊		电子束钎焊		火焰钎焊						炉中钎焊	浸沾钎焊盐浴、金属浴
			等离子喷涂									钎焊火焰喷涂						扩散钎焊共晶钎焊	

焊接方法的主要特点：

1）节省材料，减轻重量。焊接的金属结构件可比铆接件节省材料10%~25%；采用点焊的飞行器结构质量明显减小，油耗降低，运载能力提高。

2）简化复杂零件和大型零件的制造过程。焊接方法灵活，可化大为小，以简拼繁，加工快，工时少，生产周期短。许多结构都以铸—焊、锻—焊的形式组合，简化了加工工艺。

3）适应性强。多样的焊接方法几乎可焊接所有的金属材料和部分非金属材料。可焊范围较广，而且连接性能较好。焊接接头可达到与工件金属等强度或相应的特殊性能。

4）满足特殊连接要求。不同材料焊接在一起，能使零件的不同部分或不同位置具备不同的性能，达到使用要求。如防腐容器的双金属筒体焊接、钻头工作部分与柄的焊接、水轮机叶片耐磨表面堆焊等。

5）降低劳动强度，改善劳动条件。

尽管如此，焊接加工在应用中仍存在某些不足。例如，不同焊接方法的焊接性能有较大差别，焊接接头的组织不均匀，焊接过程所造成的结构应力与变形以及各种裂纹问题等，都有待进一步研究和完善。

焊接方法在工业生产中主要用于：

1）制造金属结构件。焊接方法广泛应用于各种金属结构件的制造，如桥梁、船舶、压力容器、化工设备、机动车辆、矿山机械、发电设备及飞行器等。

2）制造机器零件和工具。焊接件具有刚性好、改型快、周期短、成本低的优点，适合于单件小批量生产加工各类机器零件和工具。如机床机架和床身、大型齿轮和飞轮、各种切削工具。

3）修复。采用焊接方法修复某些有缺陷、失去精度或有特殊要求的工件，可延长使用寿命，提高使用性能。

3.4.1 焊条电弧焊

焊条电弧焊是熔化焊中最基本的一种焊接方法，它利用电弧产生的热熔化被焊金属，使之形成永久结合。由于它所需要的设备简单、操作灵活，可以对不同焊接位置、不同接头形式的焊缝方便地进行焊接，因此它是目前应用最为广泛的焊接方法。

焊条电弧焊按电极材料的不同可分为熔化极焊条电弧焊和非熔化极焊条电弧焊。熔化极焊条电弧焊是以金属焊条作电极，电弧在焊条端部和母材表面燃烧的焊接方法。图 3-35 所示是焊条电弧焊示意图。图中电路是以弧焊电源为起点，通过焊接电缆、焊钳、焊条、工件、接地电缆形成回路。在有电弧存在时构成闭合回路，形成焊接过程。焊条和工件在这里既作为焊接材料，也是导体。焊接开始后，电弧的高温瞬间融化了焊条端部和电弧下面的工件表面，使之形成熔池，焊条端部的熔化金属以细小的熔滴状过渡到熔池中去，与母材熔化金属混合，凝固后成为焊缝。

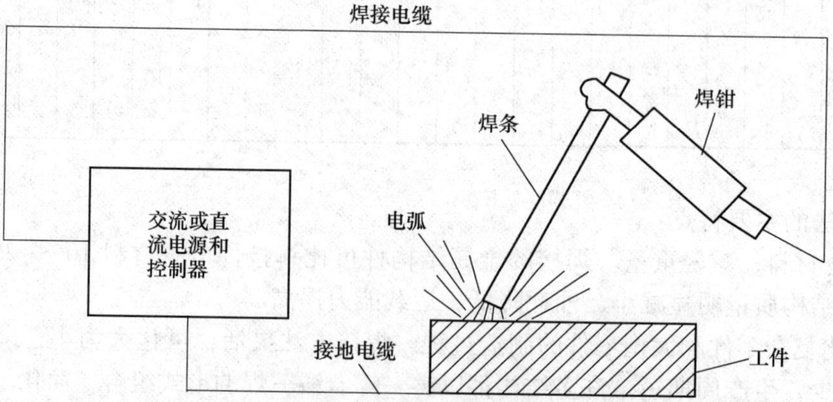

图 3-35　焊条电弧焊示意图

焊条电弧焊所用的设备需根据焊条和被焊材料选取。电源分为交流电和直流电两种。使用酸性焊条焊接低碳钢构件时，应优先选用价格低廉、维修方便的交流弧焊机；使用碱性焊条焊接高压容器、高压管道等重要钢结构，或焊接合金钢、有色金属、铸铁时，则应选用直流弧焊机。

1. 焊接电弧

焊接电弧是指发生在电极与工件之间的强烈、持久的气体放电现象。

（1）电弧的引燃　常态下的气体由中性分子或原子组成，不含带电粒子。要使气体导电，首先要有一个使其产生带电粒子的过程。焊接操作中一般采用接触引弧。先将电极（钨棒或焊条）和焊件接触形成短路（图 3-36a），此时在某些接触点上产生很大的短路电流，温度迅速上升，为电子的逸出和气体电离提供能量条件，然后将电极提起一定距离（<5mm，图 3-36b）。在电场力的作用下，被加热的阴极有电子高速逸出，撞击空气中的中性分子和原子，使空气电离成阳离子、阴离子和自由电子。这些带电粒子在外电场的作用下定向运动，阳离子奔向阴极，阴离子和自由电子奔向阳极。在它们的运动过程中，不断碰撞和结合，产生大量的光和热，形成电弧（图 3-36c）。电弧的热量与焊接电流和电压的乘积成正比，电流越大，电弧产生的总热量就越大。

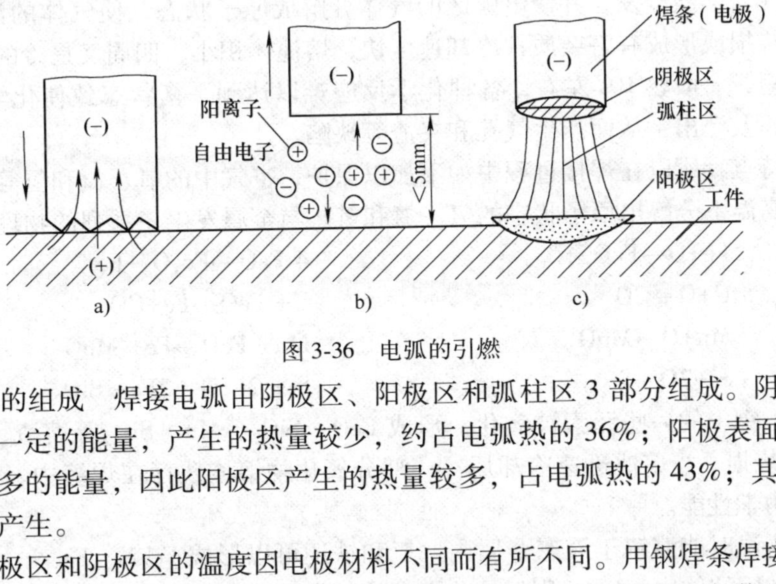

图 3-36　电弧的引燃

（2）电弧的组成　焊接电弧由阴极区、阳极区和弧柱区 3 部分组成。阴极区因发射大量电子而消耗一定的能量，产生的热量较少，约占电弧热的 36%；阳极表面受高速电子的撞击，传入较多的能量，因此阳极区产生的热量较多，占电弧热的 43%；其余 21%左右的热量在弧柱区产生。

电弧中阳极区和阴极区的温度因电极材料不同而有所不同。用钢焊条焊接钢材料时，阳极区热力学温度约为 2600K，阴极区热力学温度约为 2400K，弧柱区热力学温度高达 5000～8000K。正接时，电弧热量主要集中在焊件（阳极）上，有利于加快焊件的熔化，保证足够的熔深，适用于焊接较厚的工件。反接时，焊条接阳极，适用于焊接有色金属及薄钢板，以避免烧穿焊件。

2. 焊接接头

焊缝以及周围不同程度加热和冷却的母材是焊缝的热影响区，统称为焊接接头。

（1）焊缝的形成过程　熔焊焊缝的形成经历了局部加热熔化，使分离工件的结合部位产生共同熔池，再经凝固结晶成为一个整体的过程。

图 3-37 所示为焊缝形成示意图。在电弧高温作用下，焊条和工件同时产生局部熔化，形成熔池。熔化的填充金属呈球滴状过渡到熔池。电弧在沿焊接方向移动过程中，熔池前部不断参与熔化，并依靠电弧吹力和电磁力的作用，将熔化金属吹向熔池后部，逐步脱离电弧

高温而冷却结晶。所以电弧的移动形成动态熔池，熔池前部的加热熔化与后部的顺序冷却结晶同时进行，形成完整的焊缝。

焊条药皮在电弧高温下一部分分解为气体，包围电弧空间和熔池，形成保护层，另一部分直接进入熔池，与熔池金属发生冶金反应，并形成渣而浮于焊缝表面，构成渣保护。

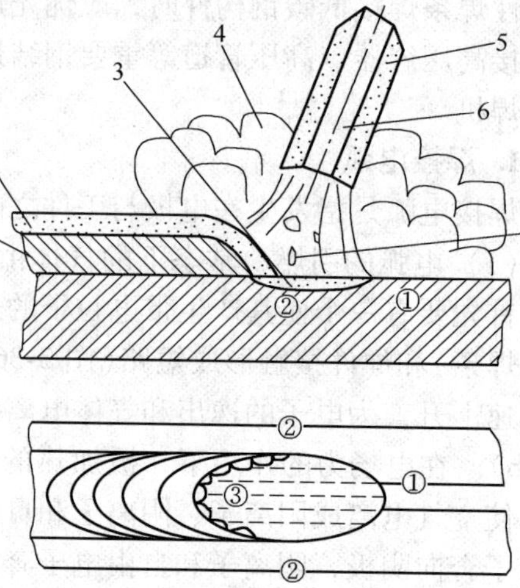

图 3-37　焊条电弧焊焊缝形成示意图

（2）焊接冶金过程　焊条电弧焊时，焊接区内各种物质在高温下相互作用，产生一系列变化的过程称为冶金过程。像在小型电弧炼钢炉中炼钢一样，熔池中也进行着熔化、氧化、还原、造渣、精炼和渗合金等一系列的物理化学过程。焊接的冶金过程与一般的冶金过程相比较，有以下特点：温度远高于一般的冶炼温度，因此金属元素强烈蒸发，并使电弧区的气体分解成原子状态，使气体的活性大为增加，导致金属元素烧损或形成有害杂质；冷却速度快，熔池体积小，四周又是冷的金属，熔池处于液态时间很短，一般在 10s 左右，各种化学反应难以达到平衡状态致使化学成分不均匀，气体和杂质来不及浮出，从而产生气孔和夹渣等缺陷。

由于上述特点，所以在焊接过程中如不加以保护，空气中的氧、氮和氢等气体就会侵入焊接区，并在高温下分解出原子状态的氧、氮和氢，与金属发生一系列的物理化学作用

$Fe+O \rightarrow FeO$　　　　$4\ FeO \rightarrow Fe_3O_4+Fe$

$C+O \rightarrow CO$　　　　$C+ FeO \rightarrow Fe+CO$

$Mn+O \rightarrow MnO$　　　　$Mn+ FeO \rightarrow Fe+ MnO$

$Si+2O \rightarrow SiO_2$　　　　$Si+ 2FeO \rightarrow 2Fe+ SiO_2$

其结果是，钢中的一些元素被氧化，形成 $FeO \cdot SiO_2$、$Mn \cdot SiO_2$ 等熔渣，使焊缝中 C、Mn、Si 等大量烧损。当熔池迅速冷却后，一部分氧化物熔渣残存在焊缝中，形成夹渣，显著降低焊缝的力学性能。

氢和氮在高温时能溶解于液态金属内，氮和铁还可以形成 Fe_4N、Fe_2N。冷却后，一部分氮保留在钢的固溶体中，Fe_4N 则呈片状夹杂物留存在焊缝中，使焊缝的塑性和韧性下降。氢的存在则引起氢脆性，促使冷裂纹的形成，并且易造成气孔。

所以为保证焊缝质量，焊接过程中必须采取必要的工艺措施，来限制有害气体进入焊缝区，并补充一些烧损的合金元素。焊条电弧焊条的药皮、埋弧焊的焊剂等均能起到这类作用。

3. 焊条

（1）焊条的组成及作用　焊条由药皮和焊芯两部分组成。药皮是焊条中压涂在焊芯外表面的涂料层，焊芯是焊条中被药皮包覆的金属芯。焊接时，焊芯既是电极，又是填充金属，因此，焊芯的化学成分和性能对焊接金属有着直接影响。焊接时应根据被焊金属的种类，选择相应牌号的焊丝作为焊芯。焊接碳钢和低合金钢的结构钢焊条常选用型号为 ER50-2 或 ER50-3 的低碳钢焊丝为焊芯。“ER”表示焊丝，ER 后面的数字表示熔覆金属的最低抗

拉强度，短划线“-”后面的数字表示焊丝的化学成分分类代号。碳素钢焊丝的型号及化学成分见表 3-8。

表 3-8 碳素钢焊丝的型号及化学成分（摘自 GB/T 8110—2008）

型号	化学成分（%）						
	C	Mn	Si	Cr	Ni	S	P
ER50-2	0.07	0.90~1.40	0.40~0.70	0.15	0.15	0.25	0.25
ER50-3	0.06~0.15	0.90~1.40	0.45~0.75	0.15	0.15	0.25	0.25
ER50-4	0.06~0.15	1.00~1.50	0.65~0.85	0.15	0.15	0.25	0.25

焊条药皮的作用主要有如下三个方面。

1）保护作用。在电弧热的作用下，药皮熔化形成熔渣并产生某些气体。熔渣和这些气体联合起来，使熔滴、熔池和焊接区与空气隔离，防止氢气等有害气体侵入从而起到保护的作用。

2）冶金作用。焊接过程中，熔渣与溶池金属相互作用进行冶金反应，其结果是去除有害杂质（如氧、氢、硫、磷等），并向焊缝中添加有益的合金元素（如锰、钛、铝、钒、铌等），使焊缝具有较理想的化学成分，较高的力学性能和良好的抗气孔及抗裂性能。

3）使焊条具有良好的工艺性能。焊条药皮可以使电弧容易引燃并能稳定地连续燃烧；焊接飞溅少；焊缝成形美观；焊缝易于脱渣及适用于各种空间位置的施焊。

（2）焊条的种类、型号及牌号　焊条种类繁多，我国将焊条按用途分为十大类，即低温钢焊条（W）、铬及铬钼耐热钢焊条（R）、镍基镍合金焊条（N）、结构钢焊条（J）、不锈钢焊条（B）、堆焊焊条（D）、铜及铜合金焊条（T）、铝及铝合金焊条（L）、特殊钢焊条（TS）等，其中应用最多的是结构钢焊条。

按药皮熔化后的酸碱度不同，焊条分为酸性焊条和碱性焊条两类。酸性焊条药皮中以酸性氧化物为主（如 SiO_2、TiO_2 等），氧化性强，合金元素烧损大，故焊缝的塑性和韧性不高，且焊缝中氢含量高，抗裂性差，但酸性焊条具有良好的工艺性，对油、水、锈不敏感，交直流电源均可用，广泛用于一般结构件的焊接。碱性焊条（又称低氢焊条）药皮中以碱性氧化物（CaO、FeO、MgO 等）为主，并含有较多的铁合金，脱氧、除氢、渗金属作用强。但碱性焊条工艺稳定性较差，电弧稳定性差，对油污、水、锈较敏感，抗气孔性差，一般要求采用直流电源，主要用于焊接重要的钢结构或合金钢结构。

焊条型号是国家标准中的焊条代号。国家标准《非合金钢及细晶粒钢焊条》GB/T 5117—2012 规定了非合金钢及细晶粒钢焊条代号。焊条型号由五部分组成：

1）第一部分用字母 E 表示焊条。

2）第二部分为字母 E 后面紧邻的两位数字，表示熔敷金属的最小抗拉强度代号，见表 3-9。

3）第三部分为字母 E 后面第三和第四两位数字，表示药皮类型、焊接位置和电流类型，见表 3-10。

4）第四部分为熔敷金属的化学成分分类代号，可为“无标记”或短划“-”后的字母、数字或字母和数字组合，见表 3-11。

5）第五部分为熔敷金属的化学成分分类代号之后的焊后状态代号，其中“无标记”表示焊态，“P”表示热处理状态，“AP”表示焊态和焊后热处理两种状态均可。

除以上强制分类代号外，根据地供需双方协商，可在型号后依次附加如下可选代号：

1）字母“U”，表示在规定试验温度下，冲击吸收能量可以达到47J以上。

2）扩散氢代号“H×”，其中×代表15、10或5，分别表示每100g熔敷金属中扩散氢含量的最大值(mL)，见表3-12。

例如型号E5515-N5PUH10，其中“E”表示焊条；“55”表示熔敷金属抗拉强度最小值为550MPa；“15”表示药皮类型为碱性，适用于全位置焊接，采用直流反接；“N5”表示熔敷金属化学成分分类代号；“P”表示焊后状态，此处表示热处理状态；“U”可选附加代号，表示在规定试验温度下，冲击吸收能量在47J以上；“H10”可选附加代号，表示熔敷金属扩散氢含量不大于10mL/100g。

表3-9 熔敷金属抗拉强度代号

抗拉强代号	最小抗拉强度值/MPa	抗拉强代号	最小抗拉强度值/MPa
43	430	55	550
50	490	57	570

表3-10 药皮类型代号

代号	药皮类型	焊接位置①	电流类型
03	钛型	全位置②	交流和直流正、反接
10	纤维素	全位置	直流反接
11	纤维素	全位置	交流和直流反接
12	金红石	全位置②	交流和直流正接
13	金红石	全位置②	交流和直流正、反接
14	金红石+铁粉	全位置②	交流和直流正、反接
15	碱性	全位置②	直流反接
16	碱性	全位置②	交流和直流反接
18	碱性+铁粉	全位置②	交流和直流反接
19	钛铁矿	全位置②	交流和直流正、反接
20	氧化铁	PA、PB	交流和直流正接
24	金红石+铁粉	PA、PB	交流和直流正、反接
27	氧化铁+铁粉	PA、PB	交流和直流正、反接
28	碱性+铁粉	PA、PB、PC	交流和直流反接
40	不作规定	由制造商确定	
45	碱性	全位置	直流反接
48	碱性	全位置	交流和直流反接

① 焊接位置见GB/T 16672，其中PA表示平焊，PB表示平角焊，PC表示横焊，PG表示向下立焊。

② 此处“全位置”并不一定包含向下立焊，由制造商确定。

表 3-11　熔敷金属化学成分分类代号

分类代号	主要化学成分名义含量(质量分数)(%)				
	Mn	Ni	Cr	Mo	Cu
无标记、-1、-P1、-P2	1.0	—	—	—	—
-1M3	—	—	—	0.5	—
-3M2	1.5	—	—	0.4	—
-3M3	1.5	—	—	0.5	—
-N1	—	0.5	—	—	—
-N2	—	1.0	—	—	—
-N3	—	1.5	—	—	—
-3N3	1.5	1.5	—	—	—
-N5	—	2.5	—	—	—
-N7	—	3.5	—	—	—
-N13	—	6.5	—	—	—
-N2M3	—	1.0	—	0.5	—
-NC	—	0.5	—	—	0.4
-CC	—	—	0.5	—	0.4
-NCC	—	0.2	0.6	—	0.5
-NCC1	—	0.6	0.6	—	0.5
-NCC2	—	0.3	0.2	—	0.5
-G	其他成分				

表 3-12　熔敷金属扩散氢含量

扩散氢代号	扩散氢含量/(mL/100g)
H15	≤15
H10	≤10
H5	≤5

（3）焊条的选用原则　焊条的种类很多，各有其适用范围。选用是否恰当将直接影响焊接质量、劳动生产率和产品成本。通常应根据母材的化学成分、力学性能、抗裂性、耐腐蚀性以及高温性能等要求，选用相应的焊条种类。再考虑焊接结构形状、受力情况、工作条件和焊接设备等方面来选用具体的型号与牌号。

1）考虑母材的力学性能和化学成分。焊接低碳钢和低合金结构钢时，应根据焊接件的抗拉强度选择相应强度等级的焊条，即等强度原则：焊接耐热钢、不锈钢等材料时，则应选择与焊接件化学成分相同或相近的焊条，即等成分原则。

2）考虑结构的使用条件和特点。对于承受动载荷或冲击载荷的焊接件，或结构复杂、大厚度的焊接件，为保证焊缝具有较高的塑性和韧性，应选择碱性焊条。

3）考虑焊条的工艺性。对于焊缝清理困难，且容易产生气孔的焊接件，应选择酸性焊条；如果母材中含碳、硫、磷量较高，则应选择抗裂性较好的碱性焊条。

4. 焊接接头的金属组织与性能

（1）焊接工件温度的变化与分布　焊接时，电弧沿着工件逐渐移动并对工件进行局部加热，焊缝区的金属都是由常温状态开始被加热到较高的温度，然后再逐渐冷却到常温。但随着各点金属所在位置的不同，其最高加热温度是不同的。图 3-38 所示是焊接时焊件横截面上不同点的温度变化情况，由于各点离焊缝中心距离不同，所以各点最高温度也不一样。又因热传导需要一定的时间，所以各点是在不同的时间达到最高温度的。总的看，焊接过程中，焊缝受到一次冶金过程，焊缝区附近相当于受到一次不同规范的热处理，因此必然引起相应组织与性能的变化。

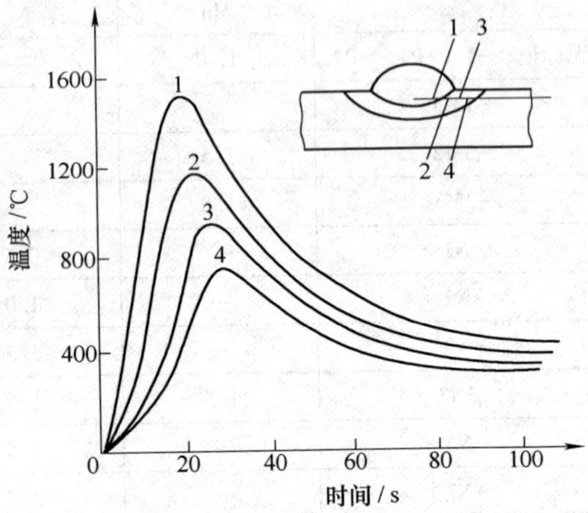

图 3-38　焊缝区各点温度变化示意图

（2）焊接接头金属组织与性能的变化　以碳钢为例，焊缝和焊缝区附近由于受到电弧不同加热而产生的金属组织与性能的变化如图 3-39 所示。图中左侧下部是焊件的横截面，上部是相应个点在焊接过程中被加热的最高温度曲线（并非某一瞬时该截面的实际温度分布曲线）。图中 1、2、3 等各段金属组织性能的变化，可从右侧所示的部分铁-碳合金状态图来对照分析。工件截面图上已示出了各相应点的金属组织变化情况。

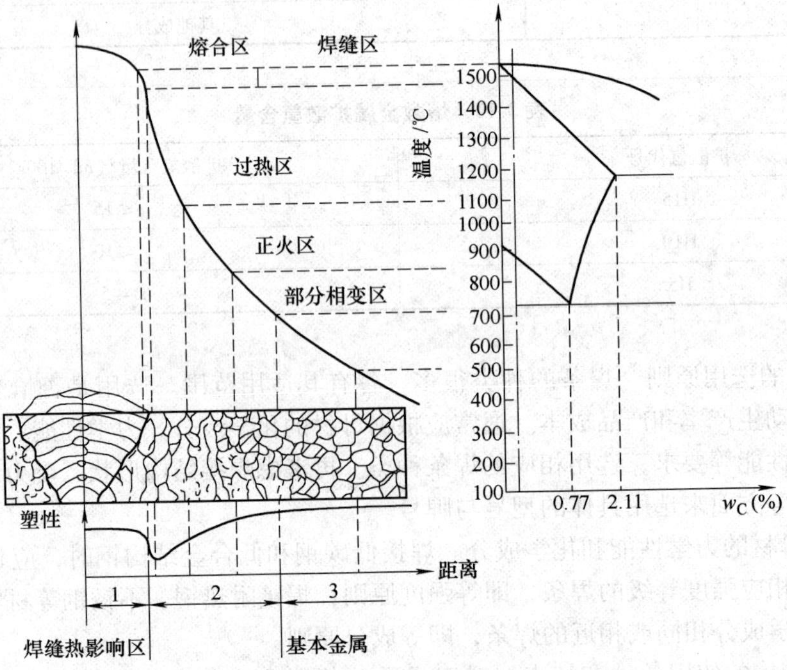

图 3-39　低碳钢焊接热影响区组织变化示意图

1）焊缝金属。焊缝金属的结晶过程，首先从熔池和母材的交界处开始，然后以联生结

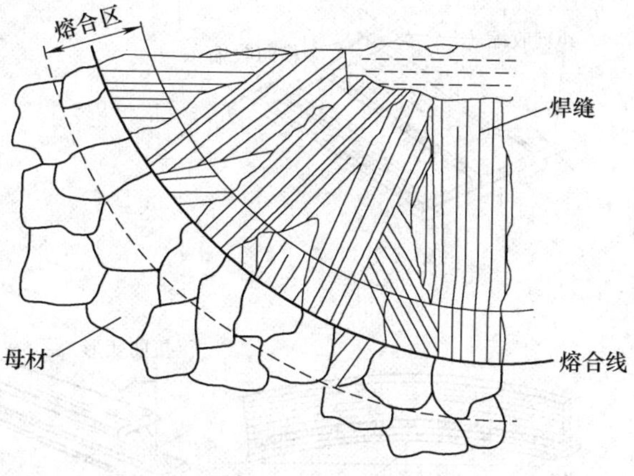

图 3-40 焊缝的柱状晶

晶的方式，即依附于母材晶粒现成表面而形成共同晶粒的方式向熔池中心生长，形成柱状晶，如图 3-40 所示。因结晶时各个方向冷却速度不同，因而形成柱状的铸态组织，由铁素体和少量珠光体组成。

因结晶是从熔池底壁的半熔化区开始逐渐进行的，低熔点的硫磷杂质和氧化铁等易偏析集中在焊缝中心区，将影响焊缝的力学性能，因此对焊条或其他焊接材料应慎重选用。

焊接时，熔池金属受电弧吹力和保护气体吹动，使熔池底壁的柱状晶体成长受到干扰，因此柱状晶体呈倾斜层状，晶粒有所细化。又因焊接材料的渗合金作用，焊缝金属中锰、硅等合金元素含量可能比基本金属（母材）高，所以焊缝金属的性能可不低于基本金属。

2）焊接热影响区。焊接热影响区是指焊缝两侧因焊接热作用而发生组织性能变化的区域。由于焊缝附近各点受热情况不同，热影响区可分为熔合区、过热区、正火区和部分相变区等。

① 熔合区。熔合区是焊缝和基本金属的交界区，相当于加热到固相线和液相线之间，焊接过程中母材部分熔化，所以也称为半熔化区。熔化的金属凝固成铸态金属，未熔化的金属因加热温度过高而成为过热粗晶。在低碳钢焊接接头中，熔合区虽然很窄（约 0.1～1mm），但因强度、塑性和韧性都下降，而此处接头断面又发生变化，引起应力集中，所以熔合区在很大程度上决定接头的性能。

② 过热区。被加热到 Ac_3 以上 100～200℃至固相线温度区间，奥氏体晶粒急剧长大，形成过热组织，因而过热区的塑性及韧性降低。对于易淬火硬化钢材，此区脆性更大。

③ 正火区。被加热到 Ac_3 至 Ac_3 以上 100～200℃区间，金属发生重结晶，冷却后得到均匀而细小的铁素体和珠光体组织，其机械性能优于母材。

④ 部分相变区。相当于加热到 Ac_1～Ac_3 温度区间。珠光体和部分铁素体发生重结晶，使晶粒细化；部分铁素体来不及转变，冷却后晶粒大小不一，因此力学性能稍差。

5. 焊接应力变形

金属构件在焊接以后，总要发生变形和产生焊接应力，且二者是伴生的。焊接应力的存在，对构件质量、使用性能和焊后机械加工精度有很大影响，甚至导致整个构件断裂；焊接变形不仅给装配工作带来很大的困难，还会影响构件的工作性能。变形量超过允许数值时必须进行矫正，因此，在设计和制造焊接结构时，应尽量减少焊接应力和变形。

常见的焊接变形有收缩变形、角变形、弯曲变形、波浪变形和扭曲变形等五种形式，如图 3-41 所示。

收缩变形是由于焊缝金属沿纵向和横向的焊后收缩而引起的；角变形是由于焊缝截面上下不对称，焊后沿横向上下收缩不均匀而引起的；弯曲变形是由于焊缝布置不对称，焊缝较集中的一侧纵向收缩较大而引起的；扭曲变形常常是由于焊接顺序不合理而引起的；波浪变

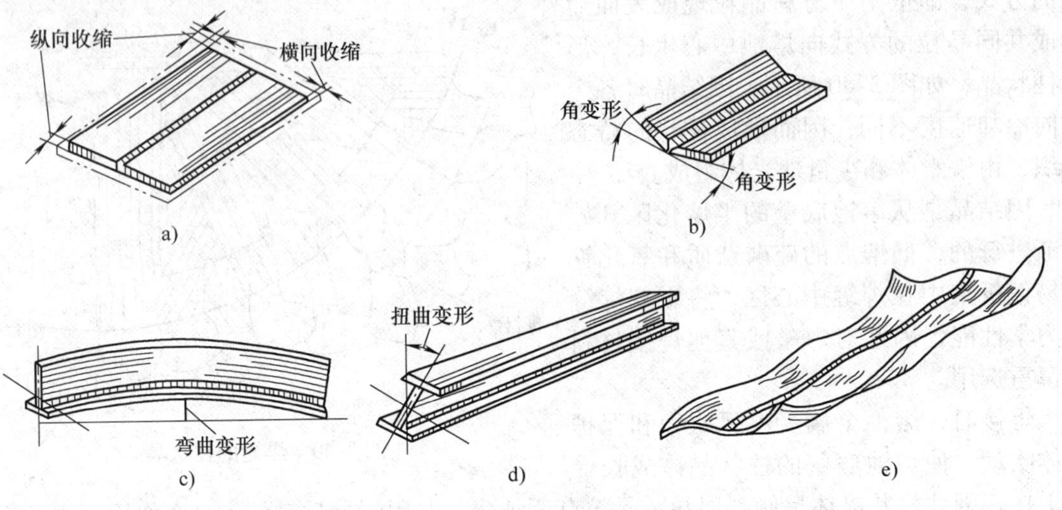

图 3-41　焊接变形的基本形式

a）收缩变形　b）角变形　c）弯曲变形　d）扭曲变形　e）波浪变形

形则是由于薄板焊接后焊缝收缩时，产生较大的收缩应力，使焊件丧失稳定性而引起的。

减少焊接应力与变形的措施除了设计时应考虑外，还可采取一定的工艺措施，有预留变形量法、反变形法、刚性固定法、锤击焊缝法、加热“感应区”法等。

3.4.2　其他焊接方法

1. 埋弧焊

埋弧焊(SAW)又称为焊剂层下电弧焊，它是通过保持在光焊丝和工件之间的电弧将金属加热，使被焊件之间形成刚性连接。按自动化程度的不同，埋弧焊分为半自动埋弧焊(移动电弧是手工操作)和自动埋弧焊。

(1) 埋弧焊的焊接过程　如图 3-42 所示，埋弧焊时，焊剂由给送焊剂管流出，均匀地堆敷在装配好的焊件(母材)表面。焊丝由自动送丝机构自动送进，经导电嘴进入电弧区。

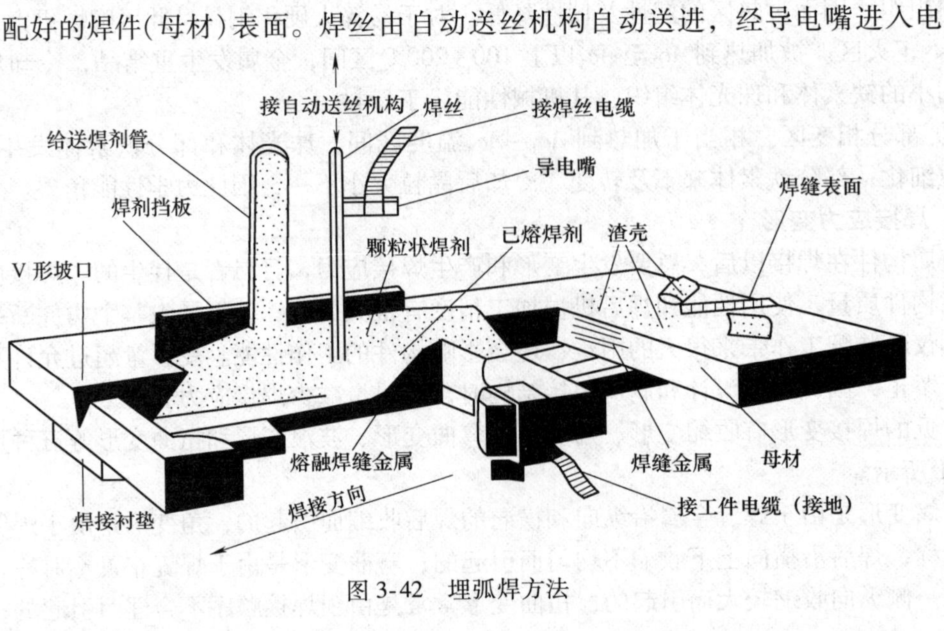

图 3-42　埋弧焊方法

焊接电源分别接在导电嘴和焊件上，以便产生电弧。给送焊剂管、自动送丝机构和控制盘等通常都装在一台电动小车上，小车可以按调定的速度沿着焊缝自动行走。

颗粒状焊剂层下的焊丝末端与母材之间产生电弧，电弧热使临近的母材、焊丝和焊剂熔化，并有部分被蒸发。焊剂蒸汽将熔化的焊剂(熔渣)排开，形成一个与外部空气隔绝的封闭空间，这个封闭空间不仅很好地隔绝了空气与电弧和熔池的接触，而且可完全阻挡有害电弧光的辐射。电弧在这里继续燃烧，焊丝便不断地熔化，呈滴状进入熔池并与母材中熔化的金属以及焊剂提供的合金元素相混合。随着焊接过程地进行，电弧向前移动，焊接熔池随之冷却而凝固，形成焊缝。密度较小的熔化焊剂在焊缝表面形成熔渣层，未熔化的焊剂可回收再利用。

（2）埋弧焊的特点及应用　埋弧焊具有以下优点：

1）焊接质量好。焊接过程能够自动控制；各项工艺参数可调到最佳数值；焊缝的化学成分比较均匀和稳定；焊缝光洁平整，有害气体难以侵入，熔池金属冶金反应充分，焊接缺陷较少。

2）生产率高。焊丝从导电嘴伸出长度较短，可用较大的焊接电流，而且连续施焊时间较长，这样就能提高焊接速度。同时，焊件厚度在14mm以内的对接焊缝可不开坡口，不留间隙，一次焊成，生产率高。

3）节省焊接材料。焊接件可不开坡口或开小坡口，可减少焊缝中焊丝的填充量，同时，焊接时金属飞溅少，又没有焊条头的损失，所以节省焊接材料。

4）易实现自动化，劳动条件好，强度低，操作简单。

埋弧焊的缺点是适应性差，通常只适应焊接水平位置的直缝和环缝，不能焊接空间焊缝和不规律的焊缝，对坡口的加工、清理和装配质量要求较高。

埋弧焊通常用于碳钢、低合金结构钢、不锈钢和耐热钢等中厚板结构的长直缝，以及直径大于300mm环缝的平焊。此外还用于耐磨、耐腐蚀合金的堆焊、大型球墨铸铁曲轴以及镍合金、铜合金等材料的焊接。

2. 气体保护电弧焊

气体保护电弧焊是指外加气体作为电弧介质并保护电弧和焊接区的电弧焊。

气体保护电弧焊是明弧焊接，焊接时便于监视焊接过程，故操作方便，可实现全位置自动焊接，焊后不用清渣，可节省大量辅助时间，提高生产率。另外，由于保护气流对电弧有冷却压缩作用，电弧热量集中，因而焊接影响区窄，工件变形小，特别适应于薄板焊接。

（1）氩弧焊　氩弧焊是以氩(Ar)气作为保护气体的气体保护电弧焊。氩气是一种惰性气体，在高温下，它不与金属和其他元素起化学反应，也不溶于金属，因此保护效果好，焊接头质量高。

按使用的电极不同，氩弧焊可分为不熔化极氩弧焊即钨极氩弧焊和熔化极氩弧焊两种，如图3-43所示。

1）钨极氩弧焊(TIG焊)。采用熔点较高的钍钨棒或铈钨棒作为电极，焊接过程中电极本身不熔化，故属不熔化极电弧焊。钨极氩弧焊又分为手工焊和自动焊两种。焊接时填充丝在钨极前方添加。当焊接薄板时，一般不需要开坡口和加填充焊丝。

钨极氩弧焊的电流种类与极性的选择原则是：焊接铝、镁合金时，采用交流电；焊接其他金属(低合金钢、不锈钢、耐热钢、钛及钛合金、铜及铜合金等)采用直流正接。由于钨极的

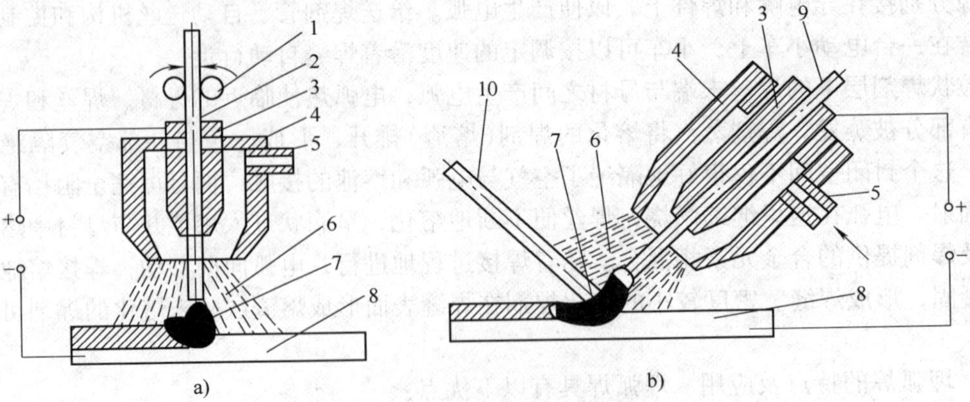

图 3-43　氩弧焊示意图

a）熔化极氩弧焊　b）钨极氩弧焊

1—送丝轮　2—焊丝　3—导电嘴　4—喷嘴　5—进气管　6—氩气流

7—电弧　8—工件　9—钨极　10—填充焊丝

载流能力有限，其电功率受到限制，所以钨极氩弧焊一般只用于焊接厚度小于 6mm 的工件。

2）熔化极氩弧焊（MIG 焊）。熔化极氩弧焊是以连续送进的焊丝作为电极，电弧产生在焊丝与工件之间，焊丝不断送进，并熔化过渡到焊缝中去，因此焊接电流可大大提高。熔化极氩弧焊可分为半自动焊和自动焊两种，一般采用直流反接法。

与 TIG 焊相比，MIG 焊可采用高密度电流，母材熔深大，填充金属熔敷速度快，生产率高。MIG 焊和 TIG 焊一样，几乎可焊接所有的金属，尤其适合于焊接铝及铝合金、铜及铜合金及不锈钢材料，主要用于中、厚板的焊接。

（2）CO_2 气体保护焊　CO_2 气体保护焊是利用廉价的 CO_2 气体作为保护气体的电弧焊。CO_2 气体保护焊的焊接装置如图 3-44 所示。它是利用焊丝作电极，焊丝由送丝机构通过软管经导电嘴送出。电弧在焊丝与工件之间产生。CO_2 气体从喷嘴中以一定的流量喷出，包围电弧和熔池，从而防止空气对液体金属的有害作用。CO_2 气体保护焊可分为自动焊和半自动焊。

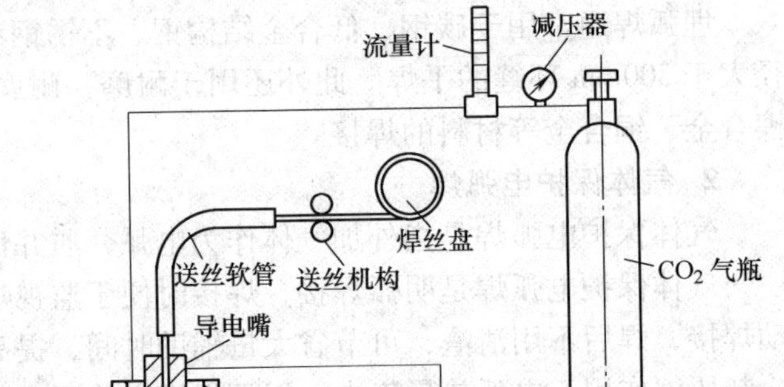

图 3-44　CO_2 气体保护焊示意图

CO_2 气体保护焊除具有前述的气体保护焊的优点以外，还有焊缝含氢量低、抗裂性能好、生产成本低的优点。

由于 CO_2 气体是氧化性气体，高温时分解成 CO 和氧原子，易造成合金元素烧损，焊缝吸氧，导致电弧稳定性差、飞溅较多、弧光强烈、焊缝表面成形不美观等缺点。若控制或操作不当，还容易产生气孔。为保护焊缝合金元素，须采用含锰、硅较高的焊接钢焊丝或含有相应合金元素的合金钢焊丝。

3. 气割和气焊

（1）气焊　气焊是利用气体火焰做热源的焊接方法。最常用的是氧乙炔焊，利用氧乙炔焰进行焊接。乙炔（C_2H_2）是可燃气体，氧气是助燃气体。乙炔和氧气在焊炬中混合均匀后从焊嘴喷出燃烧，将焊件和焊丝熔化形成熔池，冷却凝固后形成焊缝，如图 3-45 所示。气焊时气体燃烧，产生大量的 CO_2、CO、H_2气体笼罩熔池，起到保护作用。气焊使用不带药皮的光焊丝做填充金属。

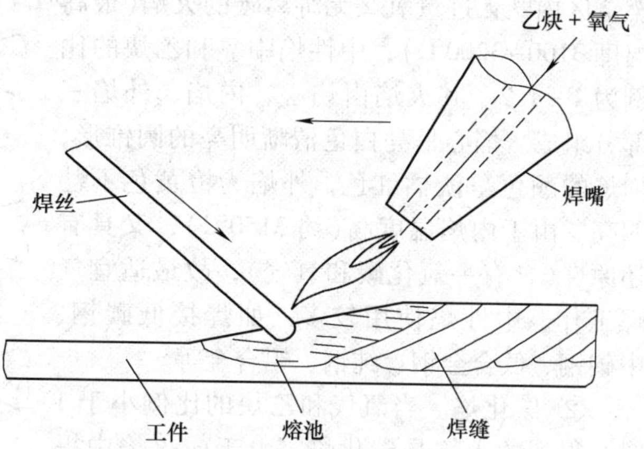

图 3-45　气焊示意图

气焊设备简单，操作灵活方便、不需电源，但火焰温度较低，且热量较分散，生产率低，工件变形大，所以应用不如电弧焊广泛。主要用于焊接厚度在 3mm 以下的薄钢板，铜、铝等有色金属及其合金，低熔点材料以及铸铁补焊等。气焊设备由氧气瓶、乙炔瓶、减压器、回火保险器及焊炬等组成，如图 3-46、图 3-47 所示。

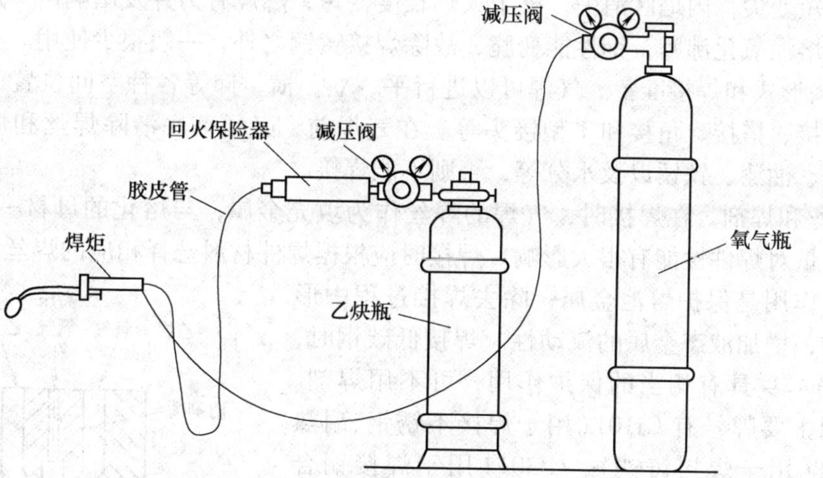

图 3-46　气焊设备及连接

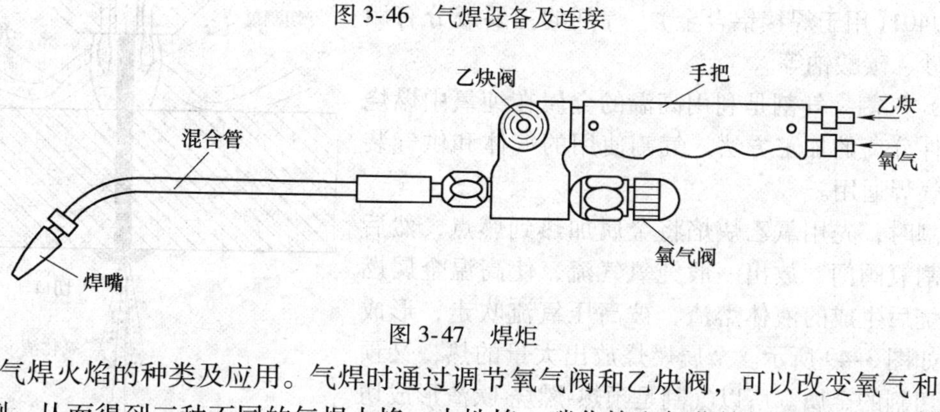

图 3-47　焊炬

1）气焊火焰的种类及应用。气焊时通过调节氧气阀和乙炔阀，可以改变氧气和乙炔的混合比例，从而得到三种不同的气焊火焰：中性焰、碳化焰和氧化焰，如图 3-48 所示。

① 中性焰(正常焰)。中性焰是指在一次燃烧区内既无过量氧又无游离碳的火焰(最高温度3100~3200℃),中性焰中氧和乙炔的比例为1~1.2。其火焰由焰心、内焰、外焰三部分组成。焰心呈亮白色清晰明亮的圆锥形,内焰的颜色呈淡橘红色,外焰为橙黄色不甚明亮。由于内焰温度高(约3150℃),又具有还原性(含有一氧化碳和氧气),故最适宜气焊工作。中性焰使用较多,如焊接低碳钢、中碳钢、低合金钢、纯铜、铝合金等。

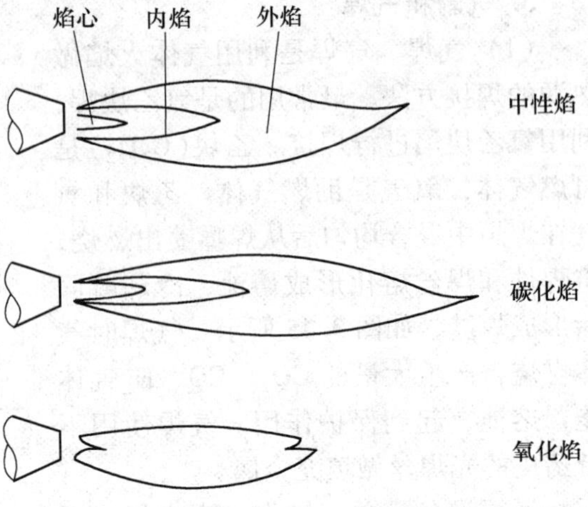

图3-48　气焊火焰

② 碳化焰。当氧气和乙炔的比例小于1时,得到的火焰是碳化焰。由于向火焰中提供的氧气量不足而乙炔过剩,使火焰焰心拉长,白炽的碳层加厚呈羽翅状延伸到内焰区中。整个火焰燃烧软弱无力,冒黑烟。用此种火焰焊接金属能使金属增碳,通常用于焊接高碳钢、高速钢、铸铁及硬质合金等。

③ 氧化焰。当氧气和乙炔的比例大于1.2时,得到的火焰是氧化焰。火焰中有过量的氧,焰心变短变尖,内焰区消失,整个火焰长度变短,燃烧有力并发出响声。用此种火焰焊接金属能使熔池氧化沸腾,钢性能变脆,故除焊接黄铜之外,一般很少使用。

2) 接头形式和焊接准备。气焊可以进行平、立、横、仰等各种空间位置的焊接。其接头形式有对接、搭接、角接和T型接头等。在气焊前,必须彻底清除焊丝和焊件接头处的表面的油污、油漆、铁锈以及水分等,否则不能焊接。

3) 焊丝和焊剂。在焊接时,气焊的焊丝作为填充金属,与熔化的母材一起形成焊缝,因此焊丝质量对焊件性能有很大影响。焊接时应根据焊件材料选择相应的焊丝。

焊剂的作用是保护熔池金属,除去焊接过程中形成的氧化物,增加液态金属的流动性。焊接低碳钢时,由于中性焰本身具有相当的保护作用,可不用焊剂。我国气焊剂主要牌号有CJ101(用于焊接不锈钢、耐热钢)、CJ201(用于焊接铸铁)、CJ301(用于焊接铜合金)、CJ401(用于焊接铝合金)。焊剂的主要成分有硼酸、硼砂、碳酸钠等。

(2) 气割　气割是利用高温的金属在纯氧中燃烧而将工件分离的加工方法。气割使用的气体和供气装置可与气焊通用。

气割时,先用氧乙炔焰将金属加热到燃点,然后打开切割氧阀门,放出一股纯氧气流,使高温金属燃烧。燃烧后生成的液体熔渣,被高压氧流吹走,形成切口,如图3-49所示。金属燃烧放出大量的热,又预热了待切割的金属。所以气割是预热-燃烧-吹渣形成切口不断重复进行的过程。气割所用的割炬与焊炬有所

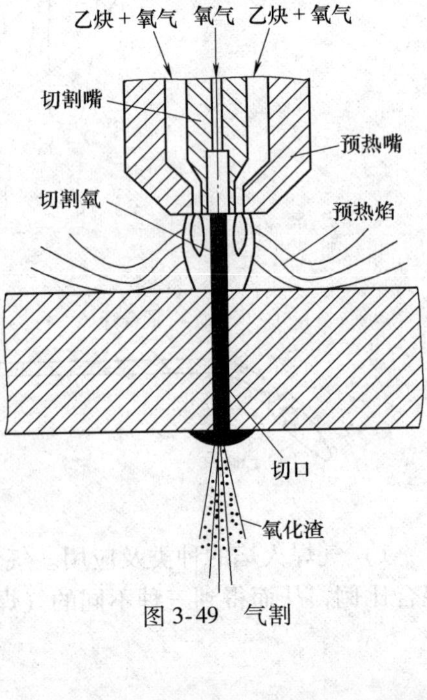

图3-49　气割

不同，多了一个切割氧气管和切割氧阀门。

符合下列条件的金属才能进行气割：

1）金属的燃点应低于本身的熔点，否则变为熔割，使切割质量降低，甚至不能切割。

2）金属氧化物的熔点应低于金属本身的熔点，否则高熔点的金属氧化物会阻碍下层金属与氧气流接触，使气割无法进行。

3）金属的导热性不能太高，否则使气割处热量不足，造成气割困难。

4）金属在燃烧时所产生的大量热能应能维持气割地进行。

碳素钢和低合金钢具有很好的气割性能，因钢种主要成分是铁，其燃烧时生成 FeO、Fe_3O_4、Fe_2O_3，放出大量的热。并且熔点低流动性好，故切口光洁，整体质量好。但铸铁因其燃点高于熔点，且渣中有大量黏稠的 SiO_2 妨碍切割进行，因此铸铁难于切割。铝和不锈钢因存在高熔点 Al_2O_3 和 Cr_2O_3 膜，故也不能用一般气割方法切割。

4. 等离子弧焊

等离子弧产生的原理如图 3-50 所示。钨极与工件之间加以高压，经高频振荡器的激发，使气体电离形成电弧，电弧通过细孔喷嘴时，弧柱截面缩小，产生机械压缩效应；向喷嘴内通入高速保护气流（如氩气、氮气等），此冷气流均匀地包围着电弧，使弧柱外围受到强烈冷却，于是弧柱截面进一步缩小，产生了热压缩效应。

此外，带电离子在弧柱中的运动可看成是无数根平行的通电“导体”，其自身磁场所产生的电磁力使这些“导体”互相吸引靠拢，电弧受到进一步压缩，这种作用称为电磁压缩效应。以上三种压缩效应作用在弧柱上，使弧柱被压缩的很细，电流密度极大，能量高度集中，弧柱区内的气体完全电离，从而获得等离子弧。这种等离子弧的热力学温度可高达 15000~16000K，能够用于焊接和切割。

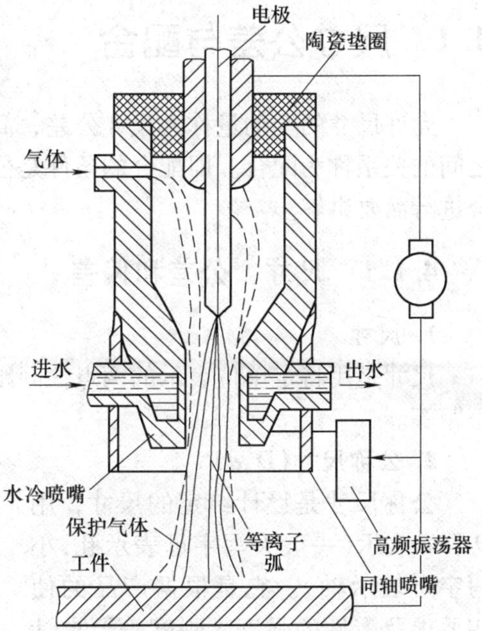

图 3-50　等离子弧焊原理图

利用等离子弧作为热源的焊接方法称为等离子弧焊。焊接时，在等离子弧周围还要喷射保护气体以保护熔池，一般保护气体和等离子气体相同，通常为氩气。

等离子弧焊具有能量集中、穿透力强、电弧稳定等优点。因此，焊接 12mm 厚的工件可不开坡口，能一次单面焊透双面成形；焊接影响区小，焊件变形小；而且焊接速度快，生产率高。但等离子弧焊设备复杂，气体消耗大，焊接成本高，并且只适宜室内焊接，因此应用受到一定限制。

此外利用高温高速等离子弧还可以切割任何金属和非金属材料，包括氧乙炔焰不能切割的材料，而且切口窄而光滑，切割效率比氧乙炔焰切割提高 1~3 倍。

第4章

公差配合与技术测量知识

尺寸的公差和配合是判定机械零件加工和安装精度的重要参数，通过一定的技术测量工具和方法对尺寸的公差进行测量是磨工技术重要基础。

本章将讲述公差与配合以及技术测量的相关知识和方法。

4.1 尺寸公差与配合

允许尺寸的变动量称为尺寸公差，简称公差。公称尺寸相同、相互结合的孔和轴公差带之间的关系称为配合。即配合的条件是公称尺寸相同的孔和轴的结合。下面对尺寸公差与配合进行简要讲解。

4.1.1 尺寸、公差和偏差

1. 尺寸

尺寸是用特定单位表示的两点之间距离的数值，如直径、半径、宽度、深度、高度、中心距等。

2. 公称尺寸(D,d)

公称尺寸是设计给定的尺寸，用D和d表示（一般大写字母表示孔，小写字母表示轴）。它是根据产品的使用要求及零件的强度、刚度等要求计算出的，或通过试验和类比方法而确定的，经过圆整后得到的尺寸。如图4-1所示，ϕ20mm及30mm为圆柱销直径和长度的基本值。

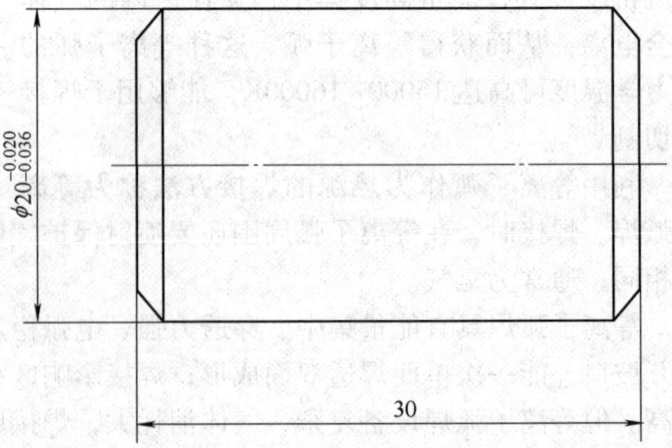

图4-1 圆柱销

3. 实际尺寸(D_a,d_a)

实际尺寸是通过测量得到的尺寸。由于加工误差的存在，按统一图样要求所加工的各个零件，其实际尺寸往往不相同。即使是同一两件的不同位置、不同方向的实际尺寸也往往不一样，如图4-2所示。故实际尺寸是实际零件上某一位置的测量值。加之测量时还存在着测量误差，所以实际尺寸并非真值。

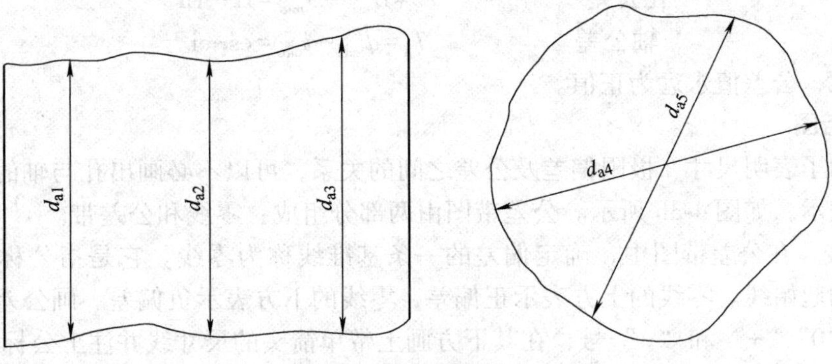

图 4-2　圆柱销实际尺寸

4. 极限尺寸

极限尺寸是指允许尺寸变化范围的两个极限值，其中较大的称为上极限尺寸（D_{max}、d_{max}），较小的称为下极限尺寸（D_{min}、d_{min}），如图 4-3 所示。

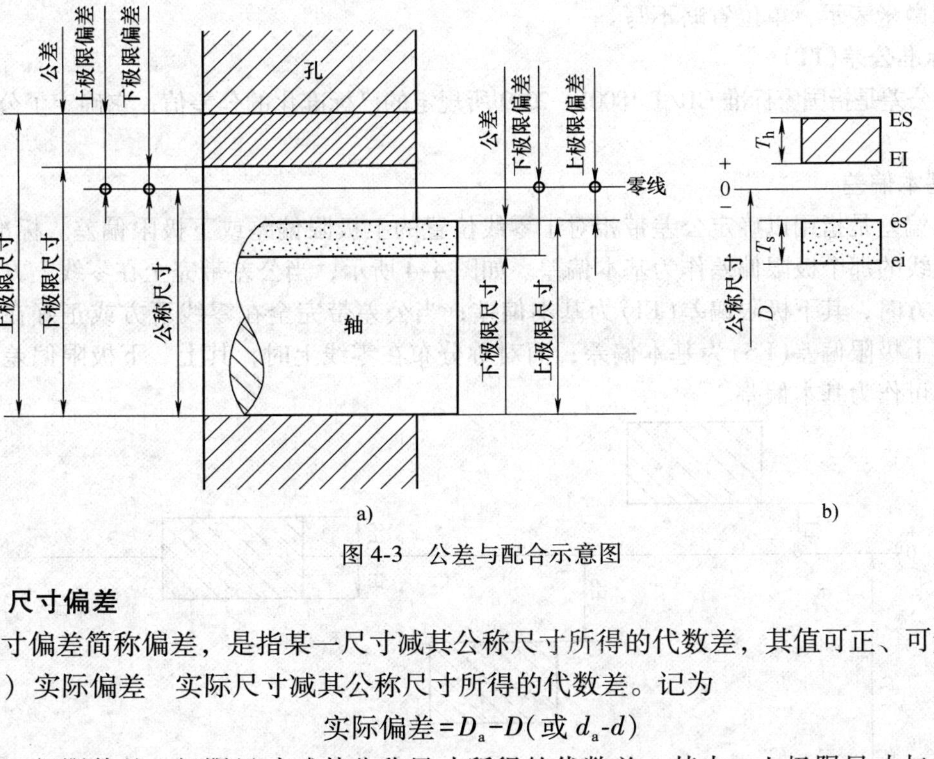

a)　　　　　　b)

图 4-3　公差与配合示意图

5. 尺寸偏差

尺寸偏差简称偏差，是指某一尺寸减其公称尺寸所得的代数差，其值可正、可负或零。

（1）实际偏差　实际尺寸减其公称尺寸所得的代数差。记为

$$实际偏差 = D_a - D（或\ d_a - d）$$

（2）极限偏差　极限尺寸减其公称尺寸所得的代数差。其中，上极限尺寸与公称尺寸之差成为上极限偏差（ES、es），下极限尺寸与公称尺寸之差称为下极限偏差（EI、ei），如图 4-3a 所示，分别记为

$$ES = D_{max} - D \qquad es = d_{max} - d$$

$$EI = D_{min} - D \qquad ei = d_{min} - d$$

6. 尺寸公差（T_h、T_S）

尺寸公差（简称公差）是指允许尺寸的变动量，如图 4-3a 所示。公差、极限尺寸和极限偏差的关系如下

孔公差 $T_h = D_{max} - D_{min} = ES - EI$

轴公差 $T_s = d_{max} - d_{min} = es - ei$

由此可见，公差值永远为正值。

7. 公差带图

如果只为了表明尺寸、极限偏差及公差之间的关系，可以不必画出孔与轴的全形，而采用公差带图表示，如图 4-3b 所示。公差带图由两部分组成：零线和公差带。

（1）零线　在公差带图中，确定偏差的一条基准线称为零线。它是指公称尺寸所在的线，是偏差的起始线。零线的上方表示正偏差，零线的下方表示负偏差。画公差图时，注上相应的符号“0”“+”和“-”号，在其下方画上带单箭头的尺寸线并注上公标尺寸。

（2）尺寸公差带　在尺寸公差带图中，由代表上极限偏差、下极限偏差的两条直线所限定的区域称为尺寸公差带，简称公差带。通常孔公差带用斜线表示，轴公差带用网点或空白表示。公差带在垂直零线方向的宽度代表公差值，上面线表示上极限偏差，下面线表示下极限偏差。公差带沿零线方向的长度可适当选取。公差带图中，尺寸单位为毫米，偏差及公差单位用微米表示，单位省略不写。

8. 标准公差(IT)

标准公差是指国家标准 GB/T 18001—2009 所规定的已标准化的公差值，它确定了公差带的大小。

9. 基本偏差

基本偏差是指用以确定公差带相对于零线位置的上极限偏差或下极限偏差。标准规定，以靠近零线的那个极限偏差作为基本偏差。如图 4-4 所示，当公差带完全在零线上方或正好在零线上方时，其下极限偏差(EI)为基本偏差；当公差带完全在零线下方或正好在零线下方时，其上极限偏差(ES)为基本偏差；而对称分布在零线上时，其上、下极限偏差中的任何一个都可作为基本偏差。

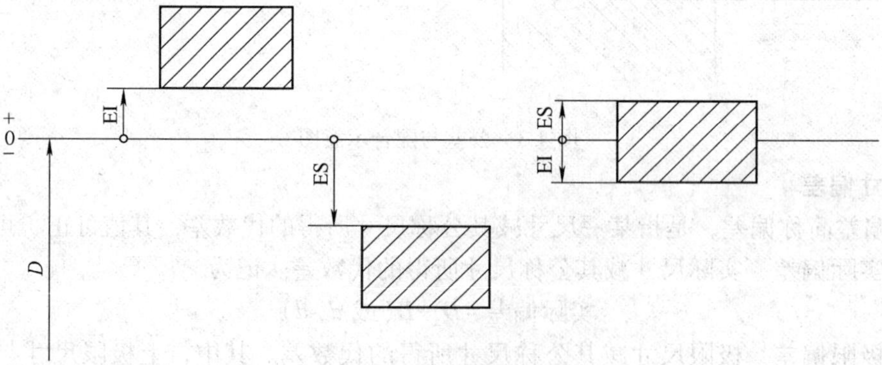

图 4-4　基本偏差

4.1.2　配合

1. 配合

是指公称尺寸相同，相互结合的孔、轴公差带之间的关系。

2. 孔与轴

孔是指圆柱形内表面，也包括其他内表面中由单一尺寸确定的部分。

轴是指圆柱形外表面，也包括其他外表面中由单一尺寸确定的部分。

如图 4-5 所示，内表面中由单一尺寸 B、D、L、B_1、L_1 所确定的部分都称孔。外表面中由单一尺寸 d、l、l_1 所确定的部分都称轴。

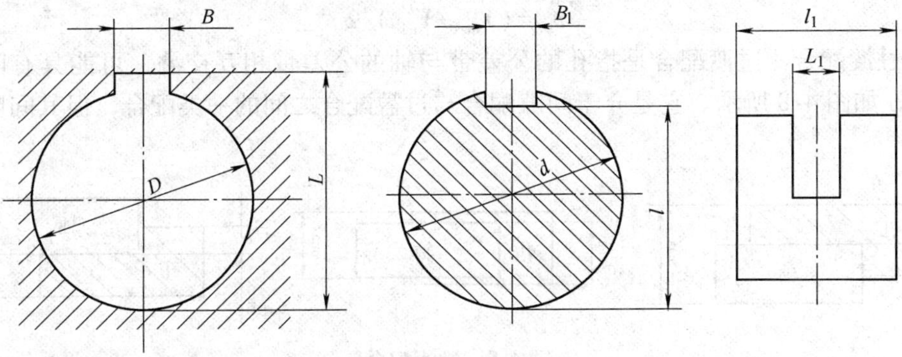

图 4-5　孔与轴

3. 间隙(X)或过盈(Y)

在孔与轴的配合中，孔的尺寸减去轴的尺寸所得的代数差，当差值为正时叫做间隙，当差值为负时叫做过盈。

4. 配合的种类

根据孔、轴公差带之间的关系，配合分为三大类，即间隙配合、过盈配合和过渡配合。

(1) 间隙配合　间隙配合是指孔的公差带位于轴的公差带之上，具有间隙(包括最小间隙为零)的配合，如图 4-6 所示。

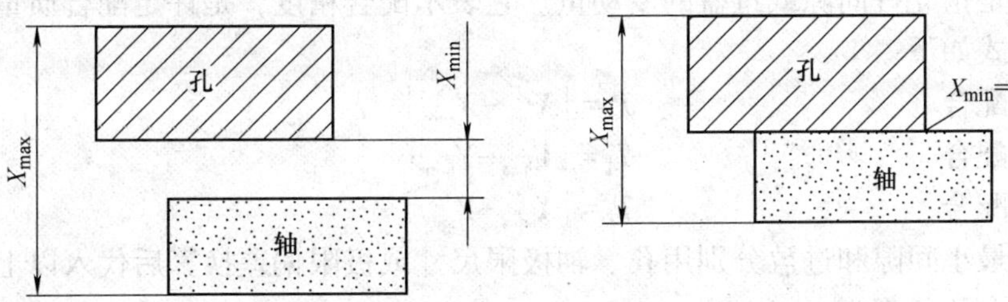

图 4-6　间隙配合

间隙配合的性质用最大间隙 X_{max}、最小间隙 X_{min} 和平均间隙 X_{av} 来表示。计算式如下

$$X_{max}=D_{max}-d_{min}=\mathrm{ES}-\mathrm{ei}$$

$$X_{min}=D_{min}-d_{max}=\mathrm{EI}-\mathrm{es}$$

$$X_{av}=(X_{max}+X_{min})/2$$

(2) 过盈配合　过盈配合是指孔的公差带位于轴的公差带之下，具有过盈(包括最小过盈为零)的配合，如图 4-7 所示。

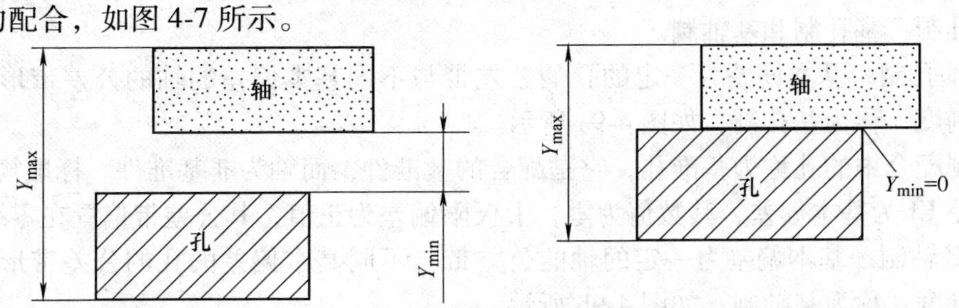

图 4-7　过盈配合

过盈配合的性质用最小过盈 Y_{min}、最大过盈 Y_{max} 和平均过盈 Y_{av} 来表示。计算式如下

$$Y_{min}=D_{max}-d_{min}=ES-ei$$
$$Y_{max}=D_{min}-d_{max}=EI-ES$$
$$Y_{av}=(Y_{max}+Y_{min})/2$$

(3) 过渡配合　过渡配合是指孔的公差带与轴的公差带相互交叠，可能具有间隙或过盈的配合，如图 4-8 所示。它是介于间隙配合与过盈配合之间的一类配合，但其间隙或过盈都不大。

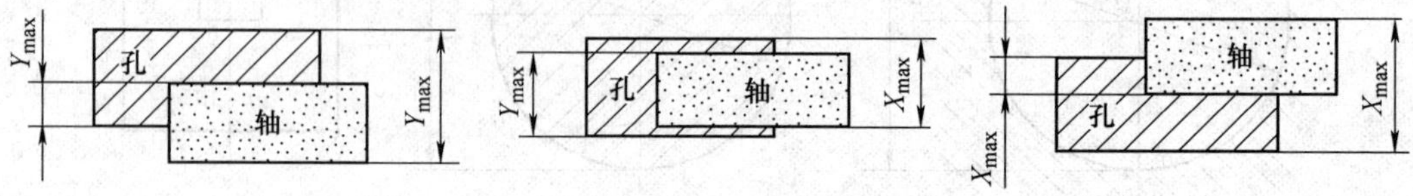

图 4-8　过渡配合

过渡配合的性质用最大间隙 X_{max}、最大过盈 Y_{max} 和平均间隙 X_{av} 或平均过盈 Y_{av} 来表示。其计算式如下

$$X_{max}=D_{max}-d_{min}=ES-ei$$
$$Y_{max}=D_{min}-d_{max}=EI-es$$
$$X_{av}=(X_{max}+Y_{max})/2$$
$$Y_{av}=(X_{max}+Y_{max})/2$$

5. 配合公差(T_f)

配合公差是指允许间隙或过盈的变动量。它表示配合精度，是评定配合质量的一个重要指标。其计算式如下

对于间隙配合　$T_f=|X_{max}-X_{min}|$

对于过盈配合　$T_f=|Y_{max}-Y_{min}|$

对于过渡配合　$T_f=|X_{max}-Y_{max}|$

将最大、最小间隙和过盈分别用孔、轴极限尺寸或极限偏差换算后代入以上各式，则得三类配合的配合公差都为

$$T_f=T_h+T_s$$

此式表明配合精度(配合公差)取决于相互配合的孔和轴的尺寸精度(尺寸公差)。在设计时，可根据配合公差来确定孔和轴的尺寸公差。

6. 基准制

基准制是指以两个相配合零件中的一个零件为基准件，并选定标准公差带，而改变另一个零件(非基准件)的公差带位置，从而形成各种配合的一种制度。国家标准中规定了两种平行的基准制：基孔制和基轴制。

(1) 基孔制　基本偏差为一定的孔的公差带与不同基本偏差的轴的公差带形成各种配合的一种制度，称为基孔制，如图 4-9a 所示。

基孔制配合中的孔称为基准孔，它是配合的基准件，而轴为非基准件。标准规定，基准孔以下偏差 EI 为基本偏差，其数值为零，上极限偏差为正值，其公差带偏置在零线的上侧。

(2) 基轴制　基本偏差为一定的轴的公差带与不同基本偏差的孔的公差带形成各种配合的一种制度，称为基轴制，如图 4-9b 所示。

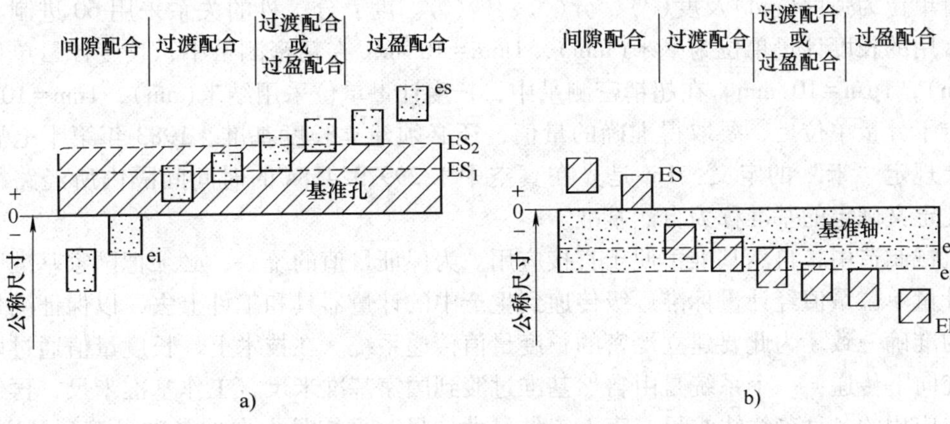

图 4-9　基准制

a）基孔制　b）基轴制

基轴制配合中的轴称为基准轴，它是配合的基准件，而孔为非基准件。标准规定，基准轴以上偏差 es 为基本偏差，其数值为零，下极限偏差为负值，其公差带偏置在零线下侧。

按照孔、轴公差带相对位置的不同，两种基准制都可以形成间隙、过盈、过渡三种不同的配合性质。如图 4-9 所示，基准孔的 ES 边界和基准轴的 ei 边界是两道虚线，而非基准件的公差带有一边界也是虚线，它们都表示公差带的大小是可变化的。

在“过渡配合或过盈配合”这部分区域，当非基准件的基本偏差一定时，由于基准件公差带大小不同，则与非基准件的公差带可能交叠，也可能不交叠。当两公差带交叠时，形成过渡配合；不交叠时，形成过盈配合。

4.2　技术测量基础与常用量具

要实现互换性，除了合理地规定公差外，还需要在加工的过程中进行正确的测量或检验，只用通过测量和检验判定为合格的零件，才具有互换性。

4.2.1　技术测量基础

1. 技术测量的一般概念

测量是指以确定被测对象量值为目的的全部操作。实质上是将被测几何量与作为计量单位的标准量进行比较，从而确定被测几何量是计量单位的倍数或分数的过程。一个完整的测量过程包括测量对象、计量单位、测量方法和测量精度四个方面要素。

检验只确定被测几何量是否在规定的极限范围之内，从而判断被测对象是否合格，而无需得出具体的示值。

测量对象包括的四个要素如下：

1）测量对象。主要指几何量，包括长度、角度、表面粗糙度、几何形状和相互位置等。

2）计量单位。为保证测量的正确性，必须保证测量中单位的统一，为此我国以国际单位制为基础确定了法定计量单位。我国的法定计量单位中，长度计量单位为米(m)，平面角度计量单位为弧度(rad)及度(°)、分(′)、秒(″)。度、分、秒的关系采用60进制。机械制造中常用的长度计量单位为毫米(mm)，$1mm=10^{-3}m$。在精密测量中，长度计量单位采用微米(μm)，$1\mu m=10^{-3}mm$。在超精密测量中，长度计量单位采用纳米(nm)，$1nm=10^{-3}\mu m$。

确定了计量单位后，要取得准确的量值，还必须建立长度基准。1983年第十七届国际计量大会规定“米”的定义：1m是光在真空中1/299792458s的时间间隔内所经路径的长度。按此定义确定的基准称为自然基准。

在机械制造中，自然基准不便于直接应用。为保证量值的统一，必须把国家基准所复现的长度计量单位量值经计量标准逐级传递到生产中的计量器具和工件上去，以保证测量所得的量值的准确一致。为此要建立严密的长度量值传递系统。在技术上，长度量值通过两个平行的系统向下传递：一个系统是由自然基准过渡到国家基准米尺、工作基准米尺，再传递工程技术中应用的各种刻线线纹尺，直至工件尺寸。另一系统是由自然基准过渡到基准量块，再传递到各等级工作量块及各种计量器具，直至工件尺寸，这一系统称为端面量具系统。

3）测量方法。测量方法是指测量时所采用的计量器具和测量条件的综合。测量前应根据被测对象的特点，如精度、形状、质量、材质和数量等来确定需用的计量器具，分析研究被测参数的特点及与其他参数的关系，以确定最佳测量方法。

4）测量精度。测量精度是指测量结果与真值的一致程度。任何测量过程总是不可避免出现测量误差。误差大，说明测量结果离真值远，精度低；反之，则误差小，精度高。因此，精度和误差是两个相对的概念。由于存在测量误差，任何测量结果都只能是要素真值的近似值，所以测量结果有效值的准确性是由测量精度确定的。

2. 计量器具的分类

计量器具按结构特点可以分为四类。

（1）量具　量具是以固定形式复现量值的计量器具，一般结构比较简单，没有传动放大系统。量具中有的可以单独使用，有的也可以与其他计量器具配合使用。

量具又可分为单值量具和多值量具两种。单值量具是用来复现单一量值的量具，又称为标准量具，如量块、直角尺等。多值量具是用来复现一定范围内的一系列不同量值的量具，又称为通用量具。通用量具按其结构特点划分为以下几种：固定刻线量具，如金属直尺、卷尺等；游标量具，如游标卡尺、游标万能角度尺等；螺旋测微量具，如内、外径千分尺和螺纹千分尺等。

（2）量规　量规是没有刻度的专用计量器具，用于检验零件要素的实际尺寸及形状、位置的实际情况所形成的综合结果是否在规定的范围内，从而判断零件被测的几何量是否合格。量规检验不能获得被测几何量的具体数值。如用光滑极限量规检验光滑圆柱形工件的合格性，用螺纹量规综合检验螺纹的合格性等。

（3）量仪　量仪是能将被测几何量的量值转换成可直接观察的指示值或等效信息的计量器具。量仪一般具有传动放大系统。按原始信号转换原理的不同，量仪又可分为如下四种。

1）机械式量仪。机械式量仪是指用机械方法实现原始信号转换的量仪，如指示表、杠杆比较仪和扭簧比较仪等。这种量仪结构简单，性能稳定，使用方便，因而应用广泛。

2）光学式量仪。光学式量仪是指用光学方法实现原始信号转换的量仪，它具有较大放大比的光学放大系统，如万能测长仪、立式光学计、工具显微镜、干涉仪等。这种量仪精度高，性能稳定。

3）电动式量仪。电动式量仪是指将原始信号转换成电量形式信息的量仪。这种量仪具有放大和运算电路，可将测量结果用指示表或记录器显示出来，如电感式测微仪、电容式测微仪、电动轮廓仪、圆度仪等。这种量仪精度高，易于实现数据自动化处理和显示，还可实现计算机辅助测量和检测自动化。

4）气动式量仪。气动式量仪是指以压缩空气为介质，通过其流量或压力的变化来实现原始信号转换的量仪，如水柱式气动量仪、浮标式气动量仪等。这种量仪结构简单，可进行远距离测量，也可对难以用其他计量器具测量的部位(如深孔部位)进行测量；但标尺范围小，对不同的被测参数需要不同的测头。

(4) 计量装置　计量装置是指为确定被测几何量值所必需的计量器具和辅助设备的总称。它能够测量较多的几何量和较复杂的零件，有助于实现检测自动化或半自动化，一般用于大批量生产中，以提高检测效率和检测精度。

3. 测量方法的分类

广义的测量方法是指测量时所采用的测量器具和测量条件的综合，而在实际工作中往往从获得测量结果的方式来理解测量方法，即按照不同的出发点，测量方法有各种不同的分类。

1）根据所测几何量是否为要求被测的几何量，测量方法可分为以下两种：

① 直接测量。直接用量具和量仪测出零件被测几何量值的方法称为直接测量。例如，用游标卡尺或者比较仪直接测量轴的直径。

② 间接测量。通过测量与被测尺寸有一定关系的其他尺寸，然后通过计算获得被测尺寸量值的方法称为间接测量。如图 4-10 所示零件，显然无法直接测出中心距 L，但通过测量 L_1(或 L_2)、ϕ_1 和 ϕ_2 的值，并根据关系式

$$L=L_1-\frac{\phi_1+\phi_2}{2} \text{或} L=L_2+\frac{\phi_1+\phi_2}{2}$$

计算，可间接得到 L 的值。间接测量法存在基准不重合误差，故仅在不能或不宜采用直接测量的场合使用。

2）根据被测量值是直接由计量器具的读数装置获得，还是通过对某个标准值的偏差计算得到，测量方法可分为以下两种：

① 绝对测量。测量时，被测量的全值可以直接从计量器具的读数装置获得。例如用游标卡尺或测长仪测量轴颈。

② 相对测量(又称为比较测量或微差测量)。将被测量与同它只有微小差别的已知同种量(一般为标准量)相比较，通过测量这两个量值间的差值以确定被测量值。

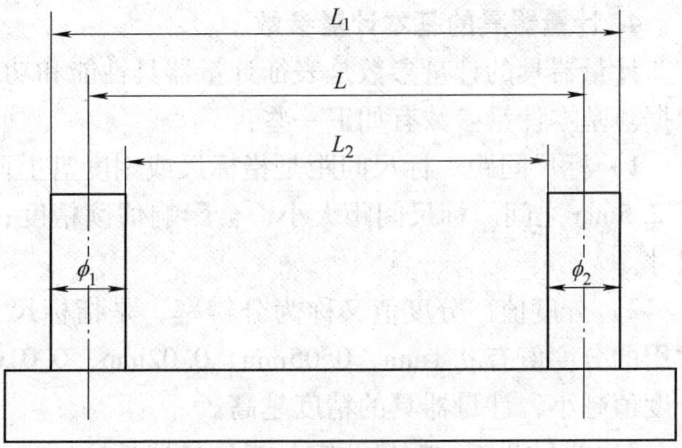

图 4-10　用间接测量法测两轴中心距

3）根据工件上同时测量的几何量的多少，测量方法可分为以下两种：

① 单项测量。对工件上的每一几何量分别进行测量的方法，一次测量仅能获得一个几何量的值。例如用工具显微镜分别测量螺纹单一中经、螺距和牙侧角的实际值，分别判断它们是否合格。

② 综合测量。能得到工件上几个有关几何量的综合结果，以判断工件是否合格，而不是要求得到单项几何量值。例如用螺纹通规检验螺纹是否合格。实质上综合测量一般属于检验。

单项测量便于进行工艺分析，找出误差产生的原因，而综合测量只能判断零件是否合格，但综合测量的效率比单项测量高。

4）根据被测工件表面是否与计量器具的测量元件接触，测量方法可分为以下两种：

① 接触测量。测量时，计量器具的测量元件与工件被测表面接触，并有机械作用的测量力。例如用机械式比较仪测量轴颈，测头在弹簧力的作用下与轴颈接触。

② 非接触测量。测量时，计量器具的测量元件不与工件接触。例如，用光切显微镜测量表面粗糙度等。

接触测量会引起被测表面和计量器具的有关部分产生弹性变形，因而影响测量精度，非接触测量则无此影响。

5）根据测量在加工过程中所起的作用，测量方法可分为以下两种：

① 主动测量。主动测量是指在加工过程中对工件的测量，测量的目的是控制加工过程，及时防止废品产生。

② 被动测量。被动测量是指在工件加工完后对其进行的测量，测量的目的是发现并剔除废品。

主动测量常用在生产线上，使测量与加工过程紧密结合，根据测量结果随时调整机床，以最大限度地提高生产效率和产品合格率，因而是检测技术发展的方向。

6）根据测量时工件是否运动，测量方法可分为以下两种：

① 静态测量。在测量的过程中，工件的被测表面与计量器具的测量元件处于相对静止的状态，被测量的量值是固定的，如用游标卡尺测量轴颈等。

② 动态测量。在测量过程中，工件被测表面与计量器具的测量元件处于相对运动状态，被测量的量值是变动的，如用圆度仪测量圆度误差和用偏摆仪测量跳动误差等。

动态测量可测出工件某些参数连续变化的情况，经常用于测量工件的运动精度参数。

4. 计量器具的基本计量参数

计量器具的计量参数是表征计量器具性能和功用的指标，是选择和使用计量器具的主要依据。基本计量参数有如下一些：

1）标尺间距。标尺间距是指标尺或刻度盘上两相邻刻线中心的距离。一般标尺间距在1~2.5mm之间。标尺间距太小，会影响估读精度；标尺间距太大，会加大读数装置的轮廓尺寸。

2）分度值。分度值又称为分辨率，是指标尺或刻度盘上每一标尺间距所代表的量值。常用的分度值有0.1mm、0.05mm、0.02mm、0.01mm、0.002mm、0.001mm等。一般来说，分度值越小，计量器具的精度越高。

3）标尺范围。标尺范围是指计量器具标尺或刻度盘所指示的起始值和终止值的范围。

4）测量范围。测量范围是指计量器具能够测出的被测尺寸的最小值到最大值的范围。

例如，千分尺的测量范围就有 0~25mm、25~50mm、50~75mm、75~100mm 等多种。如图 4-11 所示，以机械式比较仪为例说明了上述四个参数。该量仪的标尺间距是图中的两条相邻刻线间的距离 c，分度值为 1μm，即 0.001mm，标尺范围为±15μm，仪器的测量范围如图中标注所示，其数值一般为 0~180mm。

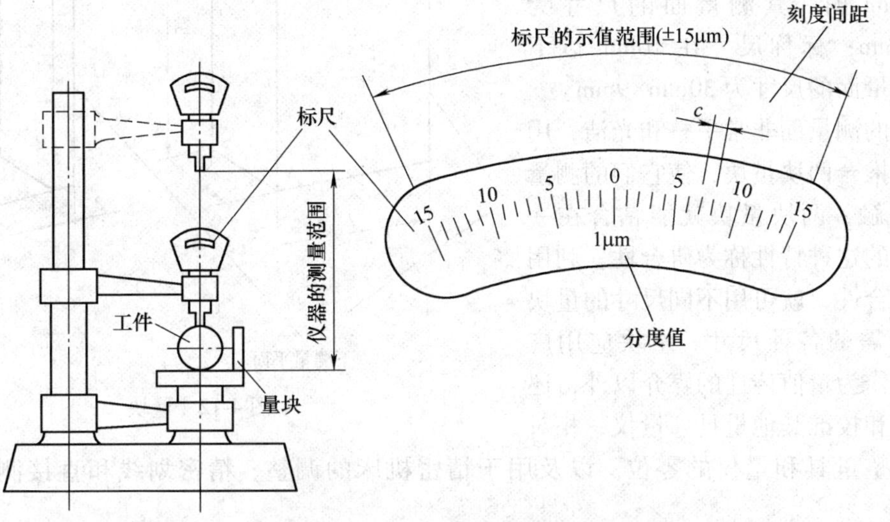

图 4-11　标尺间距、分度值、标尺范围、测量范围的比较

5）示值误差。示值误差是指计量器具的指示值与被测尺寸的真值之差。示值误差由仪器设计原理误差、分度误差、传动机构失真等因素产生，可通过对计量器具的校验测得。

6）示值稳定性。在工作条件一定的情况下，对同一参数进行多次测量所得示值的最大变化范围称为示值的稳定性，又可称为测量的重复性。

7）校正值。校正值又称为修正值。为消除示值误差所引起的测量误差，常在测量结果中加上一个与示值误差大小相等符号相反的量值，这个量值就称为校正值。

8）灵敏阈。能够引起计量器具示值变动的被测尺寸的最小变动量称为该计量器具的灵敏阈。灵敏阈的高低取决于计量器具自身的反应能力。灵敏阈又称为鉴别力。

9）灵敏度。灵敏度是指计量器具反映被测量变化的能力。对于给定的被测量值，计量器具的灵敏度用被观察量的增量 ΔL 与其相应的被测量的增量 ΔX 之比表示，即灵敏度 $=\Delta L/\Delta X$。当 ΔL 与 ΔX 为同一类时，灵敏度也称为放大比，它等于标尺间距与分度值之比。

10）测量力。测量力是指计量器具的测量元件与被测工件表面接触时产生的机械压力。测量力过大会引起被测工件表面和计量器具的有关部分变形，在一定程度上降低测量精度；但测量力过小，也可能降低接触的可靠性而引起测量误差。因此，必须合理控制测量力的大小。

4.2.2　常用计量工具

1. 测量长度尺寸的计量器具

（1）量块

1）量块的形状、用途及尺寸系列。量块是没有刻度的平行端面量具，是用特殊的合金钢制成的长方体，如图 4-12 所示。量块具有线胀系数小、不易变形、耐磨性好等特点。量块上经过精密加工很平很光的两个平行平面是测量面。两测量面之间的距离为工作尺寸 L，又称标称尺寸，该尺寸具有很高的精度。量块的标称尺寸大于或等于 10mm 时，其测量面的尺寸为 35mm×9mm；标称尺寸在 10mm 以下时，其测量面的尺寸为 30mm×9mm。

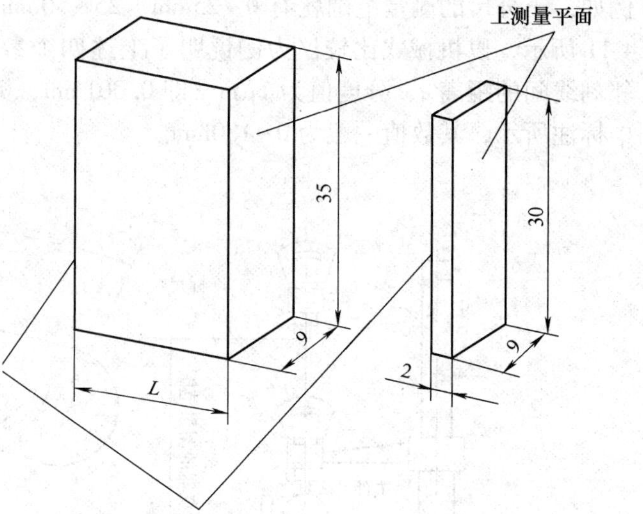

图 4-12　量块

量块的测量面非常平整和光洁，用少许压力推合两块量块，使它们的测量面紧密接触，两块量块就能粘合在一起。量块的这种特性称为研合性。利用量块的研合性，就可用不同尺寸的量块组合成所需的各种尺寸。量块应用广泛，除了作为量值传递的媒介以外，还用于检定和校准其他量具、量仪，相对测量时调整量具和量仪的零位，以及用于精密机床的调整、精密划线和直接测量精密零件等。

在实际生产中，量块是成套使用的。每套量块由一定数量的不同标称尺寸的量块组成，以便组合成各种尺寸，满足一定尺寸范围内的测量需求。GB/T 6093—2001 共规定了 17 套量块。常用成套量块的级别、尺寸系列、间隔和块数见表 4-1。

根据标准规定，量块的制造精度分为五级，即 00、0、1、2、(3)。其中 00 级最高，其余依次降低，(3) 级最低。此外还规定了校正级——K 级。标准还对量块的检验精度规定了六等：1、2、3、4、5、6。其中 1 等最高，精度依次降低，六等最低。

表 4-1　成套量块尺寸表

套别	总块数	级别	尺寸系列/mm	间隔/mm	块数
1	91	00，0，1	0.5	—	1
			1	—	1
			1.001，1.002，…，1.009	0.001	9
			1.01，1.02，…，1.49	0.01	49
			1.5，1.6，…，1.9	0.1	5
			2.0，2.5，…，9.5	0.5	16
			10，20，…，100	10	10
2	83	00，0，1，2(3)	0.5	—	1
			1	—	1
			1.005	—	1
			1.01，1.02，…，1.49	0.01	49
			1.5，1.6，…，1.9	0.1	5
			2.0，2.5，…，9.5	0.5	16
			10，20，…，100	10	10

（续）

套别	总块数	级别	尺寸系列/mm	间隔/mm	块数
3	46	0，1，2，	1	—	1
			1.001，1.002，…，1.009	0.001	9
			1.01，1.02，…，1.09	0.01	9
			1.1，1.2，…，1.9	0.1	9
			2，3，…，9	1	8
			10，20，…，100	10	10
4	38	0，1，2，（3）	1	—	1
			1.005	—	1
			1.01，1.02，…，1.09	0.01	9
			1.1，1.2，…，1.9	0.1	9
			2，3，…，9	1	8
			10，20，…，100	10	10

2）量块的尺寸组合及使用方法。为了减少量块组合的累积误差，使用量块时应尽量减少使用的块数，一般要求不超过 5 块。选用量块时，应根据所需组合的尺寸，从最后一位数字开始选择，每选一块，应使尺寸数字的位数减少一位，以此类推，直至组合完成完整的尺寸。

（2）游标卡尺

1）游标卡尺的结构和用途。游标卡尺的结构种类很多，最常用的三种游标卡尺的结构和测量指标见表 4-2。

表 4-2　常用游标卡尺的结构和测量指标

种类	结构图	测量范围/mm	游标读数值/mm
三用卡尺（Ⅰ型）	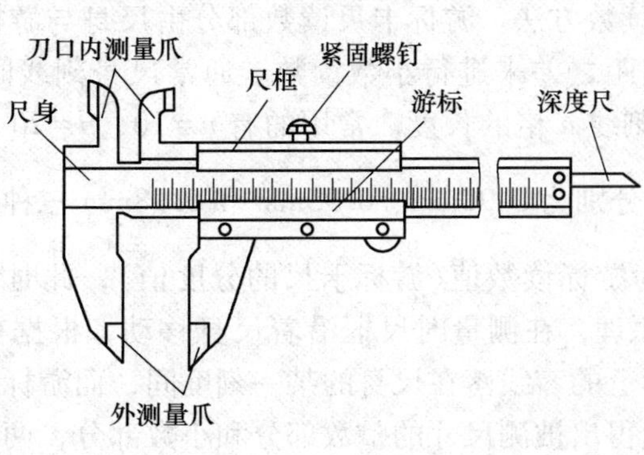	0~125	0.02
		0~150	0.05

（续）

<table>
<tr><th>种类</th><th>结构图</th><th>测量范围/mm</th><th>游标读数值/mm</th></tr>
<tr><td rowspan="2">双面卡尺(Ⅲ型)</td><td rowspan="2">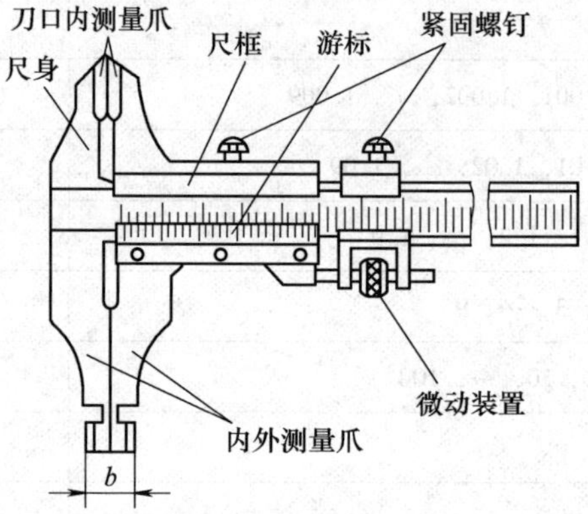
</td><td>0~200</td><td>0.02</td></tr>
<tr><td>0~300</td><td>0.05</td></tr>
<tr><td rowspan="7">单面卡尺(Ⅳ型)</td><td rowspan="7">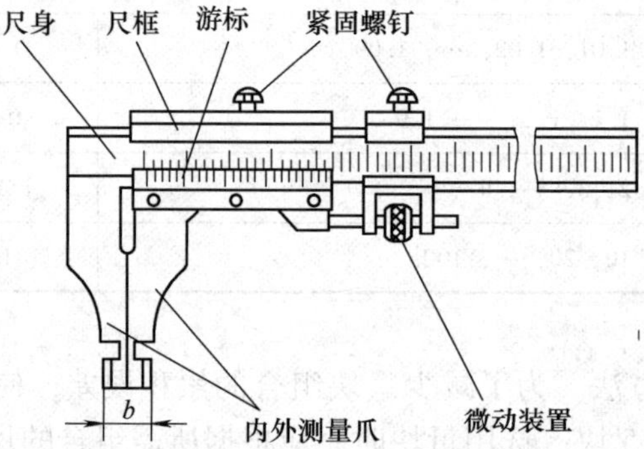
</td><td>0~200</td><td>0.02</td></tr>
<tr><td>0~300</td><td>0.05</td></tr>
<tr><td rowspan="3">0~500</td><td>0.02</td></tr>
<tr><td>0.05</td></tr>
<tr><td>0.1</td></tr>
<tr><td rowspan="2">0~1000</td><td>0.05</td></tr>
<tr><td>0.1</td></tr>
</table>

从表 4-2 所列的结构图中可以看出，游标卡尺的主体是一个刻有刻度的尺身，其上有固定量爪。有刻度的部分称为尺身，沿着尺身可移动的部分称为尺框。尺框上有活动量爪，并装有游标和紧固螺钉。有的游标卡尺上为调节方便还装有微动装置。在尺身上滑动尺框，可使两量爪的距离改变，以完成不同尺寸的测量工作。游标卡尺通常用来测量内外径尺寸、孔距、壁厚、沟槽及深度等。游标卡尺结构简单，使用方便，因此生产中使用极为广泛。

2）游标卡尺的刻线原理和读数方法。游标卡尺读数部分由尺身与游标组成。其原理是利用尺身刻线间距和游标刻线间距之差来进行小数读数。通常尺身刻线间距 a 为 1mm，尺身刻线$(n-1)$格的长度等于游标刻线 n 格的长度。常用的有 $n=10$、$n=20$ 和 $n=50$ 三种，相应的游标刻线间距 $b=\frac{a(n-1)}{n}$，分别为 0. 90mm、0. 95mm 和 0. 98mm 三种。尺身刻线间距和游标刻线间距之差，即 $i=a-b$ 为游标读数值(游标卡尺的分度值)，此时 i 分别为 0. 10mm、0. 05mm 和 0. 02mm。根据这一原理，在测量时尺框沿着尺身移动，根据被测尺寸的大小尺框停在某一确定位置，此时游标上的零线落在尺身的某一刻度间，而游标上的某一刻线与尺身上某一刻线对齐，由以上两点得出被测尺寸的整数部分和小数部分，两者相加即得到测量结果。

下面以图 4-13 所示为例来说明读数方法和步骤。

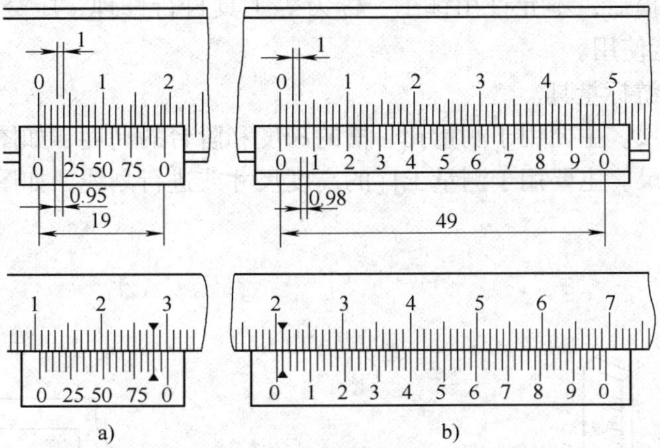

图 4-13　游标卡尺的刻线原理和读数示例

图 4-13a 中上图为读数值 $i=0.05$mm 的游标卡尺的刻线图。尺身刻线间距 $a=1$mm，游标刻线间距 $b=0.95$mm，游标刻线格数为 20 格，游标刻线总长为 19mm。下图为某测量结果。游标的零线在尺身的 10～11mm 之间，因而读数的整数部分为 10mm。下图中游标的第 18 格的刻线与尺身的一条刻线对齐，因而小数部分值为 0.05mm×18＝0.9mm。所以被测量尺寸为 10mm+0.9mm＝10.9mm。

图 4-13b 中上图为读数值 $i=0.02$mm 的游标卡尺的刻线图。尺身刻线间距 $a=1$mm，游标刻线间距 $b=0.98$mm，游标的刻线格数为 50 格，游标刻线总长为 49mm。下图为测量结果。游标零线落在尺身的 20～21mm 之间，因而整数部分为 20mm。游标的第一格刻线与尺身的一条刻线对齐，因而小数部分值为 0.02mm×1＝0.02mm。所以被测刻线尺寸为 20.02mm。

使用游标卡尺时，当游标上的某一刻线与尺身上一条刻线对齐时，此刻线左、右相邻的两条刻线也与尺身上的另外两条刻线近似对齐，因而易发生判断错误而产生测量误差，此误差属于粗大误差。

3）使用游标卡尺的注意事项　测量前要将卡尺的测量面用软布擦干净，卡尺的两个量爪合拢后应密不透光。如漏光严重，需进行修理。量爪合拢后，游标零线应与尺身零线对齐。如对不齐，就表示存在零位偏差，一般不能使用。游标在尺身上滑动要灵活自如，不能过松过紧，不能晃动，以免产生测量误差。

测量时，应使量爪轻轻接触零件表面，保持合适的测量力，量爪位置要摆正，不能歪斜。

读数时，视线应与尺身表面垂直，避免产生视觉误差。

4）游标卡尺的维护保养。

① 不能把卡尺的两个量爪当扳手或划线工具使用，不准用卡尺代替卡钳、卡板等在被测工件上推拉，以免磨损卡尺，影响测量精度。

② 带深度尺的游标卡尺，用完后应将量爪合拢，否则较细的深度尺露在外边，容易变形，甚至折断。

③测量结束时，要把卡尺平放，特别是大尺寸卡尺，否则容易引起尺身弯曲变形。

④ 卡尺使用完毕，要擦净并上油，放置在专用盒内，防止弄脏生锈。

⑤ 不能用砂布或普通磨料来擦除刻度尺表面及量爪测量面的锈迹和污物。

⑥ 游标卡尺受损后，不允许用锤子、锉刀等工具自行修理，应交专门修理部门修理，并经检验合格后才能使用。

5）其他类型的游标量具。

① 深度游标卡尺。主要用于测量孔、槽的深度和阶台的高度，如图 4-14 所示。

② 高度游标卡尺。主要用于测量工件的高度尺寸或进行划线，如图 4-15 所示。

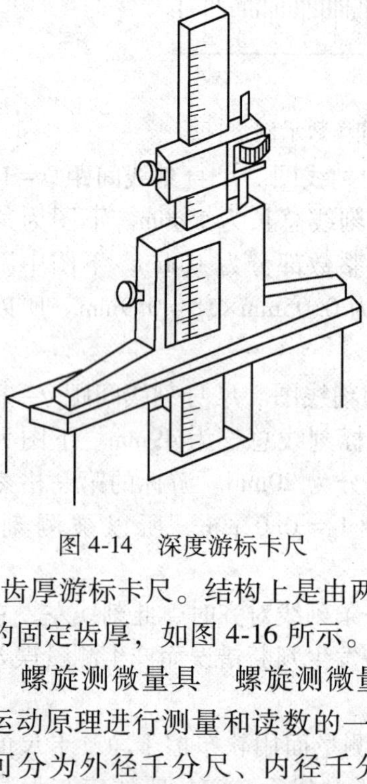

图 4-14 深度游标卡尺

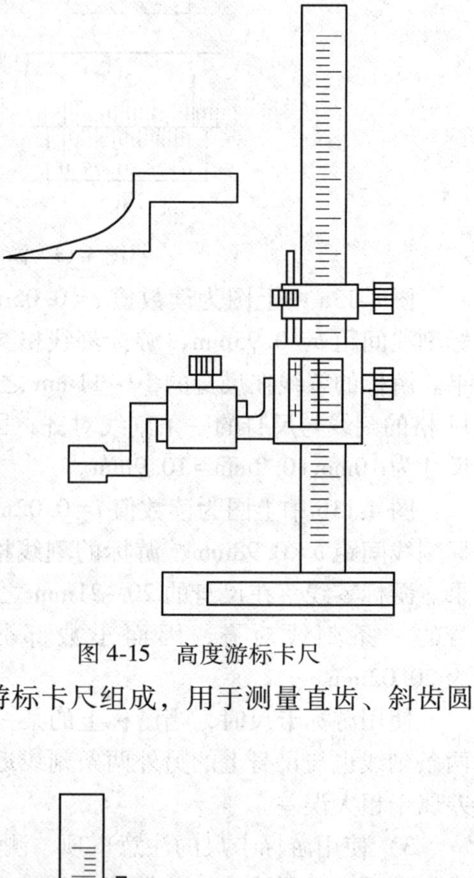

图 4-15 高度游标卡尺

③ 齿厚游标卡尺。结构上是由两把互相垂直的游标卡尺组成，用于测量直齿、斜齿圆柱齿轮的固定齿厚，如图 4-16 所示。

（3）螺旋测微量具 螺旋测微量具是利用螺旋副的运动原理进行测量和读数的一种测微量具。按用途可分为外径千分尺、内径千分尺、深度千分尺及专用的测量螺纹中径尺寸和测量齿轮公法线长度的公法线千分尺。

1）外径千分尺。

① 外径千分尺的结构。外径千分尺由尺架、测微装置、测力装置和锁紧装置等组成，如图4-17所示。

测微螺杆由固定套管用螺钉固定在螺纹轴套上，并与尺架紧配合成为一体。测微螺杆的一端为测量杆，它的中部外螺纹与螺纹轴套上的内螺纹精密配合，并可通过螺母调节配合间隙；另一端的外圆锥与接头的内圆锥相配，并通过顶端的内螺纹与测力装置连接。当此螺纹旋紧时，测力

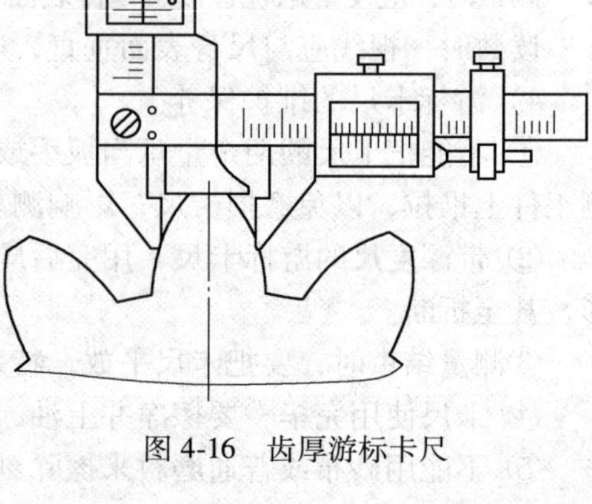

图 4-16 齿厚游标卡尺

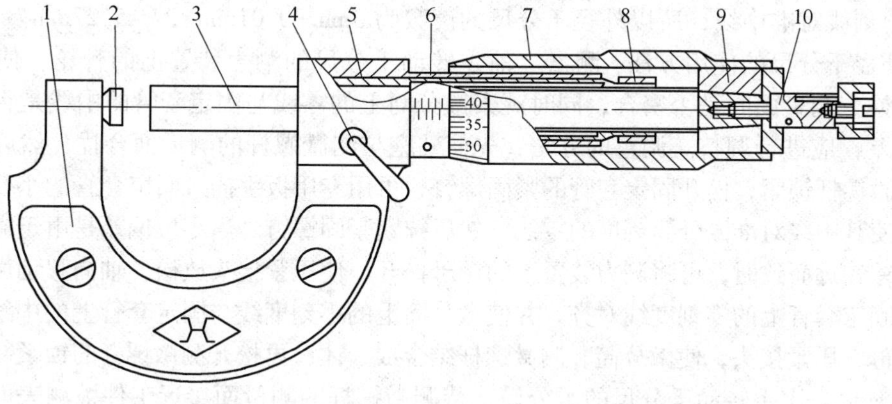

图 4-17　外径千分尺

1—尺架　2—砧座　3—测微螺杆　4—锁紧装置　5—螺纹轴套
6—固定套管　7—微分筒　8—螺母　9—接头　10—测力装置

装置通过垫片紧压接头，而接头上开有轴向槽，能沿着测微螺杆上的外圆锥胀大，使微分筒与测微螺杆和测力装置结合在一起。当旋转测力装置时，就带动测微螺杆和微分筒一起旋转，并沿精密螺纹的轴线方向移动，使两个测量面之间的距离发生变化。

千分尺测微螺杆的移动量一般为 25mm，少数大型千分尺也有制成 50mm 的。

② 外径千分尺的读数原理和读数方法。在千分尺的固定套管上刻有轴向中线，作为微分筒读数的基准线。在中线的两侧刻有两排刻线，每排刻线间距为 1mm，上下两排互相错开 0.5mm。测微螺杆螺距为 0.5mm，微分筒的外圆周上刻有 50 等分的刻度。当微分筒转一周时，螺杆轴向移动 0.5mm。如微分筒转只一格，则螺杆的轴向移动为 0.5mm/50 = 0.01mm，因而 0.01mm 就是千分尺的分度值。

读数时，从微分筒的边缘向左看固定套管上距微分边缘最近的刻线，从固定套管中线上侧的刻度读出整数，从中线下侧的刻度读出 0.5mm 的小数，再从微分筒上找到与固定套管中线对齐的刻线，将此刻线数乘以 0.01mm 就是小于 0.5mm 的小数部分的读数。最后把以上几部分相加即为测量值。

例如图 4-18 所示外径千分尺的读数，从图 4-18a 中可以看出，距微分筒最近的刻线为中线下侧的刻线，表示 0.5mm 的小数，中线上侧距微分筒最近的为 7mm 的刻线，表示整数，微分筒上的 35 的刻线对准中线，所以外径千分尺的读数为 7mm+0.5mm+0.01mm×35 = 7.85mm。

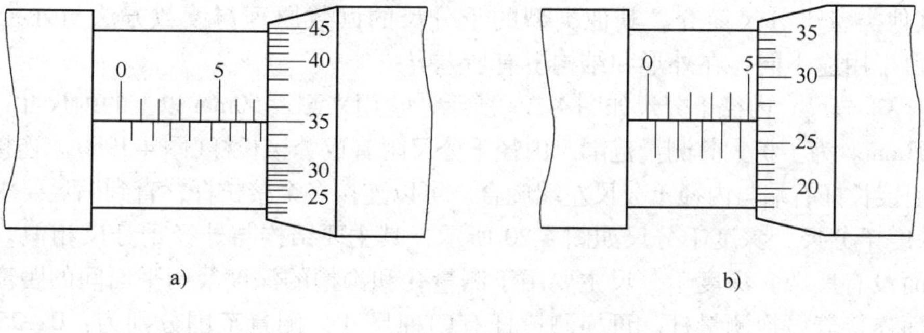

图 4-18　外径千分尺的读数示例

从图 4-18b 中可以看出，距微分筒最近的刻线为中线上侧 5mm 的刻线，而微分筒上数值为 27 的刻线对准中线，所以外径千分尺的读数为 5mm+0. 01mm×27＝5. 27mm。

③ 外径千分尺的使用方法。测量之前，转动千分尺的测力装置上的棘轮，使两个测量面合拢，检查测量面间是否密合，同时观察微分筒上的零线与固定套管的中线是否对齐，如有零位偏差，应进行调整。调整的方法：先使砧座与测微螺杆的测量面合拢，然后利用锁紧装置将测微螺杆锁紧，松开固定套管的紧固螺钉，再用专用扳手插入固定套管的小孔中，转动固定套管使其中线对准微分筒刻度的零线，然后拧紧紧固螺钉。当零位偏差是由于微分筒的轴向位置相差较远而致时，可将测力装置上的螺母松开，使压紧接头放松，轴向移动微分筒，使其左端与固定套管上的零刻度线对齐，并使微分筒上的零刻度线与固定套管上的中线对齐，然后旋紧螺母，压紧接头，使微分筒和测微螺杆结合成一体，再松开测微螺杆的锁紧装置。

测量时，先用手转动千分尺的微分筒，待测微螺杆的测量面接近工件被测表面时，再转动测力装置上的棘轮，使测微螺杆的测量面接触工件表面，听到两三声“咔咔”声后即停止转动，此时已得到合适的测量力，可读取数值。不可用手猛力转动微分筒，以免使测量力过大而影响测量精度，严重时还会损坏螺纹传动副。

使用时，千分尺的测微螺杆的轴线应垂直零件被测表面。读数时最好不从工件上取下千分尺。如需取下读数时，应先锁紧测微螺杆，然后再轻轻取下，以防止尺寸变动产生测量误差。读数要细心，看清刻度，特别要注意分清整数部分和 0. 5mm 的刻线。

④ 外径千分尺的特点。外径千分尺使用方便，读数准确，其测量精度比游标卡尺高，在生产中使用广泛；但千分尺螺纹传动间隙和传动副的磨损会影响测量精度，因此主要用于测量中等精度的零件。常用的外径千分尺的测量范围有 0～25mm、20～50mm、50～75mm 等多种，最大的可达 3000mm。

⑤ 外径千分尺的维护保养。

a. 不能用千分尺测量零件的粗糙表面，更不能用千分尺测量正在旋转的零件。

b. 千分尺要轻拿轻放，不要摔碰。如受到撞击，应立即进行检查，必要时送计量部门检修。

c. 千分尺应保持清洁。测量完毕，用软布或棉纱等擦干净放入盒中。长期不用时应涂防锈油。

d. 大型千分尺应平放在盒中，以免变形。

e. 不能在千分尺的微分筒和固定套管之间加酒精、煤油、柴油、凡士林和普通机油等，不允许把千分尺浸泡在上述介质中。如发现沾染上述物质，要用汽油洗净，再涂以特种轻质润滑油。

2）其他类型千分尺简介。其他类型的千分尺的读数原理与读数方法与外径千分尺相同，只是由于用途不同，在外形和结构上有所差异。

① 内径千分尺。内径千分尺如图 4-19a 所示，它用来测量 50mm 以上的内尺寸，其读数范围为 50～63mm。为了扩大其测量范围，内径千分尺附有成套接长杆（图 4-19b）。连接时去掉保护螺母，把接长杆右端与内径千分尺左端旋合。可以连接多个接长杆，直到满足要求为止。

② 深度千分尺。深度千分尺如图 4-20 所示，其主要结构与外径千分尺相似，只是多了一个基座而没有尺架。深度千分尺主要用于测量孔和沟槽的深度及两平面间的距离。在测微螺杆的下面连接着可换测量杆。可换测量杆有四种尺寸，测量范围分别为：0～25mm、25～50mm、50～75mm 和 75～100mm。

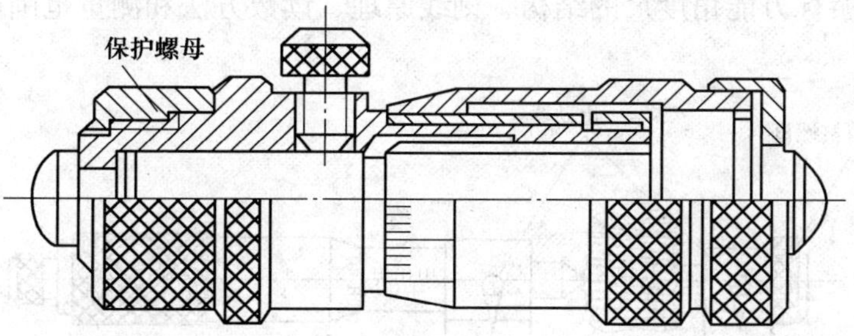

a)

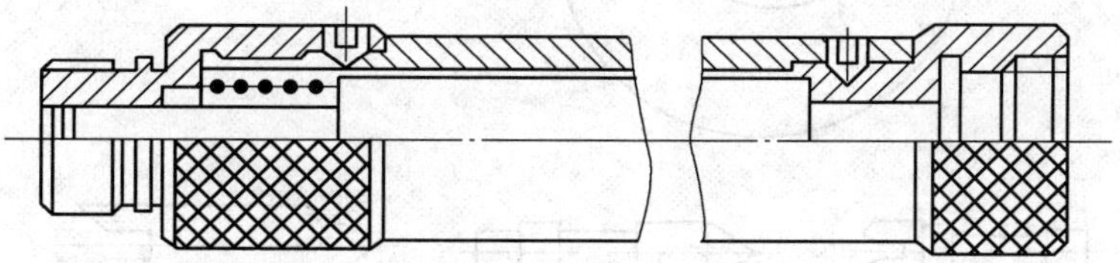

b)

图 4-19　内径千分尺

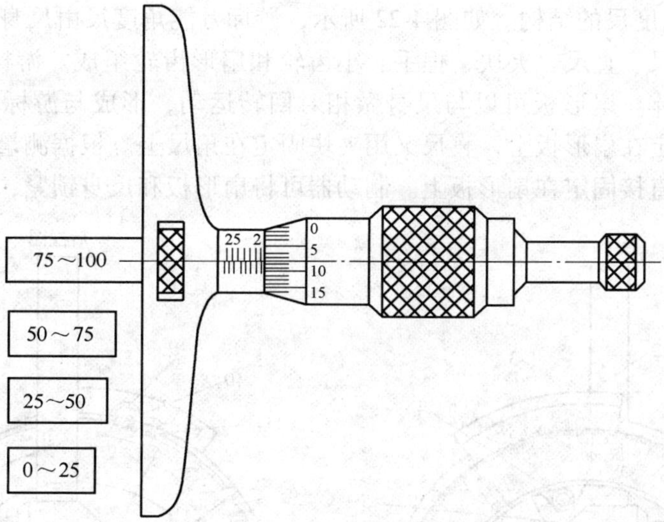

图 4-20　深度千分尺

③ 螺纹千分尺。螺纹千分尺如图 4-21 所示，它主要用于测量螺纹的中径尺寸，其结构与外径千分尺基本相同，只是砧座与测量头的形状有所不同。它附有各种不同规格的测量头，每一种测量头用于一定的螺距范围，测量时可根据螺距选用相应的测量头。测量时，V 形测量头与螺纹牙型的凸起部分相吻合，锥形测量头与螺纹牙型沟槽部分相吻合，从固定套管和微分筒上可读出螺纹的中径尺寸。

2. 测量角度的常用计量器具

(1)游标万能角度尺　游标万能角度尺是用来测量工件内外角度的量具。按其游标读数值(即分度值)可分为 2′和 5′两种；按其尺身的形状不同可分为圆形和扇形两种。以下仅介绍读数为 2′的扇形游标万能角度尺的结构、刻线原理、读数方法和测量范围。

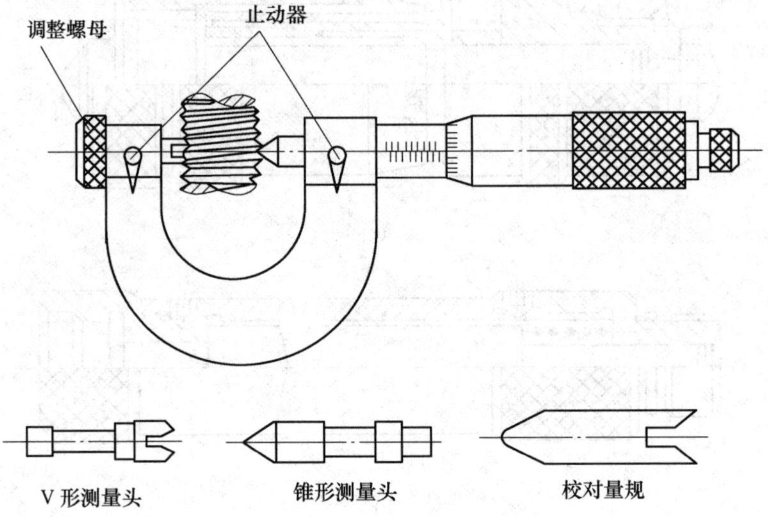

图 4-21　螺纹千分尺

1）游标万能角度尺的结构。如图 4-22 所示，游标万能角度尺由尺身、角尺、游标、制动器、扇形板、基尺、直尺、夹块、捏手、小齿轮和扇形齿轮组成。游标固定在扇形板上，基尺和尺身连成一体。扇形板可以与尺身做相对回转运动，形成与游标卡尺相似的读数机构。角尺用夹块固定在扇形板上，直尺又用夹块固定在角尺上。根据测量角度的需要，也可拆下角尺，将直尺直接固定在扇形板上。制动器可将扇形板和尺身锁紧，便于读数。

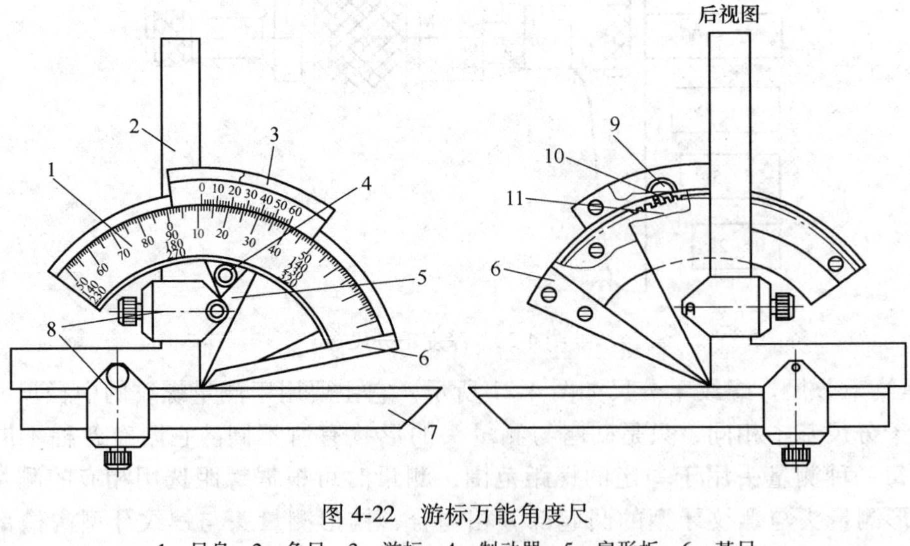

图 4-22　游标万能角度尺

1—尺身　2—角尺　3—游标　4—制动器　5—扇形板　6—基尺

7—直尺　8—夹块　9—捏手　10—小齿轮　11—扇形齿轮

测量时，可转动游标万能角尺背面的捏手，通过小齿轮转动扇形齿轮，使尺身相对扇形板产生转动，从而改变基尺与角尺或直尺间的夹角，满足各种不同情况测量的需要。

2）游标万能角度尺的刻线原理及读数。游标万能角度尺的尺身刻线每格 1°，游标刻线将对应于尺身上 29°的弧长等分为 30 格(图 4-23a)，即游标上每格所对应的角度为$\left(\frac{29°}{30}\right)$，因此尺身 1 格与游标上 1 格相差

$$1°-\left(\frac{29°}{30}\right)=\left(\frac{1°}{30}\right)=2'$$

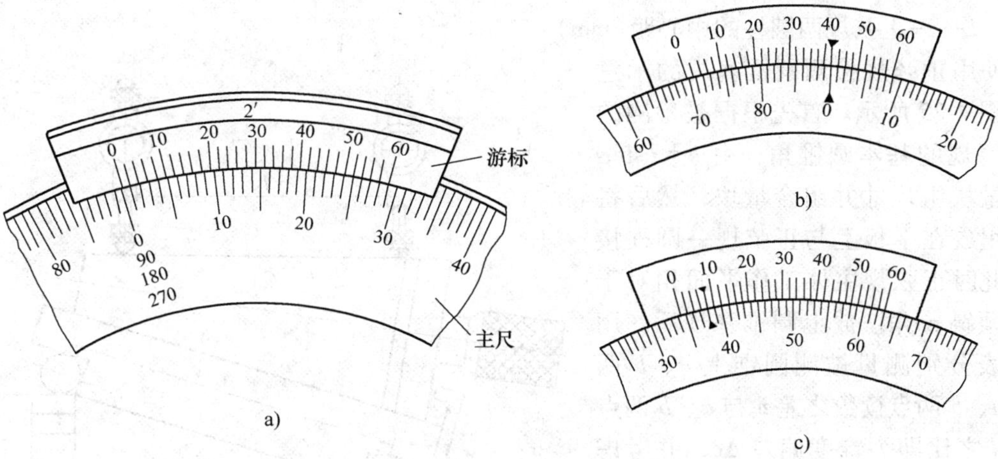

图 4-23　游标万能角度尺的刻线原理及读数

即游标万能角度尺的读数值(分度值)为 2′。

游标万能角度尺的读数方法和游标卡尺相似，即从尺身上读出游标刻度线指示的整度数，再判断游标上的第几格的刻线与尺身上的刻线对齐，就能确定角度“分”的数值，然后将两者相加就得到被测角度的数值。

在图 4-23b 中，游标上的零刻度线落在尺身上 69°~70°之间，因而该被测角度的“度”的数值为 69°；游标上第 21 格的刻线与尺身上的某一刻线对齐，因而被测角度的“分”的数值为 2′×21=42′。所以被测角度的数值为 69°42′。利用同样的方法，可以得出图4-23c 中被测角度的数值为34°8′。

3）游标万能角度尺的测量范围。由于角度尺和直尺可以移动和拆换，因而游标万能角度尺可以测量 0°~320°间的任何大小的角度。

（2）正弦规　正弦规主要由主体工作平板和两个直径相同的圆柱体组成，如图 4-24 所示。为了便于被检工件在平板表面上定位和定向，装有侧挡板和后挡板。

正弦规两个圆柱中心距精度很高，中心距 100mm 的极限偏差为±0.003mm 或±0.002mm，同时工作平面的平面度精度，以

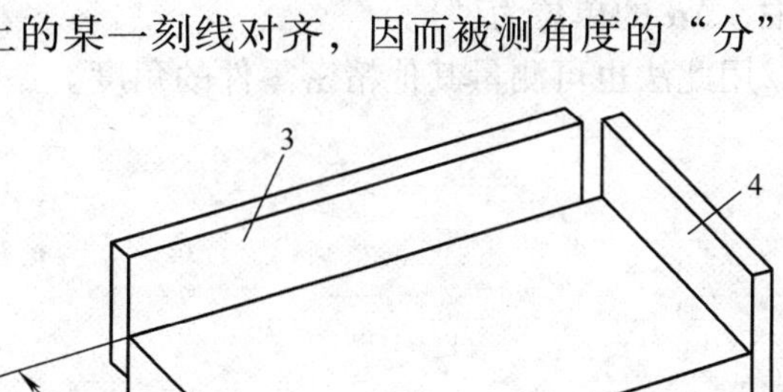

图 4-24　正弦规

1—主体　2—圆柱　3—侧挡板　4—后挡板

及两个圆柱的形状精度和它们之间的位置精度都很高，因此可作精密测量用。

使用时，将正弦规放在平板上，一圆柱与平板接触，而另一圆柱下垫一量块组，使正弦规的工作平面与平板间形成一角度。从图 4-25 可以看出

$$\sin\alpha=\frac{h}{L}$$

式中　α——正弦规放置的角度(°)；

h——量块组的高度(mm)；

L——正弦规两圆柱的中心距(mm)。

使用正弦规检测圆锥塞规的示意图如图 4-25 所示。首先根据被检测的圆锥塞规的基本圆锥角，由 $h=L\sin\alpha$ 算出量块组尺寸并组合量块，然后将量块组放在平板上与正弦规一圆柱接触，此时正弦规主体工作平面相对于平板倾斜 α 角。放上圆锥塞规后，用千分表分别测量被测圆锥上 a、b 两点。a、b 两点读数之差 n 与 a、b 两点距离 l 之比即为锥度偏差 Δc，并考虑正负号，即

$$\Delta c=\frac{n}{l}$$

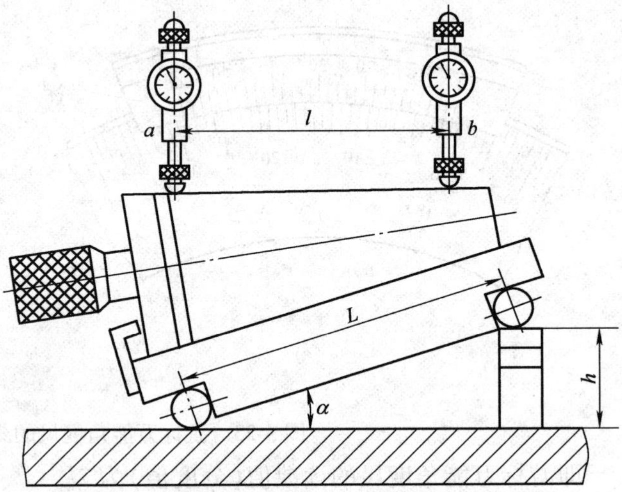

图 4-25　用正弦规测量圆锥塞规

式中，n、l 的单位均取 mm。

锥度偏差乘以弧度对秒的换算系数后，即可求得圆锥偏差，即

$$\Delta\alpha=2\Delta c\times10^5$$

式中，$\Delta\alpha$ 的单位为(″)。

用此法也可测量其他精密零件的角度。

第 5 章

机械加工基础知识

磨工属于机械加工的一种，为了便于学习磨工的具体知识，有必要先了解与机械加工相关的基础知识，包括机械传动的基本方式、机械加工工艺基础知识、金属切削基础知识等。

本章将对机械加工的基础知识进行简要讲解。

5.1 机械传动知识

在工业生产中，机械传动是一种最基本的传动方式。分析一台机器，不论是机床、内燃机、钻探机、洗衣机等，其工作过程实际上包含着多种机构和零部件，组成各种形式的传动装置来传递能量。机械传动的一般分类方法如图 5-1 所示。

- 按传递力的方法
  - 摩擦传动
    - 摩擦轮传动
    - 带传动
      - 平带传动
      - V 带传动
      - 圆带传动
      - 同步带传动
  - 啮合传动
    - 齿轮传动
      - 用于两轴平行
        - 按齿形排列方向
          - 直齿圆柱齿轮传动
          - 斜齿圆柱齿轮传动
          - 人字齿圆柱齿轮传动
        - 按啮合情况
          - 外啮合齿轮传动
          - 内啮合齿轮传动
          - 齿轮齿条传动
      - 用于两轴相交
        - 直齿锥齿轮传动
        - 曲齿锥齿轮传动
        - 弧齿锥齿轮传动
      - 用于两轴相错－弧齿圆柱齿轮传动
    - 蜗杆传动
    - 螺旋传动
    - 链传动

图 5-1 机械传动分类

5.1.1 带传动

1. 带传动的基本结构和分类

（1）带传动的基本结构　带传动是由主动带轮 1、从动带轮 2 和紧套在两轮上的环形带 3 所构成，如图5-2所示。由于带是紧套在带轮上的，故在带与带轮的接触面上产生一定的压力。

在未承受外载时，带的两边都受到相同的预紧力。而当主动轮旋转时，在带与带轮间的接触面上便产生摩擦力，主动轮通过摩擦力使带传动，同时带作用于从动轮的摩擦力使从动轮旋转。此时带两边的预紧力发生了变化，进入主动轮的一边被进一步拉紧，称为紧边，而进入从动轮的一边被松动，称为松边。

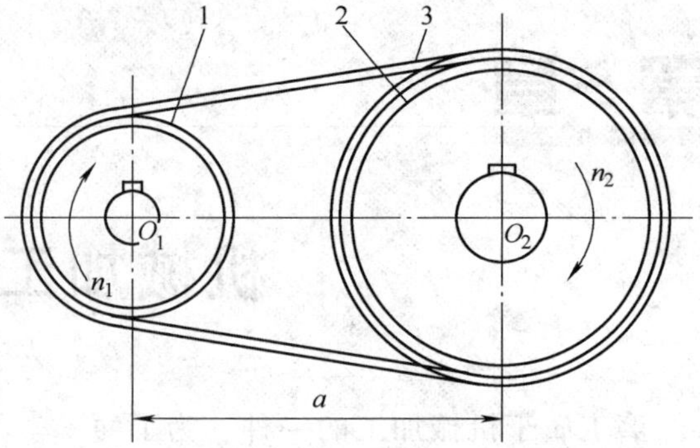

图5-2　带传动的组成

1—主动带轮　2—从动带轮　3—环形带

（2）带传动的分类　带传动分为靠摩擦传动和靠粘合传动两种。

1）靠摩擦传动的带有平带、V带、圆带和多锲带传动，它们都是靠带与带轮接触面之间的摩擦力来传递运动的，如图5-3a、b、c、d所示。

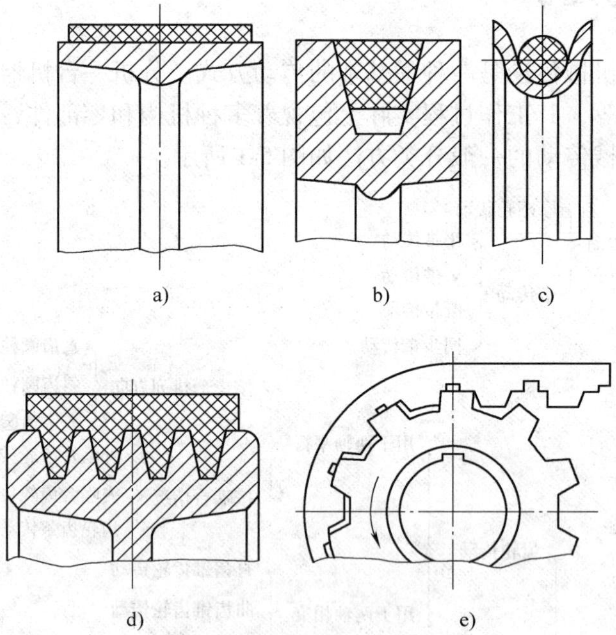

图5-3　带传动的类型

a）平带　b）V带　c）圆带　d）多楔带　e）同步带

平带的截面为矩形，工作面为内表面。材料有橡胶帆布、皮革、棉织物和化纤等，近年来又出现了高强度、耐腐蚀的金属带。一般有接头的平带不适宜高速传动，而无接头的平带可用于高速传动。

V带是环形带，其截面为梯形，两侧面为工作面。V带与平带相比，由于正压力作用于楔形面上，其摩擦力较大，能传递较大的功率，故V带传动广泛应用于机械传动中。

圆带的截面是圆形，一般用皮革或棉绳制成，常用于传递较小功率的场合，如缝纫机、仪表机械等。

多楔带是平带和 V 带的变形带，机体上有若干纵向楔，其工作面为楔的侧面。多楔带有时可取代若干 V 带，它常用于要求结构紧凑、传动平稳的场合。

2）靠啮合传动的带有同步带，它是靠带齿与带轮齿的啮合来传递运动的，如图 5-3e 所示。同步带由承载层 1 和基体 2 组成，如图 5-4 所示。承载层是承受拉力的部分，通常是由钢丝绳或玻璃纤维制成，而基体用聚氨酯或氯丁橡胶制成。由于是齿啮合，带与带轮间没有滑动，主动轮与从动轮速度同步，同步带由此而得名。同步带常用于要求传动比准确的中、小功率的传动，如录音机、磨床、医用机械及轿车中。

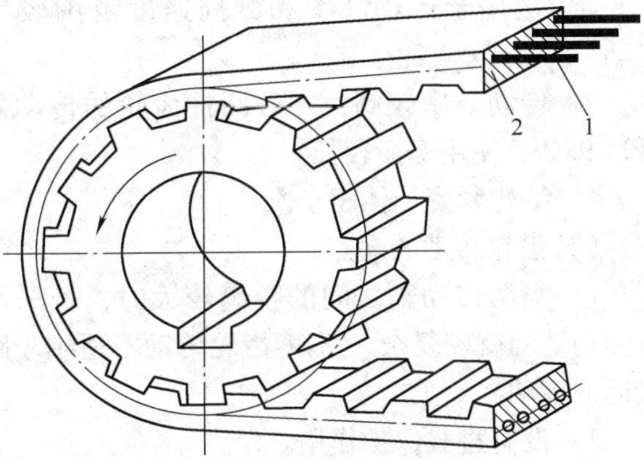

图 5-4　同步带的结构
1—承载层　2—基体

2. 带传动的特点

（1）带传动的优点

1）带具有良好的弹性，能够缓和冲击，吸收振动，故传动平稳，几乎无噪声。

2）由于带传动依靠摩擦力传动，因此当传动功率超过许用负载时，带就会在带轮上打滑，可避免其他零件的损坏。这是带传动特有的过载保护作用。

3）适用于两传动轴中心距较大的场合(中心距最大可达到 10m)。

4）结构简单，加工容易，成本低廉，维护方便。

(2)带传动的缺点

1）由于带具有弹性且依靠摩擦力来传动，故不能保证瞬时传动比(两轮瞬时角速度 ω_1 与 ω_2 之比)恒定。

2）带传动的结构紧凑性较差，尤其当传动功率较大时，传动机构的外轮廓尺寸也较大。

3）带的使用寿命往往较短，一般只有 2000~3000h。

4）带传动的效率较低，这是由于带传动中存在弹性滑动，消耗了部分功率。

5）带传动不适用于油污、高温、易燃易爆场合。

3. 带传动的应用

由于带传动存在传动效率较低、瞬时传动比不恒定、结构不紧凑的特点，故一般用于传动比不要求准确的 50kW 以下的中小功率传动，带的工作速度一般为 5~25m/s，传动比 $i \leqslant 7$。带传动一般多用于动力部分(电动机)到工作部分的高速传动，如车床、牛头刨床的带传动。

5.1.2　齿轮传动

1. 齿轮传动的基本结构

齿轮传动由主动齿轮 1、从动齿轮 2 和机架所组成，如图 5-5 所示。齿轮传动在机械传动中应用广泛。

2. 齿轮传动的特点

（1）齿轮传动的优点

1）由于采用合理的齿轮曲线，所以齿轮传动能保证两轮瞬时传动比恒定，传递运动准确可靠。

2）适用于传动功率和圆周速度范围较大的传动。

3）传动效率较高，一般圆柱齿轮的传动效率可达98%，使用寿命较长。

4）结构紧凑、体积小。

(2)齿轮传动的缺点

1）当两传动轴之间的距离较大时，若采用齿轮传动结构就较复杂，所以 齿轮传动不适用于距离较远的传动。

2）没有过载保护作用。

3）在传递直线运动时，不如液压传动和螺旋传动平稳。

4）制造和安装精度要求较高，成本也高。

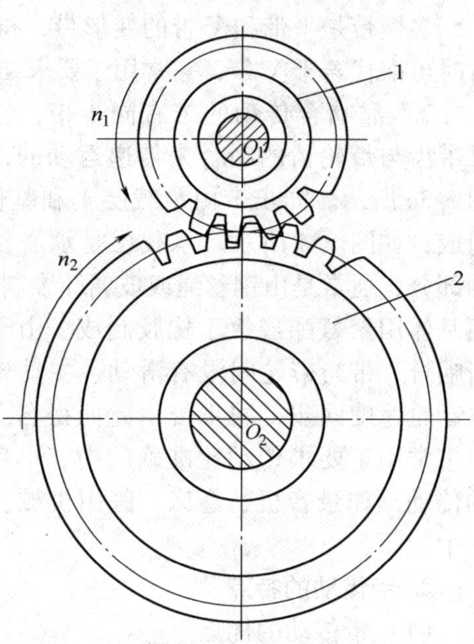

图 5-5　齿轮传动

1—主动齿轮　2—从动齿轮

3. 齿轮传动的分类及应用场合

齿轮传动的种类较多，一般按齿轮形状和齿轮工作条件进行分类。

(1) 按齿轮形状分类

1）圆柱齿轮传动。如图 5-6a、b、c、d 所示，均用于两平行轴间的运动。如果要把回转运动转为直线运动，可用齿轮齿条的啮合齿轮运动如图 5-6e。对于要求结构紧凑的场合，可采用内啮合传动 ，如图 5-6d。对于要求传动较平稳、承载能力较大的场合，可采用如图 5-6b、c 所示圆柱斜齿轮和圆柱人字齿轮传动。

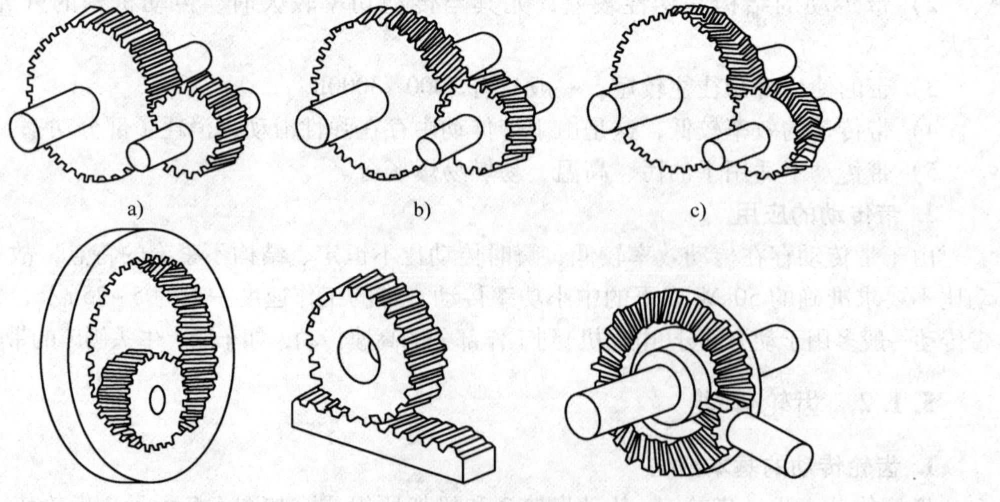

图 5-6　齿轮传动分类

a）圆柱直齿轮传动　b）圆柱斜齿轮传动　c）人字齿轮传动　d）内啮合传动　e）齿轮齿条传动　f）锥齿轮传动

2）锥齿轮传动。如图 5-6f 所示，常用于两轴相交的齿轮传动，其中两轴垂直相交较为常见。

（2）按齿轮传动的工作条件分类

1）闭式齿轮传动。指齿轮安装在封闭的刚性箱体内，因此润滑及维护效果较好，齿轮精度较高。重要的齿轮传动都采用闭式传动，如减速器齿轮和机床变速箱中的齿轮。

2）开式齿轮传动。其齿轮一般都是外露的，支承系统(即轴承支架)的刚度较差，且工作时易出现灰尘杂质和润滑不良的问题，同时轮齿易磨损，故只适宜低速或不大重要的传动及需要经常拆卸更换齿轮的场合，如冲压机传动齿轮、建筑搅拌机的齿轮及机床的交换齿轮等。

3）半开式齿轮传动。介于上述两者之间，一般将传动齿轮浸入油池内，上面仅装有简单的防护罩。

（3）按齿轮的啮合方式分类　按齿轮的啮合方式分外啮合齿轮传动(包括圆柱直齿、斜齿和人字齿)、内啮合齿轮传动(包括圆柱直齿轮、直齿锥齿轮、柔性齿轮)和齿轮齿条运动。

4. 对齿轮传动的要求

齿轮传动要满足以下两个基本要求：

1）传动要平稳。要求齿轮在传动过程中，任何瞬时的传动比保持恒定不变。这样可以保持传动平稳，提高工作精度，以适应于高精度及高速传动。

2）承载能力强。要求齿轮具有足够的强度以传递较大的动力，并且还要有较长的使用寿命和较小的结构尺寸。

5.1.3　螺旋传动

所谓螺旋传动是用内外螺纹组成的螺旋副来传递运动的传动装置。螺旋传动可方便地把主动件的回转运动转变为从动件的直线往复运动。如图 5-7 所示的车床丝杠传动，就是将螺杆的回转运动，借助对开式螺母带动床鞍移动，实现刀具的进给运动。

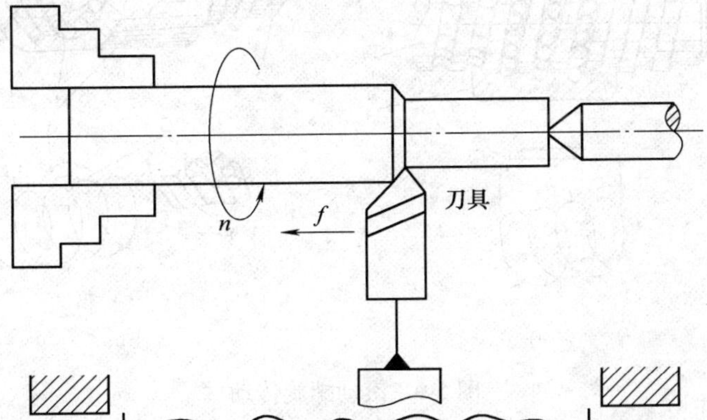

图 5-7　车床丝杠传动

1. 螺旋传动的基本结构和特点

（1）螺旋传动的基本结构　螺旋传动主要由螺杆、螺母和机架构成。

（2）螺旋传动的特点　螺旋机构具有结构简单，工作连续、平稳、无噪声，承载能力大，传动精度高，易于自锁等优点，故在机械传动中广泛应用。其缺点是磨损大、效率低。但近年来由于滚动螺旋传动的应用，使磨损和效率问题得到极大的改善。

2. 螺旋传动的分类

（1）按螺旋副摩擦性质分类　螺旋传动可分为滑动螺旋和滚动螺旋两种类型。

1）滑动螺旋传动。如图 5-8 所示，由于螺母和螺杆间的摩擦为滑动摩擦，便成为滑动螺旋传动，其特点是：

① 螺杆与螺母间的摩擦大、易磨损，且传动效率低。

② 可设计成具有自锁特性的传动。

③ 结构简单，制造方便。

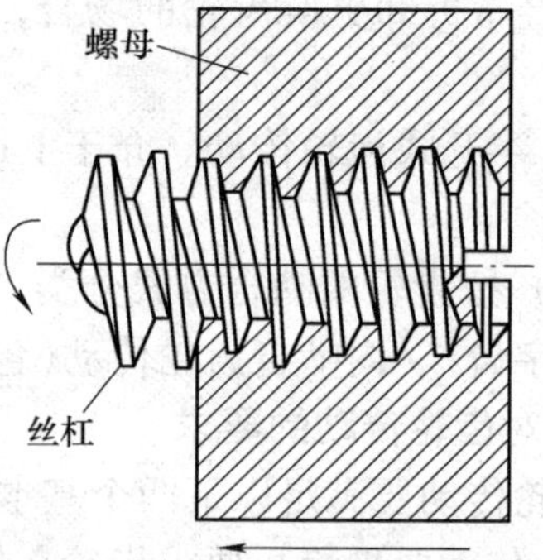

图 5-8　滑动螺旋传动

2）滚动螺旋传动。如图 5-9 所示，为了减少螺旋副间的摩擦，提高传动效率，在螺杆与螺母的滚道中添加滚珠，当螺杆与螺母相对转动时，滚珠沿滚道滚动。滚动螺旋传动按滚道返回装置不同分为外循环（图 5-9a）和内循环（图 5-9b）两种。外循环是滚珠在螺母的外表面经返回通道返回。内循环是滚珠在螺母体内的循环。内循环的导路为反向器，它将相邻两螺纹滚道连接起来，当滚珠滚到螺旋顶部时，就被阻止而反向，形成一个循环回路。滚动螺旋传动的特点如下：

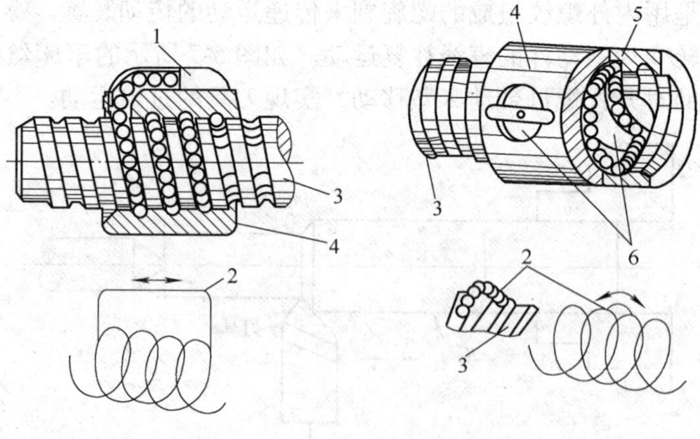

图 5-9　滚动螺旋传动

a）外循环式　b）内循环式

1—导路　2—返回通道　3—螺杆　4—螺母　5—滚珠　6—反向器

① 螺旋副之间为滚动摩擦，摩擦因数小，不易磨损，传动效率高。

② 不具有自锁性，可以变直线传动为旋转运动。

③ 结构复杂，制造困难。

（2）按使用要求不同分类　螺旋传动机构可分为传动螺旋、传力螺旋和调整螺旋三种类型。

1）传动螺旋。主要用来传递运动，要求各运动之间有一定的相关关系，因此传动精度要求比较高。图 5-10 所示为机床工作台传动机构，螺杆 1 在机架 3 中只能传动而不能移动；螺母 2 与螺杆 1 回转时，螺母 2 就带动溜板 4 上的工作台沿机架 3 上的导轨移动。

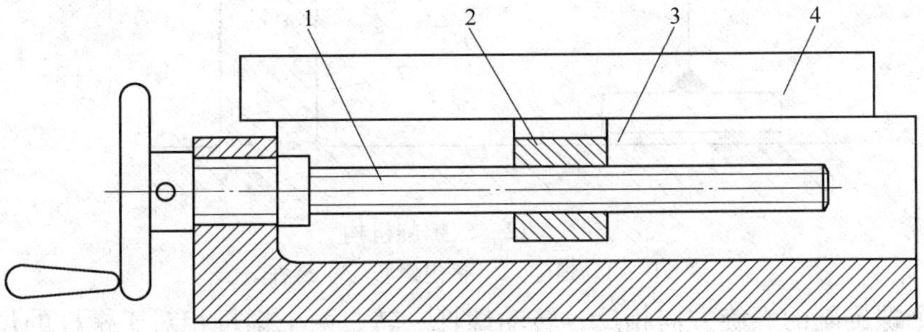

图 5-10　机床工作台的传动机构

1—螺杆　2—螺母　3—机架　4—溜板

2）传力螺旋。主要用来传递动力，不计较各运动件之间的相关关系，当以较小的力传动螺杆，可使其产生轴向运动和大的轴向力，完成举起重物或加压于工件的工作。图 5-11 所示的螺旋千斤顶和螺旋压力机就是传力螺旋的应用。当用较小的力转动螺旋压力机的手柄，便可以使螺杆转动而作轴向移动，产生很大的轴向力加压于工件。

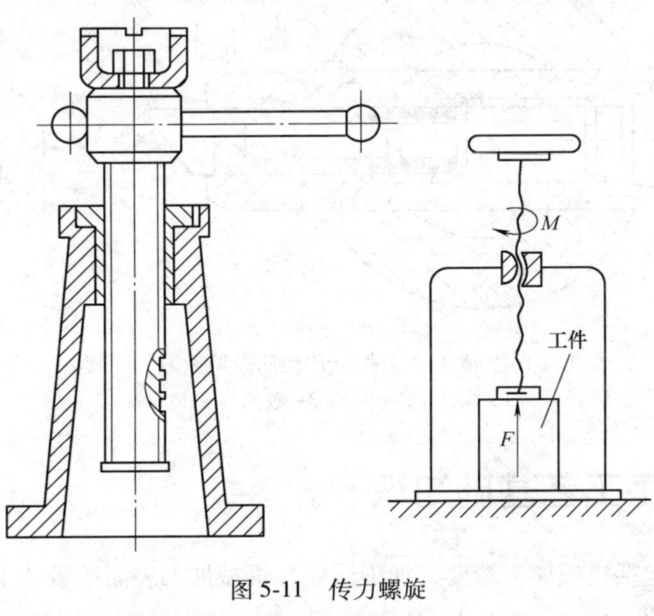

图 5-11　传力螺旋

3）调整螺旋。主要用来调整或固定零件的相对位置。如图 5-12 所示，这种螺旋机构的螺杆 3 上有两段不同螺距 P_1、P_2 的螺纹副，分别与螺母 1、2 组成螺旋副，称为双螺旋机构。图 5-12 机构中螺母 2 兼做机架。螺杆 3 转动时一方面相对螺母 2 移动，同时也相对于螺母 1 移动。在两个螺旋副螺旋方向相同的条件下，螺杆 3 每转一转，其相对于螺母 2 和螺母 1 的相对位移分别是螺距 P_2 与 P_1。由于二者移动方向相同，若螺距 P_1 与 P_2 不同，螺母 2 与螺母 1 之间便产生相对位移，这个位移是两螺距 P_2 与 P_1 之差。如果两者相差很小，可动螺母 1 相对于机架的位移就会很小。利用这一特点，可以做成微调装置，广泛用于测微器、计算机、分度机以及很多精密切削机床、仪器和工具中。

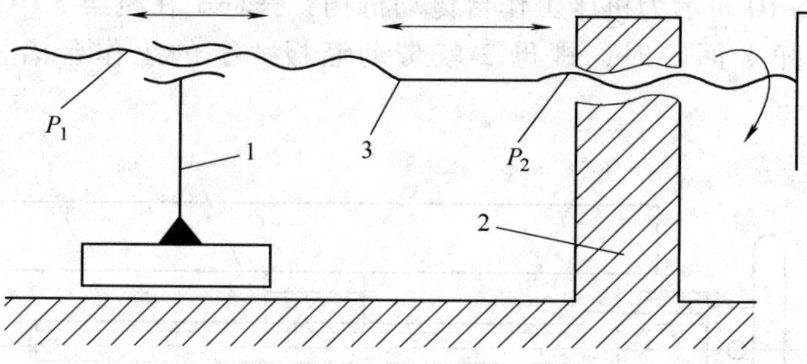

图 5-12　双螺旋机构

1—可动螺母　2—固定螺母　3—螺杆

如果两个螺旋副的螺旋方向相反，转动螺杆一转，两个螺母相对于螺杆的位移虽然仍为 P_1 和 P_2，但由于方向相反，他们之间的相对位移是 P_2 与 P_1 之和，可以起加速移动的作用。

图 5-13 所示是应用于微调镗刀上的双螺旋传动的实例。螺杆 1 在 a 处和 b 处都是右旋螺纹，刀套 2 固定在镗杆 3 上，镗刀 4 在刀套 2 的方孔中只能移动，借助螺杆 1 上的刻度可方便实现微量调节。

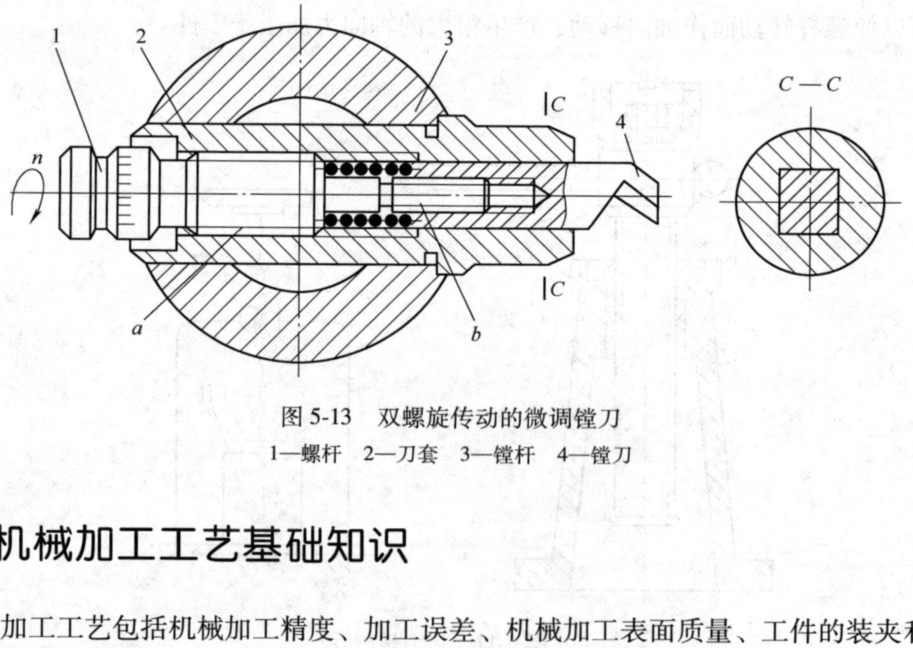

图 5-13　双螺旋传动的微调镗刀

1—螺杆　2—刀套　3—镗杆　4—镗刀

5.2　机械加工工艺基础知识

机械加工工艺包括机械加工精度、加工误差、机械加工表面质量、工件的装夹和基准等知识，下面简要介绍。

5.2.1　机械加工精度

1. 加工精度

产品的质量取决于零件的质量和装配的质量，特别是零件的加工精度将直接影响产品的使用性能和寿命。因此，提高零件的加工精度是很重要的。

在机械加工过程中，由于各种因素的影响，使刀具和工件间正确的相对位置产生偏差，因此加工出的零件不可能与理想的完全符合。机械加工后，零件实际几何参数与理想零件相符合的程度称为加工精度。

零件的加工精度包括尺寸精度、形状精度和位置精度。

1）尺寸精度。指加工表面的尺寸(如孔径、轴径、长度)及加工表面到基面的位置尺寸精度，尺寸精度用标准公差等级表示，分为 20 级。

2）形状精度。指加工表面的几何形状(如圆度、圆柱度、平面度)精度。形状精度用形状公差等级表示，分为 12 级。

3）位置精度。指加工表面与其他表面间的相互位置(如平行度、垂直度、倾斜度、同轴度)的精度。位置精度用位置公差等级表示，分为 12 级。

2. 加工精度的获得

零件表面的加工方法是多种多样的，但要获得图样要求的公差等级，必须对设备条件、生产类型、技术水平等方面综合考虑，通过技术经济分析 选取技术上可靠、经济上合理的加工方法。而零件表面上的尺寸、形状、位置精度间是相联系的，形状误差应限制在位置公差内，位置误差应限制在尺寸公差内。通常尺寸精度要求越高，相应的形状、位置精度要求也越高。但对于特殊功用零件的某些表面，其几何形状要求更高，但位置精度、尺寸精度不一定要求高。

（1）提高加工精度的工艺措施　提高加工精度的工艺措施大致可归纳为以下几个方面：

1）直接减少原始误差法。这是生产中应用最广的方法，在查明因素之后设法减少或消除原始误差。

2）误差补偿法。这是人为地制造一种误差，去抵消另一种原始误差，从而达到加工精度的目的。

3）误差转移法。误差转移法的实质就是转移工艺系统的几何误差、受力变形和热变形等。

4）就地加工法。在加工和装配过程中有些精度涉及很多零部件的相互关系相当复杂，如果单纯依靠提高零件精度来满足设计要求有时不仅困难，而且不可能。此时若采用就地加工，就可解决这种难题。

5）误差分组法。在加工中，由于工序内毛坯误差的存在，造成本工序的加工误差。毛坯误差对本工序的影响有复映误差和定位误差两种情况。如果上述误差较大，就不能保证加工精度，而且要提高毛坯精度或上道工序的加工精度又不经济，此时就可采用误差分组法，即把毛坯或上道工序尺寸按误差大小分成 n 组，每组毛坯的误差就缩小为原来的$\frac{1}{n}$。然后按各组分别调整刀具与工件的相对位置或调整定位元件，就可大大地缩小整批工件的尺寸分散范围。这种方法适用于配合精度很高的场合使用。

6）误差平均法。是利用有密切联系的表面之间的相互比较和相互修正，或者利用互为基准进行加工，以达到很高的加工精度的方法。

（2）获得加工精度的方法

1）获得尺寸精度的方法。工件尺寸精度的获得方法有下列 4 种。

① 试切法。依靠“试切工件→测量尺寸→调整刀具→再试切→再调整”的顺序，反复

数次，直到符合规定尺寸精度时，才正式切出整个加工表面。

② 调整法。先用一工件按试切法调整好刀具，并使刀具与工件(或机床、夹具)的相对位置在以后的加工过程中保持不变，再成批地加工工件。

③ 定尺寸刀具法。用刀具的相应尺寸来保证加工表面的尺寸精度。如孔加工时常用镗刀块镗孔或用铰刀、拉刀等加工孔来保证工件尺寸。

④ 主动测量法。磨削时的加工表面是逐渐接近加工尺寸的，因此，在磨床上常在加工时采用主动测量。图 5-14 为磨削凸缘肩部平面，用百分表控制尺寸 h。

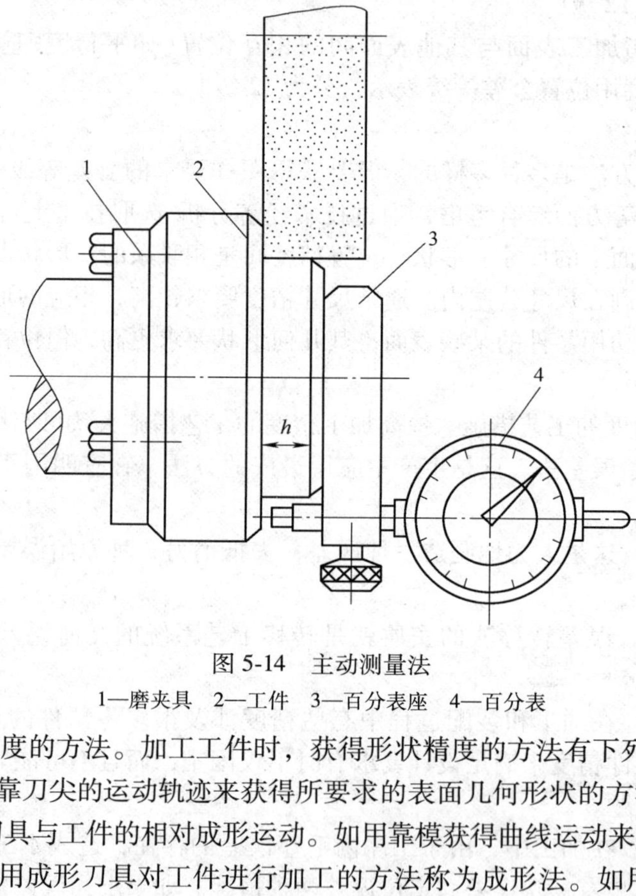

图 5-14　主动测量法

1—磨夹具　2—工件　3—百分表座　4—百分表

2）获得形状精度的方法。加工工件时，获得形状精度的方法有下列三种。

① 轨迹法。依靠刀尖的运动轨迹来获得所要求的表面几何形状的方法称为轨迹法。刀尖的运动轨迹取决于刀具与工件的相对成形运动。如用靠模获得曲线运动来加工成形表面等。

② 成形法。利用成形刀具对工件进行加工的方法称为成形法。如用成形车刀加工回转曲面，用成形铣刀铣削成形面，用拉刀拉削内花键等均属成形法。这些加工方法所得到的表面形状精度，取决于刀具切削刃的形状精度。

③ 展成法。刀具与工件作具有确定速比关系的运动，工件的被加工表面是切削刃在运动中形成的包络面，且切削刃是被加工表面轮廓线的共轭曲线。用这种方法来加工表面，称为展成运动。常见的滚齿、插齿等齿轮加工方法均属展成法。

3）获得位置精度的方法有如下几种：

① 划线找正。对于形状复杂的零件，有必要按零件图在毛坯上划线，并检查它们与不加工表面的尺寸与位置情况，然后按划好的线找正工件在机床上的位置，进行装夹。如箱体加工就需划线找正装夹进行加工，但用划线找正加工精度很低，效率也不高。

② 夹具保证。夹具以正确的位置安装在机床上，工件按照六点定位原理在夹具中定位并夹

紧，工件的位置精度完全由夹具来保证。用夹具装夹工件，定位精度高且稳定，效率也较高。

5.2.2　加工误差

实际几何参数与理想几何参数的偏离程度称为加工误差。加工误差越小，加工精度越高。

1. 加工误差的内容

加工误差的产生是由于在加工前和加工过程中，工艺系统存在很多误差因素，统称为原始误差。原始误差主要包括以下内容。

（1）原理误差　采用近似的加工运动或近似的刀具轮廓而产生的误差。如用成形铣刀加工锥齿轮，用车削方法加工多边形工件等。

（2）装夹误差　工件在装夹过程中产生的误差称为装夹误差。装夹误差包括定位误差和夹紧误差。

1）定位误差。定位误差是指一批工件在夹具中定位时，工件的设计基准(或工序基准)在加工尺寸方向上相对于夹具(机床)的最大变量。定位误差与定位方法有关。定位误差包括定位基准与设计基准不重合引起的基准不重合误差和定位副制造不准确等引起的基准位移误差。

2）夹紧误差。对于结构薄弱的工件，在夹紧力的作用下会产生很大的弹性变形。此时，在变形状态下形成的加工表面，当松开夹紧、变形消失后，将产生很大的形状误差。如图 5-15 所示，自定心卡盘夹持薄壁套筒车(镗)孔，夹紧后套筒微变形成棱圆形(图 5-15a)。虽然车出的孔成正圆形(图 5-15b)，但松夹后套筒的弹性恢复，使孔变成了三角棱圆形(图 5-15c)。所以对于薄壁环(套)形零件，可采用宽的卡爪，或在工件与卡爪间衬一开口圆形衬套(图 5-15d、e)，使夹紧力均匀分布在薄壁套筒上，减少变形，也可采用轴向夹紧夹具，变径向夹紧为轴向夹紧，减少工件变形。

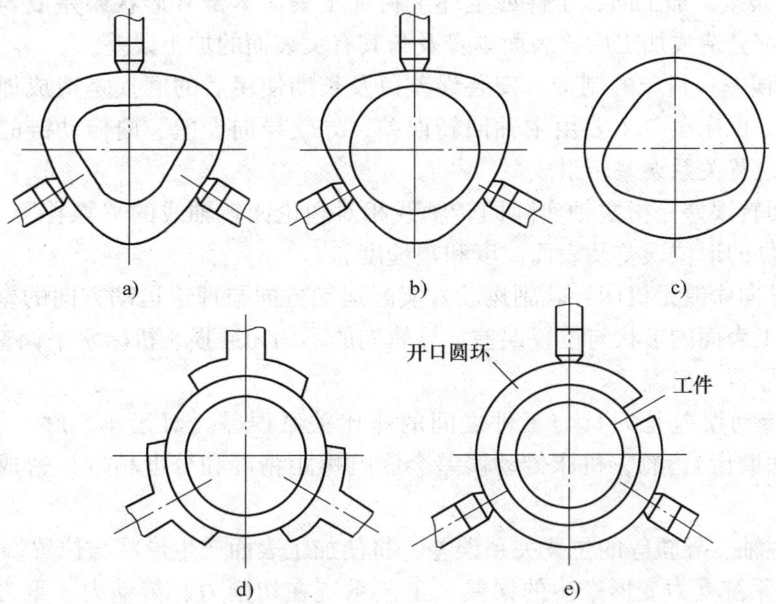

图 5-15　夹紧变形

a）工件夹紧　b）车孔　c）松开后的工件　d）宽爪夹紧　e）使用开口圆形衬套

(3) 测量误差　测量误差是与量具、量仪的测量原理、制造精度、测量条件(温度、湿度、振动、测量力、清洁度等)以及测量技术水平等有关的误差。

(4) 调整误差　调整的作用主要是使刀具与工件之间达到正确的相对位置。试切法加工时的调整误差主要取决于测量误差、机床的进给误差和工艺系统的受力变形。调整法加工时的调整误差，除上述因素外，还与调整方法有关。采用定程机构调整时，与行程挡块、靠模、凸轮等元件或机构的制造误差、安装误差、磨损以及电、液、气控制元件的工作性能有关。采用样板、样件、对刀块、导套等调整，则与它们的制造、安装误差、磨损以及调整时的测量误差有关。

(5) 夹具的制造、安装误差与磨损　机床夹具上定位元件、导向元件、对刀元件、分度机构、夹具体等的加工与装配误差以及它们的耐磨损性能，对零件的加工精度有直接影响。夹具的精度要求，应根据工件的加工精度要求确定。

(6) 刀具的制造误差与磨损　刀具对加工精度的影响，随刀具种类的不同而不同。

1) 采用定尺寸刀具加工时，刀具的尺寸误差将直接影响工件的尺寸精度。此外，这类刀具还可能产生"扩切"现象。一般情况为"正扩切"(工件尺寸比刀具尺寸大)，但在刀具钝化、加工余量小、工件壁薄易变形时，则产生"负扩切"(工件尺寸比刀具尺寸小)，如钻头、铰刀、拉刀及槽铣刀等。

2) 采用成形刀具(如成形车刀、成形铣刀等)加工时，刀具的形状误差、安装误差将直接影响工件的形状精度。

3) 刀具展成加工时，刀具切削刃的几何形状及有关尺寸的误差，也会直接影响加工精度。

4) 对于车、镗、铣等一般刀具，其制造误差对工件精度无直接影响。但刀具磨损后，对工件的尺寸精度和形状精度也将有一定影响。

(7) 工件误差　加工前，工件或毛坯上待加工表面本身有形状误差或与其有关表面有位置误差，也都会造成加工后该表面本身及与其有关表面的加工误差。

(8) 机床误差　机床的制造、安装误差以及长期使用后的磨损是造成加工误差的主要原始误差因素。机床误差主要由主轴回转误差、导轨导向误差、内传动链的传动误差及主轴、导轨等的位置关系误差所组成。

1) 主轴回转误差是指主轴实际回转轴线相对理论回转轴线的"漂移"。主轴回转误差会造成加工零件的形位误差及表面波度和粗糙度。

2) 导轨导向误差是机床导轨副运动件实际运动方向与理论运动方向的差值。导轨导向误差会造成加工表面的形状与位置误差。导轨副的不均匀磨损、机床水平调整不良或地基下沉，都会增加导轨导向误差。

3) 机床传动误差是刀具与工件之间的速比关系误差。对于车、磨、铣削螺纹，滚、插、磨(展成法磨齿)齿轮，机床传动误差会影响螺距精度和分度精度，造成加工表面的形状误差。

4) 机床主轴、导轨等的位置关系误差，将使加工表面产生形状与位置误差。

(9) 工艺系统受力变形产生的误差　工艺系统在切削力、传动力、重力、惯性力等外力作用下产生变形，破坏了刀具与工件间的正确相对位置，造成加工误差。工艺系统变形的大小与工艺系统的刚度有关。

(10) 工艺系统受热变形引起的误差 机械加工中，工艺系统受切削热、摩擦热、环境温度、辐射热等的影响将产生变形，使工件和刀具的正确相对位置遭到破坏，引起切削运动、背吃刀量及切削力的变化，造成加工误差。

在精加工、大型零件加工、自动化加工中，热变形引起的加工误差占总加工误差的比例很大，严重影响了加工精度。

(11) 工件残余应力引起的误差 在没有外力作用下或去除外力后，工件内仍存留的力称残余应力。具有残余应力的零件，其内部组织的平衡状态极不稳定，有恢复到无应力状态的强烈倾向。残余应力超过一定限度的毛坯或半成品，加工时原有的平衡条件被破坏，残余应力重新分布，使工件达不到预期的加工精度。

2. 加工误差的分类

各种加工误差按其在一批工件中出现规律的不同分为：

1）系统误差。当一次调整后顺次加工一批工件时，误差大小和方向都不变，或者按一定规律变化的误差。前者为常值系统误差，与加工顺序无关；后者为变值系统误差，与加工顺序有关。

2）随机误差。在顺次加工一批工件时，误差大小和方向呈无规律变化的误差。造成各类加工误差的原始误差见表5-1。

表5-1 造成各类加工误差的原始误差

系统误差		随机误差
常值系统误差	变值系统误差	
原理误差 刀具的制造和调整误差 机床几何误差(主轴回转误差中有随机成分)与磨损 机床调整误差(对一次调整而言) 工艺系统热变形(系统热平衡后) 夹具的制造、安装误差与磨损 测量误差(由量仪制造、对零不准、设计原理、磨损等产生) 工艺系统受力变形(加工余量、材料硬度均匀时) 夹紧误差(机动夹紧)	刀具尺寸磨损(砂轮、车刀、面铣刀、单刃镗刀等) 工艺系统热变形(系统热平衡前) 多工位机床回转工作台的分度误差和其上夹具安装误差	工艺系统受力变形(加工余量、材料硬度不均匀时) 工件定位误差 行程挡块的重复定位误差 残余应力引起的变形 夹紧误差(手动夹紧) 测量误差(由量仪传动链间隙、测量条件不稳定、读数不准等造成) 机床调整误差(多台机床加工同批工件、多次调整加工大批工件)

5.2.3 机械加工表面质量

1. 表面质量的内容

机器零件的加工质量要求中，除了加工精度外，还有加工表面质量，它是零件加工后表面层状态完整性的表征。

随着现代机器制造工业的飞速发展，对机器零件的要求日益提高，一些重要的零件必须在高速、高温、高压和重载条件下工作。表面层的任何缺陷不仅直接影响零件的工作性能，还会加速零件的磨损、腐蚀和失效，因而必须充分重视零件的表面质量。零件加工表面质量包括如下几个方面内容。

（1）加工表面几何特征　加工表面几何特征主要由表面粗糙度和表面波度两部分组成，如图 5-16 所示。

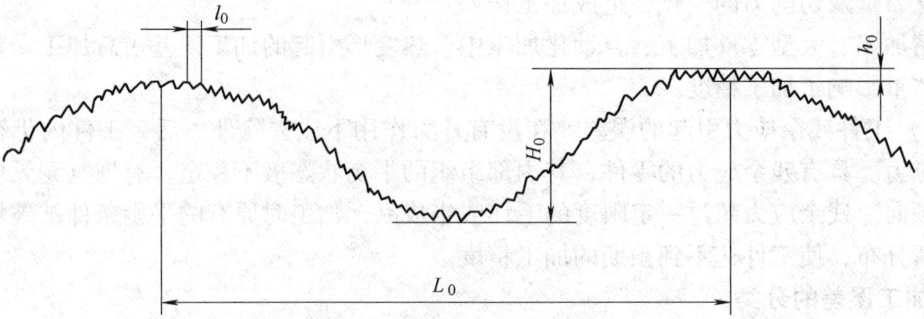

图 5-16　表面粗糙度和波度

1）表面粗糙度。表示已加工表面的微观几何形状误差。国家标准 GB/T 3505—2009 中规定，表面粗糙度参数从下列三项中选取：

① 表面轮廓的算术平均偏差 Ra。

② 轮廓最大高度 Ry。

③ 微观不平度十点高度 Rz。

2）表面波度。介于宏观几何形状误差与表面粗糙度之间的周期性几何形状误差。其大小是以 l_0 和波高 h_0 表示的。表面波度主要是在加工过程中工艺系统的振动引起的。表面波度尚无国家标准。

（2）加工表面层物理力学性能　其变化主要有以下三个方面的内容：

1）加工表面的冷作硬化。指工件经机械加工后表面层的强度、硬度有提高的现象，也称为表面层的冷硬或强化。通常以冷硬层深度 h_c、表面层的显微硬度 H 以及硬化程度 N 表示。其中

$$N = H/H_0 \times 100\%$$

式中　H_0——金属原来的硬度；

H——已加工表面的显微硬度。

2）加工表面层的金相组织变化。机械加工（特别是磨削）中的高温使工件表面层金属的金相组织发生了变化，大大降低了零件的使用性能。

3）加工表面层的残余应力。对零件使用性能的影响大小取决于加工表面层残余应力的方向、大小和分布状况。

2. 提高零件表面质量的方法

（1）控制表面粗糙度的方法　机械加工中造成工件表面粗糙的主要原因可归纳为两个方面：一是切削刃和工件相对运动轨迹所形成的表面粗糙（几何因素）；二是和被加工材料性质及切削机理有关的因素（物理因素），即产生积屑瘤、鳞刺和振动等。

在切削加工中，造成表面粗糙的几何因素是切削残留面积和切削刃刃磨质量。残留面积高度越大，表面越粗糙。根据切削原理可知，残留面积的高度与进给量、刀尖圆弧半径及刀具的主、副偏角有关。为控制切削加工中的表面粗糙度值，可以采取下列措施：

1）由于切削速度在某一范围时容易产生积屑瘤和鳞刺，因此，要合理选择切削速度。一般要避开产生积屑瘤的中等切削速度（15～30m/min）。如车削 45 钢时，当切削速度超过

100m/min 时，表面粗糙度值会减小并趋于稳定。而进给量应选择较小值才能减少残留面积高度，减小表面粗糙度值。

2）合理选用刀具材料，选择适当的刀具几何参数。不同的刀具材料，由于化学成分不同，在加工时刀面硬度及刀面粗糙度的保持性、刀具材料与工件材料金属分子间的亲和程度、以及刀面与切屑和加工表面间的摩擦因数等均有所不同。实践证明，在相同的切削条件下，用硬质合金刀具加工所获得的表面粗糙度值比用高速钢刀具的小。

增大刃倾角对降低表面粗糙度有利。因为 λ_s 增大，实际工作前角也随之增大，切削过程中的金属塑性变形程度随之下降，于是切削力 F 也明显下降，这会显著地减轻工艺系统的振动，从而使加工表面粗糙度值减小。减小刀具的主偏角 κ_r 和增大刀尖的圆弧半径 γ_ε，也可减小残留面积，使表面粗糙度值减小。

3）切削液对加工表面粗糙度有明显的影响。由于切削液的冷却作用可以使切削温度降低，切削液的润滑作用可以改善刀具和被加工表面间的摩擦状况，从而减少了切削过程的塑性变形并抑制积屑瘤和鳞刺的生长，对降低表面粗糙度有很大的作用。

（2）控制表面残余应力的方法　为了长期保持精密零件的精度，避免表面残余应力造成工件变形，要尽可能消除或减小表面残余应力；而在很高的交变载荷下工作的零件，则希望其表面具有很高的残余应力。采用以下方法可以控制表面残余应力。

1）采用滚压、喷砂、喷丸等方法对零件表面进行处理，使表面产生局部塑性变形并向四周扩张，因材料扩张受阻而产生很大的残余应力，从而有效地提高零件的疲劳强度。

2）采用人工时效的方法消除表面残余应力。

3）采用精细车、精细磨、研磨、超精加工等方法作为工件的最终加工。由于这些加工方法的余量小，切削力和切削热极小，因此不仅可以去除前工序造成的表面变质层及表面残余应力，还可避免产生新的表面残余应力。

5.2.4　工件的装夹和基准

1. 工件的装夹

工件的装夹包括定位与夹紧两个方面。

1）工件的定位。确定工件在机床上或夹具中某一正确位置的过程称为定位。

2）工件的夹紧。工件定位后将其紧固，使其在加工过程中保持确定位置不变的操作过程称为夹紧。工件从定位到夹紧的过程称为装夹。

装夹将直接影响工件的加工精度。另外，工件装夹的快慢，还影响生产效率的高低。

2. 常用的装夹方法

1）直接找正装夹。用这种方法时，工件在机床上应有的位置是通过一系列的找正而获得的。具体的方法是在工件直接装上机床后，用千分表或划线盘上的划针，以目测法校正工件位置，一边校验一边找正。

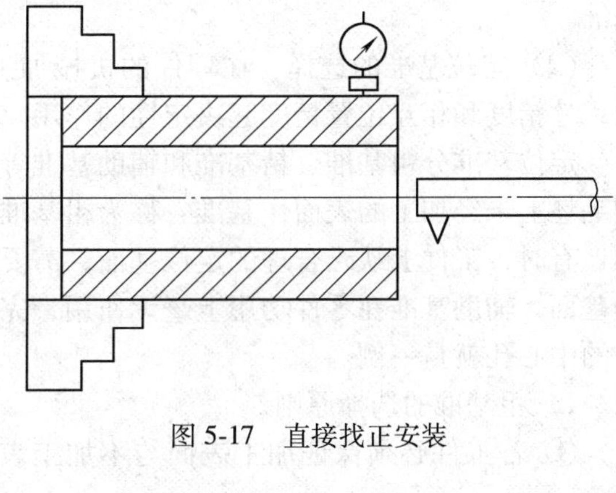

图 5-17　直接找正安装

图 5-17 所示是在车床单动卡盘上用千分

表找正定位，使本工序加工的内孔表面能和已加工的外圆表面保持较高的同轴度。在其他机床上加工时，也常用这类直接找正装夹的方法。

直接找正装夹法的缺点是费时多，生产率低，故仅用于单件、小批量生产中(如工具车间、修理车间等)。

2）划线找正装夹。对于一些重量大、结构复杂的工件，往往先在待加工处划线，然后装上机床，按所划的线进行找正定位。因为所划的线本身有一定宽度，在划线时尚有划线误差，校正工件位置时还有观察误差，因此，该方法多用于生产批量较小、毛坯精度较低、以及大型工件等不宜使用夹具的粗加工中。

3）夹具装夹。夹具是机床的一种附加装置，它在机床上与刀具之间的正确相对位置在工件未装夹前已预先调整好。所以在加工一批工件时，不必再逐个找正定位，就能保证加工的技术要求，故在成批和大量生产中广泛使用。

3. 定位基准的选择

（1）基准及其分类　机械零件由若干表面组成，各表面之间有确定的尺寸及位置公差要求。用来确定几何要素间几何关系所依据的点、线、面称为基准。

根据基准的功用不同，可分为设计基准与工艺基准两大类，如图5-18所示。

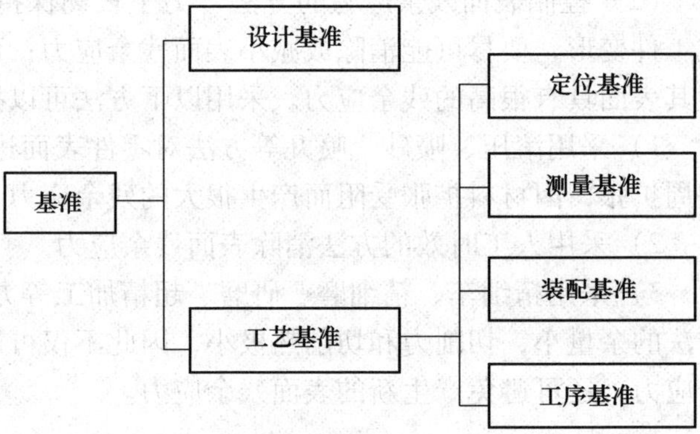

图5-18　基准的种类

1）设计基准。在设计图样上所采用的基准称为设计基准。作为设计基准的点、线、面在工件上不一定具体存在，例如孔的中心线、轴线、基准中心平面等，而常常由某些具体表面来体现，这些表面称为基面。

2）工艺基准。在制造工艺过程中采用的基准称为工艺基准。工艺基准包括：

① 装配基准。是产品装配时用来确定零件或部件在机器中的相对位置所用的基准。

② 测量基准。是测量时所采用的基准。

③ 定位基准。是在加工中用作定位的基准。

④ 工序基准。是在工序图上用来确定本工序所加工表面加工后的尺寸、形状、位置的基准。

（2）定位基准的选择　在零件的机械加工工艺过程中，合理选择定位基准对保证零件的尺寸精度和相互位置精度起决定性的作用。

定位基准分粗基准、精基准和辅助基准等。当毛坯进入机械加工的第一道工序时，只能用毛坯上未经加工的表面作基准，称为粗基准。由经过加工的表面作定位基准的，称为精基准。有时，工件上缺乏合理的定位基面，需要在工件上另外增设专供定位用的基面，称为辅助基面。辅助基准在零件功用上毫无作用，完全是为了加工需要而设置。加工轴类零件时所钻的中心孔就是一例。

1）粗基准的选择原则。

① 若工件必须保证加工表面与不加工表面的位置要求，则应选不加工表面为粗基准，

以达到壁厚均匀、外形对称等要求。若有好几个不加工表面，则粗基准应选位置精度要求较高者。如图 5-19 所示工件，设计上要求外圆表面 1 与加工后的内孔表面 2 必须保证一定的同轴度，则应在加工内孔表面 2 时选择不加工表面 1 来作粗基准。

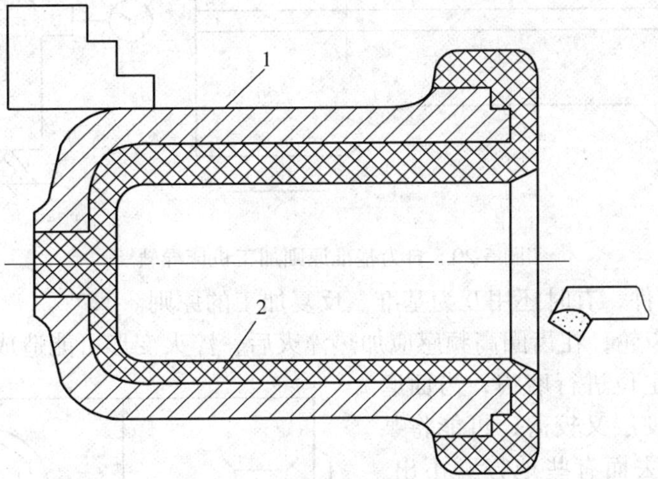

图 5-19　以不加工表面作为粗基准

1—外圆　2—内孔

② 若工件上每个表面都要加工，则应以余量小的表面作为粗基准，以保证各表面都有足够的余量。

③ 选为粗基准的表面，应尽可能平整，并有足够的面积，且不能有飞边、浇冒口或其他缺陷。

④ 应该选用牢固可靠的表面作为粗基准，否则会使工件夹坏或松动。

⑤ 由于粗基准定位精度低，所以在同一尺寸方向上粗基准通常只允许使用一次，以免定位误差太大。在以后的工序中要选择精基面定位。

2）精基准的选择原则。选择精基准时，主要应考虑减少定位误差和装夹方便，其选择原则如下：

① 应选用设计基准或装配基准作为定位基准，称为基准重合原则。这样做可以避免基准不重合引起的误差。特别是对于零件的最后精加工工序，更应遵循这一原则。例如机床主轴锥孔最先精磨工序应选择支承轴颈定位。

② 应选用统一的定位基准加工各表面，以保证各表面间相互位置精度，称为基准统一原则。除第一道工序外，其余加工表面应尽量采用同一个精基准。采用统一基准能用同一组基准面加工大多数表面，有利于保证各表面的相互位置要求，避免基准转换带来误差，而且简化了夹具的设计和制造，缩短了生产准备周期，降低了费用。如一般轴类零件的中心孔，在车、铣、磨等工序中，始终用它作为精基准；箱体零件的一面两销，都是统一基准的实例。

③ 有些零件的精加工工序要求余量小且均匀，可用待加工表面作为精基准，称为自为基准原则。图 5-20 所示为在导轨磨床上磨削床身导轨，安装后用百分表找正工件导轨表面本身，此时，床脚仅起支承作用。此外，珩磨、铰孔及浮动镗孔等都是自为基准的实例。

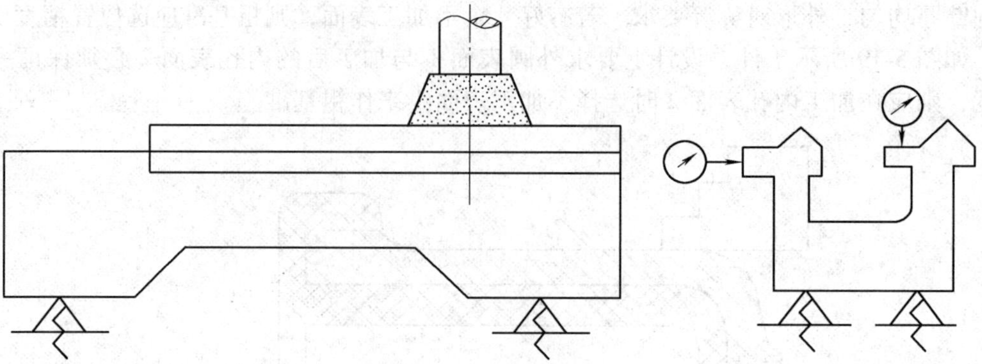

图 5-20　自为基准原则加工机床导轨

④ 对于精密零件，有时还用互为基准、反复加工的原则。

例如加工精密齿轮，在齿圈高频感应加热淬火后，淬火变形可能造成齿外圆对内孔不同轴。若直接以内孔定位进行磨齿，齿面磨削余量不均匀，淬硬层又较薄，可能将某处的淬硬层全部磨去而有些地方磨不出，从而影响质量。要使磨削余量小而均匀，应先以齿外圆为基准磨内孔，再以内孔为基准磨齿外圆，齿外圆与内孔互为基准，反复加工。

此外，选择的精基面还应考虑工件定位是否正确，夹具结构是否简单，夹紧是否稳定可靠，操作是否方便等问题。精基面应具有一定的面积，必要时可增加工艺凸台，以扩大定位面。

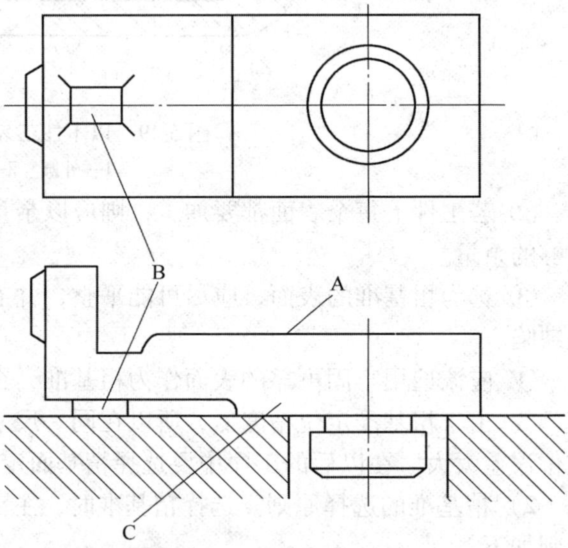

图 5-21　具有工艺凸台的刀架毛坯

A—加工面　B—工艺凸台　C—定位面

3）辅助基准的设置。为了保证加工表面的位置精度，大多优先选择设计基准或装配基准为定为基准，这些基准一般为零件的重要工作表面。但有些工件为了装夹方便、定位稳定或易于实现基准统一，常常人为地设置一种定位基准，这种基准就是辅助基准。如图 5-21 所示零件上的工艺凸台和轴类零件加工所用的中心孔等，就是为了满足加工工艺需要才做出的辅助基准。

此外，零件上的有关表面，因在制造工艺上易作为定位基准面提高其加工精度和表面质量，这种表面也属于辅助基准。例如，从螺旋副的传动看，丝杠的外圆表面是非配合的次要表面，但在丝杠螺纹加工中，外圆表面是导向表面，它的圆度和圆柱度误差直接影响螺纹的加工精度，所以应提高其形状精度，并降低其表面粗糙度。

5.3　金属切削基础知识

刀具是金属切削加工的的具体执行部件，下面对刀具的材料和几何参数进行简要讲解。

5.3.1　刀具材料

1. 刀具材料应具备的性能

在金属切削过程中，刀具是在高温下进行切削加工的，同时还要承受较大的切削力、冲击、振动和剧烈的摩擦。刀具寿命的长短、切削速度的高低，首先取决于刀具是否具有良好的切削性能，此外，刀具材料的工艺性能对刀具本身的制造与刃磨质量也有很大影响。因此，刀具切削部分的材料应满足下列要求。

1）高硬度。刀具切削部分的硬度必须高于工件材料的硬度，常温下硬度应达到 60HRC 以上。某些难以加工的材料对刀具硬度要求则更高。

2）高耐磨性。刀具材料必须具有良好的抵抗磨损的能力，以保证切削刃的锋利性，特别是在高温切削条件下，更需保持应有的耐磨性。通常刀具材料的硬度越高，耐磨性越好。

3）足够的强度和韧性。刀具材料应具备足够的强度和韧性，才能保证刀具在切削过程中能够承受总切削力、冲击和振动，不会崩刃或发生脆性断裂。一般用抗弯强度和冲击韧度来衡量刀具的强度和韧性。

4）高耐热性(又称热硬性)。是指刀具材料在高温下能够保持高硬度的性能。高温下硬度越高则耐热性越好，允许的切削速度也越高。它是评定刀具材料的主要性能指标，一般用温度来表示。

5）良好的工艺性。为了便于刀具的加工制造，要求刀具材料具有良好的可加工性和热处理性。可加工性主要是指切削加工性能和焊接、锻轧性能；热处理性是指热处理变形小、脱碳层薄和淬透性好等。

此外，还应考虑刀具材料的经济性，否则将难以大量推广使用。

2. 刀具材料的种类

刀具材料的种类很多，有金属材料和非金属材料之分。常用的材料有工具钢、硬质合金、陶瓷和超硬材料四大类。

（1）碳素工具钢和合金工具钢　碳素工具钢是指碳的质量分数为 0.65%～1.35%的优质高碳钢。在碳素工具钢中再加入一些合金元素，如铬、钨、硅、锰等即成合金工具钢。其热处理后硬度为 60～64HRC，热硬性为 200～300℃。主要用于制造一些低速、手动工具，如手用丝锥、手动铰刀、圆板牙、丝锥、搓丝板等。

（2）高速钢　高速钢是一种含钨(W)、铬(C_r)、锰(M_n)、钒(V)等合金元素较多的高合金工具钢。高速钢主要优点是具有高的硬度、强度和耐磨性，且耐热性(达 540～600 ℃)和淬透性(淬火后硬度为 63～66HRC)良好，允许的切削速度比碳素工具钢高两倍以上。高速钢刃磨后切削刃锋利，颜色白亮，故俗称“锋钢”和“白钢”。高速钢是一种综合性能好、应用范围较广的刀具材料。由于制造的刀具刃口强度和韧性高，能承受较大的冲击载荷，能用于刚度较差的机床上，可加工从非铁金属到高温合金等范围广泛的工件材料。同时，这种材料工艺性能好，因此，目前高速钢仍是制造刀具，尤其是形状较复杂刀具时使用较多的材料，如制造成形车刀、铣刀、钻头、铰刀、拉刀、齿轮刀具和螺纹刀具以及各种精加工刀具。

高速钢按其用途和性能不同，可分普通高速钢和高性能高速钢；按其化学成分不同又可分为钨系高速钢和钨钼系高速钢。

（3）硬质合金　硬质合金是高硬度、难熔的金属碳化物（WC、TiC 等）微米数量级的粉末，用 Co、Mo、Ni 等作粘结剂高压成型，在高温下烧结而成的粉末冶金制品。由于硬质合金中碳化物含量多，且都有熔点高、硬度高等特点，使其常温下硬度可达 89~93 H RA（相当于 74~81 HRC）。耐磨性和热硬性较高，允许切削温度高达 800~1000 ℃，切削速度也比高速钢高几倍其至几十倍，还能加工高速钢刀具难以切削的难加工材料，因此发展很快，现已成为主要的刀具材料之一。

硬质合金也有不足之处，即抗弯强度和冲击韧度都较高速钢低，脆性大，不耐冲击和振动，刃口不能磨得像高速钢刀具那样锋利，制造也较困难。

常用硬质合金按其质量和使用特性可分为四类：钨钴类（YG），钨钛钴类（YT），钨钛钽（铌）钴类（YW），碳化钛基类（YN）等。

常用硬质合金的牌号、化学成分及性能见表 5-2。

表 5-2　常用硬质合金牌号化学成分及性能

类型	牌号	质量分数（%）					物理性能			
		WC	TiC	TaC（NbC）	Co	其他	硬度 HRA	密度/（g/cm^3）	热导率/[W/（m·℃）]	抗弯强度/MPa
钨钴类	TG3	97	—	—	3	—	91（78）	14.9~15.3	87.92	1080
	YG6X	93.5	—	0.5	6	—	91（78）	14.6~15.0	75.55	1370
	YG6	94	—	—	6	—	89.5（75）	14.6~15.0	75.55	1420
	YG8	92	—	—	8	—	89（74）	14.5~14.9	75.36	1470
钨钛钴类	YT30	66	30	—	4	—	92.5（80.5）	9.3~9.7	20.93	880
	YT15	79	15	—	6	—	91（78）	11.0~12.7	33.49	1130
	YT14	78	14	—	8	—	90.5（77）	11.2~12.2	33.49	1200
	YT5	85	5	—	10	—	89（74）	12.5~13.2	62.80	1370
钨钛钽钴类	YW1	84	6	4	6	—	91.5（79）	12.8~13.3	—	1180
	YW2	82	6	4	8	—	90.5（77）	12.6~13.0	—	1320
碳化钛基类	YN05	—	79	—	—	Ni7 Mo14	93.3（82）	5.56	—	78~930
	YN10	15	62	1	—	Ni12 Mo10	92（80）	6.3	—	1080

常用硬质合金牌号及应用场合见表 5-3。

表 5-3　常用硬质合金牌号及应用场合

牌　号	用　途
YG3	铸铁、非铁金属及合金的精加工、半精加工，切削时不能承受冲击载荷
YG6X	铸铁、冷硬铸铁、高温合金的精加工和半精加工
YG6	铸铁、非铁金属及其合金的半精加工和精加工
YG8	铸铁、非铁金属及其合金、非金属材料的粗加工，也可断续切削
YT30	碳素钢、合金钢的精加工

（续）

牌　　号	用　　途
YT15 YT14	碳素钢、合金钢在连续切削加工时的粗加工、半精加工及精加工，也可用于断续加工时的精加工
YT5	碳素钢、合金钢的粗加工，可断续切削
YW1 YW2	高温合金、高锰钢、不锈钢等难加工材料及普通钢、铸铁的精加工与半精加工
YN05	低碳钢、中碳钢、合金钢的高速精车，工艺性能较好的细长轴精加工
YN10	碳钢、合金钢、工具钢、淬硬钢连续切削的精加工

（4）超硬刀具材料及其他刀具材料　常见的非金属及超硬刀具材料有以下几种：

1）陶瓷。主要成分是氧化铝（Al_2O_3），其硬度、耐热性和耐磨性均比硬质合金高，能在1200℃或更高的温度下进行切削加工，因此允许的切削速度比硬质合金高20%~25%。在切削时，摩擦因数小，不粘刀，不容易产生积屑瘤，能获得较小的表面粗糙度值和较好的尺寸稳定性。而且这种材料资源丰富，价格低廉。其最大缺点是脆性大，切削时易崩刃，在使用上受到很大限制。目前我国研制出的非金属陶瓷材料，一般都制成多边形可转位刀片，主要用于切削硬度为45~55HRC的工具钢和淬火钢。

2）立方氮化硼。是20世纪70年代初发展起来的一种新型刀具材料。它是由立方氮化硼（白石墨）在高温高压下加催化剂转化而成的。

立方氮化硼的优点是化学稳定性好（可耐1400~1500℃高温，切削温度在1200~1300℃时也不易与铁系金属起化学反应而导致磨损，切削温度在1000℃以下不会氧化），因此在高速切削淬硬钢、冷硬铸铁时，刀具的粘结、扩散磨损小。其耐热性比金刚石好，摩擦因数小，硬度和耐磨性仅次于金刚石，且具有良好的切削性能和磨削工艺性，能用一般金刚石砂轮磨削。

立方氮化硼作为一种新型刀具材料，其刀具一般是采用硬质合金为基体的复合立方氮化硼双层刀片，不仅用于制造车刀、镗刀，而且已扩展到铣刀、铰刀等刀具。主要用于加工一些高硬度（64~70HRC）的淬硬钢和冷硬铸铁、高温合金等难加工材料。

3）金刚石。金刚石是自然界中最硬的材料，其硬度可达10000 H V。天然金刚石价格昂贵，很少用作刀具材料。人造金刚石是以石墨为原料，经高温、高压烧结而成，主要用于制作高速精细车削、镗削非铁金属及其合金和非金属材料的刀具。切削铜合金和铝合金时，切削速度可达800~3800m/min。由于金刚石刀具具有耐磨性较高、加工尺寸稳定和刀具使用寿命长的特点，所以常应用在数控机床、组合机床和自动机床上，加工后表面粗糙度值可达 *Ra*0.025~0.1μm。但金刚石刀具耐热性差（切削温度不宜超过700~800℃，因其在788℃时开始石墨化变软）、强度低、脆性大、对振动敏感，所以只宜微量切削；与铁有较强的化学亲和力，不适合加工钢铁材料。

5.3.2　刀具几何参数及其合理选择

1. 刀具的几何参数

在保证加工质量和刀具使用寿命的前提下能够满足提高生产效率、降低成本的刀具几何参数，称为刀具的合理几何参数，具体包括以下内容。

（1）切削刃的形式　有直线刃、折线刃、圆弧刃、月牙弧刃、波形刃等，如图 5-22 所示。

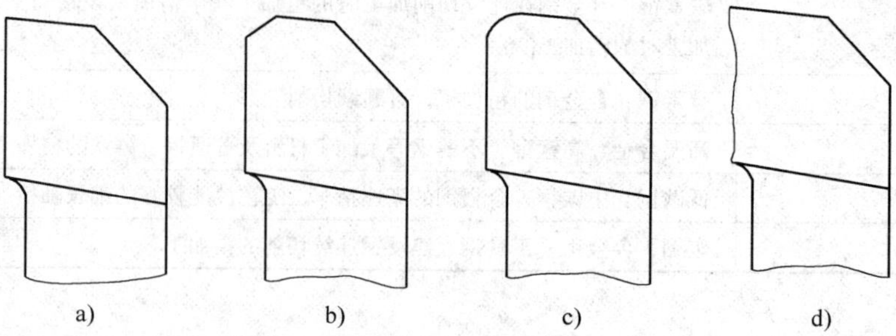

图 5-22　切削刃的形式
a）直线刃　b）折线刃　c）圆弧刃　d）月牙弧刃

（2）刀面形式　刀面包括前刀面和后刀面等。

1）前刀面形式。常用前刀面形式如图 5-23 所示。

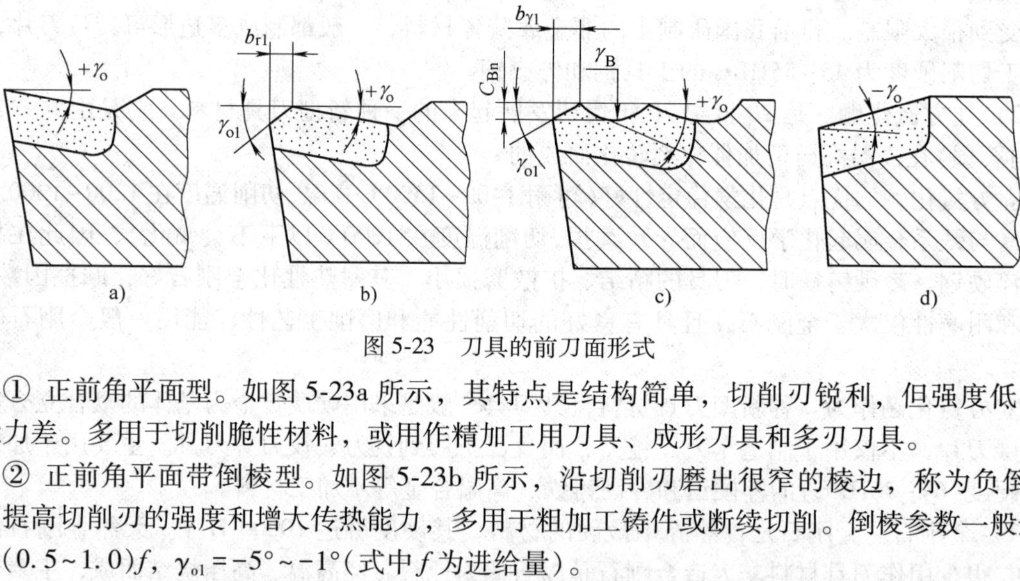

图 5-23　刀具的前刀面形式

① 正前角平面型。如图 5-23a 所示，其特点是结构简单，切削刃锐利，但强度低，传热能力差。多用于切削脆性材料，或用作精加工用刀具、成形刀具和多刃刀具。

② 正前角平面带倒棱型。如图 5-23b 所示，沿切削刃磨出很窄的棱边，称为负倒棱。它可提高切削刃的强度和增大传热能力，多用于粗加工铸件或断续切削。倒棱参数一般选取 $b_{\gamma1}=(0.5\sim1.0)f$，$\gamma_{o1}=-5°\sim-1°$（式中 f 为进给量）。

③ 正前角曲面带倒棱型。如图 5-23c 所示，正前角曲面带倒棱型切削刃是在平面带倒棱的基础上，在前刀面上又磨出一个曲面，称卷屑槽。这种形式在粗加工和半精加工时采用较多。

④ 负前角型。如图 5-23d 所示，为适应切削高强度、高硬度材料时，脆性较大的硬质合金刀片要承受一定的冲击力的要求，而采用负前角。

2）后刀面形式。如图 5-24 所示，在一些特殊情况下，如铰刀、拉刀等定尺寸刀具，为了保持刀具直径，常采用后角 $\alpha_{o1}=0°$，$b_{\alpha1}=0.2\sim0.8\text{mm}$ 的刃带（图 5-24a），在切削刚性差的工件时，采用后角 $\alpha_{o1}=-20°\sim5°$，$b_{\alpha1}=0.1\sim0.3\text{mm}$ 的消振棱（图 5-24b），以增加阻尼，防止或减小振动。

（3）刀具的几何角度　如图 5-25 所示，刀具的几何角度由六个独立的基本角度和三个派生角度组成。

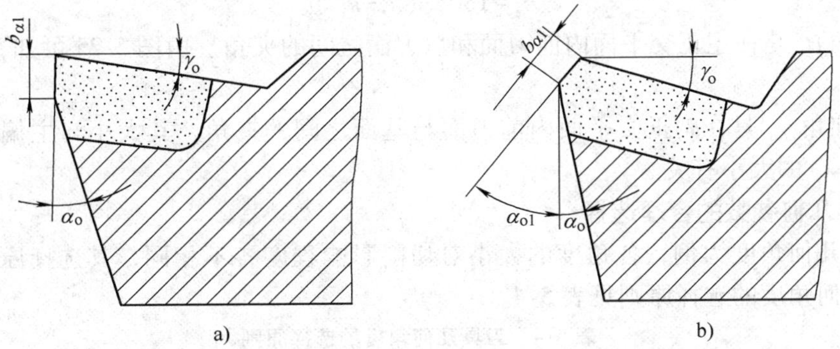

图 5-24 刀具后刀面形式

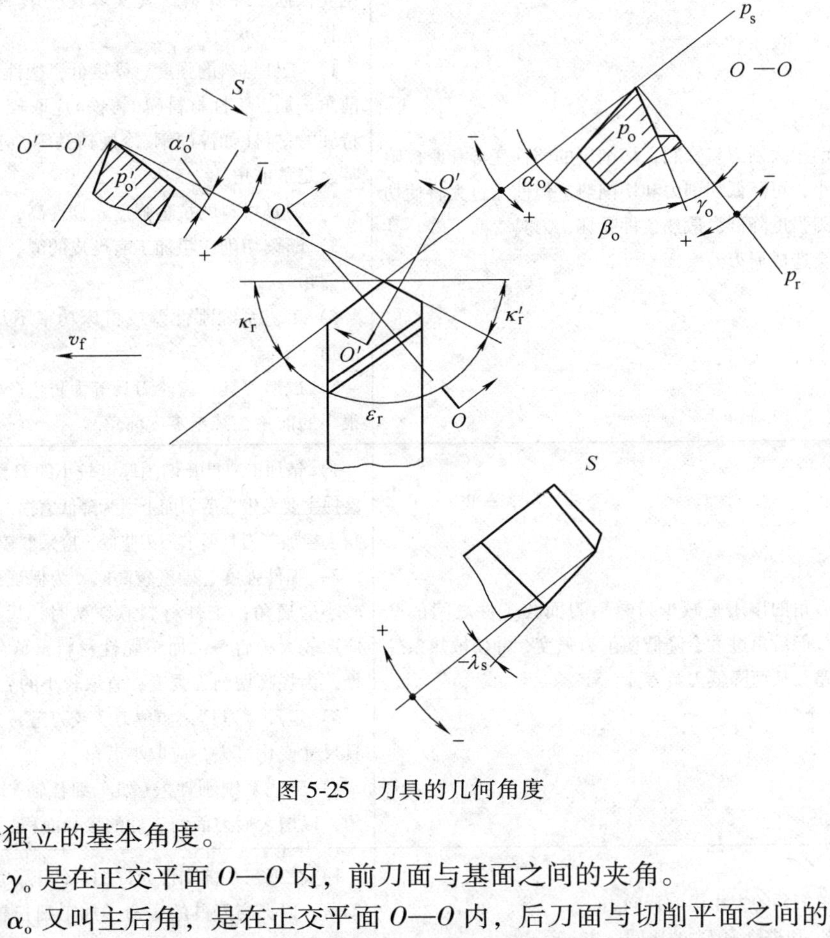

图 5-25 刀具的几何角度

1）六个独立的基本角度。

① 前角 γ_o 是在正交平面 $O—O$ 内，前刀面与基面之间的夹角。

② 后角 α_o 又叫主后角，是在正交平面 $O—O$ 内，后刀面与切削平面之间的夹角。

③ 主偏角 κ_r 是主切削刃在基面上的投影与进给运动方向之间的夹角。

④ 副偏角 κ_r 是副切削刃在基面上的投影与背离进给运动方向之间的夹角。

⑤ 副后角 α_o' 是在副正交平面内，副后刀面与副切削平面之间的夹角。

⑥ 刃倾角 λ_s 是在主切削平面内，主切削刃与基准面之间的夹角。

2）三个派生角度。

① 刀尖角 ε_r 是主切削刃与副切削刃在基面上的投影之间的夹角。由图 5-25 可知

$$\varepsilon_r = 180° - (\kappa_r + \kappa_r')。$$

② 楔角 β_o 是在主正交平面内前刀面和后刀面之间的夹角。由图 5-25 可知 $\beta_o = 90° - (\gamma_o + \alpha_o)$。

③ 副前角 γ_o' 是在副正交平面内前刀面与基面之间的夹角，其大小与主偏角 κ_r、前角 γ_o，刃倾角 λ_s 的大小有关。

2. 刀具几何参数的合理选择

以刀具几何角度为例，各角度的大小对切削影响程度各不相同，其选择原则也各不相同。刀具几何角度的选择原则见表 5-4。

表 5-4　刀具几何角度的选择原则

角度名称	作用	选择原则
前角 γ_o	前角大则刃口锋利，切削层的塑性变形和摩擦阻力小，可降低切削力和切削热。但前角过大将使切削刃强度降低，散热条件变坏，刀具寿命下降，甚至会造成崩刃	主要根据工件材料，其次考虑刀具材料和加工条件选择 1）工件材料的强度、硬度低，塑性好，应取较大的前角；加工脆性材料（如铸铁）应取较小的前角；加工特硬的材料（如淬硬钢、冷硬铸铁等）应取很小的前角，甚至是负前角 2）刀具材料的抗弯强度及韧性高，可取较大的前角 3）断续切削或粗加工有硬皮的锻、铸件，应取较小的前角 4）工艺系统刚性差或机床功率不足时应取较大的前角 5）成形刀具、齿轮刀具等为防止产生齿形误差常取很小的前角，甚至零度前角
后角 α_o	后角的作用是减少刀具后刀面与工件之间的摩擦。但后角过大会降低切削刃强度，并使散热条件变差，从而降低刀具寿命	1）精加工刀具及切削厚度较小的刀具（如多刃刀具），磨损主要发生在后刀面上，为降低磨损，应采用较大的后角。粗加工刀具要求刀刃坚固，应采取较小的后角 2）工件强度、硬度较高时，为保证刃口强度，宜取较小的后角；工件材料软、粘时，后刀面摩擦严重，应取较大的后角；加工脆性材料，负荷集中在切削刃处，为提高切削刃强度，宜取较小的后角 3）定尺寸刀具，如拉刀、铰刀等，为避免重磨后刀具尺寸变化过大，应取小后角 4）工艺系统刚性差（如车细长轴），宜取较小的后角，以增大后刀面与工件的接触面积，减小振动
主偏角 κ_r	主偏角的大小影响背向力 F_p 和进给力 F_c 的比例，主 偏角增大时，F_p 减小，F_f 增大 主偏角的大小还影响参与切削的切削刃长度。当背吃刀量 a_p 和进给量 f 相同时，主偏角减小则参与切削的切削刃长度大，单位刃长上的负荷减小，可使刀具寿命提高，刀尖强度也增大	1）在工艺系统刚性允许的条件下，应采用较小的主偏角，以提高刀具的寿命。加工细长轴则应用较大的主偏角 2）加工很硬的材料，为减轻单位切削刃上的负荷，宜取较小的主偏角 3）在切削过程中，刀具需作中间切入时，应取较大的主偏角 4）偏角的大小还应与工件的形状相适应，如车阶梯轴可取主偏角为 90°

（续）

角度名称	作用	选择原则
副偏角 κ_r'	副偏角的作用是减小副切削刃与工件已加工表面之间的摩擦 一般取较小的副偏角，可减小工件表面的残留面积，但过小的副偏角会使径向切削力增大，在工艺系统刚性不足时会引起振动	1）在不引起振动的条件下，一般取较小的副偏角。精加工刀具必要时可磨出一段 $\kappa_r'=0°$ 的修光刃，以加强副切削刃对已加工表面的修光作用 2）系统刚性较差时，应取较大的副偏角 3）切断、切槽刀及孔加工刀具的副偏角只能取很小值（$\kappa_r'=1°\sim2°$），以保证重磨后刀具尺寸变化量小
刃倾角 λ_s	1）刃倾角影响切屑流出方向。$-\lambda_s$ 角使切屑偏向已加工表面，$+\lambda_s$ 使切屑偏向待加工表面 2）单刃刀具采用较大的 $-\lambda_s$，这样可使远离刀尖的切削刃处先接触工件，使刀尖避免受冲击 3）对于回转的多刃刀具，如圆柱铣刀等，螺旋角就是刃倾角，此角可使切削刃逐渐切入和切出，可使铣削过程平稳 4）可增大实际工作前角，使切削轻快	1）加工硬材料或刀具承受冲击负荷时，应取较大的负刃倾角，以保护刀尖 2）精加工宜取 λ_s 为正值，使切屑流向待加工表面，并可使刃口锋利 3）内孔加工刀具（如铰刀、丝锥等）的刃倾角方向应根据孔的性质决定。左旋槽（$-\lambda_s$）可使切屑向前排出，适用于通孔，右旋槽适用于不通孔

在切削过程中，由于刀尖处强度低，散热条件差，易磨损和崩刃，为了提高刀尖强度，增大散热面积，提高刀具寿命，可在主副切削刃之间磨出过渡刃和修光刃。常用过渡刃有直线形和圆弧形两种，如图 5-26 所示。

图 5-26a 所示为直线过渡刃的偏角 $\kappa_{r\varepsilon}$，一般取 $\kappa_{r\varepsilon}=\kappa_r/2$；宽度 $b_\varepsilon=0.5\sim2$mm。直线过渡刃主要用于粗加工、有间断冲击的切削和强力切削用车刀、铣刀上。

图 5-26b 所示为圆弧过渡刃，其半径 r_ε 称为刀尖圆弧半径，一般不宜太大，否则可能引起振动。r_ε 一般根据刀具材料、加工工艺系统刚性或表面粗糙度要求来选择。一般高速钢刀具的 $r_\varepsilon=0.2\sim5$mm；硬质合金刀具的 $r_\varepsilon=0.2\sim2$mm。

当过渡刃与进给方向平行，此时偏角 $\kappa_{r\varepsilon}'=0°$，则该过渡刃称为修光刃，如图 5-26 所示。它运用在大进给切削时，要求加工表面粗糙度值较小的情况。修光刃长度一般为（1.2～1.5）f（f 为进给量）。

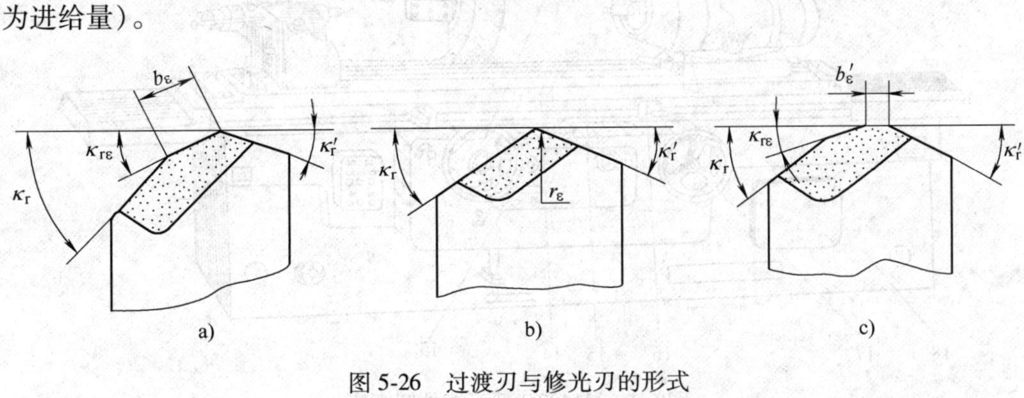

图 5-26　过渡刃与修光刃的形式

a）直线过渡刃　b）圆弧过渡刃　c）修光刃

第6章

磨削加工基础知识

在磨削加工时，不管采用哪种磨削方式，其基本操作程序都是相同的，包括磨床的使用、磨削用量的选择、砂轮的安装和修整、磨削时切削液的选择，这些都是磨削加工需要考虑的基本因素。本章将介绍磨削加工的这些基础知识。

6.1 常用磨床简介

下面介绍几种常用磨床的基本结构和磨削加工的特点。

6.1.1 M1432C 型万能外圆磨床

M1432C 型万能外圆磨床主要由床身、工作台、头架、尾座、砂轮架、横向进给手轮和内圆磨具等组成，如图 6-1 所示。

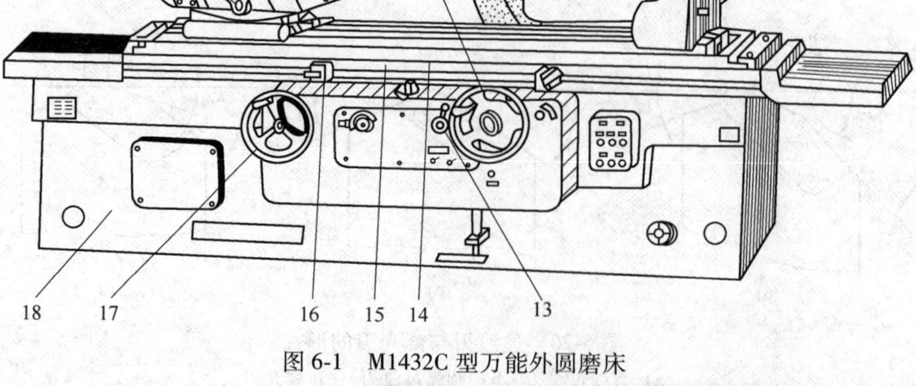

图 6-1 M1432C 型万能外圆磨床

1—传动变速机构 2—头架 3—拨盘 4、11—顶尖 5—拨杆 6—横向进给手轮 7—砂轮 8—切削液喷嘴 9—内圆磨具 10—砂轮架 12—尾座 13—快速手柄 14—上工作台 15—下工作台 16—挡铁 17—工作台手轮 18—床身

1）头架。头架 2 内有主轴和变速机构。在主轴的前端可安装顶尖 4，用于支承工件。调节传动变速机构 1 可以使拨盘 3 获得几种不同的转速。拨盘通过拨杆 5 带动工件做圆周运动。

2）尾座。尾座顶尖 11 用以支承工件的另一端。尾座 12 的后端装有弹簧，可调节尾座顶尖 11 对工件的顶紧力。

3）工作台。工作台分上、下两层。上工作台 14 可相对下工作台 15 回转一定角度，以便磨削圆锥；下工作台在液压传动机构作用下可沿床身作纵向运动。上工作台的行程位置由挡铁 16 控制。

4）砂轮架和横向进给手轮。砂轮架 10 安装在床身的横向导轨上。操作横向进给手轮 6，可以实现砂轮架 10 的横向进给运动，以控制工件的磨削尺寸。砂轮架 10 还可以由快速手柄 13 控制，实现行程为 50mm 的快速进退运动。砂轮 7 安装在砂轮架 10 的主轴端部，由电动机带动作高速旋转运动。砂轮上方的切削液喷嘴 8，用来浇注切削液。

5）内圆磨具。内圆磨具 9 用于磨削工件的内孔，在它的主轴端部可安装内圆砂轮。内圆磨具装在可回转的支架上，使用时可向下翻转至工作位置。

6）床身。床身 18 是一个箱形铸件，其纵向导轨上安装有工作台，横向导轨上装有砂轮架，床身上还装有纵、横向进给机构等部件。

6.1.2 M7132B 磨床

M7132B 磨床是卧轴矩台平面磨床中比较常见的一种机床，如图 6-2 所示。它由床身 1、工作台 3、立柱 5、磨头 9 和砂轮修整器 6 等部件组成。

1）床身。床身 1 为箱形铸件，上面有 V 形导轨及平导轨，工作台 3 安装在导轨上。床身前侧装有工作台手动机构、垂直进给机构、液压操纵板及电器按钮板。液压操纵板用以控制机床的机械与液压的传动；电器按钮板装有液压泵起动按钮、砂轮变速起动开关、电磁吸盘工作状态选择开关及总停开关，并装有退磁器插座。在床身后部的平面上，装有立柱 5 及垂直进给机构和减速器。

2）工作台。工作台 3 是一个盆形铸件，上部有长方形的台面，下部有凸出的导轨。

工作台上部为长方形的台面，其表面经过磨削，并有一条 T 形槽，用以固定工件和电磁台面 11。在台面两端装有防护罩，以防止切削液的飞溅。

工作台由液压传动机构实现在床身导轨上作直线往复运动，并由挡铁 4 自动控制换向。工作台也可通过摇动手轮 10 进行调整。手轮每转一圈，工作台移动 6mm。

3）立柱。立柱 5 为一箱形结构，前部有两条平导轨，中间安装有丝杠，通过丝杠

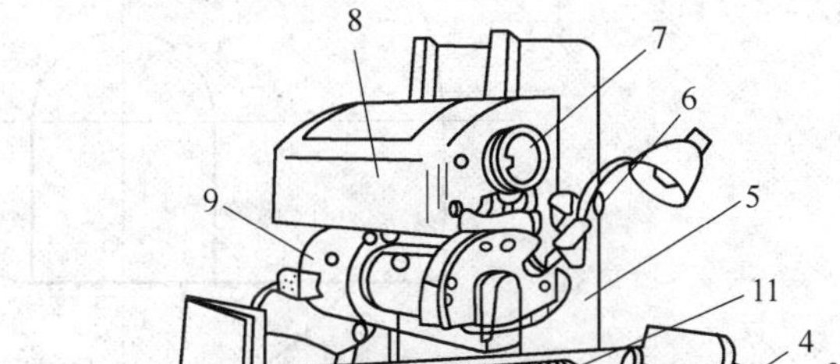

图 6-2 M7132B 磨床

1—床身 2、7、10—手轮 3—工作台 4—挡铁 5—立柱
6—砂轮修整器 8—滑板 9—磨头 11—电磁台面

与螺母的配合，使滑板沿平导轨作垂直运动。

4）磨头。磨头9在水平燕尾导轨上的移动有两种进给形式。一种是间歇进给，即工作台每换向一次，磨头横向作一次进给，进给量为1~12mm。另一种是连续进给，磨头在水平燕尾导轨上往复连续移动。磨头座左侧槽内装有行程挡铁，用以控制磨头的横向移动距离。连续移动速度为0.3~3 m/min，由进给选择旋钮控制。磨头除了由液压机构控制外，还可用手轮7控制进给量，每格进给量为0.01mm。

5）垂直进给机构。垂直进给机构位于床身前面，固定在床身上。摇动手轮2可带动轴转动，通过垂直进给减速器齿轮，使丝杠转动，即得到垂直进给。按动微进给按钮，磨头作垂直微进给，每按动一次，进给0.005mm。垂直进给最大进给量为345mm，手轮转一圈进给量为1mm。

6）砂轮修整器。砂轮修整器6装在滑板前面。可移动轴套1(图6-3)的中心线倾斜45°，且不通过砂轮中心，并与金刚石尖端和砂轮中心的连线成10°倾角。内套筒2在轴套内滑动。当旋转调节螺母3时，通过左旋螺纹使内套筒作直线运动。砂轮的修正值由调节螺母上的刻度来决定，调节螺母每格分度值为0.01mm。

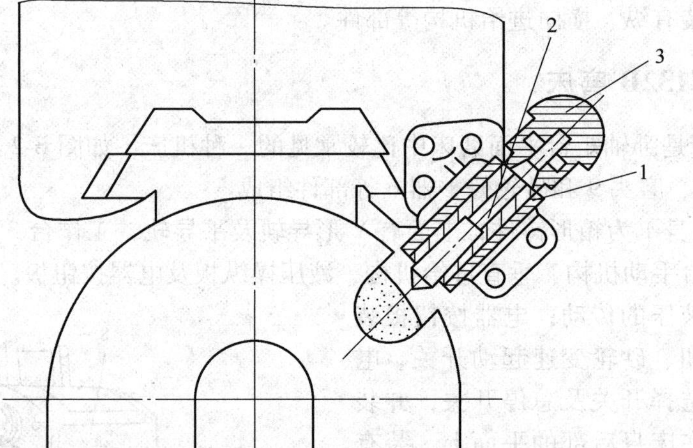

图6-3 磨头砂轮修整器

1—可移动轴套 2—内套筒 3—调节螺母

6.1.3 磨削加工特点与应用

磨削加工与其他加工方法相比较，具有以下特点：

1）砂轮是由磨粒和结合剂粘结而成的圆形固结磨具，在砂轮表面每平方厘米有60~1400颗磨粒，每颗磨粒相当于一个刀齿。磨粒是一种硬度极高的非金属晶体，它不但可以加工铜、铸铁等较软的材料，而且还可以加工硬度很高的材料，如各种淬硬钢件、高速钢刀具和硬质合金等，这些材料是车刀、铣刀等其他刀具很难加工或根本不能加工的。

2）砂轮具有极高的圆周线速度，目前一般砂轮的线速度可达到 35 m/s 左右。

3）砂轮表面经过修整以后，可形成极细微的刀口，从而可切除工件表面极薄的金属层。磨削作为精加工工序，一般安排在车、铣等工序之后。

4）磨削加工能获得极高的加工精度和极小的表面粗糙度值。磨削精度通常可以达到 IT6 或 IT7 公差等级，表面粗糙度可达 $Ra1.25 \sim 0.160\mu m$。如镜面磨削工件的表面粗糙度只有 $Ra0.010\mu m$。

5）砂轮在磨削时还具有“自锐作用”，部分磨钝的磨粒在一定条件下能自动脱落或崩碎，从而使砂轮保持良好的磨削性能。

6.2　磨削用量及其选择

本节讲述磨削用量基本概念以及外圆磨削的磨削用量的计算方法。

6.2.1　磨削用量的基本概念

1. 磨削加工的相对运动

在磨削过程中，为了切除工件表面多余的金属，必须使工件和磨具作相对运动。图 6-4 所示为外圆、内圆和平面磨削的运动。

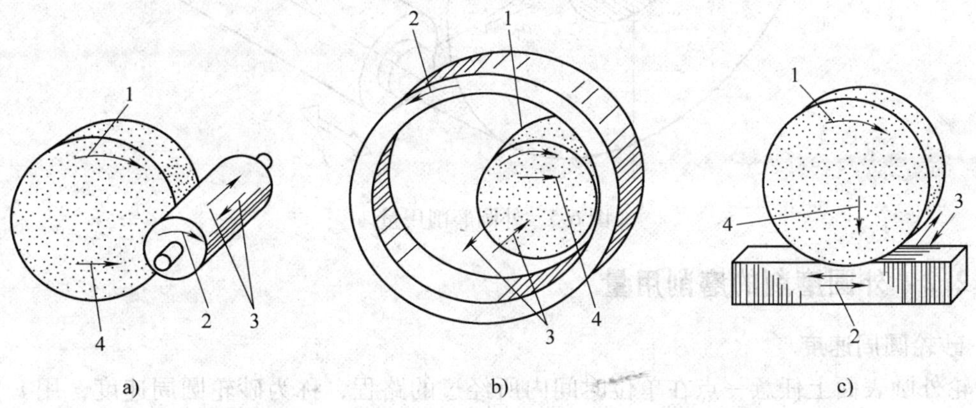

图 6-4　磨削的运动

a）外圆磨削　b）内圆磨削　c）平面磨削

1—主运动　2、3、4—进给运动

（1）磨削运动的分类

1）主运动。由机床或人力提供的主要运动，它促使磨具和工件之间产生相对运动，从而使磨具的磨粒接近工件。主运动一般为一个，图 6-4 中的 1 为砂轮的旋转运动，即主运动，其运动的速度较高，消耗的切削功率较大。

2）进给运动。由机床或人力提供的运动，它使磨具与工件之间产生附加的相对运动。进给运动加上主运动，即可不断地或连续地切除材料，并得出具有所需几何特性的已加工表面。图 6-4 中的 2、3、4 均为进给运动，视磨削方式的不同，其运动方向有所区别。

（2）不同磨削方式的进给运动

1）外圆磨削的进给运动为工件的圆周运动 2、工件的纵向进给运动 3 和砂轮的横向进给运动 4，如图 6-4a 所示。

2）内圆磨削的进给运动与外圆磨削相同，如图 6-4b 所示。

3）平面磨削的进给运动为工件的纵向（往复）进给运动 2、砂轮或工件的横向进给运动 3 和砂轮的垂直进给运动 4，如图 6-4c 所示。

2. 磨削用量

磨削用量即磨削时的切削用量，是切削过程中磨削速度和进给量的总称。以外圆磨削为例，其磨削用量包括砂轮圆周速度、工件圆周速度、工件纵向进给量和砂轮横向进给量（背吃刀量）四个参数。外圆磨削用量如图 6-5 所示。

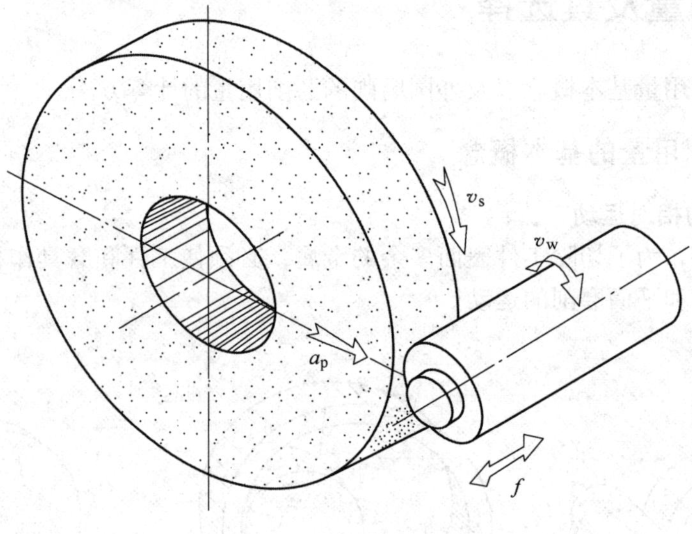

图 6-5　外圆磨削用量

6.2.2　外圆磨削的磨削用量

1. 砂轮圆周速度

砂轮外圆表面上任意一点在单位时间内所经过的路程，称为砂轮圆周速度，用 v_s 表示，其单位为 m/s。砂轮圆周速度可按下式计算

$$v_s = \pi D_s n/(1000\times60)$$

式中　D_s——砂轮直径（mm）；

v_s——砂轮圆周速度（m/s）；

n——砂轮转速（r/min）。

砂轮圆周速度又称磨削速度，通常较规范的砂轮圆周速度为 35m/s。根据磨削方式的不同，砂轮圆周速度通常可在 19~35m/s 之间选择。

砂轮圆周速度对磨削质量和生产率有直接的影响。当砂轮直径减小到一定数值时，砂轮的圆周速度也相应降低，砂轮的磨削性能明显变差，此时应更换砂轮或提高砂轮转速。

2. 工件圆周速度

工件被磨削表面上任意一点在单位时间内所经过的路程，称为工件圆周速度，用 v_w 表示。其量值比砂轮圆周速度低得多，故单位取 m/min。其计算式为

$$v_w = \pi d_w n_w / 1000$$

式中　d_w——工件外圆直径(mm)；

v_w——工件圆周速度(m/min)；

n_w——工件转速(r/min)。

工件的圆周速度一般为 10~30m/min。实际生产中按加工精度来选择工件的圆周速度。加工精度较高的工件通常取低值；反之，则取高值。

3. 纵向进给量

工件每转一周相对砂轮在纵向移动的距离(图 6-6)，称纵向进给量，用 f 表示。由于纵向进给量受到砂轮宽度的约束，故其计算式为

$$f=(0.2\sim0.8)B$$

式中　f——纵向进给量(mm/r)；

B——砂轮宽度(mm)。

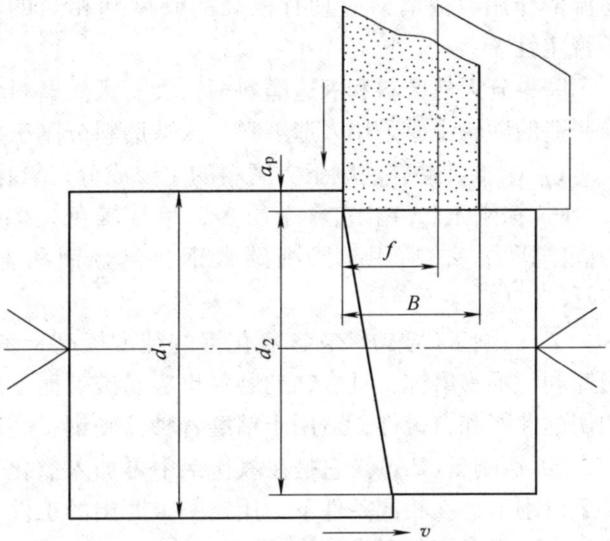

图 6-6　纵向进给量和背吃刀量

通常纵向进给量按加工精度和粗、精磨要求选定。在粗磨时取较大值，精磨时取较小值。实际操作时，按纵向进给量来相应调节磨床工作台的速度即可。工作台速度(v)与纵向进给量之间有如下关系

$$v=fn_w/1000$$

式中　v——工作台速度(m/min)；

n_w——工件转速(r/min)。

4. 背吃刀量

在工作台每次行程终了时，砂轮在横向移动的距离，称为背吃刀量(又称为横向进给量)，用 a_p 表示，单位为 mm。如图 6-6 所示，背吃刀量可按下式计算。

$$a_p=(d_1-d_2)/2$$

式中　a_p——背吃刀量(mm)；

d_1——进给前工件直径(mm)；

d_2——进给后工件直径(mm)。

外圈磨削的背吃刀量较小，一般取 0.005~0.05mm，精磨时取较大值。

6.3　砂轮的安装、平衡及修整

砂轮是磨削加工的具体执行部件，正确地选择、安装、平衡和修整砂轮是磨削加工的关键。

6.3.1　砂轮的特性和选择

1. 砂轮的特性要素

砂轮的特性主要由以下七个要素衡量：磨料、粒度、结合剂、硬度、组织、形状尺寸和最高工作速度。

（1）磨料　在磨削中起切削作用的材料称为磨料，为砂轮的主要成分。磨料经压碎后即成为各种粗细不同的磨粒，具有锐利的刃口，因磨削时要承受强烈的挤压、摩擦和高温的作用，故磨料应具有极高的硬度和相当的韧性，并具有一定的强度、耐热性和化学稳定性。

磨料分天然磨料和人造磨料两大类。天然磨料含杂质多，且价格昂贵，故很少采用。目前制造的砂轮主要采用人造磨料。人造磨料分刚玉类、碳化硅类和超硬类三大类。

1）刚玉类磨料。刚玉类磨料的主要成分是氧化铝（Al_2O_3）。常用的有以下几种：

① 棕刚玉（A）。它含杂质多，呈棕褐色。棕刚玉的硬度高，韧性较好，能承受较大的磨削压力，故适用于磨削碳素钢、合金钢和青铜等材料。棕刚玉价格便宜，应用较广泛。

② 白刚玉（WA）。它含氧化铝的纯度极高，呈白色。白刚玉较棕刚玉硬而脆，磨粒相当锋利，不易磨钝，且磨钝的磨粒也容易破裂而形成新的锋利刃口。因此，白刚玉具有良好的切削性能和自锐性，适用于精磨各种淬硬钢、高速钢及容易变形的工件等。

③ 铬刚玉（PA）。它是在氧化铝中再加入氧化铬（Cr_2O_3），呈玫瑰红色。其切削性能略高于白刚玉，在相同条件下，用铬刚玉磨出的工件表面粗糙度值更小，适合精磨各种淬硬钢件和表面粗糙度值要求较小的工件。

④ 微晶刚玉（MA）。其颜色和工作特性与棕刚玉相似，但具有更好的自锐性和韧性，适于磨削不锈钢、轴承钢、特种球墨铸铁等材料，也适于超精密磨削。

⑤ 单晶刚玉（SA）。它具有比其他刚玉类磨料更高的硬度、耐磨性和韧性，适于磨削韧性好的不锈钢、高钒高速钢和其他难加工材料，在超精密磨削中也有应用。

2）碳化硅类磨料。常用的有以下两种：

① 绿碳化硅（GC）。它含碳化硅的纯度极高，呈绿色，且有美丽的金属光泽。绿碳化硅硬而脆，刃口锋利，适于磨削高硬度材料，如硬质合金、光学玻璃等。

② 黑碳化硅（C）。它含杂质较多，呈黑色，有金属光泽，常用于磨削抗拉强度较低的材料，如铸铁、黄铜、青铜及其他非金属材料等。

3）超硬类磨料。常用的有以下两种：

① 人造金刚石（MBD）。金刚石是目前已知物质中最硬的一种材料，其刃口非常锋利，切削性能优良，但价格昂贵。主要用于加工高硬度材料，如硬质合金和光学玻璃等。人造金刚石无色透明或呈淡黄、淡绿色。

② 立方氮化硼（CBN）。它呈棕黑色，硬度略低于金刚石，具有极好的磨削性能，且热化学性能稳定，产生的磨削热也少。主要用于磨削高硬度、高韧性的难加工材料，如含铝、钒、钴较高的合金钢和不锈钢等材料，其磨削特种钢材的性能比金刚石还好。

（2）粒度　粒度是表示磨粒尺寸大小的参数。根据国家标准（GB/T 2481.1—1998，GB/T 2481.2—2009）的规定，当磨粒尺寸较大时，用筛选法分级，见表6-1。磨粒基本尺寸小于53μm的磨粒称为微粉，用光电沉降仪分级，见表6-2。

表 6-1 磨料粒度

粒度标记	最粗粒			粗粒			基本粒			混合粒			细粒		
	筛孔尺寸		筛上物	筛孔尺寸		筛上物≤	筛孔尺寸		筛上物≥	筛孔尺寸		筛上物≥	筛孔尺寸		筛下物≤
	mm	μm	质量比(%)	mm	μm	质量比(%)	mm	μm	质量比(%)	mm	μm	质量比(%)	mm	μm	质量比(%)
F4	8.00	—	0	5.06	—	20	4.75	—	40	4.75 4.00	—	70	3.35	—	3
F5	6.70	—	0	4.75	—	20	4.00	—	40	4.00 3.35	—	70	2.80	—	3
F6	5.60	—	0	4.00	—	20	3.35	—	40	3.35 2.80	—	70	2.36	—	3
F7	4.75	—	0	3.35	—	20	2.80	—	40	2.80 2.36	—	70	2.00	—	3
F8	4.00	—	0	2.80	—	20	2.36	—	45	2.36 2.00	—	70	1.70	—	3
F10	3.35	—	0	2.36	—	20	2.00	—	45	2.00 1.70	—	70	1.40	—	3
F12	2.80	—	0	2.00	—	20	1.70	—	45	1.70 1.40	—	70	1.18	—	3
F14	2.36	—	0	1.70	—	20	1.40	—	45	1.40 1.18	—	70	1.00	—	3
F16	2.00	—	0	1.40	—	20	1.18	—	45	1.18 1.00	—	70	—	850	3
F20	1.70	—	0	1.18	—	20	1.00	—	45	1.00 —	850 —	70	—	710	3
F22	1.40	—	0	1.00	—	20	—	850	45	—	850 710	70	—	600	3
F24	1.18	—	0	—	850	25	—	710	45	—	710 600	65	—	500	3
F30	1.00	—	0	—	710	25	—	600	45	—	600 500	65	—	425	3
F36	—	850	0	—	600	25	—	500	45	—	500 425	65	—	355	3
F40	—	710	0	—	500	30	—	425	40	—	425 355	65	—	300	3
F46	—	600	0	—	425	30	—	355	40	—	355 300	65	—	250	3
F54	—	500	0	—	355	30	—	300	40	—	300 250	65	—	212	3
F60	—	425	0	—	300	30	—	250	40	—	250 212	65	—	180	3
F70	—	355	0	—	250	25	—	212	40	—	212 180	65	—	150	3
F80	—	300	0	—	212	25	—	180	40	—	180 150	65	—	125	3
F90	—	250	0	—	180	20	—	150	40	—	150 125	65	—	106	3
F100	—	212	0	—	150	20	—	125	40	—	125 106	65	—	75	3
F120	—	180	0	—	125	20	—	106	40	—	106 90	65	—	63	3
F150	—	150	0	—	106	15	—	75	40	—	75 63	65	—	45	3
F180	—	125	0	—	90	15	—	75 63	40	—	75 63 53	65	—	—	—

表 6-2 磨料粒度(微粉)

粒度标记	最大值/μm	中值/μm	最小值/μm
F230	82.0	53.0±3.0	34.0
F240	70.0	44.5±2.0	28.0
F280	59.0	36.5±1.5	22.0
F320	49.0	29.2±1.5	16.5
F360	40.0	22.8±1.5	12.0
F400	32.0	17.3±1.0	8.0
F500	25.0	12.8±1.0	5.0
F600	19.0	9.3±1.0	3.0
F800	14.0	6.5±1.0	2.0
F1000	10.0	4.5±0.8	1.0
F1200	7.0	3.0±0.5	1.0(80%处)
F1500	5.0	2.0±0.4	0.8(80%处)
F2000	3.5	1.2±0.3	0.5(80%处)

1）筛网法。筛网法用于测定颗粒尺寸大于 50μm 的磨粒，粒度代号表示磨粒所能通过的筛网在每英寸(1in=25.4mm)长度上所含的网眼数，又称英制法。这种方法表示的粒度号越大，磨粒就越细。

2）沉降法。尺寸很小的磨粒，呈微粉状，需用此方法测定。F 系列微粉用 F230~F2000 共 13 个粒度号表示。

砂轮的粒度对工件表面粗糙度和磨削效率有很大的影响，磨削时要合理选择砂轮的粒度。

(3) 结合剂　结合剂是将磨粒粘固成砂轮的材料。结合剂的种类和性质也会影响砂轮的硬度和强度。

1）陶瓷结合剂(V)。陶瓷结合剂是应用最广泛的一种结合剂，它由天然花岗石和黏土配制而成。主要特点是：

① 力学性能和化学性能稳定，耐热、耐腐蚀，能适应使用各种切削液的磨削。

② 砂轮的多孔性好，有利于散热和容纳磨屑，砂轮不易堵塞。

③ 呈脆性，不能承受大的冲击力和侧面压力，易产生裂纹，不能制造薄片砂轮，砂轮的最高速度为 35m/s。

④ 冰冻会产生裂纹。

2）树脂或其他热固性有机结合剂(B)。它是有机结合剂。主要特点是：

① 有很高的强度，可制成薄片砂轮和最高工作速度高于 50m/s 的高速磨削砂轮，具有较好的自锐性，磨削效率高。

② 砂轮具有一定的弹性，可避免烧伤工件表面，同时还具有一定的抛光作用。

③ 耐热温度为 200℃左右，故当磨削温度增高时砂轮会快速损耗，失去正常的外形。

④ 化学性能不稳定，易受碱、油和水的侵蚀，在潮湿的环境中存放会降低砂轮的强度，故一般树脂砂轮的存放期不超过一年。

3）橡胶结合剂(R)。主要特点是：

① 耐热温度低于 150℃，耐湿性也较差，易于老化，存放期为两年。

② 有较好的弹性，可制成薄片砂轮。

③ 不易烧伤工件，且有良好的抛光作用。

④ 砂轮的气孔小。

(4) 硬度　砂轮硬度是指结合剂粘结磨粒的牢固程度，也表示磨粒在磨削力的作用下，从砂轮表面上脱落的难易程度。磨粒不易脱落的砂轮称为硬砂轮；反之，称为软砂轮。

砂轮硬度影响砂轮的自锐性。国家标准 GB/T 2484—2006 规定的磨具硬度分级及其代号见表 6-3。

表 6-3　砂轮硬度等级

砂轮硬度代号				砂轮硬度等级
A	B	C	D	极软
E	F	G	—	很软
H	—	J	K	软
L	M	N	—	中级
P	Q	R	S	硬
T	—	—	—	很硬
—	Y	—	—	极硬

(5) 组织　组织是表示砂轮内部结构的松紧程度的参数，与磨粒、结合剂、气孔三者的体积比例有关，如图 6-7 所示。磨具组织可用数字标记，通常为 0~14，数字越大，表示组织越疏松。

一般外圆、内圆、平面、无心磨削及刃磨磨具都采用中等组织的砂轮。

a)　　b)　　c)

图 6-7　砂轮的组织

a）疏松　b）中等　c）紧密

(6) 形状和尺寸　国家标准 GB/T 4127.1~4127.16《固结磨具　尺寸》和 GB/ T 2484—2006《固结磨具　一般要求》，对砂轮的形状和尺寸都已进行标准化规定，故操作时可按机床规格及加工要求选择。

(7) 最高工作速度　砂轮高速旋转时，砂轮上任一部分都受到很大的离心力作用，如果砂轮没有足够的回转强度，砂轮就会爆裂而引起严重事故。因此，砂轮的最高工作速度，必须标注在砂轮上。按国家标准 GB/T 2494—2003《普通磨具　安全规则》中的磨具最高工作线速度规定，一般为 35 m/s。砂轮制造厂按照国家标准 GB/T 2493—1995《砂轮的回转试验方法》规定，对新砂轮以 1.6 倍最高工作速度(56 m/s)的速度，在回转试验机中试验，并在达到最高速度时维持 0.5min。

2. 砂轮的代号

根据国家标准 GB/T 2484—2006 的规定，砂轮各特性参数以代号形式表示，其书写顺序为：对应标准号、砂轮型号、尺寸、磨料、粒度、硬度、组织、结合剂和最高工作速度。砂轮标志示例如下：砂轮 GB/T4127 1-300×30×75-WA 60 L 6 V-35mm/s 表示符合国家标准 GB/T4127 的平形砂轮，外径为 300mm，厚度为 30mm，内径为 75mm，白刚玉磨料，60 号粒度，硬度为中软，6 号组织，陶瓷结合剂，最高工作速度为 35m/s。

3. 砂轮特性选择的一般原则

（1）磨料的选择　应按工件材料及其热处理方法来选择磨料。通常要使磨料的硬度大于工件材料的硬度，即磨料具有良好的切削性能。一般选择原则是：

1）工件材料为碳素结构钢或优质碳素结构钢时，可选用棕刚玉。

2）工件材料为淬火钢、低合金钢或合金结构钢、高速工具钢、铬轴承钢时，可选用白刚玉。

3）工件材料为硬质合金时，可选用人造金刚石或绿碳化硅。

4）工件材料为铸铁、黄铜时，可选用黑碳化硅。

5）刃磨高速工具钢及模具制造时，可选用立方氮化硼。

砂轮粒度的选择见表 6-4。

表 6-4　粒度的选择

粒度标记	适用范围	工件表面粗糙度 $Ra/\mu m$
F40~F60	一般磨削	2.5~1.25
F60~F80	半精磨或精磨	0.63~0.2
F100~F240	精密磨削	0.160~0.1
F240~F600	超精密磨削	0.080~0.012
F800~F1000	超精密、镜面磨削	0.040~0.008

（2）硬度的选择　砂轮硬度是衡量砂轮自锐性的重要指标之一。磨削硬材料时，磨粒容易变钝，应选用软砂轮；反之，宜选用硬砂轮。磨削软而韧的材料时，砂轮容易堵塞，应选用较软的砂轮。

6.3.2　砂轮的平衡和修整

1. 砂轮的平衡

（1）砂轮不平衡的原因　引起砂轮不平衡的原因主要有以下两方面：

1）砂轮的制造误差。由砂轮组织不均匀，砂轮内、外轴线不同轴和端面歪斜等原因所致。按国家标准 GB/ T 2492—2003《普通磨具　交付砂轮允许的不平衡量　测量》规定，砂轮制造厂应对新砂轮作静平衡检验。

2）砂轮在法兰盘上安装产生不平衡量。

（2）静平衡使用的工具　手工操作的静平衡，须使用平衡架、水平仪、平衡心轴和平衡块等工具。

1）平衡架。常用的平衡架有圆棒导柱式和圆盘式两种。图 6-8 所示为圆棒导柱式平衡架，主要由支架 2 和导柱 1 组成。导柱为静平衡心轴滚动的导轨面，对导柱的表面素线的直线度和两导柱的平行度都有较高的精度要求。

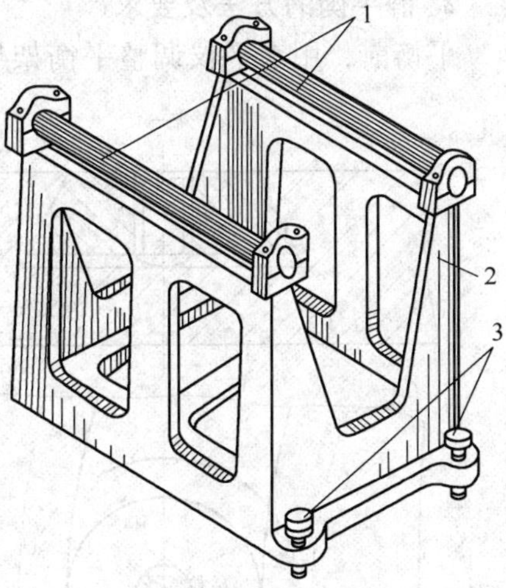

图 6-8　圆棒导柱式平衡架

1—导柱　2—支架　3—螺钉

2）水平仪。常用的水平仪有框式水平仪（图 6-9a）和条形水平仪（图 6-9b）两种。水平仪由框架 1 和水准器 2 组成。水准器外表采用硬玻璃制成，在其内部盛有液体，留有一个气泡，当测量面倾斜时，气泡偏向高的一侧。常用水平仪的分度值为 0.02mm/1000mm，即相当于倾斜 4"。水平仪用于调整平衡架导柱面的水平位置。

3）平衡心轴。平衡心轴（图 6-10）由心轴 1、垫圈 2 和螺母 3 组成。心轴两端的等直径圆柱面作为平衡时滚动的轴心，故对其同轴度有较高的要求。心轴的外锥面与砂轮法兰锥孔相配合，要求有 80%以上的接触面。

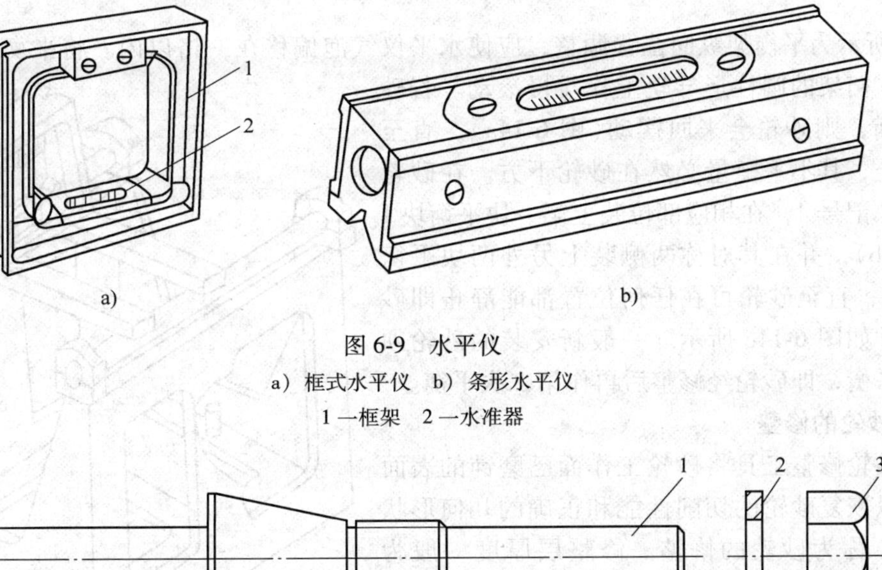

图 6-9　水平仪

a）框式水平仪　b）条形水平仪

1 —框架　2 —水准器

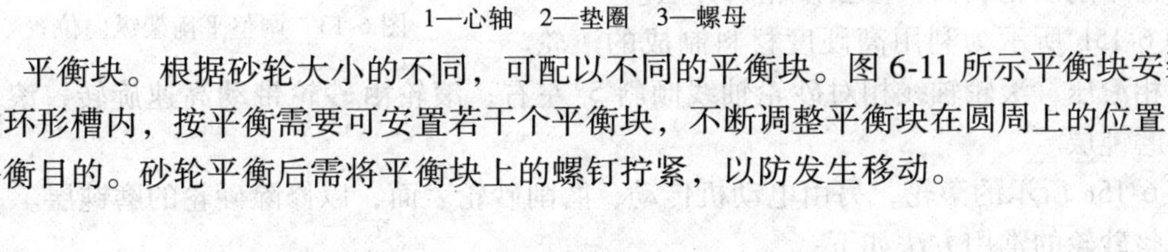

图 6-10　平衡心轴

1—心轴　2—垫圈　3—螺母

4）平衡块。根据砂轮大小的不同，可配以不同的平衡块。图 6-11 所示平衡块安装在法兰盘的环形槽内，按平衡需要可安置若干个平衡块，不断调整平衡块在圆周上的位置，即可达到平衡目的。砂轮平衡后需将平衡块上的螺钉拧紧，以防发生移动。

2. 静平衡的方法及要求

平衡前，用水平仪调整平衡架导柱面至水平面。图 6-12 所示为平衡架横向位置调整，

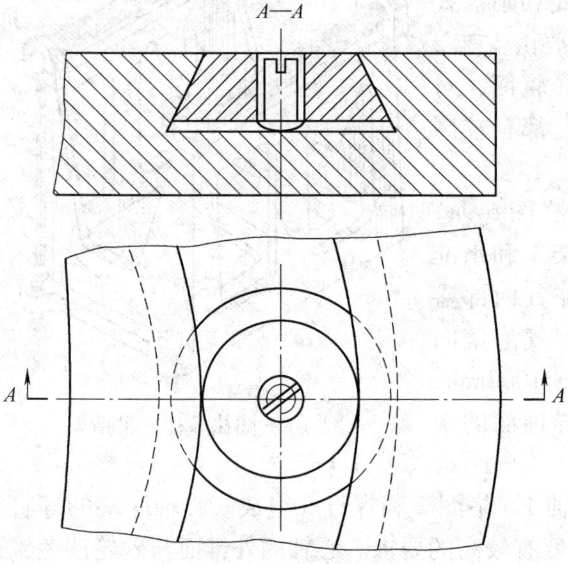

图 6-11　平衡块

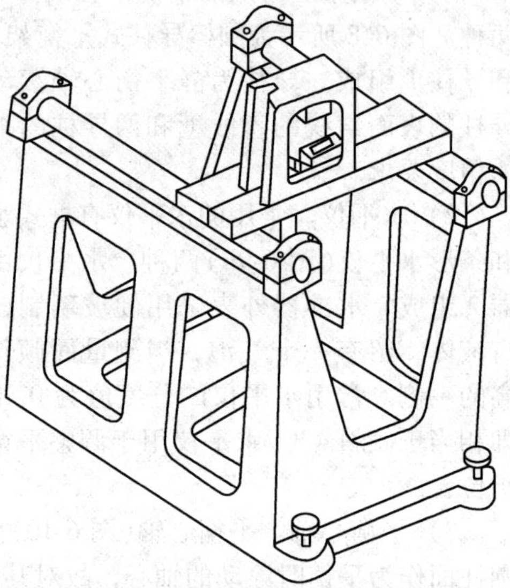

图 6-12　调整平衡架横向位置

图 6-13 所示为平衡架纵向位置调整，应使水平仪气泡偏移在一格以内。将平衡心轴连同砂轮放在平衡架的圆柱形导轨上作缓慢滚动。若砂轮不平衡，则砂轮会来回摆动(图 6-14a)，直至摆动停止，其不平衡量必然在砂轮下方。在砂轮上方作一记号 A，在相应部位装上第一块平衡块 1 (图 6-14b)，并在其对称两侧装上另外两块平衡块 2 和 3，直至砂轮可在任何位置都能静止即砂轮平衡，如图 6-14c 所示。一般新安装的砂轮须作两次平衡，即砂轮经修整后再作第二次平衡。

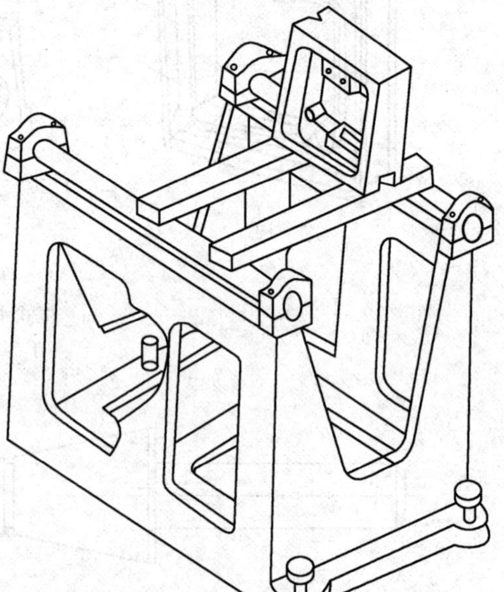

图 6-13　调整平衡架纵向位置

3. 砂轮的修整

用砂轮修整工具将砂轮工作面已磨钝的表面修去，以恢复砂轮的切削性能和正确的几何形状的过程，称为砂轮的修整。修整层厚度一般为 0.1mm 左右，图 6-15 所示为砂轮的修整方法。

图 6-15a 所示为利用尖锐的高强度金刚石颗粒作刀头车削砂轮表面，修去砂轮磨钝层。

图 6-15b 所示为利用高硬度材料制成的滚轮与砂轮相滚压，滚轮轴线相对砂轮轴线倾斜 5°左右，滚轮由砂轮带动高速旋转，滚压修除砂轮的磨钝层。

图 6-15c 所示的滚轮，另由电动机传动，磨削砂轮表面，以修除砂轮的磨钝层。

修整砂轮的常用方法如下：

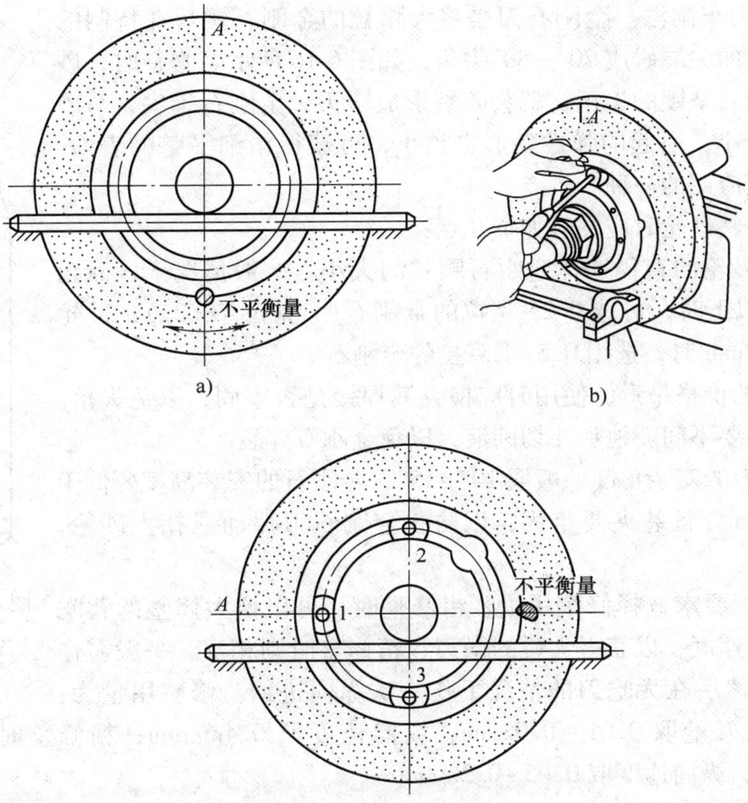

图 6-14　砂轮平衡的方法

a）求砂轮不平衡位置　b）装平衡块　c）平衡

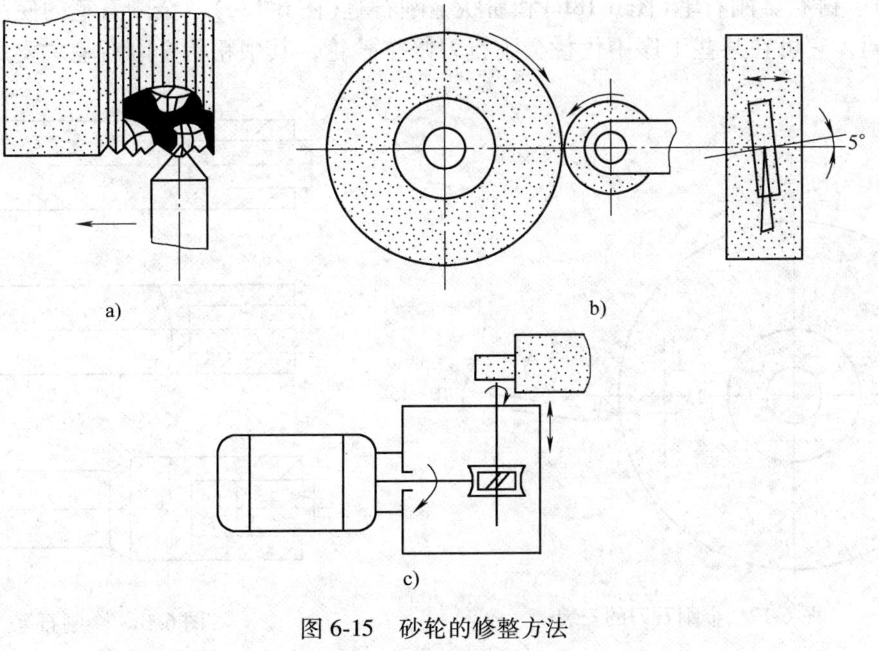

图 6-15　砂轮的修整方法

a）车削法　b）滚压法　c）磨削法

1）金刚石刀车削法。金刚石刀是将大颗粒的金刚石镶焊在特制的刀杆上，金刚石的尖端研成70°~80°尖角，如图6-16所示。修整时，砂轮磨粒碰到金刚石坚硬的尖角，就会碎裂形成微刃，金刚石越尖，与砂轮的接触面就越小，引起的弹性变形也越小，可获得精细平整的表面。此法为目前广泛应用的一种。

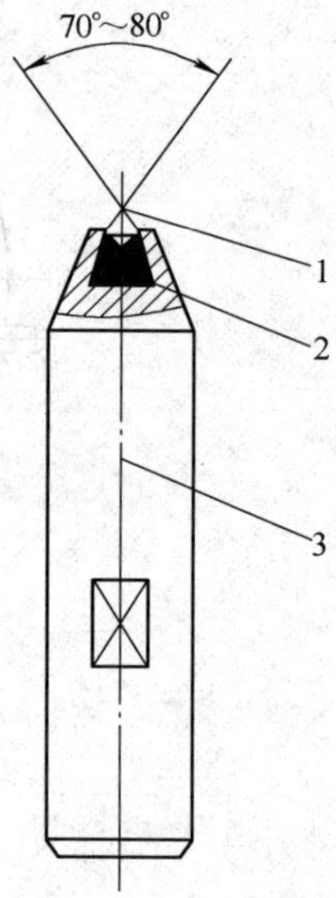

图6-16　金刚石刀
1—金刚石　2—钎料
3—刀杆

金刚石刀修整砂轮时应注意如下几点：

① 应根据砂轮的直径选择金刚石颗粒的大小。一般情况下，砂轮直径为100mm以下时，可选0.25克拉的金刚石(1克拉=0.2g)；砂轮直径为300~400mm时，选用0.5~1克拉的金刚石。

② 金刚石的价格昂贵，使用时应检查其焊接是否牢固，以免失落。修整金刚石时，要不间断地加注切削液，以免金刚石碎裂。

③ 金刚石刀的安装角度一般取10°~15°，金刚石的安装高度要低于砂轮中心1~2mm，且装夹要牢固，以防止金刚石刀振动或扎入砂轮，如图6-17所示。

④ 根据加工要求选择修整用量。粗修整时，可以增大修整的背吃刀量和纵向进给速度，以获得尖锐的微刃；精修整时则相反，一般需作2或3次进给，然后在无吃刀的情况下作一次纵向进给。修整用量为：粗修整时，背吃刀量取0.01~0.03mm，纵向速度取0.4m/min；精修整时，背吃刀量取0.005~0.01mm，纵向速度取0.05~0.2m/min。

⑤ 修整时应充分冷却。

2）金刚石笔车削法。金刚石笔是由较小颗粒的金刚石或金刚石粉，用结合力很强的合金结合并压入金属刀杆而制成。根据金刚石的分布情况，金刚石笔有三种：层状金刚石笔(图6-18a)、链状金刚石笔(图6-18b)和粉状金刚石笔(图6-18c)。金刚石笔的使用方法与金刚石刀相同，它可在某些工序中代替金刚石刀修整砂轮，其中粉状金刚石笔主要用于修整细粒度砂轮。

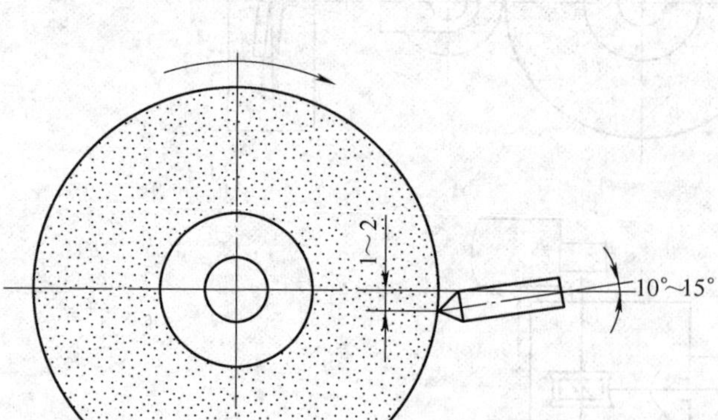

图6-17　金刚石刀的安装

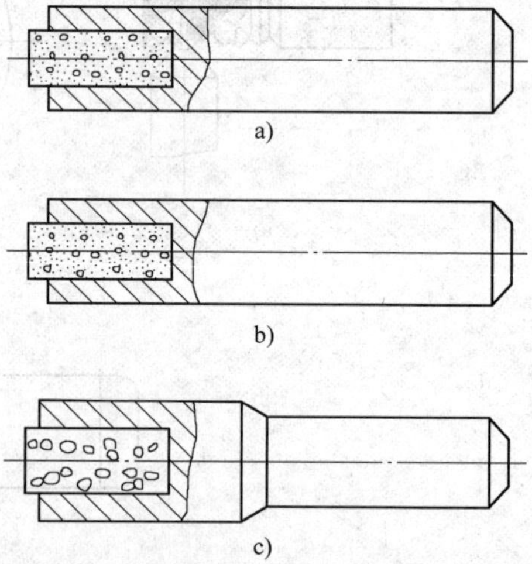

图6-18　金刚石笔
a）层状　b）链状　c）粉状

3）滚动式割刀滚压法。割刀是多片渗碳淬火钢制成的金属盘，其形状为尖角形，如图 6-19 所示。修整时金属盘随砂轮高速转动，并对砂轮表面滚压。这种工具只用于大型砂轮的整形粗修整。

4）金刚石滚压磨削法。金刚石滚轮一般是用电镀法，将细小的金刚石颗粒均匀地粘结在滚轮轮体表面的(图 6-20)，金刚石滚轮由电动机传动，具有较高的修整精度。但由于价格昂贵，一般很少应用。

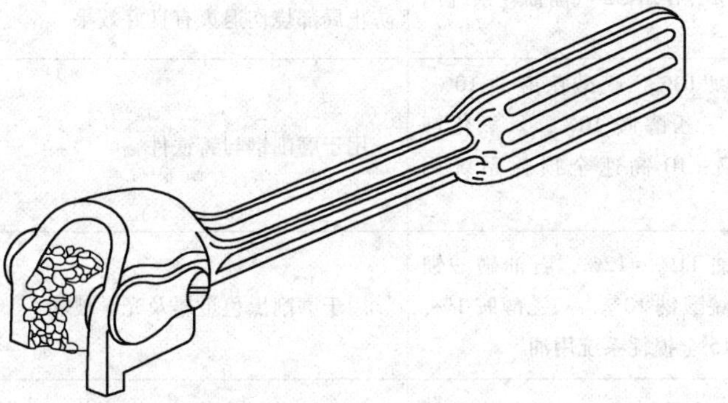
图 6-19　滚动式割刀

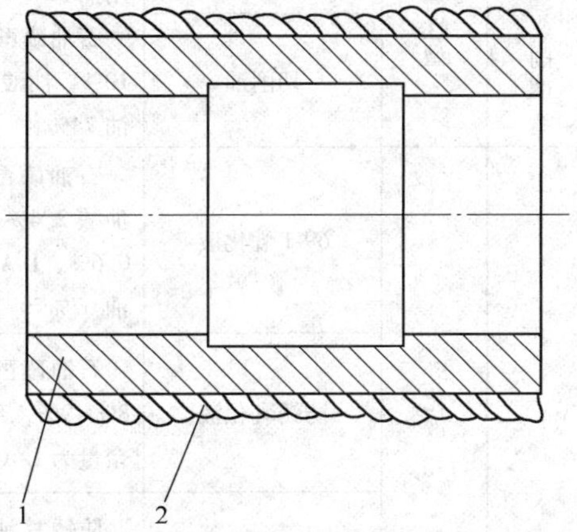

图 6-20　金刚石滚轮
1—轮体　2—金刚石颗粒

6.4　磨削时切削液的选择

6.4.1　切削液的作用

切削液主要用来降低磨削热和减小摩擦。合理地使用切削液，有利于降低磨削热，减小工件表面粗糙度和提高砂轮的寿命。切削液主要有以下作用：

1）冷却作用。通过切削液的热传导作用，能有效地改善散热条件，带走绝大部分磨削热，以降低磨削区域的温度，防止发生烧伤工件和工件的热变形。冷却作用的大小与切削液的种类、形态、用量和使用方法有关。

2）润滑作用。切削液能渗入到磨粒与工件的接触面之间，并黏附在金属表面上形成润滑膜，以减少磨粒与工件间的摩擦，提高砂轮寿命，并减小工件表面粗糙度值。

3）清洗作用。切削液可将磨屑和脱落的磨粒冲洗掉，防止工件磨削表面被划伤。

4）防锈作用。在切削液中加入皂类和各种防锈添加剂，可以起到防锈作用，以免工件和机床被氧化锈蚀。

6.4.2　切削液的种类及应用

切削液分油基(非水溶性)磨削液、水基磨削液两大类。油基磨削液有非活性型、活性型两种；水基磨削液有乳化液、化学合成水溶液、无机水溶液等。常用的磨削液种类和用途见表 6-5。

表 6-5　常用磨削液种类和用途

类型		名称	组成(质量分数)	应用范围
油基(非水溶性)磨削液	活性型	矿物油	石油磺酸钡 2%，煤油 98%	用于珩磨、超精磨、硬质合金磨削
		复合油	煤油 55%，油酸 40%，松节油 5%	用于珩磨钢、铸铁、青铜、铝合金等
	非活性型	极压油	石油磺酸钡 0.5%~2%，环烷酸铅 6%，氧化石蜡 10%，LAN10 高速全损耗系统用油 82%~83.5%	用于磨削耐热钢、耐热合金及耐蚀钢
		切削油	石油磺酸钡 4%，6411 5%，氧化石蜡 10%，油酸 7%，L-AN32 汽油损耗系统用油 74%	用于高速磨削，挤压性能好，对防止局部烧伤退火有良好效果
水基磨削液	乳化液	69-1 乳化液	石油磺酸钡 10%，磺酸蓖麻油 10%，油酸 2.4%，三乙醇胺 10%，氢氧化钾 0.6%，L-AN7 ~ 10 高速全损耗系统用油 67%	用于磨削钢与铸铁件
		防锈乳化液	石油磺酸钠 11% ~ 12%，石油磺酸钡 8%~9%，环烷酸钠 10%，三乙醇胺 1%，余量为 L-AN15 全损耗系统用油	用于磨削黑色金属及光学玻璃
		极压乳化液	防锈甘油络合物 22.4%，硫代硫酸钠 9.4%，亚硝酸钠 11.7%，三乙醇胺 2.5%，碳酸钠 5%，余量为水	有良好的润滑和防锈性能，多用于黑色金属
	化学合成水溶液	420 号切削液	甘油 0.5%，三乙醇胺 0.4%，苯甲酸钠 0.5%，亚硝酸钠 0.8%~1%，余量为水	用于高速磨削及缓进给磨削
		高速高负荷切削液	氧化硬脂酸，含硫添加剂，TX－10 表面活性剂，硼酸，三乙醇胺，742 消泡剂，水	用于高速高负荷磨削
		CMY-2 高速磨削液	亚销酸钠 16%，油酸钠 4%，2010 表面活性剂 15%，三乙醇胺 18%，余量为水	用于高速磨削、精密磨削。配比：普通磨削 2% ~ 3%；高速与精密磨削 3%~5%
		珩磨液	硫酸化蓖麻油 0.5%，磷酸三钠 0.6%，亚硝酸钠 0.25%，硼酸 0.25%，余量为水	有良好的冷却、清洗性能，用于珩磨
无机水溶液		透明水溶液	碳酸钠 0.15%，亚硝酸钠 0.8%，甘油 0.8%~1%，聚乙二醇 0.3% ~ 0.5%，余量为水	用于无心磨床和外圆磨床。配比为 2%~3%
		苏打水 Ⅰ	碳酸钠 0.8%~1%，亚硝酸钠 0.15%~0.25%，余量为水	用于钢铁材料、非铁金属材料磨削，如球墨铸铁
		苏打水 Ⅱ	碳酸钠 0.5%，亚削酸钠 1% ~ 1.2%，甘油 0.5%~1%，余量为水	用于钢铁材料、非铁金属材料磨削，适用于金刚石砂轮磨削

6.4.3　切削液的使用

1）切削液应直接浇注在砂轮与工件接触的部位。

2）切削液的流量应充足，一般取 10~30L/min，并应均匀喷射到砂轮整个宽度上。

3）切削液应有一定的压力。

4）切削液应保持清洁，尽量减少切削液中杂质的含量，定期更换切削液。

第 7 章

数控加工基础知识

数控技术是通过计算机用数字化信息控制生产过程的自动化技术，它综合了计算机、自动控制、自动检测、精密测量和精密机械等高新技术，是由各种技术相互交叉、渗透、有机结合而成的一门综合科学。

本章将简要介绍数控技术的相关概念、数控技术的发展过程、数控机床的特点和分类等知识，为后面的学习打下基础。

7.1 数控机床的原理和特点

本节将简要介绍数控技术的相关基本概念。

7.1.1 数控技术

数字控制(Numerical Control,NC)技术简称数控技术，顾名思义就是以数字的形式实现控制的一门技术。如果一种设备的操作命令是以数字的形式来描述的，工作过程是按照规定的程序自动地进行的，那么这种设备就称为数控设备。数控机床、数控火焰切割机、数控绘图机、数控冲剪机等都是属于这个范围内的自动化设备。可以用图 7-1 来描述数控设备的一般形式。

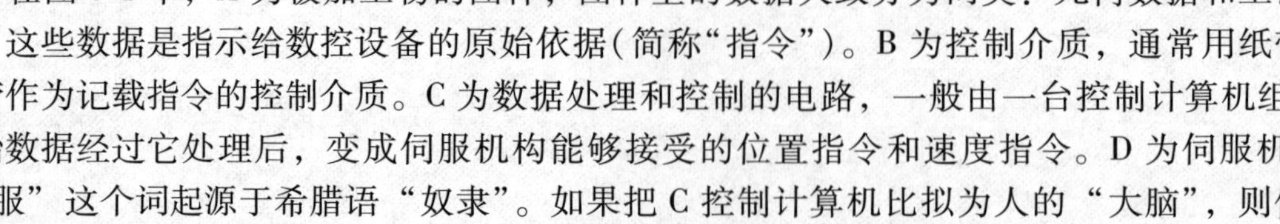

图 7-1 数控设备的一般形式

在图 7-1 中，A 为被加工物的图样，图样上的数据大致分为两类：几何数据和工艺数据。这些数据是指示给数控设备的原始依据(简称“指令”)。B 为控制介质，通常用纸带或磁带作为记载指令的控制介质。C 为数据处理和控制的电路，一般由一台控制计算机组成，原始数据经过它处理后，变成伺服机构能够接受的位置指令和速度指令。D 为伺服机构，“伺服”这个词起源于希腊语“奴隶”。如果把 C 控制计算机比拟为人的“大脑”，则伺服机构相当于人的“手”和“足”，我们要求伺服机构无条件地执行“大脑”的意志。E 为数控设备，F 为加工后的物件。

随着生产的发展和一个国家工业水平的提高，数控设备在机械、电子和国防等行业中的应用范围越来越广泛。是否采用数控设备，一定要充分考虑其技术经济效果。目前，选用数控设备主要考虑三种因素：即单件、中小批量的产品生产；形状比较复杂、精度要求高的产品加工；产品更新频繁、生产周期要求短的产品加工。凡是符合这三种因素之一的情况，采用数控设备对于改进产品质量、减轻工人劳动强度、提高经济效益等都会获得显著的效果。

7.1.2　数控机床及其加工原理

本书主要讲述应用在数控机床上的数字控制技术，下面讲述其具体含义。

数字控制机床(Numerical Control Machine Tools)简称数控机床，数控技术是一种将数字计算技术应用于机床的控制技术。它把机械加工过程中的各种控制信息用代码化的数字表示，通过信息载体输入数控装置。经运算处理由数控装置发出各种控制信号，控制机床的动作，按图样要求的形状和尺寸自动地将零件加工出来。数控机床较好地解决了复杂、精密、小批量、多品种的零件加工问题，是一种柔性的、高效能的自动化机床，代表了现代机床控制技术的发展方向，是一种典型的机电一体化产品。数控机床加工工件的过程如图 7-2 所示。

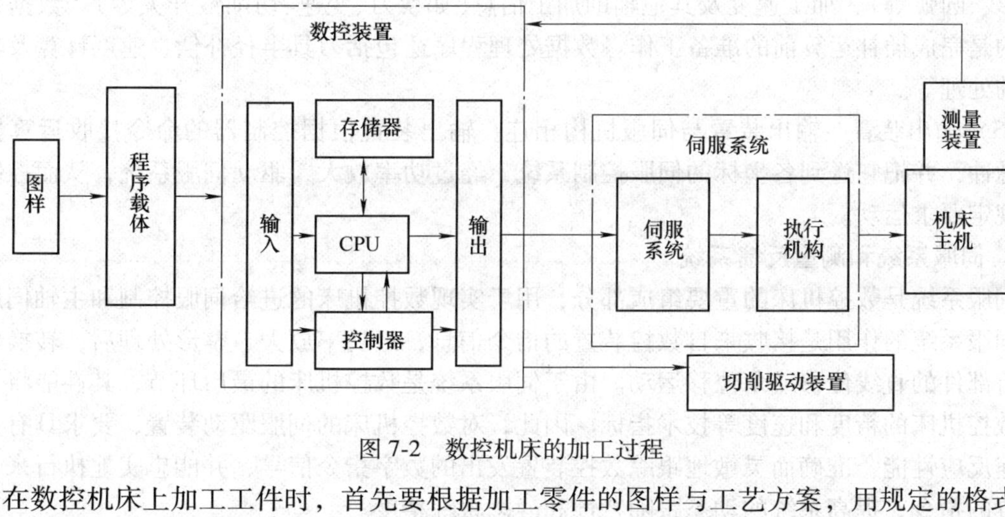

图 7-2　数控机床的加工过程

在数控机床上加工工件时，首先要根据加工零件的图样与工艺方案，用规定的格式编写程序单，并且记录在程序载体上；把程序载体上的程序通过输入装置输入到数控装置中去；数控装置将输入的程序经过运算处理后，向机床各个坐标的伺服系统发出信号；伺服系统根据数控装置发出的信号，通过伺服执行机构(如步进电动机、直流伺服电动机、交流伺服电动机)，经传动装置(如滚珠丝杠螺母副等)，驱动机床各运动部件，使机床按规定的动作顺序、速度和位移量进行工作，从而制造出符合图样要求的零件。

由上述数控机床的工作过程可知，数控机床的基本组成包括数控加工程序、数控装置、伺服驱动装置、机床主体和其他辅助装置。下面分别对各组成部分的基本工作原理进行概要说明。

1. 数控加工程序

数控加工程序是数控机床进行自动加工的指令序列。数控加工程序包括机床上刀具和工件的相对运动轨迹、工艺参数(进给量、主轴转速等)和辅助运动等。将零件加工程序用一定的格式和代码，存储在一种程序载体上，如穿孔纸带、盒式磁带、软磁盘等，通过数控机床的输入装置，将程序信息输入到 CNC(Computer Numerical Control)单元。

2. 数控装置

数控装置是数控机床的核心。现代数控装置均采用 CNC 装置，这种 CNC 装置一般使用多个微处理器，以程序化的软件形式实现数控功能，因此又称软件数控(Software NC)。CNC 系统是一种位置控制系统，它是根据输入数据插补出理想的运动轨迹，然后输出到执行部件加工出所需要的零件。因此，数控装置主要由输入、处理和输出三个基本部分构成。而所有这些工作都由计算机的系统程序进行合理地组织，使整个系统协调地进行工作。

(1) 输入装置　输入装置的作用是将数控指令输入到数控装置。根据程序载体的不同，相应有不同的输入装置。目前主要有键盘输入、磁盘输入、CAD/CAM 系统直接通信方式输入和连接上级计算机的 DNC(直接数控)输入，现仍有不少系统还保留有光电阅读机的纸带输入形式。

(2) 信息处理　输入装置将加工信息传给 CNC 单元，编译成计算机能识别的信息，由信息处理部分按照控制程序的规定，逐步存储并进行处理后，通过输出单元发出位置和速度指令给伺服系统和主运动控制部分。CNC 系统的输入数据包括：零件的轮廓信息(起点、终点、直线、圆弧等)、加工速度及其他辅助加工信息(如换刀、变速、切削液开关等)。数据处理的目的是完成插补运算前的准备工作。数据处理程序还包括刀具半径补偿、速度计算及辅助功能的处理等。

(3) 输出装置　输出装置与伺服机构相连。输出装置根据控制器的命令接收运算器的输出脉冲，并把它送到各坐标的伺服控制系统，经过功率放大，驱动伺服系统，从而控制机床按规定要求运动。

3. 伺服系统和测量反馈系统

伺服系统是数控机床的重要组成部分，用于实现数控机床的进给伺服控制和主轴伺服控制。伺服系统的作用是接收来自数控装置的指令信息，经功率放大、整形处理后，转换成机床执行部件的直线位移或角位移运动。由于伺服系统是数控机床的最后环节，其性能将直接影响数控机床的精度和速度等技术指标。因此，对数控机床的伺服驱动装置，要求具有良好的快速反应性能，准确而灵敏地跟踪数控装置发出的数字指令信号，并能忠实地执行来自数控装置的指令，提高系统的动态跟随特性和静态跟踪精度。

伺服系统包括驱动装置和执行机构两大部分。驱动装置由主轴驱动单元、进给驱动单元和主轴伺服电动机、进给伺服电动机组成。步进电动机、直流伺服电动机和交流伺服电动机是常用的驱动装置。

测量元件将数控机床各坐标轴的实际位移值检测出来并经反馈系统输入到机床的数控装置中，数控装置对反馈回来的实际位移值与指令值进行比较，并向伺服系统输出达到设定值所需的位移量指令。

4. 机床主体

机床主体是数控机床的主体。它包括床身、底座、立柱、横梁、滑座、工作台、主轴箱、进给机构、刀架及自动换刀装置等机械部件。它是在数控机床上自动完成各种切削加工的机械部分。与传统的机床相比，数控机床主体具有如下结构特点。

1) 采用具有高刚度、高抗振性及较小热变形的机床新结构。通常用提高结构系统的静刚度、增加阻尼、调整结构件质量和固有频率等方法来提高机床主机的刚度和抗振性，使机床主体能适应数控机床连续自动地进行切削加工的需要。采取改善机床结构布局、减少发热、控制温升及采用热位移补偿等措施，可减少热变形对机床主机的影响。

2）广泛采用高性能的主轴伺服驱动和进给伺服驱动装置，使数控机床的传动链缩短，简化了机床机械传动系统的结构。

3）采用高传动效率、高精度、无间隙的传动装置和运动部件，如滚珠丝杠螺母副、塑料滑动导轨、直线滚动导轨、静压导轨等。

5. 数控机床的辅助装置

辅助装置是保证充分发挥数控机床功能所必需的配套装置。常用的辅助装置包括：气动、液压装置，排屑装置，冷却、润滑装置，回转工作台，数控分度头，防护和照明等各种辅助装置。

7.1.3　数控机床的特点

数控机床与普通机床相比较，具有以下六个特点。

1. 自动化程度高

数控机床对零件进行加工，由操作者输入按图样事先编制好的加工程序，全部加工过程都由机床自动完成。操作者除了操作键盘、装卸零件、安装刀具、完成关键工序的中间测量以及观察机床的运行之外，不需要进行繁重的重复性手工操作，劳动强度下降，自动化程度高。

2. 加工精度高

数控机床由精密机械和自动化控制系统组成，因此有较高的加工精度，且不受零件复杂程度所限制。同时，数控机床是按所编程序自动进行加工的，消除了操作者的人为误差，提高了同批零件尺寸的一致性，使加工质量稳定。

3. 生产率高

数控机床在一次装夹中能够完成较多表面的加工，省去了划线、多次装夹、检测等工序。空行程时，采用快速进给，生产率高。如果采用加工中心，可实现自动换刀，利用转台自动换位，使一台机床上实现多道工序加工，缩短半成品周转时间，生产率提高尤为明显。

4. 对加工对象适应性强

在数控机床上改变加工对象时，除了相应更换刀具和解决工件装夹方式外，只要重新编写输入该零件的加工程序，便可自动加工出新的零件，不必对机床进行调整，为新产品的研制开发以及产品的改进、改型提供了方便。

5. 易于建立计算机通信网络

由于数控机床使用的是数字信息，所以易于与计算机辅助设计和计算机辅助制造（CAD/CAM）系统连接，形成计算机辅助设计、辅助制造与数控机床紧密结合的一体化系统。

6. 有利于生产管理的现代化

利用数控机床能准确地计算零件的加工工时，并且有效地简化检验、工夹具和半成品的管理工作，易于构成柔性制造系统（FMS）和计算机集成制造系统（CIMS）。

虽然数控机床有上述优点，但也存在数控机床价格昂贵、加工成本高、技术复杂、初期投资大、维修费用高、对管理及操作人员素质要求较高等缺点。

7.2 数控机床结构

常见的数控机床包括数控车床、数控铣床、数控电火花线切割机床和数控加工中心等，本节将简要介绍各种数控机床的基本结构和主要技术参数。

7.2.1 数控车床的布局形式与基本构成

数控车床是切削加工的主要技术装备，用于对圆柱形、圆锥形和各种回转体的表面及螺纹的车削，以及对盘形零件的钻孔、扩孔、铰孔和镗孔等加工。它适用于航天航空、国防、石油、电机、仪表、汽车、拖拉机及机械制造等行业中回转体零件的中小批量生产，在机械制造工业中，数控车床是当今使用最广泛的数控机床之一。与普通车床相比，数控车床的加工精度高，精度稳定性好，适应性强，操作劳动强度低，特别适用于复杂形状的零件加工或对精度要求较高的中、小批量零件的加工。近年来新出现的数控车削中心有主轴、副轴，可以完成工件左、右端面加工。若与自动送料器配套，还可以进行棒料自动切削。而双主轴、双刀架及带 Y 轴的多功能车削中心，其单台可以自成 FMC 单元，多台可连成 FMC 系统，大大地提高了零件的加工效率和加工质量。

数控车床品种繁多，规格不一。按数控系统功能分，有全功能型和经济型两种；按主轴轴线处于水平位置或垂直位置分，有卧式和立式数控车床两种。

车床的布局对数控车床是十分重要的，它直接影响车床的结构和使用性能。数控车床的布局大都采用机、电、液、气一体化布局，有全封闭或半封闭防护。数控车床的主轴、尾座等部件相对床身的布局与普通车床基本一致，而刀架和导轨的布局则发生了根本变化。数控车床的床身与结构和导轨有多种形式，图 7-3 所示为四种常见的布局形式。

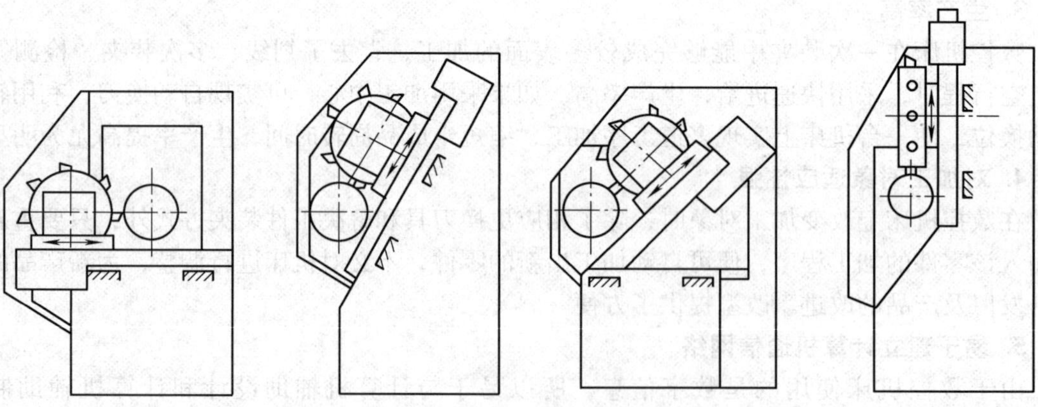

a) b) c) d)

图 7-3 数控车床的布局

a）平床身 b）倾斜床身 c）平床身斜滑板 d）立床身

一般中小型数控车床采用倾斜床身或水平床身斜滑板结构。因为这种布局结构具有机床外形美观、占地面积小、易于排屑和切削液的排流、便于操作者操作与观察、易于安装上下料机械手实现全面自动化等特点。倾斜床身还有一个优点是可采用封闭截面整体结构，以提高床身的刚度。床身导轨倾斜角度多为 45°、60°和 70°，但倾斜角度太大会影响导轨的导向精度及受力情况。水平床身加工工艺性好，其刀架水平放置，有利于提高刀架的运动精度，但这种结构床身下部空间小，排屑困难。床身导轨常采用宽支承 V+平型导轨，丝杠位于两导轨之间。图 7-4 所示为一数控车床的外观图，图中标出了其基本组成。

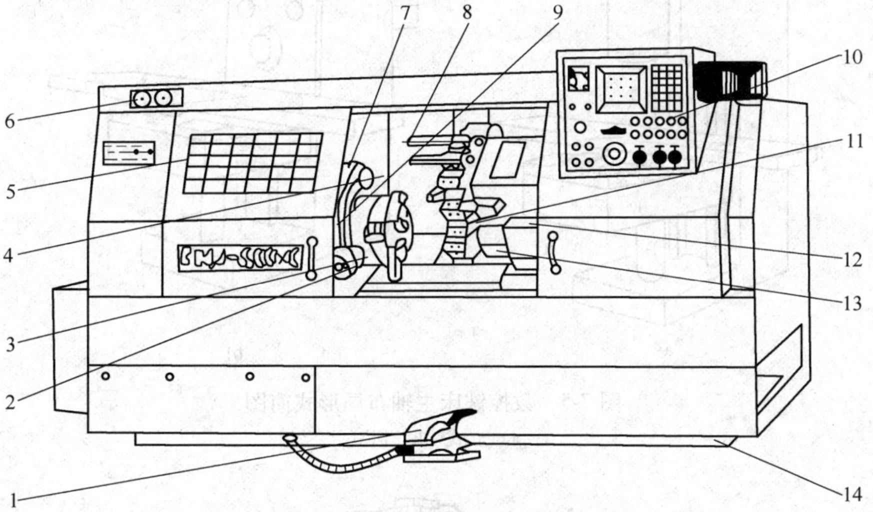

图 7-4　CK7815 型数控车床的外观

1—脚踏开关　2—对刀仪　3—主轴卡盘　4—主轴箱　5—机床防护门　6—压力表
7—对刀仪防护罩　8—导轨防护罩　9—对刀仪转臂　10—操作面板
11—回转刀架　12—尾座　13—滑板　14—床身

7.2.2　数控铣床的布局形式与基本构成

数控铣床是采用铣削方式加工工件的数控机床。其加工功能很强，能够铣削各种平面轮廓和立体轮廓零件，如凸轮、模具、叶片、螺旋桨等。配上相应的刀具后，数控铣床还可用来对零件进行钻孔、扩孔、铰孔、锪孔和镗孔加工及攻螺纹等。虽然随着加工中心的兴起，数控铣床在数控机床的所占比例有所减少，但就我国现状而言，数控铣床仍广泛应用于机械制造行业的各个部门以及军工企业。

数控铣床与普通铣床相比，具有自动化程度高、加工精度高和生产效率高等优点。与之相适应，要求数控铣床的结构具有高刚度、高灵敏度、高抗振性、热变形小、高精度保持性好和高可靠性等优点。

数控铣床的主要结构包括主传动系统、主轴部件、进给传动系统、床身和工作台等。图 7-5 所示为立式和卧式数控铣床布局形式简图。

7.2.3　数控加工中心的布局形式与基本构成

数控加工中心是在数控铣床的基础上发展起来的，它和数控铣床有很多相似之处，但主要区别在于增加了刀库和自动换刀装置，是一种备有刀库并能自动更换刀具对工件进行多工序加工的数控机床。通过在刀库上安装不同用途的刀具，加工中心可在一次装夹中实现零件的铣、钻、镗、铰、攻螺纹等多工序加工。随着工业的发展，数控加工中心将逐渐取代数控铣床，成为一种主要的加工机床。数控加工中心有多种分类，最基本的有立式加工中心（图 7-6 和图 7-7）和卧式加工中心（图 7-8 和图 7-9）。

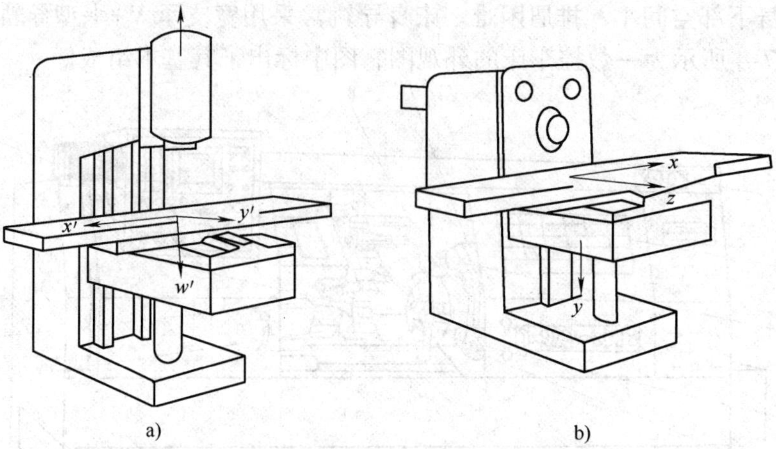

图 7-5　数控铣床主轴布局形式简图

a）立式　b）卧式

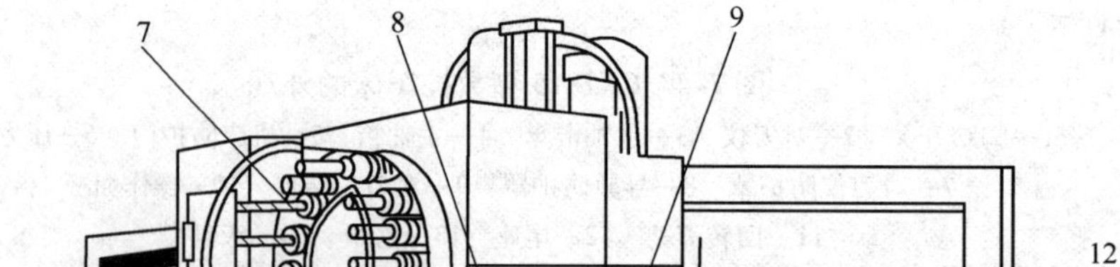

图 7-6　JCS-018 立式镗铣加工中心外形图

1—床身　2—滑座　3—工作台　4—润滑油箱

5—立柱　6—数控柜　7—刀库　8—机械手

9—主轴箱　10—主轴　11—控制柜　12—操作面板

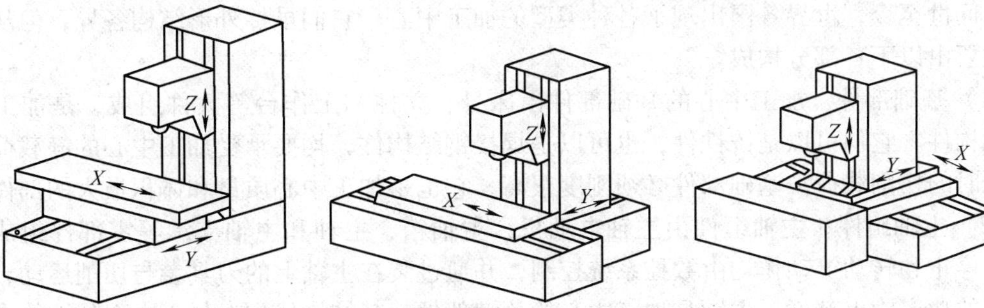

图 7-7　立式加工中心布局

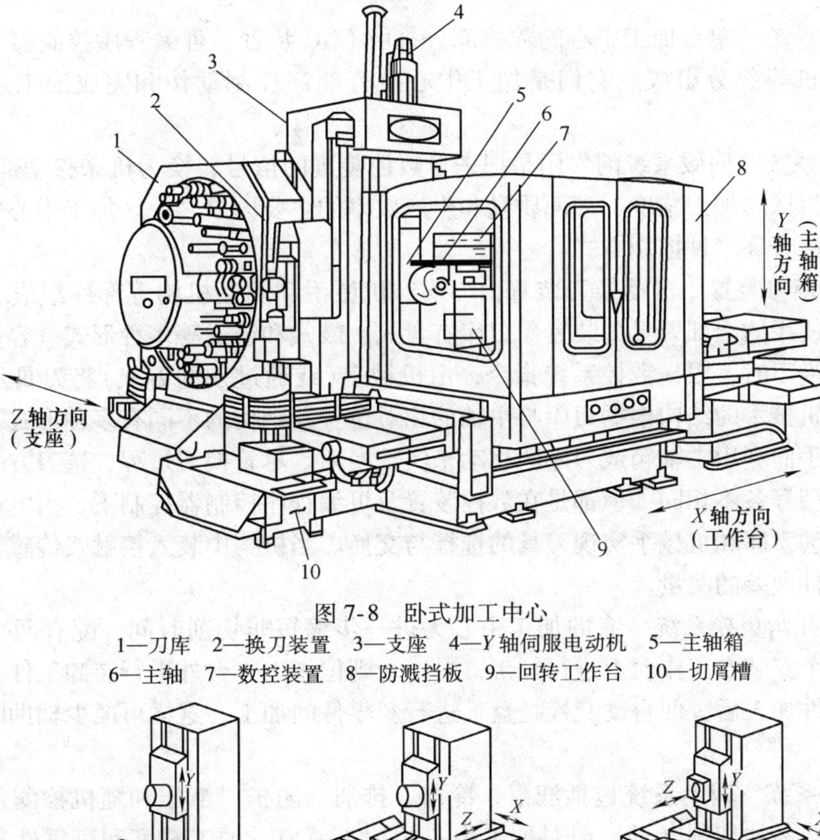

图 7-8　卧式加工中心

1—刀库　2—换刀装置　3—支座　4—Y 轴伺服电动机　5—主轴箱

6—主轴　7—数控装置　8—防溅挡板　9—回转工作台　10—切屑槽

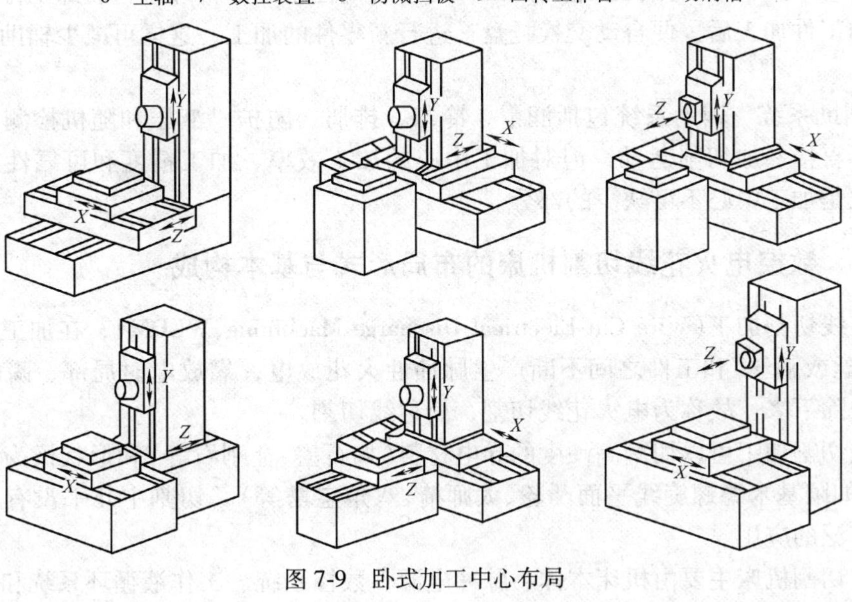

图 7-9　卧式加工中心布局

自问世至今，世界各国出现了各种类型的加工中心，它们虽然外形结构各异，但从总体看来主要由以下各部分构成。

（1）基础部件　加工中心的基础部件由床身、立柱和工作台等大件组成，是加工中心的基础构件。它们可以是铸铁件，也可以是焊接钢结构件，均要承受加工中心的静载荷以及在加工时的切削载荷。基础部件必须刚度很高，它也是加工中心质量和体积最大的部件。

（2）主轴组件　主轴组件由主轴电动机、主轴箱、主轴和主轴支承等零部件组成。其起动、停止和转动等动作均由数控系统控制，并通过装在主轴上的刀具参与切削运动，是切削加工的功率输出部件。主轴是加工中心的关键部件，其结构优劣对加工中心的性能有很大的影响。

（3）控制系统　单台加工中心的数控部分是由CNC装置、可编程序控制器、伺服驱动装置以及电动机等部分组成。它们是加工中心执行顺序控制动作和完成加工过程的控制中心。

（4）伺服系统　伺服系统的作用是把来自数控装置的信号转换为机床移动部件的运动，其性能是决定机床的加工精度、表面质量和生产效率的主要因素之一。加工中心普遍采用半闭环、闭环和混合环三种控制方式。

（5）自动换刀装置　自动换刀装置由刀库、机械手和驱动机构等部件组成。刀库是存放加工过程所使用的全部刀具的装置。刀库有盘式、鼓式和链式等多种形式，容量从几把到几百把。当需换刀时，根据数控系统指令，由机械手（或通过别的方式）将刀具从刀库取出装入主轴中。机械手的结构根据刀库与主轴的相对位置及结构的不同有多种形式。有的加工中心不用机械手而利用主轴箱或刀库的移动来实现换刀。尽管换刀过程、选刀方式、刀库结构、机械手类型等各不相同，但都是在数控装置及可编程序控制器控制下，由电动机、液压或气动机构驱动刀库和机械手实现刀具的选择与交换。当机构中装入接触式传感器，还可实现对刀具和工件误差的测量。

（6）自动托盘更换系统　有的加工中心为进一步缩短非切削时间，配有两个自动交换工件托盘，一个安装在工作台上进行加工，另一个则位于工作台外进行装卸工件。当完成一个托盘上的工件加工后，便自动交换托盘，进行新零件的加工，这样可减少辅助时间，提高加工工效。

（7）辅助系统　辅助系统包括润滑、冷却、排屑、防护、液压和随机检测系统等。辅助系统虽不直接参加切削运动，但对加工中心的加工效率、加工精度和可靠性起到保障作用，因此也是加工中心不可缺少的部分。

7.2.4　数控电火花线切割机床的布局形式与基本构成

电火花线切割加工（Wire Cut Electrical Discharge Machining，WEDM），在加工过程中使线状电极（钼丝或铜丝）和工件之间不断产生脉冲性火花放电，靠放电时局部、瞬时产生的高温把材料蚀除下来，故称为电火花线切割，简称线切割。

由于线切割加工可以切割高硬度的导电材料（如石墨、金刚石等）和形状极为复杂的零件或工艺品（如阿基米德螺旋线平面凸轮、太师椅、八角宝塔等），切割中几乎没有切削力，因而获得了广泛的应用。

数控线切割机床主要由机床本体、脉冲电源、数控系统、工作液循环系统和机床附件等几部分组成。

（1）机床本体　机床本体由床身、坐标工作台、走丝机构、丝架、工作液箱附件和夹具等几部分组成，图 7-10 所示为 DK7740 的机床本体。

（2）脉冲电源　脉冲电源是影响线切割加工工艺指标的关键。在一定条件下，加工工艺的好坏，主要取决于脉冲电源的性能。因此，要求用于线切割的脉冲电源具有如下性能：适当的脉冲峰值电流，其变化范围不宜太大，一般为 15~35A；适当窄的脉冲宽度；尽量高的脉冲频率使电极丝呈低损耗的性能。目前，用于线切割机床的脉冲电源，一般采用晶体管开关元件，由晶体管、电阻、电容等元件组成高频电源。该电源具有体积小、重量轻、寿命长、电源电压和损耗小的特点。

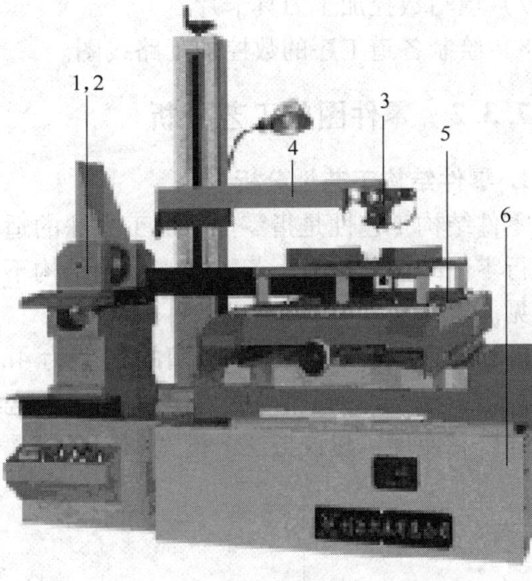

图 7-10　DK7740 的机床本体

1—电动机　2—储丝筒　3—导轮

4—丝架　5—坐标工作台　6—床身

（3）工作液循环系统　在线切割加工中，工作液对切割速度、表面粗糙度、加工精度等工艺指标影响很大。低速走丝线切割机床大多采用离子水为工作液，只有在特殊精加工时才采用绝缘性能较高的煤油。高速走丝线切割机床使用的工作液是专用的乳化液。

（4）控制系统　控制系统的主要作用是在电火花线切割加工过程中，按加工要求自动控制电极丝相对工件按一定轨迹运动；实现进给速度的自动控制，以维持正常的稳定切割加工。后者是根据放电间隙大小与放电状态自动控制的，使进给速度与工件材料的蚀除速度相平衡。

7.3　数控加工工艺分析

制订数控加工工艺是数控加工的前期工艺准备工作。数控加工工艺贯穿于数控程序中，数控加工工艺制订的合理与否，对程序的编制、机床的加工效率和零件的加工精度都有重要影响。因此，应遵循一般的工艺原则并结合数控加工的特点认真而详细地分析零件的数控加工工艺。

7.3.1　数控加工工艺的主要内容

数控加工工艺的基本内容如下：

1）分析加工零件的图样，明确加工内容及技术要求，并根据数控编程的要求对零件图作数学处理。

2）确定数控加工路线，确定数控加工方法。

3）确定工件的定位与装夹方法，确定刀具、夹具。

4）调整数控加工工序，如对刀点、换刀点的选择，刀具的补偿等。

5）分配数控加工中的加工余量，确定各工序的切削参数。

6）填写数控加工工艺卡片。

7）填写数控加工刀具卡片。

8）绘制各道工序的数控加工路线图。

7.3.2 零件图的工艺分析

1. 零件结构工艺性分析

零件结构工艺性是指零件对加工方法的适应性，即所分析的零件结构应便于加工成形。在进行零件结构分析时，若发现零件的结构不合理等问题，应向设计人员或有关部门提出修改意见。

例如，在图7-11中，一个槽的槽宽为4mm，一个槽的槽宽为5mm，一个槽的槽宽为3mm，均不相等，三个槽的槽深也不相等，这给数控编程和加工增加了难度。如果不影响零件的强度和使用，建议把三个槽宽和三个槽深修改成一样的尺寸。

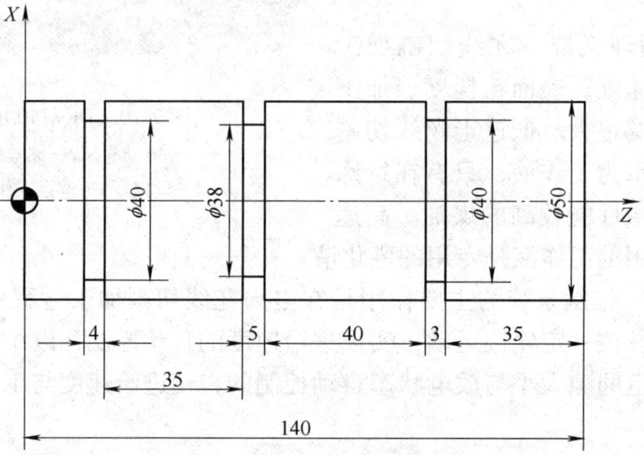

图7-11 零件的结构工艺性分析

2. 轮廓几何要素分析

零件轮廓是数控加工的最终轨迹，也是数控编程的依据。在手工编程时，要计算零件轮廓上每个基点的坐标；在自动编程时，要对构成零件轮廓的所有几何元素进行定义。因此，在分析零件图时，要分析零件轮廓的几何元素的给定条件是否充分。由于设计等多方面的原因，可能在图样上出现构成零件加工轮廓的条件不充分、尺寸模糊不清等缺陷，增加了编程工作的难度，有的甚至无法编程。

例如，在手柄零件轮廓图7-12中，$R8$的球面和$R60$的弧面相切。要确定切点，必须通过计算求出切点的位置，如图中的$\phi14.77$和4.923，否则，不能编程。同理，$R60$的弧面和$R40$的弧面的相切点，也必须通过计算求出切点的位置，如图中的$\phi21.2$和44.8；$R40$的弧面和$\phi24$的外圆柱相交，也要通过计算求出交点的位置，如图中的$\phi24$和73.436。只有这样，手工编程才能顺利进行。

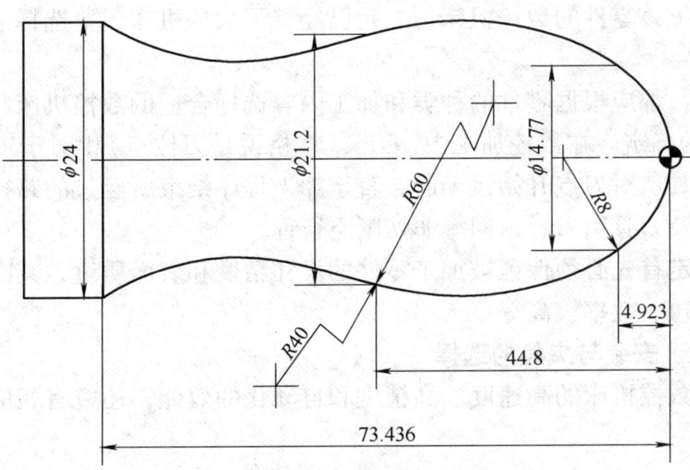

图 7-12　轮廓几何要素分析

分析轮廓要素时，以能在 AutoCAD 上准确绘制的轮廓为充分条件。

3. 精度及技术要求分析

对被加工零件的精度及技术要求进行分析，是零件工艺性分析的重要内容，只有在分析零件尺寸精度、形状精度、位置精度和表面粗糙度的基础上，才能对加工方法、装夹方式、刀具及切削用量进行正确而合理的选择。

4. 零件图的数学处理

零件图的数学处理主要是计算零件加工轨迹的尺寸，即计算零件加工轮廓的基点和节点的坐标，或刀具中心轮廓的基点和节点的坐标，以便编制加工程序。

7.3.3　数控加工工艺的制订

在进行了零件图的工艺分析之后，制订数控加工工艺时，要确定工序的划分、各工序间的加工余量、加工路线、工件的定位、安装与夹具的选择、刀具的选择、对刀点与换刀点的确定、切削用量的选择、加工方案的确定等。

1. 数控加工工序的划分

划分数控加工工序时推荐遵循的原则有两个：

1）保证精度的原则。

2）提高生产效率的原则。

2. 加工余量的确定

加工余量是指毛坯实体尺寸与零件(图样)尺寸之差。加工余量的大小对零件的加工质量和制造的经济性有较大的影响。余量过大会浪费原材料及机械加工工时，增加机床、刀具及能源的消耗；余量过小则不能消除上道工序留下的各种误差、表面缺陷和本工序的装夹误差，容易产生废品。因此，应根据影响余量的因素合理地确定加工余量。一般零件的加工通常要经过粗加工、半精加工、精加工才能达到最终的精度要求。因此，零件总的加工余量应等于各中间工序加工余量之和。

3. 加工路线的确定

1）加工方法的选择。在数控机床上加工零件，一般有两种情况：一是有零件图样和毛坯，要选择适合加工该零件的数控机床；二是已经有了数控机床，要选择适合该机床加工的零件。

无论哪种情况，都应根据零件的种类和加工内容选择合适的数控机床和加工方法。

2）加工路线的确定。在数控加工中，刀具(严格说是刀位点)相对于工件的运动轨迹称为加工路线。即刀具从对刀点开始运动起，直至加工程序结束所经过的路径，包括切削加工的路径和刀具快退及刀具引入、返回等非切削空行程。

加工路线的确定首先必须保证被加工零件的尺寸精度和表面质量，其次考虑数值计算简单、走刀路线尽量短、效率较高等。

4. 工件的定位、安装与夹具的选择

为了充分发挥数控机床的高速度、高精度和自动化的效能，还应有相应的数控夹具进行配合。

5. 刀具的选择

与普通机床加工方法相比，数控加工对刀具提出了更高的要求，不仅要求刀具的刚性好、精度高，而且要求尺寸稳定、寿命长、断屑和排屑性能好，同时还要求安装调整方便。数控机床上所选用的刀具常采用适应高速切削的刀具材料(如高速钢、超细粒度硬质合金)并使用可转位刀片。

6. 对刀点与换刀点的确定

1）刀位点。在进行数控加工编程时，往往是将整个刀具浓缩为一个点，这就是“刀位点”。它是在加工时用于表现刀具位置的参照点。

2）对刀点。对刀操作就是要测定出在程序起点处刀具刀位点相对于机床原点及工件原点的坐标位置，即确定对刀点(也称起刀点)。

3）换刀点。换刀点则是指加工过程中需要换刀时刀具与工件的相对位置点。换刀点往往设在工件的外部，离工件有一定的换刀安全距离，以能顺利换刀，且不碰撞工件和其他部件为原则。

7. 切削用量的选择

数控编程时，编程人员必须确定每道工序的切削用量，并以指令的形式写入程序中。切削用量包括切削速度、背吃刀量及进给速度等。对于不同的加工方法，需要选用不同的切削用量。

1）切削用量的选择原则。粗加工时，一般以提高生产率为主，但也应考虑经济性和加工成本；半精加工和精加工时，应在保证加工质量的前提下，兼顾切削效率、经济性和加工成本。具体数值应根据机床说明书、切削用量手册，并结合经验而定。

从刀具的寿命出发，切削用量的选择顺序是：先确定背吃刀量，其次确定进给量，最后确定切削速度。

2）背吃刀量的确定。背吃刀量由机床、工件和刀具的刚度决定。在刚度允许的条件下，应尽可能使背吃刀量等于工件的加工余量，这样可以减少走刀次数，提高生产效率。

3）进给量的确定。进给量主要根据零件的加工精度和表面粗糙度要求以及刀具、工件的材料选取。最大进给量受机床刚度和进给系统的性能限制。

4）主轴转速的确定。主轴转速应根据允许的切削速度和工件(或刀具)直径来选择。其计算公式为

$$n=\frac{1000v}{\pi D}$$

式中 v——切削速度(m/min);

n——主轴转速(r/min);

D——工件直径或刀具直径(mm)。

最后要根据计算的主轴转速 n 和机床说明书选取机床有的或较接近的转速。

8. 加工方案的确定

在进行了零件加工的工艺分析之后，就可以确定加工方案了。在确定加工方案时，首先应根据主要表面的尺寸精度和表面粗糙度的要求，初步确定为达到这些要求所需要的加工方法，即精加工的方法，再确定从毛坯到最终成形的加工方案。

通常对一个零件进行加工有多种加工方案，在确定加工方案时要进行分析比较，从中选出比较好的加工方案。

9. 根据数控加工工艺，填写数控加工工艺卡片

为了使零件在加工过程中能及时检验，也为了使零件的加工有序地进行，对每个加工零件，在确定了数控加工方案之后，要制订详细的数控加工工艺，并且要填写数控加工工艺卡片，作为零件在加工过程中的工艺文件。

第 8 章

液压传动基础知识

液压传动是以液体作为工作介质，并以压力能进行动力(或能量)的传递、转换与控制的液体传动。液压传动是传动的一种重要形式，具有重量轻、结构紧凑、惯性小、传递运动均匀平稳、布置灵活、可以实现大范围内无级调速等优点。

本章将简要介绍液压传动的一些基础知识，为后面磨工知识学习进行必要的知识准备。

8.1 液压传动工作原理与组成

驱动机械运动的机构和操纵装置有多种形式。根据所用的部件和零件不同，具体形式可分为机械、电气、气动、液压等，还可将这不同的形式组合起来，形成四位一体的综合传动形式。液压传动是一种新颖的传动方式，广泛应用于金属切削机床也不过五六十年的历史，航空工业在 21 世纪 30 年代以后才开始采用。但是液压传动具有独特的优点和技术优势，成为了现代机械工程的基本技术构成和现代控制工程的基本技术要素。特别是最近二三十年来，在各种工业行业中的应用程度与日俱增，越来越广泛。液压传动在各类机械行业中的应用实例见表 8-1。

表 8-1　液压传动在各类机械行业中的应用实例

行 业 名 称	应用场所举例
起重机械	汽车吊、港口龙门吊、叉车、装卸机械、运输机等
矿山机械	凿岩机、开掘机、开采机、破碎机、提升机、液压支架等
建筑机械	打桩机、液压千斤顶、平地机等
农业机械	联合收割机、拖拉机、农具悬挂系统等
冶金机械	电炉炉顶及电极升降机、轧钢机、压力机等
轻工机械	打包机、注塑机、校直机、橡胶硫化机、造纸机等
汽车工业	自卸式汽车、平板车、高空作业车、汽车中的转向器、减振器等
智能机械	折臂式小汽车装卸器、数字式体育锻炼机、模拟驾驶舱、机器人等

在机床上，磨床砂轮架和工作台的进给运动大部分采用液压传动；车床、转塔车床、自动车床的刀架或转塔刀架，铣床、刨床、组合机床等的工作台进给运动也都采用了液压传动；龙门刨床的工作台、牛头刨床或插床的滑枕，由于要求作高速往复直线运动，并且要求换向冲击小、换向时间短、能耗低，因此都可以采用液压传动；仿形装置车床、铣床、刨床上的仿形加工常采用液压伺服系统来完成，其精度可达 0.01～0.02mm；机床上的夹紧装置、

齿轮箱变速操纵装置、丝杆螺母间隙消除装置、垂直移动部件平衡装置、分度装置、工件和刀具装卸装置、工件输送装置等，也采用气压或液压机构。在机床上采用液压和气动机构利于简化机床结构，提高机床自动化程度。

8.1.1　液压传动工作原理

这里通过图 8-1 所示的工程机械上常见的一种举升机构（如液压起重机的变幅机构、液压挖掘机动臂的升降机构等）来简述液压系统的工作原理。在图 8-1 中，当换向阀处于图 8-1a 所示位置时，原动机带动液压泵 8 从油箱 10 经单向阀 1 吸油，并将有压力的油经单向阀 2 排至管路，液压油沿管路经过节流阀 4 进入换向阀 5，经过换向阀 5 阀芯左边的环槽，经管路进入液压缸 7 的下腔。液压缸 7 的缸体被铰接在机座上，在液压油的推动下，活塞向上运动，通过活塞杆带动工作机构 6 产生举升运动。同时，液压缸 7 上腔中的油液被排出，经管路、换向阀 5 阀芯右边的环槽和管路流回油箱 10。

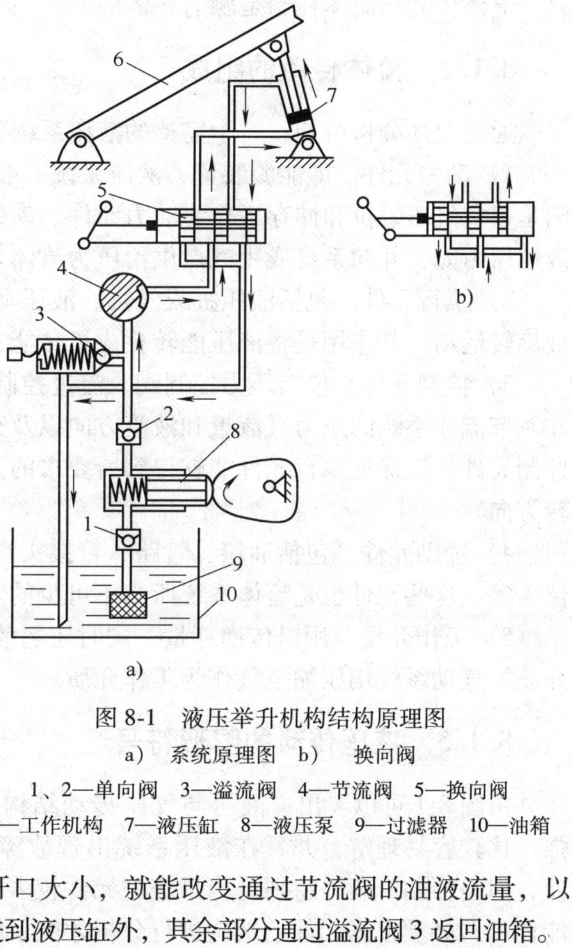

图 8-1　液压举升机构结构原理图
a）系统原理图　b）　换向阀
1、2—单向阀　3—溢流阀　4—节流阀　5—换向阀
6—工作机构　7—液压缸　8—液压泵　9—过滤器　10—油箱

如果扳动换向阀 5 的手柄使其阀芯移到左边位置，如图 8-1b 所示，此时液压油经过阀芯右边的环槽，经管路进入液压缸 7 的上腔，使举升机构降落。同时，从液压缸 7 下腔排出的油液，经阀芯左边的环槽流回油箱。

从图中可以看出，液压泵输出的液压油流经单向阀 2 后分为两路：一路通向溢流阀 3，另一路通向节流阀 4。改变节流阀 4 的开口大小，就能改变通过节流阀的油液流量，以控制举升速度。而从定量液压泵输出的油液除进到液压缸外，其余部分通过溢流阀 3 返回油箱。

这里溢流阀 3 起着过载安全保护和配合节流阀改变进到液压缸的油液流量的双重作用。当溢流阀 3 中的钢球在弹簧力的作用下将阀口堵住时，液压油不能通过溢流阀 3；如果油液的压力增高到使作用在钢球上的液压作用力能够克服弹簧的作用力而将钢球顶开时，液压油就通过溢流阀 3 和管路直接流回油箱，油液的压力就不会继续升高。因此，只要调定溢流阀 3 中弹簧的压紧力大小，就可改变液压油顶开溢流阀钢球时压力的大小，这样也就控制了液压泵输出油液的最高压力，使系统具有过载安全保护作用。通过改变节流阀 4 的开口大小改变通过节流阀的油液流量，就可调节举升机构的运动速度（同时改变了通过溢流阀 3 的分流油液流量）。

此系统中换向阀 5 用来控制运动的方向，使举升机构既能举升又能降落；节流阀 4 控制举升的速度；由溢流阀 3 来控制液压泵的输出压力。图中，9 为网式过滤器，液压泵从油箱吸入的油液先经过过滤器，以滤清油液，保护整个系统不受污染。

从上面这个简单的例子可以得出以下结论：

1）流体传动是以液体或者气体为工作介质传递动力的。

2）流体传动是用流体的压力能传递动力的，系统的工作压力取决于负载，运动速度取决于流量。

3）流体传动中的工作介质（液体或者气体）是在受控制和调节的状态下进行工作的，因此，流体传动与流体控制是融为一体的。

8.1.2 流体传动的组成

通过上述分析可知，一个完整的液压系统要能正常工作，一般要包括五个组成部分：

1）动力元件。即能源装置，液压系统一般以液压泵或蓄能器作为动力元件，气动系统则是以空气压缩机和储存罐作为动力元件。动力元件的作用是将原动机输出的机械能转换成液体压力能，并向系统或用气点供给压力流体。

2）执行元件。包括液压缸或气缸、液压马达或气动马达，前者实现往复运动，后者实现旋转运动。其作用是将液压能转化成机械能，输出到工作机构上。

3）控制元件。包括压力控制阀、流量控制阀、方向控制阀和行程阀等。其作用是控制和调节流体系统的压力、流量和液流方向以及充当信号转换、逻辑运算、放大等功能的信号控制元件，以保证执行元件能够得到所要求的力（或转矩）、速度（或转速）和运动方向（或旋转方向）。

4）辅助元件。包括油箱、管路、管接头、过滤器、消声器、油雾器、滤气器以及各种仪表等。这些元件也是流体系统所必不可少的。

5）工作介质。用以传递能量，同时还起散热和润滑作用。液压系统用液压油作为工作介质，气动系统用压缩空气作为工作介质。

8.1.3 液压传动的图形符号

由图 8-1 可以看出，液压与气压传动结构式原理图近似于实物的剖视图，虽然直观性强，比较容易理解，并且在液压系统出现故障时，根据此原理图进行检查、分析也比较方便，但是绘制麻烦，特别是当系统中元件较多时，绘制非常不方便，并且反映不出元件的职能作用，必须根据元件的结构进行分析才能了解其作用。另有一种职能符号式液压与气动系统原理图，能极大地简化液压和气动系统原理图的绘制。在这种原理图中，各种液压元件都用符号表示，这些符号只表示元件的职能和连接系统的通路，并不表示元件的具体结构，这对专利元件结构更具有保密性。我国制定的流体传动系统及元件图形符号和回路图标准（GB/T 786.1—2009）就是采用图形符号，其中规定符号都以元件的静止位置或零位置表示。所以图 8-1 所示的液压系统结构式原理图可用图形符号表示成图 8-2。

在图 8-2a 中，换向阀 5 处于中间位置，其液压油口、通液压缸的两个油口以及回油口，均被阀芯堵住。这时液压泵输出的油液全部通过溢流阀 3 流回油箱，工作机构 6 不动。如操纵手柄将换向阀 5 阀芯向右推，油路连通情况就如图 8-2b 所示，这时液压缸 7 下腔通液压油，上腔通油箱，液压缸活塞带动工作机构向上举升。如将换向阀 5 阀芯向左推，油路就如图 8-2c 所示，工作机构向下降落。溢流阀 3 上的虚线代表控制油路，控制油路中油液的压

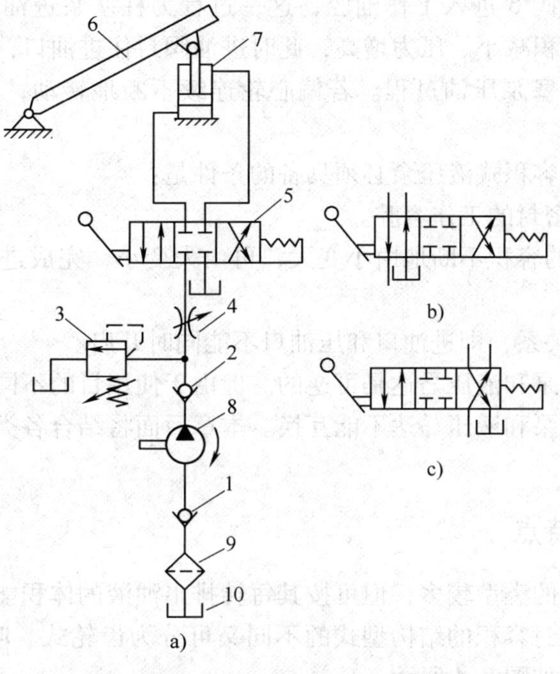

图 8-2　用图形符号表示的液压系统原理图

a）系统原理图　b）、c）换向阀图形符号

1、2—单向阀　3—溢流阀　4—节流阀 5—换向阀

6—工作机构　7—液压缸　8—液压泵　9—过滤器　10—油箱

力即为液压泵的输出油压。当该液压油的作用力能够克服弹簧力时，即下压溢流阀的阀芯使液压泵出口与回油管构成通路，产生溢流作用。

8.2　液压泵与液压马达

液压泵和液压马达都是液压系统中的能量转换元件。液压泵是将原动机（电动机、柴油机）的机械能转换成油液的液压能，再以压力、流量的形式输送到系统中去，按其职能属于液压能源元件，又称为动力元件。液压马达是将液压泵输入的液压能转换为旋转形式的机械能，以转矩和转速的形式驱动外负载工作，按其职能属于执行元件。

8.2.1　工作原理

图 8-3 所示为单柱塞泵的工作原理图。

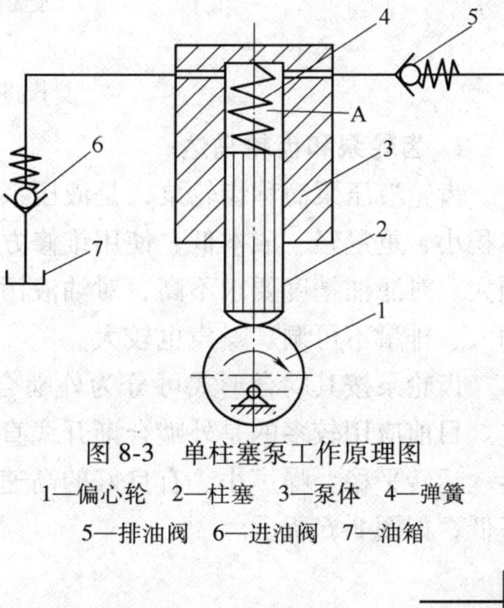

图 8-3　单柱塞泵工作原理图

1—偏心轮　2—柱塞　3—泵体　4—弹簧

5—排油阀　6—进油阀　7—油箱

当偏心轮 1 被带动旋转时，柱塞 2 在偏心轮和弹簧 4 的作用下在泵体 3 的柱塞孔内作上下往复运动。柱塞向下运动时，泵体的柱塞孔和柱塞上端构成的密闭工作油腔 A 的容积增大，形成真空，此时排油阀 5 封住出油口，油箱 7 中的液压油便在大气

压力的作用下通过进油阀 6 进入工作油腔，这一过程为柱塞泵进油过程；当柱塞向上运动时，密闭工作油腔的容积减小、压力增高，此时进油阀封住进油口，液压油便打开排油阀进入系统，这一过程为柱塞泵压油过程。若偏心轮连续不断地转动，柱塞泵即不断地进油和压油。

由上述可知，构成容积式液压泵必须具备的条件是：

1）有若干个良好密封的工作容腔。

2）有使工作容腔的容积不断地由小变大，再由大变小，完成进油和压油工作过程的动力源。

3）有合适的配油关系，即进油口和压油口不能同时开启。

从原理上讲，液压泵和液压马达是可逆的。但由于使用目的不同，导致结构上的某些差异，一般情况下，液压泵和液压马达不能互换。本章后面将结合各类液压马达的具体结构介绍其工作原理。

8.2.2　分类及特点

液压泵和液压马达的类型较多，但可按其每转排出油液的体积能否调节而分为定量和变量两大类，按其组成密封容积的结构型式的不同又可分为齿轮式、叶片式、柱塞式三大类。液压泵的具体分类情况如图 8-4 所示。

- 液压泵
  - 定量泵
    - 齿轮泵
      - 外啮合齿轮泵
      - 内啮合齿轮泵
        - 楔块垫隙式
        - 摆线内啮合齿轮泵
    - 螺杆泵
    - 定量径向柱塞泵
    - 定量轴向柱塞泵
      - 定量斜轴式轴向柱塞泵
      - 定量斜盘式轴向柱塞泵
  - 变量泵
    - 变量叶片泵
    - 变量径向柱塞泵
    - 变量轴向柱塞泵
      - 变量斜轴式轴向柱塞泵
      - 变量斜盘式轴向柱塞泵

图 8-4　液压泵分类框图

1. 齿轮泵和齿轮马达

齿轮液压泵简称齿轮泵，是液压系统中常用的一种定量泵，具有结构简单、工作可靠、体积小、重量轻、成本低、使用维修方便等特点。另外，齿轮泵还具有自吸性能好、转速范围大、对滤油精度要求不高、对油液污染不敏感等优点。齿轮泵的主要缺点是流量和压力脉动大、排量不可调、噪声也较大。

齿轮泵按其啮合形式可分为外啮合齿轮泵和内啮合齿轮泵两种。外啮合齿轮泵工艺简单。目前应用较多的是外啮合渐开线直齿形的齿轮泵，如图 8-5 所示。内啮合齿轮泵结构紧凑、运转平稳、噪声小、有良好的高速性能、流量脉动小，但加工复杂、高压低速时容积效率低，如图 8-6 所示。

螺杆泵实质上是一种外啮合摆线齿轮泵，按其螺杆根数可分为单螺杆泵、双螺杆泵、三螺杆泵、四螺杆泵和五螺杆泵等；按螺杆截面形状可分为摆线齿形、摆线-渐开线齿形和圆形齿形三种不同形式的螺杆泵。图 8-7 所示为三螺杆泵的结构简图。

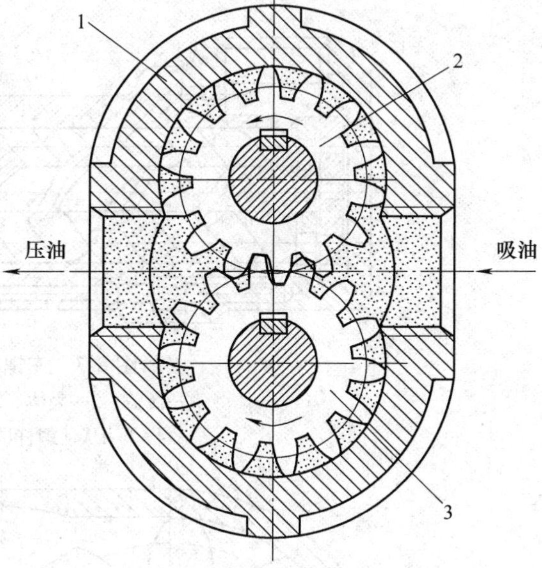

图 8-5 外啮合齿轮泵

1—泵体 2—主动齿轮 3—从动齿轮

螺杆泵与其他容积式液压泵相比，具有结构紧凑、体积小、重量轻、自吸能力强、运转平稳、流量无脉动、噪声小、对油液污染不敏感、工作寿命长等优点，目前常用在精密机床上以及用来输送黏度大或含有颗粒物质的液体。螺杆泵的缺点是制造工艺复杂、加工精度要求高，因此应用受到限制。

齿轮液压马达简称齿轮马达，具有结构简单、体积小、重量轻、惯性小、耐冲击、维护方便、对油液过滤精度要求较低等特点，但其流量脉动较大、容积效率低、转矩小、低速性能不好。齿轮马达的工作原理如图 8-8 所示。

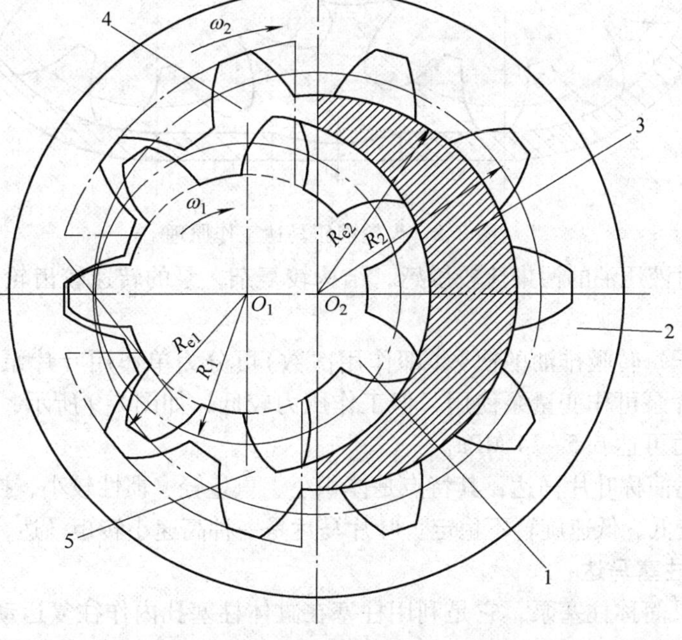

图 8-6 内啮合齿轮泵

1—小齿轮（主动齿轮） 2—内齿轮（从动齿轮）

3—月牙板 4—吸油腔 5—排油腔

2. 叶片泵和叶片马达

叶片液压泵简称叶片泵，具有工作平稳、噪声小、流量均匀和容积效率高等优点。但其

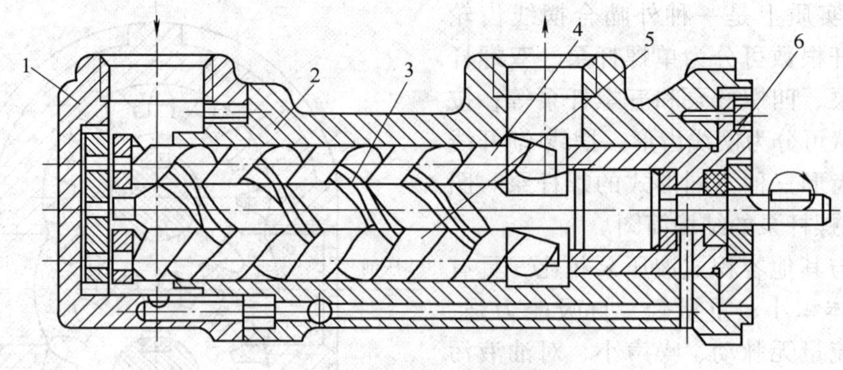

图 8-7　三螺杆泵结构简图

1—后盖　2—壳体　3—主动螺杆(凸螺杆)

4、5—从动螺杆(凹螺杆)　6—前盖

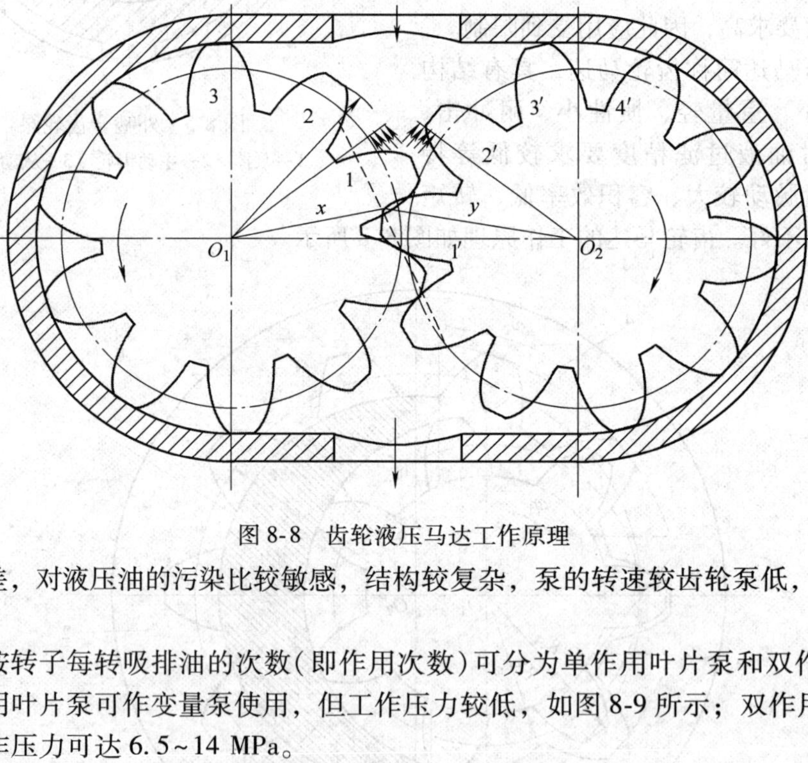

图 8-8　齿轮液压马达工作原理

自吸能力较差，对液压油的污染比较敏感，结构较复杂，泵的转速较齿轮泵低，一般为 600~2000 r/min。

叶片泵按转子每转吸排油的次数(即作用次数)可分为单作用叶片泵和双作用叶片泵两大类。单作用叶片泵可作变量泵使用，但工作压力较低，如图 8-9 所示；双作用叶片泵均为定量泵，工作压力可达 6.5~14 MPa。

叶片液压马达简称叶片马达，其特点是体积小、重量轻、惯性较小、换向频率较高，但泄漏大、容积效率较低、低速旋转不稳定。叶片马达是一种高速小转矩马达，如图 8-10 所示。

3. 柱塞泵和柱塞马达

柱塞式液压泵简称柱塞泵，它是利用柱塞在缸体柱塞孔内作往复运动时，密封工作容积的变化来实现进油和排油的。由于柱塞和柱塞孔配合表面为圆柱形表面，通过加工可得到很高的配合精度，所以柱塞泵的泄漏小，容积效率高，一般都作为高压泵。根据柱塞分布方向的不同，柱塞泵可分为轴向柱塞泵和径向柱塞泵，而轴向柱塞泵按其结构型式又可分为斜盘式和斜轴式两种。图 8-11 所示为斜盘式柱塞泵。

柱塞式液压马达简称柱塞马达，根据柱塞分布方向的不同，柱塞马达可分为轴向柱塞马

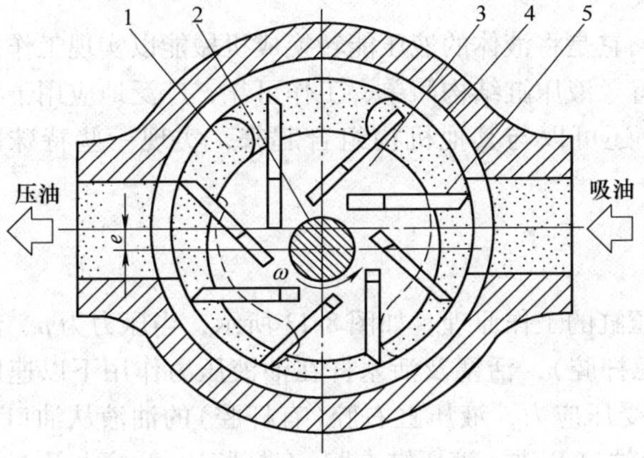

图 8-9　单作用叶片泵

1—配流盘　2—传动轴　3—转子　4—定子　5—叶片

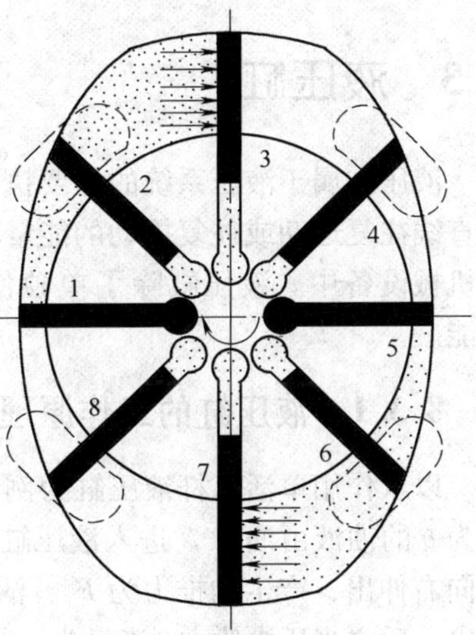

图 8-10　双作用叶片马达

1、2、3、4、5、6、7、8—叶片

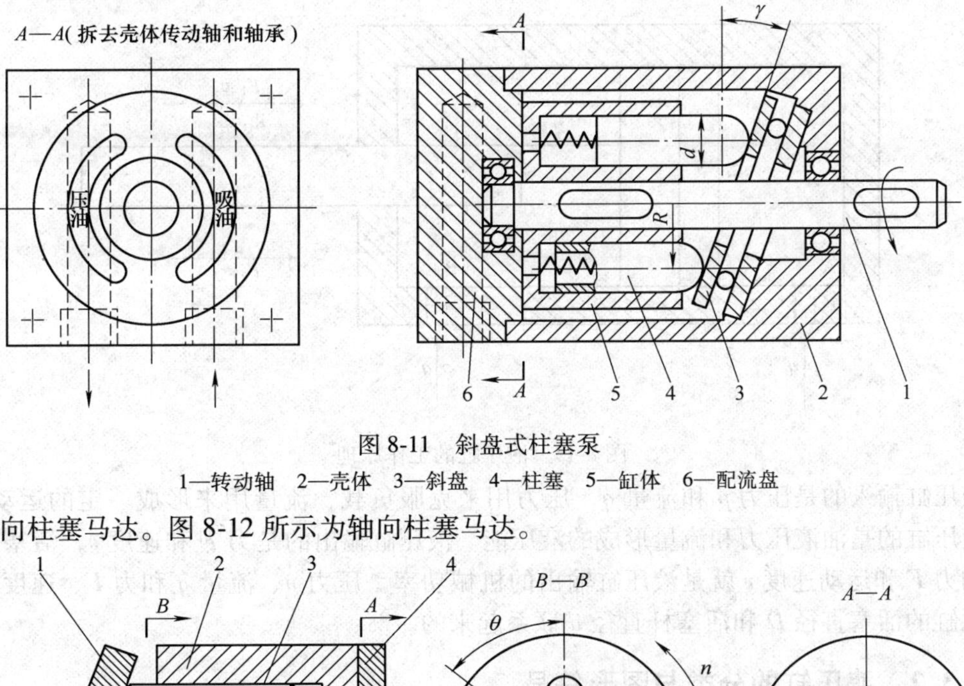

图 8-11　斜盘式柱塞泵

1—转动轴　2—壳体　3—斜盘　4—柱塞　5—缸体　6—配流盘

达和径向柱塞马达。图 8-12 所示为轴向柱塞马达。

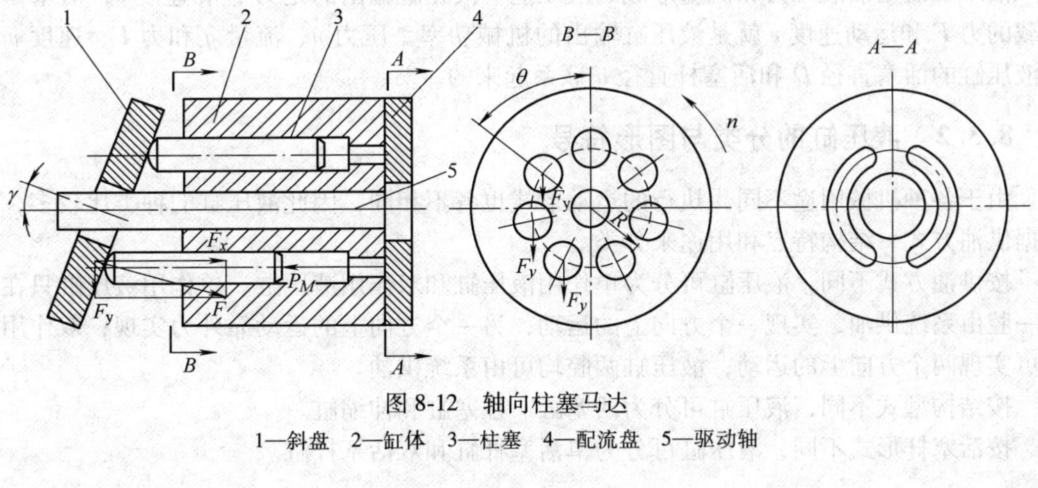

图 8-12　轴向柱塞马达

1—斜盘　2—缸体　3—柱塞　4—配流盘　5—驱动轴

8.3 液压缸

液压缸属于液压系统的主要执行元件，它是将液体的液压能转换成机械能以实现工作机构直线往复运动或往复摆动的能量转换装置。液压缸结构简单、工作可靠，广泛地应用于各种机械设备中。液压缸除了单独使用外，还可以与其他机构组合起来，实现一些特殊的功能。

8.3.1 液压缸的工作原理

以双作用单活塞杆液压缸为例说明液压缸的工作原理。如图 8-13 所示，当压力为 p、流量为 q 的油液由油口 A 进入液压缸左腔(无杆腔)，活塞及活塞杆在油液压力作用下以速度 v_1 向右伸出，产生的推力为 F_1，活塞杆承受压应力，液压缸右腔(有杆腔)的油液从油口 B 排出；反之当压力为 p、流量为 q 的油液由油口 B 进入液压缸右腔(有杆腔)，活塞及活塞杆在油液压力作用下以速度 v_2 向左缩入，产生的拉力为 F_2，活塞杆承受拉应力，液压缸左腔(无杆腔)的油液从油口 A 排出。

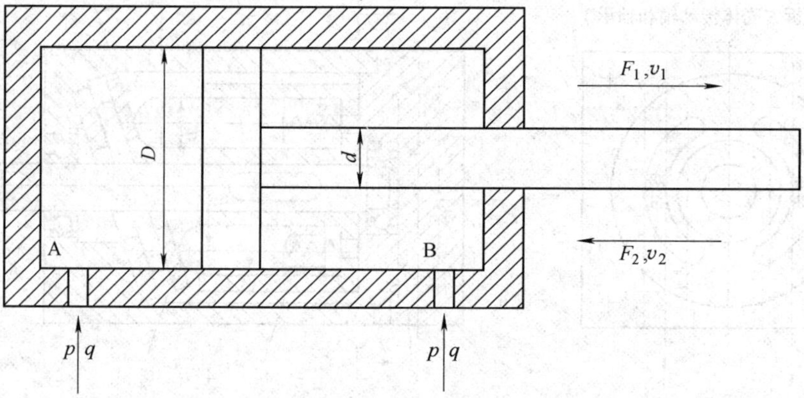

图 8-13 液压缸的工作原理

液压缸输入的是压力 p 和流量 q，压力用来克服负载，流量用来形成一定的运动速度。输入液压缸的是油液压力和流量形成的液压能。液压缸输出的是力 F 和速度 v，活塞作用于负载的力 F 和运动速度 v 就是液压缸输出的机械功率。压力 p、流量 q 和力 F、速度 v 是通过液压缸的活塞直径 D 和活塞杆直径 d 联系起来的。

8.3.2 液压缸的分类与图形符号

由于各种机械用途不同，执行的运动形式也各不相同，因此液压缸的种类比较多，一般根据供油方式、结构特点和用途来分类。

按供油方式不同，液压缸可分为单作用液压缸和双作用液压缸。单作用液压缸只在液压缸一腔由系统供油，实现一个方向上的运动，另一个方向上的运动靠外力实现；双作用液压缸可实现两个方向上的运动，液压缸两腔均可由系统供油。

按结构型式不同，液压缸可分为活塞缸、柱塞缸和伸缩缸。

按活塞杆形式不同，液压缸可分为单活塞杆缸和双活塞杆缸。

按特殊用途，液压缸可分为串联缸、增压缸、增速缸和步进缸等。此类液压缸不是由单个缸筒组成，一般由两个以上缸筒或构件组合而成。

按所使用的压力，液压缸又可分为低压液压缸、中高压液压缸、高压液压缸和超高压液压缸。对于机床类机械而言，一般采用中、低压液压缸，其额定压力为2.5~6.3MPa；对于建筑机械、工程机械和飞机制造等机械设备，多数采用中、高压液压缸，其额定压力为10~16MPa；对于油压机一类机械，大多数采用高压液压缸，其额定压力为25~31.5MPa。

常见液压缸的类型、图形符号和说明见表8-2。

表8-2　常见液压缸的类型、图形符号和说明

名称			符号	说明
单作用液压缸		活塞缸	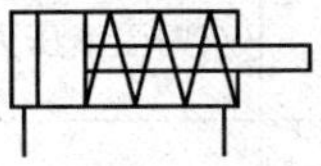	单作用活塞缸仅单向受液压力作用，反向运动靠外力或活(柱)塞自重
单作用液压缸		柱塞缸	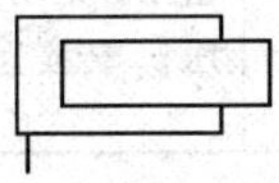	单作用柱塞缸仅单向受液压力作用，反向运动靠外力或活(柱)塞自重
单作用液压缸		伸缩缸	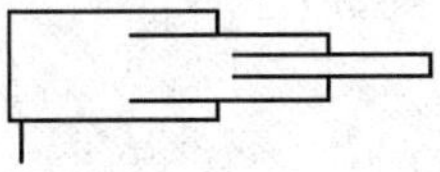	单作用伸缩缸有多个互相联动的活塞，单向受液压力作用，反向运动靠外力
单作用液压缸		膜片缸	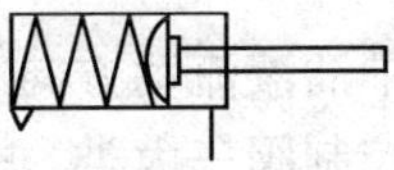	单作用膜片缸的活塞杆终端设有缓冲装置，排气孔不连接
双作用液压缸	无活塞杆	带状无杆缸	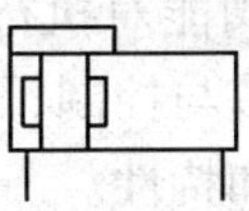	双作用带状无杆缸活塞两端设有可调节终点位置的缓冲装置
双作用液压缸	无活塞杆	缆绳无杆缸	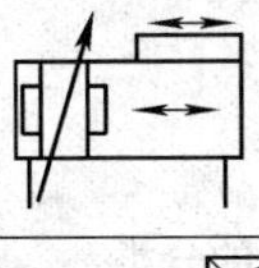	双作用缆绳无杆缸活塞两端设有可调节终点位置的缓冲装置
双作用液压缸	无活塞杆	磁性无杆缸	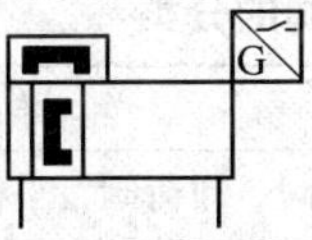	双作用磁性无杆缸仅右端终端设有位置切换装置
双作用液压缸	单活塞杆	单杆缸	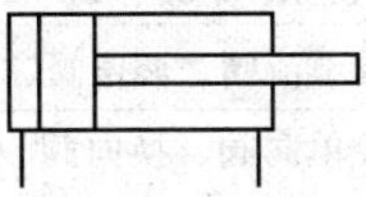	双作用单杆缸的活塞双向受液压力作用，在行程终点不减速，双向受力及运动速度不同
双作用液压缸	单活塞杆	膜片缸	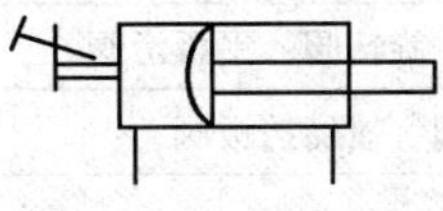	双作用膜片缸设有行程限位器
双作用液压缸	单活塞杆	两端定位缸	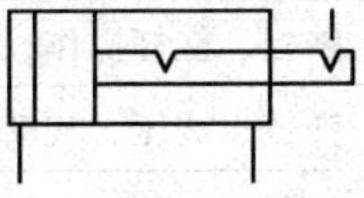	双作用两端定位缸行程两端设有定位装置

（续）

名称			符号	说明
双作用液压缸	双活塞杆	双杆缸	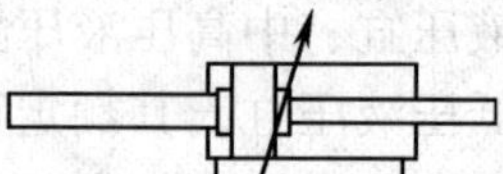	双作用双杆缸活塞杆直接不同，双侧缓冲，右侧设有调节装置
		限位缸	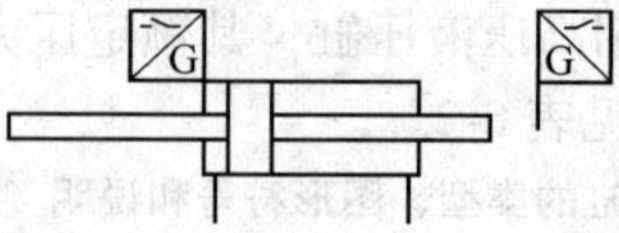	双作用双杆限位缸左端内部设有限位开关，内部机械控制，右端设有外部限位开关，由活塞杆触发
组合缸	伸缩式套筒缸		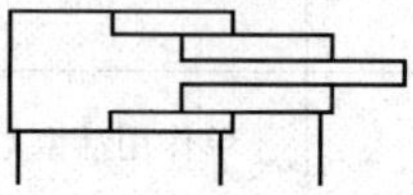	有多个互相联动的活塞，可依次伸缩，行程较大，双向受液压力作用
	增压缸		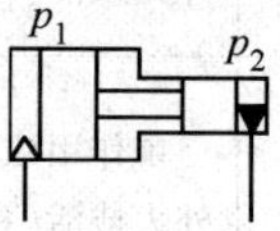	增压缸是由面积不等的液压缸串联组成的，可将低压 p_1 转换为高压 p_2 输出

8.4 液压控制阀

液压控制阀简称液压阀，是用来控制系统中油液流动方向、流量的大小和系统压力高低的元件，分为方向控制阀、压力控制阀和流量控制阀三大类。一个外部形状相同的阀，因为作用机制的不同，而具有不同的功能。液压控制阀能对执行元件的起动、停止、运动方向、速度的大小及克服负载的能力和动作顺序进行调节与控制，使各类液压机械按要求协调地进行工作。液压控制阀决定了液压系统的工作过程和特性。

8.4.1 液压控制阀的类型

液压阀可按不同的特征进行分类，见表 8-3。

表 8-3 液压阀的分类

分类方法	种类	详细分类
按机能分类	压力控制阀	溢流阀、顺序阀、卸荷阀、平衡阀、减压阀、比例压力控制阀、缓冲阀、仪表截止阀、限压切断阀、压力继电器
	流量控制阀	节流阀、单向节流阀、调速阀、分流阀、集流阀、比例流量控制阀
	方向控制阀	单向阀、液控单向阀、换向阀、行程减速阀、充液阀、梭阀、比例方向阀
按结构分类	滑阀	圆柱滑阀、旋转阀、平板滑阀
	座阀	锥阀、球阀、喷嘴挡板阀
	射流管阀	—
按操作方法分类	手动阀	手把及手轮、踏板、杠杆操作
	机动阀	挡块及碰块、弹簧、液压、气动控制
	电动阀	电磁铁控制、伺服电动机和步进电动机控制

（续）

分类方法	种　　类	详细分类
按连接方式分类	管式连接	螺纹式连接、法兰式连接
	板式及叠加式连接	单层连接板式、双层连接板式、整体连接板式、叠加阀
	插装式连接	螺纹式插装(二、三、四通插装阀)、法兰式插装(二通插装阀)
按其他方式分类	开关或定值控制阀	压力控制阀、流量控制阀、方向控制阀
按控制方式分类	电液比例阀	电液比例压力阀、电液比例流量阀、电液比例换向阀、电液比例复合阀、电液比例多路阀、三级电液流量伺服阀
	伺服阀	单、两级(喷嘴挡板式、动圈式)电液流量伺服阀，三级电液流量伺服阀
	数字控制阀	数字控制与压力控制流量阀及方向阀

图 8-14 所示为普通单向阀工作原理，图 8-15a 所示是普通单向阀的符号，图 8-15b 所示是带有复位弹簧的单向阀的符号。其他阀的结构和符号可以参照相关手册。

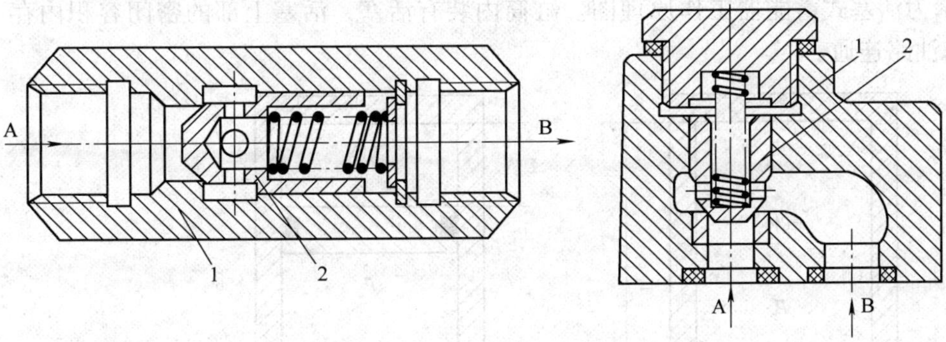

a)　　　　b)

图 8-14　普通单向阀工作原理
a）　直通式（管式）　b）　直角式（板式）
1—阀体　2—阀芯

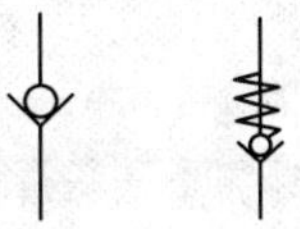

a)　　b)

图 8-15　单向阀图形符号
a）普通单向阀
b）带复位弹簧的单向阀

8.4.2　液压控制阀的共同点和使用要求

尽管液压阀的种类繁多，且各种阀的功能和结构型式也有较大的差异，但它们之间均具有下述基本共同点：

1）在结构上，液压阀都是由阀体、阀芯和驱动阀芯动作的零、部件组成。

2）在工作原理上，液压阀的开口大小、进出口间的压差以及通过阀的流量之间的关系都符合孔口流量特性公式，只是各种阀控制的参数各不相同。

液压系统中所使用的液压阀均应满足以下基本要求：

1）动作灵敏，使用可靠，工作时冲击和振动小。

2）油液流过时压力损失小。

3）密封性能好。

4）结构紧凑，安装、调整、使用、维护方便，通用性大。

8.5 液压辅助装置

液压系统的辅助装置包括蓄能器、过滤器、油箱、冷却器、加热器、密封件、油管及接头等。从液压系统的工作原理上看，这些元件只起辅助作用，但从保证完成液压系统传递力和运动的任务方面来看，它们却是非常重要的，它们对液压系统和元件的正常工作等影响非常大。因此，在设计、制造和使用液压设备时，对辅助装置必须足够重视。本节将重点介绍液压系统常用的辅助元件的结构、分类及工作原理。

8.5.1 蓄能器

蓄能器又称蓄压器、贮能器，它是一种能把液压能贮存在耐压容器里，待需要时再将其释放出来的装置。它在液压系统中起调节能量、均衡压力、减少设备容积、降低功耗及减少系统发热等作用。

图 8-16 所示为活塞式蓄能器工作原理图。缸筒内装有活塞，活塞上部的密闭容积内存有气体，下部与油路连通。

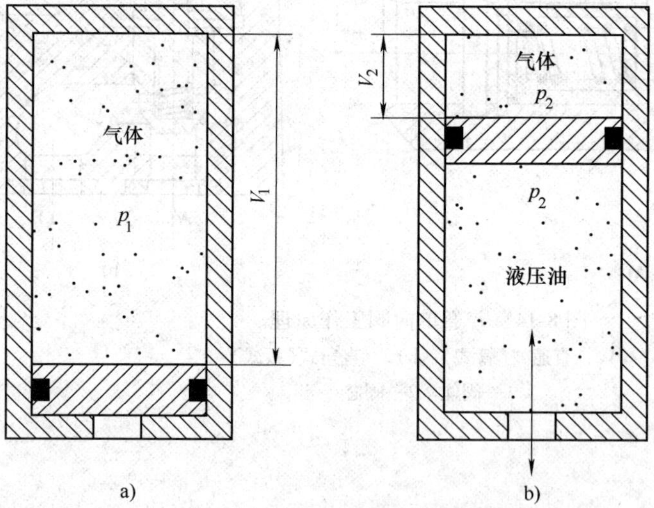

图 8-16　活塞式蓄能器工作原理图

当油压较低时，活塞处在图 8-16a 所示位置，此时气体压力为 p_1，容积为 V_1；当油压大于 p_1 时，压力油推动活塞上移到图 8-16b 所示位置，此时气体压力为 p_2，容积缩小为 V_2。对于气体来讲，如果把气体压缩过程看作等温过程，则有如下关系：$p_1V_1=p_2V_2=$常数，即气体的压力能不变。由于这时活塞下部充入液压油，则油的压力也为 p_2，油的压力能为 $p_2(V_1-V_2)$，这时总的蓄能器中的总压力能为 p_2V_1，即蓄能器中的压力能增加了。如果此时蓄能器的进口压力小于 p_2，则会有部分液压能从蓄能器输出，克服外负荷做功。

其具体用途描述如下。

1）贮存能量。图 8-17 所示为油压机液压系统原理图。

当手动滑阀 5 在图示位置时，柱塞泵 6 的柱塞在重力作用下缩回，液压泵 1 通过单向阀

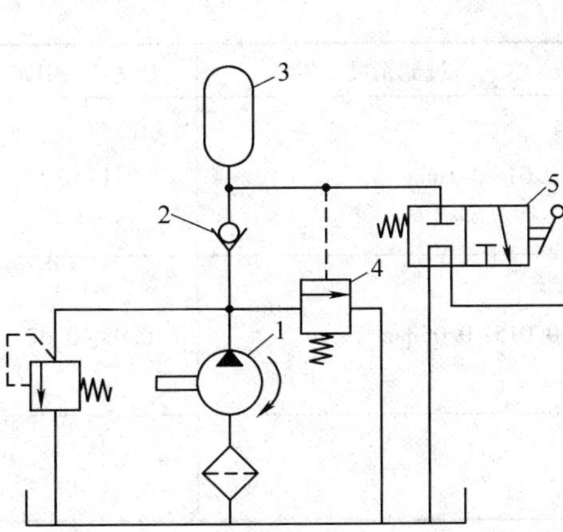

图 8-17　油压机液压系统原理
1—液压泵　2—单向阀　3—蓄能器
4—卸荷阀　5—手动滑阀　6—柱塞泵

2 向蓄能器 3 供油。当油压升高到一定值时，卸荷阀 4 动作，液压泵 1 卸荷，单向阀 2 阻止蓄能器 3 的高压油返回液压泵。当手动换向阀换向时，蓄能器的高压油通过滑阀 5 进入柱塞缸 6，产生推力 F 并使柱塞上升。随着蓄能器内油液的减少，压力也降低，此时卸荷阀复位，液压泵重新向蓄能器供油。

2）保持恒压。液压系统泄漏(内泄)时，蓄能器向系统中补油，使系统压力保持恒定。它常用于执行元件长时间不动作，并要求系统压力恒定的场合。

3）缓冲和吸收压力脉动。蓄能器常装在换向阀或液压缸之前，可以吸收或缓和换向阀突然换向、液压缸突然停止运动产生的冲击压力。

4）作应急动力源。突然停电或液压泵发生故障、液压泵中断供油时，蓄能器能提供一定的油量作为应急动力源，使执行元件能继续完成必要的动作。

8.5.2　过滤器

保持液压油的清洁，是保障液压系统正常工作的重要条件。由于外界尘埃、脏物、装配时元件内的残留物(砂子、铁屑、氧化皮)及油液变质析出物的混入，会使元件相对运动的表面加速磨损、划伤甚至卡死或者堵塞细小通道(如阻尼孔)，影响工作稳定性，使控制元件失灵。因此，对工作液体进行过滤是十分必要的，这一任务由过滤器来完成。常用过滤器的形式及特点见表 8-4。

表 8-4　常用过滤器形式及特点

形　式	用　途	过滤精度	压力差/MPa	特　点
网式过滤器	装在吸油管上，保护液压泵	网孔为 0.8~1.3mm，过滤后正常颗粒为 0.13~0.4mm	0.05~0.1	结构简单，通油能力强，过滤差
线隙式过滤器	一般用于低压系统	线隙 0.1mm，过滤后正常颗粒为 0.02mm	0.03~0.06	结构简单，过滤效果较好，通油能力大，但不易清洗
纸芯式过滤器	精过滤，最好与其他过滤器联合使用	孔径 0.03~0.072mm，过滤精度可达 0.005~0.03mm	0.01~0.04	过滤效果好，精度高，但易堵塞无法清洗，需要经常更换纸芯

(续)

形　式	用　途	过滤精度	压力差/MPa	特　点
烧结式过滤器	要求特别过滤的系统，最好与其他过滤器联合使用	0.01~0.1mm	0.1~0.2	耐高温，耐高压，抗腐蚀性强，性能稳定，易制造
片式过滤器	用于一般过滤，油流速度不超过0.5~1.0m/s	0.015~0.06mm	0.03~0.07	滤油性能差，易堵塞，不易制造，但强度大，通油能力大，不常用
磁性过滤器	多用于吸附油液中的磁性铁屑	—	—	简单，只是加几个磁铁

大部分液压系统对油的要求不是以油中含杂质的数量为依据，而是以油中所含杂质的最大粒度(杂质的直径 d)为依据。过滤器所能滤除杂质粒度的公称尺寸(以 μm 表示)的大小，称过滤精度。液压元件对油中杂质敏感程度高的要求过滤精度高。不同的液压系统对油的过滤精度要求不同，系统压力不同时过滤精度要求也不同。过滤器按过滤精度可分为粗过滤器($d \geqslant 100\mu m$)、普通过滤器($d=10\sim100\mu m$)、精过滤器($d=5\sim10\mu m$)和特精过滤器($d=1\sim5\mu m$)。图 8-18 所示为网式过滤器。

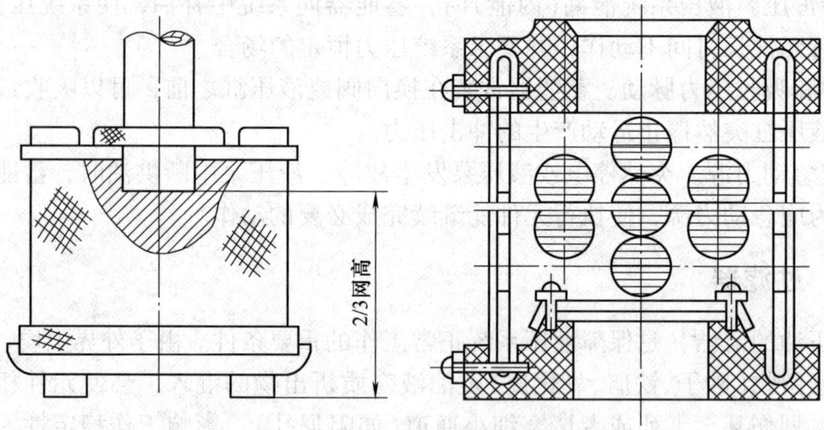

图 8-18　吸油口用网式过滤器

8.5.3　密封

在液压系统中，密封的作用不仅是防止液压油的泄漏，还要防止空气和尘埃进入液压系统。液压油的泄漏分内泄和外泄两种。内泄指油液从高压腔向低压腔的泄漏，所泄漏的油液并没有对外做功，其压力能绝大部分转化为热能，使油温升高，油黏性降低，又进一步增加泄漏量，从而降低系统的容积效率，损耗功率。外泄是指油液泄漏到元件外部，会弄脏周围物件、污染环境，因此，外泄是不允许的。

1. 密封的分类

按工作状态的不同，密封分为静密封和动密封两种。按工作原理的不同，密封又可分为间隙密封和密封件密封两种。

2. 密封元件

密封元件通常指各种橡胶密封圈和密封垫。

按密封元件的组成及断面的形状，可将密封元件分为 O 形密封圈、唇形密封圈、旋转轴密封圈、防尘密封圈和组合密封圈等。

（1）O 形密封圈　O 形密封圈的结构如图 8-19 所示，它的主要特征尺寸是公称外径 D、公称内径 d 和断面直径 d_0。

（2）唇形密封圈　Y 形、小 Y 形、U 形、V 形等各种密封圈，均靠唇边密封，故统称唇形密封圈。安装时唇口对着高压腔，当油压很低时，主要靠唇边的弹性变形与被密封表面贴紧。随着油压升高，贴紧程度也越强，以致其实心部分也发生弹性变形从而提高了密封性能。这类密封的优点是密封可靠，稍有磨损可补偿；缺点是体积大，寿命不如 O 形圈长。常用于往复运动的密封。图 8-20 所示为 Y 形密封圈。

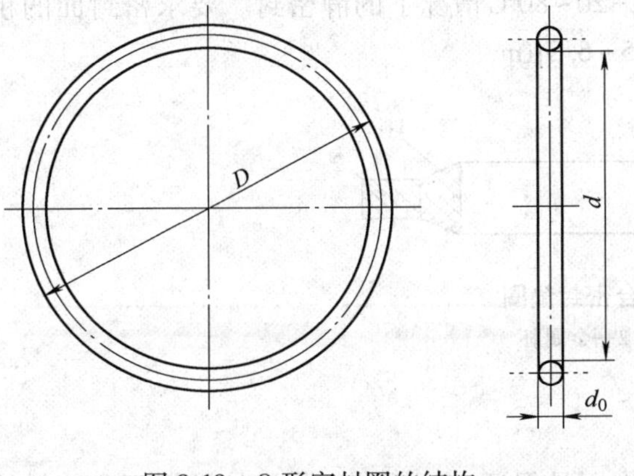

图 8-19　O 形密封圈的结构

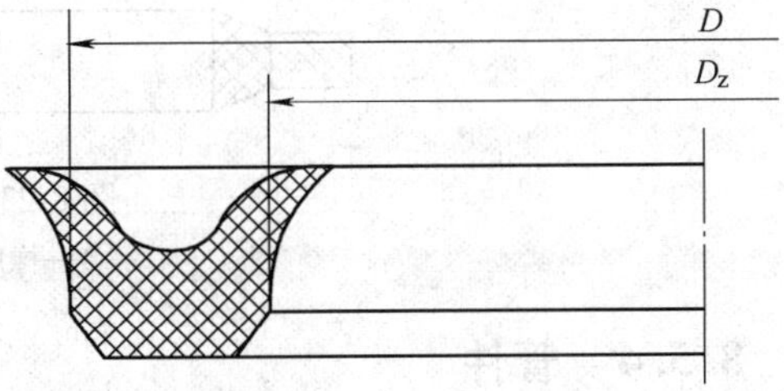

图 8-20　Y 形橡胶密封圈

（3）旋转轴用密封圈　旋转轴用密封圈是用以防止旋转轴的润滑油外漏的密封件，也称为油封。它一般由耐油橡胶制成，形状很多。图 8-21 所示为 J 形无骨架式油封。如图 8-22 所示为骨架式油封。

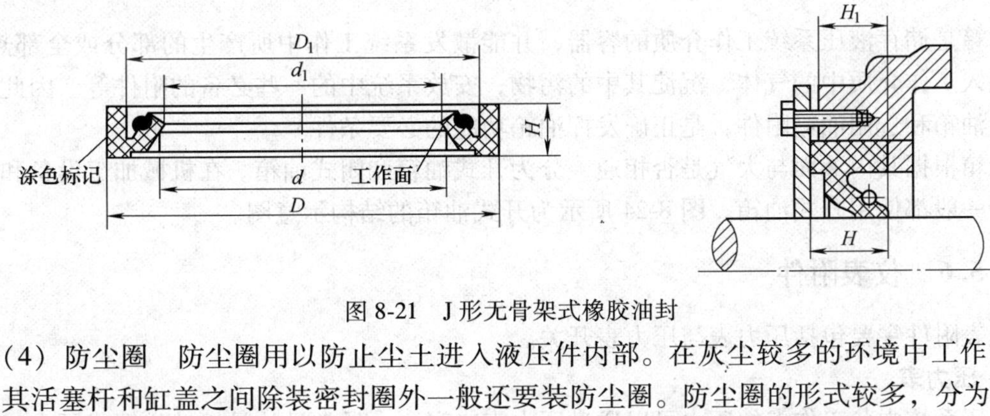

图 8-21　J 形无骨架式橡胶油封

（4）防尘圈　防尘圈用以防止尘土进入液压件内部。在灰尘较多的环境中工作的液压缸，其活塞杆和缸盖之间除装密封圈外一般还要装防尘圈。防尘圈的形式较多，分为骨架式和无骨架式两种。

（5）组合密封垫圈　如图 8-23 所示，组合密封垫圈是由金属环 2 和橡胶环 1 胶合而成。优点是密封性能好，连接时压紧力小，承受的压力高，不需开设密封沟槽。一般用作管接头

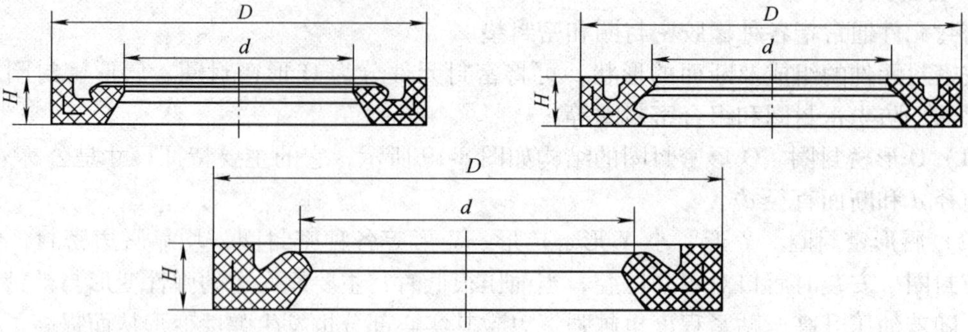

图 8-22 骨架式油封

与液压元件连接处的密封。安装后，外圆金属环起支承作用，内圆橡胶环被压紧后起密封作用。适用于工作压力小于等于 40 MPa，温度在-20~80℃情况下的静密封。要求密封面的粗糙度值的范围为：Ra 为 6.3~1.6μm，Rz 为 2.5~6.3μm。

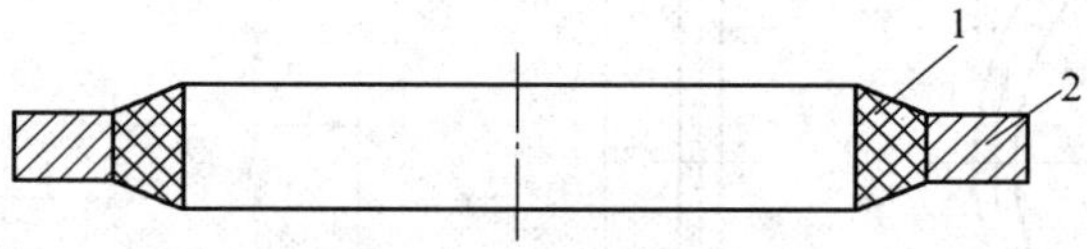

图 8-23 组合密封垫圈
1—橡胶杯 2—金属杯

8.5.4 管件

管件包括油管、管接头和法兰等。油管的作用是保证液压系统工作液体的循环和能量的传输；管接头用以把油管与油管或油管与元件连接起来而构成管路系统。油管和管接头应有足够的强度、良好的密封、较小的压力损失，并便于拆卸和安装。

8.5.5 油箱

油箱是储存液压系统工作介质的容器，并能散发系统工作中所产生的部分或全部热量；分离混入工作介质中的气体，沉淀其中的污物；安放系统中的一些必备的附件等。因此，合理设计油箱和选用油箱附件，是正确发挥油箱功能的必要条件。

油箱根据其内液面与大气是否相通，分为开式油箱和闭式油箱。在机械加工设备和工程机械中一般都使用开式油箱。图 8-24 所示为开式油箱的结构示意图。

8.5.6 仪表附件

仪表附件主要包括压力表与压力表开关。

1. 压力表

液压系统中各工作点的压力可以通过压力表来观测。最常见的是机械弹簧式压力表和数显式压力表。

2. 压力表开关

压力表开关用于接通或断开压力表与测量点的通路。开关中过油通道很小，对压力的波

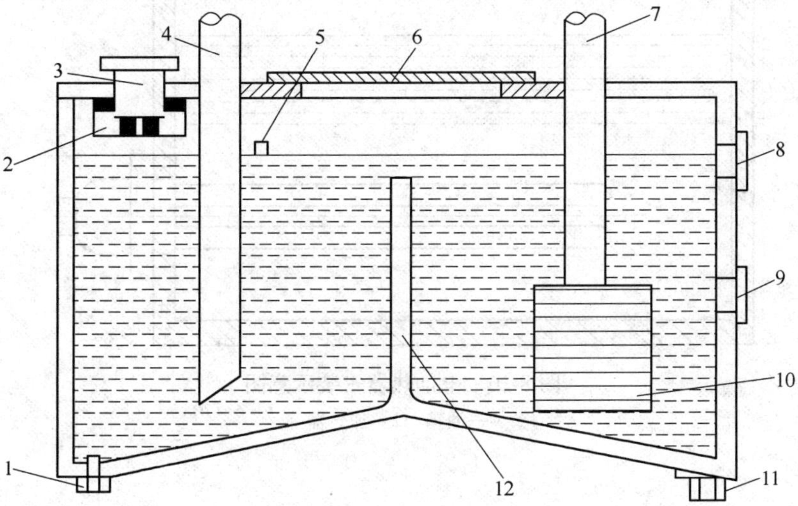

图 8-24　开式油箱结构示意图

1、11—放油螺塞　2—加油口　3—空气滤清器　4—回油管　5—油温传感器　6—检查清洗孔　7—吸油管　8、9—油位指示器　10—过滤器　12—隔板

动和冲击起阻尼作用，防止压力表指针的剧烈摆动。

8.5.7　热交换器

民用液压系统的工作温度一般希望保持在 30～80℃的范围之内，特殊情况可能超过 100℃，最低不低于 15℃，极特殊情况可能低到 0℃以下。液压系统如依靠自然冷却不能使油温控制在合理范围内时，就须安装冷却器，如图 8-25 所示。反之，如环境温度太低无法使液压泵起动或正常运转时，就须安装加热器，如图 8-26 所示。

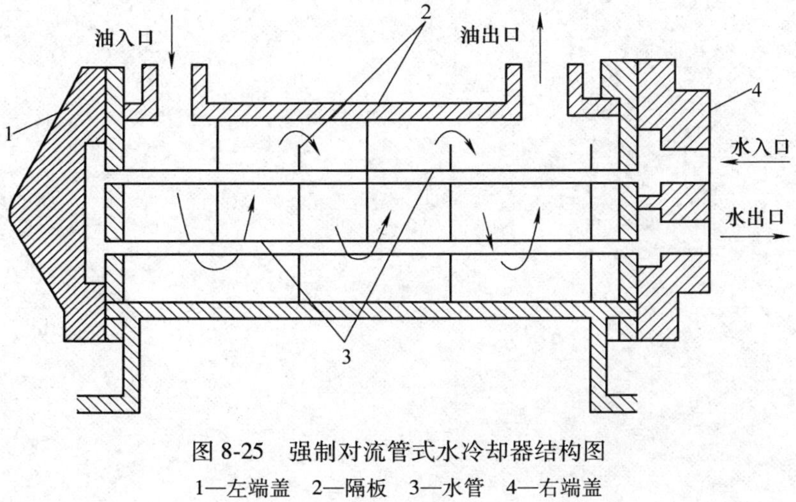

图 8-25　强制对流管式水冷却器结构图

1—左端盖　2—隔板　3—水管　4—右端盖

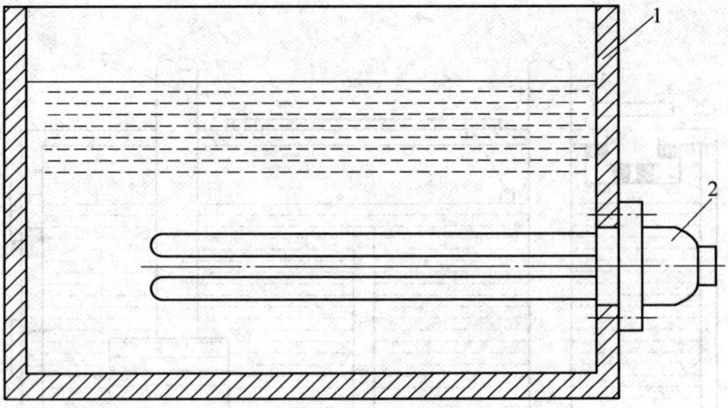

图 8-26　电加热器安装示意图

1—油箱　2—加热器

第 9 章

钳工基础知识

钳工是使用手工工具，在台虎钳上进行手工加工操作的一个工种。钳工的主要工作内容是加工零件及装配、调试和检修机器设备。零件经过车、铣、刨、磨削等机械加工后，还有一些采用机械加工方法不太适宜或不能解决的工作，需要钳工来完成。如零件加工中的划线、锉配，以及机器和设备组件、部件的装配和总装配等。

随着技术的进步，现代化机械设备不断涌现，对钳工的知识和技能要求越来越高，钳工技巧越来越复杂，钳工分工也越来越细。钳工一般分为普通钳工、划线钳工、工具钳工、装配钳工和机修钳工等。其中，装配钳工和机修钳工所占的比例越来越大。

钳工操作技术内容很多，主要有划线、錾削、锉削、锯削、钻孔、扩孔、锪孔、铰孔、弯形、校正、攻螺纹和套螺纹、刮削、研磨等基本操作。钳工基本操作是各种钳工的基本功，其熟练程度和技术水平的高低，决定着机器制造、装配、安装和修理的质量和工作效率。

9.1 划线知识

划线是钳工的一项基本操作，也是机械加工的重要工序之一，广泛应用于单件或小批量生产。按图样或实物的尺寸，在毛坯或半成品上用划线工具划出加工界线，或划出作为基准的点、线的操作称为划线，如图 9-1 所示。

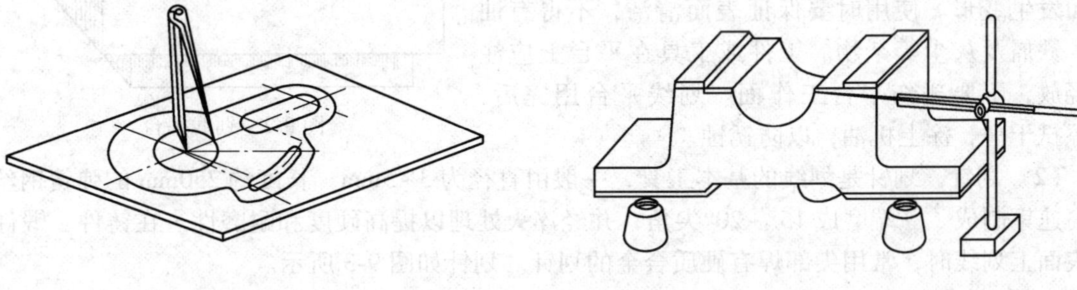

a)　　　　b)

图 9-1　划线

a）平面划线　b）立体划线

9.1.1 划线概述

划线不仅在毛坯表面上进行，也在已加工表面上进行。划线操作是工件加工的第一步。

对划线操作的基本要求是：线条清晰均匀，定形、定位尺寸准确。一般要求划线精度应达到0.25~0.5mm。划线时要细致地阅读图样，看准图样尺寸，正确地使用划线工具和测量工具。划线时还要精力集中，反复核对划线尺寸，及时发现划线过程中产生的误差和错误。

1. 划线的作用

1）确定工件的加工余量，使加工时有明确的尺寸界线。

2）通过划线发现或检查出不合格的毛坯。对尺寸和形状误差较小的毛坯可以采取划线借料补救的方法，提高毛坯的合格率。当发现毛坯的误差过大而无法补救时，可及时报废，避免浪费人力和财力。

3）便于复杂工件在机床上的装夹，装夹时可按划线找正定位。

2. 划线的种类

划线可分为平面划线和立体划线两种。

（1）平面划线　在毛坯或已加工工件的一个表面及几个表面上划线，即可以明确表示出加工界线的称为平面划线。例如在板料、条料表面或者毛坯件几个相互平行的表面上划线。平面划线如图9-1a所示。

（2）立体划线　只有在毛坯件上几个相互垂直或者不同角度的平面上进行划线，才能明确表示出加工界线的划线叫立体划线。例如在轴类、支架类和箱体类等零件表面上的划线都属于立体划线。立体划线如图9-1b所示。

3. 划线工具

（1）划线平台　划线平台(图9-2)又称为划线平板，是划线的工作台。材料为铸铁，平台工作面即上表面经过精刨或刮削等精加工，具有较高的平面度，是划线的基准面。划线时应均匀使用，避免造成平台表面局部磨损。

划线平台的作用是用来安放工件和其他划线工具，并在其上完成划线工作。平台一般用木架支承，工作面应处于水平，要防止平台长期处于倾斜位置从而发生变形。使用时要保证表面清洁，不得有油污、铁屑及灰尘等杂物。工件或工具在平台上应注意轻放，不要碰伤平台工作面。划线平台用完后，要擦拭干净，涂上机油，以防锈蚀。

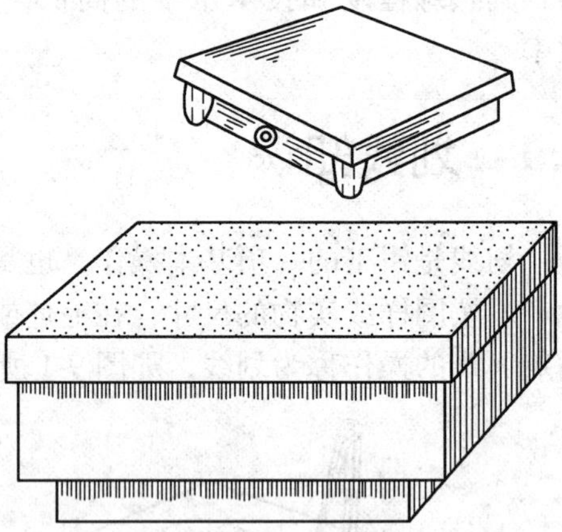

图9-2　划线平台

（2）划针　划针是划线的基本工具，一般由直径为3~5mm，长度约250mm的弹簧钢丝或高速钢制成。一端磨成15°~20°尖角，并经淬火处理以提高硬度和耐磨性。在铸件、锻件的表面上划线时，常用尖部焊有硬质合金的划针。划针如图9-3所示。

划针常与钢直尺、直角尺或样板等导向工具、量具配合使用。划线时针尖要靠紧导向工具、量具的边缘，划针上部向外倾斜15°~20°，如图9-4a所示，向划针前进方向倾斜约45°~75°，如图9-4b所示。水平线应自左向右划，竖直线应自上向下划，倾斜线的走向是自左下向右上划，或自左上向右下划。划线时用力要均匀适宜，一根线条尽量做到一次划成，避免重复划线造成线条变粗或模糊不清。划针用完后，应将针尖套上塑料管，不得外露。

（3）划针盘　划针盘(图9-5)是用来划线或找正工件位置的工具。它由底座、立柱、划

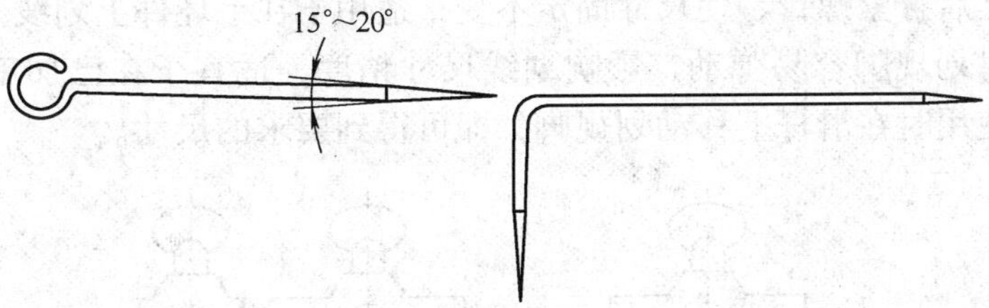

图 9-3　划针

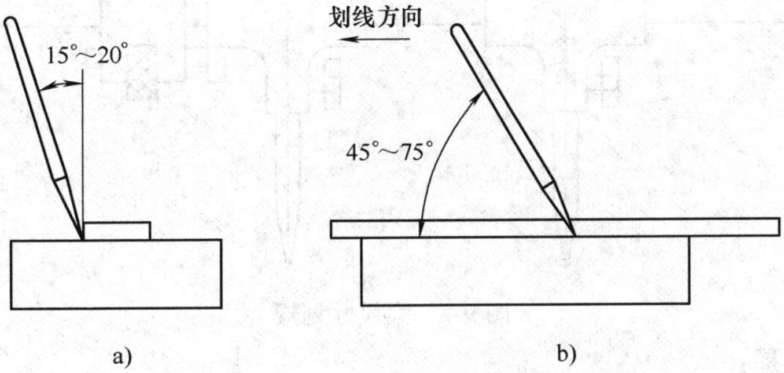

图 9-4　划针的使用

针和夹紧螺母等零件组成。一般划针的直头端用来划线，弯头端用来找正工件位置。

使用划针盘时，应使划针处于水平位置，伸出去不要过长，以免划线时划针发生抖动。划针在划针盘上要夹紧，防止划线时松动。在拖动底座时，应使其与平台表面紧密接触，必要时还可在台面上加少许润滑油，防止摇晃或跳动。划针应与工件表面成 45°~75°的角度，这样可防止划线时的阻力和防止扎入粗糙表面。

（4）划规　划规是用来划圆和圆弧、等分线段或量取尺寸的工具，常用中碳钢或工具钢制成，也可以在划规两脚焊上硬质合金。划规两脚要做淬硬处理，以提高其硬度和耐磨性。

常用划规有普通划规（图 9-6a）、带锁紧装置的划规（图 9-6b）、弹簧划规（图 9-6c）和大尺寸划规（图 9-7）。普通划规结构简单，制造容易，使用广泛。带锁紧装置的划规使用时应

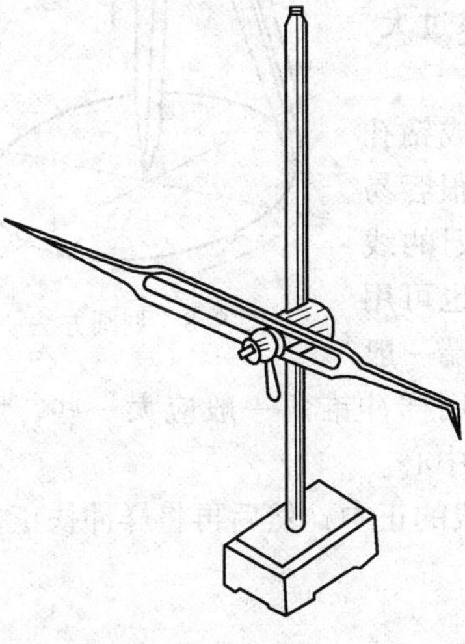

图 9-5　划针盘

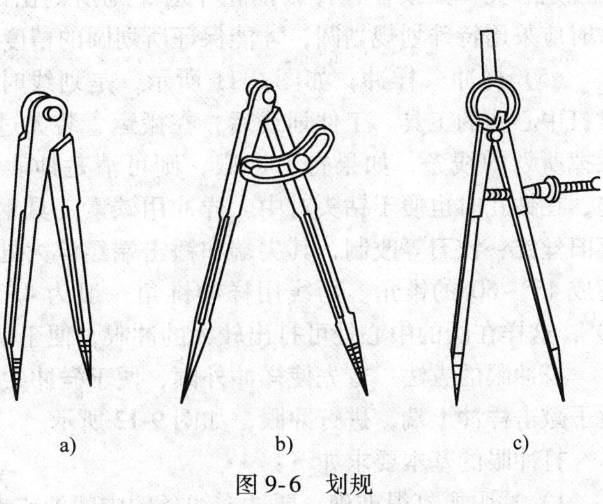

图 9-6　划规

a）普通划规　b）带锁紧装置的划规　c）弹簧划规

先调整好尺寸，然后拧紧螺钉，使尺寸固定不变，适用于在毛坯件上划线。弹簧划规调整尺寸方便，但划线时划规脚容易弹动，影响划线尺寸精度，适宜于在已加工的光滑表面上划线。大尺寸划规使用时在滑杆上移动划规脚，即可得到要求的尺寸。

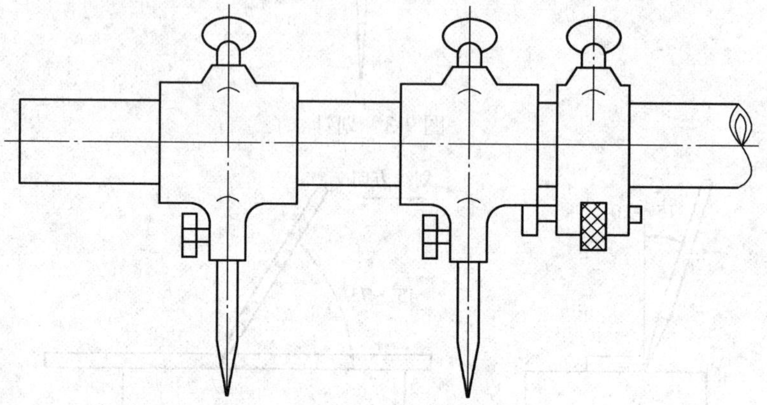

图 9-7　大尺寸划规

对划规的要求是：

1）划规两脚要等长，脚尖能靠紧，以便划出小尺寸的圆弧。

2）两脚开合松紧要适当，以免划线时自动张开影响划线精度。

3）划规脚尖要锐利，保证划出的线条清晰均匀。

使用划规划圆时应注意，压力应加在转动中心的脚上，手腕应向后退足，以便一次划出整圆，如图 9-8 所示。划圆时，划规两脚尖应在同一平面上。如果两脚尖不在同一平面上，那么脚尖之间的距离就不是所划圆的半径。若因工件形状的限制，两脚尖不能在同一平面时，则应采取其他措施。如图 9-9 所示，当 h/r 较小时（r 为所划圆的半径，h 为阶梯表面间距离），应把两脚尖的距离调为 $R=\sqrt{r^2+h^2}$ 进行划圆。如图 9-10 所示，当 h/r 较大时，划规定心尖脚如顶在样冲眼的正中心，则所划出的圆误差过大，这时应采用特殊划规划圆，才能保证所划圆的精度。

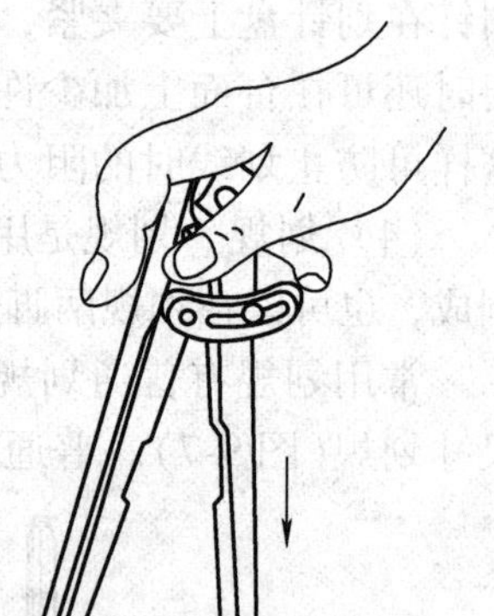

图 9-8　划圆方法

（5）样冲　样冲，如图 9-11 所示，是划线时打冲眼或钻孔时打中心孔的工具。工件划线后，在搬运、装夹过程中，很容易擦掉所划的线条，如果打上冲眼，则可清楚地表示出所划的线迹，在钻孔时也便于钻头对中。样冲用碳素工具钢制成，也可用废旧丝锥、铰刀等改制，其尖端和锤击端经淬火处理，尖端一般磨成 45°~60°的锥角。划线用样冲锥角一般为 45°；钻孔用样冲锥角一般应大一些，磨成 60°，这样在圆的中心处可打出较大的冲眼，便于钻孔时对中心。

打冲眼的方法：首先使样冲外倾，便于样冲尖端对准线的正中，然后再将样冲扶正，用锤子敲击样冲上端，进行冲眼，如图 9-12 所示。

打冲眼的基本要求如下：

1）冲眼要打得准确，要冲在线条的中间处或十字线交叉处。

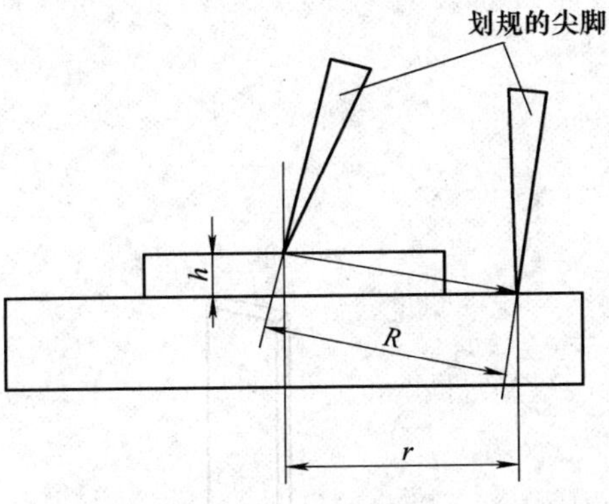

图 9-9　阶梯表面划图

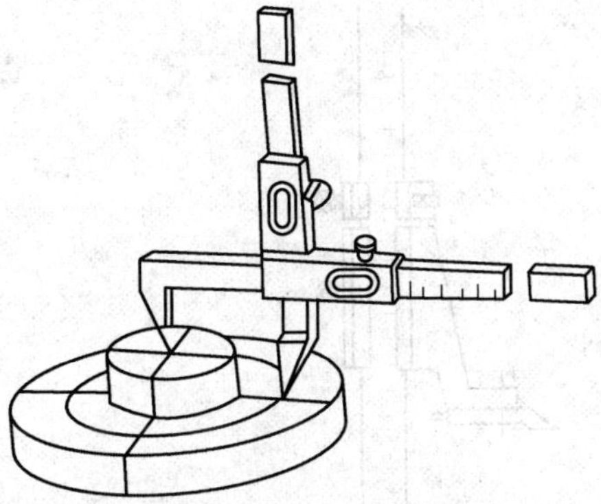

图 9-10　特殊划规划圆

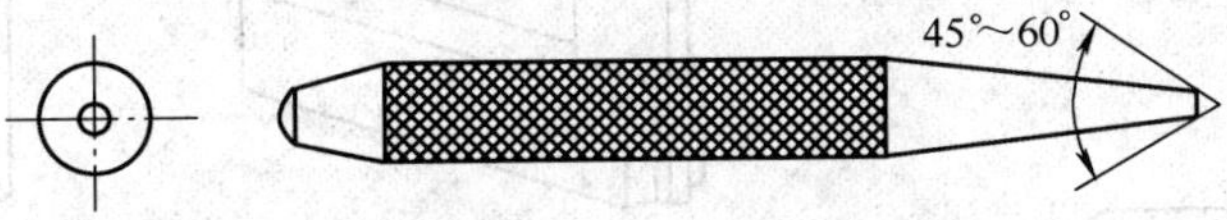

图 9-11　样冲

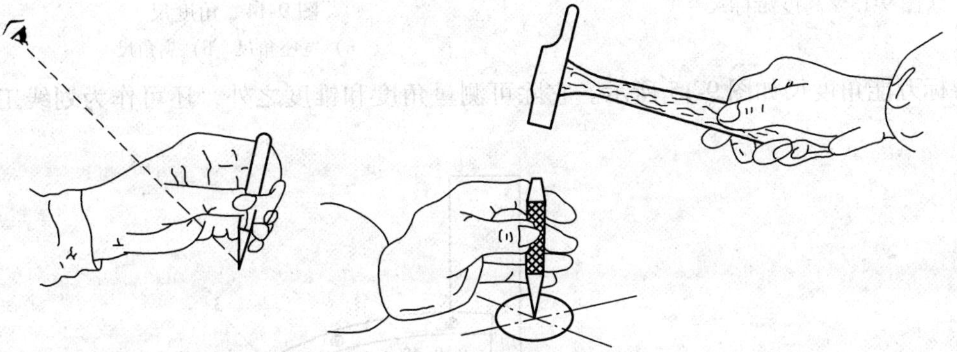

图 9-12　样冲的使用方法

2）冲眼的间距要保持相等。一般小件间距为 25～50mm，大型工件可相应地加长距离。在线条交叉处必须打冲眼。曲线段冲眼应密一些，直线段冲眼可稀疏些。较短的线段至少要保证 3 个冲眼。圆周上的冲眼要求是：直径大于 20mm 的圆周应有 8 个冲眼，直径小于 20mm 的圆周应有 4 个冲眼。

3）冲眼的深浅要适当。粗糙表面要冲得深些，如在铸件、锻件表面上。在已加工表面或薄板上，要冲得浅些。精加工表面或软金属表面上不冲眼。

4）冲眼时，每次对正位置，只准锤击一次，不得重复。若重新冲眼时，则必须在对正位置，否则易出现偏离冲眼位置的多个锥坑，失去冲眼的准确性。

（6）高度游标尺　高度游标尺是由标尺和划针盘组合而成，如图 9-13 所示。其划线脚前端镶有硬质合金，可在工件表面上直接划出尺寸线。其读数精度为 0.02mm，主要用于较精密件的划线，不能用于铸、锻毛坯件，否则会损伤划针脚。

（7）直角尺和游标万能角度尺　直角尺，如图 9-14 所示，是划线或加工时常用的测量工具。直角尺是由碳素结构钢锻制而成，经过精刨、精磨等精加工，其两直角边间成精确的 90°角，可用来划平行线、垂直线，也可用来进行工件的找正和检验。

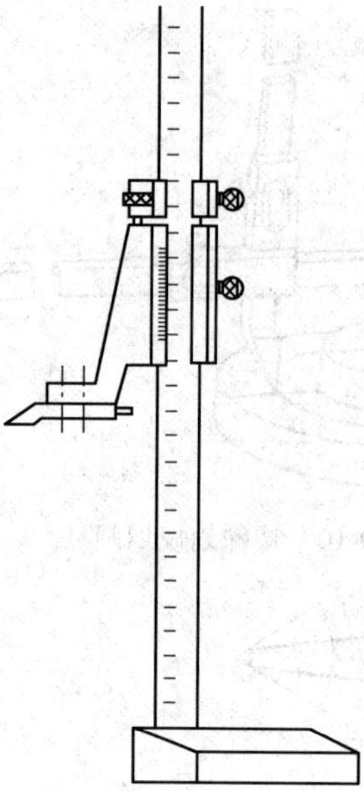

图 9-13　高度游标尺

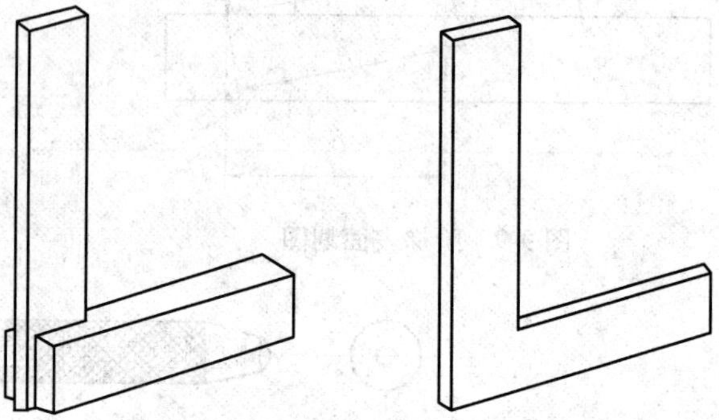

a)　　　　b)

图 9-14　角度尺

a）宽座角尺　b）扁角尺

游标万能角度尺如图 9-15 所示。它除可测量角度和锥度之外，还可作为划线工具划角度线。

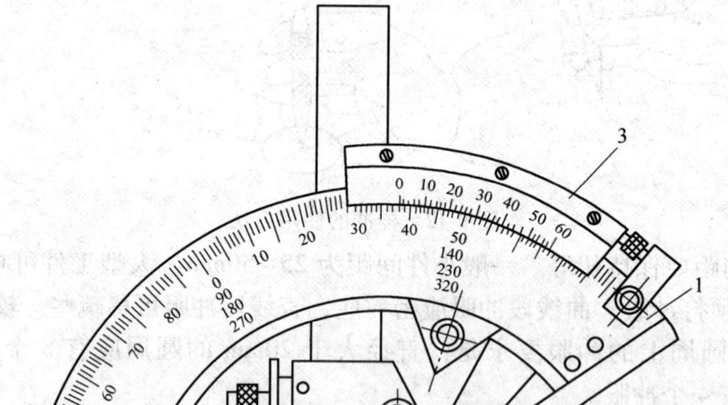

图 9-15　游标万能角度尺

1—尺身　2—基尺　3—游标　4—卡块　5—直角尺　6—直尺

（8）支承、夹持工件的工具

1）垫铁。垫铁如图9-16所示，是用来支持、垫平和升高工件的工具，常用的有平垫铁和斜垫铁两种。

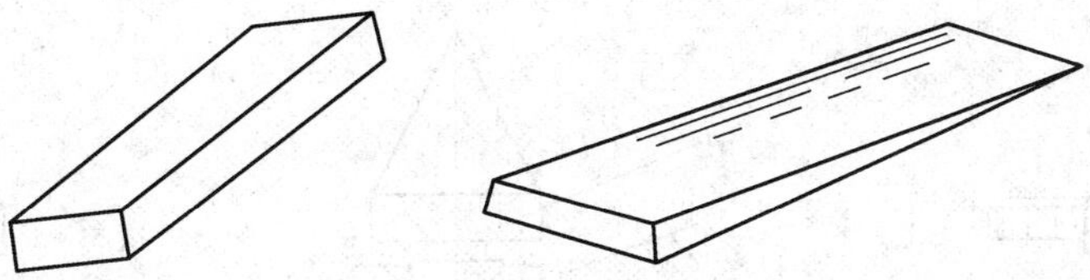

a)　　b)

图9-16　垫铁

a）平垫铁　b）斜垫铁

2）V型铁：V型铁如图9-17所示，主要用来支承圆柱形工件。V型铁的槽夹角通常为90°或120°。V型铁的底面和V型槽两侧面为工作面，精度较高。支承较长工件时，应使用成对的V型铁。成对的V型铁必须成对加工，且不可单个使用，以免因磨损不一样而产生误差。

3）角铁。角铁如图9-18所示，常与夹头、压板配合使用，以夹持工件进行划线。角铁一般用铸铁制成，它有两个相互垂直的工作平面，其上加工有若干搭牙板时穿螺栓用的孔和槽。

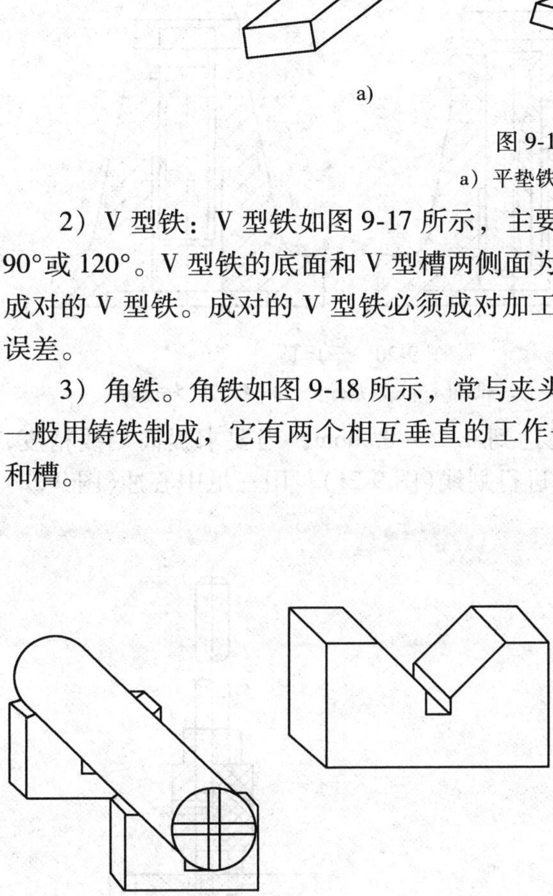

图9-17　V形铁

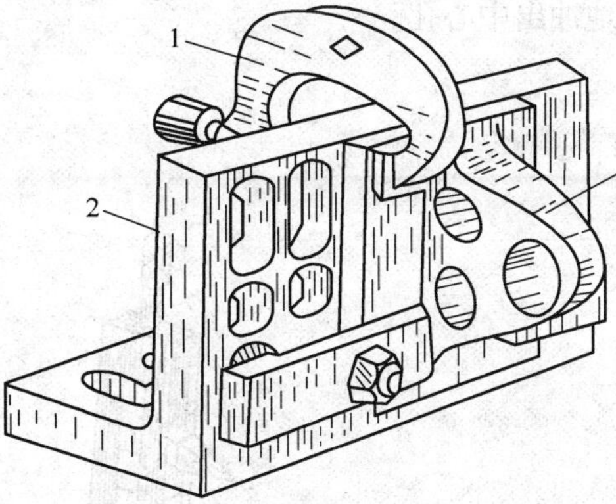

图9-18　角铁

1—C形头　2—角铁　3—工件

4）方箱。方箱如图9-19所示，一般是由灰铸铁经精刨、刮研而成的空心立方体，有100mm×100mm、200mm×200mm等多种规格。方箱各表面有很高的加工精度，一般应达到在任一25mm×25mm范围内的接触点≤25点，平面度<0.005mm，相邻各面的垂直度<0.01mm，相对各面的平行度<0.005mm。

方箱主要用于支持划线的工作，用夹头、压板等夹紧工具，将工件固定在方箱上，通过方箱翻转可以把三个相互垂直方向的线全部划出来。为夹持不同形状的工件，常见的方箱带有夹持装置和V形槽。

5）千斤顶。千斤顶如图9-20所示，是用来支承毛坯和不规则工件进行划线的工具，它可以方便地调整工件各处的高度。使用千斤顶时应注意：首先千斤顶底部要擦干净，工件要平稳放置；调整螺杆高度时，要防止千斤顶产生滑移而使工件倾倒，发生事故；工件应用三个千斤顶支承，且三个支承点要尽量远离工件重心；在工件较重部位应安放两个千斤顶，另一个支承在较轻的部位。

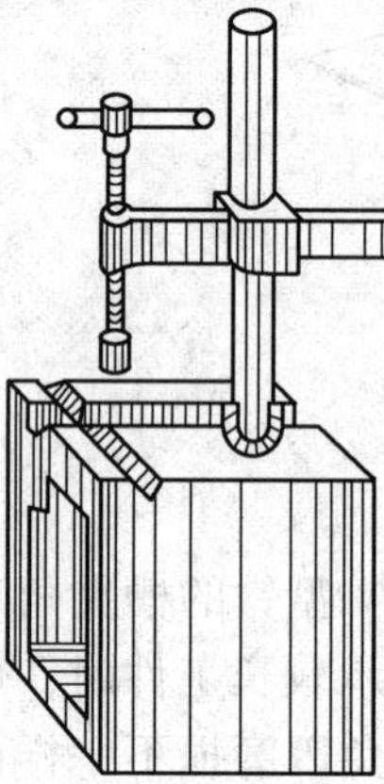

图 9-19 方箱

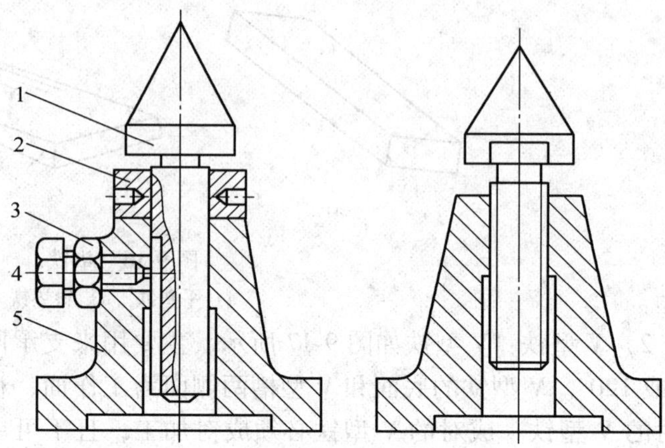

图 9-20 千斤顶

1—顶尖 2—螺母 3—锁紧螺母 4—螺钉 5—基体

（9）高精度划线工具 一般划线精度只能达到 0.25~0.5mm，当要求提高划线精度，及对工件进行精密划线时，可采用量块及其附件进行划线(图 9-21)，用三爪中心冲(图 9-22)准确地冲出中心孔。

图 9-21 用量块及其附件划线

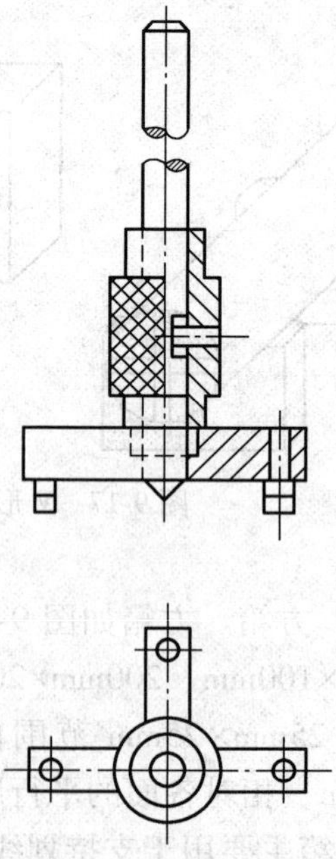

图 9-22 三爪中心冲

9.1.2 划线的基准选择

划线时选择工件毛坯上的某个点、线、面作为划线的起点，以此为依据确定工件各部分的尺寸线、几何形状及工件上各要素的相对位置，这些点、线、面称为划线基准。确定划线基准是划线工作的基础，有了正确的基准，才能使划线准确，减少尺寸和形状误差。

根据零件的结构和设计要求，零件设计图样上用来确定其他点、线、面位置的基准，称为设计基准。零件在加工和测量时的基准，称为工艺基准。

1. 划线基准的种类

工件划线时，每一个方向必须选择一个划线基准。平面划线要选择两个划线基准；而立体划线则应选择 3 个或 3 个以上的划线基准。就平面划线来说，一般划线基准有以下三种类型：

1）以两个相互垂直的平面或直线为基准。如图 9-23 所示，该零件上有相互垂直的两个方向的尺寸。图样外轮廓线上相互垂直的两条轮廓线，就是水平和垂直两个方向的划线基准。零件上两个方向的尺寸都可以分别从这两条线为起始线划出。

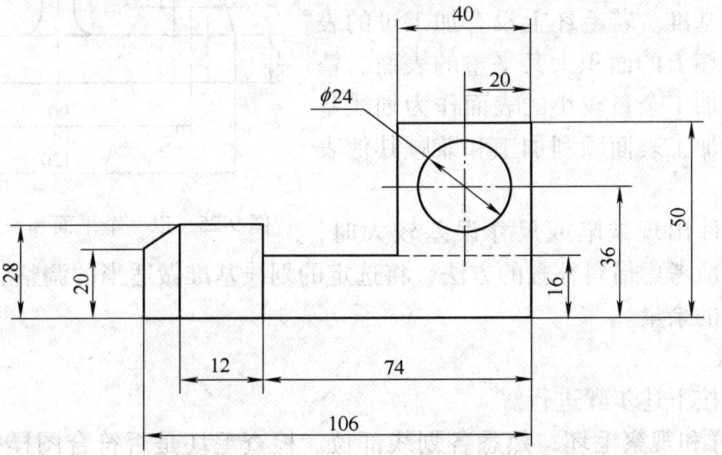

图 9-23　以两个相互垂直的平面为基准

2）以两条相互垂直的中心线为基准。如图 9-24 所示，零件上两个方向的尺寸都是以两条中心线为基础划出的，这两条中心线即可作为两个方向的划线基准。

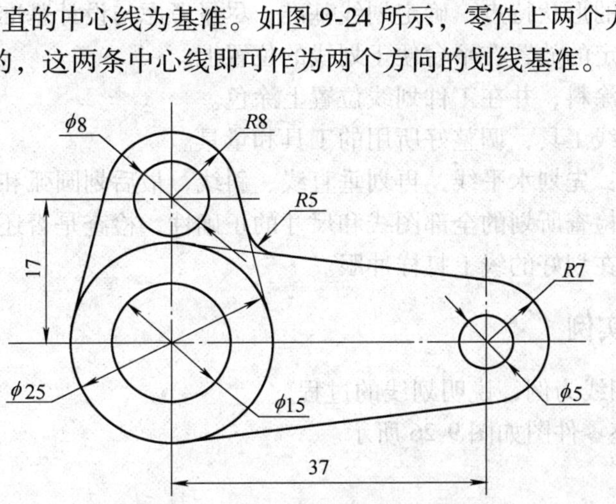

图 9-24　以两条相互垂直的中心线为基准

3）以一个平面和一条中心线为基础。如图 9-25 所示，该零件垂直方向的尺寸是以其底边为基准划出的，所以底边即是垂直方向的划线基准。水平方向的尺寸对称于中心线，所以中心线就是水平方向的划线基准。

2. 选择划线基准的原则

划线基准的正确与否，直接影响着工件的加工精度和毛坯的合格率，因此划线前必须认真分析图样，观察毛坯件的形状和尺寸，确定出正确的划线基准。划线基准的选择一般应遵循以下原则。

1）应尽量使划线基准与设计基准、工艺基准重合，这样不但简化尺寸数值换算过程，且可直接量取划线尺寸，提高划线精度。

2）若毛坯上有加工过的表面，则应以加工过的表面为划线基准。若毛坯上没有加工过的表面，则应选择毛坯上的面积大又平整的表面、精度较高的表面或加工余量较小的表面作为划线基准，以便让主要加工表面顺利加工和兼顾其他表面的加工位置。

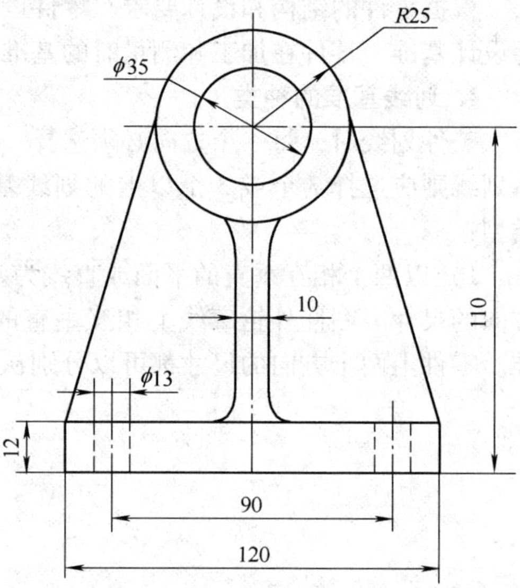

图 9-25　以一个平面和一条中心线为基准

3）当毛坯件出现缺陷或尺寸误差较大时，确定划线基准时应考虑借料补救的方法，将选定的划线基准做适当的调整、移动，使各加工面都分配到适当的余量。

3. 划线步骤

一般划线可按下述步骤进行。

1）阅读图样和观察毛坯，熟悉各划线部位。检查毛坯是否符合图样要求，有无缺陷，是否需要借料。

2）根据毛坯件的形状特点，确定划线基准，尽量考虑与设计基准一致。

3）把毛坯件稳定的放置在平台便于划线的位置上。

4）合理地选用涂料，并在工件划线位置上涂色。

5）正确选用划线工具，调整好所用的工具和量具。

6）划线顺序是：先划水平线，再划垂直线、斜线，最后划圆弧和曲线。

7）对照图样，检查所划的全部图线和尺寸的正确性，检查是否还有漏画的线。

8）检查完毕，在划好的线上打样冲眼。

9.1.3　划线实例

下面以轴承座划线为例，说明划线的过程。

需划线的轴承座零件图如图 9-26 所示。

1. 划线准备

1）工具和量具。要完成轴承座划线工作需以下工具、量具：划线平台、划针盘、划针、样冲、直角尺、高度尺和钢直尺等。

2）辅助工具和材料。铅条、千斤顶(三支一组)、石灰水等。

3）备料。轴承座铸件毛坯。

2. 操作要点

1）仔细阅读图样，找出全部所需划线的部位。轴承座需划线部位有底面、轴承座孔、两个端面、两个螺栓孔及其上平面。

2）依据轴承座形状和划线部位，选择划线基准。轴承座需划线的部位有长、宽、高三个方向，毛坯需要分三次安放才能划完全部线条，因此在三个位置上，都要确定划线基准。经分析，选轴承座孔过中心的水平面和垂直面、两个螺栓孔的中心平面分别为三次划线的划线基准。

3）依据毛坯的形状、结构特点及技术要求，确定第一、第二和第三划线位置。选择图 9-27a 所示位置为第一划线位置，因这一位置的划线工作将牵涉到轴承座其余部位的划线质量及尺寸误差的借料；选择图 9-27b 所示位置为第二划线位置；选择图 9-27c 所示位置为第

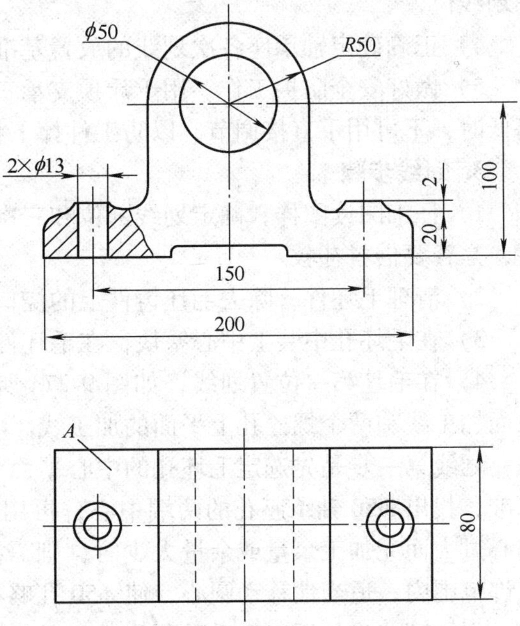

图 9-26　轴承座零件图

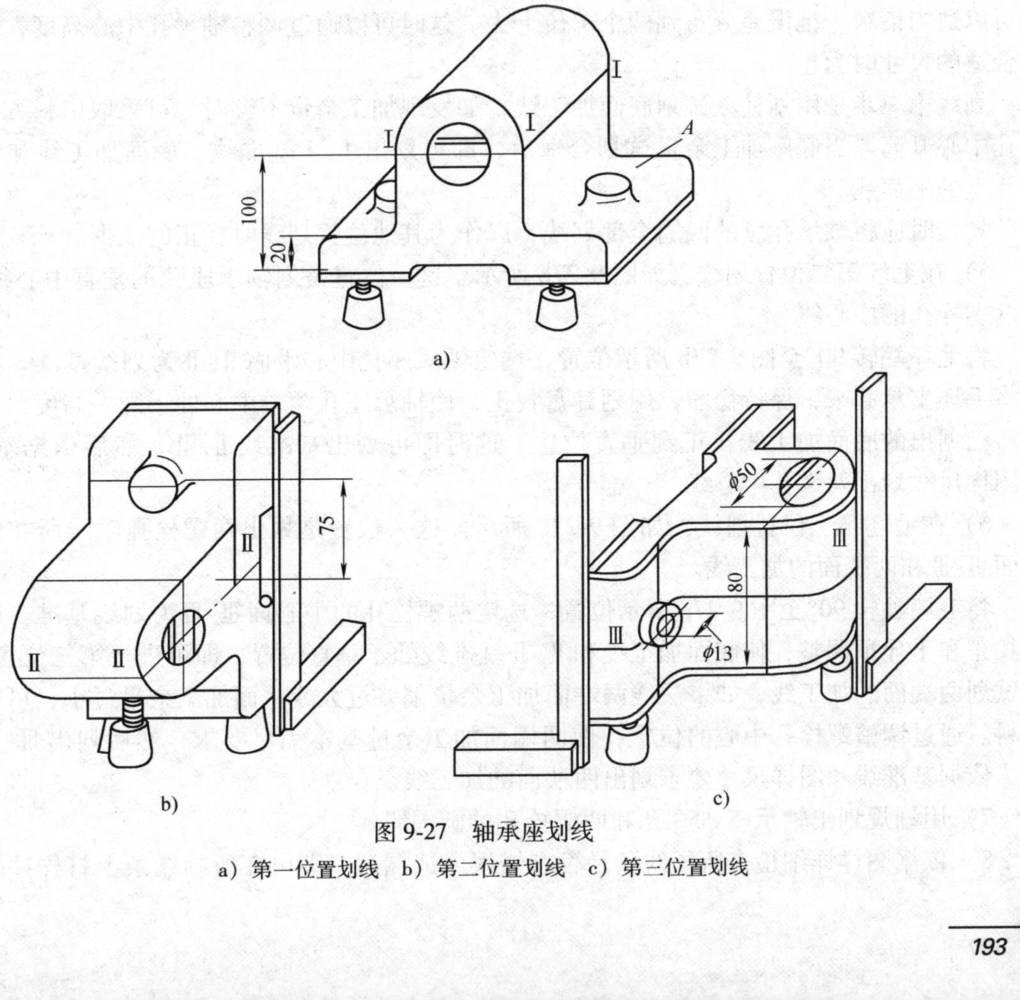

图 9-27　轴承座划线

a）第一位置划线　b）第二位置划线　c）第三位置划线

三划线位置。

4）正确确定轴承座各次划线的放置基准和找正基准。

5）做好安全防护工作。用千斤顶支承工件时一定要稳固可靠，以防倾倒；调整千斤顶高低时，不可用手直接调节，以防工件掉下将手砸伤；较大工件应加辅助支承。

3. 划线步骤

1）仔细阅读图样，确定划线部位和三次划线各基准。检查毛坯有无缺陷和较大尺寸误差，是否要借料补救。

2）清理毛坯件，除去毛坯铸件上的浇口冒口、表面粘砂等。

3）在毛坯孔中装上中心塞块，在毛坯件划线部位上均匀涂色。

4）在毛坯第一位置划线，如图 9-27a 所示。这一位置是划轴承孔的水平中心线Ⅰ-Ⅰ、底面加工线和两个螺栓孔上平面的加工线。

划线第一步是先选定毛坯孔的中心平面Ⅰ-Ⅰ为划线基准，以 $R50$ 外轮廓毛坯面为找正基准，找出 $\phi50$ 轴承座孔的两端中心，再用划规试划 $\phi50$ 孔的圆周线。若发现 $\phi50$ 孔毛坯偏心过大而无加工余量或余量太少时，则需要借料。在保证 $\phi50$ 孔与 $R50$ 外轮廓的壁厚在允许范围内，适当地移动圆心，使 $\phi50$ 孔略有偏大，对外观影响不大。

划线第二步是用三个千斤顶将毛坯件底面支承到一定的高度，用划针盘找平 $\phi50$ 孔两端中心，再用划针盘找平底座上表面 A，使 A 面尽量达到水平位置，保证底面加工后底座厚度均匀，符合图样要求。若保持轴承座孔两端中心高度一致与底座表面保持水平相矛盾时，也可以适当借料，把误差分布到两个部位上去。这时可以通过调整轴承孔中心高度，达到比较合适的尺寸时为止。

划线第三步是用划针盘试划底面加工线，如发现加工余量不够时，可采取借料方法将轴承孔中心升高。当底座加工余量试划合适后，即可划出Ⅰ-Ⅰ基准线、底面加工线和两个螺栓孔上的平面线。

划线时应将轴承孔座的四周全部划线，以作为其他位置划线时找正的依据。

5）在毛坯第二位置划线，如图 9-27b 所示。这一位置是划轴承座孔的垂直中心线Ⅱ-Ⅱ和两螺栓孔的中心线。

将毛坯翻转 90°至图 9-27b 所示位置，选定轴承座孔中心平面Ⅱ-Ⅱ为划线基准，用千斤顶将毛坯支承起来，保持稳固。用划针盘找正，使轴承座孔两端中心处于同一高度，用直角尺将已划出的底面加工线找正到垂直位置。这时即可划出基准线Ⅱ-Ⅱ，然后依据基准线，按图样尺寸划出两螺孔中心线。

6）在毛坯第三位置划线，如图 9-27c 所示。这一位置是划出两螺栓孔轴线所在的中心平面Ⅲ-Ⅲ和两端面的加工线。

将毛坯翻转 90°至图 9-27c 所示位置，选定两螺栓孔的中心面Ⅲ-Ⅲ为划线基准。用直角尺找正和千斤顶调整，使底面加工线和Ⅱ-Ⅱ基准线处于垂直位置，即可进行第三位置划线。先试划两端面的加工线，如果法线两端面加工余量偏差过大或一面加工余量过小，可以进行借料。通过调整螺栓孔中心的位置，使两端面加工余量基本满足要求，然后划出Ⅲ-Ⅲ基准线，依据基准线和图样尺寸要求划出两端面的加工线。

7）用划规划出轴承座 $\phi50$ 孔和两螺栓孔的圆周线。

8）依据图样详细检查所画线条是否有错误或遗漏后，即可在所画线条上打样冲眼，完成轴承座毛坯的划线。

9.2 钳工基本操作知识

下面讲述钳工操作的一些基本知识，包括錾削、锉削、锯削、钻孔、扩孔、铰孔、攻螺纹和套螺纹等知识。

9.2.1 錾削

錾削是钳工工作中的一项基本操作，它是利用锤子打击錾子对金属进行切削加工，以除去工件上多余部分的一种操作方法。錾削主要用于不便于机械加工的场合，如去除毛坯上的凸缘、飞边，分割材料，錾削平面及沟槽等。

錾削的工具主要是錾子和锤子。

1. 錾子

錾子是用中碳钢或碳素工具钢锻制而成，切削部分磨成所需楔形后，经热处理使其切削部分硬度达到56~62HRC，以满足切削的需要。

(1) 錾子的结构和角度

1) 錾子的结构。錾子的结构如图9-28所示。其切削部分由前刀面、后刀面和切削刃组成。

① 前刀面。即錾子工作时与切屑接触的表面，也是切屑流过的表面。

② 后刀面。即錾子工作时与已加工表面相对的表面。

③ 切削刃。即錾子的前刀面与后刀面的交线。

2) 錾子切削部分的角度。如同车刀结构，錾子也要具备一定的几何角度，这些角度也是在选定的参考平面上进行标定的。确定錾子的参考平面有两个：切削平面和基面。切削平面是指过切削刃与切削表面相切的平面；基面是指过切削刃上的选定点并垂直于切削速度方向的平面。切削平面与基面垂直，如图9-28所示。

① 楔角β。錾子前刀面与后刀面之间的夹角称为楔角。一般楔角越小，錾削阻力越小，越省力。但楔角过小，会造成刃口薄弱，容易崩刃；楔角过大，錾切阻力大，錾切表面不易平整。通常根据工件材料软硬不同，选取不同的楔角。錾切高碳钢、铸铁等硬材料时，楔角取60°~70°；錾削中碳钢等中等硬度材料时，楔角取50°~60°；錾削铜、铝等有色金属时，楔角取30°~50°。

② 前角γ。前刀面与基面的夹角称为前角。前角的大小对錾削时切屑变形影响很大，γ越大，切屑变形越小，切削阻力越小，越省力。但过大的γ，会使錾子切削部位强度降低，所以应合理选择。

③ 后角α。后刀面与切削平面的夹角称为后角。α的大小与錾削时錾子的位置有关。其大小会影响后刀面与已加工表面之间摩擦的大小。一般后角α取5°~8°。后角过大会使錾子切入深度增加，造成錾削困难。

(2) 錾子的种类　常用的錾子有三种：扁錾、尖錾和油槽錾，如图9-29所示。

1) 扁錾。扁錾切削部分扁平，刃口较宽并略带弧形。主要用于錾削平面、去飞边和分割板料。

2）尖錾。尖錾切削刃较短，刃口两侧面从切削刃起向柄部逐渐变窄，这样开槽时不宜卡住。主要用于錾窄槽及分割曲形板料。

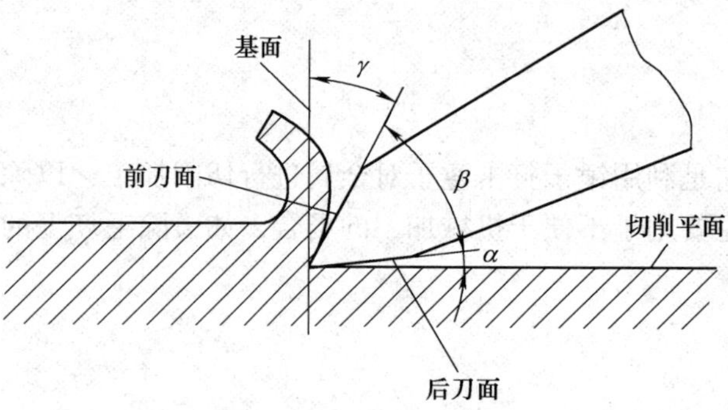

图 9-28　錾子的结构

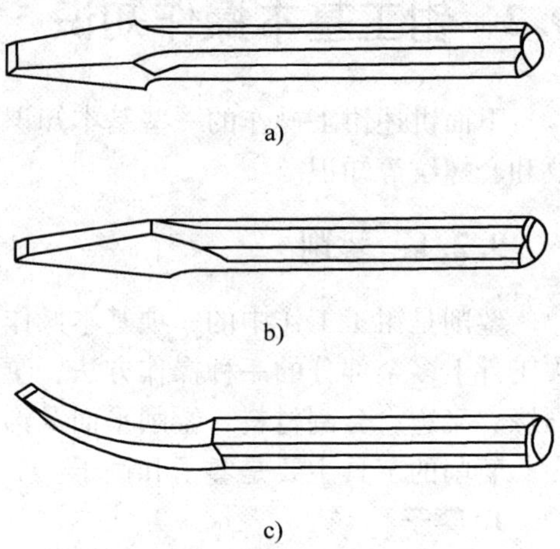

图 9-29　錾子的种类
a）扁錾　b）尖錾　c）油槽錾

3）油槽錾。油槽錾切削刃很短，并呈圆弧形。切削部分做成弯曲形状，便于在内曲面及对开轴瓦上开油槽。主要用于錾削平面、曲面上的油槽。

2. 锤子

锤子俗称榔头，是用于錾削时的使力工具，如图 9-30 所示。

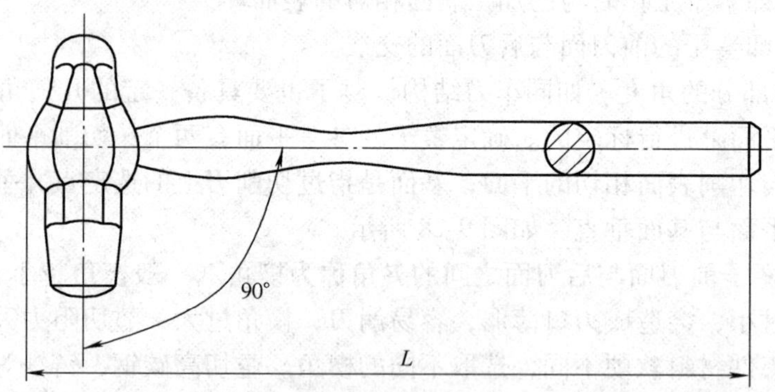

图 9-30　锤子

錾削用的锤子是硬头锤子，用碳素工具钢（T7A）制成，并经淬火处理。锤柄用坚硬的胡桃木或水曲柳做成。锤子的规格用其质量大小来表示，有 0. 25kg、0. 5kg、1kg 等几种。

3. 錾削安全技术

1）经常对錾子进行刃磨，保证正确的楔角。

2）为防止铁屑飞出伤人，应在钳工台上安装防护网。

3）为防止锤头飞出伤人，应经常检查木柄是否松动，以便及时进行调整或更换，且操作者不准戴手套，锤子或錾子头部不得有油污。

4）錾削时不准对着人操作。

5）錾子在使用中头部出现飞翘时，应及时磨掉，以防錾击时飞出伤人。

4. 錾子的刃磨和热处理

（1）錾子的刃磨　錾子刃部在使用过程中应经常刃磨，以保持切削刃的锋利。刃磨錾子应先在砂轮机上粗磨，若錾削要求高，如錾削光滑的油槽或加工光洁的表面时，錾子在粗磨后还应在油石上精磨。

錾子的刃磨方法如图 9-31 所示。操作者站在砂轮的侧面，将錾子的刃面置于旋转的砂轮缘上，在砂轮的全宽方向做左右移动，用于控制刃磨的部位和角度，将两个面交替翻转刃磨，使刃部两面相交成一线，即形成切削刃。刃磨时应注意楔角要与錾子中心线对称；加载到錾子上的压力不应太大，防止錾子的刃部过热而退火；在刃磨过程中经常将錾子刃部浸入冷水中冷却。

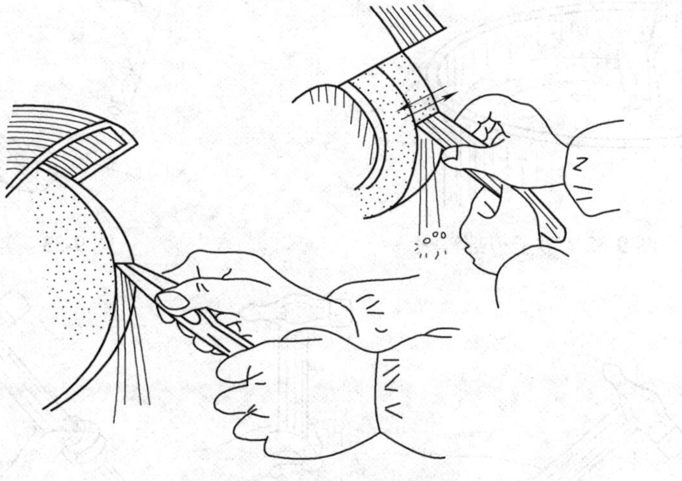

图 9-31　在砂轮上刃磨錾子

（2）錾子的热处理　为了保证錾子切削部分硬度和韧性，需对其进行热处理。方法是将粗磨成形的錾子长约 20mm 的切削部分加热到 750～780℃（呈樱红色），然后迅速将錾子浸入冷水中，进入深度约 5～6mm，如图 9-32 所示。为了加速冷却，可手持錾子在水面慢慢移动。这样微动的水还会使錾子淬硬与不淬硬部分的分界线处呈波浪形且逐渐过渡。这样在錾削时，錾子的刃部就不易在分界处断裂。待露在水面外部分呈黑色时，将錾子从水中取出，利用上部的余热进行回火，以提高錾子的韧性。回火的温度根据錾子表面的颜色来判断，刚出水面的颜色为白色，随着温度升高，颜色变成黄色，后由黄色变为蓝色，最后呈黑色。当呈黄色时，把錾子全部进入水中冷却，该过程称为“淬黄火”。如果呈蓝色时，把錾子全部进入水中冷却，该过程称为“淬蓝火”。“淬黄火”的錾子硬度高，韧性差；“淬蓝火”的錾子硬度稍低，但韧性好。

5. 錾削操作

（1）站立姿势　在錾削过程中一般站立位置如图 9-33 所示，身体与台虎钳中心线大致成 45°角，略向前倾，左脚跨前半步，膝盖处略弯曲，右脚站稳伸直，作为主要支点。面向工件，目光应落在工件的切削部位，不应落在錾子的头部，这样才能保证錾削质量。

（2）锤子的握法　锤子的握法有紧握法和松握法两种。如图 9-34 所示。

1）紧握法。右手五指紧握锤柄，大拇指合在食指上，虎口对准锤头方向，木柄尾端露出约 15～30mm。在挥锤和锤击的过程中，右手五指始终紧握锤柄。

2）松握法。握锤方法跟紧握法一样，当锤子抬起时，小指、无名指和中指依次放松，只保持大拇指和食指握持不动。锤击时，中指、无名指和小指再依次握紧锤柄。这种握法锤击有力，挥锤手不易疲劳。

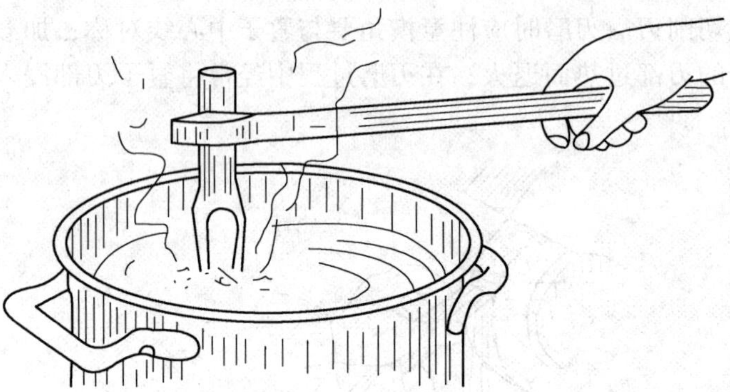

图 9-32　錾子刃部淬火

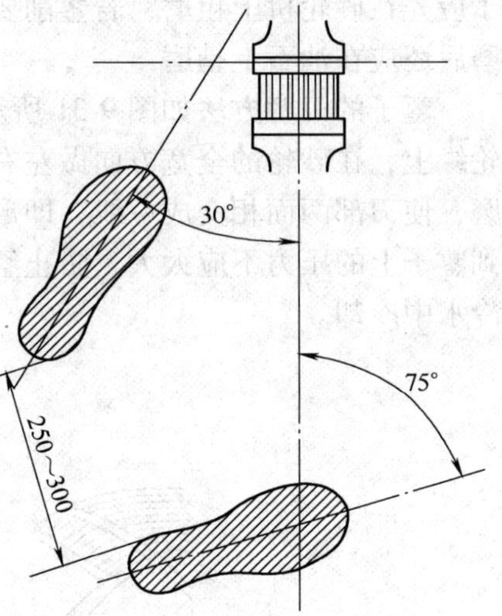

图 9-33　錾削时的站立位置

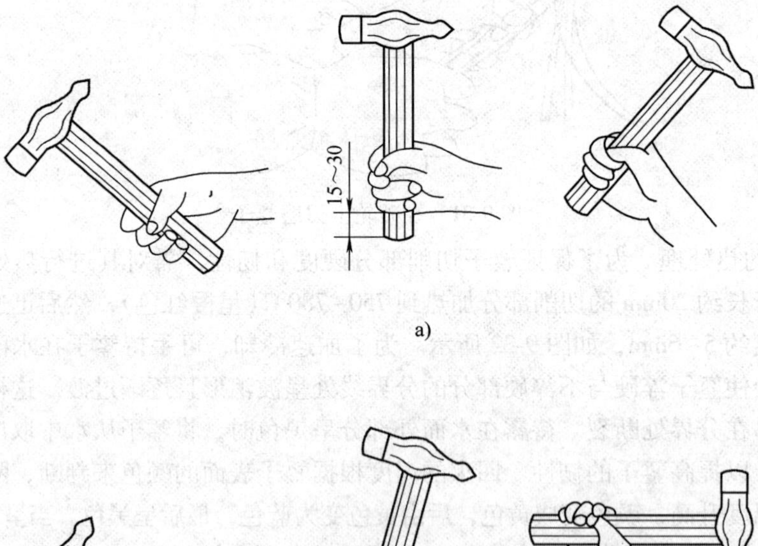

图 9-34　握锤法

a）紧握法　b）松握法

（3）錾子的握法　錾子的握法如图 9-35 所示。錾子用左手把持，大拇指、中指、无名指、小指自然合拢，錾子的头部伸出手约 20mm。握錾子时要松动自然，不要握得太紧。在錾削过程中，小臂自然放平，使錾子保持正确的后角，后角控制在 5°~8°为宜。

6. 錾削平面操作实例

（1）錾削平面的方法　錾削平面用扁錾进行，每次錾削余量约 0. 5~2mm。錾削时的起錾方法有斜角起錾和正面起錾两种，如图 9-36 所示。錾削平面时，应采用斜角起錾，即从工件的尖角边缘处着手，将錾子向右倾斜 45°，錾出一个斜面，然后按正常的錾削角度逐步向中间錾削。这样可较好地控制加工余量，不致产生打滑和弹跳现象。在錾削槽时，则必须采用正面起錾，即起錾时全部刃口贴住工件錾削部位的端面，錾出一个斜面，然后按正常角度錾削。在錾削大平面时，常采用尖錾在工件上间隔开槽的方法，再用扁錾切削剩余部分，如此錾削既省力，又提高了速度。

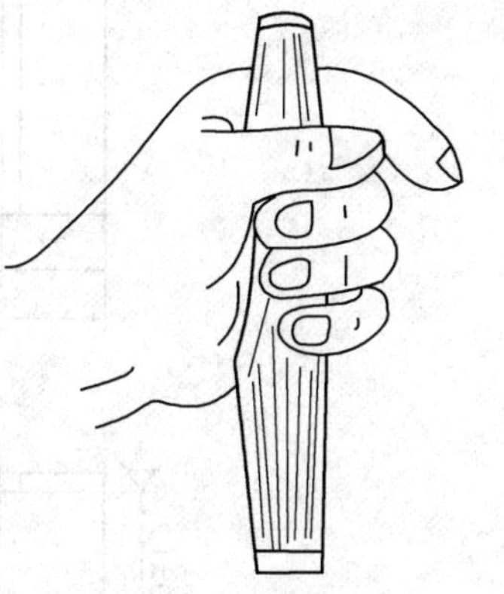

图 9-35　握錾法

錾削过程中，每锤击两三次，即可将錾子退回一些，不要将錾子刃部一直顶在工件上。目的是随时观察錾削表面的平整情况，又能使手臂肌肉有节奏的放松。然后再将刃口顶在錾削处继续錾削。

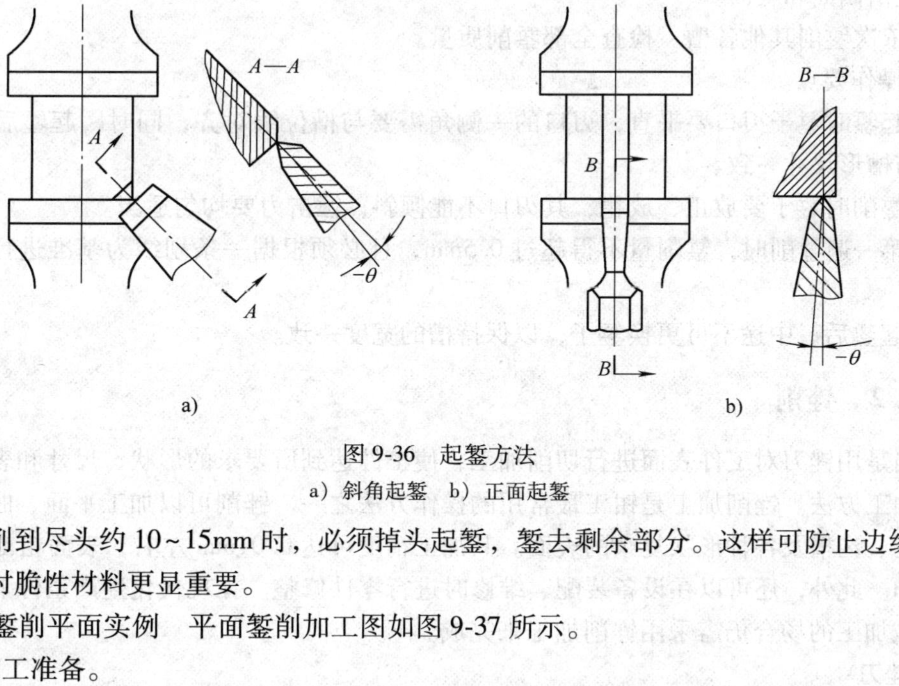

图 9-36　起錾方法

a）斜角起錾　b）正面起錾

当錾削到尽头约 10~15mm 时，必须掉头起錾，錾去剩余部分。这样可防止边缘材料崩裂，尤其对脆性材料更显重要。

（2）錾削平面实例　平面錾削加工图如图 9-37 所示。

1）加工准备。

① 工具和量具。尖錾、钢直尺、划针、划针盘、直角尺等。

② 辅助工具及材料。钳口衬铁、手工淬火工具、油石、涂料等。

③ 备料。长方铁（HT200），尺寸 90mm×70mm×38mm。

2）实训步骤。

① 对錾子进行刃磨和热处理。

② 检查来料，按图样划线。

③ 錾第一槽。按正面起錾，以 0. 5mm 的起錾量錾第一遍。再按直槽深度分遍錾削，最

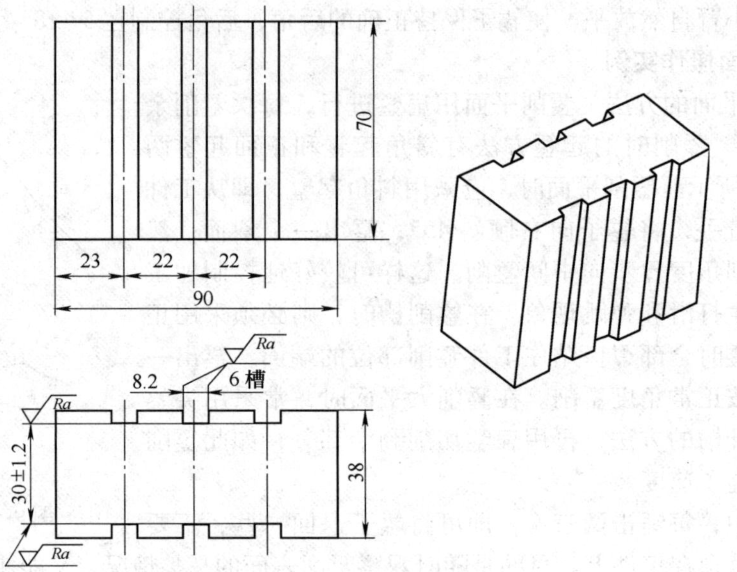

图 9-37　錾直槽

后修整直槽侧面和底面。

④ 依次錾削其他各槽。检查全部錾削质量。

3）操作要点。

① 起錾时錾子刃口要平直，刃口的一侧角需要与槽位线对齐，同时，起錾后的斜面口尺寸应与槽形尺寸一致。

② 錾削时錾子要放正、放稳，其刃口不能倾斜；锤击力要均匀适当。

③ 第一遍錾削时，錾削量不得超过 0.5mm，且必须根据一条划线为基准进行，保证起錾直。

④ 起錾后，中途不可更换錾子，以保持槽的宽度一致。

9.2.2　锉削

锉削是用锉刀对工件表面进行切削加工，使工件达到所要求的形状、尺寸和表面粗糙度的一种加工方法。锉削加工是钳工最常用的操作方法之一。锉削可以加工平面、曲面、外表面、内孔、沟槽及各种形状复杂的表面。其加工精度可达 0.01mm 左右，表面粗糙度值可达 *Ra*0.8μm。此外，还可以在设备装配、维修时进行零件修整。在现代化生产条件下，一些不便于机械加工的场合仍需采用锉削加工来完成。

1. 锉刀

锉刀是锉削加工的工具，一般用碳素工具钢 T12 或 T13 制成，经热处理淬硬，其切削部分硬度可达 62~72HRC。

（1）锉刀的结构　锉刀的结构如图 9-38 所示，由锉身和锉柄两部分组成。

1）锉身。锉身为锉梢端至锉肩之间的部分，对无锉肩的整形和异形锉来说，锉身为有锉纹的部分。锉刀面是锉刀的主要工作表面，锉刀上、下两面都有锉齿，其前端制成凸弧形。锉刀边是指锉刀两侧面的窄边，一面有齿。一面无齿。无齿边叫光边，它可以在锉削内直角的一个面时，不会伤到另一个面。锉刀尾是锉刀上无齿的一端，与锉舌相连。锉舌用来安装刀柄。

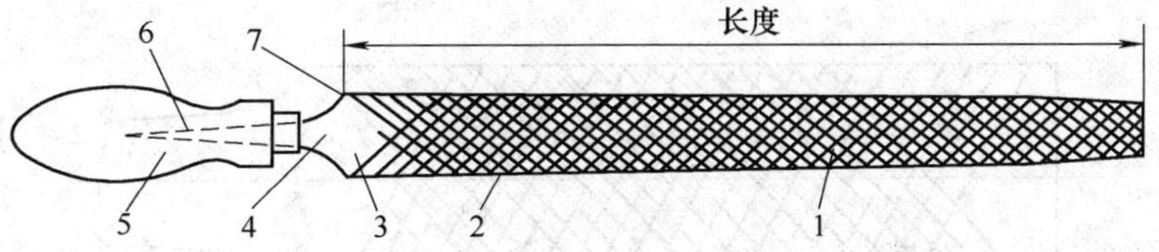

图 9-38 锉刀的结构

1—锉刀面 2—锉刀边 3—底齿 4—锉刀尾 5—木柄 6—锉舌 7—面齿

2）锉柄。为便于操作，在锉刀的锉舌上安装有锉刀柄。锉柄为木质，安装孔一端套有铁箍，以防木柄劈裂。

3）锉齿与锉纹。锉齿是锉刀的工作部分，有铣齿和剁齿之分。铣齿用铣齿法铣成，其切削角 $\delta<90°$；剁齿由剁齿机剁成，其切削角 $\delta>90°$，如图 9-39 所示。锉纹是锉齿排列的图案，锉刀按锉纹来分有单齿纹锉刀和双齿纹锉刀两种。

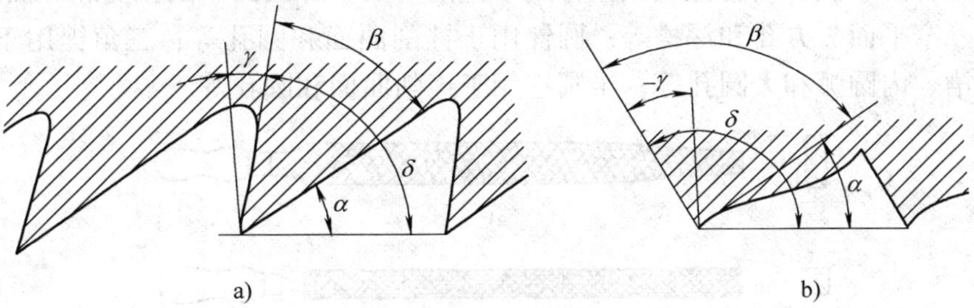

图 9-39 锉刀的锉齿

a）铣齿 b）剁齿

单齿纹锉刀只有一个方向排列的齿纹，如图 9-40a 所示。单齿纹锉刀全齿宽参加锉削，需较大的切削力，且齿距较大，有足够的容屑空间，不会被切屑塞住，适合锉削铝、铜等软金属材料。

双锉纹锉刀上有两个方向排列的齿纹（图 9-40b），先制成的较浅的一排齿纹称为底齿纹，后制成的较深的齿纹称为面齿纹。齿纹与中心线的夹角叫齿角，面齿纹齿角为 65°，底齿纹齿角为 45°。由于面齿纹和底齿纹的方向不一样，锉齿沿锉刀中心线方向呈倾斜有规律的排列，可以使锉痕交错而不重叠，锉削出的平面光滑，不会产生沟痕。双齿纹锉刀锉削时切屑易碎，锉削省力，且锉齿强度高，适合加工较硬的材料。双齿纹锉刀锉齿的排列如图 9-41 所示，面齿纹在锉削中起主要切削作用，故又称主齿纹，底齿纹在锉削中主要起分屑作用，又称为辅齿纹。

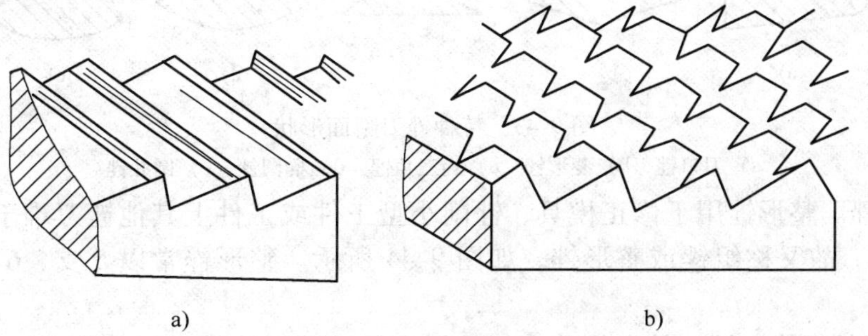

图 9-40 锉刀的齿纹

a）单齿纹 b）双齿纹

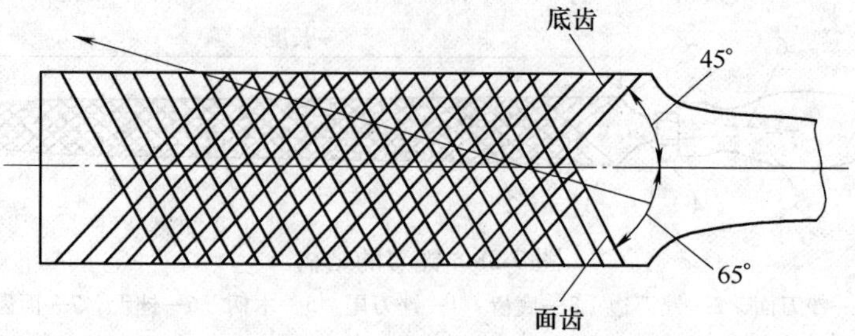

图 9-41　双齿纹锉刀锉齿的排列

（2）锉刀的种类　锉刀种类很多，按其用途的不同分为普通锉刀、特种锉刀和整形锉刀三种。

1）普通锉刀。普通锉刀如图 9-42 所示，按其端面形状分为平锉、方锉、圆锉、三角锉和半圆锉等五种。平锉又叫扁锉或板锉，用于锉削平面、外圆面、凸弧面和球面等；方锉用于锉削平面、窄平面、方孔和深槽等；圆锉用于锉削曲面和圆孔等；三角锉用于锉削平面、窄面、三角槽、内圆弧和大圆孔等；半圆锉用于锉削曲面和圆孔等。

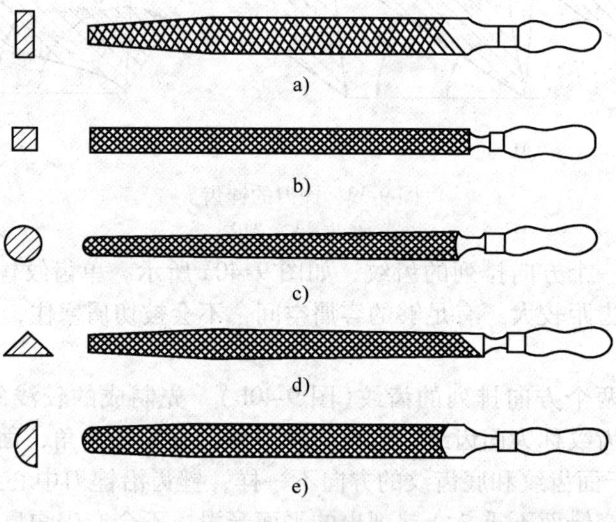

图 9-42　普通锉刀

a）平锉　b）方锉　c）圆锉　d）三角锉　e）半圆锉

2）特种锉。特种锉用于加工零件上形状特殊的表面，其断面形状如图 9-43 所示。

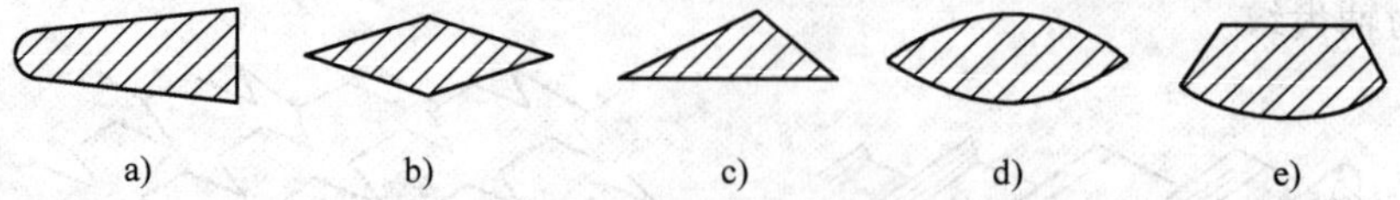

图 9-43　特种锉刀断面形状

a）刀口锉　b）菱形锉　c）扁三角锉　d）椭圆锉　e）圆肚锉

3）整形锉。整形锉用于修正模具、锉削小型工件或工件上其他锉刀难于加工的部位，因几支为一组，故又称组锉或整形锉，如图 9-44 所示。整形锉常以 5 支、6 支、8 支、12 支为一组。

（3）锉刀的规格　锉刀的规格分为尺寸规格和锉刀齿纹的粗细规格，目前锉刀规格已经标准化。

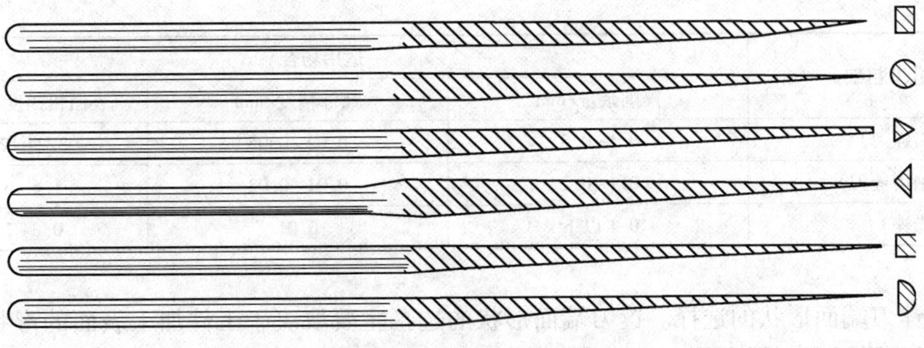

图 9-44　整形锉

1）锉刀的尺寸规格。不同的锉刀用不同的参数来表示，圆锉刀的尺寸以锉刀的直径表示；方锉刀的尺寸以其方形断面尺寸表示；平锉刀的尺寸以锉身的长度表示。

2）锉刀齿纹粗细规格。锉刀齿纹粗细规格，以锉刀每 10mm 轴向长度内的主锉纹条数来表示，见表 9-1。

表 9-1　锉刀齿纹粗细规格

规格/mm	主锉纹条数(10mm 内)				
	锉纹号				
	1	2	3	4	5
100	14	20	28	40	56
125	12	18	25	36	50
150	11	16	22	32	45
200	10	14	20	28	40
250	9	12	18	25	36
300	8	11	16	22	32
350	7	10	14	20	—
400	6	9	12	—	—
450	5.5	8	11	—	—

（4）锉刀的选择　各种锉刀都有一定的适用范围，在锉削加工时，首先要正确选择锉刀，否则就不能充分发挥它的效能，甚至会使锉刀过早丧失切削能力。

1）锉刀齿纹粗细选择。锉刀齿纹粗细选择决定于工件的材质、加工余量大小、加工精度和表面粗糙度的要求高低。一般粗锉刀用于加工余量大、公差等级低或表面粗糙度较大的工件；细锉刀用于加工余量小、公差等级高或表面粗糙度较小的工件。锉刀齿纹粗细规格的选择可参考表 9-2。

表 9-2　锉刀齿纹粗细规格选用

锉刀粗细	适用场合		
	锉削余量/mm	尺寸精度/mm	表面粗糙度 Ra/μm
1 号(粗齿锉刀)	0.5~1	0.2~0.5	25~100
2 号(中齿锉刀)	0.2~0.5	0.05~0.2	6.3~25

（续）

锉刀粗细	适用场合		
	锉削余量/mm	尺寸精度/mm	表面粗糙度 $Ra/\mu m$
3号（细齿锉刀）	0.1~0.3	0.02~0.05	3.2~12.5
4号（双细齿锉刀）	0.1~0.2	0.01~0.02	1.6~6.3
5号（油光锉）	0.1以下	0.01	0.8~1.6

2）锉刀端面形状的选择。锉刀端面形状的选择主要取决于工件加工表面的形状。锉刀的端面形状需适应不同形状工件表面的加工，如图9-45所示。

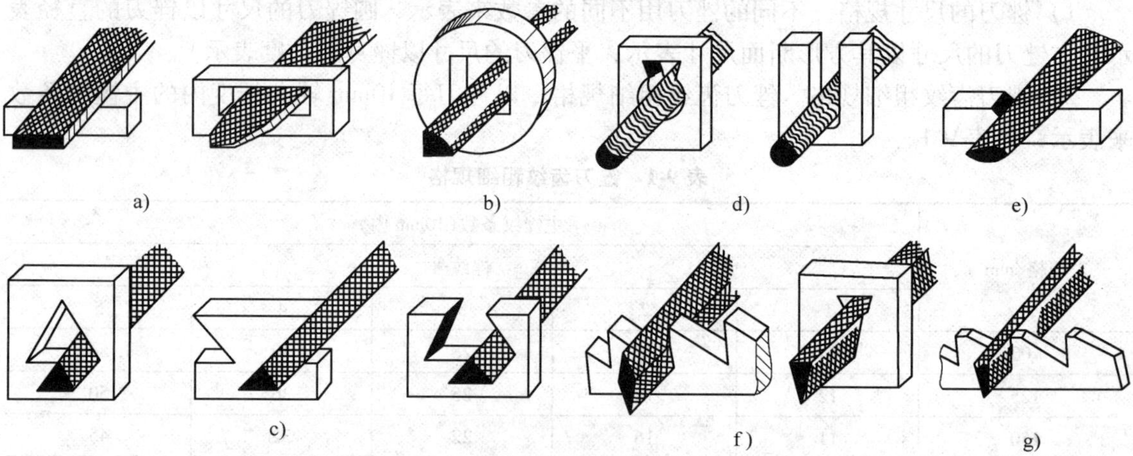

图9-45 不同形状工件表面加工使用的锉刀

a）平锉 b）方锉 c）三角锉 d）圆锉 e）半圆锉 f）菱形锉 g）刀口锉

3）锉刀长度的选择。锉刀长度的选取取决于工件加工面的大小和加工余量的大小。对于尺寸较大和加工余量较大的工件，应选择较长的锉刀；对于尺寸较小和加工余量较小的工件，应选择较短的锉刀。

（5）锉刀的保养　锉刀是一种切削工具，有一定的使用期限。合理地使用和保养锉刀可以延长其使用寿命，保证安全生产。在具体使用中要注意以下使用和保养规则。

1）不能用无柄或破柄的锉刀进行锉削，防止伤手。

2）不准用新锉刀锉硬金属。锻件上的砂粒和硬皮，应先用砂轮机磨掉后，再进行锉削。

3）锉刀应先用一个面，用钝后再用另一个面，这样可以延长锉刀的使用期限。

4）严禁锉刀接触油类，锉削中也不得用手摸锉削表面，以免锉削时打滑。如锉刀沾有油脂，要用煤油清洗干净，涂上白粉。

5）不能用细锉刀代替粗锉刀使用，也不能用细锉刀锉软金属。

6）锉刀每次用完后要用锉刷顺齿纹方向清理残留在锉齿间的锉屑。也可用铁片或铜片剔除未刷干净的锉屑，以防止锉屑生锈而腐蚀锉刀。

7）锉刀放置时不能叠放，更不能与金属碰撞，以免损坏锉齿。

8）不能将锉刀当做拆卸工具敲击或撬动其他物件。

2. 锉削操作

（1）锉削姿势　锉削姿势如图 9-46 所示。

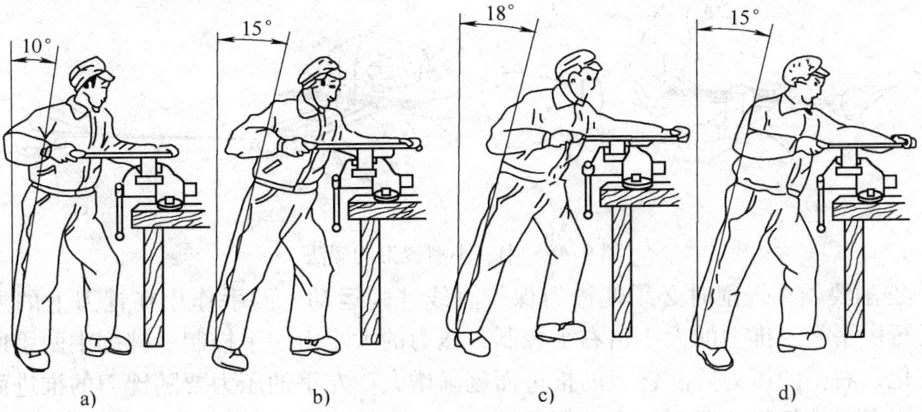

图 9-46　锉削动作

锉削时应自然站立，身体放松，重心放在左脚上，右膝伸直，左膝随锉削时往复运动而相应地屈伸。锉刀的运动由身体和手臂的协调运动配合完成。锉削开始，身体向前倾斜 10°左右，右肘尽量向后收缩(图 9-46a)；前 1/3 行程，身体前倾 15°左右，左膝稍弯曲(图 9-46b)；再 1/3 行程，右肘向前推进，身体渐倾到 18°左右(图 9-46c)；后 1/3 行程，用右手腕力将锉刀推进，身体向后退回到 15°左右(图 9-46d)，锉削全行程至此完成。

（2）锉刀的握法　锉刀种类很多，加工的表面形状和位置也各不相同，所以锉刀使用时的握法也不一样。

1）大型锉刀的握法。大型锉刀(10in 以上，1in = 25.4mm)的握法如图 9-47 所示。右手紧握锉刀柄，柄端抵在拇指根部的手掌上，大拇指放在锉刀柄上面，其余手指由下向上紧握(图 9-47a)。左手的握法有三种，第一种是左手掌放在锉刀面的前端，拇指根轻压在头上，其余四指自然弯曲，用食指和中指勾压住锉刀前端右角(图 9-47b)；第二种是左手掌斜放在锉刀面前端，拇指斜放在锉刀面上，其余各指自然弯曲(图 9-47c)；第三种握法也是左手掌放在锉刀面前端，各指均自然放平(图 9-47d)。无论左手采用哪种握法，锉削时，左手肘部都要适当抬起，不要下垂(图 9-47e)。

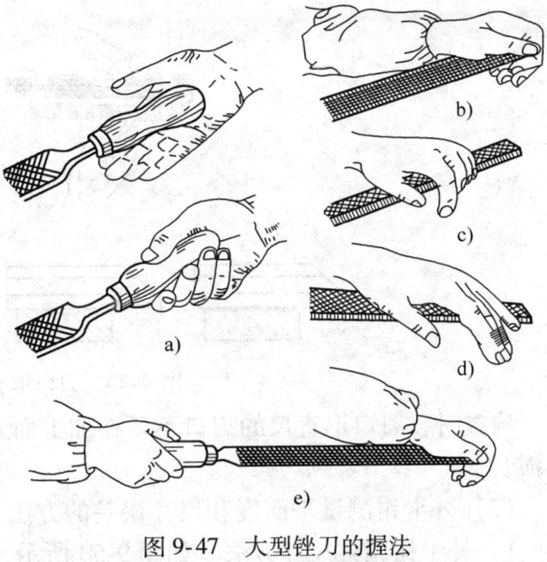

图 9-47　大型锉刀的握法

2）中型锉刀的握法。右手同大锉刀握法，左手用拇指、食指和中指轻轻夹持锉刀的前端，不用施加大的压力，如图 9-48a 所示。

3）小锉刀的握法。小锉刀的握法与大、中型锉刀的握法不同，如图 9-48b 所示，只需用左手指压在锉刀中部，即可控制锉削时的压力大小。组锉只需用右手握住，其食指压在锉刀上面即可，如图 9-48c 所示。

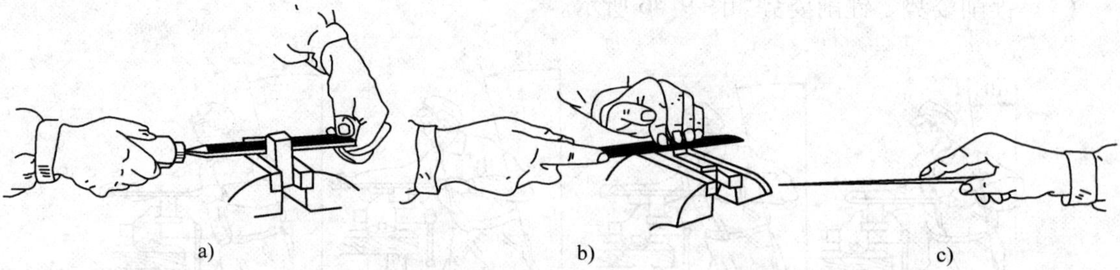

图 9-48　中、小型锉刀的握法

（3）锉削要领　锉削时必须使锉刀保持直线锉削运动。两手作用在锉刀上的力，应使锉刀在运行中平衡。推力的大小由右手控制，压力的大小由左手控制。锉削中两手所用的力要不断变化，右手的压力要随锉刀的推进而逐渐增大，左手的压力要随锉刀的推进而逐渐减小，使锉刀在工件任何位置上，两端所受的力矩都保持相等，以保持锉刀的平直运动。锉刀回程时不加压力，将锉刀略提起，以减少磨损。

3. 锉削质量检查方法

（1）用刀口形直尺检查平面度的方法　利用刀口形直尺采用透光法检查平面度如图 9-49 所示。将刀口形直尺垂直放在工件表面上，并沿工件表面横向、纵向和对角方向多处逐一进行检查。若刀口形直尺与工件间透光微弱而均匀，说明该方向是直的；若透光强弱不一，说明该方向不是直的。平面度误差的确定，可用塞尺检查。对于中凹平面，其平面度误差可取各检查部位中的最大值；对于中凸平面，则应在两边用同样厚度的塞尺做检查，其平面度误差取各检查部位中的最大直线度误差值。

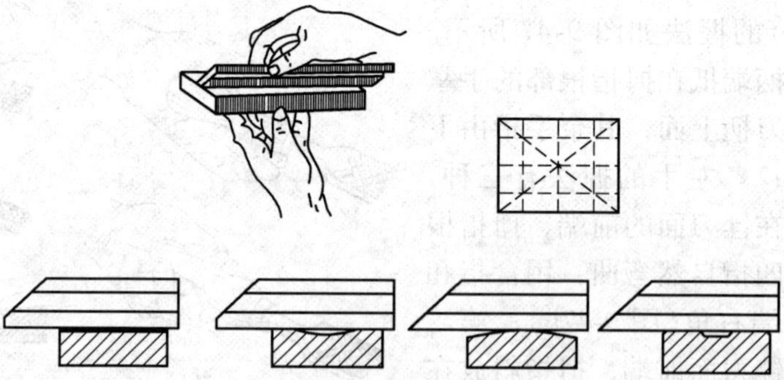

图 9-49　刀口形直尺检查平面度

检查时，刀口形直尺的刃口不要在加工面上拖拉，应轻提起再轻放到另一检查面，以防磨损。

（2）外卡钳测量平面度和尺寸误差的方法

1）外卡钳调整尺寸方法。如图 9-50 所示，将工件放在平台上或拿在左手中，右手食指和拇指夹持外卡钳，中指勾在两卡脚间，其余两指自然弯曲。将卡钳外侧在台虎钳或其他金属件上轻轻敲击，尺寸缩小；将卡钳内侧在金属棒上敲击，尺寸扩大。

2）测量方法。外卡钳是一种间接测量工具，测量尺寸时，先在工件上度量，然后再到带有读数的量具上去比较，就能得到读数。这种方法称为比较测量法，可控制尺寸公差达到

0.05mm。还可先在带度数的量具上度量出必要的尺寸，再去度量工件。这种方法称为间接测量法，可控制尺寸公差达到0.1mm。

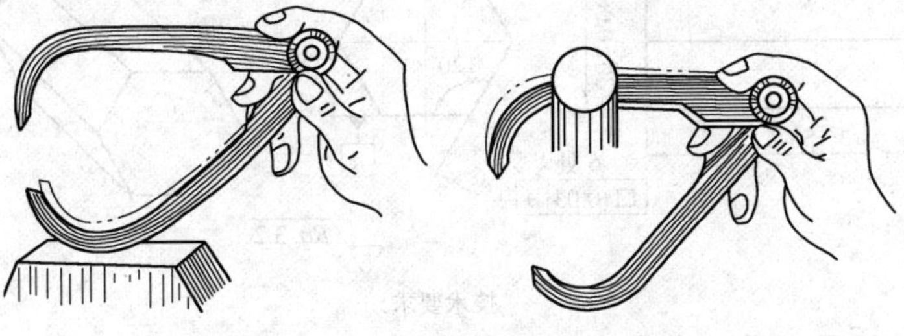

图 9-50 外卡钳调整尺寸方法

a）缩小尺寸 b）增大尺寸

判断工件尺寸误差的方法有两种，如图 9-51 所示。工件误差较大，粗测量时采用透光法，即用外卡钳一卡脚测量面抵住工件基准面，观察另一卡脚测量面与被测表面的透光情况；工件误差较小作精确测量时采用感觉法，比较卡脚在测量各部位的松紧程度，来判断尺寸误差的大小。

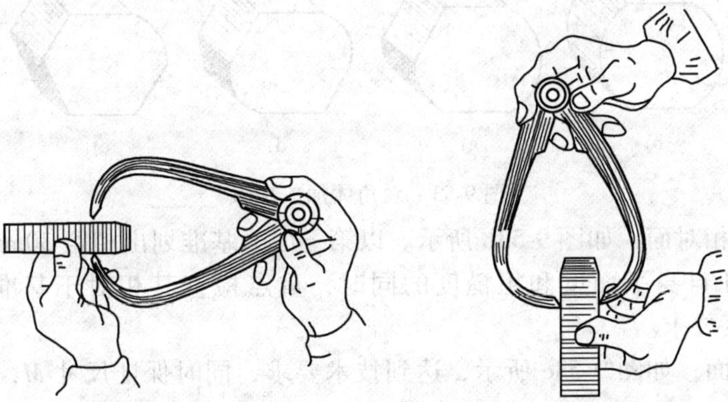

图 9-51 外卡钳测量尺寸误差方法

a）透光法 b）感觉法

4. 锉削实例——锉削六棱柱

锉削零件图如图 9-52 所示。

（1）生产准备

1）工具和量具。钳工锉、游标卡尺、钢直尺、刀口形直尺、塞尺、直角尺、角度样板、游标万能角度尺、常用划线工具等。

2）辅助工具和材料。软钳口衬垫、锉刷和涂料等。

3）备料。35 圆钢，尺寸为 ϕ36mm×60mm。

（2）生产步骤

1）用游标卡尺检查来料直径 d。

2）粗、精锉第一面（基准面），如图 9-53a 所示。平面度达到 0.04mm，$Ra \leqslant 3.2\mu m$，

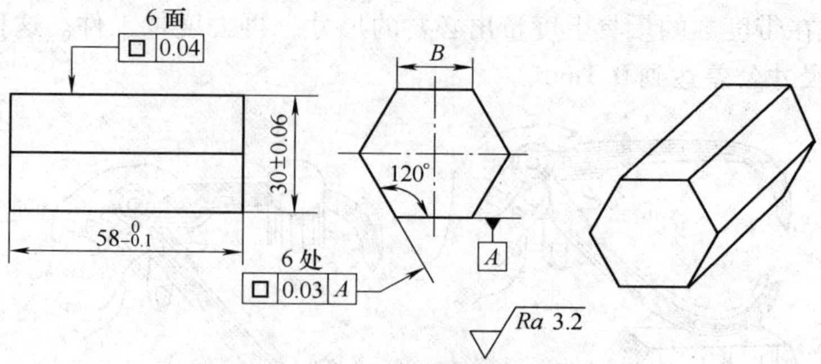

技术要求：

1.30mm 尺寸处，其最大与最小尺寸的差值不得大于 0.08mm。

2. 六角边长 B 应均等，误差不超过 0.1mm。

3. 各锐边均匀倒棱。

图 9-52　锉削长方体

同时保证与圆柱母线的距离为 M（$M=d-\frac{d-30}{2}=\frac{d+30}{2}$）（图 9-54）。

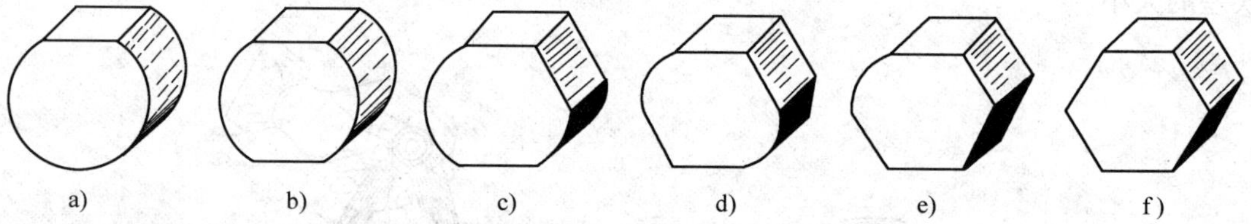

图 9-53　六角体加工步骤

3）粗、精锉相对面，如图 9-53b 所示。以第一面为基准划出相距 30mm 的平面加工线，然后锉削。在保证自身平面度和粗糙度的同时，重点检查其相对于基准的尺寸（30mm ± 0.06mm）和平行度要求。

4）锉削第三面，如图 9-53c 所示，达到技术要求，同时保证尺寸 M，并用万能角度尺或角度样板检查控制其与第一面的夹角应为 120°。

5）锉削第三面的相对面，如图 9-53d 所示，达到技术要求。

6）用同样的方法锉削第五、第六面，如图 9-53e、f 所示，达到技术要求。

7）全面检查，并作必要的整修，最后将各锐边倒棱后送验。

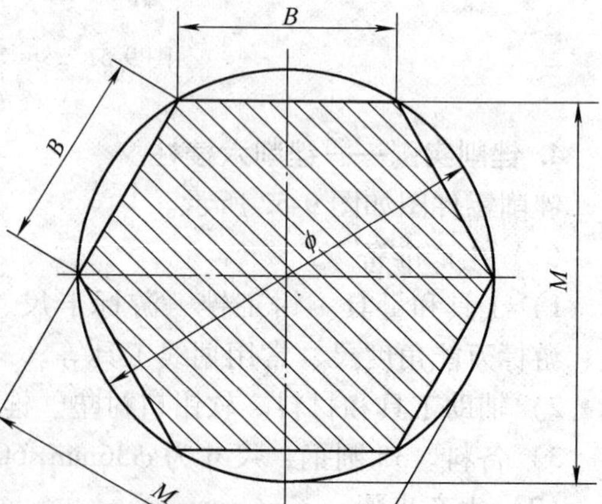

图 9-54　以外圆为定位基准控制六角体边长

9.2.3　锯削

用手锯把材料或工件切断或切槽的加工方法称为锯削。锯削是钳工的一项基本操作，也是零件加工、机器维修中不可缺少的一种手段。锯削主要用于锯断各种原材料或半成品、锯掉工件上多余的部分或在工件上开槽等。锯削的应用如图 9-55 所示。

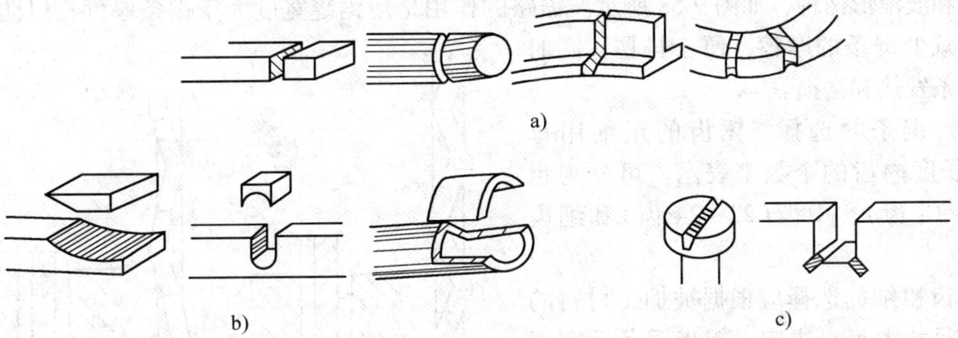

图 9-55 锯削的应用

a）锯断原料或半成品 b）锯掉多余部分 c）工件上开槽

1. 手锯

手锯是锯削的主要工具，由锯弓和锯条两部分组成。

（1）锯弓 锯弓的作用是用来安装和张紧锯条。根据其构造的不同，锯弓分为固定式和可调式两种，如图 9-56 所示。固定式锯弓只能安装一种长度规格的锯条；可调式锯弓的安装距离可以调整，适用于安装几种长度规格的锯条。

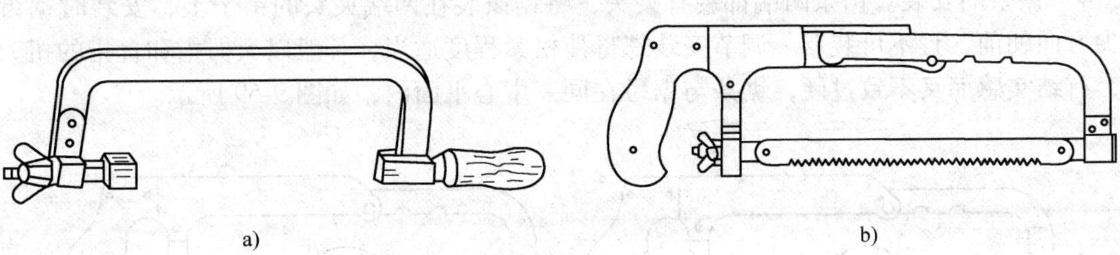

图 9-56 锯弓

a）固定式 b）可调式

（2）锯条 锯条是手锯的切削部分。一般用低碳钢冷轧渗碳而成，经热处理淬硬。也有用碳素工具钢或合金钢制造。锯条的规格是以两端安装孔的中心距来表示，钳工常用的是 300mm(12in)的一种。其宽度为 10~25mm，厚度为 0.6~1.25mm。

1）锯齿的切削角度。锯条单面有齿，是锯条的切削部分。锯齿相当于一排同样形状的錾子，每个齿都有切削作用，其切削角度为 $\gamma=0°$，后角 $\alpha=40°$，楔角 $\beta=50°$，如图 9-57 所示。

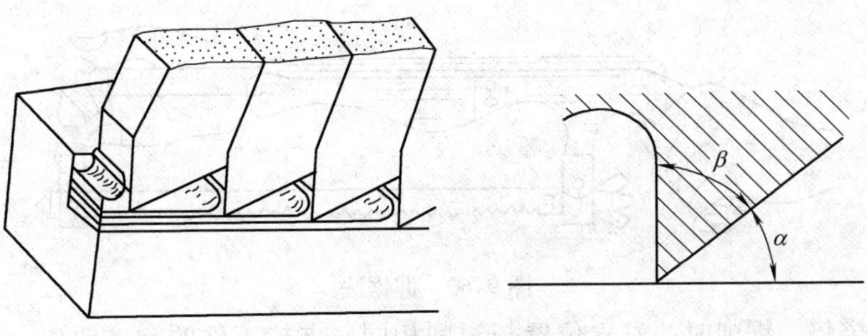

图 9-57 锯齿的切削角度

2）锯路。制造锯条时，锯齿按一定规律左右错开，排成一定的形状，称为锯路。锯路分交叉形和波浪形两种，如图9-58所示。锯路的作用是使锯缝宽度大于锯条厚度，以防卡住锯条，且减少锯条的摩擦，便于排屑，同时减少锯条发热和磨损。

3）锯条的选择。锯齿的粗细用每25mm长度内齿的个数来表示。可分为粗齿(14~18齿)、中齿(22~24齿)和细齿(32齿)。

锯齿粗细的选择应根据被加工材料的硬度和尺寸大小来决定。粗齿锯条适宜锯削软材料。因锯削软材料时，切屑较多，易堵塞卡死锯条。如铜、铝、铸铁、低碳钢等。细齿锯条适宜加工硬材料及管子或薄材料，因管子或薄板材料易钩住锯齿，使锯条折断。如高碳钢、合金钢、管材和薄材等。

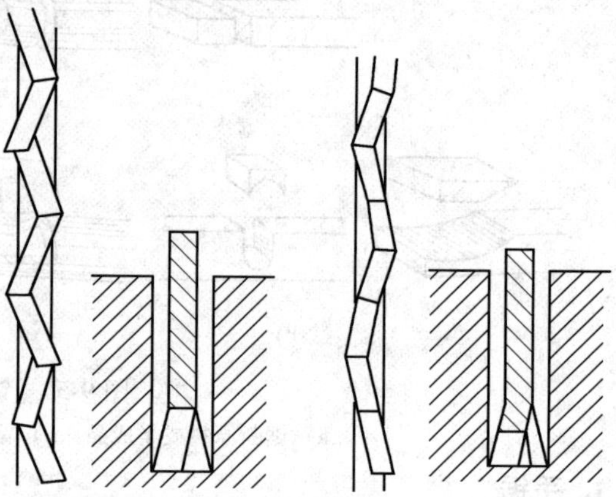

图9-58 锯路

a）交叉形 b）波浪形

4）锯条的安装。锯条两端都装有夹头，将锯条装在两端夹头的销子上，安装时锯齿的齿尖方向朝前，且不可装反。调节安装螺母使松紧程度适当，一般以大拇指和食指的扭力检查，有结实感而又不致过硬，锯条与锯弓在同一中心平面内，如图9-59所示。

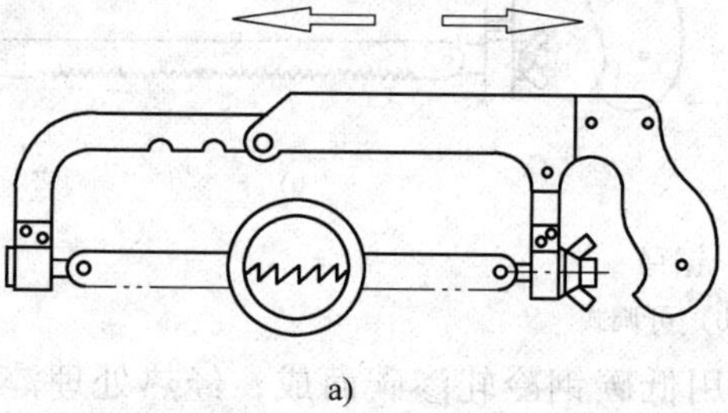

图9-59 锯条的安装

a）正确 b）不正确

2. 锯削操作

（1）握锯法 右手自然稳握锯弓手柄，左手轻扶在锯弓前端，压力不可过大，推力和压力由右手控制，左手协助右手扶正锯弓，如图9-60所示。

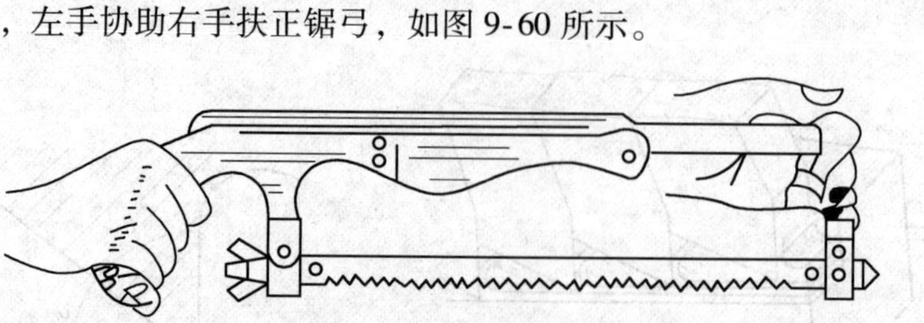

图9-60 握锯法

（2）锯削姿势 锯削时，站立位置与錾削相同。夹持工件的台虎钳以一拳一肘高度为宜。锯弓向前推进时，身体向前倾，与竖直方向约成10°角(图9-61a)。随着行程加大，身体逐渐前倾(图 9-61b)。行程达 2/3 时，身体前倾约 18°(图 9-61c)。锯削最后 1/3 行程时，用手腕推进锯弓，身体向后退回到 15°角位置(图 9-61d)。回程时左手扶持锯弓不加力，锯弓稍提起一些，身体退回原位。

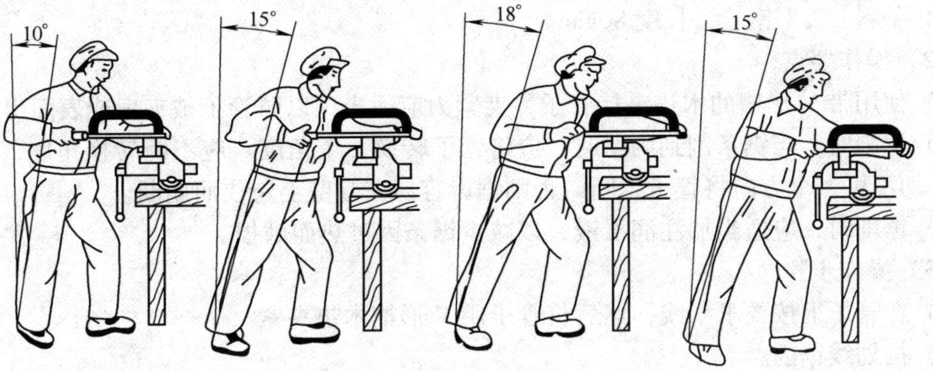

图 9-61　锯削姿势

(3) 起锯法　起锯时，用大拇指挡住锯条，将锯齿控制在加工线上，锯缝深达 3mm 以上时，将大拇指离开。常用的起锯法有远起锯和近起锯两种，如图 9-62 所示。起锯时起锯角度要小一些，一般不大于 15°。

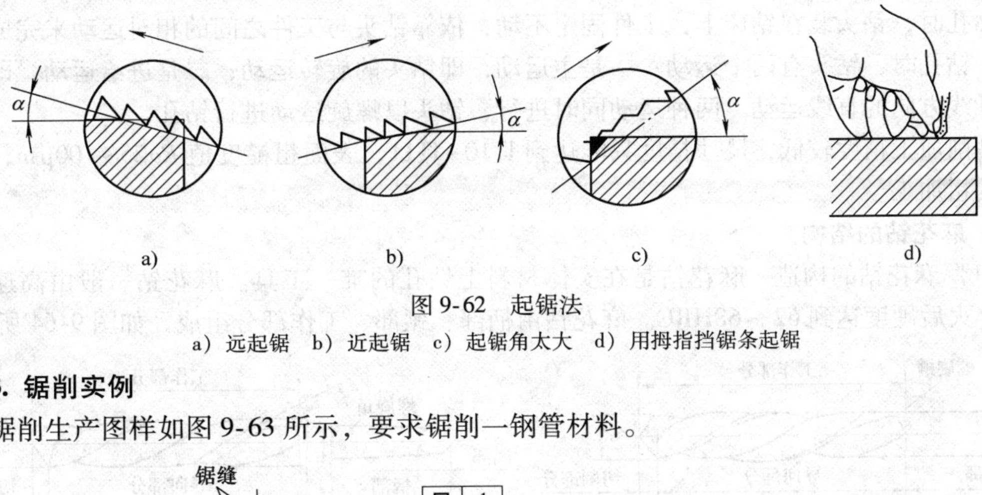

图 9-62　起锯法

a) 远起锯　b) 近起锯　c) 起锯角太大　d) 用拇指挡锯条起锯

3. 锯削实例

锯削生产图样如图 9-63 所示，要求锯削一钢管材料。

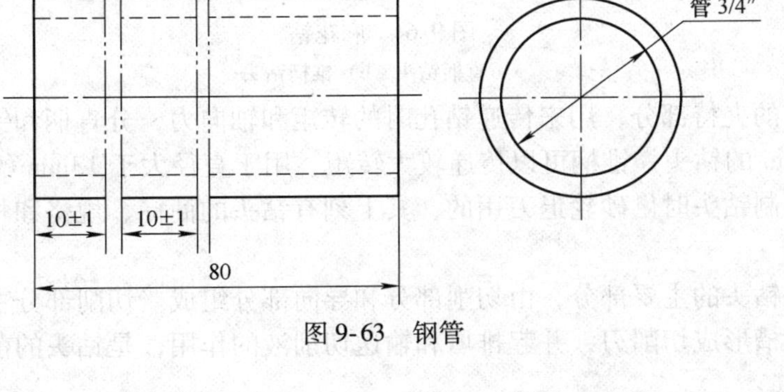

图 9-63　钢管

（1）生产准备

1）工具和量具。手锯、细齿锯条数支、钢直尺、划针等。

2）辅助工具和材料。V形槽木垫、软钳口衬垫、涂料等。

3）备料：3/4″钢管，长度80mm。

（2）操作要点

1）使用带V形槽的木垫夹持管子，夹紧力应适当，以防管子被夹扁或表面出现凹痕。

2）锯削时，当锯条割到内壁时，应将管子转换一个角度。应不断转换角度，直到锯断为止。切不可一个方向将管子锯断，否则锯齿容易在管壁上勾住而崩断。

3）锯削时，应适当加注润滑液，以减少锯条因过热而磨损。

（3）操作步骤

1）在管子上按要求划线，然后将管子用V形槽木垫夹紧。

2）按划线锯削。

3）去除飞边，检查尺寸。

9.2.4 钻孔

1. 钻孔概述

钻孔是用钻头在实体材料上加工出孔的一种机械加工方法。

钻孔时，钻头装在钻床上，工件固定不动，依靠钻头与工件之间的相对运动来完成钻削加工。钻孔时，钻头有两个运动：一是主运动，即钻头的旋转运动；二是进给运动，即钻头沿其轴线方向的直线运动。两种运动同时进行，钻头以螺旋运动进行钻孔。

钻削加工精度较低，尺寸精度只能达到IT10～IT11，表面粗糙度值 $Ra25 \sim 100\mu m$，适用于孔的粗加工。

2. 麻花钻的结构

（1）麻花钻的构造　麻花钻是在实体材料上钻孔的唯一工具。麻花钻一般由高速钢制成，淬火后硬度达到62～68HRC。麻花钻由柄部、颈部、工作部分组成，如图9-64所示。

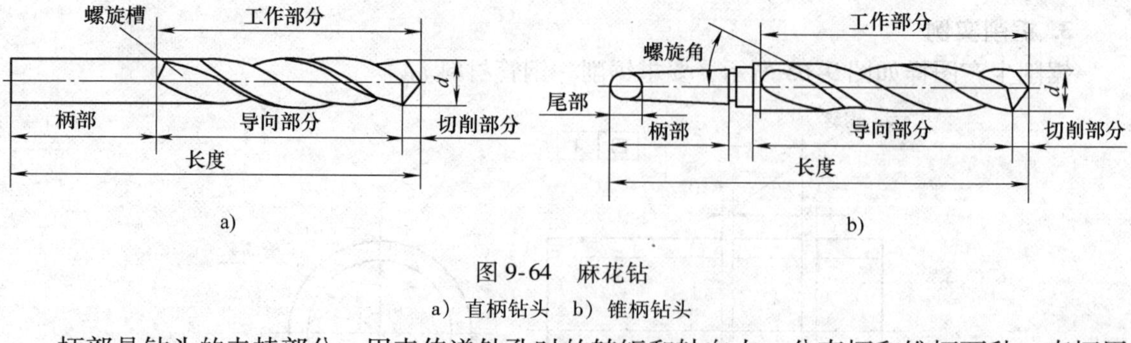

图9-64　麻花钻

a）直柄钻头　b）锥柄钻头

柄部是钻头的夹持部分，用来传递钻孔时的转矩和轴向力，分直柄和锥柄两种。直柄用于直径小于13mm的钻头；锥柄可以传递较大转矩，用于直径大于13mm的钻头。

颈部是为磨制钻头时供砂轮退刀用的，其上刻有钻头的商标、规格和材料，以供选择和识别。

工作部分是钻头的主要部分，由切削部分和导向部分组成。切削部分主要起切削工件的作用，两条螺旋槽形成切削刃，并起排屑和输送切削液的作用，是钻头的前刀面。导向部分的作用是保证钻孔时的正确方向，同时承担修光孔壁的作用。导向部分有两条窄的螺旋形刃带，即为钻头的副后刀面。导向部分直径略有倒锥，直径尺寸向柄部逐渐缩小，这样既可引导钻削方向，又可以减少钻头与孔壁的摩擦。

（2）麻花钻头的切削角度　麻花钻头切削部分的结构如图 9-65 所示。其螺旋槽表面形成切削部分的前刀面；切削部分顶端的两个曲面为后刀面，它与工件的加工表面相对；钻头棱边又叫刃带，是钻头的副后刀面；前刀面与后刀面的交线是主切削刃；前刀面与副后刀面的交线即刃带边缘螺旋线为副切削刃；两个后刀面的交线称为横刃。所以麻花钻共有六个刀面、五个切削刃。

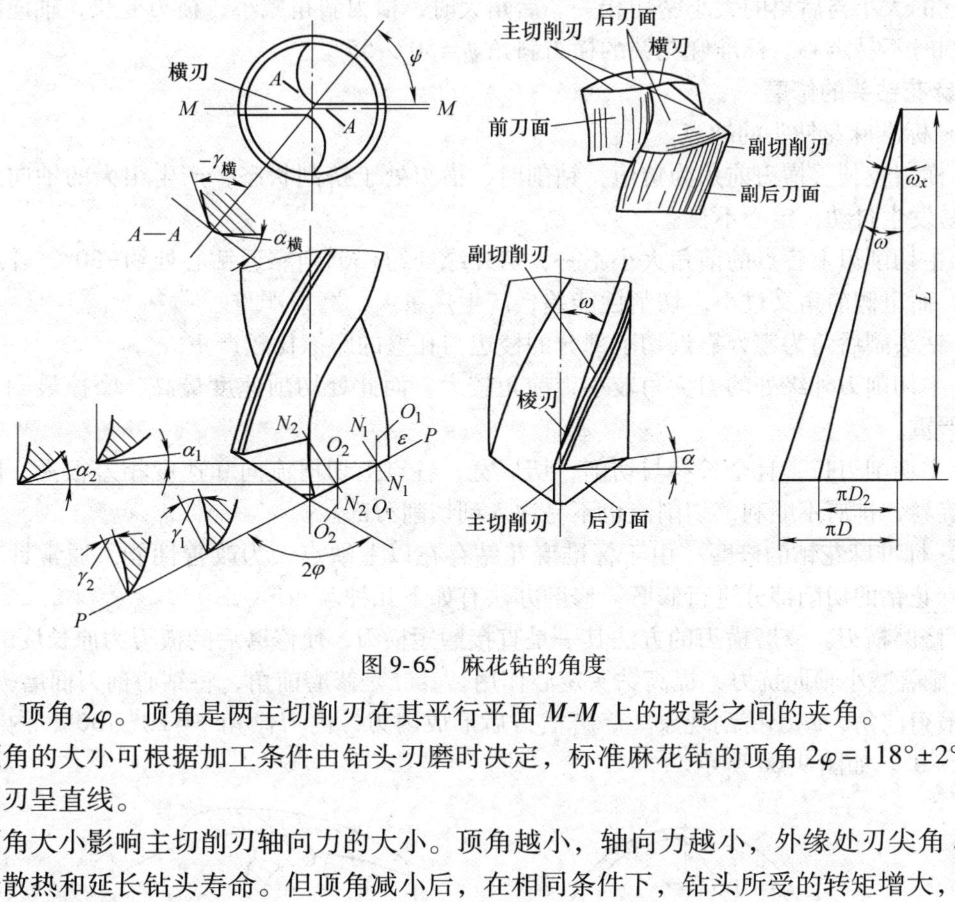

图 9-65　麻花钻的角度

1）顶角 2φ。顶角是两主切削刃在其平行平面 M-M 上的投影之间的夹角。

顶角的大小可根据加工条件由钻头刃磨时决定，标准麻花钻的顶角 $2\varphi=118°\pm2°$，这时两切削刃呈直线。

顶角大小影响主切削刃轴向力的大小。顶角越小，轴向力越小，外缘处刃尖角 ε 增大，有利于散热和延长钻头寿命。但顶角减小后，在相同条件下，钻头所受的转矩增大，切屑变形加剧，排屑困难，影响切削液的注入。

2）螺旋角 ω。螺旋角是刃带最外缘螺旋线展开成直线后与钻头轴线的夹角。在钻头不同半径处，螺旋角的大小不相等，自外缘向中心逐渐减小。标准麻花钻 $\omega=18°\sim30°$，直径越小，ω 越小。

3）前角 γ。前角是主切削刃上任一点的前刀面与基面在主截面上投影的夹角。前角的大小与螺旋角、顶角等有关，而影响最大的是螺旋角，螺旋角越大，前角也就越大。在整个主切削刃上，前角的大小是变化的，越靠近外缘处，前角越大（$\gamma=25°\sim30°$），靠近钻头中心 D/3 的范围内前角为负值。前角的大小决定着切削的难易程度和切屑在前刀面上的摩擦阻力的大小。前角越大越省力。但在钻削铜、铝等硬度较低、韧性较大的材料时，过大的前角易产生扎刀现象，反而会降低切削性能。

4）后角 α。后角是在圆柱截面内，主切削刃上任一点的切削平面与后刀面之间的夹角。

主切削刃上各点的后角是不相等的，外缘处后角最小，越近中心则越大。钻心处后角 $\alpha=20°\sim26°$，横刃处后角 $\alpha=30°\sim36°$。

后角越小，钻头后刀面与工件切削表面间的摩擦越严重，切削强度越高。因此钻硬材料时，后角可适当小些，以保证切削刃强度；钻软材料时，后角可适当大一些，以使钻削省力。

5）横刃斜角 ψ。横刃斜角是在垂直于钻头轴线的端面投影中，横刃和主切削刃所加的锐角。它的大小与后角的大小密切相关。后角大时，横刃斜角减小，横刃变长，轴向阻力增大，钻削时不易定心。标准麻花钻的横刃斜角 $\psi=50°\sim55°$。

3. 麻花钻头的修磨

（1）标准麻花钻头的缺点

1）横刃较长。横刃前角为负值，钻削时，横刃处于挤刮状态，产生很大的轴向力，使钻头容易发生抖动，定心不良。

2）主切削刃上各点的前角大小不一，从外缘处约+30°到靠近钻心处约−30°，外缘处前角过大，而里侧前角又过小，切削性能差，产生热量大，磨损严重。

3）钻头副后角为零，靠近切削部分的棱边与孔壁的摩擦比较严重。

4）主切削刃外缘处的刀尖角较小，前角较大，而此处切削速度最高，摩擦最剧烈，磨损极为严重。

5）主切削刃长，且全长参与切削，切屑宽，各点上切屑流向和速度相差很大，因而钻屑成螺旋卷，排屑不顺利，切削液也不易注入到切削刃部。

（2）标准麻花钻的修磨　由于标准麻花钻存在以上缺点，为改善性能，通常针对具体情况对麻花钻的切削部分进行修磨。修磨办法有如下几种。

1）修磨横刃。修磨横刃的方法其一是直接磨短横刃，使修磨后的横刃为原长度的1/5~1/3，可显著减小轴向抗力，提高钻头定心作用。其二是修磨前角，将钻心前刀面磨去一些，以增大横刃前角，减小挤刮现象。修磨横刃后形成内刃，内刃倾角 $\tau=20°\sim30°$，内刃前角 $\gamma_\tau=-15°\sim0°$。如图9-66所示。

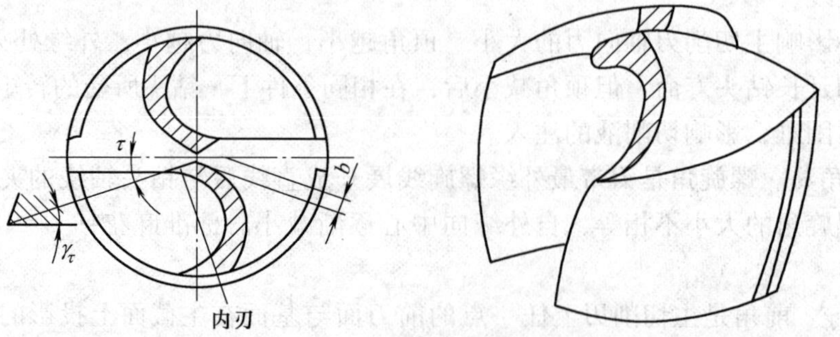

图9-66　修磨横刃

2）修磨主切削刃。修磨主切削刃的方法主要是修磨出第二顶角 $2\phi_0=70°\sim75°$。在钻头外缘处磨出过渡刃（$f_0=0.2d$），以增大外缘处的刀尖角，改善散热条件，增强主切削刃与棱边交角处耐磨性，延长钻头寿命，减少孔壁的残留面积，提高加工质量。如图9-67

所示。

3）修磨分屑槽. 直径在 15mm 以上的钻头都可以磨出分屑槽。在两个后刀面上磨出几条相互错开的分屑槽，使切屑变窄，以利于排屑，可提高钻头的切削性能，使其易于加工钢料。如图 9-68 所示。

4）修磨棱边. 在靠近主切削刃的一段棱边上，磨出 5°~8°的副后角，如图 9-69 所示，并保留棱边宽度为原来的 1/3~1/2，可减少钻头对孔壁的摩擦，延长钻头寿命。

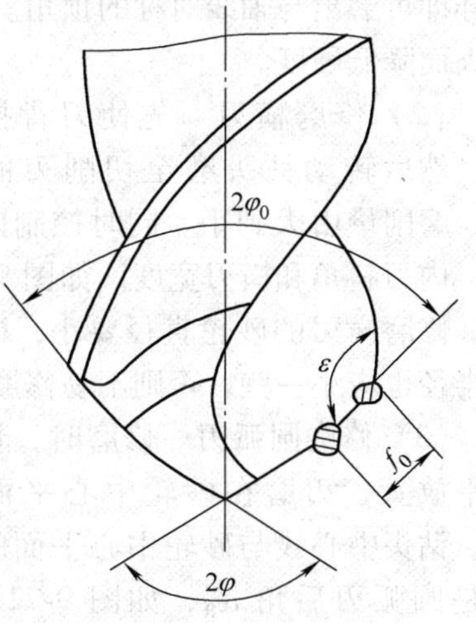

图 9-67　修磨主切削刃

4. 钻头的刃磨

钻头切削刃磨钝或切削部分损坏后，必须进行刃磨，以恢复其正确的几何形状和切削能力。钻头刃磨在砂轮机上进行，砂轮磨料为刚玉，粒度号为 46~80，砂轮硬度采用中软级，其粒度粗细与钻头直径相适应：大直径钻头用粗砂轮，小直径钻头用细沙轮。砂轮刃磨方法如下。

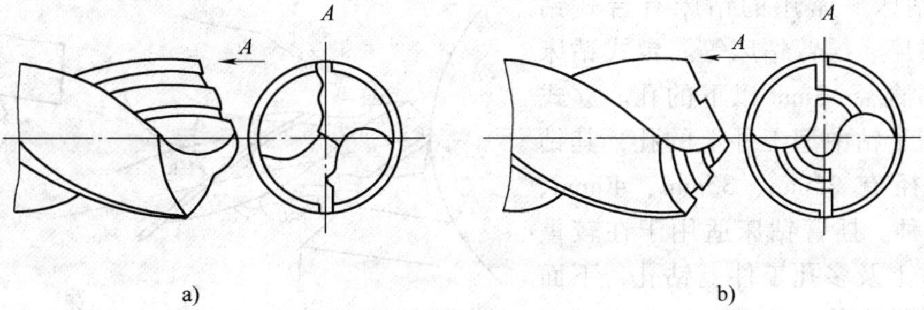

图 9-68　修磨分屑槽

（1）修磨主切削刃　将主切削刃置于水平状态，钻头中心线和砂轮圆柱面母线在水平面内形成的夹角等于钻头顶角的一半。刃磨时，右手握住钻头的头部做定位支点，左手握住钻柄，将刃口平行接触砂轮面，逐渐刃磨。在刃磨过程中，将钻头沿轴线顺时针转动 35°~40°，钻柄向下摆动约等于后角。如此反复进行 2~3 次，即可磨好一条切削刃，如图 9-70 所示。再反转 180 度，磨另一条主切削刃，此时应保持钻头只绕轴线转动，而不改变空间位置，

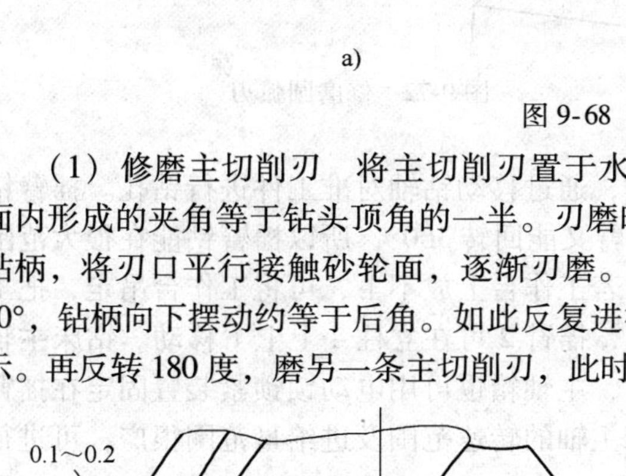

图 9-69　修磨棱边

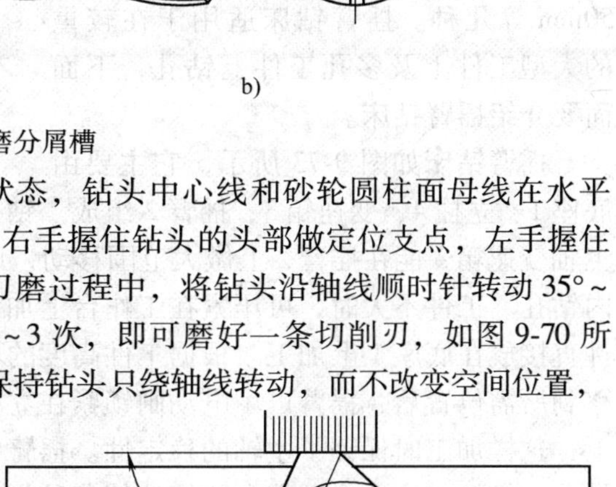

图 9-70　修磨主切削刃

这样即可磨出与轴线对称的顶角。钻头刃磨时压力不应过大，且经常蘸水冷却，防止因过热退火而降低硬度。

（2）修磨横刃　先使刀背接触砂轮，然后转动钻头磨至切削刃的前刀面，磨削量由大到小。同时控制内刃前角、内刃斜角和横刃宽度，如图 9-71 所示。修磨横刃的砂轮直径要小，砂轮圆角半径也应小一些，否则不易修磨好。

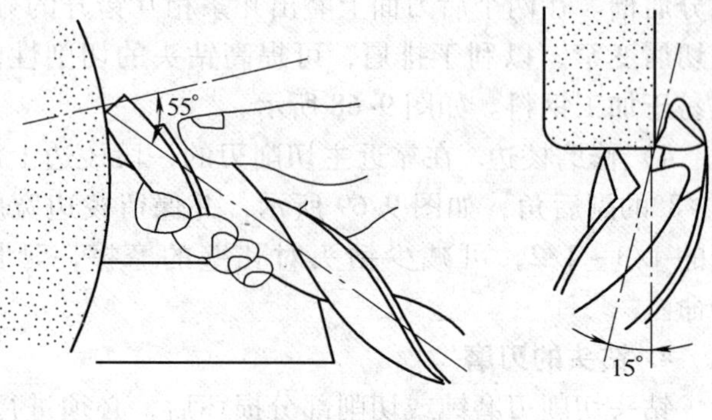

图 9-71　修磨横刃

（3）修磨圆弧刃　修磨时，切削刃水平放置，刃磨在砂轮中心平面上进行。钻头中心线与砂轮中心平面的夹角就是圆弧刃后角 α_R，如图 9-72 所示。刃磨时，钻头不能上下摆动或平移，但可作微量移动。刃磨时应控制圆弧半径、内刃顶角、横刃斜角、外刃长度和钻头高五个参数。

5. 钻床与钻夹头

（1）钻床　常用的钻床有台式钻床、立式钻床、摇臂钻床等。台式钻床一般用于钻直径 13mm 以下的孔。立式钻床一般用于钻中型工件上的孔，其钻孔最大直径有 25mm、35mm、40mm、50mm 等几种。摇臂钻床适用于在较重的大型工件上及多孔工件上钻孔，下面简要介绍摇臂钻床。

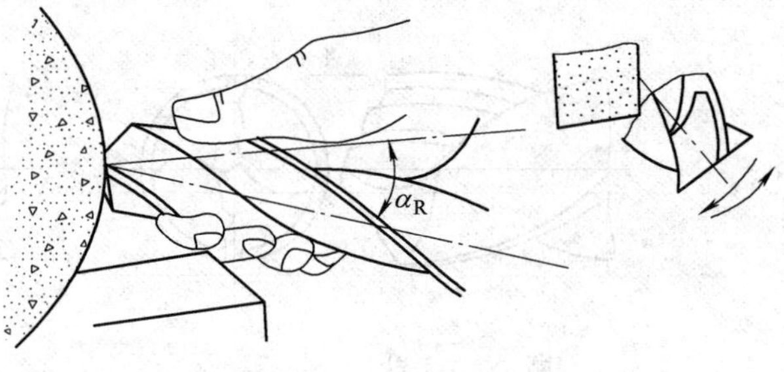

图 9-72　修磨圆弧刃

摇臂钻床如图 9-73 所示，它主要由底座 1、立柱 4、变速箱 3、摇臂 2 组成。钻孔时，通过移动钻轴对准工件进行钻孔。摇臂钻主轴变速箱 3 能在摇臂 2 上做大范围移动，而摇臂又能回转 360°，所以摇臂钻能在很大范围内钻孔。工件不大时，可压紧在工作台上加工。若工作台上放不下，可将工作台吊走，把工件直接放在底座 1 上加工。根据工件高度的不同，摇臂 2 可在立柱 4 上上下移动。钻床主轴移到所需位置后，摇臂可用电动闸锁紧在立柱上，主轴箱也可用电动锁锁紧装置固定在摇臂上，这样加工时保证了主轴的稳定性。摇臂钻床主轴的转速范围及进给量范围很广，可进行钻孔、扩孔、锪孔、镗孔和攻螺纹等各种加工。

（2）装卡钻头工具

1）钻夹头。钻夹头用来装夹直径 13mm 以下的直柄钻头。如图 9-74 所示，夹头体 1 上部有一锥孔，用于紧配入夹头柄，而夹头另一端为莫氏锥柄，可装入钻床主轴锥孔内。钻夹头中的三个夹爪 4 用来夹紧直柄钻头。用小锥齿轮的钥匙 3 插入钻夹头体上的小孔，小锥齿轮带动夹头套 2 上的大锥齿轮，使压入夹头套 2 内的内螺纹 5 一起旋转，通过三个夹爪上部的牙齿，使三个夹爪推出或缩进，以夹紧或放松钻头。

2）钻头套。钻头套用来装夹带锥柄的钻头。一套钻头套有五个，如图 9-75a 示，使用时根据钻头锥柄的莫氏锥度的号数选用相应的钻头套。图 9-75b 所示为用楔铁拆卸钻头的方

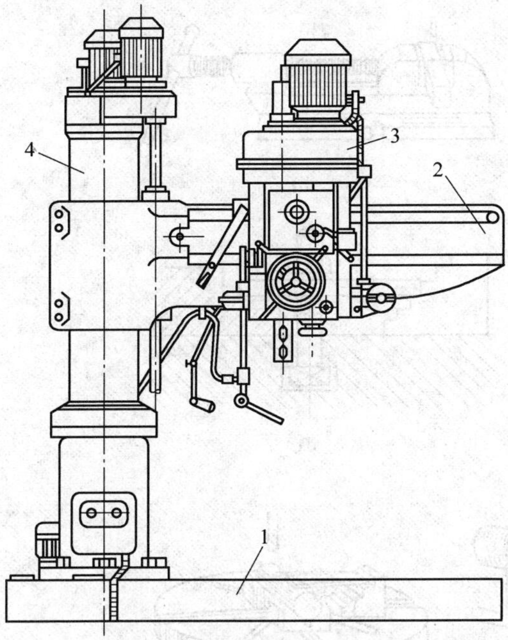

图 9-73 摇臂钻床

1—底座 2—摇臂 3—变速箱 4—立柱

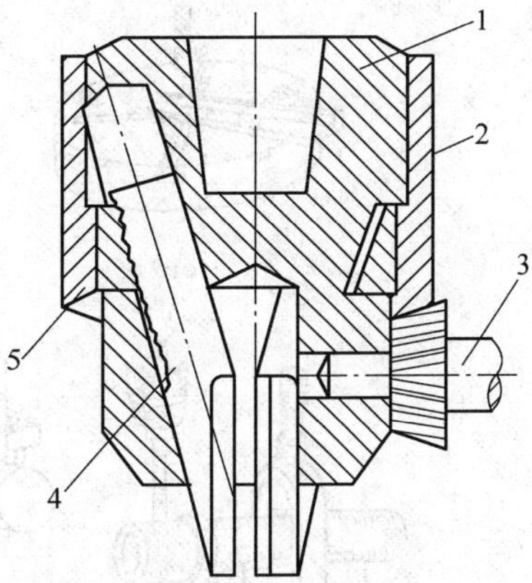

图 9-74 钻夹头

1—夹头体 2—夹头套 3—钥匙

4—夹爪 5—内螺纹

法。拆卸钻头时，应将楔铁圆弧的一边朝上，平面朝下，且退下钻头时，要用手把持住钻头，以免打楔铁时钻头落下损坏钻头。

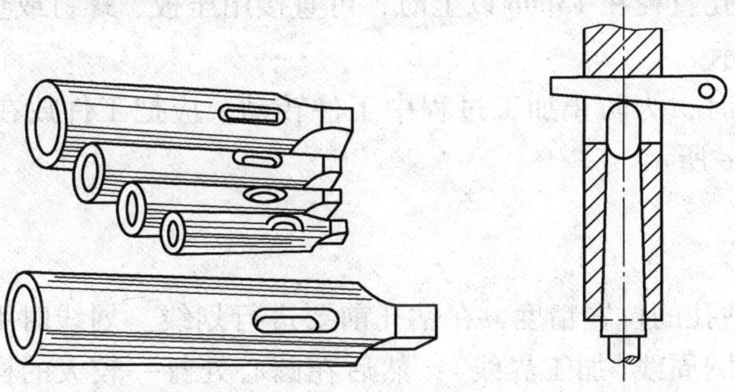

图 9-75 钻头套和钻头的拆卸

a）钻头套 b）楔铁拆钻头

6. 钻孔方法

(1) 工件的夹持 工件在钻孔前必须夹紧，以防止钻孔时因工件移动而折断钻头或使钻孔位置偏移。工件的夹持方法要根据工件的大小和形状而定。

对于小型工件和薄板件钻孔时，可用钳工钳夹持，如图 9-76a 所示。

对于小而厚、形状规整的工件，可用平口钳夹持，如图 9-76b 所示。

在较长工件上钻小孔，可直接用手把持。为确保安全，在钻床工作台面上用螺钉靠住，

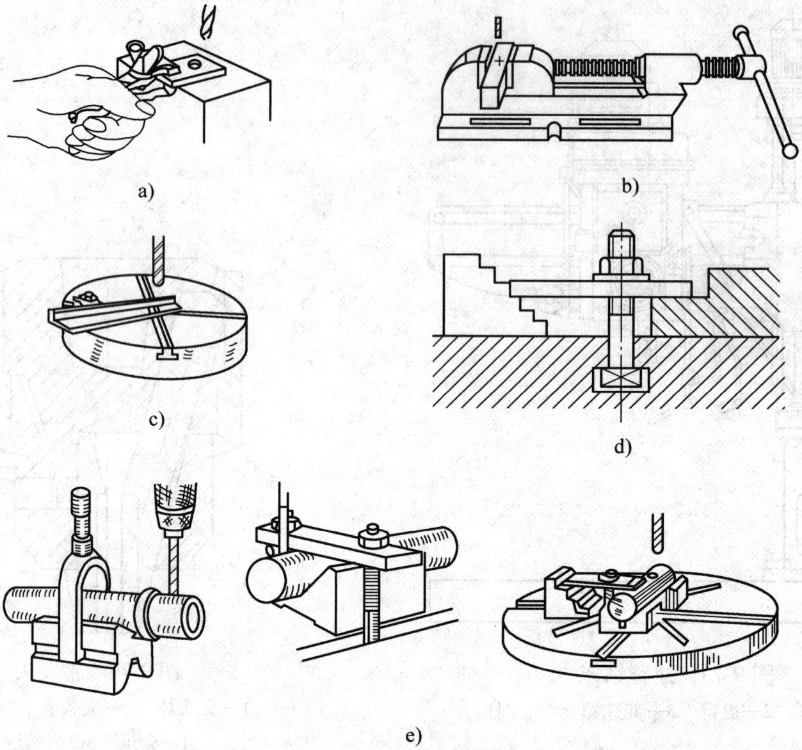

图 9-76　钻孔时工件的夹持方法

如图 9-76c 所示。

对于较大的工件，钻孔直径在 13mm 以上时，可直接用压板、螺钉或垫铁将其固定在工作台面上，如图 9-76d 所示。

在圆柱形工件上钻孔时，为防止加工过程中工件转动，应把工件放在 V 形块上，然后再用压板压紧。如图 9-76e 所示。

（2）钻孔方法

1）一般工件的钻孔。

① 划线。为保证所钻孔的位置精度，在钻孔前要进行划线。划线时不仅要画出孔的十字中心线，还要画出孔的圆周线（加工界线），然后在圆心处打一较大的样冲眼，以便钻孔时钻头横刃能落入样冲眼内，钻头不易偏离钻孔中心。

② 试钻。起钻的位置是否准确，将直接影响到孔的位置精度，因此起钻时，一定要使钻头的钻尖对准孔的中心。通过在相互垂直的两个方向进行观察，确认对准后，然后试钻一浅坑，看钻出的锥坑与所划的钻孔圆周线是否同心。若同心，就可继续钻孔，否则要进行借正。

③ 借正。借正就是对偏斜的锥坑进行必要的纠正。方法是如果偏离较多，可用扁錾在需要多钻去的部位錾出几条槽，减少材料对钻头的阻力，如图 9-77 所示。如果偏离较少，可用样冲在需要去掉的部位冲眼纠偏，然后再进行试钻，直到完全校正为止。要注意的是，无论何种方法，都必须在锥坑外圆小于钻头直径之前完成。

在钻直径超过 30mm 的孔时，应分两次进行钻孔。先钻出直径为要求直径的 50%～70% 的孔，然后再按要求的直径扩孔。

2）在圆柱体工件上钻孔。如果在圆柱体工件上所钻的孔通过圆柱体的轴线并与轴线垂直，且对称度要求较高时，必须做一定心工具，如图 9-78a 所示。钻孔前，先将定心工具夹持在钻夹头内，用千分表找正其圆锥部分与钻床主轴间的同轴度，使其摆动量在 0.01～0.02mm 之间。下降钻轴，使定心工具的圆锥部分和 V 形块贴合，用压铁固定 V 形块。然后换上钻头，将工件置于 V 形块上，用直角尺或其他工具找正工件的钻孔位置，如图 9-78b 所示，使钻头对准钻孔中心后，压紧工件，即可进行试钻。

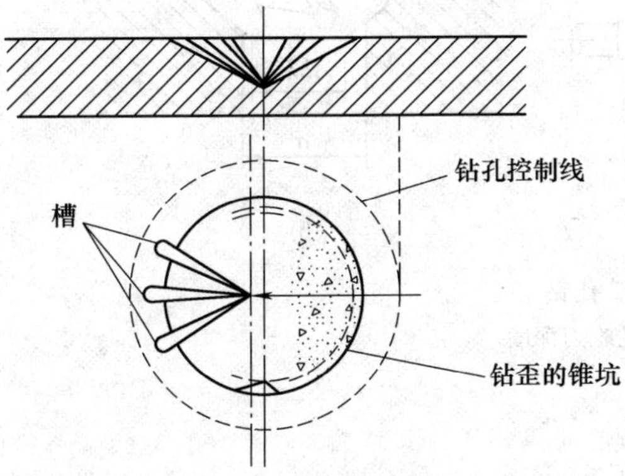

图 9-77 纠正钻偏的方法

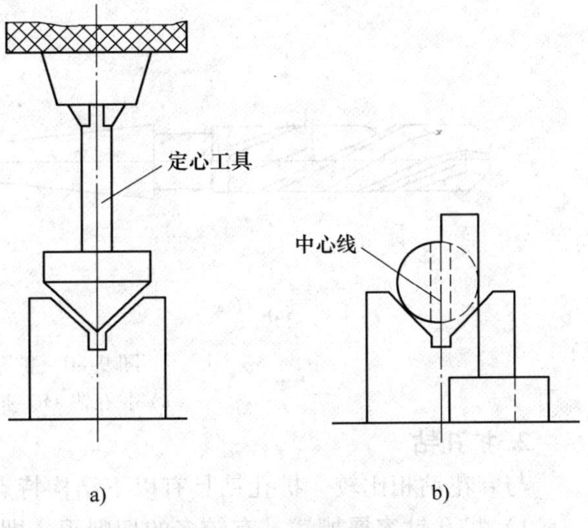

图 9-78 在圆柱形工件上钻孔

钻孔时，试钻一浅坑，观察中心位置是否准确，如有偏差，往往是横刃过长，钻头不够锋利所致。可重新修磨横刃，适当减小顶角后，再进行试钻。

当对称度要求不太高时，可不用定心工具，直接用钻头尖对正 V 形块中心位置找正，然后用直角尺找正工件一端的中心线，进行试钻和钻孔。

3）钻半圆孔。钻半圆孔与一般钻孔不同，最好用半孔钻。半孔钻是将钻头的钻心修磨成凸凹形，以凹为主，突出两个外刃尖，使钻头的切削表面形成凸筋，限制了钻头的偏移，可以进行单边切削，适宜于低速手动进给。

对于需钻半圆孔的工件，还可采用把两件合起来一起钻(图 9-79a)。若只钻一件时，可与另一块材料合并在一起，夹在台虎钳上进行钻孔(图 9-79b)。

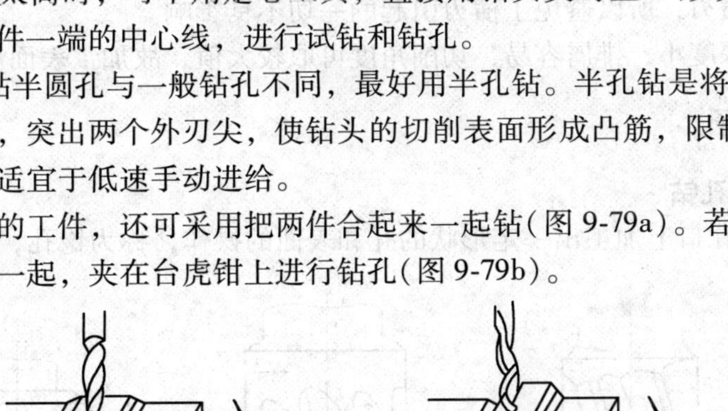

图 9-79 钻半圆孔

9.2.5 扩孔

1. 概述

用扩孔钻或麻花钻对工件上已有的孔进行扩大加工的操作方法成为扩孔，如图 9-80 所示。扩孔精度比钻孔精度高，公差等级可达 IT9~IT10，表面粗糙度值可达 Ra12.5~3.2μm。所以扩孔常作为孔的半精加工，也可用作铰孔前的预加工。

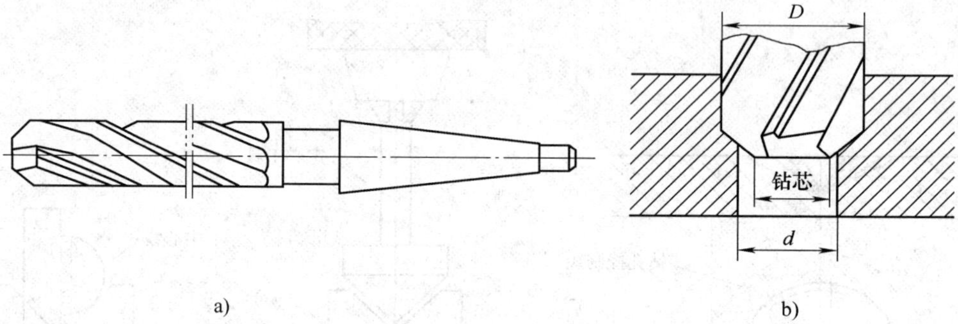

图 9-80 扩孔与扩孔钻
a）扩孔钻 b）扩孔的吃刀深度

2. 扩孔钻

与麻花钻相比较，扩孔钻具有以下结构特点。

1）扩孔钻容屑槽浅，有较多的切削刃，即有较多的刀齿棱边刃，增强了导向作用，切削较为平稳，因而扩孔质量比钻孔质量高。

2）由于扩孔钻的钻心较粗，具有较好的刚度，所以可以增大进给量。扩孔的进给量为钻孔的 1.5~2 倍，但切削速度约为钻孔的 1/2。

3）因没有横刃，所以避免了横刃引起的一切不良影响。

4）因切削深度小，排屑容易，切削角度可取较大值，故加工表面质量较好。

9.2.6 锪孔

1. 锪孔与锪孔钻

用锪孔钻在孔口上加工出一定形状的孔和表面的操作，称为锪孔，如图 9-81 所示。

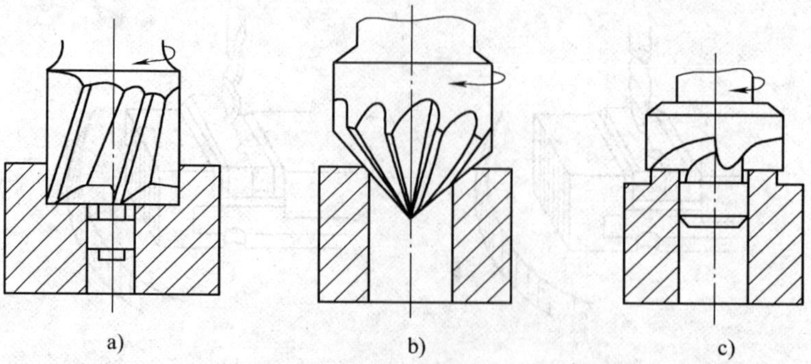

图 9-81 锪孔
a）锪圆柱形沉孔 b）锪圆锥形沉孔 c）锪凸台面

锪孔的工具主要是锪孔钻。锪孔钻主要由以下几种。

（1）柱形锪钻　柱形锪钻（图 9-82）用于锪圆柱形沉孔，主切削刃是端面刀刃，螺旋槽的斜角是它的前角 $\gamma=15°$，后角 $\alpha=8°$。副切削刃是外圆柱面上的刀刃，起修光孔壁的作用。柱形锪钻前端有导柱，导柱直径与已有孔配合，使柱形锪钻具有良好的定心导向作用和导向性。

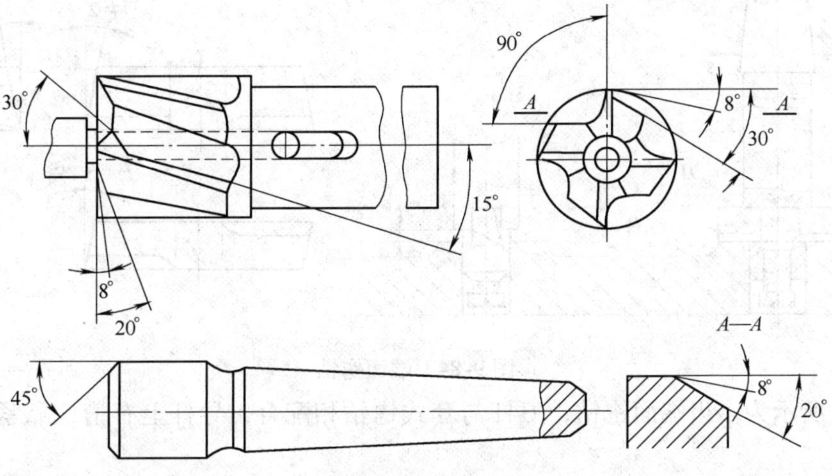

图 9-82　柱形锪钻

（2）锥形锪钻　锥形锪钻（图 9-83）用于锪圆锥形沉孔，锥角有 60°、75°、90°和 120°四种，其中 90°的应用最多。锥形锪钻的直径在 12～16mm 之间，切削刃数为 4～12 个。锥形锪钻的前角 $\gamma=0°$，后角 $\alpha=6°\sim8°$。锥形锪钻也可由麻花钻改制。

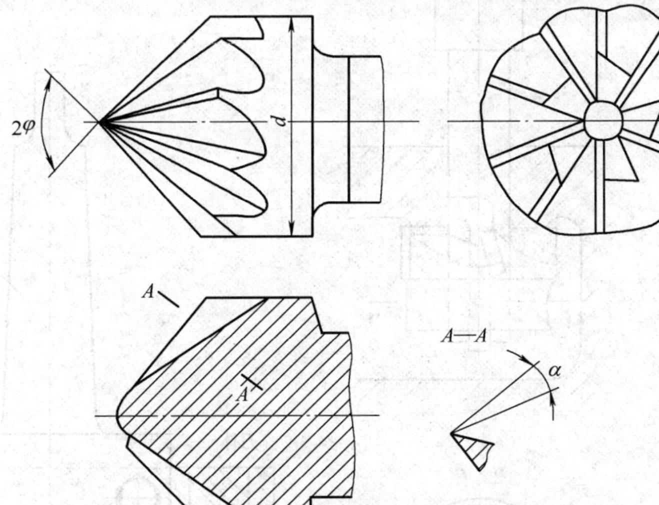

图 9-83　锥形锪钻

（3）端面锪钻　端面锪钻用于锪凸台端面。简单的端面锪钻如图 9-84 所示，它的刀片由高速钢刀条磨成，并用螺钉紧固在导杆上。前角大小应根据加工材料而定，锪铸铁时，$\gamma=5°\sim10°$，锪钢材时，$\gamma=15°\sim25°$；后角一般为 $\alpha=6°\sim8°$。刀杆上的方孔要与刀杆轴线相垂直，刀片与方孔采用 h6 的间隙配合。刀杆导向部分与工件孔采用 f7 的间隙配合，起引导作用，保证锪出的端面与孔的轴线垂直。

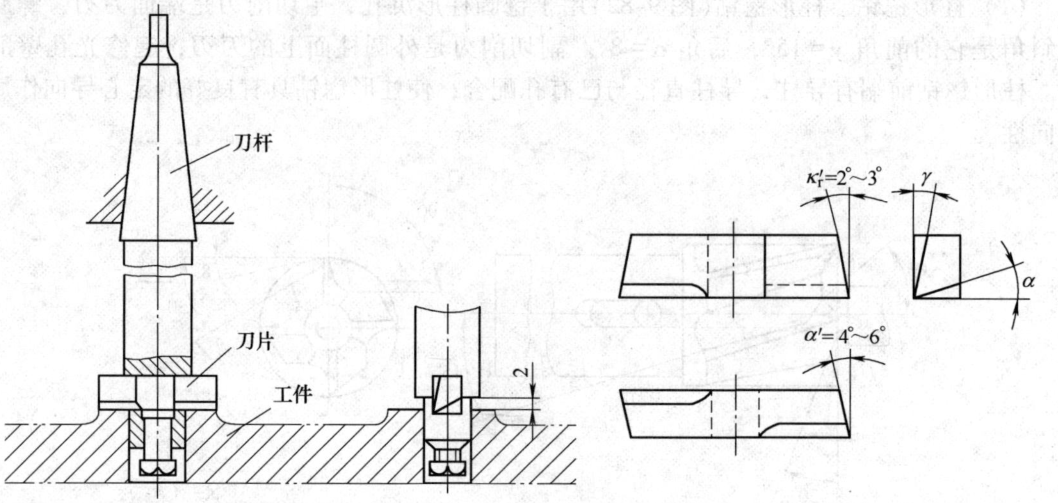

图 9-84　端面锪钻

图 9-85 所示为多齿端面锪钻，刀杆与套式锪钻相配合，导杆上有槽，靠紧定螺钉带动锪钻旋转。

（4）薄板上锪大孔的套料工具　当薄板上需加工大直径的孔时，若将大直径的麻花钻磨成薄板钻，既费时，也很不经济。这时可以用一种套料工具，如图 9-86 所示。其刀杆可以在刀体方槽中做适当的调节移动，以达到所需的方孔直径。锪孔前，先在工件上钻出一个

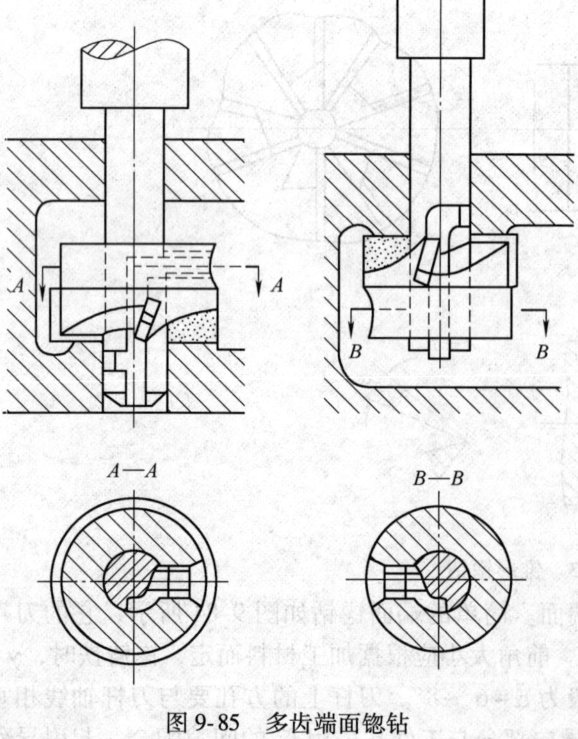

图 9-85　多齿端面锪钻

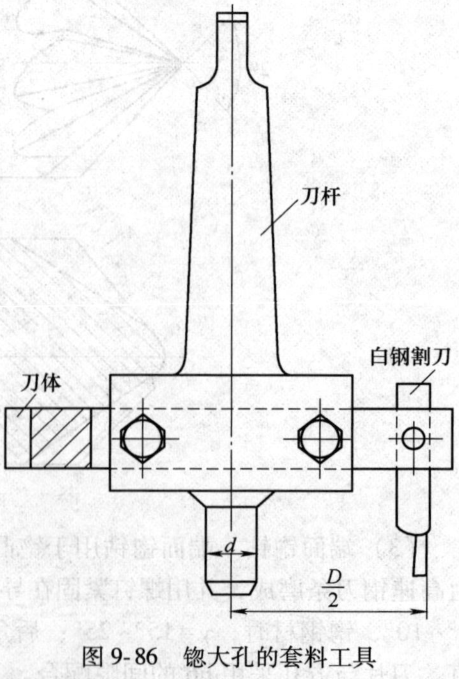

图 9-86　锪大孔的套料工具

孔，刀体下部的定心圆柱与孔配合。锪孔开始，钻头转速要缓慢，进给量要小，工件应压紧，板料下面要垫空。将要钻透时，减低压力，使进给量变得相当小，或停止进刀，未切透部分用锤子敲下来，防止刀头陷进而折断或带动工件造成事故。

2. 锪孔操作要点

1）锪孔时，进给量可大些，一般可为钻孔的 2~3 倍。而切削速度应比钻孔低，一般为钻孔的 1/3~1/2。精锪时，往往利用钻床停车后主轴的惯性来锪孔，以减少振动。

2）若用麻花钻改制锪钻，则要尽量选用较短的钻头来磨，并注意修磨前角。减小前角，可防止扎刀和振动，选用较小后角，可防止产生多角形。

3）锪钢件时，因切削发热量大，应对导柱和切削表面进行冷却和润滑。

4）注意安全生产，确保刀杆和工件装夹可靠。

9.2.7　铰孔

用铰刀从工件孔壁上切除微量金属层，以提高孔的尺寸精度和降低表面粗糙度的加工方法，称为铰孔。铰孔用的刀具叫铰刀，它是一种尺寸精确的多刃刀具。由于铰刀的切削刃数量多，切削余量小，导向性好，刚性好，故加工精度高，其尺寸精度一般可达 IT7~IT9，表面粗糙度值 $Ra \leqslant 3.2\mu m$。铰孔是精密制造中经常采用的孔加工方法。

1. 铰刀的种类

铰刀的种类很多，钳工常用的有以下几种。

（1）标准圆柱直铰刀　标准圆柱直铰刀由工作部分、颈部和柄部组成，如图 9-87 所示。

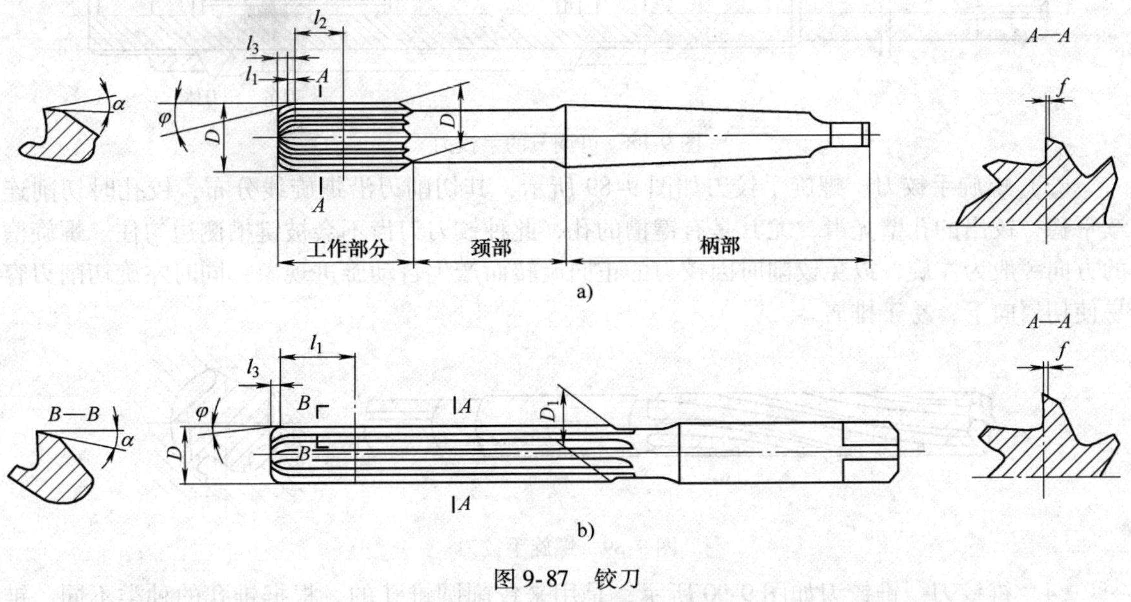

图 9-87　铰刀
a）机铰刀　b）手铰刀

1）工作部分。铰刀的工作部分由切削部分和校准部分组成。切削部分（l_1 部分）呈锥形，担任主要切削工作。一般手铰刀的锥角 2φ 约为 1°~3°，定心作用好，轴向力较小，操作省力。机铰刀工作时的导向和进给由机床保证，故锥角较大，在铰削钢材及其他韧性材料通孔时，$2\varphi=30°$；铰削铸铁及其他脆性材料通孔时，$2\varphi=6°\sim10°$；在铰盲孔或阶梯孔时，为使剩余的圆锥部分尽量短，锥角 $2\varphi=90°$。为便于将铰刀引入孔中，在工作部分最前端有一引导锥（l_3 部分），引导锥的锥度为 90°。

紧接切削部分的后边为铰刀的校准部分。校准部分的作用是导向、校准和修光孔壁，同时校准部分又是铰刀的备磨部分。机铰刀的校准部分由圆柱形校准部分（l_2 部分）和倒锥校准部分两段组成，而手铰刀只有倒锥校准部分。校准部分的切削刃上有后角为零的棱边，用来引导铰削的方向和修整孔的尺寸。为减少棱边和孔壁的摩擦，棱边应较窄，一般 $f=0.1\sim0.3$mm。机铰刀的校准部分做的很短，而且倒锥量大一些。手铰刀切削速度低，全靠校准部分导向，所以校准部分较长，整个校准部分都做成倒锥，倒锥量较小（0.005~0.008mm）。

铰孔的切削余量很小，切屑变形也小，一般铰刀前角 $\gamma=0°$，使铰削近似于刮削，故可得到较小的表面粗糙度。切削部分后角一般都磨成 $\alpha=6°\sim8°$。

标准铰刀的齿数用 Z 表示，当直径 $D<20$mm 时，$Z=6\sim8$；当 $D>20\sim50$mm 时，$Z=8\sim12$。为了便于测量铰刀直径，铰刀齿数多取偶数。

2）颈部。颈部是为加工切削刃时供退刀用，一般在此刻有商标和规格。

3）柄部。柄部是用于铰刀的装夹和传递转矩。

（2）可调节的手铰刀　可调节手铰刀如图 9-88 所示，刀体上开有六条直槽，将六条具有相同斜度的刀片嵌在槽内，刀片两端用调节螺母和压圈压紧。只要调节两端螺母，可使刀片沿斜槽移动，从而改变铰刀直径。其最大特点是直径可在一定范围内调节，故主要用于单件小批量生产中。

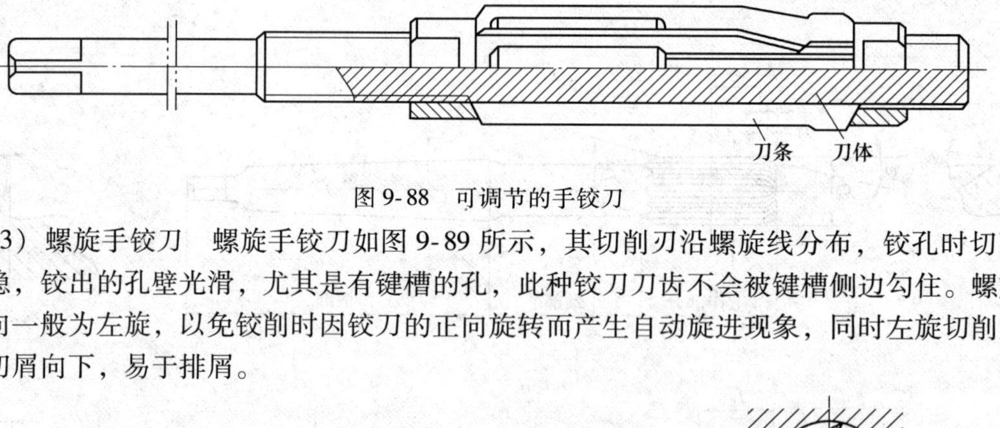

图 9-88　可调节的手铰刀

（3）螺旋手铰刀　螺旋手铰刀如图 9-89 所示，其切削刃沿螺旋线分布，铰孔时切削连续平稳，铰出的孔壁光滑，尤其是有键槽的孔，此种铰刀刀齿不会被键槽侧边勾住。螺旋槽的方向一般为左旋，以免铰削时因铰刀的正向旋转而产生自动旋进现象，同时左旋切削刃容易使切屑向下，易于排屑。

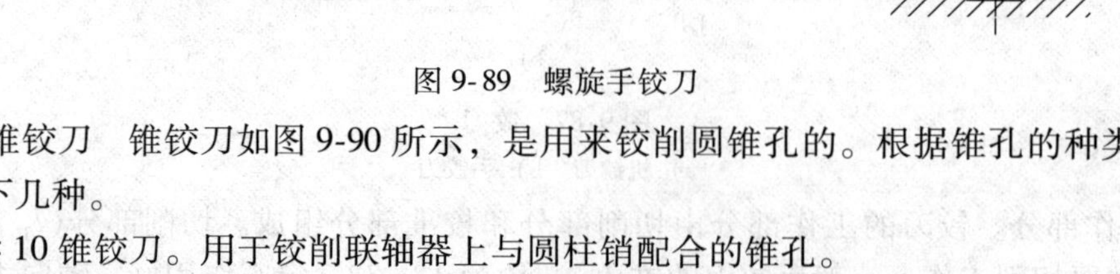

图 9-89　螺旋手铰刀

（4）锥铰刀　锥铰刀如图 9-90 所示，是用来铰削圆锥孔的。根据锥孔的种类不同，锥铰刀有以下几种。

1）1∶10 锥铰刀。用于铰削联轴器上与圆柱销配合的锥孔。

2）1∶30 锥铰刀。用于铰削套式刀具上的锥孔。

3）莫氏锥铰刀。其锥度近似于 1∶20，用于铰削 0~6 号的莫氏锥孔。

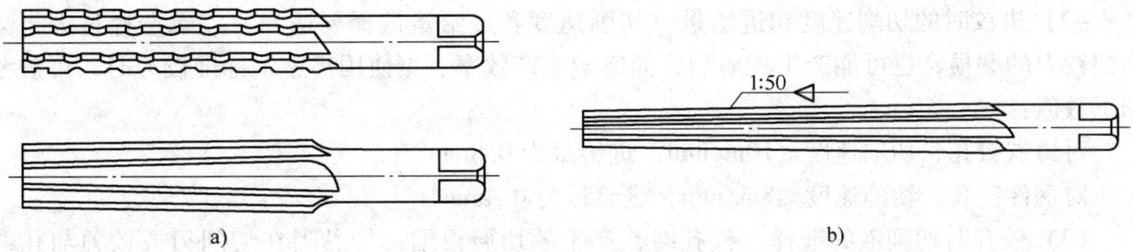

图 9-90　锥铰刀
a）两把一套的锥铰刀　b）1∶50 的锥铰刀

4）1∶50 锥铰刀。用于铰削锥形定位销孔。

用锥柄铰孔，加工余量大，其刀刃全部参加切削，铰削时比较费力。为减轻粗铰时的负荷，在粗铰刀上开有呈螺旋形分布的分屑槽。另外，可将铰削孔的底孔钻成阶梯孔（图 9-91），其最小直径为锥孔小端直径，并留有铰削余量。

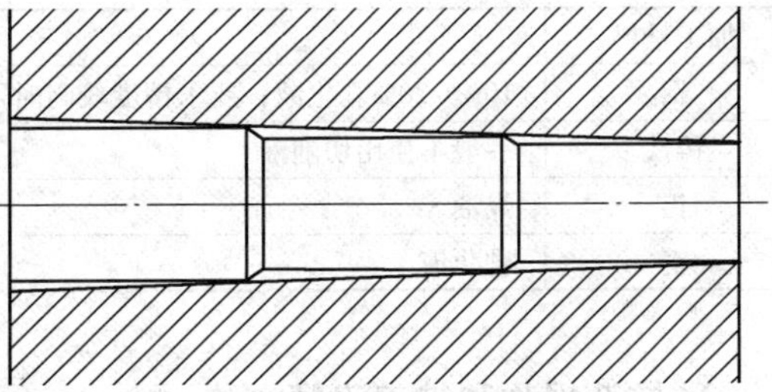

图 9-91　铰削前钻成的阶梯孔

（5）硬质合金铰刀　硬质合金铰刀主要用于高速铰削和硬材料的铰削。其结构采用镶片式，有 YG 类和 YT 类。YG 类适合铰削铸铁类材料，YT 类适合铰削钢件。

硬质合金铰刀有直柄和锥柄两种，如图 9-92 所示。直柄硬质合金铰刀按直径分为 6mm、7mm、8mm、9mm 四种规格；按公差分为 1 号、2 号、3 号、4 号，可分别铰出 IT7、IT8、IT9、IT10 级的孔。锥柄硬质合金机铰刀直径范围为 10～28mm，按公差分为 1 号、2 号、3 号，可分别铰出 IT9、IT10、IT11 级的孔。

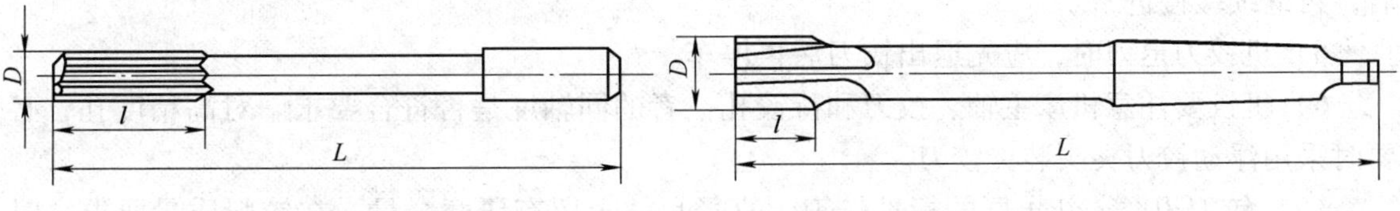

图 9-92　硬质合金铰刀
a）直柄式　b）锥柄式

2. 铰削用量和冷却润滑

（1）铰削用量的选择　铰削用量是指上道工序完成后留下的直径方向的加工余量。铰削余量过小，难以消除上道工序留下的残痕；铰削余量过大，切削负荷大，会使切削过程不稳定，切削热增多，铰刀直径热胀，使孔径扩大，铰刀磨损加剧，孔壁粗糙。

铰削余量的大小应根据铰孔的精度、表面粗糙度、孔径的大小、材料硬度和铰刀类型来确定。切削余量大小可参考表 9-3。

表 9-3　铰削余量　（单位：mm）

铰孔直径	<5	5～20	21～32	33～50	51～70
铰削余量	0.1～0.2	0.2～0.3	0.3	0.5	0.8

（2）机铰时的切削速度和进给量　切削速度和进给量选择要适当。如果选择过大，会加快铰刀的磨损，也可能产生积屑瘤，而影响生产效率。当使用高速钢标准铰刀时，可参考如下数值：

对铸铁铰孔，切削速度≤10m/min，进给量为0.8mm/r；

对钢件铰孔，切削速度≤8m/min，进给量为0.4mm/r。

（3）铰孔时切削液的选择　铰孔时，产生的切屑很细，易黏附在切削刃或铰刀与孔壁之间，使已加工表面拉毛，孔径扩大。所以铰削时必须加入适当的切削液，对工件和铰刀进行散热冷却、冲洗切屑，提高加工质量。切削液的选择见表9-4。

表9-4　铰孔时切削液的选择

加工材料	切　削　液
钢	10%~20%乳化液；要求精度较高时可采用30%菜油加70%肥皂水或直接使用菜油、柴油等
铸铁	一般不使用切削液
铝	煤油
铜	乳化液

3. 铰孔操作和铰刀刃磨方法

（1）铰孔操作要点

1）手铰孔时，两手用力要均衡，以免在进口处出现喇叭口或孔径扩大。进给时应一边转，一边轻轻加压，否则表面会很粗糙。

2）铰孔过程中，铰刀只能顺转，否则会使孔壁拉毛，甚至崩刃。

3）铰孔时，进给量和切削速度要均匀适当，并不断加注切削液。

4）当手铰刀被卡住时，不要猛力扳转铰刀，应及时取出铰刀，清除切屑，检查铰刀后，再继续缓慢进给。

5）机铰刀退刀时，应先退出铰刀后再停车。

6）机铰要注意机床主轴、铰刀和待铰孔三者的同轴度是否符合要求。对高精度孔，必要时采用浮动铰刀夹头装夹铰刀。

（2）铰刀刃磨　新出厂的标准铰刀，直径尺寸上留有研磨余量。在铰削质量要求高时铰孔前应先进行研磨，使其达到使用技术要求。铰刀的刃磨方法是：

1）用三角油石刃磨铰刀前面，提高铰刀锋利程度；并磨削后刀面，使刃带宽度在一定尺寸内。

2）再用油石沿锥度方向修磨铰刀的切削部分。

3）研磨铰刀的外径。常用的研具有三种：

① 整体式研具，如图9-93所示。制作简单，无调整量，适应于单件加工，研磨质量不

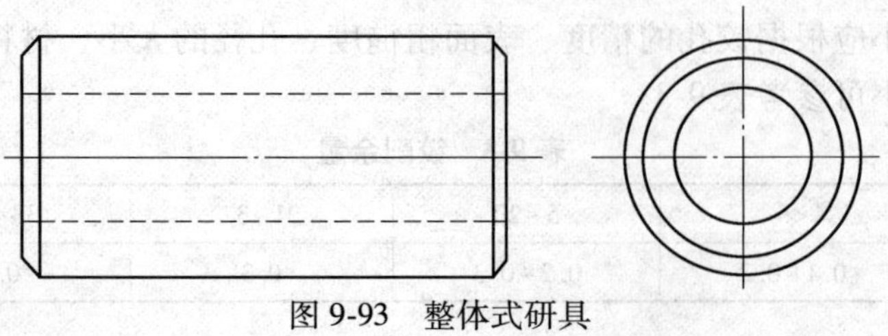

图9-93　整体式研具

太高。

② 径向调整式研具，如图9-94所示。由壳套、研套和调整螺钉组成。研套尺寸的胀缩依靠开有斜缝的弹性变形，由螺钉控制。这种研具使用较为普遍，但研具胀缩不均，尺寸精度不高。

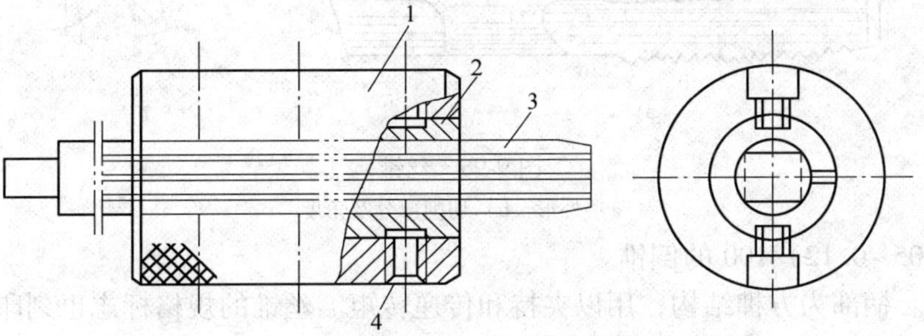

图9-94　径向调整式研具

1—壳套　2—研套　3—铰刀　4—调整螺钉

③ 轴向调整式研具，如图9-95所示。由壳套、研套、调整螺母和限位螺钉组成。旋转两端调整螺母，使带槽的研套在限位螺钉的控制下做轴向移动，即可调整孔径尺寸。这种研具胀缩均匀、准确，能控制尺寸公差在很小的范围内，适于研磨高精度的铰刀。

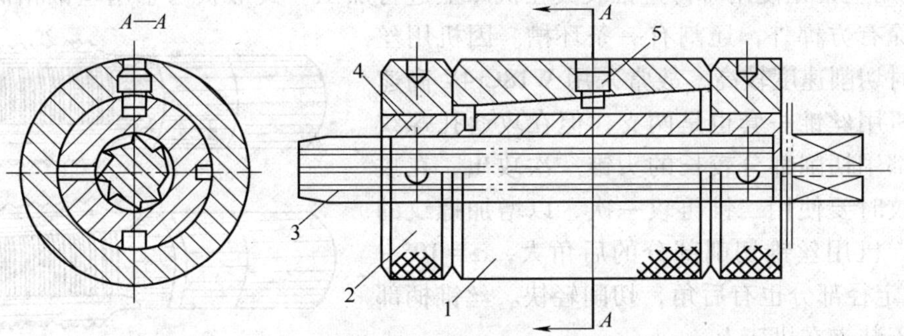

图9-95　轴向调整式研具

1—壳套　2—调整螺母　3—铰刀　4—研套　5—限位螺钉

9.2.8　攻螺纹

用丝锥在工件孔中加工出内螺纹的操作称为攻螺纹。

1. 攻螺纹刀具

（1）丝锥

1）丝锥的构造。丝锥是加工内螺纹的工具，由碳素工具钢或高速钢经热处理淬硬制成。丝锥由切削部分、定径部分和柄部组成，如图9-96所示。

① 切削部分。切削部分有锋利的切削刃，起切削作用。丝锥前端磨出锥角，切削时起引导作用。在切削部分和定径部分沿轴向有几条直槽，称为容屑槽，起排屑和注入切削液作用。丝锥切削部分前角 $\gamma=8°\sim10°$，后角 $\alpha=4°\sim6°$。

② 定径部分。又称为校准部分，用来确定螺孔的直径及修光螺纹，是丝锥的备磨部分，其后角 $\alpha=0$。为了减少其与孔壁的摩擦及减少所攻螺纹的扩张量，定径部分的大径、中径、

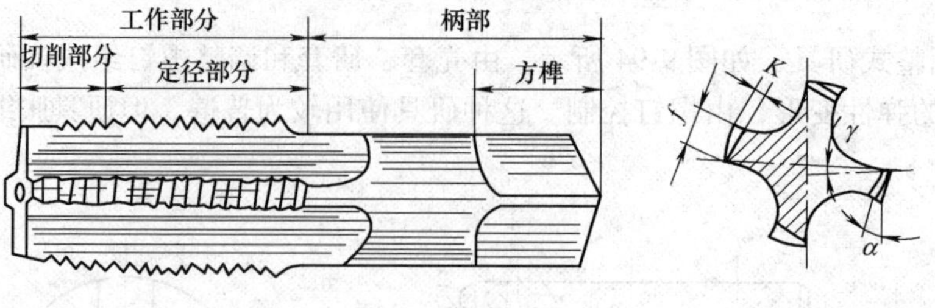

a） b）

图 9-96 丝锥

a）外形 b）切削部分及角度

小径均有(0.05~0.12)/100 的倒锥。

③ 柄部。柄部为方榫结构，用以夹持和传递转矩。丝锥的规格标志也刻印在柄部。

2）丝锥的种类. 丝锥的种类很多，钳工常用的丝锥有手用丝锥、机用丝锥和管子丝锥等。

① 手用丝锥是修理钳工常用的切削内螺纹的工具，一般每两支组成一套，称为头锥和二锥，以分担切削量。手用丝锥制造时一般都不经过磨削，工作时的速度较低，通常用 9SiCr、GCr9 钢制造。

② 机用丝锥在使用时将丝锥装夹在机床上进行加工。其形状与手用丝锥相似，不同之处是柄部除有方榫外，还割有一条环槽。因机用丝锥攻螺纹时切削速度较高，故常采用 W18Cr4V 高速钢制造。机用丝锥一套也是两支，但在攻通孔螺纹时，一般都用切削部分较长的头锥一次攻出，在攻不通孔螺纹时要使用二锥再攻一次，以增加螺纹的有效长度。机用丝锥切削部分的后角大，α = 10° ~ 12°，而且定径部分也有后角，切削轻快。丝锥柄部较长，便于装夹在机床上。

③ 管子丝锥是攻制管螺纹的工具，有 55°非密封管螺纹丝锥和 55°密封管螺纹丝锥两种，如图 9-97 所示。55°非密封管螺纹丝锥工作部分较短，两支一套。55°密封管螺纹丝锥直径从头到尾逐渐增大，而螺纹牙型始终与丝锥轴线垂直，保证内外螺纹牙型两边保持良好的接触。圆锥螺纹丝锥两支一套，也有一支一套的。

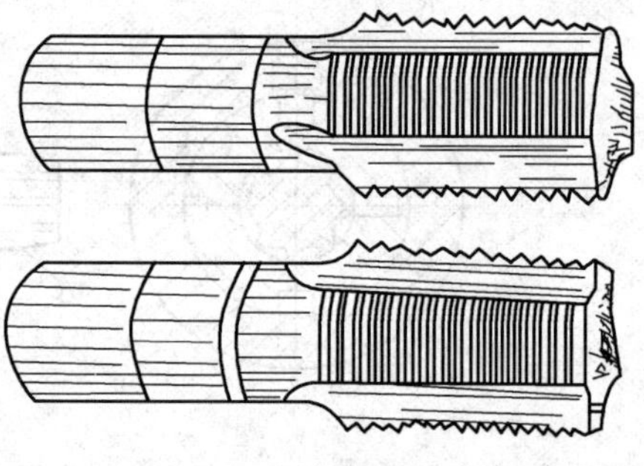

a）

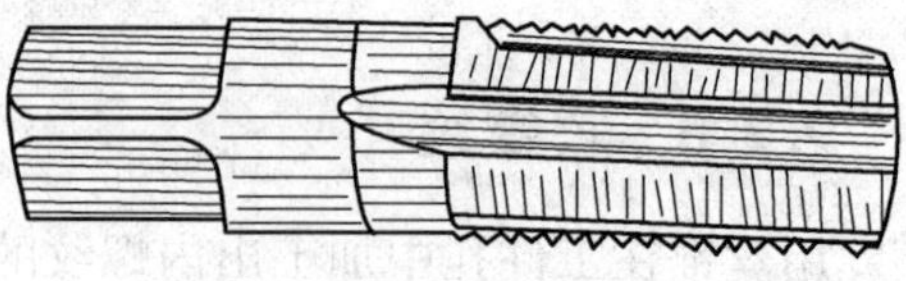

b）

图 9-97 管子丝锥

a）圆柱管螺纹丝锥 b）圆锥管螺纹丝锥

3）成套丝锥切削量的分配。为减少丝锥在攻螺纹时的切削力，提高丝锥的寿命和所加工螺纹的质量，一般将整个切削工作量分配给几只丝锥来承担，通常 M6 ~ M24 的丝锥一套有两支；M6 以下及 M24 以上的丝锥一套有三支；细牙螺纹丝锥为一套两支。成套丝锥对每支丝锥切削用量的分配方式有两种：锥形分配和柱形分配，如图 9-98 所示。

① 锥形分配是在一组丝锥中，每支丝锥的大径、中径、小径都相等，只是切削部分的长度和锥角不同，如图 9-98a 所示。头锥切削部分的长度为 5 ~ 7 个螺距；二锥切削部分的长度为 2.5 ~ 4 个螺距；三锥切削部分的长度为 1.5 ~ 2 个螺距。所以当攻通螺纹时，只用头锥

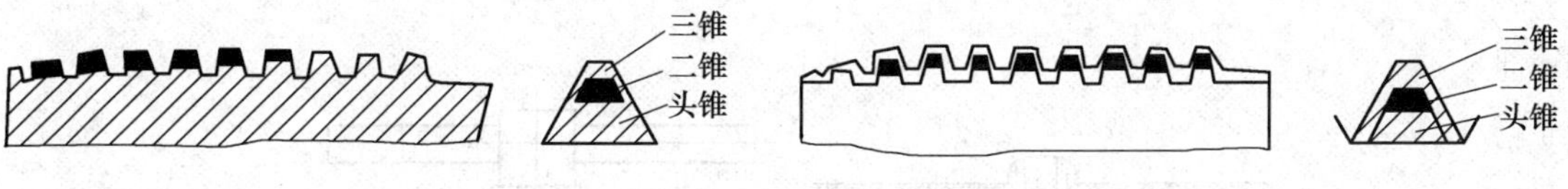

a)　　b)

图 9-98　成套丝锥切削量的分配

a）锥形分配　b）柱形分配

即可一次完成螺纹的攻削。

② 柱形分配是在一组丝锥中，每支丝锥的大径、中径、小径都不相等。头锥、二锥的大径、中径、小径都比三锥小，而头锥、二锥的中径相等，但大径不一样，头锥小、二锥大。这种丝锥切削用量分配比较合理，这样的分配，可使各支丝锥磨损均匀，因而丝锥寿命较长，攻螺纹时也比较省力。同时，最后一锥的两侧刃也参加切削，所以加工的螺纹表面粗糙度较低。柱形分配的丝锥也叫不等径丝锥。这种丝锥的制造成本比较高，且攻通孔螺纹时也要攻两次或三次，一组丝锥的顺序也不能搞错。所以，对于直径 M12 以上的丝锥才采用柱形分配，而直径在 M12 及其以下的丝锥采用锥形分配。

4）丝锥的标记。每一种丝锥都有相应的标记，熟悉标记对正确使用和选择丝锥是很重要的。一般在丝锥柄部标有下列内容：制造厂商、螺纹代号、丝锥公差带代号（H4 允许不标）、材料代号（高速钢标 HSS，碳素工具钢或合金工具钢可不标）及不等径丝锥粗细代号（头锥一条圆环，二锥两条圆环或顺序号Ⅰ、Ⅱ）。

（2）铰杠　铰杠是手工攻螺纹时用来加持丝锥的工具。铰杠有普通铰杠（图 9-99）和丁字铰杠（图 9-100）两种。

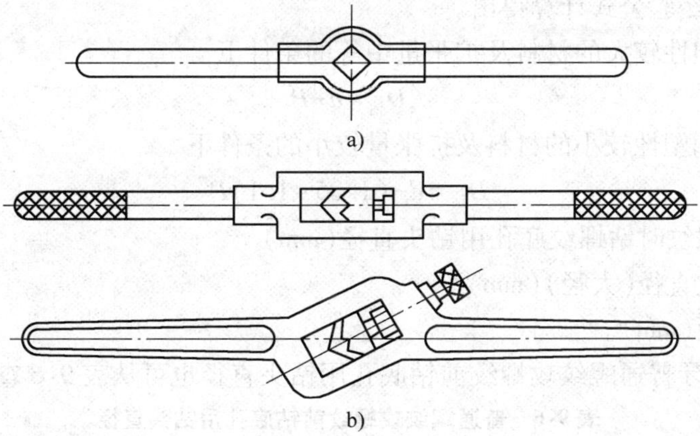

a)

b)

图 9-99　普通铰杠

a）固定式铰杠　b）活络式铰杠

普通铰杠有固定式铰杠和活络式铰杠两种。固定式铰杠的方孔尺寸和柄长符合一定的规格，使丝锥的受力不会过大，丝锥不易折断，一般用于攻 M5 以下的螺纹孔；活络式铰杠可调整尺寸，应用范围较广。活络式铰杠有 150~600mm 六种规格，其适应范围见表 9-5。

表 9-5　活络式铰杠适应范围

活络式铰杠规格/mm	150	230	280	380	580	600
适用的丝锥范围	M5~M8	M8~M12	M12~M14	M14~M16	M16~M22	M24 以上

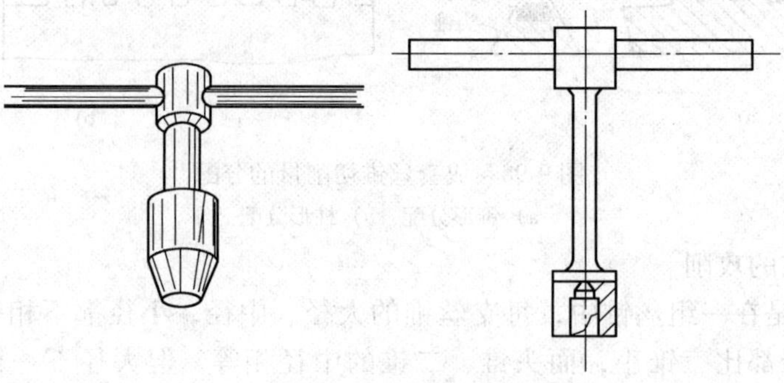

图 9-100　丁字铰杠

a）活络式　b）固定式

当攻制带有台阶工件侧边的螺纹孔或攻制机体内部的螺纹时，必须采用丁字铰杠。

2. 螺纹底孔的加工

（1）攻螺纹时材料的塑性变形　丝锥切削内螺纹时，会对材料产生挤压作用，从而使材料发生塑性变形，螺纹牙顶会凸起一部分。弹塑性材料攻螺纹的底孔直径必须大于螺纹标准规定的螺纹小径，这样攻螺纹时挤压出的金属就能填满螺纹槽，形成完整的螺纹；脆性材料攻螺纹时，金属不会挤压出，底孔直径就可以比塑性大的材料小一些，以得到完整的螺纹。

（2）螺纹底孔直径的确定　攻螺纹前底孔直径的大小要根据工件材料的塑性大小及钻孔扩张量考虑，按经验公式计算得出。

① 加工钢和塑性较大的材料及扩张量中等的条件下

$$D_{钻}=d-P$$

② 加工铸铁和塑性较小的材料及扩张量较小的条件下

$$D_{钻}=d-(1.05\sim1.1)P$$

式中　$D_{钻}$——攻螺纹时钻螺纹底孔用钻头直径(mm)

d——螺纹直径(大径)(mm)

P——螺距(mm)。

常用的粗、细牙普通螺纹攻螺纹前钻底孔用钻头直径也可从表 9-6 查得。

表 9-6　普通螺纹攻螺纹前钻底孔用钻头直径　（单位:mm）

螺纹直径 d	螺距 P	钻头直径	
		铸铁、青铜、黄铜	钢、可锻铸铁、纯铜、层压板
2	0.4	1.6	1.6
	0.25	1.75	1.75
2.5	0.45	2.05	2.05
	0.35	2.15	2.15
3	0.5	2.5	2.5
	0.35	2.65	2.65

（续）

螺纹直径 d	螺距 P	钻头直径	
		铸铁、青铜、黄铜	钢、可锻铸铁、纯铜、层压板
4	0.7	3.3	3.3
	0.5	3.5	3.5
5	0.8	4.1	4.2
	0.5	4.5	4.5
6	1	4.9	5
	0.75	5.2	5.2
8	1.25	6.6	6.7
	1	6.9	7
	0.75	7.1	7.2
10	1.5	8.4	8.5
	1.25	8.6	8.7
	1	8.9	9
	0.75	9.1	9.2
12	1.75	10.2	10.2
	1.5	10.5	10.5
	1.25	10.7	10.7
	1	11	11
14	2	11.8	12
	1.5	12.4	12.5
	1	12.9	13
16	2	13.8	14
	1.5	14.4	14.5
	1	14.9	15
18	2.5	15.3	15.5
	2	15.8	16
	1.5	16.4	16.5
	1	16.9	17
20	2.5	17.3	17.5
	2	17.8	18
	1.5	18.4	18.5
	1	18.9	19
22	2.5	19.3	19.5
	2	19.8	20
	1.5	20.4	20.5
	1	20.9	21

（续）

螺纹直径 d	螺距 P	钻头直径	
		铸铁、青铜、黄铜	钢、可锻铸铁、纯铜、层压板
24	3	20.7	21
	2	21.8	22
	1.5	22.4	22.5
	1	22.9	23

（3）不通孔螺纹的钻孔深度　攻不通孔螺纹时，由于丝锥切削部分有锥角，端部不能切出完整的牙型，故钻孔深度要大于螺纹的有效深度。一般按下式计算选

$$钻孔深度=所需螺纹深度+0.7d（d 为螺纹大径）$$

3. 攻螺纹操作

攻螺纹的基本操作步骤如下。

1）依图样划线，打定心冲眼。

2）选择钻头钻孔，孔口倒角。

3）沿丝锥中心线加压力并顺时针转动铰杠起削。当切入1~2圈时，从两个相互垂直的方向检测并校正丝锥的位置。

4）攻螺纹过程中，起削刃旋进后，不再加压力，两手均匀转动铰杠。每旋进1/2~1圈，反转1/4~1/2圈，使切屑碎断后排出。

5）攻螺纹时，使用成套丝锥应以头锥、二锥、三锥顺序攻制。

6）攻制钢材料的螺纹时，要注意加切削液，以减少阻力，保证所加工螺纹的表面粗糙度和延长丝锥使用寿命。

9.2.9　套螺纹

用板牙在圆柱体或管子上切削加工外螺纹的操作称为套螺纹。

1. 套螺纹的工具

套螺纹的工具是板牙，铰杠用来夹持板牙进行螺纹加工。

（1）板牙　板牙又叫圆板牙，是加工外螺纹的工具，其外形像一个圆螺母，只是在它上面钻有几个排屑孔并形成切削刃。它是由碳素工具钢或高速钢制作并经淬火处理。圆板牙由切削部分、定径（修光）部分和排屑孔组成，如图9-101所示。

切削部分是板牙两端有锥角（2φ）的部分。它不是圆锥面，而是经过铲磨而成的阿基米德螺旋面，能形成后角$\alpha=7°\sim9°$。锥角大小一般是$2\varphi=40°\sim50°$，如图9-101a所示。圆板牙前刀面就是排屑孔，前角数值沿切削刃变化，小径处前角γ_d最大，大径处的前角γ_{d_0}最小，如图9-101b所示。一般$\gamma_{d_0}=8°\sim12°$，粗牙$\gamma_d=30°\sim35°$，细牙$\gamma_d=25°\sim30°$。板牙两端面都有切削部分，一端磨损后，可换另一端使用。

定径部分起修光和导向作用。定径部分会因为磨损使螺纹尺寸变大，超出尺寸公差范围。因此，M3.5以上的圆板牙外圆上有一条V形槽和四个紧定螺钉锥孔。其中，下面两个紧定螺钉坑的轴线通过板牙的轴线，是用来将圆板牙固定在板牙架中用来传递转矩的；上面两个紧定螺钉坑的轴线不通过板牙的轴线，有一定的向下偏移，是起调节作用的。当板牙定

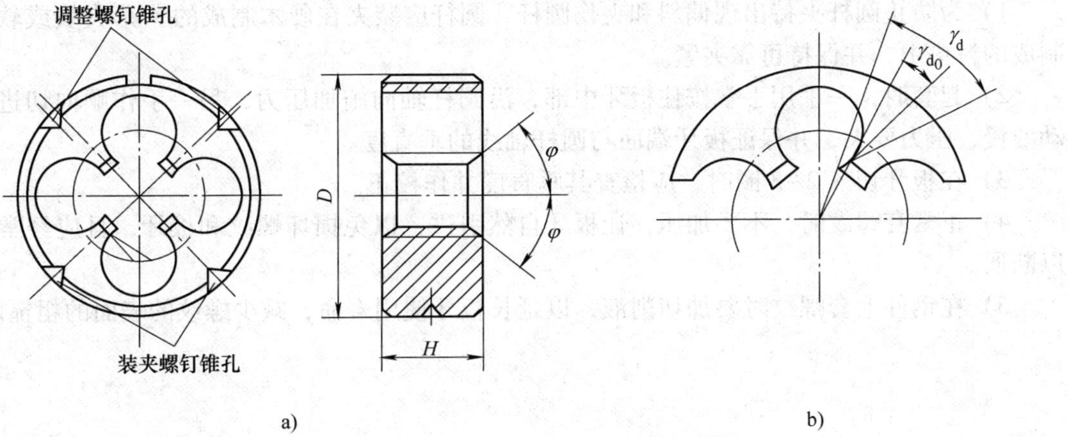

图 9-101　圆板牙

径部分由于磨损而尺寸变大时，可将板牙沿 V 形槽用锯片砂轮切割出一条通槽，用板牙架上的两个调节螺钉顶入板牙上面的两个偏心的锥坑内（板牙架上这两个调节螺钉的轴线是通过板牙的轴线的），即可使板牙的尺寸缩小。而如果将板牙架上正对 V 形槽的调节螺钉拧紧，则又可使板牙尺寸增大。板牙尺寸的调节范围为 0.1~0.25mm。

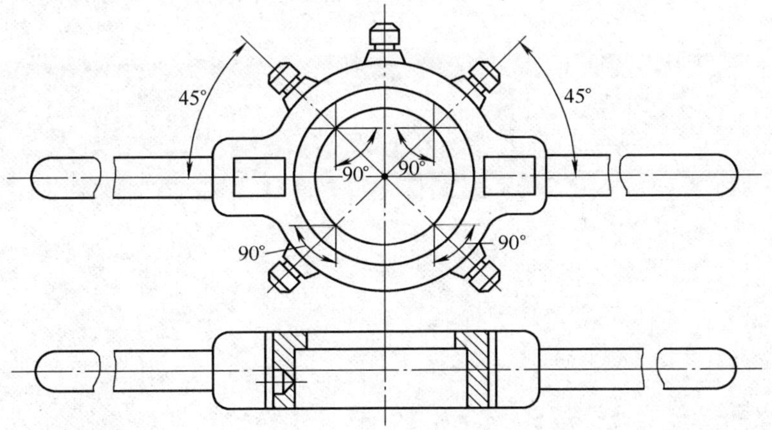

图 9-102　板牙架

（2）板牙架　板牙架是装夹板牙的工具，如图 9-102 所示。板牙架的外圆上旋有四只互成 90°的紧定螺钉，其轴线通过板牙架圆孔的轴线。其上有一只调松螺钉。板牙放入后，用紧定螺钉紧固，即可带动板牙旋转进行套螺纹。

2. 套螺纹前圆杆直径的确定

套螺纹过程与丝锥攻螺纹一样，板牙对螺纹部分材料产生挤压作用，因此螺杆直径应比螺纹直径小一些。一般圆杆直径用经验公式计算

$$D=d-0.13P$$

式中　D——圆杆直径（mm）；

d——螺纹直径（mm）；

P——螺距（mm）。

3. 套螺纹操作

1）为防止圆杆夹持出现偏斜和夹伤圆杆，圆杆应装夹在硬木制成的 V 形夹块或软金属制成的衬垫中，并保持可靠夹紧。

2）起套时，一手用手掌按住板牙中部，沿圆杆轴向施加压力，另一手作顺向切进，转动要慢，压力要大，并保证板牙端面与圆杆轴线的垂直度。

3）在板牙切入 2~3 圈时，应检查其垂直度并作校正。

4）正常套螺纹时，不要加压，让板牙自然引进，以免损坏螺纹和板牙，且应经常倒转以断屑。

5）在钢件上套螺纹时要加切削液，以延长板牙使用寿命，减少螺纹的表面的粗糙度。

第 10 章

电工基础知识

凡是根据外界特定信号或要求，自动或手动接通和断开电路，断续或连续地改变电路参数，实现对电路进行切换、控制、保护、检测和调节的电气设备均称为电器。电器已经渗透到工业生产的各个领域，包括磨工技术领域。

本章将讲述与电器相关的一些基本电工知识，为后面具体的磨工操作技术进行必要的知识准备。

10.1 低压电器的种类及用途

根据工作电压的高低，电器可分为高压电器和低压电器。工作在交流额定电压 1200V 及以下、直流额定电压 1500V 及以下的电路内起通断、保护、控制或调节作用的电器称为低压电器。低压电器也称为通用电器。

10.1.1 低压电器的分类

1. 按低压电器的用途和所控制的对象划分

按低压电器的用途和所控制的对象划分，低压电器可分为低压配电电器和低压控制电器两类。

1）低压配电电器。低压配电电器主要包括刀开关、组合开关、熔断器和断路器等，多用于低压配电系统及动力设备中。

2）低压控制电器。低压控制电器主要包括接触器、继电器、电磁铁等，一般用于电力拖动及自动控制系统中。

2. 按低压电器的动作方式划分

按低压电器的动作方式划分，低压电器可分为自动切换电器和非自动切换电器两类。

1）自动切换电器。自动切换电器是依靠电器本身参数的变化或外来信号的作用，自动完成接通或分断等动作，如接触器、继电器等。

2）非自动切换电器。非自动切换电器主要依靠外力来直接操作进行切换，如按钮、刀开关等。

3. 按低压电器的执行机构划分

按低压电器的执行机构划分，低压电器可分为有触头电器和无触头电器。

1）有触头电器。有触头电器具有可分离的动触头和静触头，利用触头的接触和分离来实现电路的通断控制。

2）无触头电器。无触头电器没有可分离触头，主要利用半导体元器件的开关效应来实现电路的通断控制。

10.1.2 低压开关

低压开关主要用于隔离、转换及接通和分断电路，多用于机床电路的电源开关和局部照明电路的控制开关，有时也可用来直接控制小容量的电动机起动、停止和正、反转。

它主要类型有刀开关、组合开关和低压断路器。

1. 开启式负荷开关

开启式负荷开关适用于照明、电热负载及小容量电动机控制线路中，供手动不频繁地接通和分断电路，并起短路保护。

（1）型号及含义　型号及含义如图 10-1 所示。

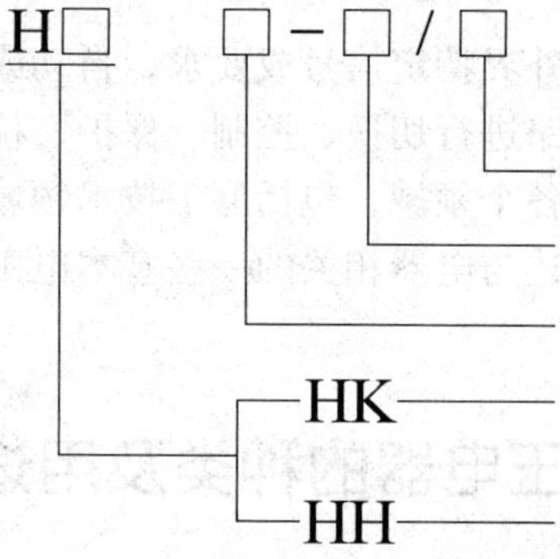

图 10-1　型号及含义

（2）结构　HK 系列负荷开关是由刀开关和熔断器组合而成的。它的瓷底座上装有进线座、静触片、熔体、出线座和带瓷质手柄的动触片，并有上、下胶盖用来灭弧。HK 系列开启式负荷开关的外形和结构如图 10-2 所示。

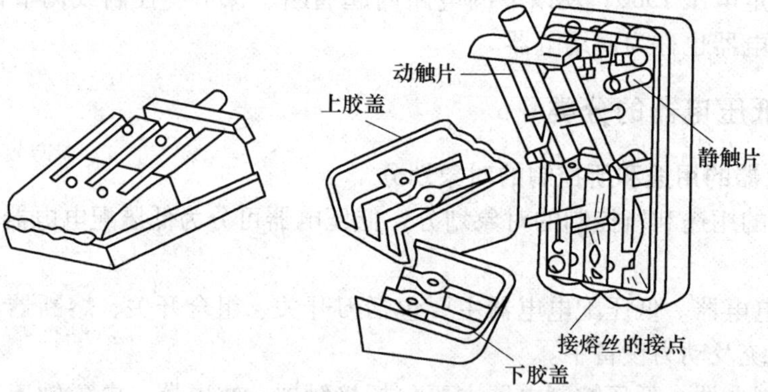

a)　　b)

图 10-2　HK 系列开启式负荷开关

a）外形　b）结构

（3）选用

1）对于控制照明和电热负载，选用开关的额定电流应不小于所有负载的额定电流之和，额定电压为 220V 或 250V 的两极开关。

2）对于控制电力负载，当电动机的功率不超过 3kW 时可选用开启式负荷开关，且应选择开关的额定电流不小于电动机额定电流的 3 倍、额定电压为 380V 或 500V 的三级开关。常用 HK 系列开启式负荷开关的技术参数见表 10-1。

表 10-1　常用 HK 系列开启式负荷开关的技术参数

型号	额定电流值/A	额定电压值/V	极数	可控制电动机最大功率/kW		配用熔丝规格			
				220V	380V	熔丝成分(%) 铅	锡	锑	熔丝线径/mm
HK1-15	15	220	2	—	—	98	1	1	1.45~1.59
HK1-30	30	220	2	—	—				2.30~2.52
HK1-60	60	220	2	—	—				3.36~4.00
HK1-15	15	380	3	1.5	2.2				1.45~1.59
HK1-30	30	380	3	3.0	4.0				2.30~2.52
HK1-60	60	380	3	4.5	5.5				3.36~4.00
HK2-10	10	220	2	1.1	—	含铜量不少于99.9%			0.25
HK2-15	15	220	2	1.5	—				0.41
HK2-30	30	220	2	3.0	—				0.56
HK2-15	15	380	3	2.2	—				0.45
HK2-30	30	380	3	4.0	—				0.71
HK2-60	60	380	3	5.5	—				0.12

（4）安装与说明

1）开启式负荷开关必须垂直安装，且合闸状态时手柄应朝上，不允许倒装或平装。

2）接线时，电源进线应接在开关上面的进线座上，用电设备应接在开关下面熔体的出线座上，在开关断开后，使动触片和熔体上不带电。

3）更换熔体时，必须在触刀断开的情况下按原规格更换。

4）在分、合闸操作时，应动作迅速，使电弧尽快熄灭。

2. 封闭式负荷开关

封闭式负荷开关的灭弧性能、操作性能、通断能力和安全防护性能都优于开启式负荷开关。它适用于不频繁的接通和分断负荷电路，并能作为线路末端的短路保护，也可用来控制15kW 以下交流电动机的不频繁直接起动及停止。

（1）型号及含义　可参见开启式负荷开关的型号和含义部分。

（2）结构　它主要由刀开关、熔断器、操动机构和外壳构成。它具有以下特点：一是采用了储能分合闸方式，因而提高了开关的通断能力，延长了使用寿命；二是设置了连锁装置，得以确保操作安全。HH 系列封闭式负荷开关的外形和结构如图 10-3 所示。

（3）选用

1）封闭式负荷开关的额定电压应不小于线路的工作电压。

2）封闭式负荷开关用于照明、电热负载时，开关的额定电流应不小于所有负载电流之和；用于控制电动机时，开关的额定电流应不小于电动机额定电流的 3 倍。

（4）安装与使用

1）开关必须垂直安装，距离地面的高度应不低于 1.3m，并以操作方便和安全为原则。

2）接线时，应将电源线接在刀开关静夹座一边的接线端子上，负载引线应接在熔断器

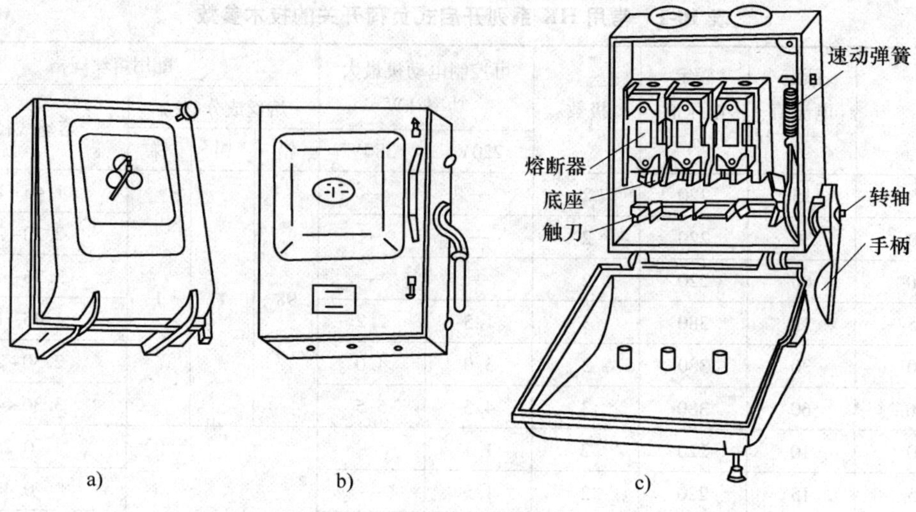

图 10-3　HH 系列封闭式负荷开关

a）60A 及以下的外形　b）60A 及以上的外形　c）结构

一边的接线端子上。

（5）常见故障　负荷开关的常见故障及修理方法见表 10-2。

表 10-2　负荷开关的常见故障及修理方法

故障现象	产生原因	修理方法
合闸后一相或两相没电	1）夹座弹性消失或开口过大 2）熔丝熔断或接触不良 3）夹座、动触头氧化或有污垢 4）电源进线或出线头氧化	1）更滑夹座 2）更换熔丝 3）清洁夹头或动触头 4）检查进出线头
动触头或夹座过热或烧坏	1）开关容量太小 2）分、合闸时动作太慢造成电弧过大，烧坏触头 3）夹座表面烧毛 4）动触头与夹座压力不足 5）负载过大	1）更换较大容量的开关 2）改进操作方法 3）用细锉刀修整 4）调整夹座压力 5）减轻负载或调换较大容量的开关
封闭式负荷开关的操作手柄带电	1）外壳接地线接触不良 2）电源线绝缘损坏碰壳	1）检查接地线 2）更换导线

3. 组合开关

组合开关适用于工频交流电压 380V 以下及直流 220V 以下的电气线路中，供手动不频繁地接通和断开电路、换接电源和负载以及控制 5kW 以下三相异步电动机的直接起动、停止和换向。

（1）型号及含义　组合开关型号及含义如图 10-4 所示。

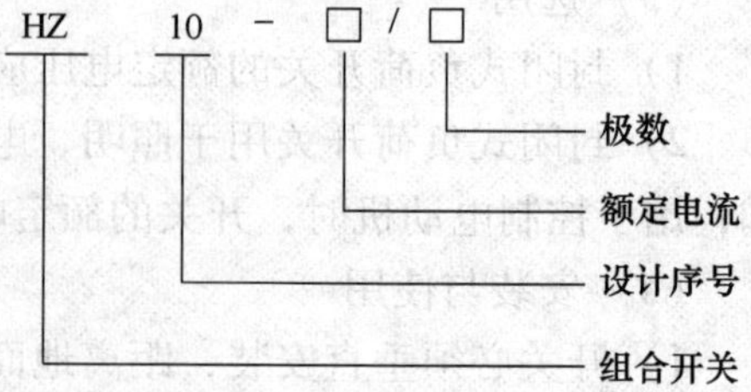

图 10-4　组合开关型号及含义

（2）结构　组合开关是由分别装在数层绝缘体内的动、静触头组合而成。开关的顶盖部分是由滑板、凸轮、扭簧和手柄等构成的操动机构。由于采用了扭簧储能，可使触头快速闭合或分断，从而提高了开关的通断能力。HZ10-10/3 型组合开关的外形和结构如图 10-5 所示。

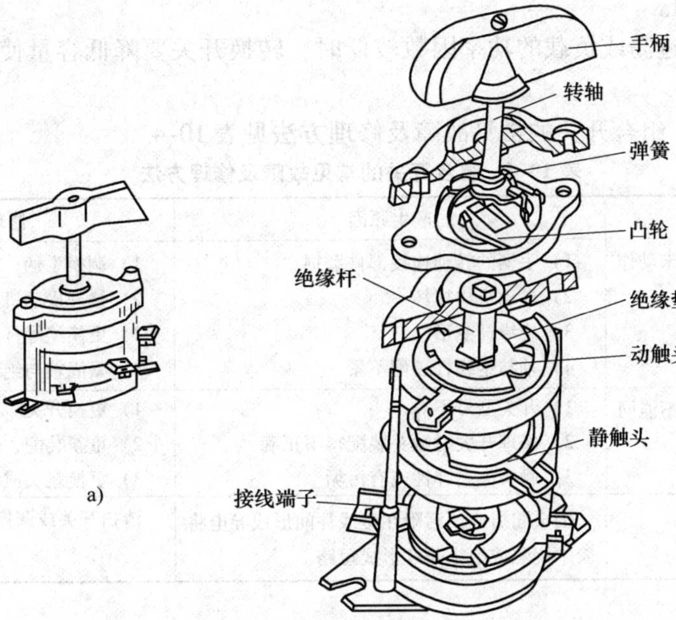

图 10-5 HZ10-10/3 型组合开关
a）外形 b）结构

（3）选用 应根据极数、电源种类、电压等级及负载的容量选用。用于直接控制异步电动机的开关，其额定电流一般取电动机额定电流的 1.5~2.5 倍。HZ10 系列组合开关的技术数据见表 10-3。

表 10-3 HZ10 系列组合开关的技术数据

型号	极数	额定电流/A	额定电压/V	极限操作电流/A		可控制电动机最大功率和额定电流		在额定电压、电流下通断次数	
				分断	接通	最大功率/kW	额定电流/A	cosφ ≥0.8	cosφ ≥0.3
HZ10-10	单极	6	交流 380	62	94	3	7	20000	10000
	2、3	10							
HZ10-25		25		108	155	5.5	12		
HZ10-60		60		—	—	—	—		
HZ10-100		100						10000	5000

（4）安装与使用

1）组合开关应安装在控制箱内，操作手柄最好位于控制箱的前面或侧面，其水平旋转位置为断开状态。

2）若需在箱内操作，开关应安装在箱内右上方，且它的上方应不再安装其他电器，否则要采取隔离或绝缘措施。

3）组合开关的通断能力较低，当用于控制电动机作可逆运转时，必须在电动机完全停止后，才能反向接通。

4）当操作频率过高或负载的功率因数较低时，转换开关要降低容量使用，否则会影响开关寿命。

（5）常见故障　组合开关的常见故障及修理方法见表 10-4。

表 10-4　组合开关的常见故障及修理方法

故障现象	产生原因	修理方法
手柄转动后，内部触头未动作	1）手柄的转动连接部件磨损 2）操动机构损坏 3）绝缘杆变形 4）轴与绝缘杆装配不紧	1）调换手柄 2）修理操动机构 3）更换绝缘杆 4）紧固轴与绝缘杆
手柄转动后，三对触头不能同时接通或断开	1）开关型号不对 2）修理开关时触头装配得不正确 3）触头失去弹性或有污垢	1）更换开关 2）重新装配 3）更换触头或清除污垢
开关接线柱相间短路	因金属屑或油污附在接线柱间形成导电将胶木烧焦或绝缘破坏形成短路	清扫开关或调换开关

4. 低压断路器

低压断路器简称断路器，通常用作电源开关，有时也可用于电动机不频繁起动、停止的控制和保护等功用。当电路中发生短路、过载和失电压等故障时，能自动切断故障电路，保护线路和电气设备。

（1）型号及含义　低压断路器具体的型号及含义如图 10-6 所示。

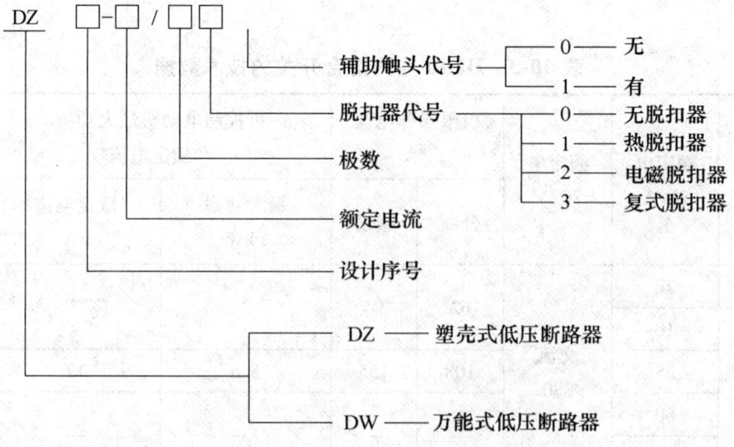

图 10-6　低压断路器型号及含义

（2）结构　低压断路器由触头系统、灭火装置、操动机构和保护装置等组成。按结构型式可分为塑壳式、框架式、限流式、直流快速式、灭磁式和漏电保护式 6 类。常用 DZ 型低压断路器的外形和结构如图 10-7 所示。

（3）选用

1）低压断路器的额定电压和额定电流应不小于线路的正常工作电压和电路的实际工作

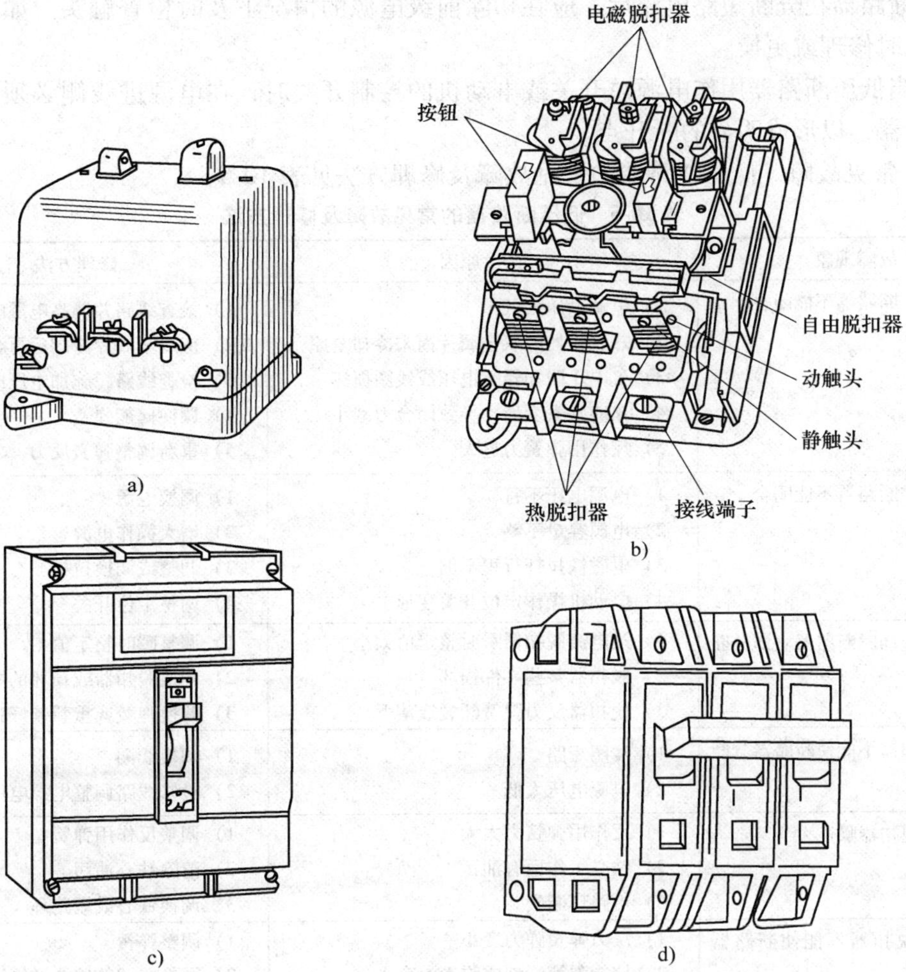

图 10-7　常用 DZ 型低压断路器

a）DZ5 型外形　b）DZ5 型结构　c）DZ15 型外形　d）DZ12 型外形

电流。

2）热脱扣器的额定电流应与所控制的负载的额定电流一致。

3）断路器的极限通断能力应不小于电路最大短路电流。

4）欠电压脱扣器的额定电压应等于线路的额定电压。

5）电磁脱扣器的瞬时脱扣整定电流应大于负载的正常工作时可能出现的峰值电流。用于控制电动机的断路器，其瞬时脱扣整定电流可按下式选取

$$I_z \geqslant KI_{st}$$

式中　K——安全系数，可取 1.5~1.7；

I_{st}——电动机的起动电流。

（4）安装与使用

1）低压熔断器一般要垂直于配电板安装，电源引线应接到上端，负载引线接到下端。

2）当断路器与熔断器配合使用时，熔断器应装于断路器之前，以保证使用安全。

3）电磁脱扣器的整定值不允许随意改动，使用一段时间后应检查其动作的准确性。

4）断路器在分断短路电流后，应在切除前级电源的情况下及时检查触头。如有电灼烧痕，应及时修理或更换。

5）当低压断路器用作电源总开关或电动机的控制开关时，在电源进线侧必须加装刀开关或熔断器，以形成明显的断开点。

（5）常见故障　低压断路器的常见故障及修理方法见表10-5。

表10-5　低压断路器的常见故障及修理方法

故障现象	产生原因	修理方法
手动操作断路器不能闭合	1）电源电压太低 2）热脱扣器的双金属片尚未冷却复原 3）欠电压脱扣器无电压或线圈损坏 4）储能弹簧变形，导致闭合力减小 5）反作用弹簧力过大	1）检查线路并调高电源电压 2）待双金属片冷却后再合闸 3）检查线路，施加电压或调换线圈 4）调换储能弹簧 5）重新调整弹簧反力
电动操作断路器不能闭合	1）电源电压不符 2）电源容量不够 3）电磁铁拉杆行程不够 4）电动机操作定位开关变形	1）调换电源 2）增大操作电源容量 3）调整或调换拉杆 4）调整定位开关
电动机起动时断路器立即分断	1）过电流脱扣器瞬时整定值太小 2）脱扣器某些零件损坏 3）脱扣器反力弹簧断裂或落下	1）调整瞬时整定值 2）调换脱扣器或损坏的零部件 3）调换弹簧或重新装好弹簧
分励脱扣器不能使断路器分断	1）线圈短路 2）电源电压太低	1）调换线圈 2）检修线路调整电源电压
欠电压脱扣器噪声大	1）反作用弹簧力太大 2）铁心工作面有油污 3）短路环断裂	1）调整反作用弹簧 2）清除铁心油污 3）调换铁心或短路环
欠电压脱扣器不能使断路器分断	1）反力弹簧弹力变小 2）储能弹簧断裂或弹簧力变小 3）机构生锈卡死	1）调整弹簧 2）调换或调整储能弹簧 3）清除锈污

10.1.3　熔断器

熔断器是在低压配电网络和电力拖动系统中用作短路保护的电器。当电路发生短路故障时，使熔体发热而瞬间熔断，从而自动分断电路，进而起到保护作用。它可分为半封闭插入式、无填料封闭管式、有填料封闭管式和自复式四类。

1. 型号及含义

熔断器型号及含义如图10-8所示。

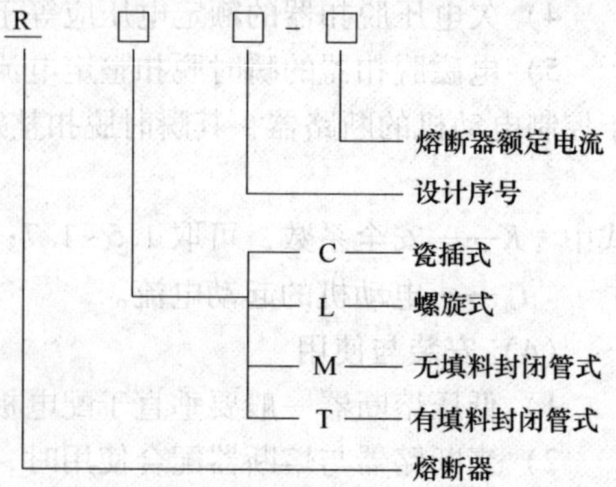

图10-8　熔断器型号及含义

2. 结构

熔断器主要由熔体、熔管和熔座三部分组成。熔体的材料通常有两种，一种是由铅、铅锡合金或锌等低熔点材料制成，用于小电流电路；另一种是由银、铜等较高熔点的金属制成，多用于大电流电路。常用低压熔断器外形结构如图 10-9 所示。

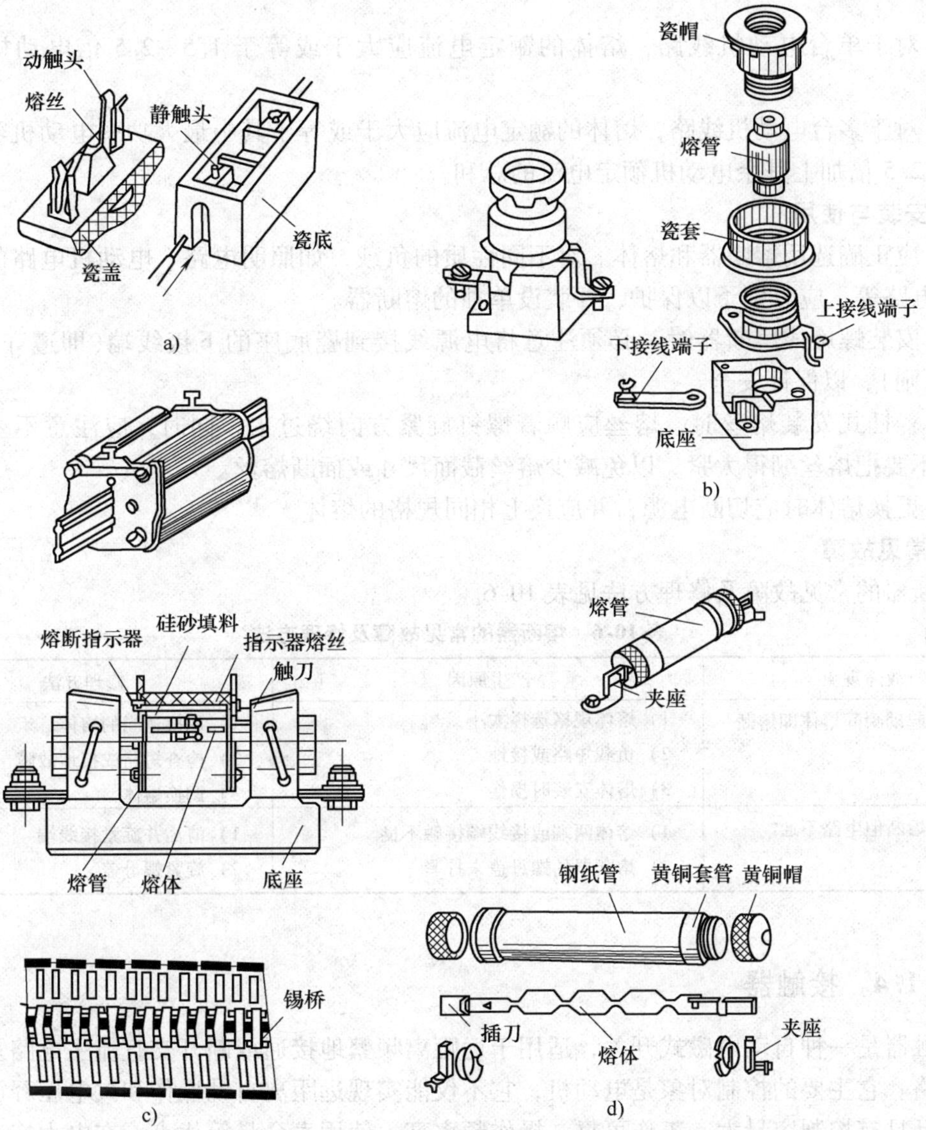

图 10-9　常用低压熔断器外形结构

a）RC1A 型　b）RL1 型　c）RT0 型　d）RM10 型

3. 选用

（1）熔断器类型选择

1）根据使用环境和负载性质选择适当类型的熔断器。电网配电一般选用管式熔断器；电动机保护一般选用螺旋式熔断器；照明电路一般用瓷插式熔断器；保护晶闸管器件则应选择快速熔断器。

2）选择熔断器时必须满足的要求是：额定电压应不小于线路的工作电压；额定电流应不小于所装熔体的额定电流。

（2）熔体额定电流的选择

1）对于照明和电热负载线路，熔体的额定电流应等于或稍大于所有负载的额定电流之和。

2）对于单台电动机线路，熔体的额定电流应大于或等于1.5~2.5倍电动机的额定电流。

3）对于多台电动机线路，熔体的额定电流应大于或等于其中最大功率电动机额定电流的1.5~2.5倍加上其余电动机额定电流的总和。

4. 安装与使用

1）应正确选用熔断器和熔体。对不同性质的负载，如照明电路、电动机电路的主电路和控制电路等，应分别予以保护，并装设单独的熔断器。

2）安装螺旋式熔断器时，必须注意将电源线接到瓷底座的下接线端（即遵守“低进高出”的原则），以保证安全。

3）瓷插式安装熔丝时，熔丝应顺着螺钉旋紧方向绕过去；同时，应注意不要划伤熔丝，也不要把熔丝绷得太紧，以免减少熔丝截面尺寸或插断熔丝。

4）更换熔体时应切断电源，并应换上相同规格的熔体。

5. 常见故障

熔断器的常见故障及修理方法见表10-6。

表10-6 熔断器的常见故障及修理方法

故障现象	产生原因	修理方法
电动机起动瞬间熔体即熔断	1）熔体规格选择太小 2）负载短路或接地 3）熔体安装时损伤	1）调换适当的熔体 2）检查短路或接地故障 3）调换熔体
熔体未熔断但电路不通	1）熔体两端或接线端接触不良 2）熔断器的螺母盖未拧紧	1）清洁并旋紧接线端 2）旋紧螺母盖

10.1.4 接触器

接触器是一种自动电磁式开关，适用于远距离频繁地接通或断开交直流主电路及大容量控制电路。它主要的控制对象是电动机，它不仅能实现远距离自动操作和欠电压释放保护功能，而且具有控制容量大、工作可靠、操作频率高、使用寿命长等优点，在电力拖动系统中得到广泛应用。

按主触头通过的电流种类，可分为交流接触器和直流接触器。

1. 型号及含义

接触器型号及含义如图10-10所示。

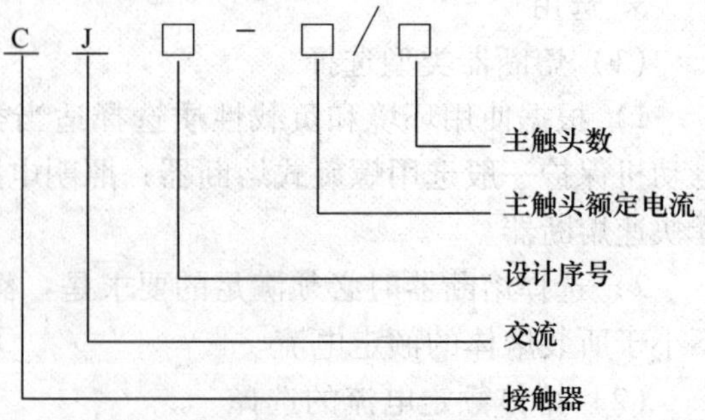

图10-10 型号及含义

2. 结构

接触器主要由电磁系统、触头系统、灭弧装置及辅助部件等组成。常用交流接触器如图10-11所示。

1）电磁系统。主要由线圈、铁心和衔铁三部分组成。其作用是利用电磁线圈的通电或

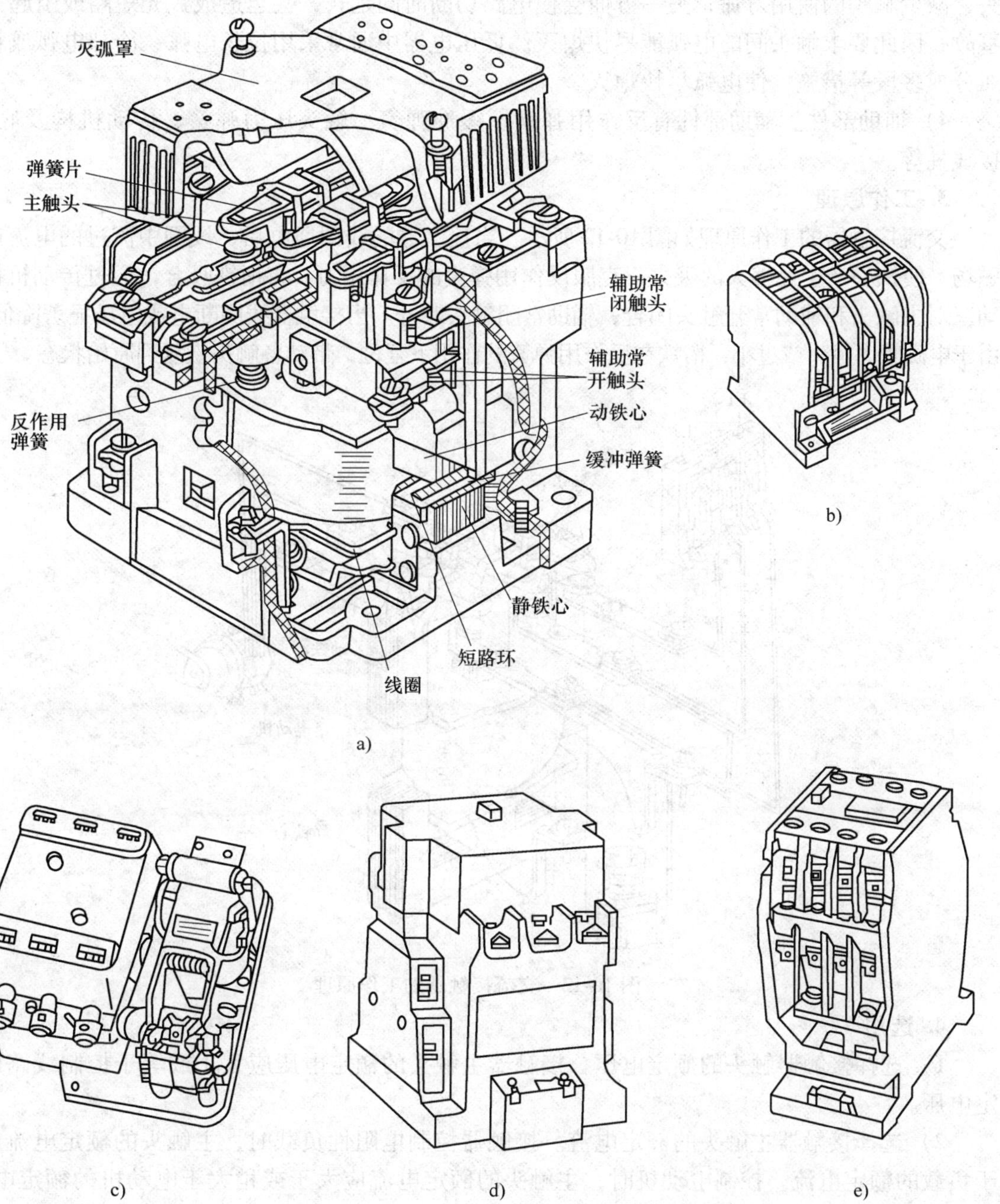

图 10-11　常用交流接触器

a）CJ10-20 型　b）CJ10-10 型　c）CJ10-60 型　d）CJ20-40 型　e）3TB、3TH 型

断电，使衔铁和铁心吸合或释放，从而达到带动动触头和静触头闭合或分断的目的。

2）触头系统。按触头情况可分为点接触式、线接触式和面接触式三种；按触头的结构型式分，可分为桥式触头和指形触头两种。

3）灭弧装置。交流接触器在断开大电流或高电压电路时，在动、静触头之间会产生很强的电弧。电弧是触头间气体在强电场作用下产生的放电现象。电弧的产生一方面会灼烧触头，减少触头的使用寿命；另一方面会使电路切断时间延长，甚至造成弧光短路或引起火灾事故，因此要求触头间的电弧能尽快熄灭。低压电器中通常采用拉长电弧、冷却电弧或将电弧分成多段等措施，使电弧尽快熄灭。

4）辅助部件。辅助部件有反作用弹簧、缓冲弹簧、触头压力弹簧、传动机构及底座、接线柱等。

3. 工作原理

交流接触器的工作原理如图 10-12 所示。当接触器的线圈通电后，线圈中流过的电流产生磁场，使铁心产生足够大的吸力，克服反作用弹簧的反作用力，将衔铁吸合，通过传动机构带动三对主触头和辅助常开触头闭合，辅助常闭触头断开。当接触器线圈断电或电压显著降低时，由于电磁吸力消失或过小，衔铁在反作用弹簧的作用下复位，带动各触头恢复到原始状态。

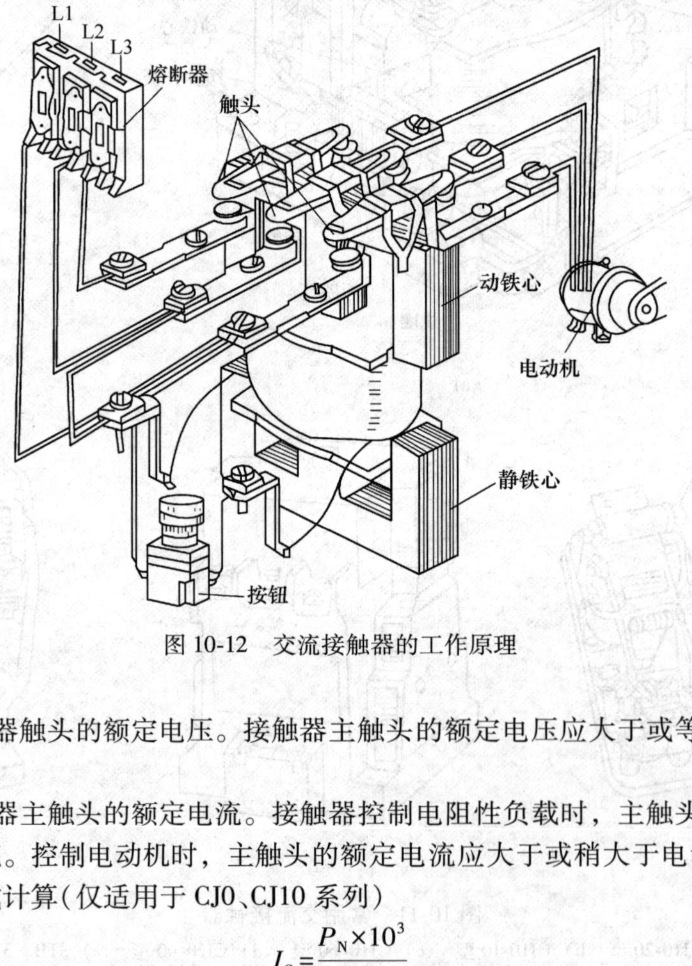

图 10-12　交流接触器的工作原理

4. 选用

1）选择接触器触头的额定电压。接触器主触头的额定电压应大于或等于控制线路的额定电压。

2）选择接触器主触头的额定电流。接触器控制电阻性负载时，主触头的额定电流应等于负载的额定电流。控制电动机时，主触头的额定电流应大于或稍大于电动机的额定电流。或按下列经验公式计算（仅适用于 CJ0、CJ10 系列）

$$I_C = \frac{P_N \times 10^3}{KU_N}$$

式中　K——经验系数，一般取 1～1.4；

P_N——被控制电动机的额定功率（kW）；

U_N——被控制电动机的额定电压（V）；

I_C——接触器主触头电流（A）。

若接触器控制的电动机起动或正反转较为频繁，一般将接触器主触头的额定电流降一级使用。

3）选择接触器吸引线圈的电压。当控制线路简单，使用电器较少时，为节省变压器，可直接选用 380V 或 220V 的电压。当线路复杂，使用电器超过 5 个时，从人身和设备安全的角度考虑，吸引线圈电压要选低一些，可用 24V 或 110V 电压的线圈。

4）选择接触器的触头数量及类型。接触器触头的数量、类型应满足控制线路的要求。

CJ0 和 CJ10 系列交流接触器的技术数据见表 10-7。

表 10-7　CJ0 和 CJ10 系列交流接触器的技术数据

型号	主触头			辅助触头			线圈		可控制三相异步电动机的最大功率 /kW		额定操作频率 /(次/h)
	对数	额定电流 /A	额定电压 /V	对数	额定电流 /A	额定电压 /V	电压 /V	功率 /W	220V	380V	
CJ0-10	3	10	380	均为 2	5	380	可为 36、110（127）、220、380	14	2.5	4	≤1200
CJ0-20	3	20						33	5.5	10	
CJ0-40	3	40						33	11	20	
CJ0-75	3	75						55	22	40	
CJ10-10	3	10						11	2.2	4	≤600
CJ10-20	3	20						22	5.5	10	
CJ10-40	3	40						32	11	20	
CJ10-60	3	60						70	17	30	

5. 安装与使用

1）安装前应先检查线圈的额定电压是否与实际需要相符。

2）接触器的安装多为垂直安装，其倾斜角不得超过 5°，否则会影响接触器的动作特性；安装有散热孔的接触器时，应将散热孔放在上下位置，以降低线圈的温升。

3）安装与接线时应将螺钉拧紧，以防振动松脱。

4）触头应定期清理，若触头表面有电弧灼伤时，应及时修复。

6. 常见故障

接触器的常见故障及修理方法见表 10-8。

表 10-8　接触器常见故障及修理方法

故障现象	产生原因	修理方法
接触器不吸合或吸不牢	1）电源电压过低 2）线圈断路 3）线圈技术数据与使用条件不符 4）铁心机械卡阻	1）调高电源电压 2）调换线圈 3）调换线圈 4）排除卡阻物、
线圈断电，接触器不释放或释放缓慢	1）触头熔焊 2）铁心表面有油污 3）触头弹簧压力过小或反作用弹簧损坏 4）机械卡阻	1）排除熔焊故障 2）清理铁心表面 3）调整触头弹簧力或更换反作用弹簧 4）排除卡阻物

（续）

故障现象	产生原因	修理方法
触头熔焊	1）操作频率过高或过负载使用 2）负载侧短路 3）触头弹簧压力过小 4）触头表面有电弧灼伤 5）机械卡阻	1）调换合适的接触器或减小负载 2）排除短路故障，更换触头 3）调整触头弹簧压力 4）清理触头表面 5）排除卡阻物、
铁心噪声过大	1）电源电压过低 2）短路环断裂 3）铁心机械卡阻 4）铁心极面有油垢或磨损不平 5）触头弹簧压力过大	1）检查线路并提高电源电压 2）调换铁心或短路环 3）排除卡阻物 4）用汽油清洗极面或更换铁心 5）调整触头弹簧压力
线圈过热或烧毁	1）线圈匝间短路 2）操作频率过高 3）线圈参数与实际使用条件不符 4）铁心机械卡阻	1）更换线圈并找出故障原因 2）调换合适的接触器 3）调换线圈或接触器 4）排除卡阻物

10.1.5 继电器

继电器是一种根据输入信号的变化，接通或断开小电流电路，实现自动控制和保护电力拖动装置的电器。同接触器相比较，继电器具有触点分断能力小、结构简单、体积小、重量轻、反应灵敏、动作准确、工作可靠等特点。

继电器主要由测量机构、中间机构和执行机构三部分组成。

继电器的分类方法很多，按输入信号的性质可分为：电压继电器、电流继电器、速度继电器、压力继电器等；按工作原理可分为：电磁式继电器、电动式继电器、感应式继电器、晶体管式继电器和热继电器等；按输出方式可分为：有触点式和无触点式。

1. 中间继电器

中间继电器是用来增加控制电路中的信号数量或将信号放大的继电器。其输入信号是线圈的通电和断电，输出信号是触点的动作。由于触点的数量较多，所以可以用来控制多个原件或回路。

（1）型号及含义　中间继电器型号及含义如图 10-13 所示。

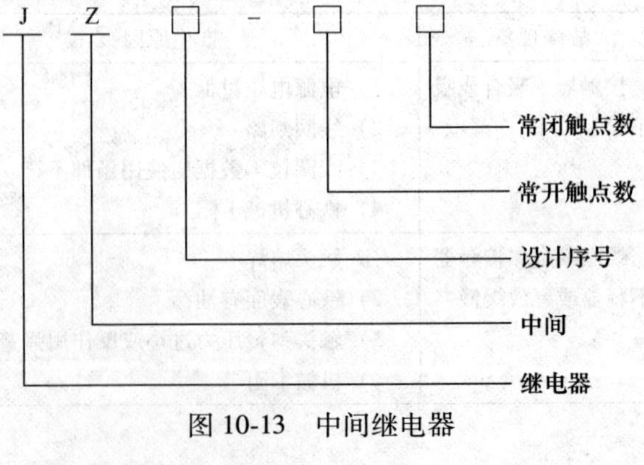

图 10-13　中间继电器

（2）结构　中间继电器由线圈、静铁心、动铁心、触点系统、反作用弹簧及复位弹簧等组成。JZ7 系列中间继电器如图 10-14 所示。

（3）选用　中间继电器主要根据被控制电路的电压等级与所需触头的数量、种类、容量等要求来选择。

（4）安装与使用　中间继电器的使用与接触器相似，但中间继电器的触点容量小，一般不能在主电路中使用。中间继电

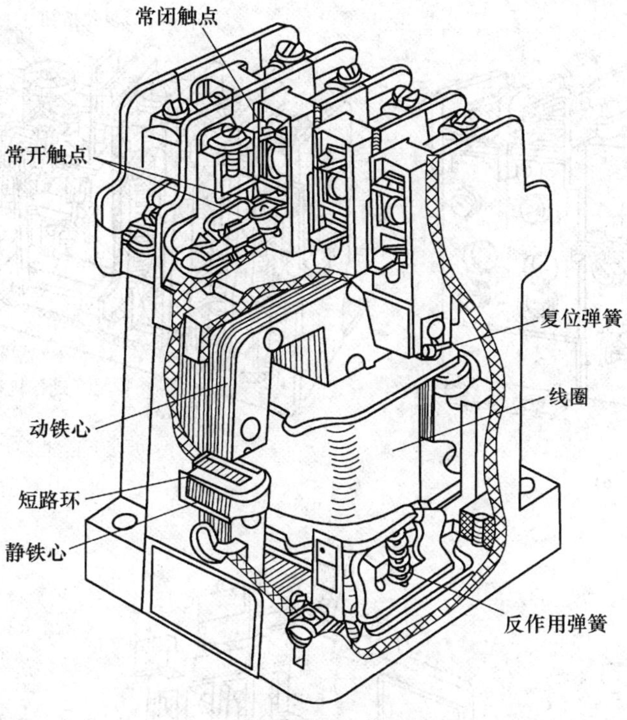

图 10-14 JZ7 系列中间继电器

器一般根据负载电流的类型、电压等级和触点数量来选择。

(5) 常见故障 中间继电器的常见故障及检修方法与接触器类似。

2. 热继电器

热继电器一般作为交流电动机的过载保护。热继电器有两相结构、三相结构和三相带断相保护装置等 3 种类型。

(1) 型号及含义 热继电器型号及含义如图 10-15 所示。

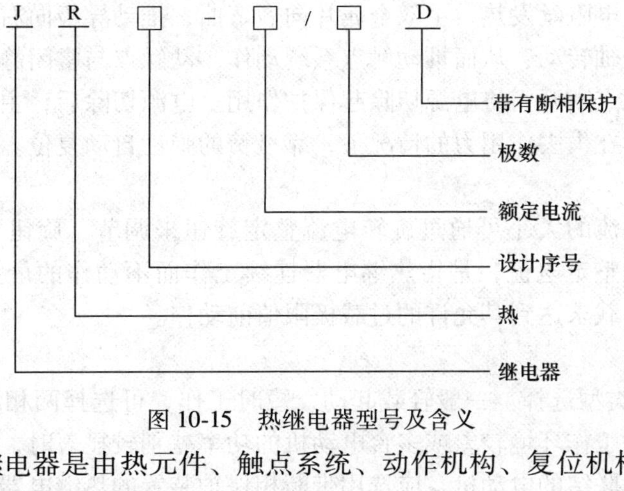

图 10-15 热继电器型号及含义

(2) 结构 热继电器是由热元件、触点系统、动作机构、复位机构和整定电流装置组成。其外形和结构如图 10-16 所示。

(3) 工作原理 使用时，将热继电器的三相热元件分别串接在电动机的三相主电路中，

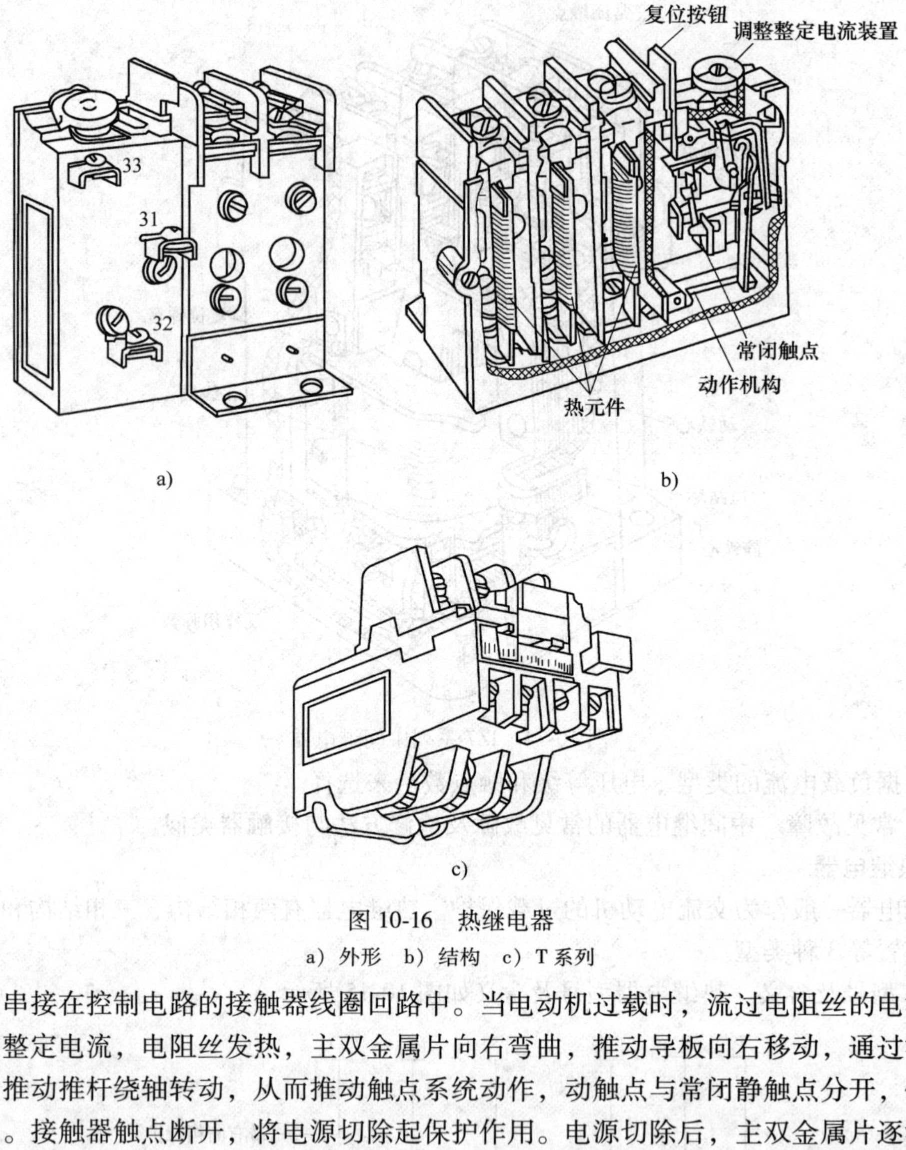

图 10-16　热继电器

a）外形　b）结构　c）T 系列

常闭触点串接在控制电路的接触器线圈回路中。当电动机过载时，流过电阻丝的电流超过热继电器的整定电流，电阻丝发热，主双金属片向右弯曲，推动导板向右移动，通过温度补偿双金属片推动推杆绕轴转动，从而推动触点系统动作，动触点与常闭静触点分开，使接触器线圈断电。接触器触点断开，将电源切除起保护作用。电源切除后，主双金属片逐渐冷却恢复原位，于是动触点在失去作用力的情况下，靠弓簧的弹性自动复位。这种热继电器也可采用手动复位。

热继电器整定电流的大小可通过旋转电流整定旋钮来调节，旋钮上刻有整定电流值标尺。所谓热继电器的整定电流，是指热继电器连续工作而不动作的最大电流。超过整定电流，热继电器将在负载未达到其允许的过载极限值前动作。

（4）选用

1）热继电器的类型选择。一般轻载起动，短时工作，可选择两相结构的热继电器；当电源电压的均衡性和工作环境较差或多台电动机的功率差别较显著时，可选择三相结构的热继电器；对于三角形联结的电动机，应选用带断相保护装置的热继电器。

2）热继电器的额定电流及型号选择。热继电器的额定电流应大于电动机的额定电流。

3）热元件的整定电流选择。一般将热元件的整定电流调整为电动机额定电流的 95%～

105%；对过载能力差的电动机，可将热元件的整定电流值调整到电动机额定电流的 60%~80%；对起动时间较长、拖动冲击性负载或不允许停车的场合，热元件的整定电流应调整到电动机额定电流的 1.1~1.5 倍。

（5）安装与使用

1）当电动机起动时间过长或操作次数过于频繁时，会使热继电器误动作或烧坏电器，故这种情况一般不用热继电器作过载保护。

2）当热继电器与其他电器安装在一起时，应将它装在其他电器的下方，以免其动作特性受到其他电器发热的影响。

3）热继电器出线端的连接导线应选择合适。若导线过细，则热继电器可能提前动作；若导线太粗，则热继电器可能滞后动作。

（6）常见故障　热继电器的常见故障及修理方法见表 10-9。

表 10-9　热继电器的常见故障及修理方法

故障现象	产生原因	修理方法
热继电器误动作或动作太快	1）整定电流偏小 2）操作频率过高 3）连接导线太细	1）调大整定电流 2）调换热继电器或限定操作频率 3）选用标准导线
热继电器不动作	1）整定电流偏大 2）热元件烧断或脱焊 3）导板脱出	1）调小整定电流 2）更换热元件或热继电器 3）重新放置导板，并试验动作是否灵敏
热元件烧断	1）负载侧短路或电流过大 2）反复短时工作，操作频率过高	1）排除故障调换热继电器 2）限定操作频率或调换合适热继电器
主电路不通	1）热元件烧毁 2）接线螺钉未拧紧	1）更换热元件或热继电器 2）旋紧接线螺钉
控制电路不通	1）热继电器常闭触点接触不良或弹性消失 2）手动复位的热继电器动作后，未手动复位	1）检修常闭触点 2）手动复位

3. 时间继电器

时间继电器是一种利用电磁原理或机械动作原理来延迟触点闭合或分断的自动控制电器。它的种类很多，有电磁式、电动式、空气阻尼式及晶体管式等。在生产机械的控制中被广泛应用的是空气阻尼式，这种继电气结构简单、延时范围宽，JS7-A 系列时间继电器的延时范围有 0.4~60s 和 0.4~180s 两种。

（1）型号及含义　时间继电器型号及含义如图 10-17 所示。

（2）结构　空气阻尼式时间继电器由电磁系统、工作触点、气室及传动机构等 4 部分组成。其外形和结构如图 10-18

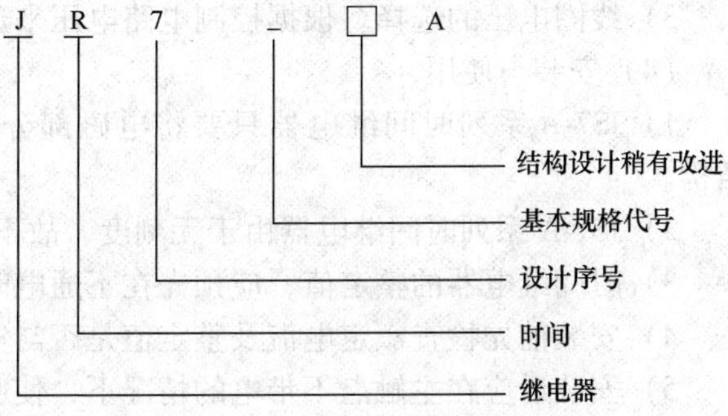

图 10-17　时间继电器型号及含义

所示。

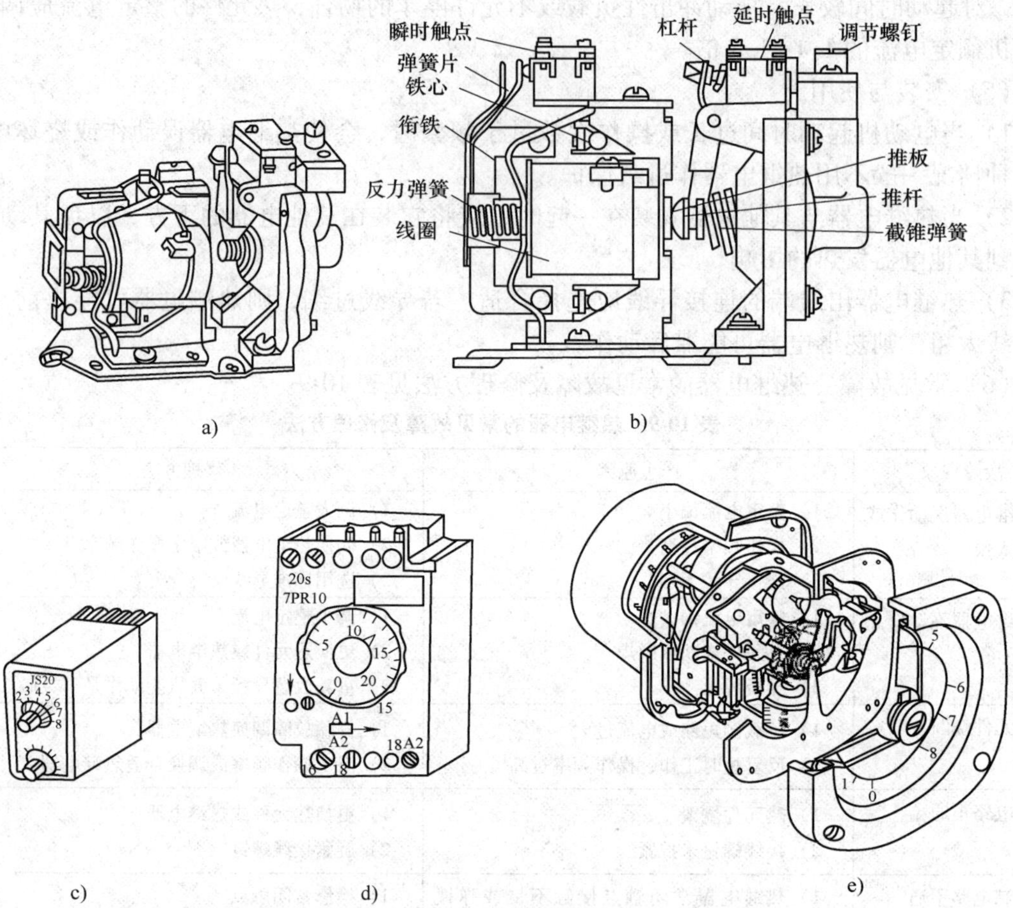

图 10-18 时间继电器

a）JS7 系列时间继电器外形 b）JS7 系列时间继电器的结构 c）JS20 系列 d）7PR 系列 e）JS11 系列

（3）选用

1）类型选择。凡是对延时要求不高的场合，一般采用价格较低的 JS7-A 系列空气阻尼式时间继电器。对于延时要求较高的场合，可采用晶体管式时间继电器。

2）延时方式的选择。时间继电器有通电延时和断电延时两种，应根据控制线路的要求选用。

3）线圈电压的选择。根据控制电路电压来选择时间继电器吸引线圈的电压。

（4）安装与使用

1）JS7-A 系列时间继电器只要将电磁部分转动 180°，即可将通电延时改为断电延时结构。

2）JS7-A 系列时间继电器由于无刻度，故不能准确地调整延时时间。

3）时间继电器的整定值，应预先在不通电时整定好，并在试验时校正。

4）安装前先检查额定电流及整定值是否与实际要求相符。

5）安装后应在主触点不带电的情况下，使吸引线圈带电操作几次，检查继电器动作是否可靠。

6）定期检查各部件是否有松动和损坏现象，并保持触点的清洁和可靠。

（5）常见故障　时间继电器的常见故障及修理方法见表 10-10。

表 10-10　时间继电器的常见故障及修理方法

故障现象	产生原因	修理方法
延时触点不动作	1）电磁线圈折断 2）电源电压低于线圈额定电压很多 3）电动式时间继电器的同步电动机线圈断线 4）电动式时间继电器的棘爪无弹性，不能刹住棘齿 5）电动式时间继电器游丝断裂	1）更换线圈 2）更换线圈或调高电源电压 3）调换同步电动机 4）调换棘爪 5）调换游丝
延时时间缩短	1）空气阻尼式时间继电器的气室装配不严，漏气 2）空气阻尼式时间继电器的气室内橡胶薄膜损坏	1）修理或调换气室 2）调换橡胶薄膜
延时时间延长	1）空气阻尼式时间继电器的气室有灰尘，使气道阻塞 2）电动式时间继电器的传动机构缺润滑油	1）清除气室内灰尘，使气道畅通 2）加入适量的润滑油

4. 速度继电器

速度继电器是一种可以按照被控电动机转速的大小使控制电路接通或断开的电器。速度继电器通常与接触器配合，实现对电动机的反接制动。

（1）型号及含义　速度继电器型号及含义如图 10-19 所示。

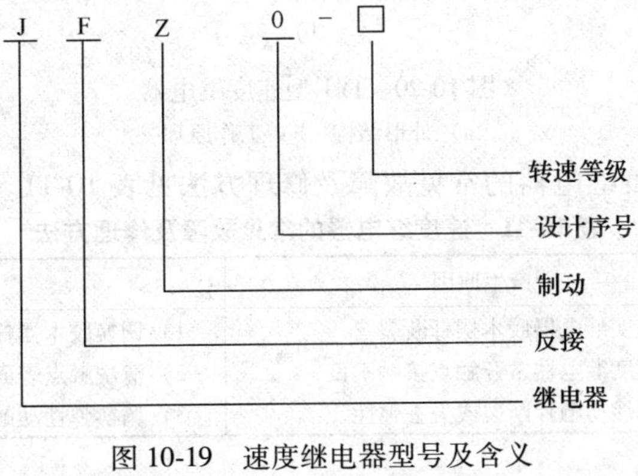

图 10-19　速度继电器型号及含义

（2）结构　速度继电器主要由定子、转子、可动支架、触点系统及端盖等部分组成。JY1 型速度继电器如图 10-20 所示。

（3）选用　速度继电器主要根据电动机的额定转速来选择。

（4）安装与使用

1）速度继电器的转轴应与电动机同轴连接。

2）速度继电器安装接线时，正反向的触点不能接错，否则不能实现反接制动控制。

3）速度继电器的金属外壳应可靠接地。

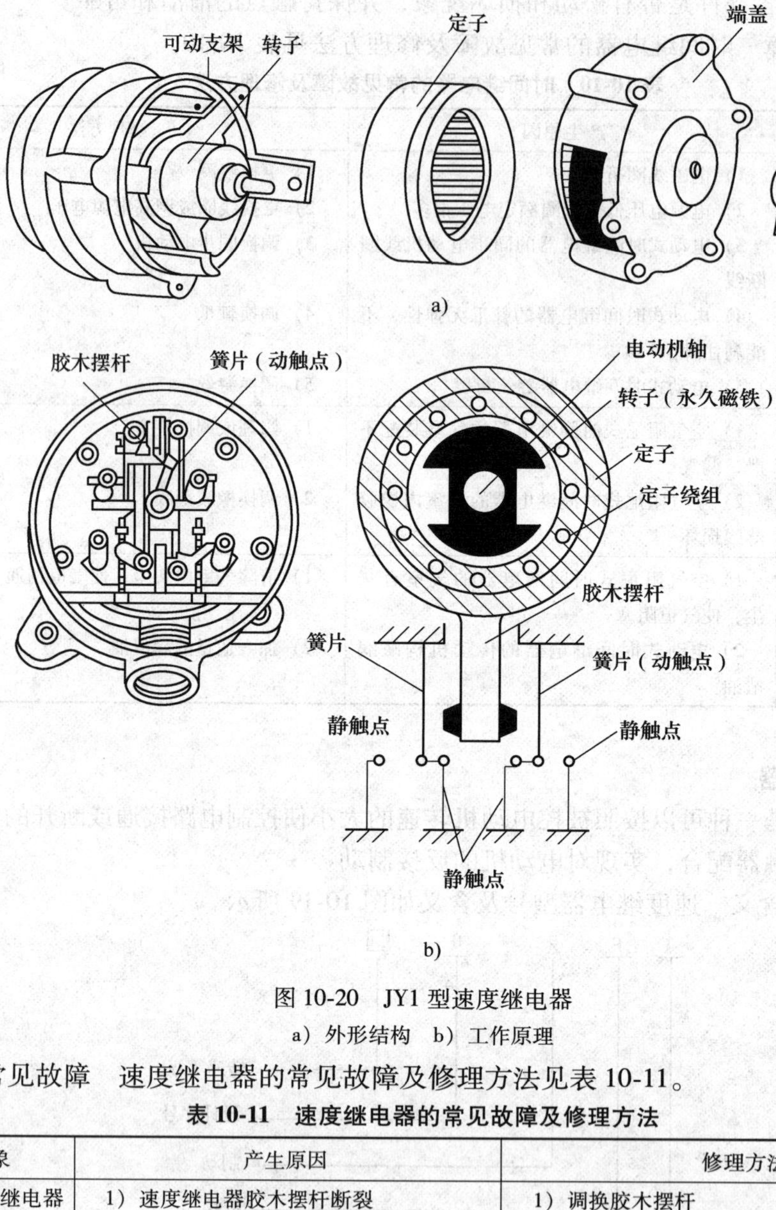

图 10-20　JY1 型速度继电器

a）外形结构　b）工作原理

（5）常见故障　速度继电器的常见故障及修理方法见表 10-11。

表 10-11　速度继电器的常见故障及修理方法

故障现象	产生原因	修理方法
制动时速度继电器失效，电动机不能制动	1）速度继电器胶木摆杆断裂 2）速度继电器常开触点接触不良 3）弹性动触片断裂或失去弹性	1）调换胶木摆杆 2）清洗触点表面油污 3）调换弹性动触片

10.1.6　主令电器

主令电器主要用于闭合、断开控制电路，以发出信号或命令，达到对电力拖动系统的控制或实现程序控制。常用的主令电器有按钮、位置开关、万能转换开关和主令控制器等。

1. 按钮

按钮是一种短时接通或分断小电流电路的电器，它不直接用于控制主电路的通断，而是在控制电路中发出“指令”去控制接触器、继电器等电器，再由它们去控制主电路。

（1）型号及含义　按钮型号及含义如图 10-21 所示：

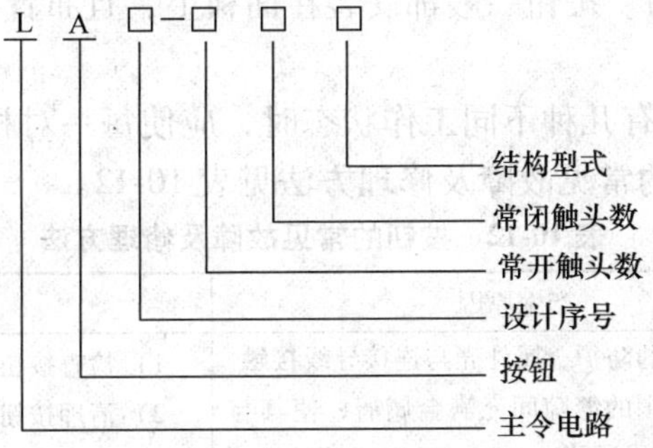

图 10-21　按钮型号及含义

（2）结构　按钮是短时间接通或断开小电流电路的电器。按下按钮时，桥式动触头先和上面的静触头分离，然后和下面的静触头接触；手松开后，靠弹簧复位。按钮主要用于操纵接触器、继电器或电器连锁电路。常见的按钮如图 10-22 所示。

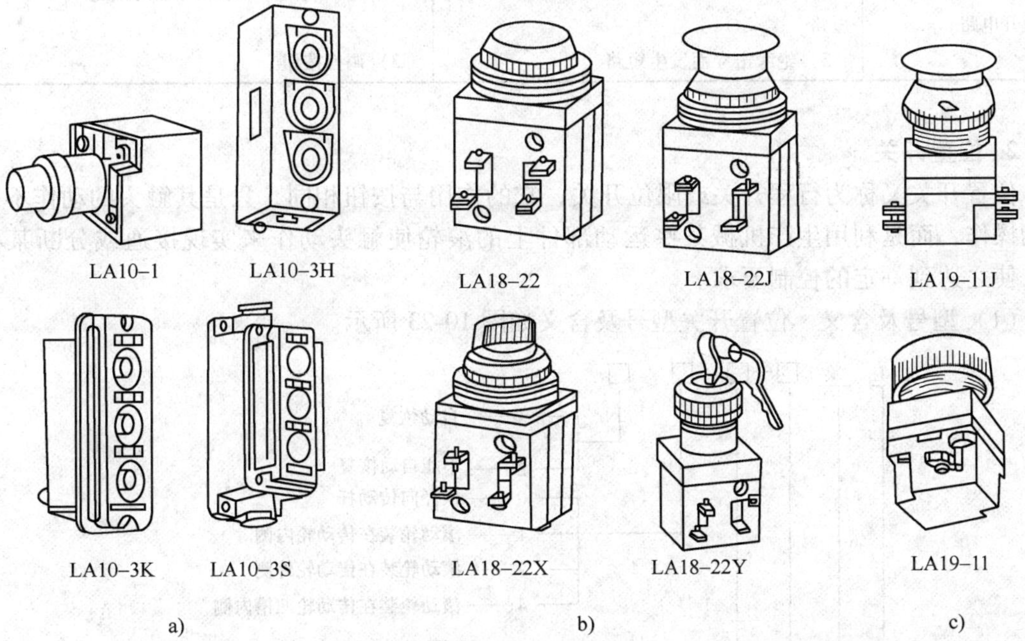

图 10-22　常见的按钮

a）LA10 系列　b）LA18 系列　c）LA19 系列

（3）选用

1）根据使用场合和具体用途选择按钮的种类，在尘土较多时不宜选用 LA18 和 LA19 系列按钮。

2）按工作状态指示和工作情况的要求，选择按钮的颜色。

3）按控制回路的需要，确定按钮的数量，如单联钮、双联钮和三联钮等。

（4）安装与使用

1）按钮用于高温场合时，易使塑料变形老化而导致松动，引起接线螺钉间相碰而发生短路，可在接线螺钉处加套绝缘塑料管来防止短路。

2）带指示灯的按钮因灯泡发热，长期使用易使塑料灯罩产生变形，此时应降低灯泡两端的电压，延长其使用寿命。按钮一般都安装在面板上，且布置要整齐、合理、牢固，应保持触头间的清洁。

3）同一机床运动部件有几种不同工作状态时，应使每一对相反的按钮安装在同一组。

（5）常见故障　按钮的常见故障及修理方法见表10-12。

表10-12　按钮的常见故障及修理方法

故障现象	产生原因	修理方法
按下起动按钮时有触电的感觉	1）按钮的防护金属外壳与连接导线接触 2）按钮帽的缝隙间充满金属屑，使其与导电部分构成通路	1）检查按钮内连接导线 2）清理按钮及触头
按下起动按钮，不能接通电路，控制失灵	1）接线头脱落 2）触头磨损松动，接触不良 3）动触头弹簧失效，使触头接触不良	1）检查起动按钮连接线 2）检查触头或调换按钮 3）重绕弹簧或调换按钮
按下停止按钮，不能断开电路	1）接线错误 2）尘埃或机油、乳化液等流入按钮构成短路 3）绝缘击穿而发生短路	1）更改接线 2）清洁按钮并采取相应密封措施 3）调换按钮

2. 位置开关

位置开关又称为行程开关或限位开关，它的作用与按钮相同，只是其触头的动作不是靠手动操作，而是利用生产机械某些运动部件上的滚轮使触头动作来实现接通或分断某些电路，使之达到一定的控制要求。

（1）型号及含义　位置开关型号及含义如图10-23所示。

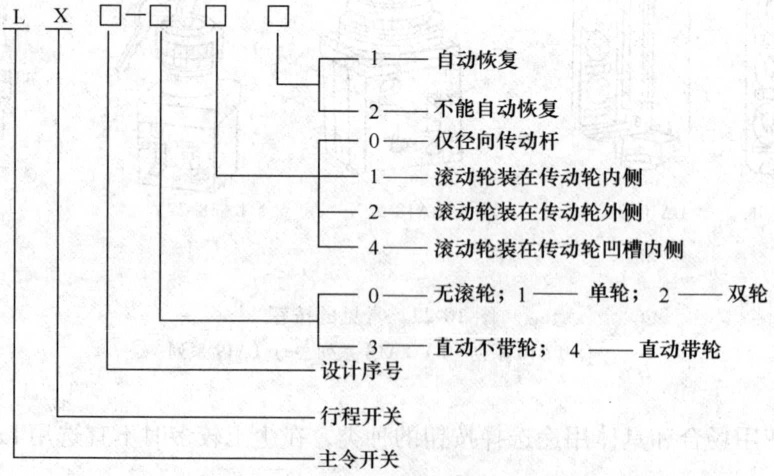

图10-23　位置开关型号及含义

（2）结构　位置开关由触头系统、操动机构和外壳组成。JLXK1系列位置开关的外形和结构如图10-24所示。

（3）选用

1）根据安装环境选择防护形式，即选择开启时还是防护式。

2）根据控制回路的电压和电流选择采用何种系统的形程开关。

3）根据机械与行程开关的传力与位移关系选择合适的头部结构形式。

（4）安装与使用

1）位置开关安装时位置要准确，否则达不到位置控制和限位的目的。

2）应定期检查位置开关，以免触头接触不良而达不到行程和限位控制的目的。

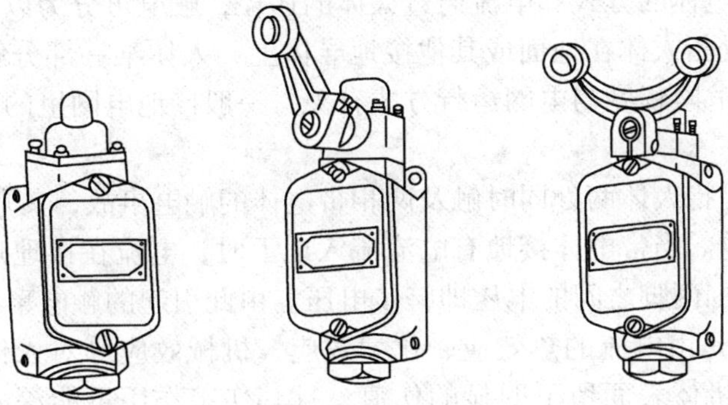

图 10-24　JLXK1 系列位置开关

a）JLXK1-311 按钮外形　b）JLXK1-111 单轮旋转式外形

c）JLXK1-211 双轮旋转式外形

（5）常见故障　位置开关的常见故障及修理方法见表 10-13。

表 10-13　位置开关的常见故障及修理方法

故障现象	产生原因	修理方法
挡铁碰撞开关，触头不动作	1）开关位置安装不当 2）触头接触不良 3）触头连接线脱落	1）调整开关位置 2）清洗触头 3）紧固连接线
位置开关复位后，常闭触头不闭合	1）触杆被杂物卡住 2）动触头脱落 3）弹簧弹力减退或被卡住 4）触头偏斜	1）清扫开关 2）重新调整动触头 3）调换弹簧 4）调换触头
杠杆偏转后触头未动	1）行程开关位置太低 2）机械卡阻	1）将开关向上调到合适位置 2）打开后盖清扫开关

10.2　安全用电知识

安全用电是磨工应该掌握的基本常识和重要的安全原则。为了能够做到安全用电，有必要对安全用电进行了解。

10.2.1　触电事故的种类

1. 触电的种类

电流对人体的伤害有两种类型：电击和电伤。

（1）电击　电击是电流通过人体，机体组织受到刺激，肌肉不由自主地发生痉挛性收缩造成的伤害。严重电击是指人的心脏、肺部、神经系统的正常工作受到破坏，乃至危及生命的伤害。按照发生电击时电气设备的状态，可分为直接接触电击与间接接触电击。前者是在电气设备正常运行时发生的电击；后者是在设备出现故障时发生的电击。因两者发生条件不同，所以防护技术也不相同。

按照人体接触带电体的方式和电流通过人体的途径，触电可分为以下三种情况。

1）单相触电。是指人体在地面或其他接地导体上，人体某一部分触及一相带电体的触电事故。单相触电的危险程度与电网运行方式有关，一般接地电网里的单相触电比不接地电网里的危险性大。

2）两相触电。是指人体两处同时触及两相带电体的触电事故，其危险性一般比较大。

3）跨步电压触电。当带电体接地有电流流入地下时，电流在接地点周围土壤中产生电压降。人在接地点周围两脚之间的电压即跨步电压。由此引起的触电事故叫跨步电压触电。

（2）电伤　电伤是由电流的热效应、化学效应、机械效应等对人体造成的伤害。电伤的电流比较大，会在机体表面留下明显的伤痕，且其伤害作用可能深入人体内。与电击相比，电伤属于局部性伤害。电伤的危险程度取决于受伤面积、受伤深度、受伤部位等因素。常见的电伤包括电烧伤、点烙印、皮肤金属化、机械损伤、电光眼等。

2. 电气事故的种类

（1）电流伤害事故　电流伤害事故即触电事故，也就是人体触及带电体所发生的事故。在高压触电中，往往不是人体触及带电体，而是接近带电体至一定距离时，其间击穿放电造成的。如前所述，电流伤害有两种即电击和电伤。

（2）电磁场伤害　人体在电磁场作用下，吸收辐射能量会受到不同程度的伤害。电磁场伤害主要引起中枢神经系统功能失调，表现为神经衰弱，还对心血管系统的正常工作有一定的影响。

（3）雷击事故　雷击是一种自然灾害。雷击除了可能毁坏建筑设施和伤及人、畜外，还可能引发易燃易爆场所造成火灾和爆炸。

（4）静电事故　指在生产过程中产生的有害静电酿成的事故。如石油、化工、橡胶、塑料行业，由于静电放电引起爆炸。此外静电会给人一定程度的电击。

（5）电路故障　电路故障本身属于设备事故，但设备事故往往和人身事故联系在一起。如电线短路可能引起火灾或重大人身事故等。所以电路故障也应当属于电气安全范围。

10.2.2　电流对人体的作用

电流通过人体，会引起麻感、针刺感、压迫感、打击感、痉挛、疼痛乃至呼吸困难并有血压升高、昏迷、心律不齐、心室颤动等症状。人体工频电流试验资料见表10-14、表10-15。

1. 电流对人体的影响

（1）感知电流　在一定概率下，通过人体引起人的任何感觉的最小电流称为感知电流。人对电流最初的感觉是轻微麻感和微弱针刺感。试验表明，对不同人感知电流不相同，一般成年男子感知电流约为1.1mA，成年女子约为0.7mA。感知电流一般不会对人体造成伤害，但当电流增大时，感觉增强，反应变大，可能导致坠落等二次事故。

表 10-14　左手-右手电流途径的试验资料　（单位：mA）

人体感觉情况	被试者百分数/%		
	5	50	95
手表面有感觉	0.7	1.2	1.7
手表面有麻痹似的连续针刺感	1.0	2.0	3.0
手关节有连续针刺感	1.5	2.5	3.5
手有轻微颤动，关节有压迫感	2.0	3.2	4.4
上肢有强力压迫的轻度痉挛	2.5	4.0	5.5
上肢有轻度痉挛	3.2	5.2	7.2
手硬直有痉挛，但能伸开，已感到有轻度疼痛	4.2	6.2	8.2
上肢有剧烈痉挛，失去知觉，手的前表面有连续针刺感	4.3	6.6	8.9
手的肌肉直到肩部全面痉挛，还可能摆脱带电体	7.0	11	15

表 10-15　单手-双脚电流途径的实验资料　（单位：mA）

人体感觉情况	被试者百分数/%		
	5	50	95
手表面有感觉	0.9	2.2	3.5
手表面有麻痹似的连续针刺感	1.8	3.4	5.0
手关节有轻度压迫感，有强度的连续针刺感	2.9	4.8	6.7
前肢有压迫感	4.0	6.0	8.0
前肢有压迫感，足掌开始有连续针刺感	5.3	7.6	10
手关节有轻度痉挛，手动作困难	5.5	8.5	12
上肢有连续针刺感，腕部，特别是手关节有强度痉挛	6.5	9.5	13
肩部以下有强度连续针刺感，肘部以下僵直，还可能摆脱带电体	7.5	11	15
手指关节、踝骨、足跟有压迫感，手的大拇指痉挛	8.8	12	16
只有尽最大努力才可能摆脱带电体	10	14	18

（2）摆脱电流　通过人体的电流超过感知电流时，肌肉收缩增加、刺痛感增强、感觉部位扩展，当电流增大到一定程度时，触电者将因肌肉收缩发生痉挛而抓紧带电体，不能自行摆脱电极。人触电后能自行摆脱电极的最大电流称为摆脱电流。摆脱电流的最小值称为摆脱值。对于不同的人，摆脱电流也不相同。试验表明，对应于概率 50% 的摆脱电流，成年男子约为 16mA，成年女子约为 10.5mA。从安全角度考虑，宜取概率为 5% 时人的摆脱电流为最小摆脱电流。男性最小摆脱电流为 9mA，女性为 6mA，儿童的最小摆脱电流较成人小。

摆脱电流是人体可以忍受而一般不致造成不良后果的电流。电流超过摆脱电流后，会感到极度痛苦、恐慌和难以忍受，触电时间过长，则可能昏迷、窒息，甚至死亡。摆脱电源的能力是随着触电时间的延长而减弱的，所以触电后不能摆脱电源时，后果将是严重的。

（3）致命电流　在较短时间内危及生命的最小电流称为致命电流。在电流不超过数百毫安的情况下，电击致命伤的主要原因是电流引起心室颤动造成的，因此，可以认为室颤电流是最小致命电流。人体通过电流时的反应情况见表10-16。

表10-16　人体通过电流的反应

电流范围	电流/mA	通电时间	人的生理反应
A	0~0.5	连续通电	没有感觉
B	0.5~5	连续通电	开始有感觉，手指手腕等处有痛感，没有痉挛，可以摆脱带电体
C	5~30	数分钟以内	痉挛，不能摆脱带电体，呼吸困难，血压升高，是可以忍受的极限
D	30~50	数秒到数分	心脏跳动不规则，昏迷，血压升高，强烈痉挛，时间过长即引起心室颤动
E	50~数百	低于心脏搏动周期	受剧烈冲击但未发生心室颤动
		超过心脏搏动周期	昏迷，心室颤动，接触部位留有电流通过的痕迹
F	超过数百	低于心脏搏动周期	在心脏搏动的特定相位触电时，发生心室颤动，昏迷，接触部位留有电流通过的痕迹
		超过心脏搏动周期	心脏停止跳动，昏迷，可能致命的电灼伤

2. 电流持续时间的影响

电流持续时间越长，越容易引起心室颤动，电击危险越大。其原因如下。

（1）能量的影响　电流持续时间越长，能量积累增加，引起心室颤动的电流减小。根据动物实验，对于体重50kg的人，当通电时间在0.01~5s范围内时，心室颤动电流和通电时间的关系可用下式表达

$$I=116/\sqrt{t}$$

式中　I——引起心室颤动的电流（mA）；

t——通电时间（s）。

（2）易损期的影响　从心电图中可以看出，约0.2s的T波的时间对电流最敏感，敏感的特定时间称为易损期。电流持续时间越长，与易损期重合的可能性越大。电击的危险性越大。当电流持续时间在0.2s以下时，与易损期重合的可能性较小，电击的危险性也较小。

（3）人体电阻的影响　电流持续时间越长，人体电阻相应降低越大，导致流过人体的电流进一步增大，电击的危险性也相应加大。

3. 电流途径的影响

电流通过心脏会引起心室颤动，较大的电流还会使心脏停止跳动，这都会使血液循环中断而导致死亡。电流通过中枢神经或有关部位，会引起中枢神经系统强烈失调而导致死亡。电流通过头部会使人昏迷，若电流较大，会对脑产生严重的损害，致人不醒而死亡。电流通过脊髓，会使人截瘫。

4. 人体素质的影响

不同的人在同样条件下触电可能出现不同的后果。电流对人体的作用，女性较男性敏感。小孩遭受电击较成人危险；身体健康、肌肉发达者摆脱电流可能性较大；体重者一般心脏也较大，室颤电流也较大；患有心脏病、肺病、神经系统疾病的人触电的后果往往比较严重。

10.2.3　防止触电的技术措施

触电事故往往无任何预兆，而且短时间内造成的后果严重。因此，对于触电事故要特别注意预防为主。电气事故不能完全杜绝，其原因是多方面的。除设备缺陷外，还有由于有关人员专业知识不足，对标准规范、规章制度没有严格执行，结果造成电气事故，甚至触电伤亡。所以，必须对电气安全做到思想重视，严格按标准、规范进行设计、施工和操作，提高电气安全的专业水平，预防与杜绝电气事故，防止人身触电。

触电包括直接触电和间接触电。直接触电是指直接触及或过分接近正常运行的带电体；间接触电是指触正常时不带电而发生故障时带电的金属导体（电动机、变压器外壳）。对于不同种类的触电事故，应采取不同的安全防护措施。

1. 安全电压

安全电压也称为特低电压或安全超低电压。其工频有效值不超过 50V、直流不超过 120V。其电源装置及回路配置均应符合安全要求。安全电压值等于人体允许电流和人体电阻的乘积。

（1）人体允许电流　在摆脱电流范围内，人被电击以后，能自主摆脱带电体，解除触电危险。一般情况下，可以把摆脱电流看做是人体允许电流。男性最小允许电流为 9mA，女性的最小允许电流为 6mA。在系统和设备装有防触电的速断保护装置情况下，人体允许电流可按 30mA 考虑。

（2）人体阻抗及其测定　人体触电时，当接触的电压一定时，流过人体的电流大小就决定于人体电阻的大小。人体电阻越小流过人体的电流就越大，也就越危险。不同条件下的人体电阻见表 10-17。

表 10-17　不同条件下的人体电阻

接触电压/V	人体电阻/Ω			
	皮肤干燥	皮肤潮湿	皮肤湿润	皮肤浸入水中
10	7000	3500	1200	600
25	5000	2500	1000	500
50	4000	2000	875	400
100	3000	1500	770	375
350	1500	1000	650	325

（3）安全电压　安全电压是制定安全措施的依据，安全电压决定于人体允许的电流和人体电阻。一般规定工频有效值 42V、36V、24V、12V、6V 为安全电压。手持电动工具可采用 42V 安全电压；无特殊防护的局部照明灯可以采用 36V 或 24V 的安全电压；金属容器内等特别危险的携带式照明灯可以根据危险程度采用 12V 安全电压。

（4）电源及回路配置　应用安全电压应在电源及回路配置方面符合要求。

1）安全电源。一般采用安全隔离变压器作电源，其接线图如图10-25所示。

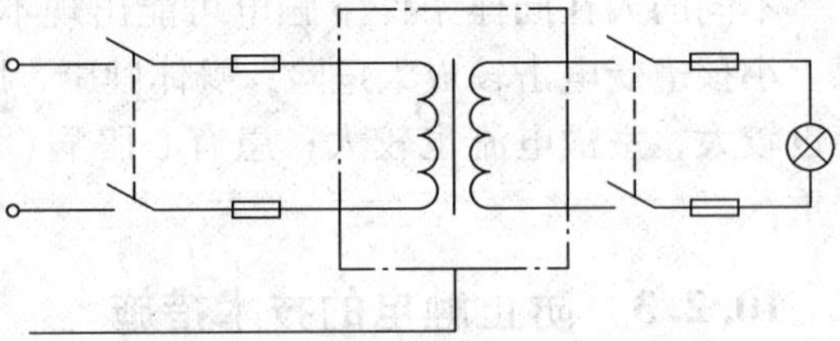
图10-25　安全隔离变压器接线图

这种变压器一次侧、二次侧之间有良好的绝缘，其间还可以用接地的屏蔽隔离开来。其带电部分与金属壳体之间的绝缘电阻不应小于7MΩ，一次侧与二次侧之间的绝缘电阻不应低于5MΩ。除隔离变压器外，具有同等隔离能力的发电机、蓄电池、电子装置均可做成安全电源。

2）回路配置。安全电压回路的带电部分必须与较高电压的回路保持电气隔离，并不得与大地、保护零线或其他电气回路连接。

3）插销座。安全电压插销座不应带有接零（地）插头或插孔，不得与其他电压的插销座插错。

4）短路保护。为了防止短路事故，一次侧、二次侧均应安装熔断器。

（5）功能特低电压　如果电压值与安全电压值相符，而由于功能上的原因，电源回路配置不符合安全电压的要求，则称之为功能特低电压，其补充要求如下。

1）直接电击防护。装设必要的屏护装置或加强设备的绝缘。

2）间接电击防护。当该电路同一次侧保护零（地）线连接时，一次侧应装设防触电的自动断电保护装置。如该回路仅一点接地，则无需采用补充安全措施。

2. 绝缘

绝缘是用绝缘物把带电体封闭起来。该绝缘物只有在遭到破坏时才能除去。电工绝缘材料的电阻率一般在$10^7\Omega\cdot mm^2/m$以上。

（1）绝缘损坏

1）击穿。绝缘物在强电场等因素作用下失去绝缘性能的现象叫做击穿。气体击穿后能自己恢复绝缘性能；液体击穿后能基本上恢复或一定程度的恢复绝缘性能；固体击穿后不能恢复绝缘性能。

2）损伤。绝缘物在腐蚀性气体、蒸汽、潮气、粉尘及机械因素作用下会受到损伤而降低甚至失去绝缘性能。

3）老化。绝缘物在热、电等因素作用下电气性能和机械性能将逐渐劣化，这一现象称绝缘老化。

（2）绝缘指标

1）绝缘电阻。足够的绝缘电阻能把电气设备的泄漏电流限制在安全范围内。绝缘电阻用兆欧表测定。测量时必须停电进行。

低压线路和低压设备、新装和大修后的低压线路和设备，绝缘电阻不应低于0.5MΩ；运行中的不应低于每伏工作电压1000Ω；在潮湿环境运行的不应低于每伏工作电压500Ω。控制线路一般不低于1MΩ；潮湿环境的可降低为0.5MΩ。

高压线路和设备的绝缘电阻不应低于1000~2500MΩ。其中架空线路每个绝缘子的绝缘电阻不应低于300MΩ。电力变压器投入运行前，其绝缘电阻不应低于出厂时的70%，应根据有关规定对绝缘油漆做耐压强度及其他测试。高压交流电动机的定子绝缘电阻不应低于每千伏工作电压 1MΩ；转子绝缘电阻每千伏工作电压不应低于 0.5MΩ。FS 型避雷器的绝缘电阻不应低于 2500MΩ。

2）吸收比。吸收比是从开始测量起第 60s 的绝缘电阻与第 15s 的绝缘电阻的比值。吸收比用兆欧表测量。绝缘受潮后，充电过程变快，吸收比趋近于 1；10~30℃时，35V 以下的变压器的吸收比不应低于 1.2；1000V 以上的电动机的吸收比不应低于 1.2。

（3）耐压强度　耐压试验是检验电器设备承受过电压能力的试验。主要包括工作耐压试验、直流耐压试验和冲击电压试验。电力变压器、电动机、熔断器、电容器等在投入运行前应作工频耐压试验；油浸电力电缆应作直流耐压试验；电工安全用具应根据规定定期作工频耐压试验；阀型避雷器必要时应作工频放电电压试验；电气设备的绝缘油应在杯中用标准电极作耐压强度试验等。

（4）漏电电流　漏电电流是设备在外高电压作用下经绝缘部分泄漏的电流。因为外加电压较高，而且电压稳定，所以泄漏电流试验容易发现绝缘硬伤、脆裂等内部缺陷。泄露电流试验一般只对某些安全要求较高的设备，如某些电工安全用具（绝缘手套、绝缘靴、绝缘垫等）、某些日用电器和电动工具、某些高压设备（阀型避雷器、电力电缆、断路器、电力变压器等）才有必要按规定进行。

（5）介质损耗　介质损耗试验是测量绝缘介质损耗的正切值 $\tan\delta$。当绝缘老化、轻微受潮或有局部缺陷时，虽说总的泄漏电流增加很少，但产生介质损耗的有功电流明显增加，故介质损耗角 δ 及其正切值 $\tan\delta$ 明显增加。因此测量 $\tan\delta$ 能比较准确地检查绝缘质量。

3. 屏护

屏护是借用屏障物防止触及带电体。屏护装置包括遮拦和障碍。遮拦可防止无意或有意触及带电体，障碍只能防止无意触及带电体。屏护装置还可以防止电弧烧伤和弧光短路事故，有利于安全操作等。

4. 间距

间距是将带电体置于所及范围之外的安全措施。带电体与地面之间、带电体与其他设备设施之间、带电体与带电体之间应保持必要的距离。间距可以用来防止人体触及或过分接近带电体，间距还有利于检修安全和防止电气火灾及各种短路事故。间距的大小决定于电压的高低、设备类型、环境条件以及安装方式等因素。

（1）变压器间距　室内安装的变压器，其外壳与变压器四壁之间的最小距离应不小于表 10-18 所列的数值。室外安装的变压器，其外廓之间的距离一般不应小于 1.5m，外廓与围栏或建筑物之间不应小于 0.8m。室内配电箱底部距离地面高度一般为 1.3m。

表 10-18　变压器外廓与变压器四壁的最小距离

变压器容量/kV·A	1000 及以下	1250 及以上
变压器外廓与变压器后壁/m	0.6	0.8
变压器外廓与变压器室门/m	0.8	1.0

（2）配电装置通道　电压配电装置正面通道宽度在配电装置单列布置时不小于 1.5m；配电装置双列布置时宽度不小于 2m。低压配电装置背面通道应符合：

1）宽度一般不小于 1m，有困难时可减为 0.8m。

2）通道内高度低于 2.3m，无遮拦裸导电部分与对面墙或设备的距离不应小于 1m，而与对面其他裸导电部分的距离不应小于1.5m。

3）通道上方裸导电部分的高度低于2.3m时应加遮拦，加遮拦后通道高度不应小于1.5m。

高压配电装置宜与电压配电装置分室装设。在同一室内单列布置时，高压开关柜与电压配电盘之间距离不应小于2m。配电长度超过6m时，盘后应有两个通向本室或其他房间的出口，且其间距离必应超过1.5m。

（3）用电设备间距　用电设备的安装应符合安全要求，包括间距的要求。车间电压配电盘底口距离地面高度，暗装的为1.4m，明装的为1.2m。明装电度表板底口距离地面高度可取1.8m。常用开关设备安装高度为1.3~1.5m。为了便于操作，开关手柄与建筑物之间应保持150mm的距离。墙用开关离地面高度可取1.4m。明装插座离地面高度为1.3~1.5m，暗装的可取0.2~0.3m。

（4）检修间距　为防止人体接近带电体，必须保持足够的检修间距。在低压操作中，人体或其所携带工具等与带电体距离不应小于0.1m。在高压无遮拦操作中，人体或其携带工具与带电体之间的最小距离不应小于以下数值：10kV及以下不应小于0.7m；20~35kV不应小于1.0m。当不足上述距离时，应装设临时遮拦，并符合下列要求：10kV及以下，不小于0.4m；35kV时，不应小于0.6m。在线路上工作时，人体或携带工具等与临时带电线路的最小距离不小于下列数值：10kV及以下，不小于1.0m；35kV时，不小于2.5m。不足上述距离时，邻近的线路应当停电。用水冲洗时，小型喷嘴与带电体之间的最小距离不应小于下列数值：10kV及以下，距离不小于0.4m；22~44kV时，不小于0.5m。工作中使用喷灯或气焊时，火焰不得喷向带电体。火焰与带电体之间的最小距离不得小于下列数值：10kV及以下，不小于1.5m；35kV时不小于3m。

5. 漏电保护

漏电保护器又称为漏电保安器或剩余电流断路器，是一种有效地防止人身触电的保护装置。设备漏电时发生两种异常现象：一是不带电的金属外壳出现对地电压；二是系统三相电流的平衡遭到破坏，出现零序电流。漏电保护装置就是通过检测机构获取这两种异常信号，经过中间机构转换和传递，然后促使执行机构动作，自动切换电源。

按照所取信号的种类和动作特性，漏电保护装置可分为电压型、零序电流型、漏电电流型。电压型漏电保护器由于工作性能差，精度低，已被淘汰。漏电电流型高灵敏度漏电保护器目前最为常用，选择时应根据需要适当考虑灵敏度。为避免误动作，保护装置的不动作电流不宜低于动作电流的二分之一。动作时间主要决定于保护装置的延时特性，根据延时特性的长短可分为：快速型（不超过0.01s）、定时型（0.1~2s）、反时限型（动作时间不超过1s，4.4倍动作电流时不超过0.05s）。防止触电的漏电保护装置，宜采用高灵敏度、快速型的装置，其动作电流和动作时间的乘积不应超过30mA·s。

6. 正确使用电器安全用具

电气安全用具是用来防止电器工作人员在工作中发生触电、电弧灼伤、高空摔跌等事故的重要工具。电气安全用具分绝缘安全用具和防护安全用具两大类。绝缘安全用具如绝缘棒、绝缘夹钳、验电器、绝缘手套、绝缘靴、绝缘鞋、绝缘垫、绝缘站台等。其中绝缘棒、绝缘夹钳、验电器的绝缘强度能长期承受工作电压，并能在该电压等级产生的过电压下保护人身安全；而绝缘手套、绝缘靴、绝缘垫、绝缘站台等安全用具的绝缘强度不能承受电气设备和线路的工作电压，只能加强基本安全用具的保护作用，防止接触电压、跨步电压对工作人员的危害，并不能直接接触高压电气设备和带电部分。

10.2.4　触电急救

触电急救的要点是动作迅速，救护得法，切不可惊慌失措，束手无策。发现有人触电，首先要使触电者迅速脱离电源，然后根据触电者的具体情况，进行相应救治。人触电后会出现神经麻痹、呼吸中断、心脏停止跳动等症状，外表呈现昏迷不醒的状态。此乃假死状态，应迅速而持久的抢救。

1. 脱离电源

人触电后，可能由于痉挛或失去知觉等原因而抓紧带电体，不能自行脱离电源。这时，使触电者尽快脱离电源是救治者的首要任务。

1）触电急救，首先要使触电者迅速脱离电源，越快越好。电流作用时间越长，伤害越重。

2）脱离电源就是要把触电者接触的那一部分带电设备用开关或其他断路设备断开；或设法将触电者与带电体脱离。在脱离电源中，救护人员既要救人，也要注意保护自己。

3）触电者未脱离电源前，救护人员不准直接用手触及伤员，因为有触电危险。

4）若触电者处于高处，脱离电源后会自高处坠落，因此要采取防护措施。

5）触电者触及低压带电设备，救护人员应设法迅速切断电源，如拉开电源开关或刀开关，拔除电源插头等；或使用绝缘工具、干燥的木棒、木板、绳索等不导电的东西解脱触电者；也可抓住触电者干燥而不贴身的衣服，将其脱开，切记避免碰到金属物体和触电者的裸露身躯；也可戴绝缘手套或将手用干燥衣物包起绝缘后解脱触电者；救护人员也可站在绝缘垫上或干木板上，绝缘自己进行救护。为使触电者与导体解脱，最好一只手进行。如果电流通过触电者入地，并且触电者紧握电线，可设法将干木板塞到身下与地隔离，也可用干木柄斧子或带绝缘柄的钳子等将电线斩断或剪断。剪断电线要分相，要一根一根剪断，并尽可能站在绝缘物体或干木板上。

6）触电者触及高压带电设备，救护人员应迅速切断电源，或用适合该电压等级的绝缘工具（戴绝缘手套、穿绝缘靴并用绝缘棒）解脱触电者。救护人员在抢救过程中应注意保持自身与周围带电部分必要的安全距离。

7）如果触电发生在架空线杆塔上，若是低压带电线路，可切断线路电源时，应立即迅速切断电源，或者由救护人员迅速登杆，束好自己的安全皮带后，用带绝缘胶柄的钢丝钳、干燥的不导电物体或绝缘物体将触电者脱离电源；如系高压带电线路，又不可能迅速切断电源开关时，可采用抛挂足够截面的适当长度的金属，通过短路使电源开关跳闸。抛挂前，将短路线一端固定在铁塔或接地引线上，另一端系重物，但抛掷短路线时，应注意防止电弧伤人或断线危及人员安全。

8）如果触电者触及断落在地上的带电高压导线，且尚未确证线路无电，救护人员在未作好安全措施前，不能接近断线点 8~10m 的范围内，以防止跨步电压伤人。触电者脱离带电导线后应迅速带至 8~10m 以外并立即开始触电急救。只有在确认线路已经无电，才可在触电者离开触电导线后，立即就地进行急救。

9）救护触电伤员切除电源时，有时会同时使照明失电，因此应考虑事故照明、应急灯等临时照明。新的照明要符合使用场所防火、防爆的要求。但不能因此延迟切除电源和进行急救。

2. 伤员脱离电源后的处理

1）触电伤员如神志清醒，应使其就地平躺，严密观察，暂时不要站立或走动。

2）触电伤员如神志不清，应就地仰面躺平，且保持气道通畅，并用5s时间，呼叫伤员或轻拍其肩部，以判定伤员是否意识丧失。禁止摇动伤员头部呼叫伤员。

3）需要抢救的伤员，应立即就地坚持正确抢救，并设法联系医疗部门接替救治。

第 11 章

外圆磨削

外圆磨削是磨工技术中最基本的一种形式，也是掌握其他磨削方法的基础。本章将介绍外圆磨削的形式、砂轮的选择与安装、工件的装夹以及外圆磨削的具体方法。

11.1 外圆磨削的形式

外圆磨削有多种形式，主要有普通外圆磨削、端面外圆磨削和无心外圆磨削三种，如图 11-1 所示。

11.1.1 普通外圆磨削

普通外圆磨削为中心外圆磨削，工件在磨削时按一个固定的旋转中心进行旋转，如图 11-1a 所示。当工件以中心孔为基准在两顶尖间装夹时，两顶尖的尖端构成工件的旋转中心，这种形式可以达到较高的圆度和同轴度要求。

11.1.2 端面外圆磨削

端面外圆磨削是一种变形的外圆磨削形式，如图 11-1b 所示。砂轮主轴的轴线对工件轴线倾斜 β 角，砂轮斜向切入时可同时磨削工件的外圆柱面和台阶面，具有较高的加工精度和生产率。

11.1.3 无心外圆磨削

无心外圆磨削时，工件不用顶尖装夹，而直接装夹在导轮与磨削轮之间，并用托板支承，如图 11-1c 所示。当由橡胶结合剂制成的导轮压向工件时，靠摩擦力带动工件旋转和纵向进给，同时由磨削轮磨削工件的外圆。由于工件没有固定的旋转中心，故工件的圆度误差较大。

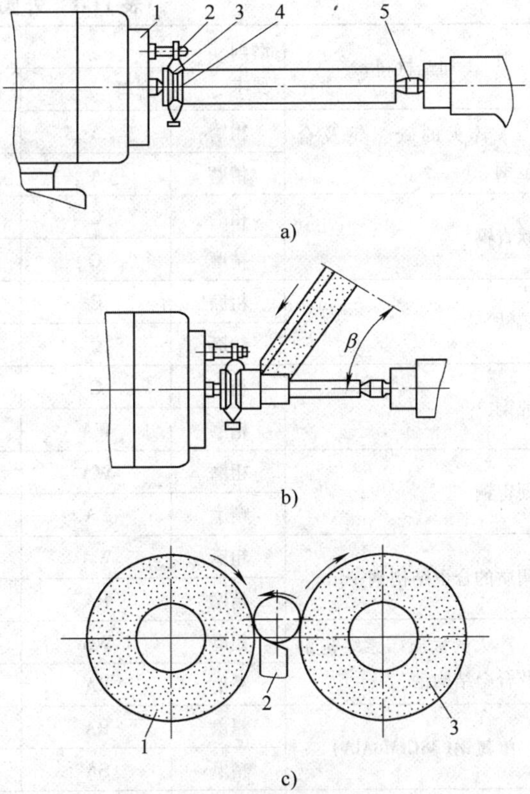

图 11-1 外圆磨削的形式

a）普通外圆磨削

1—拨盘 2—拨杆 3、5—顶尖 4—夹头

b）端面外圆磨削

c）无心外圆磨削

1—磨削轮 2—托板 3—导轮

11.2 外圆砂轮的选择、安装及修整

11.2.1 外圆砂轮的选择原则

合理选择砂轮的原则如下：

1）砂轮应具有较好的磨削性能，砂轮在磨削时有合适的自锐性，有较长的寿命。

2）磨削时产生的磨削力较小。

3）磨削时产生的磨削热较少。

4）加工精度较高。

5）表面粗糙度值较低。

6）有利于降低生产成本。

7）根据外圆砂轮的主要特性进行选择。

外圆砂轮一般为中等组织的平形砂轮，砂轮尺寸按机床规格选用。其主要特性参考表11-1。

表 11-1 外圆砂轮的主要特性

加工材料	磨削要求	砂轮的特性			
		磨料	粒度	硬度	结合剂
未淬火的碳素钢及合金钢	粗磨	A	F36~F46	M、N	V
	精磨	A	F46~F60	M、Q	V
软青铜	粗磨	C	F24~F36	K	V
	精磨	C	F46~F60	K、M	V
铸铁	粗磨	C	F24~F36	K、L	V
	精磨	C	F60	K	V
纯铜	粗磨	C	F36~F46	K、L	V
	精磨	WA	F60	K	V
硬青铜	粗磨	WA	F24~F36	L、M	V
	精磨	PA	F46~F60	L~P	V
调质的合金结构钢	粗磨	WA	F46~F60	L、M	V
	精磨	PA	F60~F80	M~P	V
淬火的优质碳素结构钢及合金结构钢	粗磨	WA	F46~F60	K~M	V
	精磨	PA	F60~F100	L、M	V
渗氮钢(38CrMoAlA)	粗磨	PA	F46~F60	K~N	V
	精磨	SA	F60~F80	L、M	V
高速工具钢	粗磨	WA	F36、F40	K、L	V
	精磨	PA	F60	K、L	V
硬质合金钢	粗磨	GC	F36	K	V
	精磨	MBD	—	—	—

11.2.2 外圆砂轮的安装

砂轮安装是一项很重要的工作，一般陶瓷砂轮呈脆性，如果安装不当或砂轮失去平衡，则会影响加工质量和机床精度，严重的可使砂轮破裂而造成事故。

安装前，首先要仔细检查砂轮是否有裂纹，方法是用木锤轻敲听其声音，没有裂纹的砂轮声音清脆，有裂纹的砂轮则声音嘶哑。有裂纹的砂轮应禁止使用。

平形砂轮一般用图11-2所示的法兰安装，它由法兰盘2、端盖1、螺钉4和衬垫3组成。

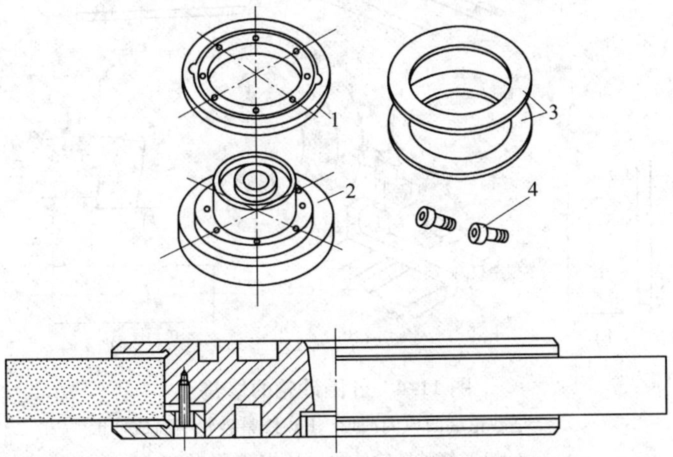

图11-2 平形砂轮的安装

1—端盖 2—法兰盘 3—衬垫 4—螺钉

砂轮的孔径与法兰的轴颈部分应有0.1~0.5mm的间隙，不可用力压入。如果配合间隙过大，则可在法兰处加一层纸片(图11-3a)，以减小砂轮安装的偏心。

法兰盘的支承面要平整且外径尺寸相等，安装时在法兰盘端面与砂轮之间应垫1~2mm厚的塑性衬垫(如厚纸板)；紧固螺钉时要用力均匀，以使砂轮受力也均匀，如图11-3b所示。

砂轮安装后，应作初步静平衡，再将砂轮装于磨床主轴端部。安装时，要使法兰锥孔与主轴锥面接触良好，并注意主螺纹的旋向(一般砂轮主轴端螺纹为左旋)。由于锥面具有一定的自锁性，拆卸时可使用专用拆卸工具(图11-3c)将法兰拉出。

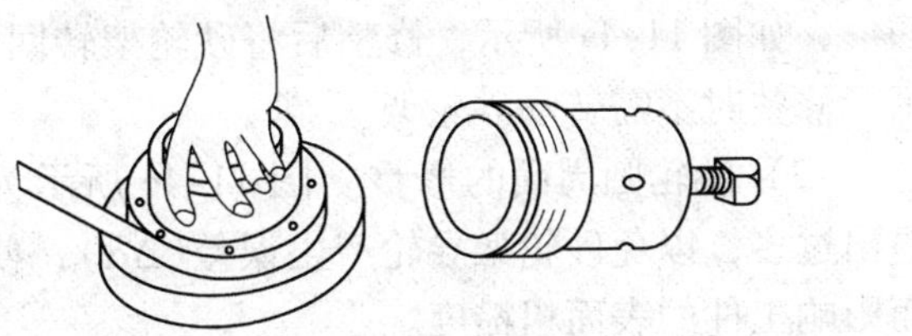

图11-3 砂轮安装与拆卸

a）减小配合间隙 b）紧固螺钉 c）拆卸

11.2.3 外圆砂轮的修整

砂轮修整包括端面修整和圆周面修整两部分。

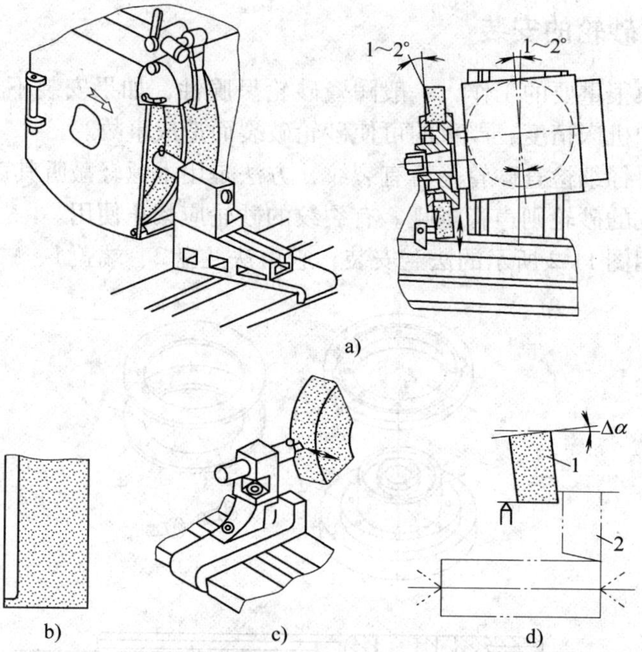

图 11-4　外圆砂轮的修整

a）修整砂轮端面成内凹形　b）修整砂轮端面成环形

c）修整砂轮外圆　d）修整不当

1—修整位置　2—工作位置

（1）砂轮端面修整　修整砂轮端面时，将砂轮架逆时针方向旋转 1°～2°，将砂修成内凹形，如图 11-4a 所示，修整后将砂轮架转回；也可将砂轮修成环形内凹面，如图 11-4b 所示，修整时不需转动砂轮架。

（2）砂轮圆周面的修整　图 11-4c 所示为砂轮圆周面的修整。修整时，砂轮横向不要退出过多，以免砂轮架导轮产生误差（$\Delta\alpha$），使砂轮在磨削时成单面接触，如图 11-4d 所示，而影响工件的表面粗糙度。

11.3　工件的装夹

工件的装夹包括定位和夹紧两部分。工件定位是否正确，夹紧是否牢固，会直接影响工件的加工精度和操作的安全。工件一般用两顶尖装夹，有时也用卡盘装夹。

11.3.1　用两顶尖装夹

用两顶尖装夹工件是最常用的方法，如图 11-5a 所示。这种方法的特点是装夹方便、定位精度高。装夹时，利用工件两端中心孔的锥面支承在前、后两顶尖的锥面上，形成工件的旋转轴线。工件由头架的拨盘和拨杆带动夹头旋转。

工件上的夹头起传动作用，常用的几种夹头如图 11-5 所示。其中鸡心夹头如图 11-5b 所示，用于中小型工件的装夹；方形夹头（图 11-5c）用于大型工件的装夹；图 11-5d 所示为自动夹头，夹头由偏心杆自动夹紧。夹持精密的表面应衬铜片。当工件端面有槽时，工件也可由专用拔销直接传动，如图 11-6 所示。

磨削前要选择合适的顶尖，并检查清理或修研工件的中心孔。

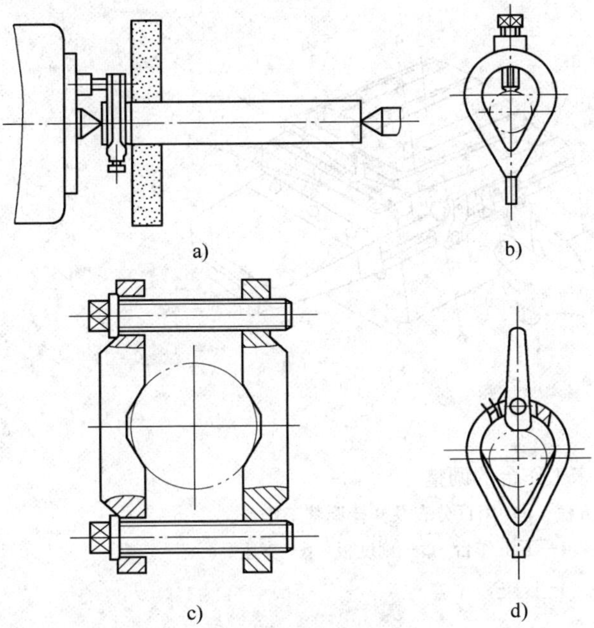

图 11-5 工件的装夹

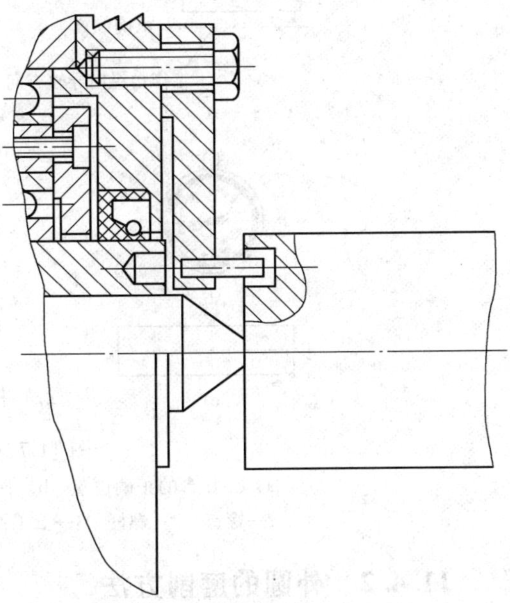

图 11-6 工件由拔销直接传动

11.3.2 其他装夹方法

有时需要采用其他方法来装夹工件，如用自定心卡盘装夹没有中心孔的圆柱形工件，用单动卡盘装夹没有中心孔或外形不规则的工件等。

11.4 外圆磨削的方法

11.4.1 磨床工作台的调整

为了获得精确的圆柱加工表面，必须把磨床工作台调整到正确位置。工作台的正确位置是指工件的旋转中心与工作台纵向导轨平行，如图 11-7a 所示。调整时，松开压板螺钉 1，转动螺杆 2 使上工作台 3 相对下工作台 4 回转一个角度，如图 11-7b 所示。在支座 6 上安装百分表，可控制调整量。常见的调整方法有下列三种：

（1）粗磨找正　先测量工件磨削余量和原有锥度，在工作台基本正确的情况下，粗磨工件，测出工件全长上两端的直径差值，即可对工作台作适当调整。这种调整复杂，且调整比较费时。

（2）对刀找正　用切入法分别在工件全长的两端对刀，视两端出现火花时，横向进给手轮刻度的读数值，即可判断工作台偏斜的情况。这种方法适用于较长的工件，调整简单但不精确。

（3）用百分表和样棒找正　如图 11-7c 所示，将标准的样棒安装在两顶尖之间，移动工作台，视百分表读数进行调整。这种方法调整精确，但样棒长度应与工件长度相等。

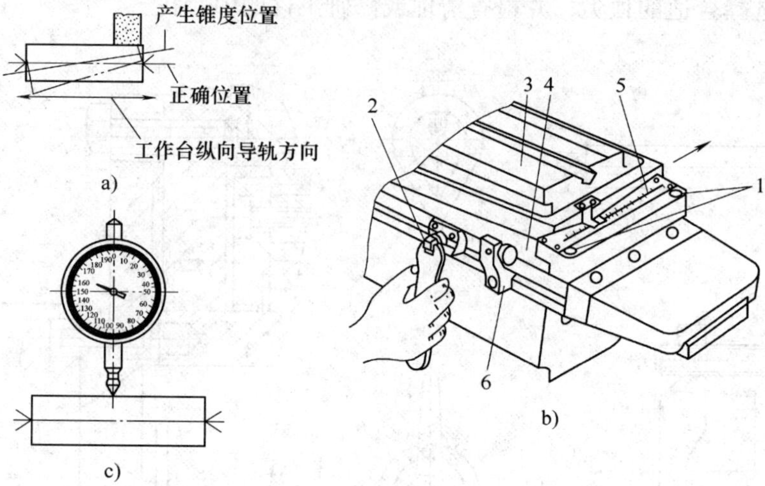

图 11-7　磨床工作台的调整

a）工作台的正确位置　b）调整方法　c）用百分表及样棒调整工作台

1—螺钉　2—螺杆　3—上工作台　4—下工作台　5—刻度板　6—支座

11.4.2　外圆的磨削方法

常用的外圆磨削方法有：纵向磨削法、切入磨削法、分段磨削法和深度磨削法四种。磨削时可根据工件形状、尺寸、磨削余量和加工要求选择合适的方法。

1. 纵向磨削法

工作台行程终了(双行程或单行程)，砂轮作周期性横向进给，每次背吃刀量较小，磨削余量要在多次往复行程中磨去，如图 11-8a 所示。砂轮超越工件两端的长度一般取(1/3~1/2)B(B 为砂轮宽度)。

磨削台肩旁外圆时，要调整好挡铁位置，并控制工作台停留时间防止出现凸缘，如图 11-8b 所示。

(1) 纵向磨削法的特点

1) 在砂轮整个宽度上，磨粒的工作情况不同，砂轮的两个尖角磨削量较大，而砂轮宽度上的磨粒则起减小表面粗糙度的作用。纵向磨削法产生的磨削力和磨削热较小。

2) 由于背吃刀量较小，工作台往复时间长，故生产率较低。

(2) 纵向磨削法的磨削用量

1) 背吃刀量 a_p：粗磨：a_p = 0.01~0.04mm；精磨：$a_p \leqslant 0.01$mm。

2) 纵向进给量 f(mm/r)。粗磨：f=(0.4~0.8)B；精磨：f=(0.2~0.4)B(B 为砂轮宽度)。

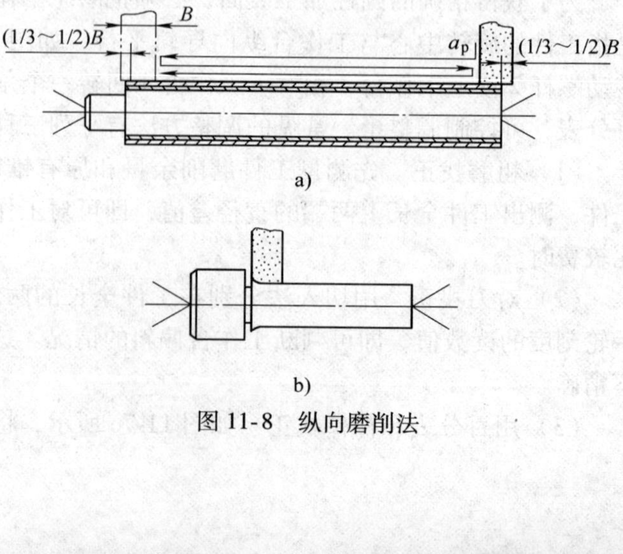

图 11-8　纵向磨削法

3）工件圆周速度 v_w。一般取 $v_w = 13 \sim 20 m/min$。

表 11-2、表 11-3 中所列的外圆磨削用量，可供磨削时参考。

表 11-2 外圆磨削用量

工件直径/mm		20	30	50	80	120	200	300
粗磨	工件圆周速度/(m/min)	10~20	11~22	12~24	13~36	14~28	15~30	17~34
	工件转速/(r/min)	161~232	117~234	77~154	52~104	37~74	24~48	16~36
精磨	工件圆周速度/(m/min)	20~30	22~35	25~40	30~60	35~60	40~70	50~80
	工件转速/(r/min)	320~478	243~382	159~254	120~200	93~159	64~112	53~85

表 11-3 粗磨背吃刀量 （单位：mm）

工件直径/mm	工件圆周速度/(m/min)	纵向进给量(mm/r)（以砂轮宽度 B 计）			
		0.5B	0.6B	0.7B	0.8B
20	10	0.0216	0.0180	0.0154	0.0135
	15	0.0144	0.0120	0.0103	0.0090
	20	0.0181	0.0090	0.0077	0.0068
30	11	0.0222	0.0185	0.0153	0.0139
	16	0.0152	0.0127	0.0109	0.0096
	22	0.0111	0.0092	0.0079	0.0070
50	12	0.0237	0.0197	0.0169	0.0148
	18	0.0157	0.0132	0.0113	0.0099
	24	0.0118	0.0098	0.0084	0.0074
80	13	0.0242	0.0201	0.0172	0.0151
	19	0.0165	0.0138	0.0118	0.0103
	26	0.0126	0.0101	0.0086	0.0076
120	14	0.0264	0.0220	0.0189	0.0165
	21	0.0176	0.0147	0.0126	0.0110
	28	0.0132	0.0110	0.0095	0.0083
200	15	0.0287	0.0239	0.0205	0.0180
	22	0.0196	0.0164	0.0140	0.0122
	30	0.0144	0.0120	0.0103	0.0090
300	17	0.0287	0.0239	0.0205	0.0179
	25	0.0162	0.0162	0.0139	0.0121
	34	0.0119	0.0119	0.0102	0.0089

2. 切入磨削法

切入磨削法又称横向磨削法，如图 11-9 所示。当砂轮宽度大于工件长度时，砂轮可连续横向切入磨削，磨去全部加工余量。粗磨时可用较高切入速度，但砂轮压力不宜过高，精磨时切入速度要低。此种磨削法无纵向进给运动。

切入磨削法的特点：

1）整个砂轮宽度上磨粒的工作情况相同，且磨削作用良好，由于可连续作横向进给，故生产率较高。

2）磨削时，会产生较大的磨削力和磨削热，工件易产生变形，严重时会发生烧伤现象。

3）由于无纵向进给运动，砂轮表面的形态(修整痕迹)会复印到工件表面上，影响工件的表面粗糙度值。

4）切入法因受到砂轮宽度限制，只适用于磨削长度较短的外圆表面。

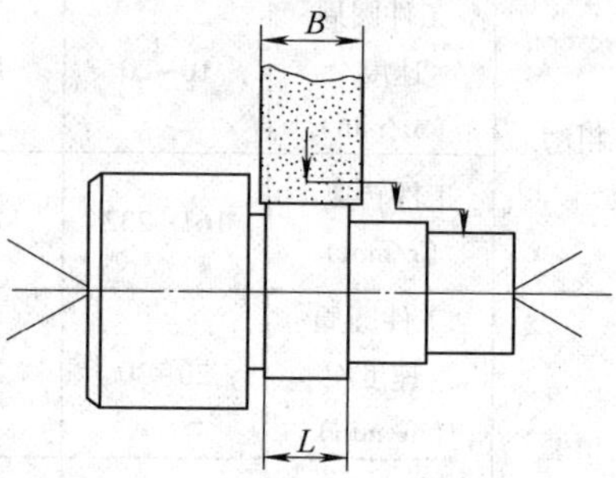

图 11-9　切入磨削法

3. 分段磨削法

分段磨削法又称综合磨削法或混合磨削法，它是切入法和纵向法的综合：即先用切入法将工件分段进行粗磨，如图 11-10a 所示，留精磨余量 0.03~0.04mm，然后再用纵向法精磨工件至尺寸要求，如图 11-10b 所示。这种方法具有切入法生产率高的优点。分段时，相邻两段间应有 5~15mm 的重叠。分段磨削法适用于磨削余量大且刚性较好的工件，不适合长的工件，通常分 2~4 段最为合适。

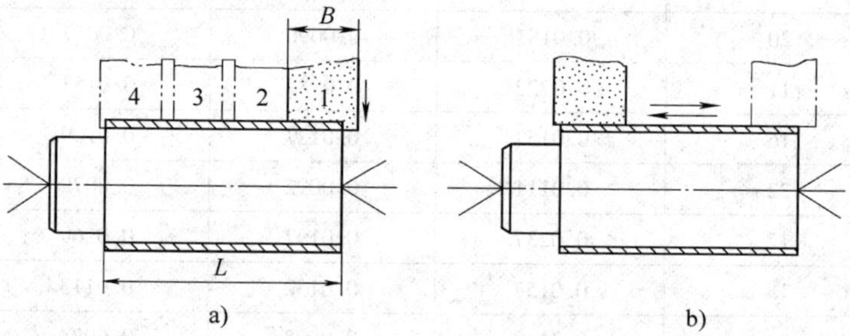

图 11-10　分段磨削法

4. 深切缓进磨削法

深切缓进磨削法(简称深度磨削法)是一种高效率的磨削法，在一次纵向进给中将工件的全部磨削余量切除。利用该磨削法时应注意以下事项：

1）由于背吃刀量较大，磨削的负荷集中在尖角处，为此可将砂轮修成阶梯形，如图 11-11 所示。这样可使砂轮台阶的前导部分起主要切削作用，台阶后部起精磨作用。阶梯砂轮的阶梯数及台阶深度，按磨削余量和工件长度确定。

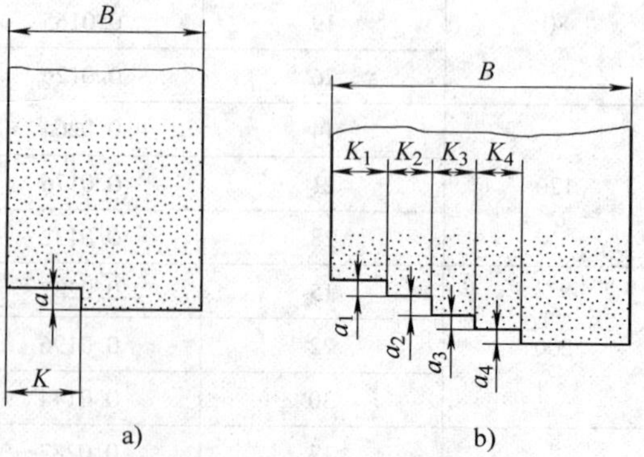

图 11-11　深度磨削法

a）双阶梯砂轮　b）五阶梯砂轮

工件长度为 80mm≤L<100mm，磨削余量为

0.3~0.4mm 时，可采用双阶梯砂轮，如图 11-11a 所示。砂轮的主要尺寸为：$a=0.05$mm，$K=(0.3\sim0.4)B$（B 为砂轮宽度）。

工件长度为 $100\text{mm}\leqslant L<150\text{mm}$，磨削余量大于 0.5mm 时，则采用五阶梯砂轮，如图 11-11b 所示。砂轮的主要尺寸为：$a_1=a_2=a_3=a_4=0.05$mm，$K_1+K_2+K_3+K_4+0.6B$。

2）机床应具有较好的刚度和较大的功率。

3）选用较小的纵向进给量。

4）磨削时，要锁紧尾座套筒，防止工件脱落。

5）磨削时注意充分地冷却。

11.4.3　轴肩的磨削方法

工件上轴肩的形状如图 11-12 所示，其中图 11-12a、图 11-12b 所示为带退刀槽的轴肩，一般用于端面对外圆轴线有垂直度要求的工件；图 11-12c 所示为带圆角的轴肩，常用于强度要求较高的工件。

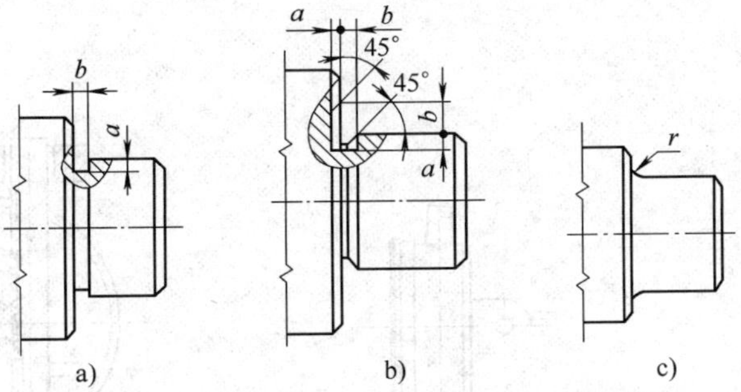

图 11-12　轴肩的形状

a）、b）带退刀槽的轴肩　c）带圆角的轴肩

1. 带退刀槽轴肩的磨削

磨削时，将砂轮退离外圆表面 0.1mm 左右，用工作台纵向手轮来控制工作台纵向进给，如图 11-13 所示。应均匀地间断进给，进给量要小。可通过观察火花来控制进给量。

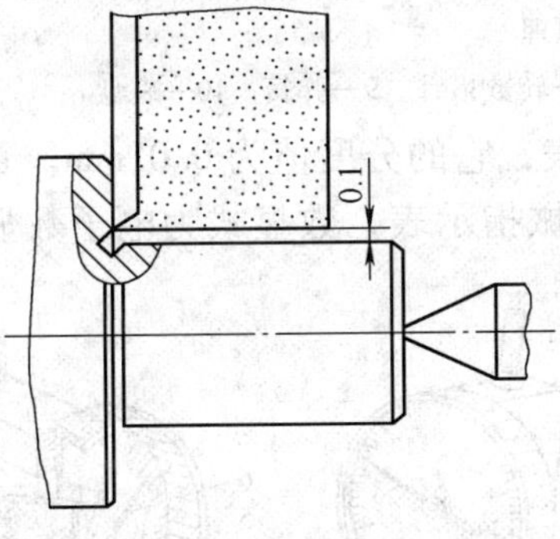

图 11-13　带退刀槽轴肩的磨削

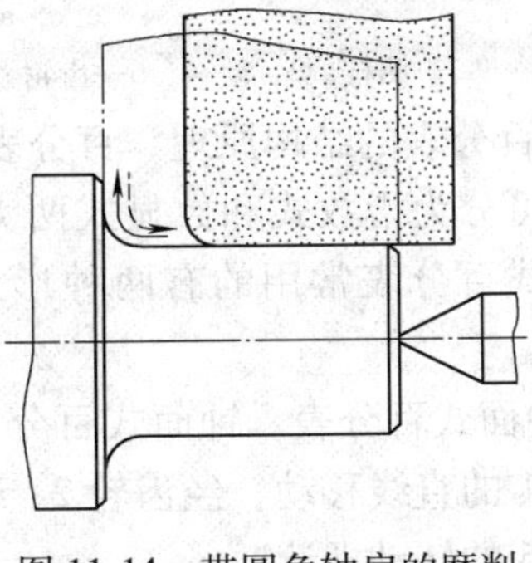

图 11-14　带圆角轴肩的磨削

2. 带圆角轴肩的磨削

磨削这种轴肩时，应将砂轮一尖角修成圆弧面。外圆面的长度较短时，可先用切入法磨外圆，留 0.03~0.05mm 余量，接着把砂轮靠向端面，再切入圆角和外圆，将外圆磨至尺寸，如图 11-14 所示，上述操作可使圆弧连接光滑。

11.4.4　外圆的测量

1. 外径的测量

1）用千分尺测量外径。千分尺是常用的测量工具，它的分度值为 0.01mm、0.001mm 和 0.002mm 等。常用的规格有 0~25mm、25~50mm、50~75mm、75~100mm。

2）用游标卡尺测量外径。游标卡尺分度值有 0.1mm、0.05mm 和 0.02mm 等。

3）用卡规测量外径。在大批量生产中，为了测量的方便快捷，一般使用卡规测量外径。

2. 百分表及径向圆跳动误差的测量

图 11-15a 所示为用百分表测量外圆的径向圆跳动误差。测量时，百分表测杆与被测表面要素应垂直。

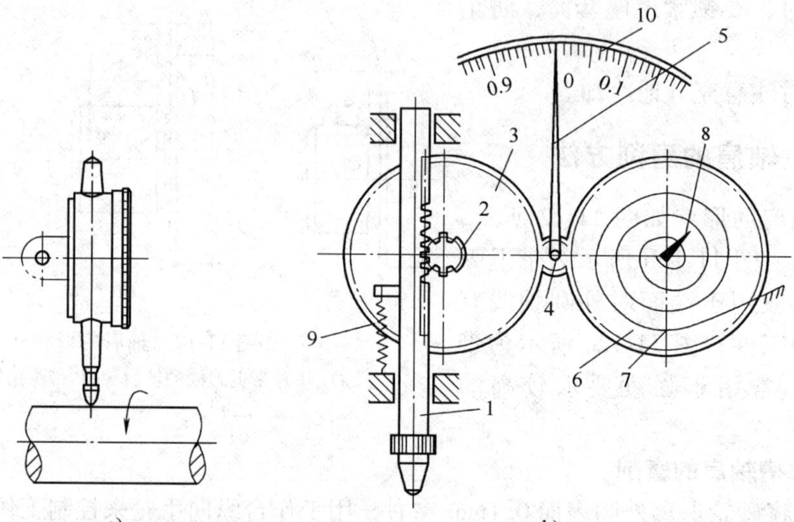

图 11-15　钟面式百分表的结构原理及使用

a）测量位置　b）结构原理

1—测杆　2、3、4、6—齿轮　5—指针　7—游丝　8—转数指针　9—弹簧　10—表盘

（1）百分表的结构原理　百分表是一种指示式量表，它的分度值为 0.01mm。百分表按读数方式可分为指数式和数显式两大类，指数式为机械指示表，数显式为电子数显式指示表。指数式百分表常用的有两种形式：针面式和杠杆式。

1）钟面式百分表。钟面式百分表的结构原理是将测杆 1 的直线移动，经齿轮 2、3、4 传动，转变为指针 5 的转动即读数。

如图 11-15b 所示，测杆 1 上的齿条齿距为 0.625mm，齿轮 2 的齿数为 16，齿轮 3 的齿数为 100，齿轮 4 的齿数为 10。当测杆移动 lmm 时，齿轮 2 转动 1 mm/0 .625mm = 1.6 齿（1/10 转），同轴齿轮 3 也转动 1/10 转，这样齿轮 4 转动 1 转。百分表圆度盘有 100 格刻线，若指针转动一格，则测杆移动距离为 1mm/100 = 0.01mm。

2）杠杆式百分表。杠杆式百分表的结构如图 11-16 所示。球面测杆 1 与扇形齿轮 2 靠摩擦力连

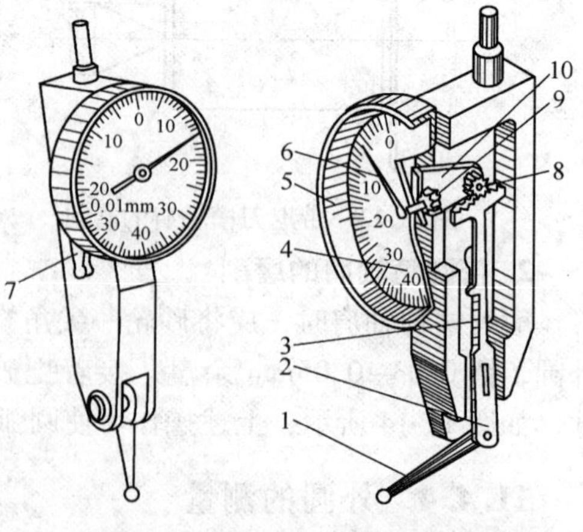

图 11-16　杠杆式百分表的结构

1—球面测杆　2—扇形齿轮　3—弹簧　4—圆度盘　5—表圈　6—指针　7—换向器　8、9—小齿轮　10—端面齿轮

接，当球面测杆摆动时，扇形齿轮2带动小齿轮8转动。与小齿轮8同轴安装的端面齿轮10也随之转动，从而带动小齿轮9和指针6转动。这种百分表的球面测杆可以向上或向下摆动，因此使用方便。

如图11-17所示，当球面测杆与被测表面倾斜角α较小时，才能保证测量精度。

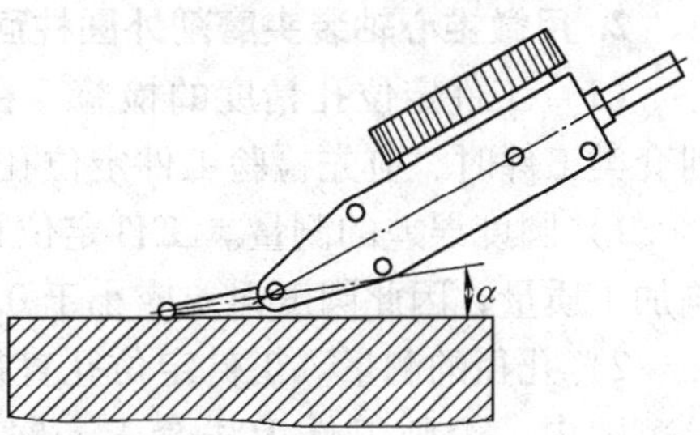

图11-17　杠杆式百分表的使用

（2）径向圆跳动误差的测量　图11-18a所示为杠杆式百分表在机床上测量径向圆跳动误差的方法。图11-18b所示为用指针式百分式测量径向圆跳动误差的方法。

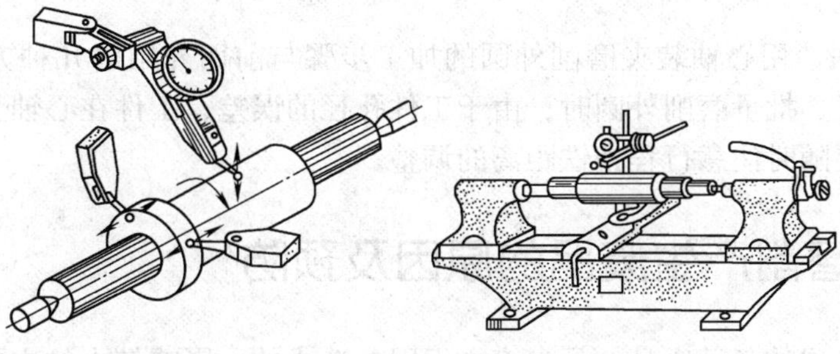

图11-18　用百分表测量径向圆跳动误差

11.4.5　用心轴装夹磨削外圆

1. 常用心轴的结构和使用方法

（1）微锥心轴　微锥心轴是锥度很小的光轴，锥度一般为1∶5000～1∶7000，即每200mm长度的心轴，两端直径差0.028～0.04mm，心轴外圆的圆度误差小于0.002mm，表面粗糙度值小于$Ra0.2\mu m$。为了便于工件套上心轴，一般在心轴小端外圆上磨出一段锥度较大的外圆，装入工件时起导向作用。

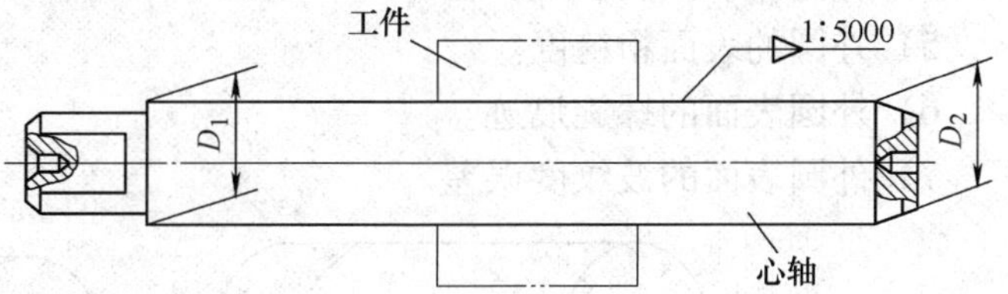

图11-19　微锥心轴

同轴度要求较高的套类工件，一般均采用微锥心轴装夹。装夹时，把工件套上心轴，在木垫或软金属（如铜块）上轻轻敲击一下，依靠心轴微锥表面与工件内圆表面的弹性变形及摩擦力将工件胀紧在心轴上，如图11-19所示。在自制微锥心轴时，根据工件定位孔的尺寸确定微锥心轴的外圆尺寸，微锥心轴小端外圆直径应比工件孔径小0.005mm。

（2）台阶心轴　台阶心轴的结构如图11-20所示，它是利用工件2的内孔和端面定位。心轴1定位圆柱面通常按g5级精度制造，台阶端面与圆柱面的垂直度误差小于0.01mm。装夹时，把工件套上心轴，工件端面与心轴定位端面相贴，然后装上垫圈3，拧紧螺母4即可。台阶心轴一般用于装夹端面与外圆有垂直度要求，但同轴度要求较低的工件。

2. 用微锥心轴装夹磨削外圆柱面

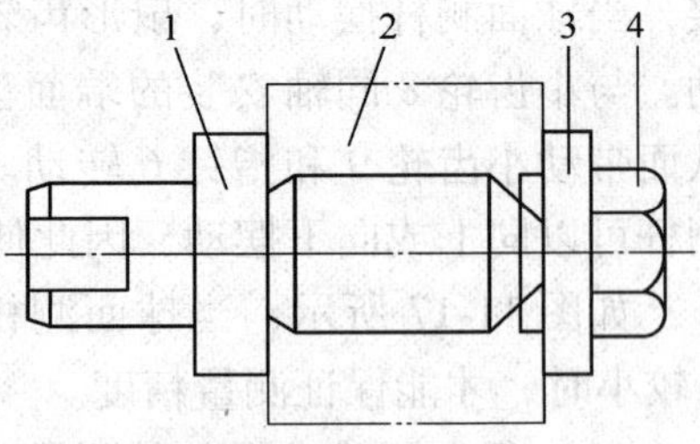

图 11-20　台阶心轴
1—心轴　2—工件　3—垫圈　4—螺母

（1）工件定位孔精度的检验　在用微锥心轴装夹磨削套类工件时，应先检验工件定位孔的精度。

1）圆度误差的测量。工件定位孔圆度误差将直接影响加工质量，因此圆度误差应小于 0.005mm。

2）孔径的测量。工件定位孔直径应在图样规定的公差范围内，否则工件无法套上心轴或者贯穿心轴无法胀紧。

（2）心轴精度的检验　心轴在使用前，应先装在两顶尖之间测量全跳动量，如有超差应予修复，以免由于心轴的跳动误差，造成工件同轴度超差。

（3）磨削方法　用心轴装夹磨削外圆的加工步骤与前面介绍的几种方法基本相同。但在用微锥心轴装夹、批量磨削外圆时，由于工件孔径的误差，工件在心轴上的固定位置会发生变化，因此，要随时注意行程挡铁距离的调整。

11.5　外圆磨削产生废品的原因及预防

外圆磨削时出现的各种废品，是由多方面因素造成的，影响较大的主要是与机床有关部件的运动误差、磨削用量、砂轮的特性以及磨削中的变形等，其中很大部分与中心孔和顶尖的接触有关。

外圆的加工误差主要包括以下几方面：

1）外圆的尺寸误差。

2）外圆的圆度误差。

3）外圆的圆柱度误差。

4）外圆的径向圆跳动误差。

5）外圆的表面粗糙度。

6）外圆表面的螺旋痕迹。

7）外圆表面的波纹度误差。

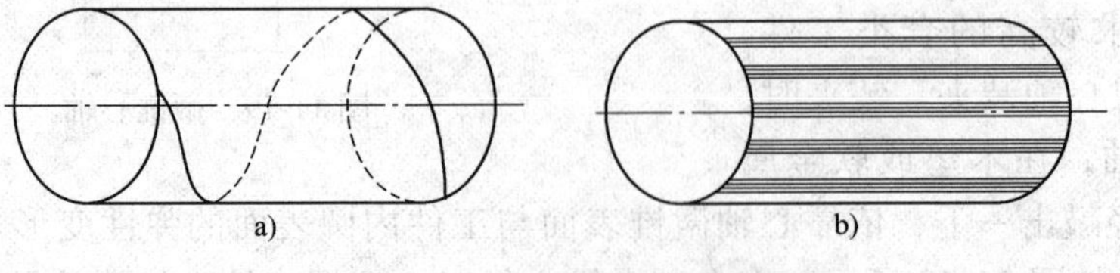

图 11-21　特殊的加工误差
a）螺旋痕迹　b）多角形波纹度

上述七项误差中，前 5 项国家标准都有规定的公差，而螺旋痕迹（图 11-21a）和波纹度（图 11-21b）国家标准还未有相应公差，磨削时要注意预防这两项误差过大。现将外圆磨削中比较常见的缺陷产生的原因及预防方法列于表 11-4 中，供磨削时参考。

表11-4 外圆磨削中常见缺陷产生原因及预防方法

缺陷名称	产生原因	预防方法
工件弯曲	1）磨削用量过大 2）切削液不充分	1）适当减小背吃刀量 2）保持充足的切削液
轴肩旁外圆尺寸较大	1）换向时工作台停留时间太短 2）砂轮磨损，砂轮外角变圆	1）延长停留时间 2）修整砂轮
工件两端尺寸较大呈鞍形	1）砂轮越出工件端面太少 2）工作台换向时时间太短 3）磨细长轴时，顶尖顶得过紧 4）中心架水平撑块压力过大	1）正确调整工作台换向挡铁位置，使砂轮越出工件端面约为(1/3~1/2)B 2）正确调整停留时间 3）调整顶尖压力 4）调整中心架水平撑块位置
工件中间尺寸较大呈鼓形	1）工件刚性差，磨削时产生弹性弯曲变形 2）中心架调整不适当	1）减小工件的弹性弯曲变形 ① 减小背吃刀量，最后多作“光磨”行程 ② 及时修正砂轮，使其经常保持良好的切削性能 ③ 工件较长时，使用适当数量的中心架 2）正确调整撑块和支块对工件的压力
工件有圆度误差	1）中心孔形状不正确或中心孔有污垢、切屑等 2）中心孔或顶尖磨损 3）工件顶得过松或过紧 4）顶尖在主轴和尾座套筒锥孔内贴合不紧密 5）砂轮过钝 6）切削液不充分或供应不及时 7）工件刚性较差、余量不均匀而引起磨削深度变化，使工件产生弹性变形 8）工件有不平衡质量 9）砂轮主轴轴承间隙过大 10）头架主轴径向圆跳动过大	1）修正中心孔或重钻中心孔，或把中心孔擦干净 2）注意润滑、修正中心孔或修磨顶尖 3）重新调整尾座顶尖压力 4）卸下顶尖，擦净后再装 5）修整砂轮 6）保证充足的切削液 7）背吃刀量不能太大，并应随着余量减少而逐渐减少 8）磨削前先加以平衡 9）调整主轴轴承间隙 10）调整头架、主轴轴承间隙
工件有圆柱度误差	1）工作台未调整好 2）工件和机床的弹性变形大 3）工作台导轨润滑油浮力过大，运行中产生摆动 4）头架和尾座顶尖的中心线不重合	1）仔细找正工作台 2）应在砂轮锋利的情况下仔细找正工作台。每个工件在精磨时，砂轮的锋利程度、磨削用量和“光磨”行程次数应与找正工作台时的情况基本保持一致，否则需要用不均匀进给加以消除 3）调整导轨润滑油压力 4）擦净工作台和尾座的接触面。如果接触面磨损，则可在尾座底下垫上一层纸垫或薄铜片，使前后顶尖中心线重合
工件表面有烧伤现象	1）砂轮太硬或粒度太细 2）砂轮修得太细，不锋利 3）背吃刀量、纵向进给量过大或工件的圆周速度过低 4）切削液不充分	1）合理选择砂轮 2）合理选择修整用量 3）适当减小背吃刀量和纵向进给量或增大工件的转速 4）加大切削液流量

（续）

缺陷名称	产生原因	预防方法
台肩端面有圆跳动误差	1）进给量过大，退刀过快 2）切削液不充分 3）工件顶得过松或过紧 4）砂轮主轴有轴向窜动 5）头架主轴推力轴承间隙过大 6）用卡盘装夹磨削端面时，头架主轴轴向窜动过大	1）摇动工作台要慢而均匀 2）保持充足的切削液 3）调整尾座顶尖压力 4）检修机床 5）调整推力轴承间隙 6）调整推力轴承间隙
台肩端面中凸	1）进给太快，“光磨”时间不够 2）砂轮与工件接触面积大，磨削压力大 3）砂轮主轴中心线与工作台运动方向不平行	1）进给要慢而均匀，并“光磨”至没有火花为止 2）把砂轮端面修成内凹，使工作面尽量窄，同时先把砂轮退出一段距离后再进给，然后逐步摇进砂轮，磨出整个端面 3）调整砂轮架位置
台阶轴各外圆有径向圆跳动误差	1）磨削用量太大或“光磨”时间不够 2）磨削步骤安排不当 3）卡盘装夹误差或头架主轴径向圆跳动过大	1）精磨时减小背吃刀量并多作“光磨”行程 2）划分粗磨、精磨，减少装夹次数 3）仔细找正工作基准面或调整头架主轴轴承精度
工件表面有螺旋痕迹	1）砂轮硬度高，修得过细，背吃刀量过大 2）纵向进给量过大 3）砂轮磨损，素线不直 4）金刚石笔在修整器中未夹紧或金刚石在刀杆上焊接不牢，有松动现象，使修出的砂轮凸凹不平 5）工作台导轨润滑油浮力过大，使工作台漂起在运动中产生摆动 6）切削液太少或太淡 7）工作台运行时有爬行现象 8）砂轮主轴有轴向窜动	1）合理选择砂轮硬度和修整用量，适当减小背吃刀量 2）适当减小纵向进给量 3）修整砂轮 4）把金刚石笔装夹牢固，如金刚石有松动，需重新焊接 5）调整导轨润滑油压力 6）加大或加浓切削液 7）打开放气阀，排除液压系统中的空气或检修机床 8）检修机床
工件表面出现直波形误差	1）砂轮不平衡 2）砂轮硬度太高 3）砂轮修得过细 4）砂轮钝化没及时修整 5）工件圆周速度过大 6）工件直径、质量超过机床允许范围 7）砂轮主轴轴承磨损 8）头架主轴轴承松动	1）重新平衡砂轮 2）选择合适硬度砂轮 3）合理选择修整用量 4）及时修整砂轮 5）适当降低工件转速 6）改在规格较大的磨床上加工 7）调整轴承间隙 8）调整头架主轴轴承间隙

11.6 外圆磨削实例

下面通过几个实例来具体讲述外圆磨削的基本方法。

11.6.1　光轴磨削

1. 磨削用量的选择

（1）砂轮圆周速度　外圆磨床的砂轮圆周速度一般为 30~35 m/s，砂轮在使用过程中因磨损使直径逐渐减小，砂轮圆周速度也随之下降。

（2）工件圆周速度　以 M 1432G 型万能外圆磨床为例，工件的转速可按表 11-5 来选择。

表 11-5　工件转速的选择

工件直径/mm	>250	>150~250	>80~150	>50~80	>25~50	<25
工件速度/(r/min)	25	50	80	112	160	224

细长工件磨削时，工件转速应低一些，以减少振动，保证磨削加工的质量。

（3）工件纵向进给量 $f_{纵}$(mm/r)

粗磨时：$f_{纵}=(0.5\sim0.8)B$；精磨时：$f_{纵}=(0.2\sim0.3)B$（B 为砂轮的宽度）。

在实际磨削工作中，工件纵向进给量大小的控制，一般都是通过调节工作台的运动速度来实现的。

（4）背吃刀量 a_p

粗磨时：$a_p=0.02\sim0.05$mm；精磨时：$a_p=0.005\sim0.01$mm。

精磨时，为了提高工件精度，减小表面粗糙度值，在精磨的最后阶段，可在不进给的情况下光磨几次，使磨削火花减小甚至消失。

2. 粗、精磨时磨削余量的选择

毛坯经其他工序粗加工、半精加工后留下的要在磨削工序中切除的那一部分余量，称为磨削余量。为了提高生产率，一般可将磨削余量分为粗磨余量和精磨余量两部分。精磨余量一般是全部余量的 1/10 左右，约为 0.05mm。

3. 光轴的磨削方法

光轴零件图及工序尺寸分别见图 11-22 和表 11-6。其加工步骤如下：

1）测量工件尺寸，计算磨削余量和圆柱度误差值。

2）在光轴一端（有小外圆一端）装上大小适中的夹头。

3）擦净工件中心孔，并加润滑脂或润滑油。

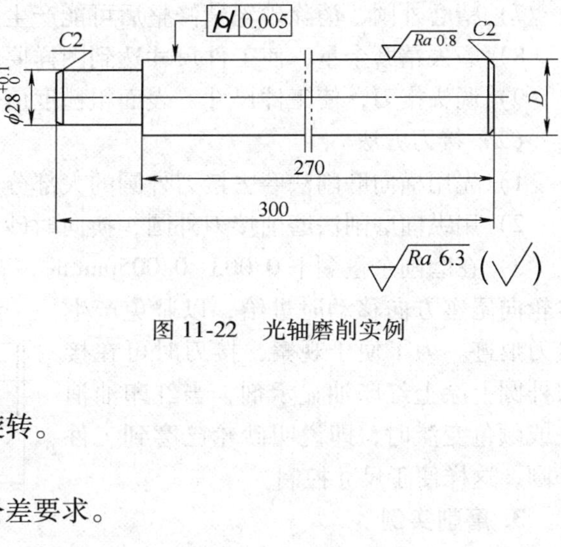

图 11-22　光轴磨削实例

4）根据工件长度调整头架、尾座距离。

5）调整拨销位置，使拨销能带动工件旋转。

6）调整工作台行程挡铁位置。

7）对刀磨削，找正后符合工件圆柱度公差要求。

8）磨去余量，使尺寸符合图样要求。

表 11-6　光轴磨削工序尺寸

次　数	直径 D/mm	圆柱度公差/mm	次　数	直径 D/mm	圆柱度公差/mm
1	$\phi33.5\pm0.02$	0.02	4	$\phi32.2_{-0.017}^{\ 0}$	0.007
2	$\phi33\pm0.015$	0.015	5	$\phi32_{-0.014}^{\ 0}$	0.005
3	$\phi32.5\pm0.01$	0.01			

11.6.2　接刀轴磨削

1. 接刀轴的磨削特点

1）接刀轴实际上是一根直轴，无任何台阶，但需要分两次以上装夹，并且要接刀。

2）为了保证接刀轴接刀时无明显接刀痕迹，对工件中心孔的角度、圆角要求较高，工件的圆柱度误差要小，而且只能顺锥（即靠近头架端外圆尺寸比靠近尾座端外圆尺寸略大），不能倒锥，否则接刀不平。

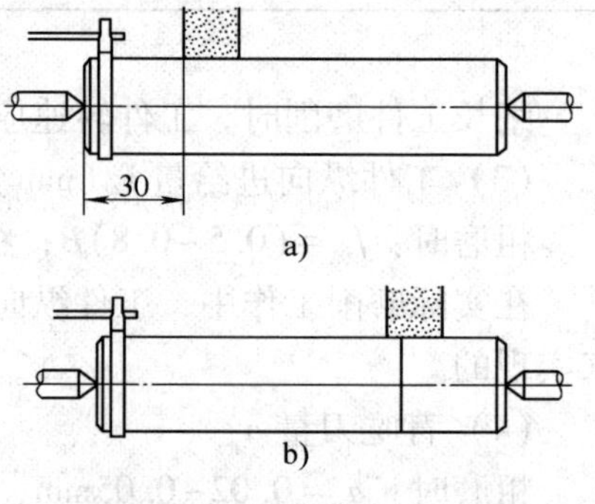

图 11-23　接刀轴加工步骤

2. 接刀轴的磨削方法

（1）加工步骤

1）在接刀轴任意一端外圆上装夹夹头，调整头架、尾座距离和工作台行程挡铁位置，使砂轮在离轴端约 30mm 处换向，如图 11-23a 所示。

2）粗修整砂轮。

3）对刀磨削，找正后应符合工件圆柱度公差要求，使近头架端外圆直径比近尾座端外圆直径大 0.002~0.005mm。

4）粗磨外圆，留精磨余量 0.003~0.05mm。

5）工件调头，夹头装在另一端外圆上，接刀磨去剩余部分的粗磨余量，如图 11-23b 所示。

6）精修整砂轮。

7）精磨外圆，消除砂轮精修整后可能产生的圆柱度误差。

8）磨去精磨余量，使工件尺寸达到图样要求的中间偏上限值。

9）调头接刀，使工件尺寸、表面粗糙度值等符合图样要求。

（2）接刀方法

1）先用横向磨削法磨去接刀外圆的大部分余量，留接刀余量 0.01~0.02mm。

2）用纵向磨削法磨削接刀外圆，换向时砂轮背吃刀量为 0.003~0.005mm。

3）在磨削余量剩下 0.003~0.005mm 时，背吃刀量减小到 0.002~0.003mm，而且应在砂轮向尾座方向移动时进给，以避免产生接刀痕迹。为了便于观察，接刀时可在接刀外圆上涂上红印油显示剂，当红印油消失或颜色变淡时，即说明砂轮已磨到工件外圆，这样便于尺寸控制。

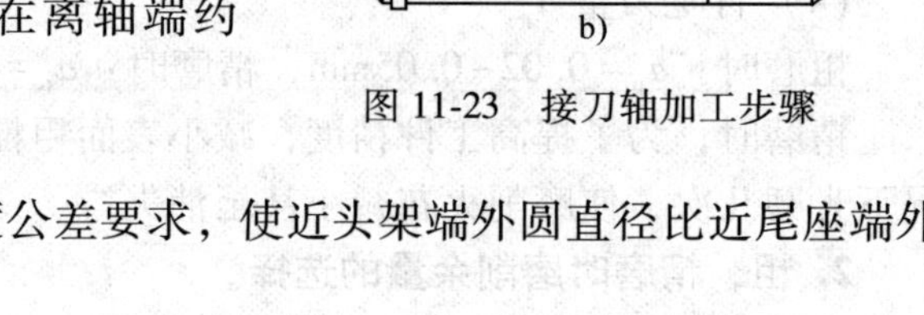

图 11-24　接刀轴磨削

3. 磨削实例

工件如图 11-24 所示，磨削工序尺寸

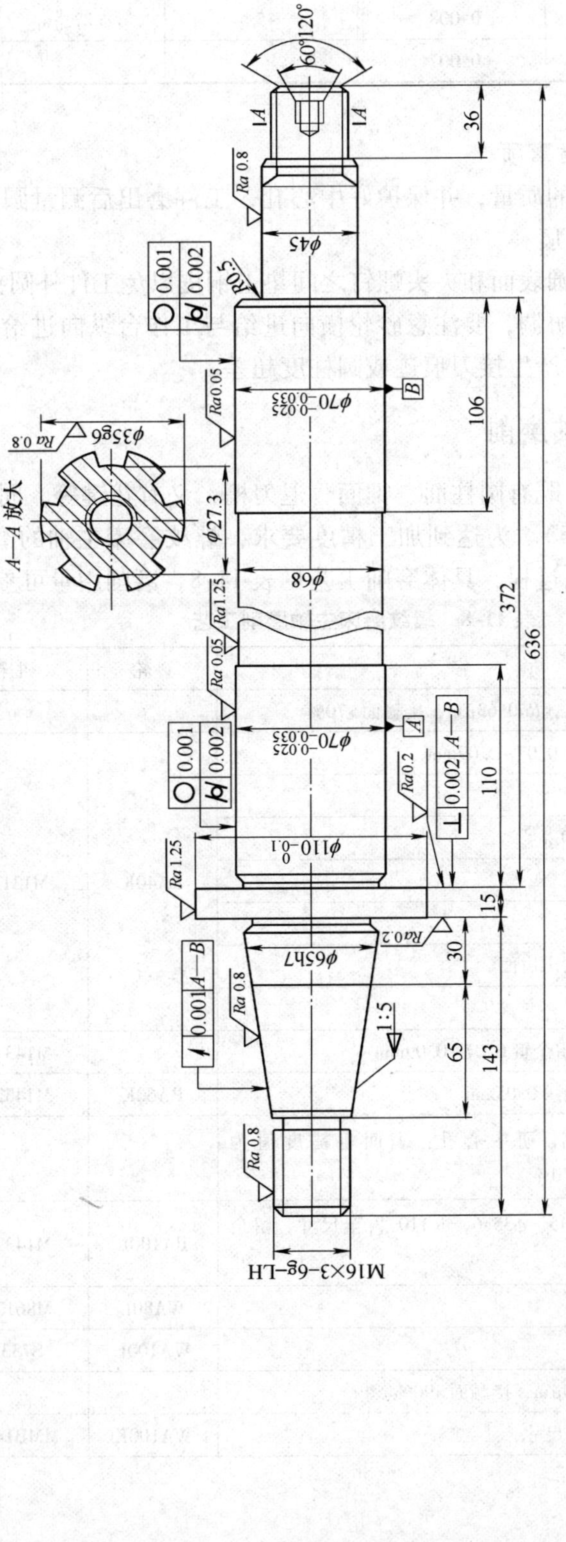

图 11-25 螺纹磨床主轴

见表 11-7，要求外圆无明显接刀痕迹。

表 11-7　接刀轴磨削工序尺寸

次　数	直径 D/mm	圆柱度公差/mm	次　数	直径 D/mm	圆柱度公差/mm
1	$\phi 27.7 \pm 0.01$	0.01	4	$\phi 27.1_{-0.014}^{0}$	0.005
2	$\phi 27.5_{-0.017}^{0}$	0.008	5	$\phi 27_{-0.012}^{0}$	0.005
3	$\phi 27.3_{-0.010}^{+0.005}$	0.007			

4. 容易产生的问题及注意事项

1）磨削前应检查中心孔的质量，并保护好中心孔，工件磨出后测量圆柱度误差应小于 0.003mm，以免接刀时产生偏痕。

2）精磨时，应在工件外圆表面和夹头螺钉之间垫上铜皮以免工件外圆夹伤。

3）接刀磨削时，动作要协调，要注意砂轮横向进给与工作台纵向进给的配合，不能急躁，要避免进给过头，使工件产生接刀痕迹或圆柱度超差。

11.6.3　螺纹磨床主轴磨削

螺纹磨床主轴结构复杂，既有圆柱面、锥面、退刀槽，又有花键等，同时尺寸精度、表面质量要求也较高(见图 11-25)。为达到加工精度要求，螺纹磨床主轴的磨削需经过粗磨、半精磨、精磨和超精磨等工艺过程，具体磨削工艺见表 11-8，磨削用量可参考表 11-9。

表 11-8　螺纹磨床主轴磨削工艺

工序	工步	内　容	砂轮	机床	基准
1		除应力，研中心孔：$Ra0.63\mu m$，接触面>70%			
2	1	粗磨外圆，留余量 0.07~0.09mm	PA40K	M131W	中心孔
	2	磨 $\phi 65h7$			
	3	先将轴颈磨至 $\phi 70_{+0.08}^{-0.15}$			
	4	磨 $\phi 68$			
	5	磨 $\phi 45$			
	6	磨 $\phi 110_{-0.1}^{0}$，且磨出肩面			
	7	磨 $\phi 35g6$			
3		粗磨 1∶5 锥度，留余量 0.07~0.09mm		M1432C	中心孔
4		半精磨外圆，留余量 0.05mm	PA60K	M1432C	中心孔
5		氮化、无损检测，研中心孔：表面粗糙度值为 $Ra0.2\mu m$，接触面>70%			
6		精磨外圆 $\phi 68$，$\phi 45$，$\phi 35g6$，$\phi 110_{-0.1}^{0}$ 至尺寸，留余量 0.025mm~0.04mm	PA100L	M1432C	中心孔
7		磨花键至尺寸	WA80L	M8612A	中心孔
8		磨螺纹至尺寸	WA100L	S7332	中心孔
9		研中心孔：$Ra0.10\mu m$，接触面>90%			
10		精密磨 1∶5 锥度尺寸	WA100K	MMB1420	中心孔

（续）

工序	工步	内　容	砂轮	机床	基准
11	1	轴颈精密磨至 $\phi 70_{-0.030}^{-0.020}$	WA100K	MMB1420	中心孔
	2	磨出 $\phi 110$ 肩面			
12		轴颈超精密磨至尺寸 $\phi 70_{-0.035}^{-0.025}$，表面粗糙度值 $Ra0.025\mu m$	WA240L	M1432C	中心孔

表 11-9　磨削用量

磨削用量	粗、精磨	超　精　磨
砂轮速度/(m/s)	17~35	15~20
工件圆周速度/(m/min)	10~15	10~15
纵向进给速度/(m/min)	0.2~0.6	0.05~0.15
磨削深度/(mm/每一次单行程)	0.01~0.03	0.0025
光磨次数/(单行程次)	1~2	4~6

11.6.4　台阶轴磨削

台阶轴磨削是既有台阶外圆面的磨削，又有台阶端面的磨削。通常台阶轴不但有尺寸精度、表面粗糙度值及几何公差的要求，因此，必须掌握准确的磨削方法。

1. 台阶轴外圆的磨削方法

在磨削台阶轴外圆时，当磨削长度小于砂轮宽度时，可采用横向磨削法；当磨削长度大于砂轮宽度时，可采用纵向磨削法；在磨削余量较大或磨削长度较长时，还可采用分段磨削法(综合法)来进行磨削。磨削台阶轴时要掌握好以下两项操作技能：

1）工作台行程挡铁距离的调整。台阶轴轴肩处的挡铁距离调整比光轴的调整要困难，调整位置的准确度要求较高。调整后，砂轮要离轴肩端面很近，但不能接触。调整时，可调整挡铁的微调螺钉把挡铁向前伸出较大距离，并根据砂轮与工件端面接近的位置，将挡铁逐渐向后退，使砂轮逐渐向轴肩端面靠近，达到在最佳位置时换向。

2）轴肩处外圆的磨削。在轴肩处有退刀槽时可采用纵向磨削法直接磨出，在轴肩处无退刀槽或退刀槽宽度很窄时，可先在轴肩处采用横向磨削法磨去大部分余量(留余量 0.03~0.04mm)，如图 11-26a 所示；然后用纵向磨削法磨去外圆全长上的余量与轴肩处外圆接平，如图 11-26b 所示；最后再用纵向磨削法精磨全部外圆。

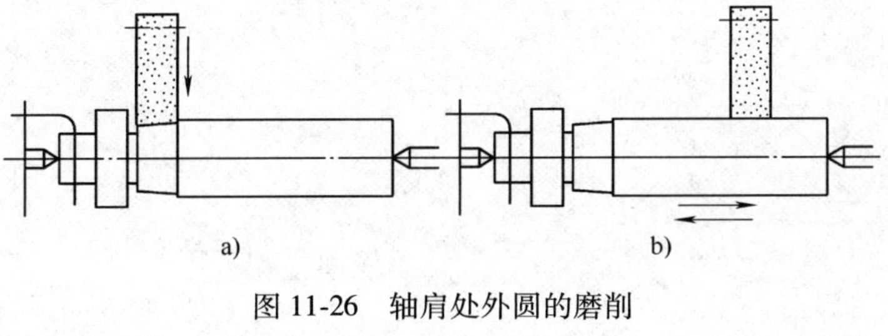

a)　　b)

图 11-26　轴肩处外圆的磨削

2. 轴肩端面的磨削方法

通常轴肩端面是在外圆磨床上与外圆柱面在一次装夹中用砂轮的端面磨出的。

1）轴上带退刀槽的轴肩端面磨削方法。在外圆粗磨以后，将砂轮横向退出 0.1～0.2mm；然后手摇工作台作纵向进给，使工件缓慢接触砂轮，磨削端面至要求，如图 11-27 所示。

2）轴上带圆角的轴肩端面磨削方法。磨削这种端面时，应根据工件形状把砂轮左角修成圆弧。磨削时，可先用横向磨削法粗磨外圆，留 0.05mm 余量；接着把砂轮横向退出一段距离（退出距离视轴肩圆弧大小而定）；再用手动控制纵向移动工作台磨端面，磨去全部余量；最后慢速横向摇进砂轮直到外圆磨到图样所要求的尺寸为止，如图 11-28 所示。

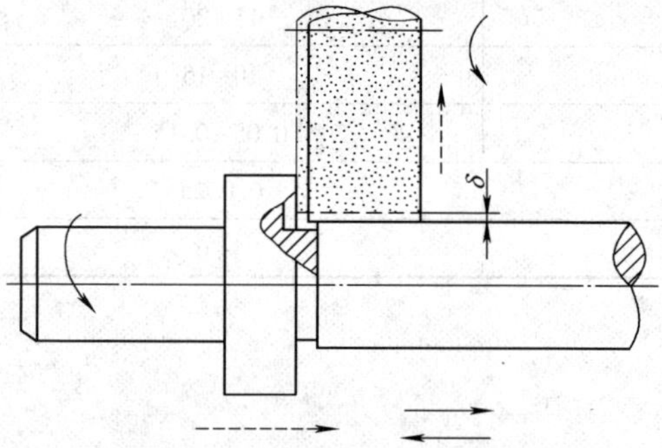

图 11-27　轴肩端面的磨削方法

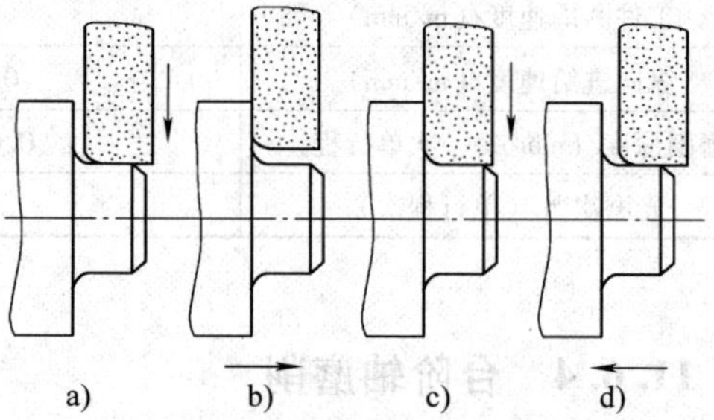

图 11-28　带圆角的轴肩端面磨削方法

3. 台阶轴磨削顺序的确定原则

1）根据工件长度，先磨长度最长的外圆，以便于圆柱度要求的找正。

2）根据工件直径，先磨直径最大的外圆，有利于磨削安全。

3）根据工件位置精度要求，先磨精度要求低的外圆，后磨精度要求高的外圆，保证工件的同轴度要求。

第 12 章

内 圆 磨 削

内圆磨削是内孔的精加工方法，可以加工零件上的通孔、不通孔、台阶孔和端面等。内圆磨削还能加工淬硬的工件，因此在机械加工中得到广泛应用。内圆磨削的尺寸精度一般可达 IT6~IT7 公差等级，表面粗糙度值达 $Ra0.8\sim0.2\mu m$。如采用高精度磨削工艺，尺寸精度可以控制在 0.005mm 以内，表面粗糙度值可达 $Ra0.02\sim0.01\mu m$。

本章将讲述内圆磨削磨床结构、砂轮使用方法、工件装夹以及具体的磨削操作方法等内容。

12.1 内圆磨削的形式

12.1.1 内圆磨削的种类

内圆磨削主要分为中心内圆磨削、行星内圆磨削及无心内圆磨削三种。

(1) 中心内圆磨削　在普通内圆磨床或万能外圆磨床上磨削内孔(图 12-1a)，磨削时工件绕主轴的中心线旋转。这种磨削方法适用于套筒、齿轮、法兰盘等零件内孔的磨削，在生产中应用普遍。

(2) 行星内圆磨削　行星内圆磨削时，工件固定不转，砂轮除绕自身的轴线高速旋转外，还绕所磨孔的中心以较低速度旋转，以实现圆周进给。砂轮的横向进给是依靠加大行星运动的回转半径 R 实现的，如图 12-1b 所示。这种磨削方式，目前在生产中还应用较少。

(3) 无心内圆磨削　在无心内圆磨床上，工件以外圆支承在支承轮上，并由压轮压向导轮旋转，如图 12-1c 所示。

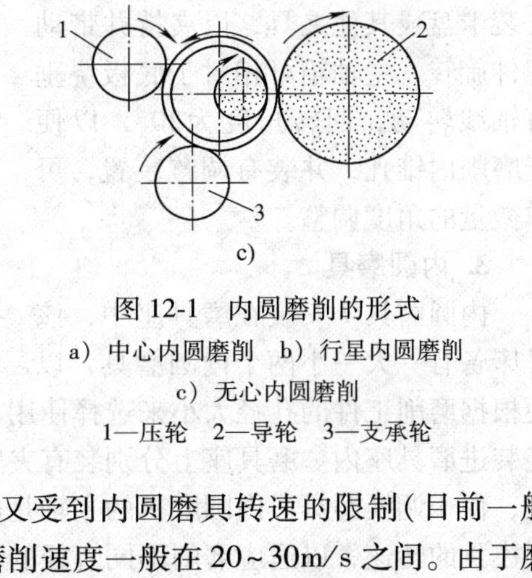

图 12-1　内圆磨削的形式

a) 中心内圆磨削　b) 行星内圆磨削

c) 无心内圆磨削

1—压轮　2—导轮　3—支承轮

12.1.2 内圆磨削的特点

内圆磨削与外圆磨削比较，有如下特点：

1) 内圆磨削时，所用砂轮直径较小，砂轮转速又受到内圆磨具转速的限制(目前一般内圆磨具的转速在 10000~20000r/min 之间)，因此磨削速度一般在 20~30m/s 之间。由于磨削速度较低，工件表面的粗糙度值不易减小。

2）内圆磨削时，由于砂轮与工件成内切圆接触，砂轮与工件的磨削弧比外圆磨削大，因此，磨削热与磨削力都比较大，磨粒容易磨钝，工件容易发热或烧伤。

3）内圆磨削时，切削液不易进入磨削区域，磨屑也不容易排出。当磨屑在工件内孔中积聚时，容易将砂轮塞实，并影响工件的表面质量。特别是在磨削铸铁等脆性材料时，磨屑与切削液混合成糊状，更容易将砂轮塞实，影响砂轮的磨削性能。

4）砂轮接长轴的刚性比较差，容易产生弯曲变形和振动，对加工精度和表面粗糙度都有很大影响，同时也限制了磨削用量的提高。

12.2 内圆磨床的操作与调整

本节主要讲述内圆磨床的一般操作和调整方法。

12.2.1 内圆磨床主要部件的名称和作用

M2110A 内圆磨床是一种常用的普通内圆磨床，如图 12-2 所示。它由床身 11、工作台 2、主轴箱 4、内圆磨具 7 和砂轮修整器 6 等部件组成。

1. 工作台

工作台 2 可沿着床身上的纵向导轨作直线往复运动，其运动可分自动控制和手动控制。自动控制时，利用液压传动，通过调整挡铁和压板位置，可以控制工作台快速趋近及离开位置、砂轮磨削及修整位置等。手动控制时，手轮 1 主要用于调整机床及磨削工件端面。

2. 主轴箱

主轴箱 4 通过底板 3 固定在工作台的左端，主轴箱主轴的外圆锥面与带有内锥孔的法兰盘配合，在法兰盘上装卡盘或其他夹具，以夹持并带动工件旋转。主轴箱可相对于底板绕垂直轴线转动，回转角度为20°，以便于磨削内锥孔，并装有调整装置，可作微量的角度调整。

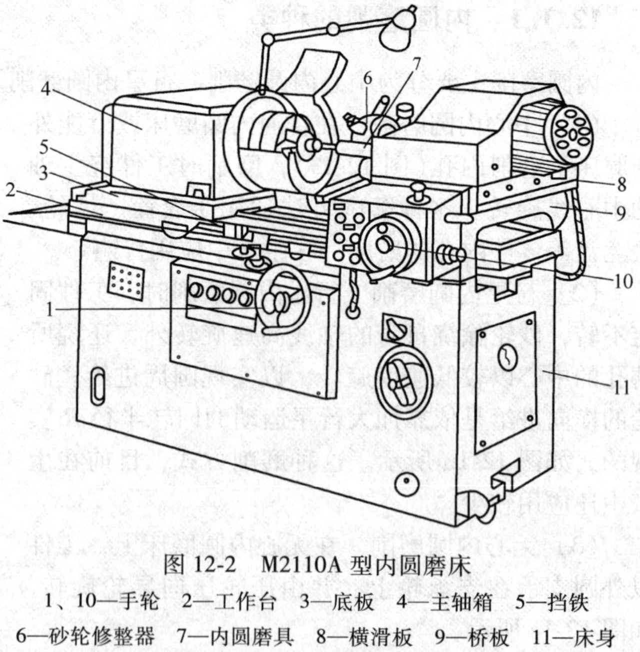

图 12-2 M2110A 型内圆磨床

1、10—手轮 2—工作台 3—底板 4—主轴箱 5—挡铁 6—砂轮修整器 7—内圆磨具 8—横滑板 9—桥板 11—床身

3. 内圆磨具

内圆磨具 7 安装在磨具座中，该机床备有一大一小两个内圆磨具，以便根据磨削工件的孔径大小来选择使用。用小磨具时要在磨具体壳外圆上装上两个衬套后才能装进磨具座内。磨具座上分别装有夹紧螺钉和调节间隙螺钉，以夹紧磨具或松开磨具座上盖，便于调换磨具。内圆磨具的主轴是由电动机经平带直接传动旋转的。调换带轮可变换内圆模具的转速，以适应磨削不同直径的工作。模具座及电动机均固定在横滑板 8 上，横滑板

可沿着固定在机床床身11上的桥板9上面的横向导轨移动，使砂轮实现横向进给运动。

4. 砂轮修整器

砂轮修整器6安装在工作台中部的台面上，根据需要可在纵向及横向调整位置，修整器上的修整杆可随着修整器的回转头上下翻转。修整器的动作由液压控制，当修整砂轮时，把动作选择旋钮转到“修整”位置，液压油使回转头放下；修整结束把动作选择旋钮转到“磨削”位置，油压消失，借弹簧拉力将回转头拉回原处。修整头可用前面带有分度值的提手作微量进给。

12.2.2 M2110A型内圆磨床的操作和调整

图12-3所示为M2110A内圆磨床的操作示意图。

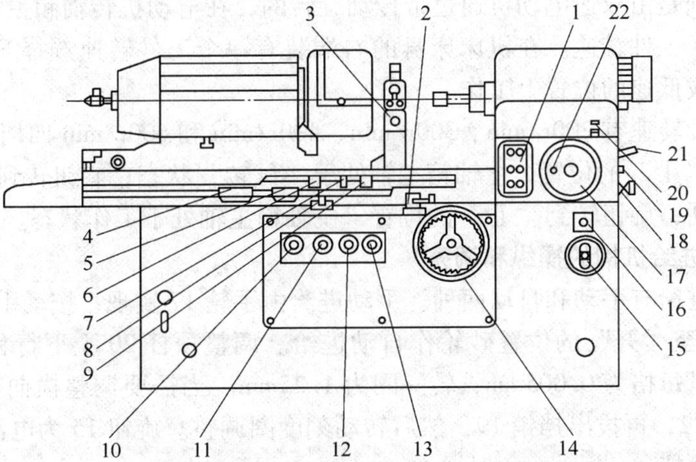

图12-3 M2110A内圆磨具的操作示意图

1—电气操作板 2—换向手柄 3—修整器回转头 4—行程压板 5—中停压板 6—微调挡铁 7—返回挡铁 8—行程阀 9—修整挡铁 10—开停旋钮 11—动作旋钮 12—速度旋钮 13—修正速度旋钮 14、17—手轮 15—电源旋钮 16—转速开关 18—移动旋钮 19—挡销 20—顶杆 21—手柄 22—螺母

1. 工作台的操作和调整

（1）工作台的起动

1）按动电气操作板1上的液压泵起动按钮，使机床液压油路正常工作。

2）将工作台开停旋钮10旋到“开”位置。

3）将工作台换向手柄2向上抬起，工作台起动阀被压下，工作台快速移动。

4）手松开，起动阀借弹簧力作用而弹起，工作台停止。

（2）工作台在磨削位置时挡铁距离和运动速度的调整

1）调整行程压板4的位置，使砂轮在进入工件孔之前，行程压板到达行程阀8的位置，将行程阀压下，工作台迅速转入磨削运动速度。

2）调整工作台往复微调挡铁6和工作台返回挡铁7的位置，使工作台在工件全长磨削范围内来回往复运动。

3）调节工作台磨削速度旋钮12，使工作台运动速度处于磨削所需要的速度。

（3）工作台在修整砂轮位置时挡铁距离和运动速度的调整

1）将动作选择旋钮11从磨削位置转到修整位置。这时，砂轮修整器的回转头3迅速压下，工作台的速度从磨削速度迅速转为修整速度。

2）调整修整挡铁9的位置，使工作台在金刚石笔修整砂轮的距离内来回往复运动。

3）调节工作台修整速度旋钮13，使工作台运动速度处于修整时所需要的速度。

（4）工作台快速进退位置的调整　工作台在磨削结束后，可快速退出，以减少空行程时间。操作时，只要将工作台换向手柄2向上抬起，使换向挡铁越过手柄，行程压板离开行程阀，行程阀弹起，工作台就快速退出。当中停压板5移动到行程阀位置时，行程阀被压下，工作台停止运动。

手动调整工作台时，可摇动手轮14进行调整。

2. 主轴箱的操作和调整

主轴箱的主轴是由双速电动机通过带传动旋转的，在电动机转轴和主轴箱的主轴上装有塔形带轮，以变换工件转速。在机床床身的右端装有一个工件转速选择开关16，可使主轴箱电动机在高速或低速的位置上工作。

主轴箱的主轴转速有200r/min、300r/min、400r/min和600r/min四档位置可供选择。

将旋钮转到“Ⅰ”的位置，主轴箱主轴处于“试转”状态；旋钮转到“°”的位置，主轴箱主轴停止转动；旋钮转到“Ⅱ”的位置，主轴箱主轴处于工作状态。

3. 砂轮横向进给机构的操纵和调整

砂轮的横向进给有手动和自动两种。手动进给由手轮17实现，按动手柄21可作微量进给。转动旋钮18至“开”的位置砂轮作自动进给。调整顶杆20上下行程，可控制进给量的大小：背吃刀量每格为0.005mm，转一圈为1.25mm。当需要调整横向进给手轮“0”位时，先松开螺母22，再拔出挡销19，然后转动刻度圈调整。旋钮15为电源开关，机床使用完毕，应将电源关掉。

12.2.3　万能外圆磨床在内圆磨削时的操作和调整

1. 内圆磨具的位置调整

万能外圆磨床上的内圆磨具调整方式有两种，一种是翻落式，如M1432C型万能外圆磨床，在内圆磨削时，主要将内磨具插销拔出，使内圆磨具翻下，并用螺钉紧固在砂轮架上。这时行程开关触头放松弹出，使外圆电动机电路切断，内圆电动机电路接通，内圆磨具即可旋转工作。另一种是旋转式，如M1420A型万能外圆磨床，外圆磨削和内圆磨削共用一个电动机，内圆磨具装在砂轮架后面。调整时，先要拆除V带，并旋松砂轮架与底座的紧固螺母，旋转砂轮架，使外圆砂轮转到后面，内圆磨具转到前面，对准砂轮架与底座上的零位，然后紧固螺母，装上平带，调整电动机位置，使平带松紧适度，内圆磨具即可旋转工作。

2. 头架主轴间隙的调整

万能外圆磨床在外圆磨削时，为了保证头架主轴的回转精度和防止在磨削时顶尖与工件一起旋转，必须将头架主轴间隙紧固。而在内圆磨削时，头架主轴旋转，间隙需要放松。各种型号的万能外圆磨床头架间隙的调整方法有所不同。如M1420A型万能外圆磨床的头架主轴间隙是用拨叉转动装在头架主轴后端的间隙调整盘来调整的，顺时针方向转间隙放松，逆时针方向转间隙收紧。用M1432C型万能外圆磨床磨削内圆时，只要将头架主轴后端间隙螺栓拆除，主轴间隙即可放松。

3. 砂轮架快速进退位置的调整

用万能外圆磨床磨削内圆时，要将快速进退手柄调整到“进”的位置，才能使头架转动。调整应在液压泵开动之前进行，否则无法进行调整。

12.3 内圆砂轮及其正确使用

内圆砂轮是内圆磨削的核心工具，正确地选择和安装以及修整内圆砂轮是内圆磨削的关键。

12.3.1 内圆砂轮的选择

1. 砂轮直径的选择

为了获得良好的磨削效果，砂轮直径与工件磨削孔径应有适当的比值，这一比值通常在0.5~0.9之间。当工件孔径较小时可取较大的比值；反之，取较小的比值。表12-1列出孔径ϕ12~ϕ100mm范围内，选择砂轮直径的参考数据。当工件内孔直径大于ϕ100mm时，要注意砂轮的圆周速度不应超过砂轮的安全速度。

表12-1 内圆砂轮直径的选择 （单位：mm）

磨削孔直径	砂轮直径	磨削孔直径	砂轮直径
12~17	10	45~55	40
17~22	15	55~70	50
22~27	20	70~80	65
27~32	25	80~100	75
32~45	30		

2. 砂轮宽度的选择

砂轮宽度可按工件孔径磨削长度选择，见表12-2。

表12-2 内圆砂轮宽度选择 （单位：mm）

孔径磨削长度	14	30	45	>50
砂轮宽度	10	25	32	40

3. 砂轮硬度的选择

内圆磨削接触弧较长，工件散热条件差，只有充分发挥砂轮的“自锐性”，才能减小磨削力和磨削热，所以，应选择较软的砂轮。通常内圆磨削用的砂轮硬度较外圆磨削用的砂轮要软1~2小级。在磨削较长的小孔时，为避免工件产生锥度，砂轮的硬度不可太低，一般内圆砂轮的硬度为中软。

4. 砂轮粒度的选择

内圆磨削用的砂轮粒度常用的有：F36、F46和F60。

5. 砂轮组织的选择

内圆磨削所用砂轮的组织要比外圆磨削用的砂轮疏松1~2号。

6. 砂轮形状的选择

内圆磨削常用的砂轮形状有平形和单面凹两种，如图 12-4 所示。其中平形砂轮最常用，它可以磨削各种通孔，单面凹砂轮除磨削内孔外还可磨削台阶孔的端面。内圆砂轮的特性选择可参见表 12-3。

表 12-3　内圆砂轮的选择

加工材料	磨削要求	磨料	粒度	硬度	结合剂
未淬火的碳素钢	粗磨	A	F24~F46	K~M	V
	精磨	A	F46~F60	K~N	V
铝	粗磨	C	F36	K~L	V
	精磨	C	F60	L	V
铸铁	粗磨	C	F24~F36	K~L	V
	精磨	C	F46~F60	K~L	V
纯钢	粗磨	A	F16~F24	K~L	V
	精磨	A	F24	K~M	B
硬青钢	粗磨	A	F16~F24	J~K	V
	精磨	A	F24	K~M	V
调质合金钢	粗磨	A	F46	K~L	V
	精磨	WA	F60~F80	K~L	V
淬火的碳素钢及合金钢	粗磨	WA	F46	K~L	V
	精磨	PA	F60~F80	K~L	V
氮化剂	粗磨	WA	F46	K~L	V
	精磨	SA	F60~F80	K~L	V
高速钢	粗磨	WA	F36	K~L	V
	精磨	PA	F24~F36	M~N	B

12.3.2　砂轮的安装

内圆砂轮一般都安装在砂轮接长轴的一端，而接长轴的另一端与磨头主轴连接，也有些磨床内圆砂轮是直接安装在内圆磨具的主轴上的。砂轮的紧固有螺纹紧固和粘结剂紧固两种方式。

1. 螺钉紧固

如图 12-5 所示，这是较常用的砂轮安装方法。

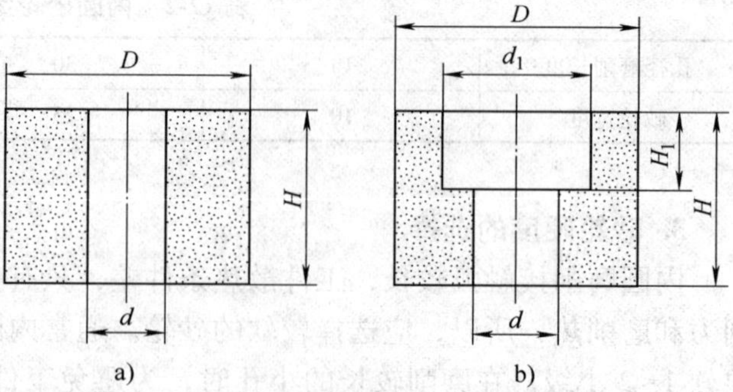

图 12-4　内圆砂轮

a）平形砂轮　b）单面凹砂轮

砂轮安装时应注意以下几点：

1）砂轮内孔与接长轴的配合间隙要适当，不要超过 0.2mm。如果间隙过大，可以在砂轮内孔与接长轴间垫入纸片，以免砂轮安装偏心而产生振动。

2）砂轮的两个端面必须垫上黄纸片等软性衬垫，衬垫厚度以0.2~0.3mm为宜。

3）承压砂轮的接长轴端面要平整，接触面不能太小，否则不能保证砂轮紧固的可靠性。

4）紧固螺钉的承压端面与螺钉轴线要垂直，以使砂轮受力均匀。

5）紧固螺钉的螺旋方向应与砂轮旋转方向相反，在磨削力作用下可以保证砂轮不会松动。

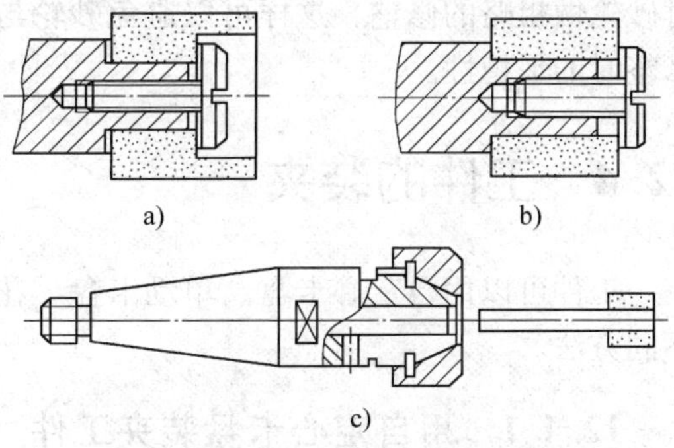

图12-5　砂轮的安装

a)、b）用螺钉紧固砂轮　c）用粘结剂紧固砂轮

2. 粘结剂紧固

图12-5c所示为用粘结剂紧固砂轮的方法，常用于直径为15mm以下的小砂轮紧固。常用的粘结剂是用磷酸溶液（H_3PO_4）和氧化铜（CuO）粉末调配而成的一种糊状混合物。粘结时，接长轴与砂轮内孔应有0.2~0.3mm的间隙。为提高砂轮的粘结牢固程度，可以将接长轴的外圆滚压成网纹状，粘结剂应充满砂轮与接长轴外圆之间的间隙，待自然干燥或烘干，冷却5min左右即可。

用粘结剂紧固砂轮时应注意以下几点：

1）调配时须将氧化铜（CuO）粉末放在瓷质容器内注入磷酸溶液，同时不断搅拌，要调配均匀，浓度要适当。

2）粘结剂一定要充满砂轮孔与接长轴之间的间隙。

3）凝固后用电炉烘干，但时间不宜过长，否则磷酸铜在电炉加热快速凝固过程中，体积会急剧膨胀，将砂轮胀裂。用肉眼观察粘结剂颜色，一般当粘结剂显出暗绿色时，即应停止加热。

粘结剂的配方很多，如有的工厂用万能胶粘结，但由于砂轮磨削时发热，砂轮会与接长轴脱开，效果比较差。也有的采用硫磺作粘结剂，其方法是：先将硫磺化成液体，然后将该液体涂在接长轴与砂轮内孔间，冷却5min左右即可使用。

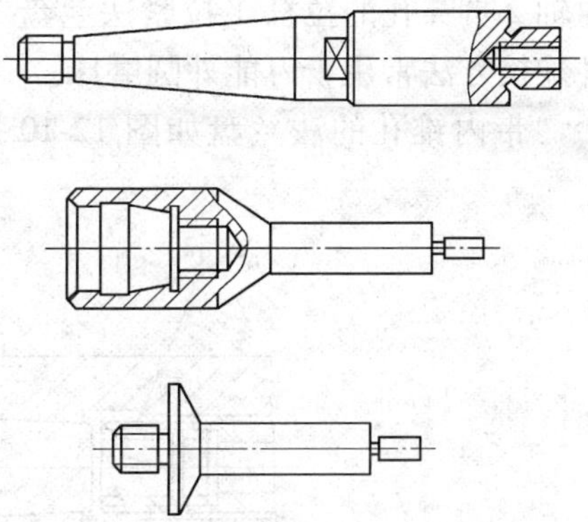

图12-6　内圆砂轮接长轴

3. 砂轮接长轴

在内圆磨床或万能外圆磨床上使用的接长轴如图12-6所示。从主轴上拆装接长轴时，要弄清楚接长轴的旋向。当内圆砂轮逆时针旋转时，接长轴螺纹应是右旋。

12.3.3　砂轮的修整

在磨削过程中，要及时修整砂轮，使其保持锋利状态。修整用的金刚石笔尖必须锋利。金刚石笔尖的位置要顺着砂轮旋向偏移砂轮中心1~1.5mm，以免修整时砂轮振动，影响修整质量，如图12-7所示。

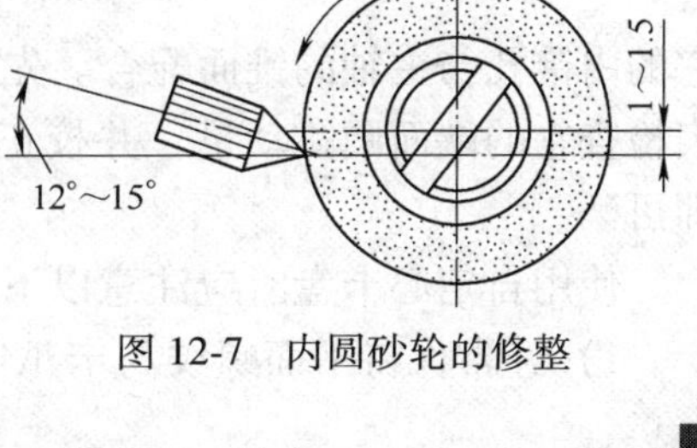

图12-7　内圆砂轮的修整

当修整新安装的砂轮时，应先用碳化硅砂轮的碎块

对砂轮做粗略的修整，这样可以避免砂轮与接长轴不同心而引起砂轮的跳动，保证金刚石笔修整时的平稳性。

12.4 工件的装夹

工件可以用自定心卡盘、单动卡盘、花盘以及卡盘和中心架装夹，下面讲述装夹工件的不同方法。

12.4.1 用自定心卡盘装夹工件

自定心卡盘的精度较低，工件夹紧后的径向圆跳动误差为 0.08mm 左右。

自定心卡盘使用时可根据工件直径调换卡爪方向，如图 12-8 所示。当工件直径较小时，用正爪装夹；当工件直径较大时，用反爪装夹。如果工件带有直径较大的内孔，也可以采用反撑的装夹方法。

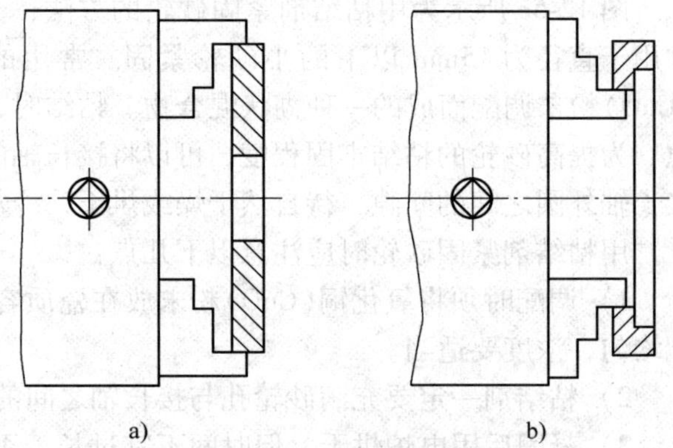

图 12-8 自定心卡盘装夹工件

a）反爪装夹 b）反撑装夹

自定心卡盘是通过法兰盘装到磨床主轴上的，法兰盘结构随磨床主轴不同而不同。带锥柄的法兰盘如图 12-9 所示，它的锥柄与主轴前端内锥孔配合，并用通过主轴 2 贯穿孔的拉杆 1 拉紧法兰盘 3，这种连接方法常用于万能外圆磨床。

带内锥孔的法兰盘如图 12-10 所示，它的内锥孔与主轴的锥面配合。先用螺钉把法兰盘 2 紧固在主轴 1 前端的法兰上，再用百分表检查它的端面圆跳动量，并校正圆跳动量不大于 0.015mm，然后把卡盘安装在法兰盘上即可。

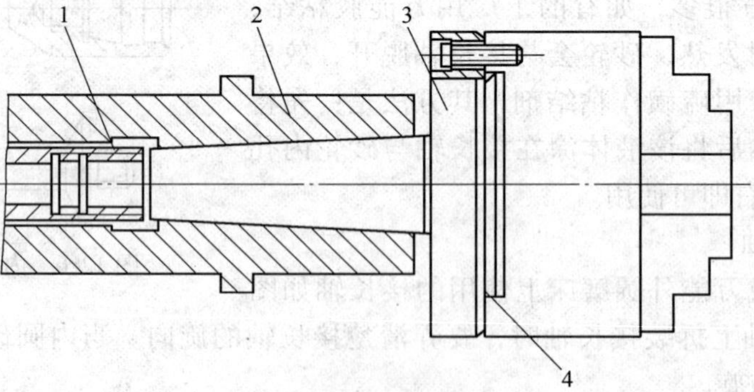

图 12-9 带锥柄的法兰盘

1—拉杆 2—主轴 3—法兰盘 4—定心圆柱面

使用自定心卡盘时应注意以下几点：

1）经常保持平面螺纹与卡爪啮合处的清洁。使用一段时间后，可以将三个卡爪拆下，以便清除丝盘上的磨屑，使卡爪移动灵活。

2）每个卡爪都有一个固定位置，在卡盘体径向槽处和每个卡爪上分别刻有编号 1、2、3，装卡爪时必须对号装入。

3）卡爪的夹持部分要注意保护，找正时不能敲击卡爪。

4）卡盘本身的定心精度一般较低，对于成批磨削、径向圆跳动量较严格的工件，可以采用调整卡盘的方法来提高工件的定心精度。为此，可以把装卡盘的法兰盘上的定心台阶的外圆磨小 0.4~0.5mm，使之与卡盘的配合孔之间有较大的间隙，这样卡盘在径向有较大的位移量，便于调整。调整时，用百分表测出工件外圆的圆跳动量，并用铜棒轻轻敲击卡盘体外圆，直到工件径向圆跳动量达到规定的要求为止。

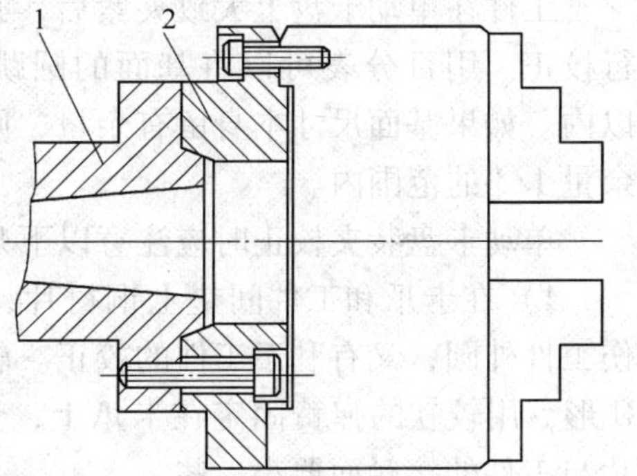

图 12-10　带内锥孔的法兰盘
1—主轴　2—法兰盘

5）装夹较长的工件时，工件轴线容易发生偏斜，工件外端的径向圆跳动量往往较大，需要进行校正，如图 12-11a 所示；另外，对于盘形工件，其端面容易倾斜，也需要校正，如图 12-11b 所示。校正的方法是：先测量出工件外端或工件端面的圆跳动量，然后用铜棒敲击有关部位，直到圆跳动量符合要求为止。

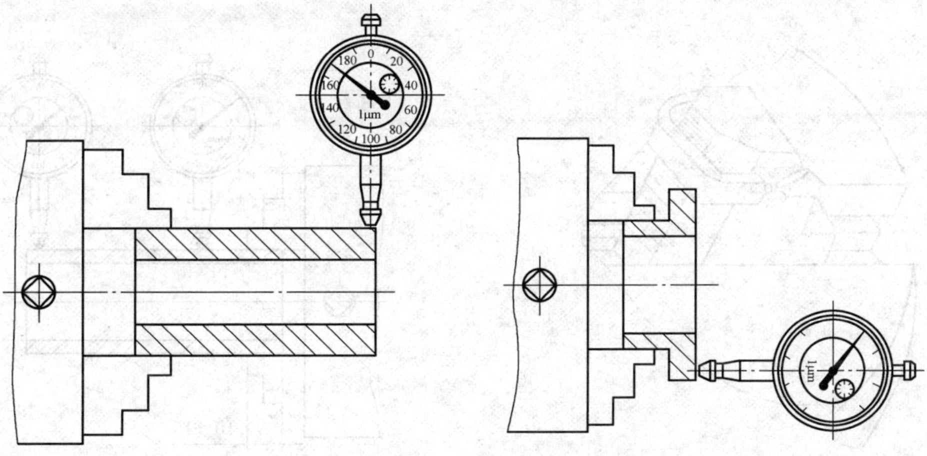

图 12-11　工件在自定心卡盘上校正
a）套类工件校正　b）盘类工件校正

12.4.2　用单动卡盘装夹工件

1. 单动卡盘的结构

单动卡盘上有四个卡爪，每个卡爪都单独由一个螺杆来控制移动，卡爪的背面有半瓣螺纹与螺杆啮合，因而四个卡爪可以单独移动，如图 12-12 所示。单动卡盘有正爪、反爪和反撑三种装夹方法。

用单动卡盘装夹可以达到很高的定心精度，但校正比较麻烦。目前在小批量生产中主要用于装夹尺寸较大或外形不很规则的工件及定心精度要求高的工件。

2. 在单动卡盘上校正工件

工件在单动卡盘上大致夹紧后，必须依工件的基准面进行校正。用百分表可以将基面的圆跳动量校正在 0.005mm 以内。如果基面尺寸本身留有余量，则圆跳动量可以在磨削余量 1/3 的范围内。

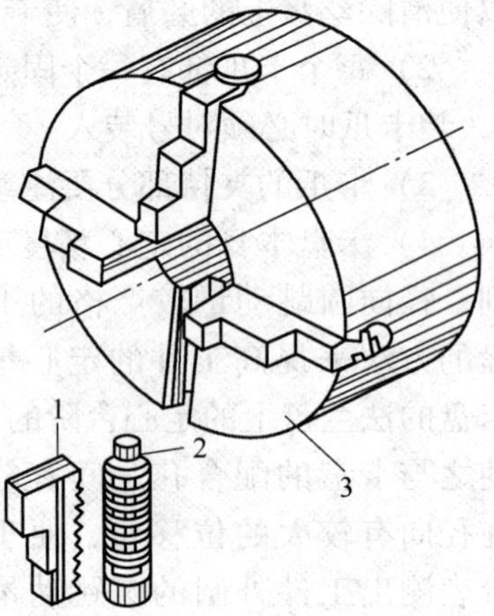

图 12-12　单动卡盘

1—卡爪　2—螺杆　3—卡盘体

单动卡盘装夹校正时应注意以下几点：

1）在卡爪和工件间垫上铜衬片，这样既能避免卡爪损伤工件外圆，又有利于工件的校正。较好的铜衬片可以制成 U 形，用较软的弹簧固定在卡爪上，见图 12-13 所示。铜衬片与工件的接触面要小一些。

2）装夹较长的工件时，工件装夹部分不要过长（夹持约 10～15mm）。校正时先校正靠近卡爪的一端，再校正另一端，如图 12-14 所示。靠近卡爪的一端校正时，可调整两个对称卡爪的松紧；校正远离卡爪的一端时，不能调整卡爪的松紧，只能用铜棒在工件的最高处轻轻敲击找正，最后再重新检查靠近卡爪的一端。经过反复校正，直到工件径向圆跳动量在规定值以内。

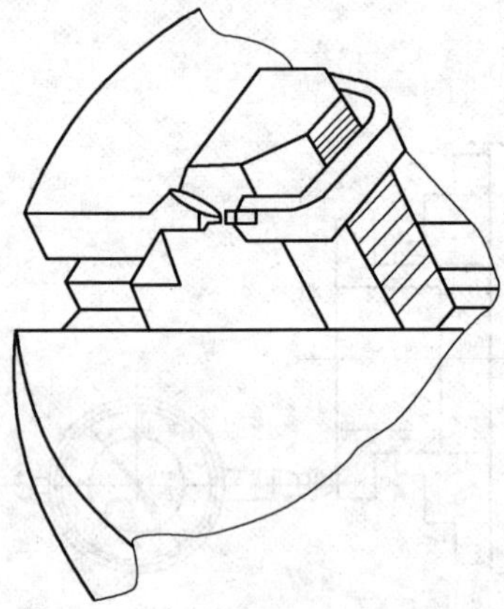

图 12-13　铜衬片结构

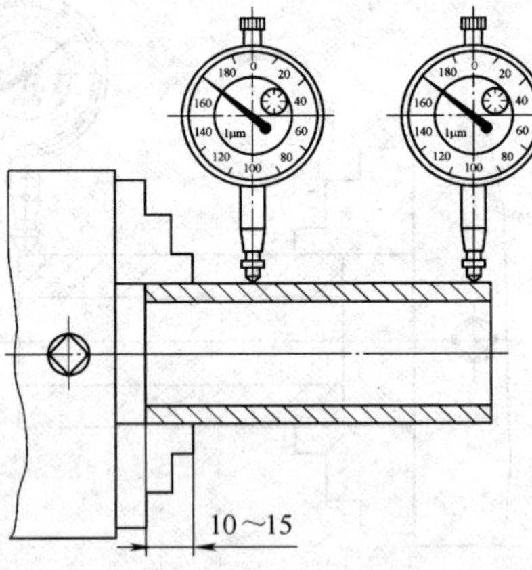

图 12-14　工件在单动卡盘上校正

3）盘形工件一般以外圆和端面作为校正基准，如图 12-15 所示。这类工件校正时，需要先校正端面，然后校正外圆。校正端面时，按百分表读数，端面哪一点高，就用铜棒敲击哪一点。外圆的校正仍可调节卡爪的松紧。经反复校正后即可达到预定的要求。

4）磨齿轮孔时，需先用百分表先校正端面，然后校正齿圈（分度圆）。校正端面时，用铜棒敲击端面圆跳动值大的部位；校正齿圈时，先用量棒（直径≥1.7 倍齿轮模数）放在齿槽中，并用松紧带缚住，使量棒的圆柱表面与齿槽两侧紧密接触，然后用百分表校正。需用量棒调整四个卡爪的位置，如图 12-16 所示。

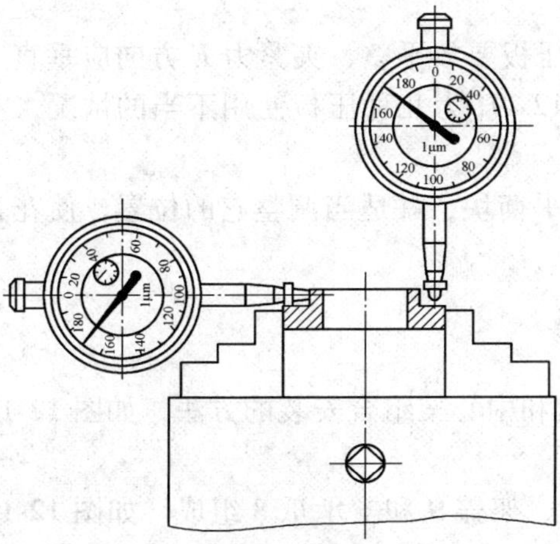

图 12-15　盘形工件在单动卡盘上校正

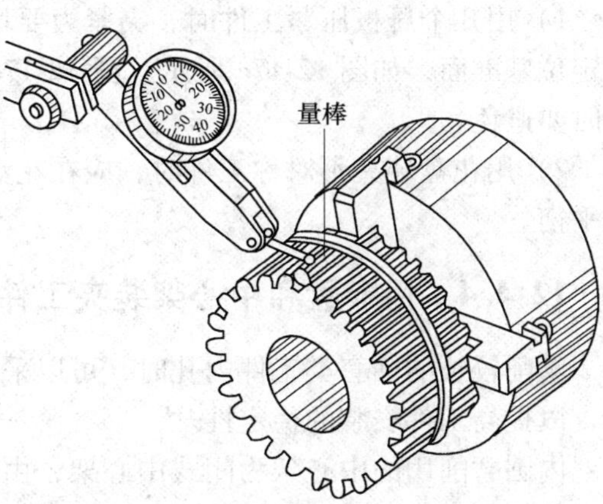

图 12-16　齿轮在单动卡盘上校正

12.4.3　用花盘装夹工件

花盘是一种铸铁圆盘，在花盘的盘面上有很多径向分布的 T 形槽，可以安插各种螺栓，以装夹工件。工件可以用压板和螺栓直接装夹在花盘上，如图 12-17a 所示；也可以通过精密角铁装夹在花盘上，如图 12-17b 所示。

花盘主要用于安装各种外形比较复杂的铣刀、支架、连杆等。

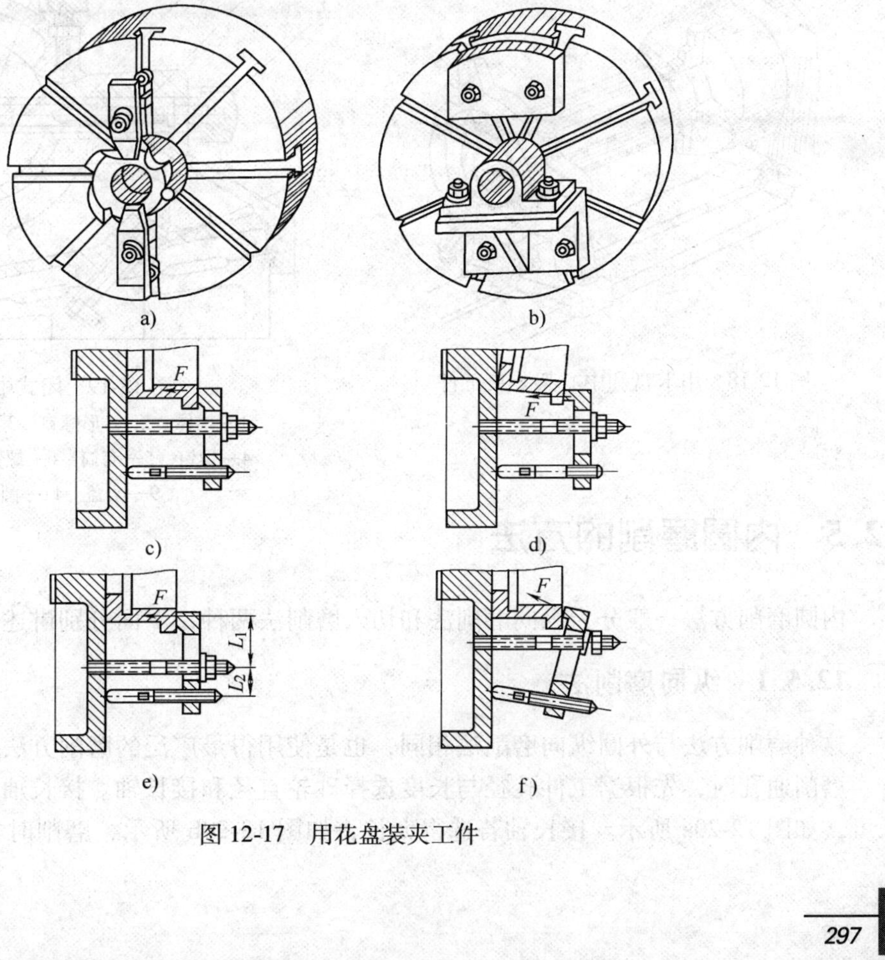

图 12-17　用花盘装夹工件

用花盘装夹时，应注意以下几点：

1）用几个压板压紧工件时，夹紧力要均匀，压板要放平整，夹紧力 F 方向应垂直工件的定位基准面，如图 12-17c 所示。图 12-17d ~ 图 12-17f 为几种压板使用不当的情况，在装夹时要避免。

2）用花盘装夹不对称工件时，应在花盘上加平衡块，并适当调整它的位置，使花盘保持平衡。

12.4.4 用卡盘和中心架装夹工件

磨削较长的轴套类工件内孔时，可以采用卡盘和中心架组合安装的方法，如图 12-18 所示，以提高工件安装的稳定性。

内圆磨削用的中心架为闭式中心架，由架体 1、架盖 9 和支承爪 8 组成，如图 12-19 所示。架体 1 用 L 形螺钉 2 紧固在工作台面上，架盖 9 与架体 1 用圆柱销 11 联接。磨削时，卡盖盖住，并用螺母 7 和螺钉 6 加以紧固；装卸工件时，拧松螺母 7 和螺钉 6 向外翻转，上盖即可打开。利用螺母 3 转动螺钉 4 可调节支承爪 8 的位置，爪的支承圆需调整至与卡盘中心一致。

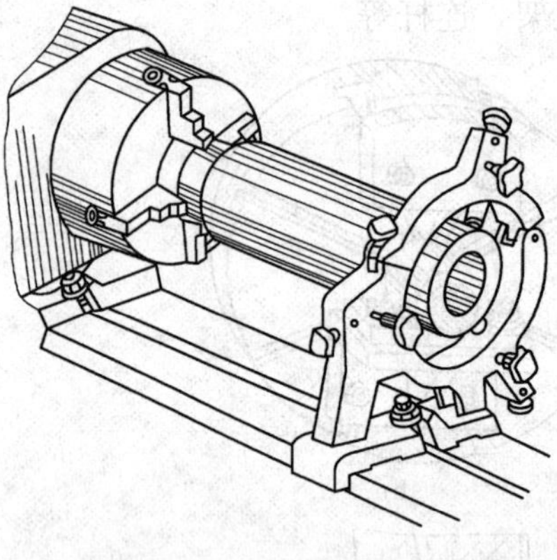

图 12-18 用卡盘和中心架装夹工件

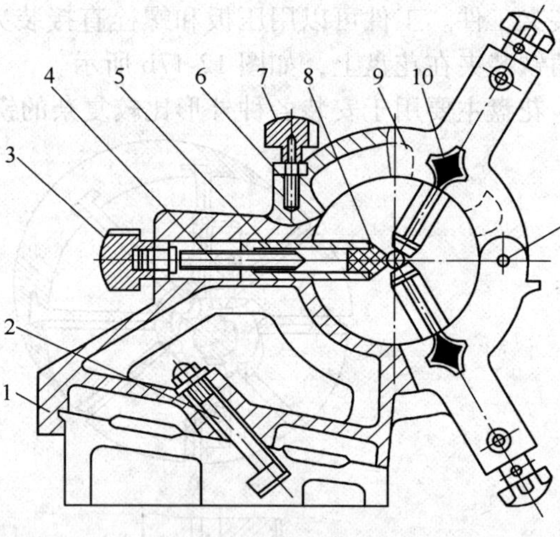

图 12-19 闭式中心架

1—架体 2—L 形螺钉 3、7、10—螺母 4—螺钉 5—套筒 6—螺钉 8—支承爪 9—架盖 11—圆柱销

12.5 内圆磨削的方法

内圆磨削方法一般分为纵向磨削法和切入磨削法两种，下面分别讲述。

12.5.1 纵向磨削法

这种磨削方法与外圆纵向磨削法相同，也是使用得最广泛的磨削方法。

磨削通孔时，先根据工件孔径与长度选择砂轮直径和接长轴。接长轴的长度略大于孔的长度，如图 12-20a 所示。接长轴若选得太长，如图 12-20b 所示，磨削时容易产生振动，影响磨削质量。调整工作台的行程长度时，行程长度 L 应根据工件长度 L' 和砂轮在孔端越出长度 L_1 计算，如图 12-20c 所示。长度 L_1 一般取砂轮宽度的 1/3～1/2。如果 L_1 太小，孔端磨削时间短，则两端孔口磨去的金属就较少，从而使内孔产生中间大两端小的现象，如图 12-20d 所示；如果 L_1 太大，甚至使砂轮完全越出工件孔口，会把内孔两端磨成喇叭口，如图 12-20e 所示。

磨削内孔时要注意控制内孔的锥度。砂轮磨钝、塞实，磨床头架或工作台位置不准确都会产生锥度。因此，在校正工作台位置时，试磨工件的砂轮必须非常锋利。

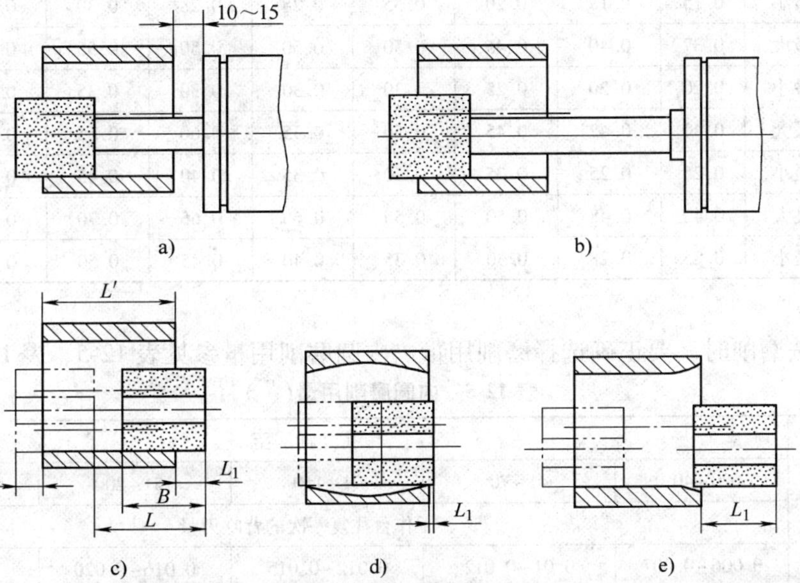

图 12-20　纵向磨削法

内圆磨削的加工余量参见表 12-4，其中粗磨留给精磨的余量可以取 0.04～0.08mm。

表 12-4　内圆磨削的加工余量　（单位：mm）

孔径范围		孔深								粗磨后精磨前
		磨削未淬火的孔				磨削已淬火的孔				
		50以下	50～100	100～200	200～300	50以下	50～100	100～200	200～300	
		加工余量								
≤10	最大	—	—	—	—	—	—	—	—	0.020
	最小	—	—	—	—	—	—	—	—	0.015
11～18	最大	0.22	0.25	—	—	0.25	0.28	—	—	0.030
	最小	0.12	0.13	—	—	0.15	0.18	—	—	0.020
19～39	最大	0.28	0.28	—	—	0.39	0.3	0.35	—	0.040
	最小	0.15	0.15	—	—	0.18	0.22	0.25	—	0.030
31～50	最大	0.30	0.30	0.35	—	0.35	0.35	0.40	—	0.050
	最小	0.15	0.15	0.20	—	0.20	0.25	0.28	—	0.040

（续）

孔径范围		孔深								粗磨后精磨前
		磨削未淬火的孔				磨削已淬火的孔				
		50以下	50~100	100~200	200~300	50以下	50~100	100~200	200~300	
		加工余量								
51~80	最大	0.30	0.32	0.35	0.40	0.40	0.40	0.45	0.50	0.060
	最小	0.15	0.18	0.20	0.35	0.25	0.28	0.30	0.35	0.050
81~120	最大	0.37	0.40	0.45	0.50	0.50	0.50	0.55	0.60	0.070
	最小	0.20	0.20	0.25	0.30	0.30	0.30	0.35	0.40	0.050
121~180	最大	0.40	0.42	0.45	0.50	0.55	0.60	0.65	0.70	0.080
	最小	0.25	0.25	0.25	0.30	0.35	0.40	0.45	0.50	0.060
181~260	最大	0.40	0.48	0.50	0.55	0.60	0.65	0.70	0.75	0.090
	最小	0.25	0.28	0.30	0.35	0.40	0.45	0.50	0.55	0.065

用纵向法磨削时，要正确选择磨削用量。内圆磨削用量参见表12-5、表12-6。

表12-5　内圆磨削用量(一)　　（单位:mm）

磨削方法及工件材料	孔直径				
	20~40	41~70	71~150	151~200	201~300
	工作台往复一次的背吃刀量				
粗磨圆钢	0.006~0.007	0.01~0.012	0.012~0.015	0.016~0.020	0.018~0.023
粗磨淬火钢	0.005~0.007	0.007~0.010	0.01~0.012	0.015~0.018	0.018~0.020
粗磨铸铁及青铜	0.007~0.010	0.012~0.014	0.014~0.018	0.02~0.025	0.022~0.030
精磨各种金属	0.002~0.003	0.003~0.005	0.005~0.008	0.008~0.009	0.009~0.010

表12-6　内圆磨削用量(二)

磨削方法及工件材料	磨孔直径与长度之比				
	4:1	2:1	1:1	1:2	1:3
	纵向进给量(以砂轮宽度 B 计)/mm				
粗磨圆钢	$0.6B$~$0.75B$	$0.6B$~$0.7B$	$0.5B$~$0.6B$	$0.45B$~$0.5B$	$0.4B$~$0.45B$
粗磨淬火钢	$0.6B$~$0.7B$	$0.6B$~$0.7B$	$0.5B$~$0.6B$	$0.4B$~$0.5B$	$0.4B$~$0.5B$
粗磨铸铁及青铜	$0.7B$~$0.8B$	$0.65B$~$0.7B$	$0.55B$~$0.65B$	$0.5B$~$0.55B$	$0.45B$~$0.5B$
精磨各种金属	$0.25B$~$0.4B$	$0.25B$~$0.35B$	$0.25B$~$0.35B$	$0.25B$~$0.35B$	$0.25B$~$0.35B$

用纵向法磨削时的注意事项如下：

1）磨削过程中要充分冷却。

2）磨不通孔时，要经常消除孔中磨屑，防止磨屑在孔中积聚而影响加工质量。

3）磨台阶孔时，为了保证台阶孔的同轴度，要求工件在一次装夹中将几个孔全部磨出。

4）砂轮退出内孔时，先要将砂轮从横向退出，然后再在纵向进给方向上退出，以免工件表面产生螺旋痕迹。

12.5.2　切入磨削法

此法与外圆切入磨削法相同，适用于磨削内孔长度较短的工件，生产效率高，如图12-21所示。

采用切入磨削法时，接长轴的刚性要好，砂轮在连续进给中容易堵塞、磨钝，要及时修整砂轮。精磨时应采用较低的切入速度。

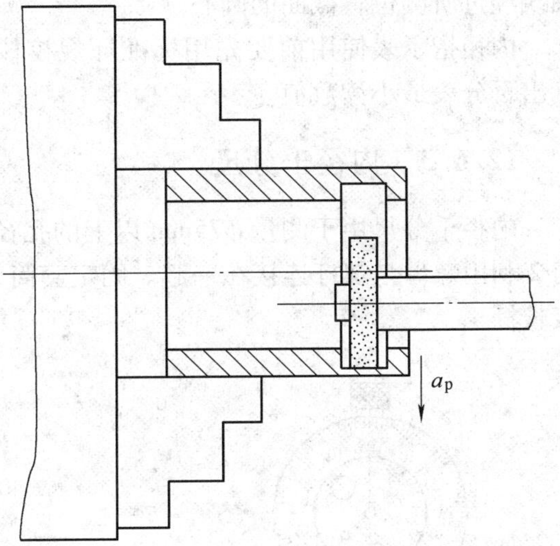

图12-21　切入磨削法

12.6　内圆的测量

下面讲述内圆测量的常用工具及其用法。

12.6.1　圆柱塞规

圆柱塞规是检验孔用的一种极限量规。塞规的两端做成圆柱形，如图12-22所示，一端的直径与被检验孔的下极限尺寸相等，此端叫通规；另一端的直径与被检验孔的上极限尺寸相等，此端叫止规。为了使两种尺寸有所区别，止规长度比通规短。

测量时，要擦净工件孔和塞规，使塞规对准孔的中心，轻轻将塞规推入孔中。如果塞规的通规能顺利通过孔，止规不能塞入，则工件为合格品。

图12-22　圆柱塞规

1—通规　2—止规

12.6.2　内径指示表

内径指示表是一种比较测量量具，可以准确地测出孔的形状误差，它实际上由百分表和量杆组成。在量杆端部有一可换测头3，根据孔径尺寸，可调换测头的长短；另一端有一活动测头1。测量内孔时，活动测头1向内移动，推动摆杆2把推杆5和6向上推，从而推动百分表量杆，使百分表指针指出读数，如图12-23所示。7为定心装置，用来保证1与3的轴线经过所测位置截面的圆心。

内径指示表使用前要先用标准环规校核。测量时，可参照图 12-24，将量杆左右摆动，读出百分表最小读数值。

12.6.3 内径千分尺

内径千分尺用于测量 $\phi 75\text{mm}$ 以上的孔径，如图 12-25 所示，其右端为球形测头 1，微分筒 2 利用螺母与螺杆连接在一起。固定套筒 3 的左端为一固定测头 5，测量大孔时，可更换接长杆 4。

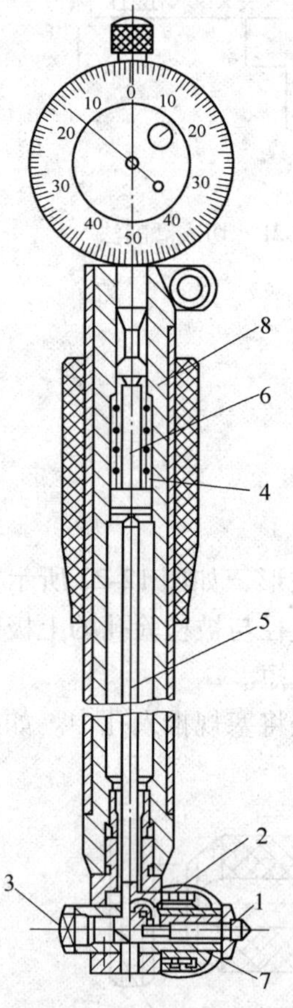

图 12-23 内径指示表

1—活动测头 2—摆杆 3—可换测头 4—弹簧 5、6—推杆 7—定心装置 8—直管

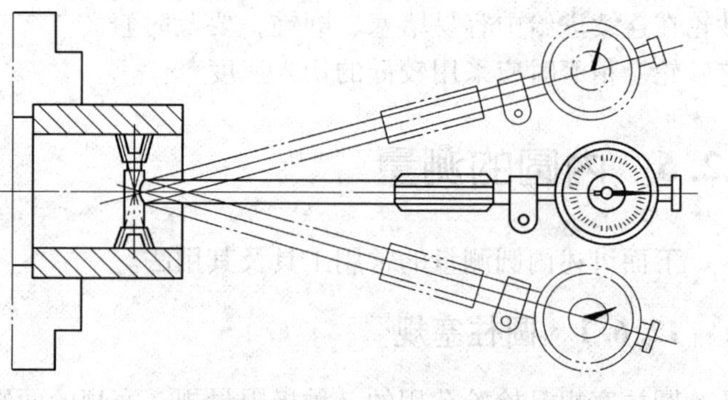

图 12-24 内径指示表的使用

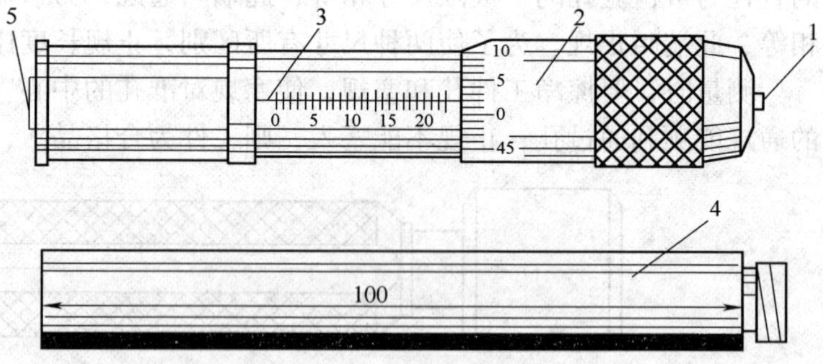

图 12-25 内径千分尺

1—球形测头 2—微分筒 3—固定套筒 4—接长杆 5—固定测头

测量时，将内径千分尺在孔中摆动，使测量头与孔有轻微接触感觉，如图 12-26 所示，在径向上找出最大尺寸。

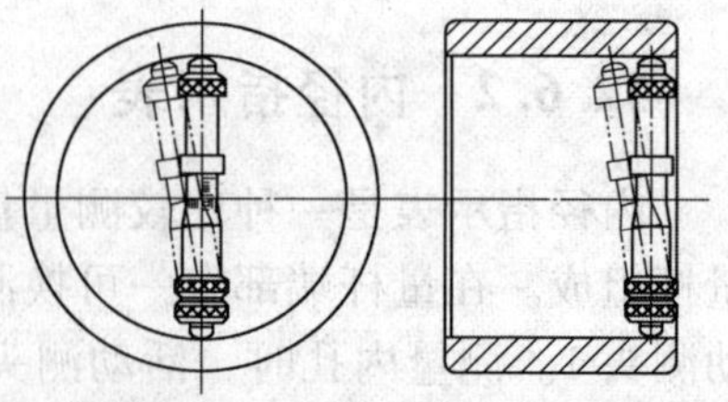

图 12-26 内径千分尺的使用

12.6.4 内测千分尺

内测千分尺用于测量小孔，如图 12-27 所示，其刻线

方向与外径千分尺刻度相反。

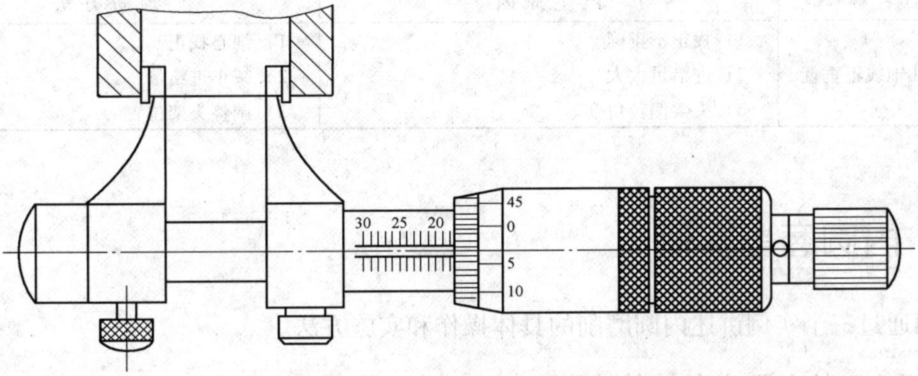

图 12-27　内测千分尺

12.7　内圆磨削产生废品的原因及预防方法

内圆磨削中常见的缺陷预防方法见表 12-7。

表 12-7　内圆磨削中常见的缺陷预防方法

缺陷名称	产生原因	预防方法
表面有振痕，表面粗糙度值过大，表面烧伤	1）砂轮直径小 2）由于头架主轴松动、砂轮心轴弯曲、砂轮修整不圆等原因产生强烈振动，使工件表面产生波纹 3）砂轮被堵塞 4）散热不良 5）砂轮粒度过细，硬度高或修整不及时 6）进给量大，磨削热增加	1）选规格大一号的砂轮 2）调整轴瓦间隙，正确修整砂轮 3）选粒度较粗、组织较松、硬度较软的砂轮 4）供给充足的切削液 5）选较粗、较软的砂轮并及时修整 6）减小进给量
喇叭口	1）纵向进给不均匀 2）砂轮有锥度 3）砂轮杆细长	1）适当控制停留时间，调整砂轮杆伸出长度不超过砂轮宽度的一半 2）正确修整砂轮 3）合理选择砂轮杆的粗细
锥形孔	1）头架调整角度不正确 2）纵向进给不均匀，背吃刀量过大 3）砂轮杆在两端伸出量不等 4）砂轮磨损	1）重新调整角度 2）减小进给量 3）调整砂轮杆的伸出量 4）及时修整砂轮
圆度误差及内外圆同轴度误差过大	1）工件装夹不牢 2）薄壁工件夹得过紧 3）调整不准确 4）卡盘松动、主轴和轴承间有间隙	1）紧固工件 2）夹紧力要适当 3）细心找正 4）调整松紧量和间隙大小
螺旋痕迹	1）纵向进给量过大 2）砂轮钝化 3）接长轴弯曲	1）减小纵向进给量 2）及时修整砂轮 3）增强接长轴刚度

（续）

缺陷名称	产生原因	预防方法
端面与孔轴线不垂直	1）找正不正确 2）进给量太大 3）头架偏转角度	1）细心找正 2）减小进给量 3）调整头架位置

12.8 内圆磨削实例

下面通过三个实例讲述内圆磨削的具体操作和实施方法。

12.8.1 车床尾座套筒的磨削

1. 车床尾座套筒的磨削工艺分析

图 12-28 所示为车床尾座套筒，ϕ70h6 外圆的圆度公差为 0.005mm，圆柱度公差为 0.006mm，表面粗糙度值为 Ra0.4μm。ϕ65H6 内圆的表面粗糙度值为 Ra0.8μm。Morse No.5 内圆锥对 ϕ70h6 外圆的同轴度公差为 ϕ0.01mm，锥面用涂色法检验，接触面积大于 80%。

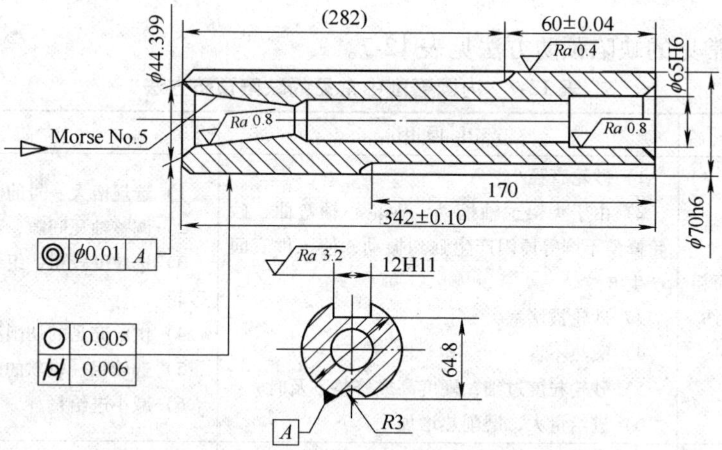

图 12-28 车床尾座套筒零件图

由于尾座套管的外圆较长，且有较高的圆度公差要求，可采用先磨外圆，然后以外圆为基准定位磨内圆达到同轴度公差要求。由于 ϕ70h6 外圆有较长的纵向槽，从而给磨削带来困难。磨削内圆时在中心架支承处会产生振动，为此可在工件的外圆上配一个套圈作为工艺基准，如图 12-29 所示。配上套圈后，可以保证工件转动的平稳性。套圈和尾座套筒 ϕ70h6 外圆为过盈配合，装配套圈后再将其外圆磨圆，即可使用。

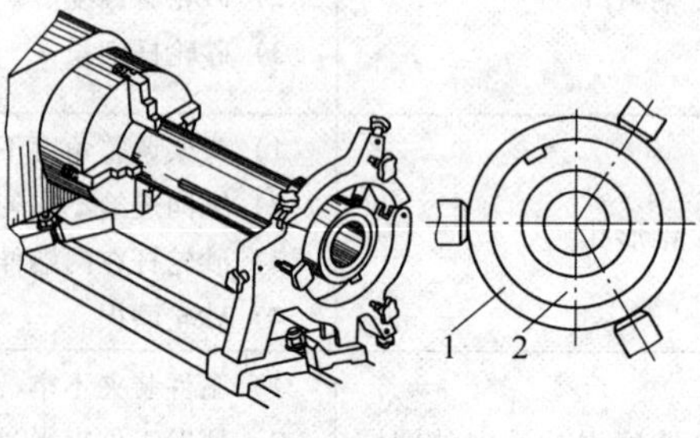

图 12-29 套圈的配套

1—套圈 2—工件

另外工件无中心孔，故选用中心堵头定位，满足圆度的加工要求。

2. 车床尾座套筒的磨削工艺

车床尾座套筒的磨削工艺见表 12-8。

表 12-8 车床尾座套筒磨削工艺分析表

工序	内容	砂轮特性	机床	定位基准
1	粗磨 ϕ70h6 外圆，留余量 0.010~0.15mm	PAF80M	M1432C	60°角圆锥
2	粗精磨 ϕ65H6 内圆至尺寸	PAF36M	M2110A	ϕ70h6
3	粗精磨 Morse No. 5 内圆锥至尺寸，圆锥用涂色法检验，接触面积大于 80%，同轴度公差为 ϕ0.01mm	WAF36L	M2110A	ϕ70h6
4	精磨 ϕ70h6，与尾座孔单配间隙 0.009mm	PAF80M	M1432C	中心堵头

12.8.2 轴承套的磨削

1. 轴承套磨削工艺分析

图 12-30 所示为轴承套，$\phi 80^{+0.01}_{0}$ 内圆的圆柱度公差为 0.005mm，表面粗糙度值为 $Ra0.2\mu m$，内圆台阶的深度尺寸为 $45^{+0.04}_{0}$ mm，表面粗糙度值为 $Ra0.4\mu m$。外圆 $\phi 95^{+0.009}_{-0.006}$ mm 的表面粗糙度值为 $Ra0.2\mu m$，外圆台阶的厚度尺寸为 (10±0.01) mm，表面粗糙度值为 $Ra0.4\mu m$。端面对 $\phi 80^{+0.01}_{0}$ mm 内圆轴线的垂直度公差为 0.01mm。$\phi 80^{+0.01}_{0}$ mm 内圆对 $\phi 95^{+0.009}_{-0.006}$ mm 外圆轴线的径向圆跳动公差为 0.01mm。工件材料为 45 钢。

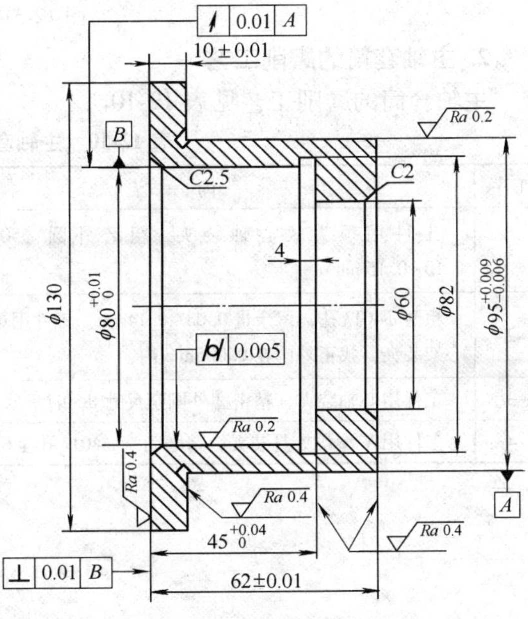

图 12-30 轴承套零件图

2. 轴承套的磨削工艺

轴承套的磨削工艺见表 12-9。

12.8.3 主轴套筒磨削

1. 主轴套筒磨削工艺分析

图 12-31 所示为主轴套筒，套筒 ϕ50j7 外圆的圆柱度公差为 0.003mm，表面粗糙度值为 $Ra0.2\mu m$，两处 ϕ40J7 孔的同轴度公差为 ϕ0.01mm。

表 12-9 轴承套磨削工艺分析表

工序	内容	砂轮特性	机床	定位基准
1	磨两平面至尺寸(62±0.01)mm，平行度 0.01mm	WAF46J	M7120D	平面
2	粗精磨 $\phi 80^{+0.01}_{0}$ mm 内圆至尺寸，磨内台阶面至尺寸 $45^{+0.04}_{0}$ mm	WAF36L	M2110A	$\phi 95^{+0.009}_{-0.006}$ mm
3	用心轴装夹，粗精磨 $\phi 95^{+0.009}_{-0.006}$ mm 至尺寸，磨台阶面至尺寸(10±0.01)mm	WAF80M	M1432C	$\phi 80^{+0.01}_{0}$ mm

内圆磨削时，工件用单动卡盘和中心架装夹，找正外圆在 0.005mm 内。外圆磨削则用顶尖式心轴装夹，操作时注意工件的夹紧变形，以保证外圆的圆柱度误差在 0.003mm 内。

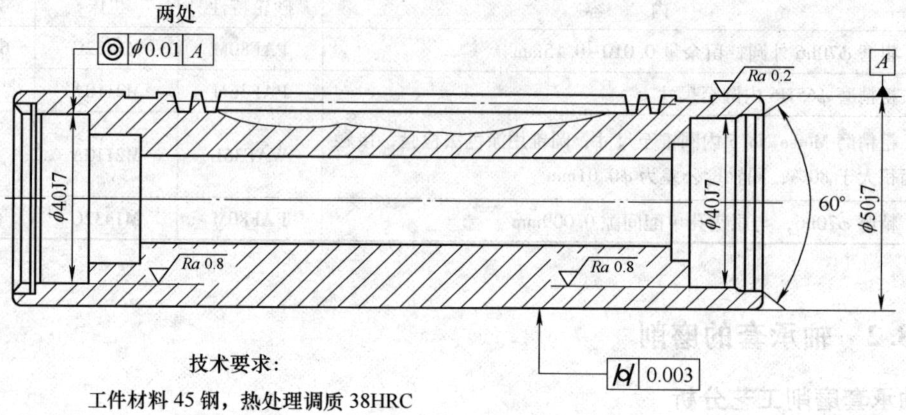

图 12-31 主轴套筒

2. 主轴套筒的磨削工艺

主轴套筒的磨削工艺见表 12-10。

表 12-10 主轴套筒磨削工艺分析表

工序	内　容	砂轮特性	机床	定位基准
1	工件用顶尖式心轴装夹，粗磨外圆 ϕ50j7，留余量 0.10~0.15mm	WAF80L	M1432C	60°孔口中心孔
2	粗磨 ϕ40J7 孔，留余量 0.08~0.14mm。工件用单动卡盘和中心架装夹，找正外圆在 0.005mm 内	PAF36L	M2110A	ϕ50j7
3	工件用心轴装夹，精密磨外圆至尺寸 ϕ50j7	WAF80L	M1432C	ϕ40J7
4	工件用 V 型块夹具装夹，精磨两端 ϕ40J7 孔至尺寸	PAF36L	M2110A	ϕ50j7

第 13 章

平 面 磨 削

平面磨削主要用于磨削相对大面积的平整表面，具有效率高、速度快等优点，在实际工作中得到大量应用。下面对平面磨削的形式、特点和操作方法等进行具体讲解。

13.1 平面磨削的形式

下面先简要讲述平面磨床的类型、形式以及特点。

13.1.1 平面磨床的类型

平面磨床分为以下几种类型。

1. 卧轴矩台平面磨床

砂轮的主轴轴线与工作台台面平行，如图 13-1a 所示。工件安装在矩形电磁吸盘上，并随工作台作纵向往复直线运动。砂轮在高速旋转的同时作间歇的横向运动，在工件表面磨去一层后，砂轮反向移动，同时作一次垂直方向进给，直至将工件磨到所需的尺寸。

2. 卧轴圆台平面磨床

砂轮的主轴是卧式的，工作台是圆形电磁吸盘，用砂轮的圆周面磨削平面，如图 13-1b 所示。磨削时，圆形电磁吸盘将工件吸在一起作单向匀速旋转，砂轮除高速旋转外，还在圆台外缘和中心之间作往复运动，以完成磨削进给。每往复一次或换向后，砂轮将沿工件垂直方向进给，直接磨到所需的尺寸。由于工作台是连续旋转的，所以磨削效率较高，但不能磨削台阶面等复杂的平面。

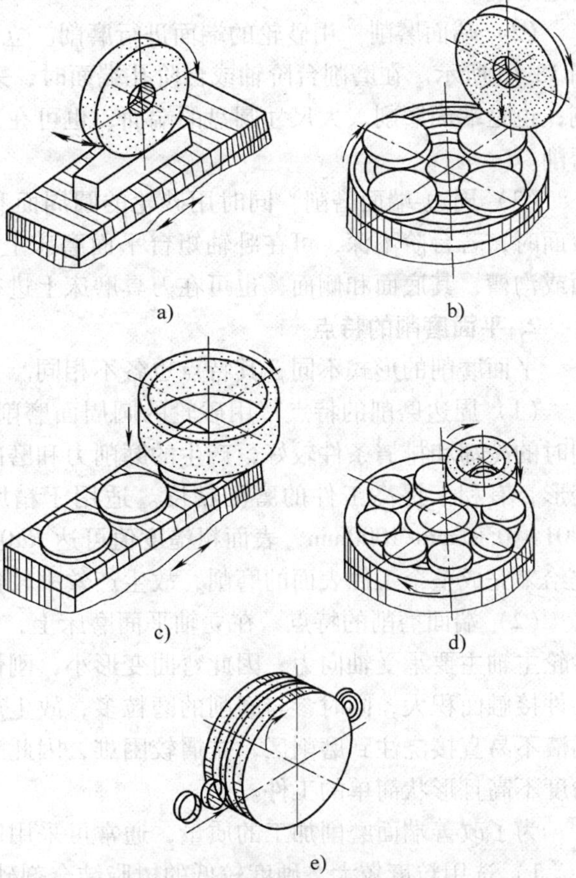

图 13-1 各种平面磨床的磨削

a）卧轴矩台平面磨床磨削 b）卧轴圆台平面磨床磨削
c）立轴矩台平面磨床磨削 d）立轴圆台平面磨床磨削
e）双端面磨床磨削

3. 立轴矩台平面磨床

砂轮的主轴与工作台垂直，工作台是

矩形电磁吸盘，用砂轮的端面磨削平面，如图 13-1c 所示。这类磨床只能磨削简单的平面零件。由于砂轮的直径大于工作台的宽度，所以砂轮不需要作横向进给，故磨削效率较高。

4. 立轴圆台平面磨床

砂轮的主轴与工作台垂直，工作台是圆形电磁吸盘，用砂轮的端面磨削平面，如图 13-1d 所示。磨削时，圆工作台作匀速旋转，砂轮除高速旋转外，还定时作垂直方向进给。

5. 双端面磨床

该磨床能同时磨削工件两个平行面，磨削时工件可连续进料，常用于自动生产线等场合。图 13-1e 所示为直线贯穿式双端面磨床，适用于磨削轴承环、垫圈和活塞环等工件的平面，生产效率极高。

13.1.2　平面磨削的形式及特点

1. 平面磨削的形式

（1）周边磨削　周边磨削又称圆周磨削，是用砂轮的圆周面进行磨削。卧轴平面磨床均属这种形式，如图 13-1a 和图 13-1b 所示。在刀具磨床上磨削小平面或沟槽底平面，也是周边磨削。

（2）端面磨削　用砂轮的端面进行磨削。立轴的平面磨床均属这种形式，如图 13-1c 和图 13-1d 所示。在磨削台阶轴或台阶孔端面时，采用的也是端面磨削，在刀具磨床上磨削槽侧，也是端面磨削。大尺寸圆盘的端面，也可在万能外圆磨床上用转动头架的方法进行端面磨削。

（3）周边-端面磨削　同时用砂轮的圆周面和端面进行磨削，如图 13-1e 所示。磨削台阶面时，若台阶不深，可在卧轴矩台平面磨床上用砂轮进行周边-端面磨削。小尺寸的台阶面或沟槽，其底面和侧面，也可在刀具磨床上进行周边-端面磨削。

2. 平面磨削的特点

平面磨削的形式不同，其特点也各不相同。

（1）周边磨削的特点　用砂轮的圆周面磨削平面时，砂轮与工件的接触面积较小，磨削时的冷却和排屑条件较好，产生的磨削力和磨削热也较小，因此能减少工件受热所产生的变形，有利于提高工件的磨削精度。适用于精磨各种工件的平面，平面度误差能控制在 0.01～0.02mm/1000mm，表面粗糙度值可达 $Ra0.8$～$0.2\mu m$。但由于磨削时要用间断的横向进给来完成整个工件表面的磨削，故生产效率较低。

（2）端面磨削的特点　在立轴平面磨床上，用筒形砂轮端面磨削时，机床的功率较大，砂轮主轴主要承受轴向力，因此弯曲变形小，刚性好，可选用较大的磨削用量。由于砂轮与工件接触面积大，同时参与磨削的磨粒多，故生产效率较高。但磨削过程中发热量较大，切削液不易直接浇注到磨削区，排屑较困难，因此工件容易产生热变形和烧伤。只适用于磨削精度不高且形状简单的工件。

为了改善端面磨削加工的质量，通常可采用以下措施：

1）选用粒度较大、硬度较低的树脂结合剂砂轮。

2）磨削时供应充足的切削液。

3）采用镶块砂轮磨削。镶块砂轮如图 13-2 所示，它由几块扇形砂瓦组成，用螺钉、楔块等固定在金属法兰盘上。磨削时砂轮与工件接触面积减小，改善了排屑与冷却条件，砂轮不易堵塞，且可更换砂瓦，砂轮使用寿命长。但是镶块砂轮是间断磨削，磨削时易产生振动，故加工的表面粗糙度值较大。

4）将砂轮端面修成内锥形或者使磨头倾斜一微小的角度 α，以减小砂轮与工件接触面积，改善散热条件，如图13-3所示。但磨头倾斜后磨出的平面略呈凹形，其凹值 A 可按下式计算

$$A = N\tan\alpha = \frac{1}{2}(D_0 - \sqrt{D_0^2 - B^2})\tan\alpha$$

式中　N——砂轮与工件在 x-x 方向接触长度(mm)；

B——磨削表面宽度(mm)；

D_0——砂轮直径(mm)；

α——磨头倾斜角度(°)；

A——中凹值(mm)。

从上式可以看出，磨头偏斜角 α 和磨削表面宽度 B 增大时，中凹值可能增加；砂轮直径增大时，中凹值减小。

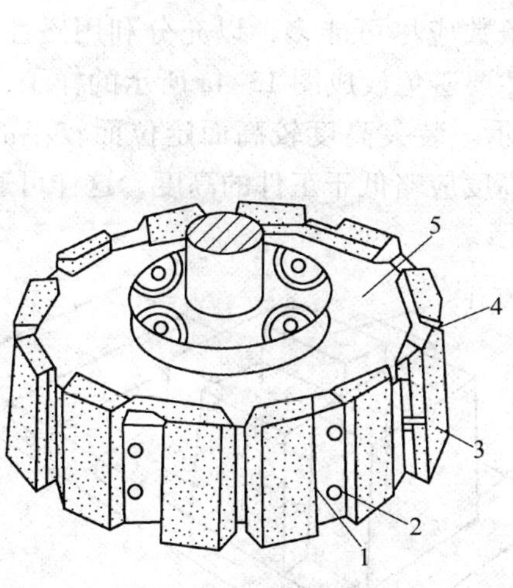

图13-2　镶块砂轮

1—镶块　2—螺钉　3—平衡块　4—砂瓦　5—法兰盘

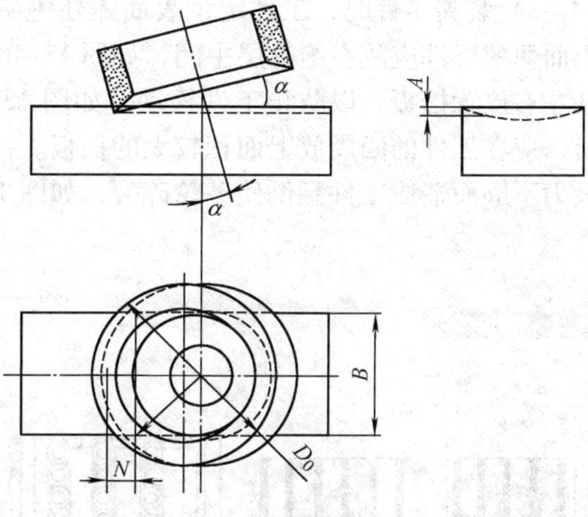

图13-3　磨头偏斜对加工精度的影响

由此可知，磨头偏斜对磨削平面的平面度误差影响很大，所以精磨时必须使磨头轴线与工作台面相互垂直，以保证加工平面的平面度要求。粗磨时，磨头的偏斜角一般不要超过30′。

（3）周边-端面磨削的特点　周边-端面磨削最终须使轮的圆周面与端面同时与工件表面接触，磨削条件较差，产生的磨削热较大，所以磨削用量不宜过大。在卧轴矩台平面磨床上磨台阶面时，通常先用周边磨削法磨削出水平面。在接近台阶面处调整控制好磨头和工作台行程挡铁，使砂轮不与台阶端碰撞，同时需将砂轮端面修成内凹形，用手摇工作台纵向进给手轮，缓慢均匀地进给磨削。观察端面磨削的火花，控制好进给量。在精磨时，适当增加光磨时间，以保证周边-端面磨削的精度。磨削时注意供应充足的切削液进行冷却。如果工件有一定批量，可选用粒度较大、硬度较软的树脂结合剂砂轮。在刀具磨床上进行周边-端面磨削时，因为多用干磨，所以选用弹性较好的树脂结合剂砂轮或橡胶结合剂砂轮，可避免烧伤工件。

13.2 平行面的磨削

带有平行面的零件的装夹方法由零件的尺寸和材料而定。电磁吸盘为最常用的夹具之一，凡是由钢、铸铁等铁磁性材料制成的带有平行面的零件，都可用电磁吸盘装夹。

13.2.1 电磁吸盘的合理使用

使用电磁吸盘时应注意如下事项：

1）关掉电磁吸盘的电源后，工件和电磁吸盘上仍会保留一部分磁性，这种现象称为剩磁。由于剩磁的原因，工件不易取下。这时只要将开关转到退磁位置，多次改变线圈中的电流方向，把剩磁去掉，工件就容易取下了。

2）由于大工件的剩磁以及光滑表面间的黏附力较大，因此工件不容易从电磁吸盘上取下。这时可根据工件形状先用木棒将工件扳松后再取下，切不能用力硬掩工件，以防工作台面与工件表面拉毛损伤。

3）装夹工件时，工件定位表面盖住绝磁层的条数应尽可能多，以充分利用磁性吸力。小而薄的工件应放在绝磁层中间，如图 13-4b 所示。要避免放成图 13-4a 所示的样子，并在其左右放置挡板，以防止工件松动，如图 13-4c 所示。装夹高度较高而定位面较小的工件时，应在工件的四周放上面积较大的挡板。挡板的高度应略低于工件的高度，这样可避免因吸力不够而造成工件翻倒使砂轮碎裂，如图 13-5 所示。

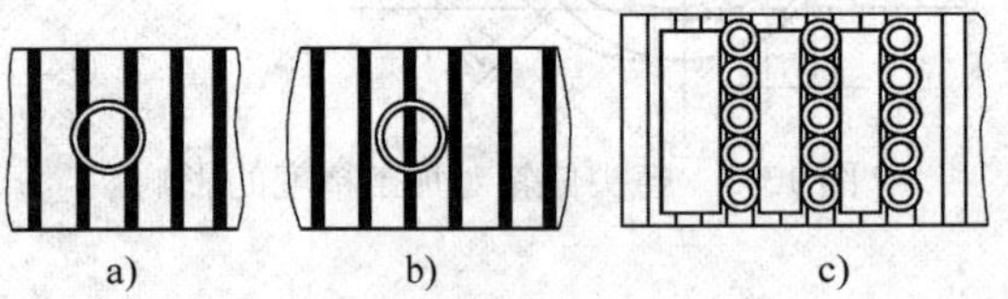

图 13-4 小工件的装夹

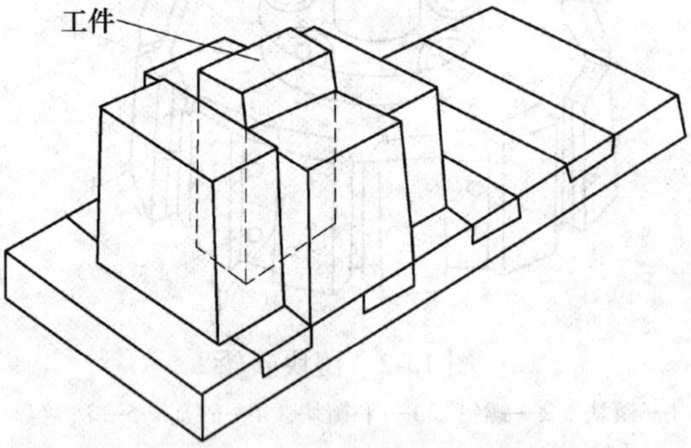

图 13-5 狭高工件的装夹

4）电磁吸盘的台面要经常保持平整清洁。如果台面出现拉毛，可用三角磨石或细砂纸修光，再用金相砂纸抛光。如果台面使用时间较长，表面上划纹和细麻点较多，或者有某些变形时，可以对电磁吸盘台面作一次修磨。修磨时，电磁吸盘应接通电源，使它处于工作状态。磨削量和进给量要小，冷却要充分，待磨光至无火花出现时即可。应尽量减少修磨次数，以延长其使用寿命。

5）工作结束后，应将吸盘台面擦干净，以免电磁吸盘锈蚀损坏。

13.2.2 平行面的磨削方法

磨削平行面需要达到的主要技术要求是：平面本身的平面度、表面粗糙度和两平面间的平行度。

磨削时，应选择大而且较平整的面作定位基准。当定位表面为粗基准时，应用锉刀、砂纸清除工件表面的飞边和热处理氧化层。粗磨时，要注意使工件两面磨去的余量均匀。精磨时可在垂直进给停止后作几次光磨，以减小工件表面粗糙度值。为了获得较高的平行度，可将工件多翻几次身，反复磨削，这样可以把工件两个面上残留的误差逐步减小。平行面常用的磨削方法有以下几种。

1. 横向磨削法

横向磨削法是最常用的一种磨削方法，每当工作台纵向行程终了时，砂轮主轴作一次横向进给，待工件上第一层金属被磨去后，砂轮再作垂直进给，直至切除全部余量为止，如图 13-6a 所示。这种磨削方法适用于磨削长而宽的平面工件，其特点是磨削发热量较少，排屑和冷却条件较好，因而容易保证工件的平行度和平面度要求，但生产效率较低。

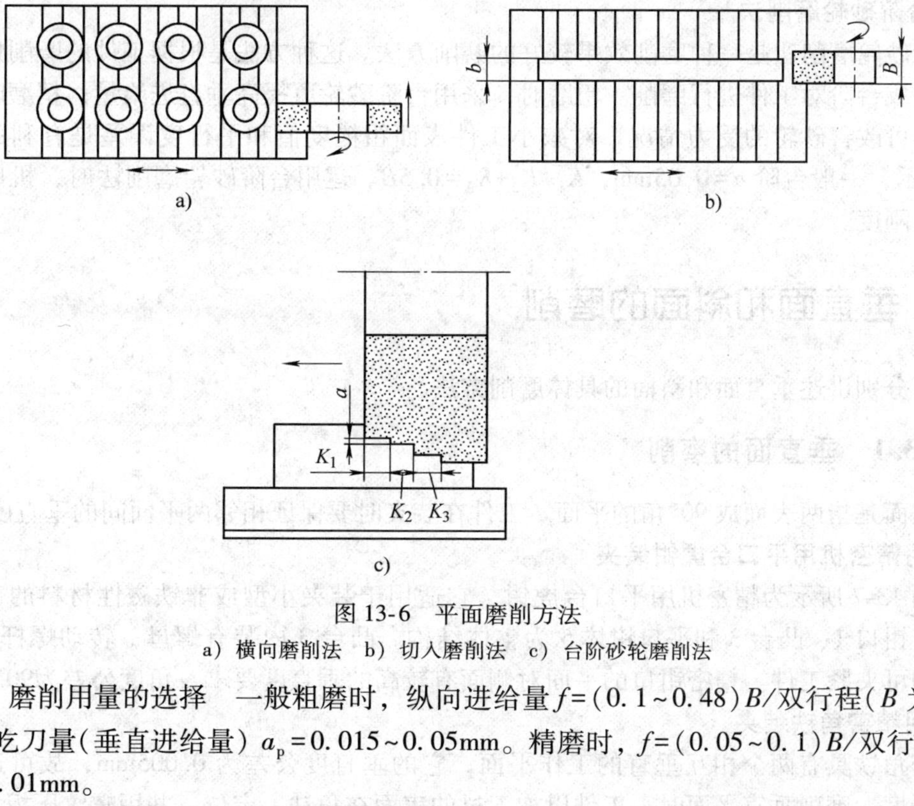

图 13-6 平面磨削方法

a）横向磨削法 b）切入磨削法 c）台阶砂轮磨削法

（1）磨削用量的选择 一般粗磨时，纵向进给量 $f=(0.1\sim0.48)B$/双行程（B 为砂轮宽度），背吃刀量（垂直进给量）$a_p=0.015\sim0.05$mm。精磨时，$f=(0.05\sim0.1)B$/双行程，$a_p=0.005\sim0.01$mm。

（2）砂轮的选择 常用平形的陶瓷砂轮。由于平面磨削时砂轮与工件的接触面积较外圆磨削大，所以砂轮的硬度应比外圆磨削时软些，粒度应比外圆磨削时粗些。平面磨削砂轮的选择可参见表 13-1。

表 13-1 平面磨削砂轮的选择

砂轮特性	工件材料			
	未淬火的碳素钢	调质的合金钢	淬火的碳素钢、合金钢	铸铁
磨料	A	A	WA	C
粒度	F36~46	F36~46	F36~46	F36~46
硬度	L~N	K~M	J~K	K~M

（续）

砂轮特性	工件材料			
	未淬火的碳素钢	调质的合金钢	淬火的碳素钢、合金钢	铸铁
组织	5~6	5~6	5~6	5~6
结合剂	V	V	V	V

2. 切入磨削法

当工件的磨削宽度 b 小于砂轮宽度 B 时，可采用切入磨削法，如图 13-6b 所示。磨削时，砂轮不作横向进给，故机动时间缩短。在磨削将结束时，作适当横向移动，可减小工件的表面粗糙度值。

3. 台阶砂轮磨削法

台阶砂轮磨削法是一种磨削效果较好的磨削方法。这种方法是根据工件的磨削情况，将砂轮修整成台阶对工件进行磨削。粗磨时，采用台阶砂轮可提高垂直进给量；精磨时采用台阶砂轮，可改善砂轮的受力情况，对减小工件表面粗糙度值和平行度误差是有利的。如图 13-6c 所示，一般台阶 $a=0.05\text{mm}$，$K_1+K_2+K_3=0.5B$。运用台阶砂轮磨削法时，机床必须具有较高的刚度。

13.3 垂直面和斜面的磨削

下面分别讲述垂直面和斜面的具体磨削方法。

13.3.1 垂直面的磨削

垂直面是指两表面成 90°角的平面。工件在装夹时要保证相邻两平面间的垂直度要求。

1. 用精密机用平口台虎钳装夹

如图 13-7 所示为精密机用平口台虎钳，它适用于装夹小型或非铁磁性材料的工件。精密的固定钳口 1、凸台 3 和平口钳体 5 为整体结构。凸台 3 内装有螺母，转动螺杆 4，活动钳口 2 即可夹紧工件。精密钳口的平面对侧面有较高的垂直度要求，角度公差为90°±30″。

2. 用精密角铁装夹

精密角铁具有两个相互垂直的工作平面，它的垂直度公差为 0.005mm，故可达到较高的加工精度。磨削垂直平面时，工件以加工过的表面在角铁上定位，并用螺纹压板夹紧，如图 13-8 所示。

3. 用导磁角铁装夹

导磁角铁由纯铁和黄铜片制成，它的四个工作面是相互垂直的。绝磁的黄铜片间隔分布，距离与电磁吸盘上的绝磁层距离相等，由铜螺栓装配成整体。使用时使导磁角铁的黄铜片与电磁吸盘的绝缘层对齐，电磁吸盘上的磁力线就会延伸到导磁角铁上。因而当电磁吸盘通电时，工件的侧面就被吸在导磁角铁的侧面上，如图 13-9 所示。这种装夹方法可达到较高的垂直度要求。

4. 用精密 V 形块装夹

图 13-10 所示为用精密 V 形块装夹圆柱工件，磨削其端面，达到端面对圆柱轴线的垂直

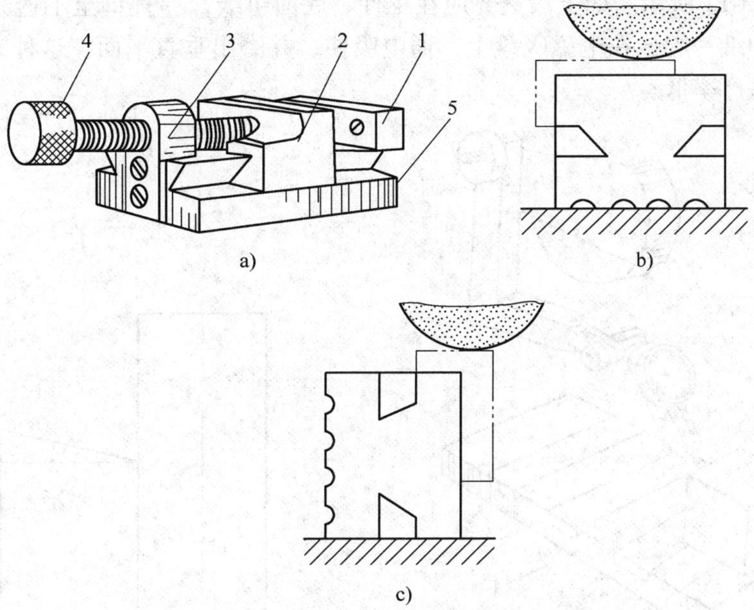

图 13-7 精密机用平口台虎钳

a）台虎钳结构 b）、c）磨削方法

1—固定钳口 2—活动钳口 3—凸台 4—螺杆 5—平口钳体

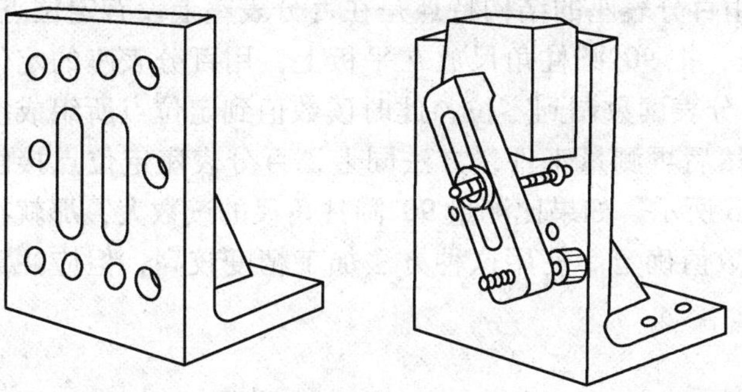

图 13-8 精密角铁

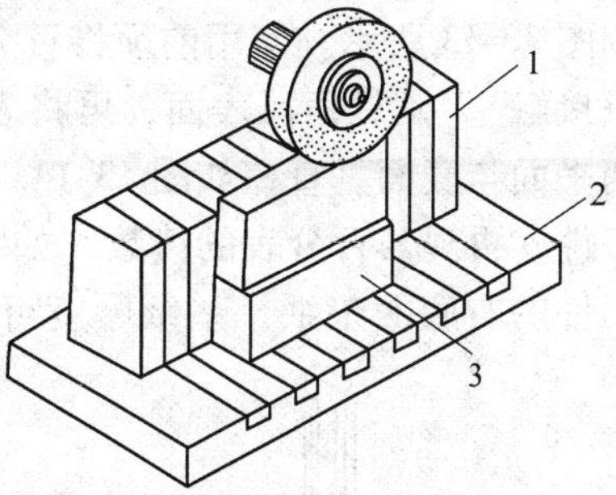

图 13-9 导磁角铁

1—导磁角铁 2—电磁吸盘

3—平行垫铁

度要求。此方法适用于加工较大的圆柱端面工件。

5. 垫纸法

在缺乏上述工夹具的情况下，可将工件的一个平面精磨后，经找正，用垫纸法磨削垂直面。

（1）用百分表找正垂直面 将百分表固定在磨头上，并使百分表量杆与平面 *A* 接触，如图 13-11 所示。测量 *A* 面的垂直度误差，并在工件底面适当的部位垫纸，使百分表读数为零。然后磨削 *B* 面，使 *A* 面和 *B* 面保持垂直。

（2）用 90°圆柱角尺找正垂直面 将 90°圆柱角尺放在平板上，再将工件已磨好的平面靠在 90°圆柱角尺母线上看其透

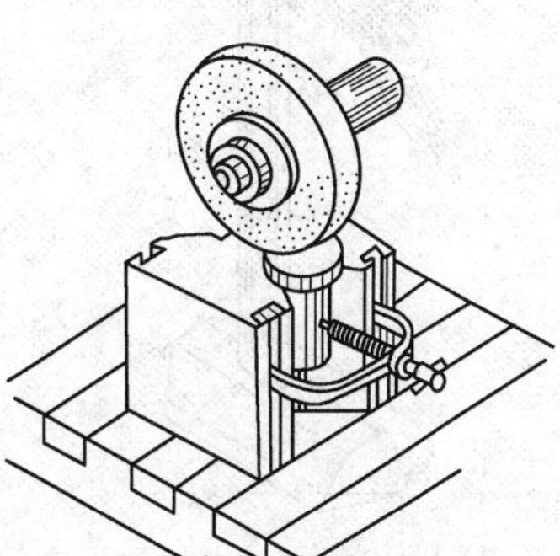

图 13-10 精密 V 形块装夹工件

光大小，如图 13-12 所示。如上段透光应在工件右底面垫纸，一直垫至不透光为止。然后将工件连同垫好的纸一起放在电磁吸盘上，通电吸住，并磨出垂直平面。这种方法较麻烦，精度不易控制，生产率低。

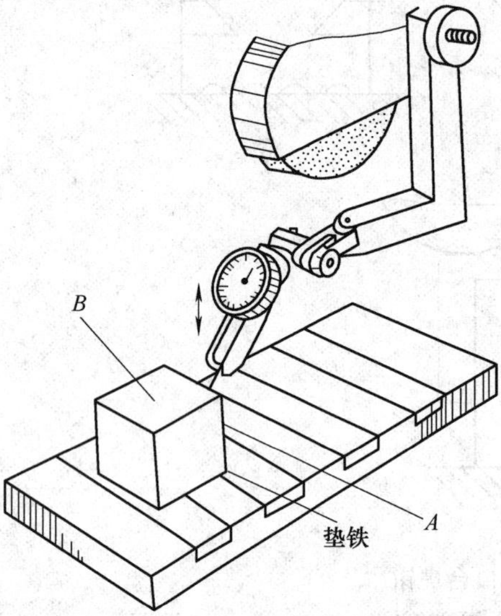

图 13-11　用百分表找正垂直面

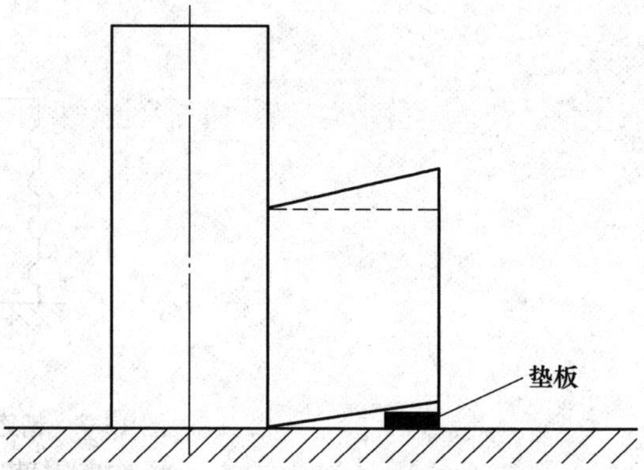

图 13-12　用 90°圆柱角尺找正垂直面

（3）用专用百分表座找正垂直面专用百分表座的结构特点是在百分表座上设有定位点，如图 13-13 所示。使用前须将百分表校正，把 90°圆柱角尺放在平板上，用百分表座的定位点接触 90°圆柱角尺表面，再将表座的百分表读数调到零位，此时读数值到定位点所组成空间平面与底面垂直，如图 13-14a 所示。然后再测量工件，方法同上，百分表座定位点接触工件，再观其百分表的读数，如图 13-14b 所示。如果比测量 90°圆柱角尺的读数大，那就在工件的右底面垫纸，垫纸厚度可根据读数值确定。使用这种方法加工精度较高，但应注意

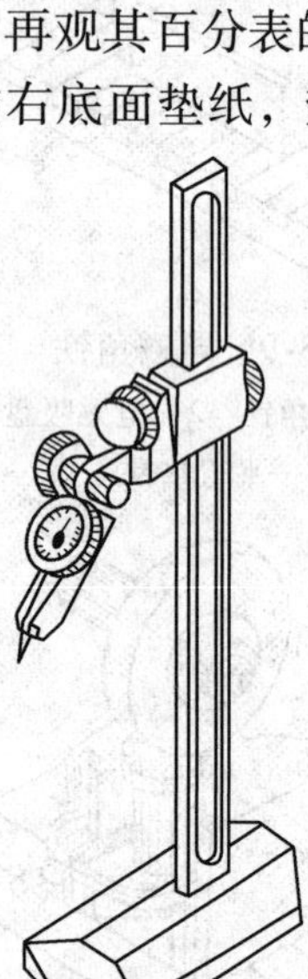

图 13-13　专用百分表座

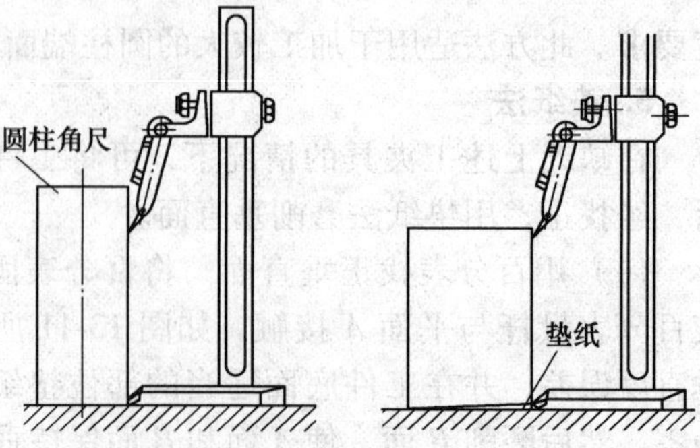

图 13-14　用专用百分表座找正垂直度
a）校正百分表　b）测量工件

找正时要防止百分表移动。

13.3.2 斜面的磨削

工件的斜面可用斜角或斜度来表示。斜度(S)是表示棱体斜面大、小端高度之差与棱体长度的比(图13-15)，即

$$S=(H-h)/L$$

式中 H——斜面大端高度(mm)；

h——斜面小端高度(mm)；

L——长度(mm)。

斜度与角度β的关系为

$$S=\tan\beta$$

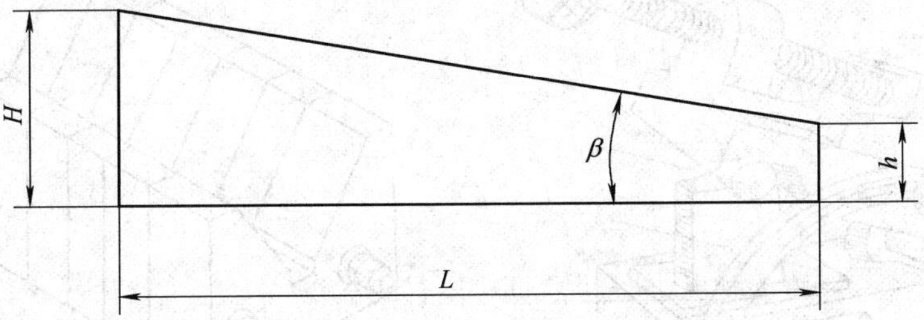

图13-15 斜度与角度的关系

1. 用正弦电磁吸盘装夹磨斜面

正弦电磁吸盘由带电磁吸盘的正弦规与底座等组成(图13-16)。将工件校正后，吸在电磁吸盘1上，在正弦圆柱2和底座5间垫入量块3，使正弦规7连同工件一起倾斜成所需要的角度β，正弦圆柱量块组高度H按下式计算

$$H=L\sin\beta$$

式中 L——正弦圆柱的中心距(mm)；

β——工件角度(°)。

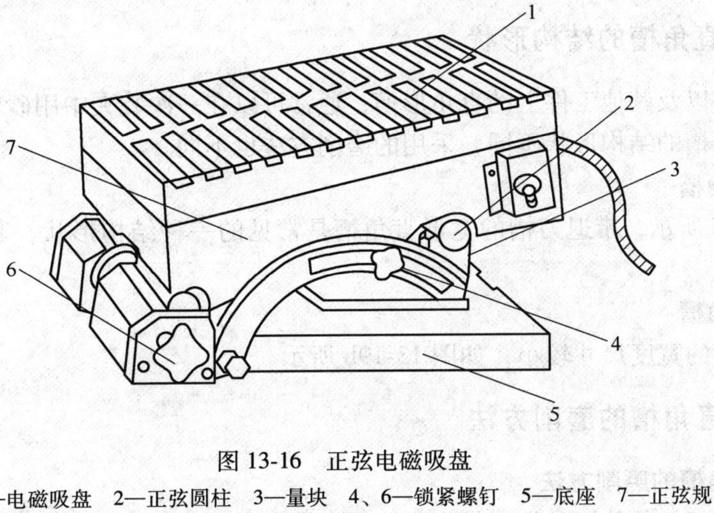

图13-16 正弦电磁吸盘

1—电磁吸盘 2—正弦圆柱 3—量块 4、6—锁紧螺钉 5—底座 7—正弦规

磨削时，夹具需要用锁紧螺钉 4 和 6 锁紧，这种夹具的最大倾斜角度为 45°。

2. 用正弦精密机用平口台虎钳装夹磨斜面

当磨削小型斜面或非铁磁性材料的斜面时，通常采用正弦精密机用平口台虎钳装夹，如图 13-17 所示。正弦精密机用平口台虎钳是由带精密机用平口台虎钳的正弦规和底座组成。

使用时，按工件角度在正弦圆柱 4 和底座 1 的定位面间垫入量块 5，磨削时需用锁紧装置将正弦圆柱 2 紧固，同时旋紧螺钉 3，以便通过撑条 6 把正弦规紧固。

3. 用导磁 V 型块装夹磨斜面

导磁 V 型块的两个工作面间的夹角为 90°，而其中一个工作面与底面间的角度通常制成 15°、30°或45°等，如图 13-18 所示，适用于成批磨削特殊角度的工件。

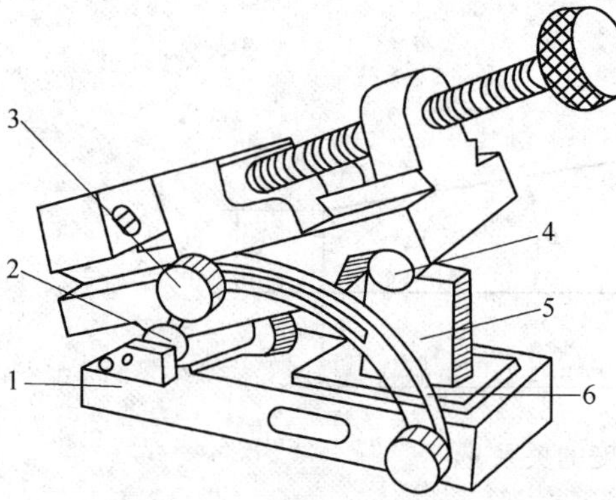

图 13-17　正弦精密机用平口台虎钳
1—底座　2、4—正弦圆柱　3—螺钉
5—量块　6—撑条

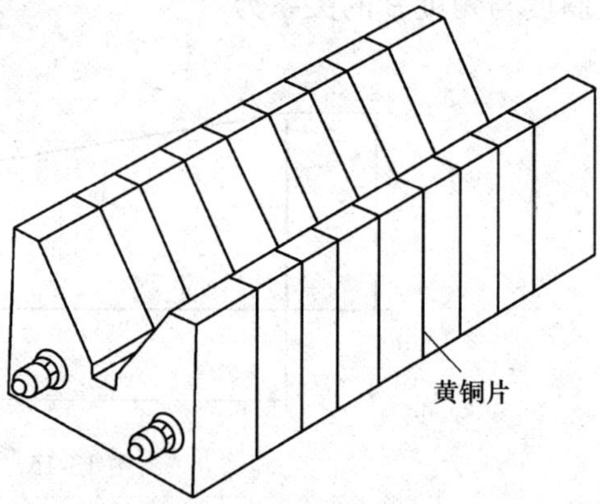

图 13-18　导磁 V 型块

13.4　直角槽的磨削

本节讲述直角槽的结构形状和磨削方法。

13.4.1　直角槽的结构形状

平面类工件以及其他工件上的直角形槽，通常可以在一次装夹中用砂轮圆周面和砂轮的端面磨出。直角槽的结构形状不同，采用的磨削方法也不同。

1. 宽形直角槽

如图 13-19a 所示，带退刀槽的宽形直角槽是常见的一种结构形状，其底面较宽，两侧面较窄。

2. 狭形直角槽

狭形直角槽的宽度尺寸较小，如图 13-19b 所示。

13.4.2　直角槽的磨削方法

1. 宽形直角槽的磨削方法

磨削时须找正工件外侧基准面与磨床工作台纵向平行，先在直角槽两旁用切入磨削法磨

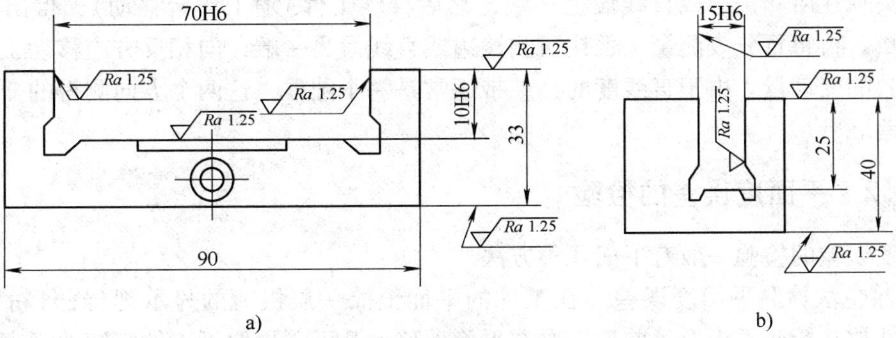

图 13-19　直角槽的形状

a）宽形直角槽　b）狭形直角槽

出两段底平面(留 0. 03 ~ 0. 04mm 磨削余量)，如图 13-20a 所示。这样可以较快地用横向磨削法磨除平面大部分余量，如图 13-20b 所示。最后再用横向磨削法精磨全部底平面至尺寸。磨削直角槽侧面时，砂轮的两端面都要修成内凹面，如图 13-20c 所示。磨削时砂轮外圆应在垂直方向退出 0. 04m 左右。

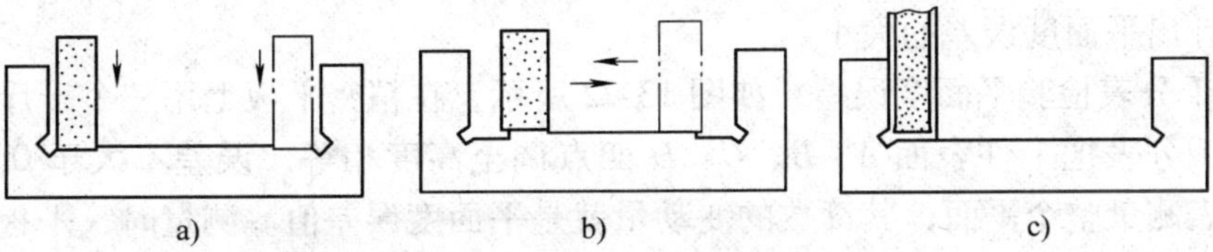

图 13-20　直角槽的磨削

a）磨削底面两段平面　b）横向磨削法磨削　c）磨直角槽两侧面

用砂轮的端面磨削直角槽侧面时，砂轮受到很大的侧面压力，使砂轮主轴产生较大的弹性变形，这不仅影响侧面的垂直度要求，而且还会把侧面两端砂轮进出口处磨成塌角。为此，磨削侧面时，背吃刀量要尽量小一些，并把砂轮端面的环形宽度修整得尽量狭一些，以减少砂轮的侧面压力。

2. 狭形直角槽的磨削方法

磨削狭形直角槽时应选择宽度较小的平形砂轮或将砂轮宽度修小。先用切入磨削法将槽底磨到尺寸，然后用砂轮端面磨削两个侧面，直到达到槽的宽度尺寸为止。

13. 5　平面工件的精度检验

平面工件的精度检验包括尺寸精度、形状精度、位置精度和表面粗糙度四项。尺寸精度的检验可用游标卡尺、外径千分尺、内径千分尺、量块等通用长度量具直接测量，而形状、位置精度的检验则有多种方法。

13. 5. 1　直线度误差的检验

平面工件通常只在两个相交平面(平面和平面或斜面) 的棱边或指定的直线段有直线度的要求，其误差可用百分表检测，方法如下：将工件底面放在磨床工作台面或电磁吸盘上，把百分表磁性表座吸附在砂轮架上，用百分表找正与所测棱边或直线段平行的平面。将百分表的测量头顶在所测棱边或直线段上一端，然后移动工件（随工作台移动），得出百分表读数的变动量。再将百分表测量头顶住所测棱边或直线段另一端，向相反方向移动工件，得出百分表读数的变动量。由于直线度的公差带通常是一个圆柱，这两个方向测得的变动量就是直线度误差。

13.5.2 平面度误差的检验

平面度误差的检验一般有下面几种方法。

（1）涂色法检验平面度误差　在工件的平面上涂一层极薄的显示剂（红丹粉或蓝油）。然后将工件放在精密平板上，前后、左右平稳地移动几下，再取下工件仔细地观察摩擦痕迹分布情况，就可以确定工件平面度误差的大小。

（2）用透光法检验平面度误差　工件的平面度也可用样板平尺测量。样板平尺有刀刃式、宽面式和楔式等几种，其中以刀刃式最为准确，应用最广，这种尺也叫直刃尺，如图13-21所示。

测量时，将样板平尺刃口放在被检验平面上，对着光源观察刃口与工件平面之间缝隙透光是否均匀。若各处都不透光，表明工件平面度误差很小；若有个别段透光，则可凭操作者的经验，估计出平面度误差的大小。

（3）用千分表检验平面度误差　如图13-22所示，在精密平板上用三个千斤顶支承住工件，并且用千分表把工件表面 A、B、C、D 四点调至高度相等，误差不大于0.005mm。然后再用千分表测量整个平面，其读数的变动量就是平面度误差值。测量时，平板和千分表底座要清洁，移动千分表要平稳。这种方法测量精度较高，而且可以得到平面度误差值，但测量时需要一定的技能。

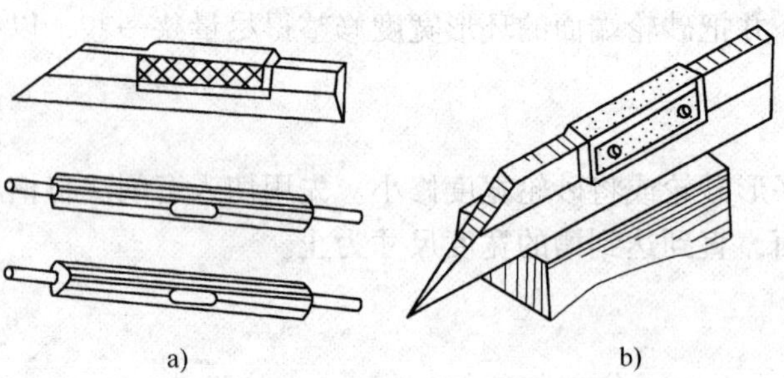

图13-21　样板平尺
a）样板平尺形式　b）直刃尺的使用

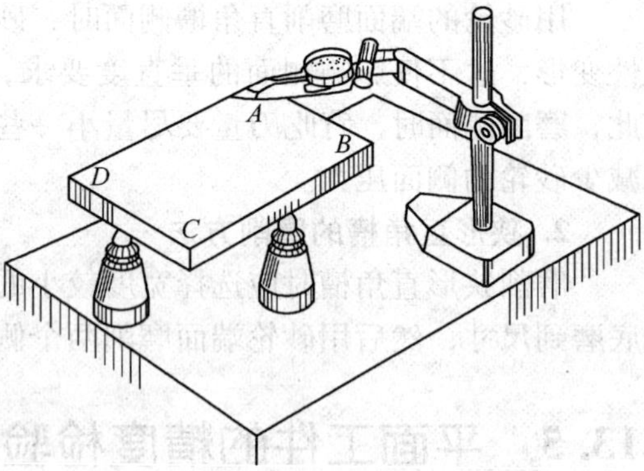

图13-22　用千分表检验平面度误差

13.5.3 平行度误差的检验

工件两平面之间的平行度误差可以用下面两种方法检验。

（1）用外径千分尺（或杠杆千分尺）测量　在工件上用外径千分尺测量相隔一定距离的厚度，测出几点厚度值，其差值即为平面的平行度误差值。

（2）用千分表（或百分表）测量　将工件和千分表支架都放在平板上，把千分表的测量头顶在平面上，然后移动工件，让工件整个平面均匀地通过千分表测量头，其读数的差值即为工件平行度误差值，如图13-23所示。测量时，应将工件和平板擦拭干净，以免拉毛工件平面或影响平行度误差测量的准确性。

13.5.4　垂直度误差的检验

工件平面间垂直度误差的检验有下面几种方法。

(1) 用直角尺测量　检验小型工件两平面的垂直度误差时，可把直角尺的两个尺边接触工件的垂直平面。测量时，可以把直角尺的一个尺边贴紧工件一个面，然后移动直角尺，让另一个尺边逐渐接近并靠上工件另一个面，根据透光情况来判断其垂直度误差，如图13-24所示。

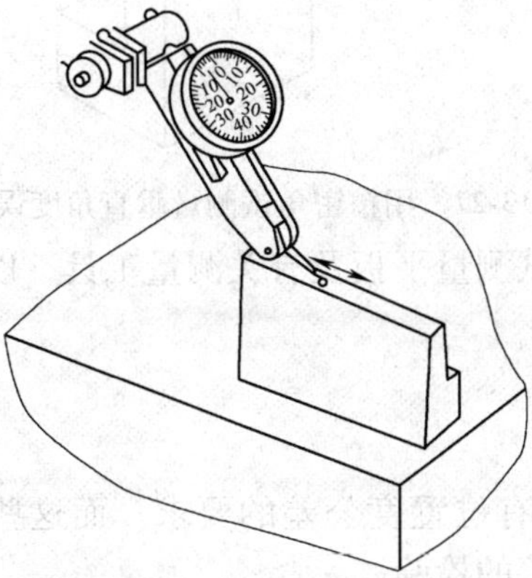

图13-23　工件平行度误差测量

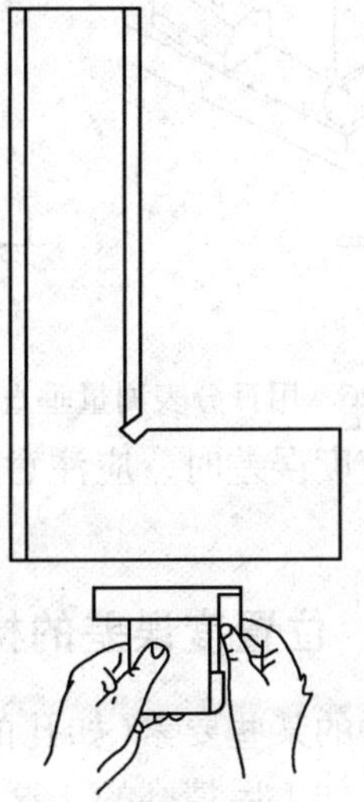

图13-24　用直角尺检验垂直度误差

工件尺寸较大时，可以将工件和直角尺放在平板上，直角尺的一边紧靠在工件的垂直平面上，根据直角尺边与工件表面间的透光情况来判断垂直度误差。

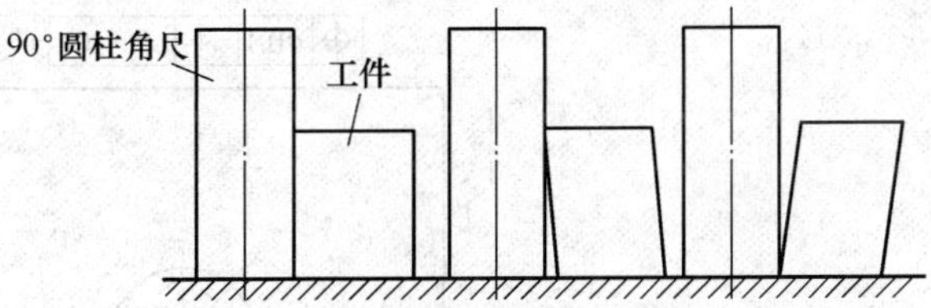

图13-25　用90°圆柱角尺检验垂直度误差

(2) 用90°圆柱角尺测量　在实际生产中，广泛采用90°圆柱角尺测量工件垂直度误差，如图13-25所示。把90°圆柱角尺放在精密平板上，将被测量工件慢慢向90°圆柱角尺的母线靠拢，根据透光情况来判断垂直度误差。由于一般90°圆柱角尺的高度都要超过工件高度，因而测量精度高，测量也方便。

(3) 用千分表(或百分表)测量　为了确定工件垂直度误差的具体数据，可采用千分表(或百分表)测量。图13-26a所示为用百分表测量垂直度误差。测量时，应先将工件的平行度误差测量好，将工件的平面轻轻向圆柱测量棒靠紧，此时，可从百分表上读出数值。将工件转动180°，将另一平面也轻轻靠上圆柱测量棒，从百分表上可再次读出数值(工件转向测量时，要保证百分表、圆柱的位置固定不变)。两个读数差值的1/2即为底面与测量平面的垂直度误差，如图 13-26b 所示。

两平面的垂直度误差也可以用百分表和精密角铁在平板上进行检验。测量时，将工件的一面紧贴精密角铁的垂直平面上，然后使百分表测量头沿着工件的一边向另一边移动，百分表在全长两点上的读数值就等于工件在该距离上的垂直度误差值，如图 13-27 所示。

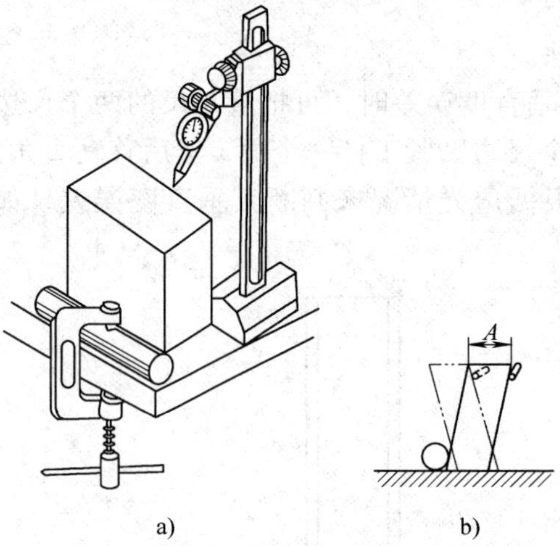

图 13-26　用百分表测量垂直度误差

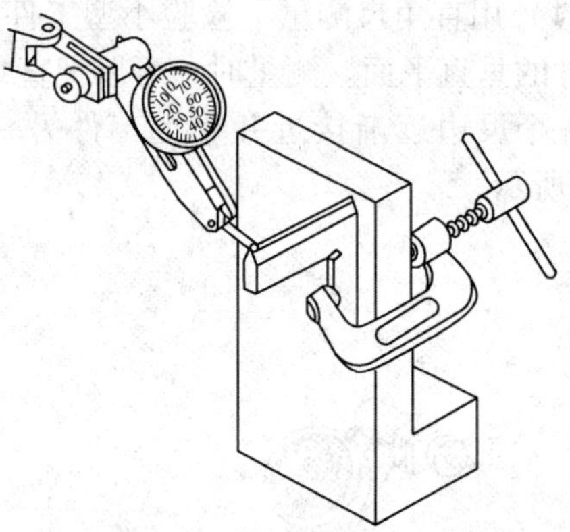

图 13-27　用精密角铁测量垂直角度误差

检验垂直度误差时，应注意清除工件的飞边，擦拭测量平板及有关测量工具，以免影响测量精度。

13.5.5　位置度误差的检验

平面工件的某些要素(如孔的轴线)对基准平面常有位置度公差的要求。而这些基准平面往往是在孔加工后精磨的，这就需要进行位置度误差的检验。

如图 13-28 所示，$\phi 20^{+0.016}_{0}$mm 孔的轴线对基准平面 A、B、C 的位置度公差为 ϕ0.1mm。在磨削平面时和磨削后均需检验位置度误差。

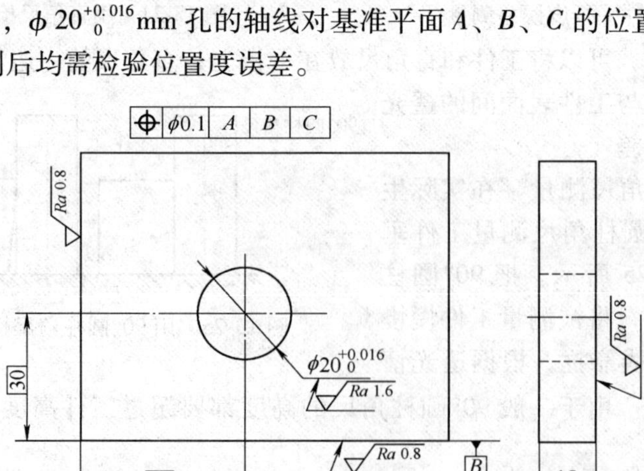

图 13-28　平面工件的位置度公差

磨削时，可先磨削 A 基准平面及对面，粗磨后留 0.10~0.14mm 精磨余量，再粗磨 B、C 两基准平面，与 A 基准面相互垂直，垂直度误差不大于 0.01mm，每面留精磨余量 0.05~

0.07mm。用游标卡尺测量 ϕ20mm 孔至 *B*、*C* 面的距离，先测 *A* 面一端，再反身测 *A* 面的对面一端。根据测量结果，进行找正后，再精磨 *A* 基准面两侧及 *B* 面和 *C* 面。

加工后，位置度误差的检验可在精密平板上进行。将一根 ϕ20mm 的圆柱插入 ϕ20mm 孔中，根据 ϕ20mm 孔中心至 *B*、*C* 面的理论正确尺寸 30mm 和 40mm 组成两量块组 40mm 和 50mm。测量时，将 *B* 面和 *C* 面轮流放在平板上，把百分表测量头压在量块组上，调整表针至零位，再用百分表测量头测量圆柱最上面母线，先测量 *A* 面一侧，再测量 *A* 面对面一侧，根据百分表读数的变化，可计算出位置度误差值。

13.6 平面磨削工艺与废品分析

13.6.1 平面工件的工艺分析

平面类工件按其结构形状特点可分为板状工件、条状工件和块状工件三类。另外，支架类工件和箱体类工件也都由若干平面组成，其中一些面是部件的装配基准面，有很高的加工精度。一般平面类工件有以下技术要求：

1）尺寸精度。其中平面或槽与其配合部分有一定的配合要求，因此对于平面的厚度或槽的宽度尺寸通常规定有严格的公差。

2）几何形状精度。如平面度等，这些误差将影响与其配合件的接触质量。如当工作台导轨的平面不平时，面与面的接触就减少，会引起导轨的变形，从而降低工作台运行的精度。因此，对于精度要求较高的平面，通常规定其公差。对一般的平面工件，磨削时其平面度公差可取厚度尺寸公差的 1/2；对于高精度工件，可取厚度尺寸公差的 1/4。

3）相互位置精度。包括平行度、垂直度和对称度等。这些要求一般与工件的工作性能有关，例如装在两个轴承间的垫片必须达到较高的平行度，以保证滚动轴承能精确地旋转。

4）表面粗糙度。随着机器运转速度和精度等级的提高，平面类工件的表面粗糙度值也要求越来越小。由于平面磨削的特殊条件，目前平面磨削的表面粗糙度值最小可达到 *Ra*0.05μm 左右。

13.6.2 平面磨削产生废品的原因及预防方法

平面磨削中出现废品是由各方面的因素造成的，如砂轮、磨削用量、加工工艺和机床等。磨削中一旦发现缺陷，应查找原因，并加以消除。常见的缺陷产生原因及预防方法见表 13-2。

表 13-2 平面磨削常见缺陷产生的原因及预防方法

缺陷名称	产生原因	预防方法
平面呈中凹形	1）进给量过大 2）砂轮硬度偏高 3）冷却不充分	选用合适的砂轮，改善砂轮的自锐性，并注意充分冷却
塌角或侧面呈喇叭口	1）主轴轴承间隙过大 2）砂轮磨钝 3）冷却不充分	在工件两端加辅助工件一起磨削

（续）

缺陷名称	产生原因	预防方法
表面波纹	1）磨头系统刚性不足 2）镶条间隙过大 3）主轴轴承间隙过大 4）砂轮不平衡 5）砂轮硬度过高 6）工作台换向冲击太大 7）液压系统振动 8）垂直进给量过大	找出振动部位，采取措施消除
线性划伤	1）切削液太少 2）工作表面排屑不良	加大切削液流量，调整好切削液喷嘴位置
表面进给痕迹	1）砂轮母线不直 2）进给量过大 3）砂轮主轴间隙过大	调整机床主轴间隙，并将金刚石笔安装在工作台上，精细修整砂轮

13.7　平面磨削实例

下面通过两个实例具体讲述平面磨削的具体操作方法和技巧。

13.7.1　平行面磨削实例

1. 图样和技术要求分析

图 13-29 所示为垫板工件，材料为 45 钢，热处理淬火硬度为 40～45HRC，厚度尺寸为 (30±0.01)mm，两平面平行度公差为 0.005mm，表面粗糙度值均为 *Ra*0.8μm。根据工件材料和加工技术要求，进行如下选择和分析：

1）砂轮的选择。平面磨削应采用硬度低、粒度粗、组织疏松的砂轮。所选砂轮的特性为 WA46KV 的平形砂轮。修整砂轮用金刚石笔。

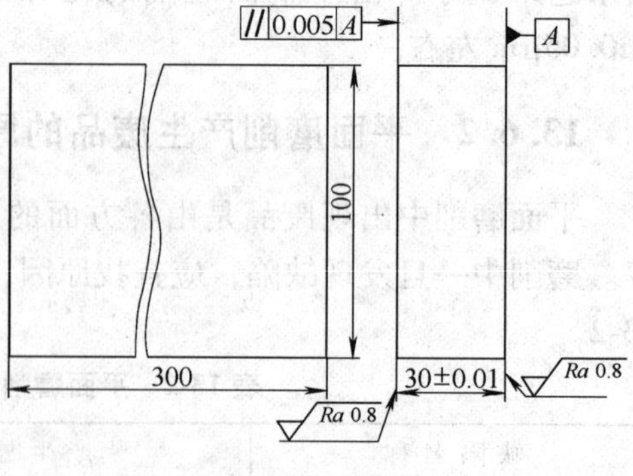

图 13-29　垫板

2）装夹方法。用电磁吸盘装夹，装夹前要将吸盘台面和工件的飞边、氧化层清除干净。

3）磨削方法。采用横向磨削法，考虑到工件的尺寸精度和平行度的要求较高，应划分粗、精磨，分配好两面的磨削余量，并选择合适的磨削用量。

4）切削液的选择。采用乳化液切削液，为防止磨削热的影响，切削液要充分。

2. 操作步骤

在 M7132B 磨床上进行磨削操作。

1）操作前检查、准备。

① 擦净电磁吸盘台面，清除工件飞边、氧化层。

② 检查磨削余量。

③ 将工件装夹在电磁吸盘上。

④ 调整工作台行程挡铁位置。

⑤ 修整砂轮。

2）粗磨上平面。留0.08~0.10mm精磨余量。

3）翻身装夹。装夹前清除飞边。

4）粗磨另一面。留0.08 ~0.10mm精磨余量，保证平行度误差不大于0.005mm。

5）精修整砂轮。

6）精磨平面。保证表面粗糙度值在*Ra*0.8μm以内，另一面磨削余量为0.08~0.10mm。

7）翻身装夹，装夹前清除飞边。

8）精磨另一面。保证厚度尺寸为(30±0.01)mm，平行度误差不大于0.005mm，表面粗糙度值在*Ra*0.8μm以内。

13.7.2 垂直面磨削实例

1. 图样和技术要求分析

图13-30所示为一薄衬板工件，材料T10A，热处理淬火硬度58~62HRC，厚为(10±0.01)mm，宽为(50±0.01)mm，厚与宽的平行度公差均为0.01mm。长为(150±0.01)mm两端面及厚度两面对基准*A*面的垂直度公差均为0.01mm，所有加工面的表面粗糙度均为*Ra*0.8μm。

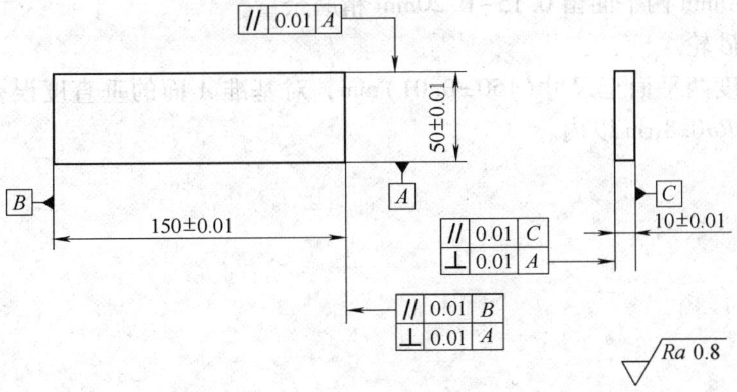

图13-30 薄板

根据工件材料和加工技术要求，进行如下选择和分析。

1）选择机床。选用M7132B磨床。

2）砂轮的选择。所选砂轮的特性为WA46KV平形砂轮，修整砂轮用金刚石笔。

3）装夹方法。由于工件较薄，磨削厚度两面时，用电磁吸盘装夹。而磨削宽度和长度两面的垂直面时，则可用精密机用平口台虎钳装夹。装夹时，用百分表找正，转动精密机用平口台虎钳，可分别磨削这四个垂直面。

4）磨削方法。磨削厚度两面用横向磨削法，磨削宽度和长度端面时，采用深度磨削法。由于尺寸精度和位置精度要求不同，故需划分粗、精加工。

5）切削液的选择。采用乳化液切削液，并需充分冷却。

2. 操作步骤

1）操作前检查、准备。

① 清理工作台和工件表面，检查磨削余量。

② 将工件装夹在电磁吸盘上。

③ 调整工作台行程挡铁位置。

④ 修整砂轮。

2）粗磨厚度两面，留 0.15~0.20mm 精磨余量。

3）精修整砂轮。

4）精磨厚度两面至尺寸(10±0.01)mm，平行度误差不大于 0.01mm，表面粗糙度值在 $Ra0.8\mu m$ 以内。

5）清理工作台和精密机用平口台虎钳，用精密机用平口台虎钳装夹宽 50mm 的上平面成水平位置。

6）找正 50mm 上平面对 10mm 两面的垂直度，垂直度误差小于 0.01mm。

7）粗磨 50mm 两平面，留 0.15~0.20mm 精磨余量。

8）精修整砂轮。

9）磨宽度两平面至尺寸(500±.01)mm，保证平行度误差小于 0.0lmm，10mm 厚两平面垂直度误差小于 0.01mm，表面粗糙度值在 $Ra0.8\mu m$ 以内。

10）将精密机用平口台虎钳转 90°找正，长 150mm 顶面与基准 A 面垂直，垂直度误差小于 0.01mm。

11）粗磨 150mm 两平面留 0.15~0.20mm 精磨余量。

12）精修整砂轮。

13）精磨长度两平面至尺寸(150±0.01)mm，对基准 A 面的垂直度误差小于 0.01mm，表面粗糙度值在 $Ra0.8\mu m$ 以内。

第 14 章

刀具刃磨及成形面磨削

刀具刃磨和成形面磨削是磨工操作技术里的两种重要的磨削方式，本章将把这两种相近的磨削方式放在一起进行讲述。

通过本章的学习，帮助读者掌握刀具刃磨和成形面磨削的基本操作方法和技巧。

14.1 刃磨的基本知识

本节将介绍刃磨机床的结构和刃磨砂轮的选用以及刃磨的操作方法。

14.1.1 刃磨机床

刀具的刃磨通常可在刃磨机床上进行，常用的刃磨机床为 M6025 型万能工具磨床，它加装附件后，可以刃磨铰刀、铣刀、丝锥、拉刀、插齿刀等，同时也可以用来磨削内、外圆柱面和圆锥面及平面等。

1. M6025 型万能工具磨床的结构

M6025 型万能工具磨床的结构如图 14-1 所示，该机床主要由床身 1、横向滑板 12、纵向滑板 8、立柱 5、磨头架 6 等组成。

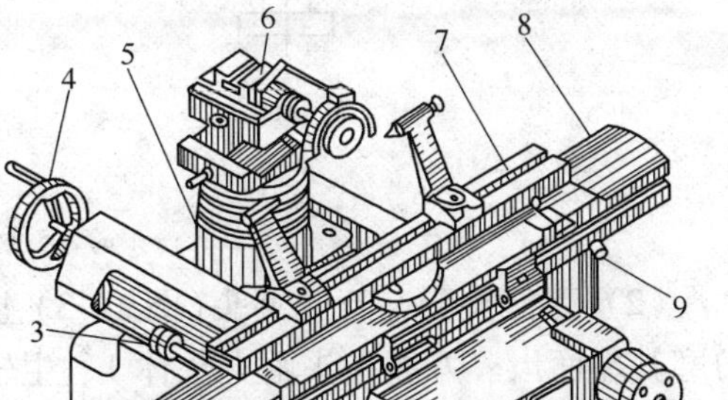

图 14-1　M6025 型万能工具磨床结构
1—床身　2、3、4、11—手轮　5—立柱　6—磨头架　7—工作台　8—纵向滑板　9—手柄　10—减速手柄　12—横向滑板

工作台 7 装在纵向滑板 8 上面，工作台的纵向运动由手轮 11 或手轮 3 操纵，转动手轮 3 能使工作台随纵向滑板轻便、均匀地移动。当需要缓慢移动时，则将减速手柄 10 推入，并转动手轮 11，经差动齿轮减速后带动纵向滑板即可；不用慢速时，可拔出减速手柄 10。转动手轮 4，由丝杠、螺母带动横向滑板 12 移动，在刃磨时可以控制横向进给。转动手柄 9，工作台 7 相对于纵向滑板 8 可偏转一个角度，偏转的角度较大时，则可从工作台中间部位的刻度盘上读出角度值。工作台的最大回转角度为±60°。工作台上可装顶尖座、万能夹头、万能齿托架等，可适应刃磨各种刀具及其他加工的需要。

磨头架 6 装在立柱 5 的顶面上，可绕立柱轴线在360°范围内任意回转。转动手柄2，磨头可上下移动，以调整砂轮的高低位置。

机床的主要技术参数：

顶尖中心高：	125mm
前、后顶尖距离：	600mm
工作台最大移动量：	
纵向：	400mm
横向：	250mm
砂轮架垂直移动量：	
顶尖中心上：	130mm
顶尖中心下：	55mm
砂轮最大直径：	150mm
砂轮主轴转速：	5700r/min，3800r/min

2. 机床主要附件

(1) 顶尖座　前、后顶尖座可用螺钉固定在工作台上，如图14-2所示。

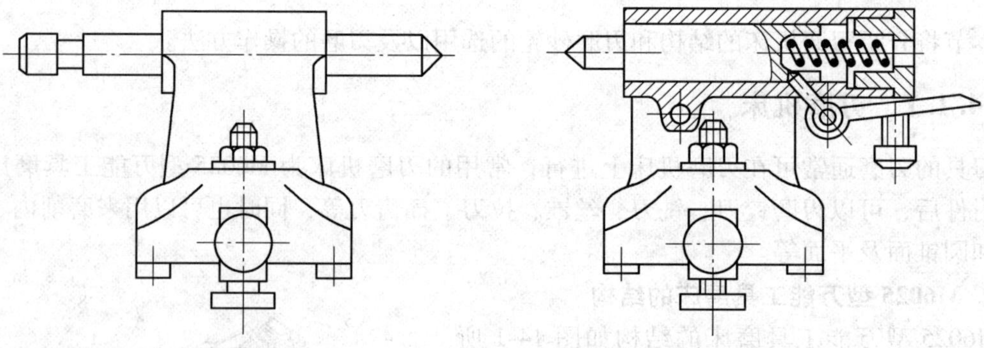

图14-2　顶尖座

a) 前顶尖座　b) 后顶尖座

(2) 万能夹头　万能夹头(图14-3)主要用来装夹面铣刀、立铣刀、三面刃铣刀等，以刃磨其端面齿。万能夹头由夹头体1、主轴4、角架2和底座3等组成。夹头体的空锥度为

图14-3　万能夹头

1—夹头体　2—角架　3—底座　4—主轴

7∶24，可用来安装各种心轴。

(3) 万能托齿架　万能托齿架(图 14-4)的用途是使刀具刀齿相对于砂轮处于正确的位置上，以刃磨出正确的角度。支架 6 可由螺钉将万能托齿架安装在机床适当的位置上。调节捏手 1 和螺杆 3，可调节齿托片 4 的高低位置。齿托片可绕杆 2 和支架 5 的轴线回转一定的角度，以保证齿托片与刀具的刀齿接触良好。

齿托片的形状很多，供刃磨各种尖齿刀具时使用，如图 14-5 所示。图 14-5a 和图 14-5b 所示为直齿齿托片，适合刃磨直齿尖齿刀具，如锯片铣刀、角度铣刀等。图 14-5c 所示为斜齿齿托片，适合刃磨各种交错齿三面刃铣刀等。图 14-5d 所示为圆弧齿托片，适用刃磨各种螺旋槽刀具，如圆柱铣刀、锥柄立铣刀等。

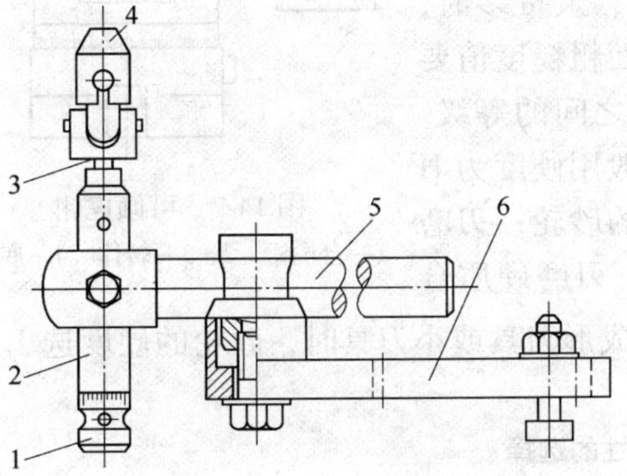

图 14-4　万能托齿架

1—捏手　2—杆　3—螺杆　4—齿托片　5、6—支架

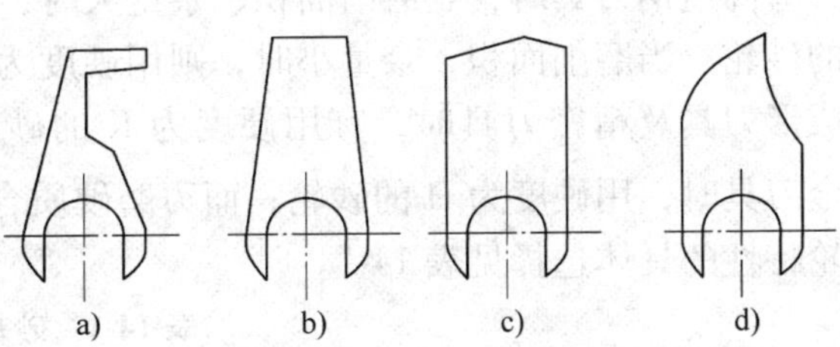

图 14-5　齿托片的形状

a)、b) 直齿齿托片　c) 斜齿齿托片　d) 圆弧齿托片

(4) 中心规　中心规(图 14-6)是用来确定砂轮或顶尖中心高度的工具，由规体 2 和定中心片 1 组成。规体 2 的 A、B 两个平面经过精加工，平行度误差很小，定中心片 1 可装在图 14-6a 所示位置，也可调转 180°安装。中心规的 A 面贴住磨头顶面时(图 14-6b)，定中心片所指高度即为砂轮中心高(头架顶面至砂轮轴线的距离)。升降磨头把定中心片对准顶尖的尖端时，即可将砂轮中心与工件中心调整到同一高度上。如果将中心规的 B 面放在磨床工作台上时，如图 14-6c 所示，定中心片所指高度即为前、后顶尖的中心高度，将它与金属直尺配合就可以调整齿托片的高度。

(5) 可倾虎钳　可倾虎钳如图 14-7 所示，由台虎钳 1、转体 2、3 和底盘 4 组成，常用来装夹车刀等。台虎钳 1 安装在转体 3 和 2 上，分别可以绕 x-x 轴、y-y 轴、z-z 轴旋转，以

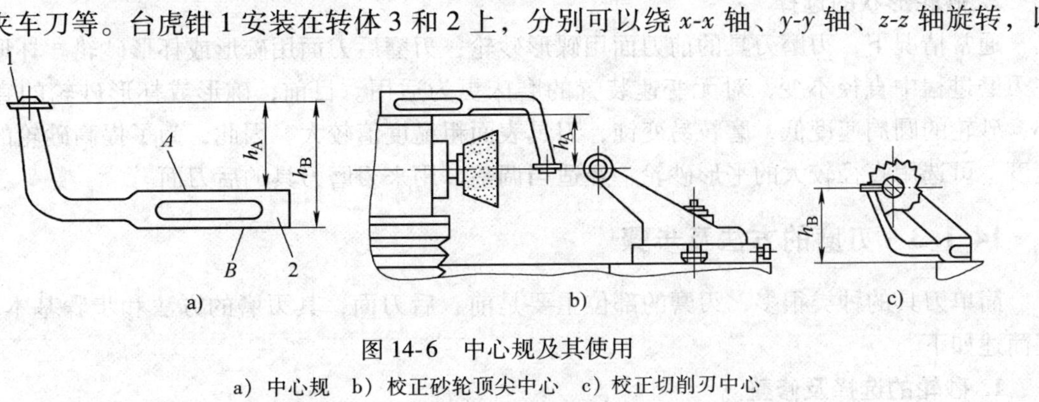

图 14-6　中心规及其使用

a) 中心规　b) 校正砂轮顶尖中心　c) 校正切削刃中心

1—定中心片　2—规体

刃磨所需要的角度。

14.1.2 刃磨砂轮的选用

刃磨刀具的砂轮要选择合适，以使刀具刃磨后具有锋利的切削刃，具有较低的表面粗糙度值，刀面无退火、烧伤等现象。砂轮的选用主要根据刀具材料性能、磨削性质、图样技术要求等，重点是砂轮特性和砂轮形状的正确选择。

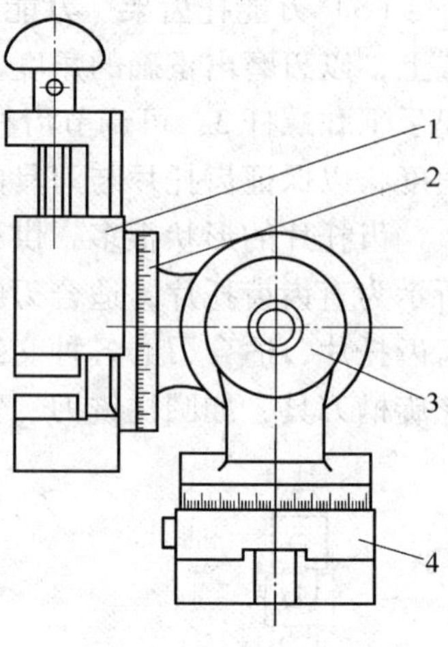

图 14-7 可倾虎钳

1—台虎钳 2、3—转体 4—底盘

1. 砂轮特性的选择

刃磨砂轮的特性通常包括磨料、粒度、硬度、组织和结合剂等。砂轮粒度常用 F46 ~ F100。当磨削面积大、余量多时，宜采用粗粒度；若磨削余量小、刀具尺寸小、表面粗糙度值要求小时，则采用细粒度。砂轮的硬度常用 H ~ K 之间的等级，刃磨高速钢刀具时，当磨削面积、余量大时，一般用硬度为 H 的砂轮；当磨削面积、余量小时，则用硬度为 J 的砂轮；刃磨成形刀具及精密刀具时，宜用硬度为 K 的砂轮；刃磨硬质合金刀具时，用硬度为 H 的砂轮；而刃磨硬质合金成形刀具或小刀具时，砂轮的硬度选 J。砂轮特性的具体选择见表 14-1。

表 14-1 砂轮特性的选择

刀具材料	加工情况	砂轮特性				
		磨料	粒度	硬度	组织	结合剂
刀具材料	粗磨	A	F40 ~ F60	K ~ L	5	V
	精磨	WA	F80 ~ F120	K ~ L	5	V
刀具材料及合金钢	粗磨	WA	F46 ~ F60	J ~ K	5	V
	精磨	WA	F80 ~ F120	J ~ K	5	V
硬质合金	粗磨	GC	F′60 ~ F80	G ~ J	5	V
	精磨	GC	F120 ~ F150	H ~ J	5	V

2. 砂轮形状的选择

通常情况下，刃磨刀具的前刀面用碟形砂轮；刃磨后刀面用碗形或杯形砂轮。杯形砂轮在刃磨过程中直径不变，对无变速装置的磨床更为适用。目前，碗形或杯形砂轮的直径较小，砂轮的圆周速度低，磨粒易变钝，刀具表面粗糙度值较大。因此，为了提高砂轮的圆周速度，可选用直径较大的平形砂轮，经适当调整，用来刃磨刀具的后刀面。

14.1.3 刃磨的方法及步骤

简单刀具的种类很多，刃磨的部位主要是前、后刀面，其刃磨的方法和步骤基本相同，现简述如下。

1. 砂轮的选择及修整

根据刀具的材料和技术要求，选择砂轮的特性和形状，并根据加工需要修整砂轮。

修整砂轮分两步，第一步先用砂条粗修砂轮端面。对碟形砂轮，端面修成边缘高、内侧低的锥面，如图 14-8a 所示；对碗形或杯形砂轮，端面修成内凹形，如图 14-8b 所示。第二步再用金刚石笔精修砂轮端面至要求。

2. 调整砂轮架位置

刃磨时，应根据刀具的角度，将砂轮架在水平面内转动一定角度，使砂轮边缘参加磨削。磨削前可用中心规来找正砂轮与所磨刀面的相对位置。

3. 装夹方法

不同的刀具刃磨，可用不同的装夹方法。磨车刀、刨刀、刀片可在可倾虎钳上装夹，以刃磨所需的角度；磨铰刀、圆柱铣刀、铲齿铣刀等可用两顶尖装夹，并安装调整好齿托片；磨面铣刀、立铣刀、三面刃铣刀可在万能夹头上装夹，并用齿托片支承。装夹圆柱铣刀、铲齿铣刀、面铣刀及三面刃铣刀时，均需用心轴紧固。

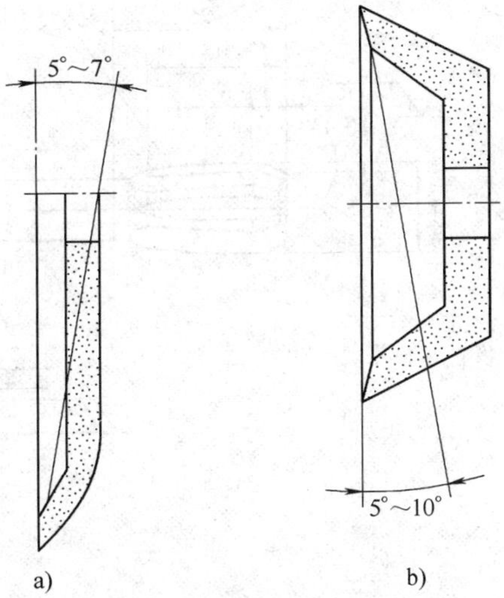

图 14-8　刃磨砂轮的修整
a）碟形砂轮的修整
b）碗形或杯形砂轮的修整

4. 刃磨

（1）平面刀具的刃磨　平面刀具有车刀、刨刀、刀片等，刃磨时可直接将刀具装夹在可倾虎钳上，不需加任何辅助装置即可调整所需位置刃磨各种角度。装夹时必须用百分表找正刀具的基准刀面。

这类刀具主要刃磨前角、后角、主偏角、副偏角，有的刀片（如机夹可转位车刀）还需磨削周边、断屑槽。刃磨刀具的副偏角可用专用夹具，磨削断屑槽则可将刀片夹在钳口上，再将钳体调成所需角度，用碗形砂轮刃磨。

（2）尖齿刀具的刃磨　尖齿刀具如铰刀、圆柱铣刀、铲齿铣刀、面铣刀等，可用两顶尖装夹或用心轴装夹在万能夹头上，并用齿托片支承。刃磨的具体步骤为：

1）摇动横向进给手轮，使砂轮靠近刀具的前（后）刀面。

2）右手握住刀具（或心轴），左手摇动工作台纵向进给手轮，使齿托片支承在待磨刀齿的前刀面上。

3）起动砂轮，缓慢地进行横向进给，使砂轮磨到刀齿的刀面。

4）左手摇动手轮，使工作台纵向进给，右手扶住刀具（或心轴），使刀齿前刀面紧贴齿托片，并作螺旋运动。

5）磨好一齿后，将刀齿退出齿托片。

6）将刀具转过一齿，继续刃磨另一齿刀面，逐齿刃磨。

7）磨完一周齿后，砂轮作一次横向进给，继续刃磨，直至符合图样要求。

14.1.4　刃磨实例一

1. 图样和技术要求分析

图 14-9 所示为一机用铰刀，铰刀工作部分材料为 W18Cr4V2，工作部分淬火硬度为60~63HRC，直径为 $\phi\,15^{+0.024}_{+0.036}$mm，切削锥角 $2\kappa_r=20°$，刀齿前角 $\gamma_o=3°$，切削齿后角 $\alpha_o=10°$，

标准齿后角 $\alpha_o'=8°$，圆弧刃带宽 $f=0.25$mm，齿数 $z=6$，刀齿表面粗糙度值为 $Ra0.63\mu m$，工作部分和柄部径向圆跳动公差为 0.03mm。

根据工件材料和加工要求，进行如下选择和分析。

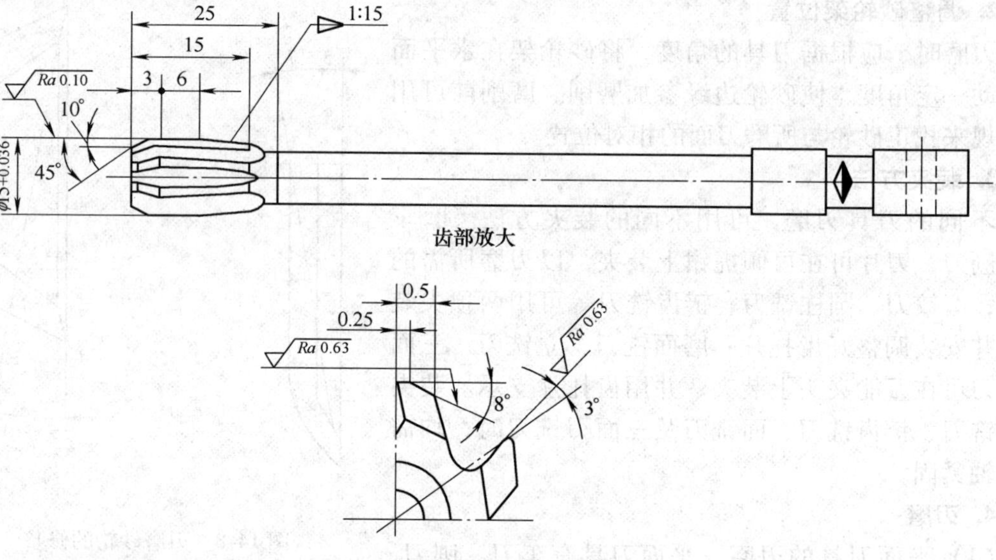

图 14-9 铰刀

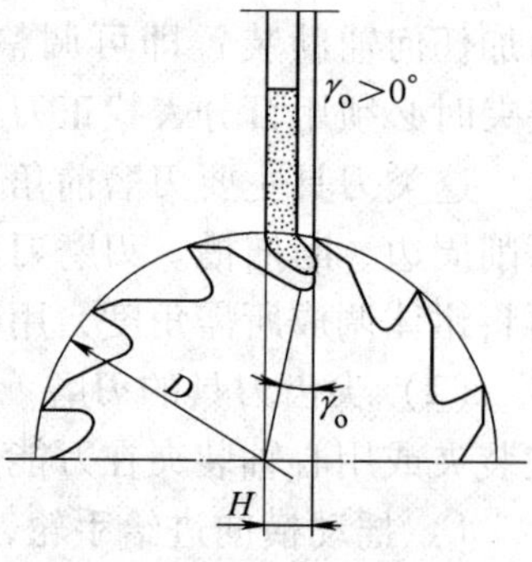

图 14-10 砂轮端面偏移量的计算

（1）砂轮的选择　所选砂轮的特性为：磨料 WA，粒度 F46~F80，硬度 K，组织号 5，结合剂 V。刃磨前刀面时用碟形砂轮，将砂轮修成内锥面；刃磨后刀面时用碗形或杯形砂轮，端面修成内凹形，如图 14-8 所示，修整砂轮用金刚石笔。

（2）装夹方法　将铰刀装夹在前、后顶尖间，装夹前检查中心孔，顶尖的预紧力大小要适当。

（3）磨削方法　先刃磨前刀面，再磨校准部分的外圆、倒锥及切削部分锥面，最后刃磨后刀面。

1）磨前刀面。

① 装夹后，将磨头转过，使砂轮在齿槽间刃磨时只单边接触。

② 调整铰刀与砂轮的相对位置，将砂轮引进齿槽内，由于前角 $\gamma_o=3°$，故砂轮端面相对铰刀中心要偏移一个距离 H，如图 14-10 所示。H 值的计算式为

$$H=\frac{D}{2}\sin\gamma_o$$

式中　H——砂轮端面对铰刀中心的偏移量(mm)；

D——铰刀直径(mm)；

γ_o——铰刀前角(°)。

据此式计算出砂轮端面偏移量 $H=0.39$mm。

③ 刃磨方法。右手扶住铰刀，把刀齿前刀面靠在砂轮端面上，左手转动手轮，使工作台作纵向运动，起动砂轮，用手给铰刀一个横向作用力，使砂轮刃磨前刀面。磨完一齿再磨

一齿，直至磨完全部刀齿为止，如图 14-11 所示。

2）磨校准部分外圆、倒锥和切削锥(这些部位均在外圆磨床上磨削,此处从略)。

3）磨后刀面。

① 更换和修整砂轮，并调整砂轮架位置。将砂轮在水平面内逆时针方向转，使砂轮只有一边和刀齿接触，如图 14-12 所示。

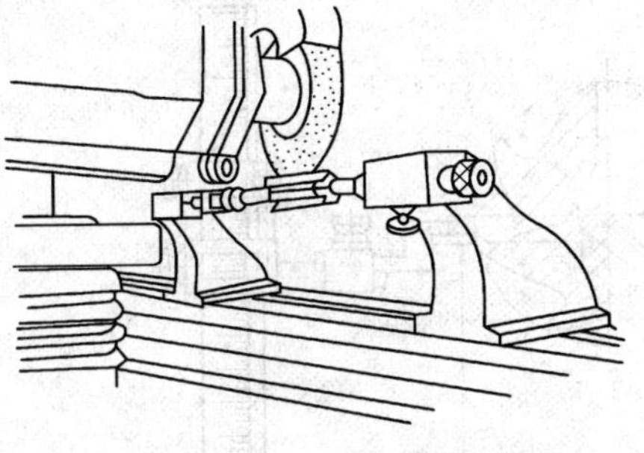

图 14-11　铰刀前刀面的刃磨

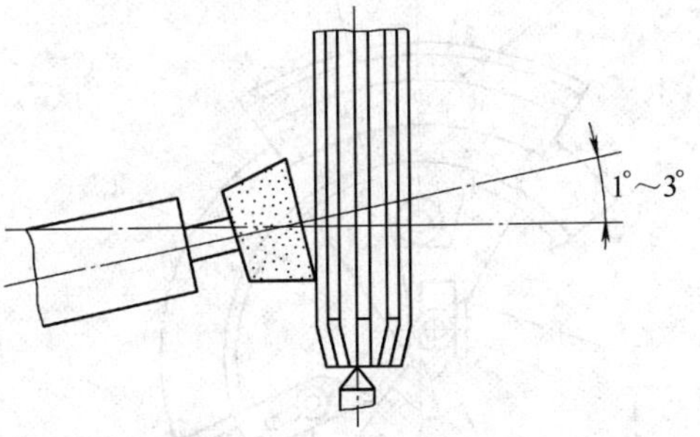

图 14-12　刃磨铰刀后刀面时砂轮架的位置调整

② 安装齿托架，调整齿托片。用直齿齿托片支承在刀齿的前刀面上，利用中心规调整齿托片的高度，使被磨切削刃比刀具中心低一个 H 值，如图 14-13 所示。H 值的计算公式为

$$H=\frac{D}{2}\sin\alpha_o$$

式中　H——齿托片比铰刀中心下降值(mm)；

D——铰刀直径(mm)；

α_o——铰刀后角(°)。

据此式，本例齿托片铰刀中心下降值 H= 1.043mm(校准齿部位)。

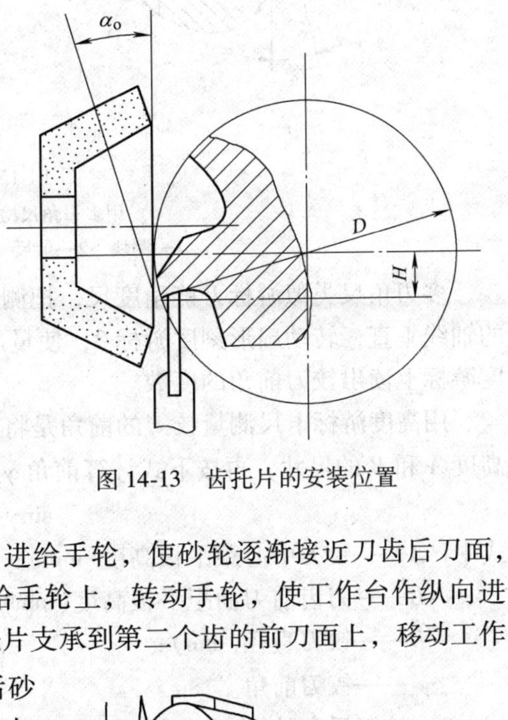

图 14-13　齿托片的安装位置

③ 刃磨方法。先刃磨校准齿后角，再刃磨切削齿后角。刃磨校准齿后角时，右手扶住铰刀，使刀齿的前刀面紧贴齿托片的顶部，左手转动横向进给手轮，使砂轮逐渐接近刀齿后刀面，接触后停止横向进给。左手换握到工作台纵向进给手轮上，转动手轮，使工作台作纵向进给。一齿磨好后，铰刀向顺时针方向转动，使齿托片支承到第二个齿的前刀面上，移动工作台刃磨第二个齿的后刀面，逐齿刃磨。磨完一圈后砂轮作一次横向进给，再逐齿磨削，直至符合要求，如图 14-14 所示。

刃磨校准齿后刀面时，应保证刀齿上圆弧刃带宽 f=0.25mm。

校准齿磨好后，将工作台顺时针方向转过一个 κ_r 角，即 10°，并调整齿托片比刀具中心低 H=(15mm/2)×sin10°=1.302mm，然后用同样的方法磨削切削部分的后刀面。

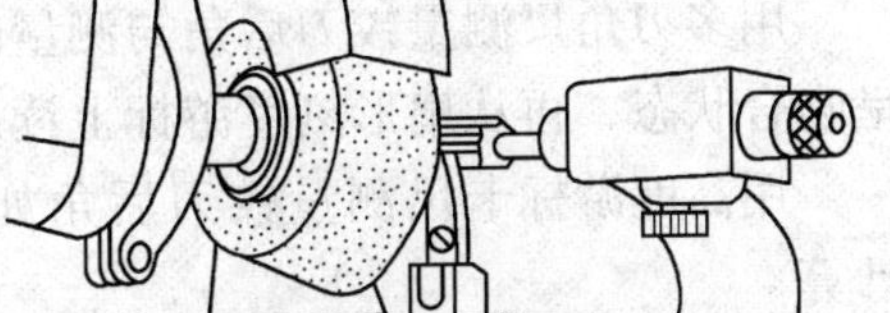

图 14-14　铰刀后刀面的刃磨

（4）检查方法　刃磨铰刀的前、后刀面是为了形成前角和后角。铰刀前角和后角的检查方法分述如下。

1）铰刀前角的检查。前角可用多刃角尺检测(图 14-15a)或用高度游标卡尺测量(图 14-15b)，再由计算得出角度值。

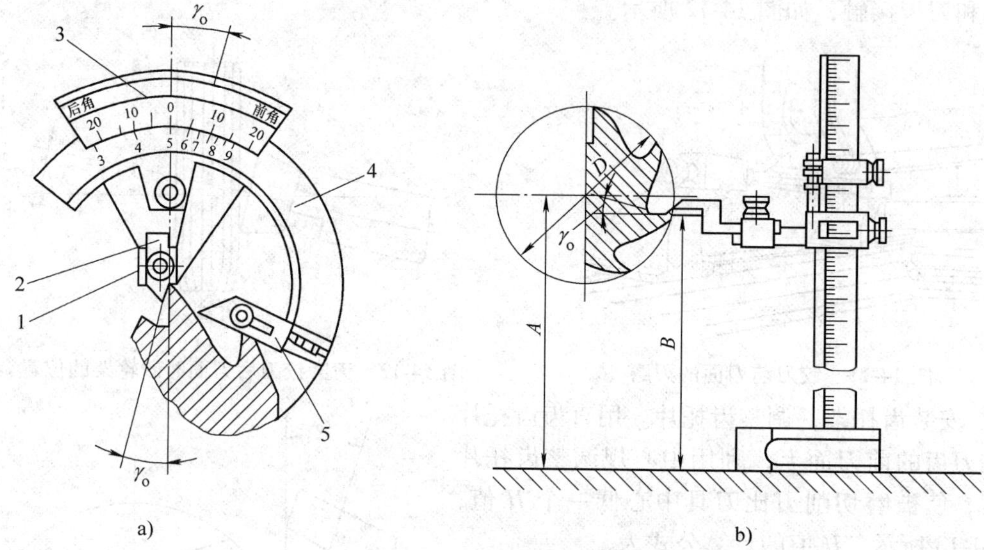

图 14-15　铰刀前角的测量

a）用多刃角尺检测　b）用高度游标卡尺测量

1—测块　2—量尺　3—游标　4—半圆尺　5—靠尺

多刃角尺类似游标万能角度尺，把测块 1 和靠尺 5 放在铰刀相邻的两齿上，测块与铰刀的轴线垂直，转动扇形刻度游标 3，使量尺 2 的测量面与刀齿的前刀面全部接触，即可从刻度游标上读出铰刀前角的度数。

用高度游标卡尺测量铰刀的前角是将卡尺的弯头测量面与刀齿的前刀面吻合，然后测出高度 A 和 B 的尺寸，再按下式计算前角 γ_o。

$$\sin\gamma_o = 2(A-B)/D$$

式中　A——铰刀中心距平板高度(mm)；

B——刀齿前刀面距平板高度(mm)；

D——铰刀直径(mm)；

γ_o——铰刀前角。

2）铰刀后角的检查。后角也可用多刃角尺或高度游标卡尺检查测量(图 14-16)。

用多刃角尺测量铰刀后角与测量前角的方法基本相同，只是测块 1 的工作面需和后刀面呈吻合状态，再从扇形刻度游标上读出后角的度数，如图 14-16a 所示。

用高度游标卡尺测量铰刀后角如图 14-16b 所示。当测得高度 A 和 C 时，即可按下式计算

$$\sin\alpha_o = 2(C-A)/D$$

式中　A——铰刀中心距平板高度(mm)；

C——刀齿刃部距平板高度(mm)；

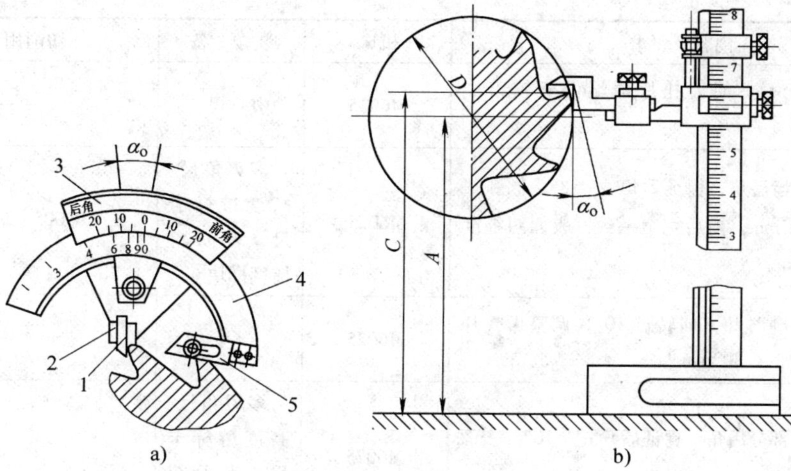

图 14-16　铰刀后角的测量

a）用多刃角尺检测　b）用高度游标卡尺测量

1—测块　2—量尺　3—游标　4—半圆尺　5—靠尺

D——铰刀直径（mm）；

α_o——铰刀后角。

2. 操作步骤

铰刀刃磨工艺见表 14-2。

表 14-2　铰刀刃磨工艺

序号	内容及要求	机床	装　备	切削用量/mm
1	操作前检查、准备 1）修整砂轮，端面修成内锥面 2）装夹工件于两顶尖间，装夹前检查中心孔 3）调整砂轮架位置，将磨头转过 20°左右 4）调整砂轮位置，砂轮端面与铰刀中心线偏移 0.39mm 5）检查刃磨余量	M6025	碟形砂轮、金刚石笔	$\alpha_p=0.005\sim0.01$
2	刃磨前刀面，逐齿刃磨	M6025	—	$\alpha_p=0.001\sim0.015$
3	精修整砂轮	M6025	—	$\alpha_p=0.003\sim0.005$
4	精磨前刀面，保证前角 $\gamma_o=3°$，表面粗糙度值在 $Ra0.63\mu m$ 以内	M6025	多刃角尺、高度游标卡尺、表面粗糙度样块	$\alpha_p=0.005\sim0.01$
5	外圆磨削校准部位，切削锥和倒锥，保证径向圆跳动误差不大于 0.03mm，外圆留研磨余量 0.01~0.02mm	M1432A	—	—
6	更换砂轮，并修整砂轮端面成内凹形，装夹工件，调整砂轮架和砂轮位置，将砂轮端面转过约 2°的斜角	M6025	碗形（或杯形）砂轮	$\alpha_p=0.005\sim0.01$

（续）

序号	内容及要求	机床	装　备	切削用量/mm
7	安装齿托片，使齿托片顶端低于铰刀中心 1.043mm	M6025	中心规	—
8	刃磨校准齿后角，保证后角 $\alpha_o'=8°$，圆弧刃带宽 $f=0.25$mm，前后宽窄一致，表面粗糙度值 *Ra*0.63μm	M6025	多刃角尺、高度游标卡尺、表面粗糙度样块	$\alpha_p=0.005\sim0.01$
9	将工作台顺时针方向转过 10°，调整齿托片低于刀具中心 1.302mm	M6025	—	—
10	刃磨切削部分后角，保证后角 $\alpha_o'=10°$，表面粗糙度值在 *Ra*0.63μm 以内	M6025	多刃角尺、高度游标卡尺、表面粗糙度样块	—

14.1.5　刃磨实例二

1. 图样和技术要求分析

图 14-17 所示为一圆柱形铣刀，因磨损需刃磨后刀面，材料为 W18Cr4V2，热处理淬火硬度为 63~66HRC，铣刀外径为 $\phi 63_{-0.05}^{\ 0}$mm，螺旋角 $\beta=40°$，端面前角 $\gamma_n=15°$，端面后角 $\alpha_n=12°$，齿数 $z=8$，切削刃对中心线的径向圆跳动公差：相邻为 0.03mm，一周为 0.06mm。刃磨面的表面粗糙度值为 *Ra*6.3μm。

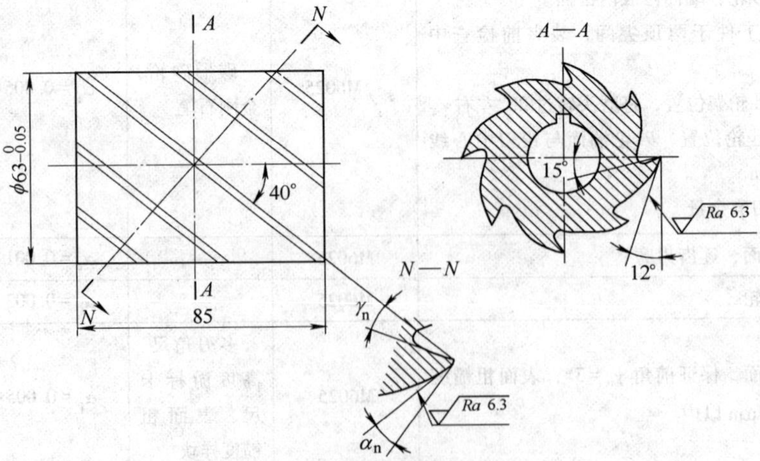

图 14-17　圆柱铣刀

根据工件材料和加工要求，进行如下选择和分析。

（1）砂轮的选择　所选砂轮为 WA60KSV 的杯形砂轮，并将砂轮端面修成内凹形。修整砂轮用金刚石笔。

（2）装夹方法　选用端面夹紧、内孔定位的心轴进行装夹，铣刀在心轴上紧固后装在前、后顶尖之间。装夹前需检查心轴中心孔。

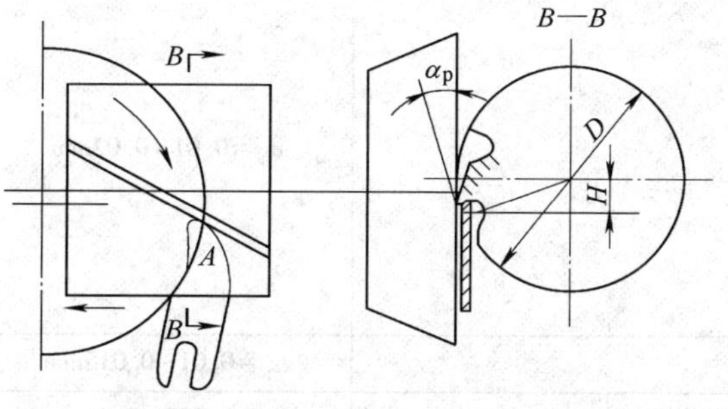

图 14-18　圆柱铣刀齿托片的安装位置

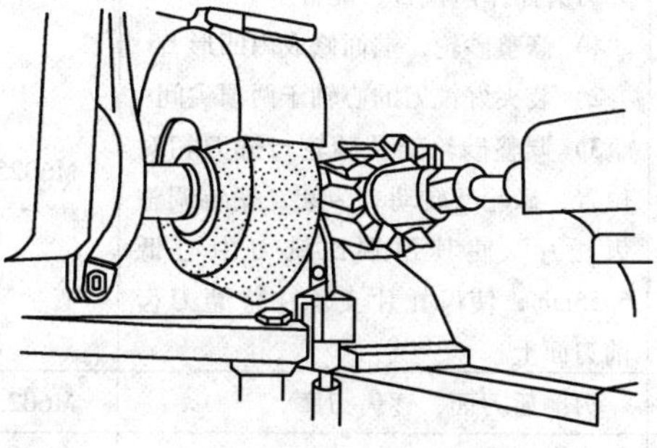

图 14-19　圆柱铣刀的刃磨

（3）刃磨方法　铣刀刃磨前应先用心轴装夹修磨外圆，调整好砂轮与铣刀相对位置，利用中心规将砂轮中心和两顶尖中心调整到同高，并将砂轮架转 2°~3°，避免已磨好的切削刃碰到砂轮边缘。同时将齿托架安装在砂轮架上，然后将砂轮中心调低并使齿托片顶端低于铣刀中心 $H=\frac{D}{2}\sin\alpha_p=\frac{63}{2}\text{mm}\times 0.28=6.55\text{mm}$，如图 14-18 所示。由于铣刀为螺旋齿，故采用圆弧齿托片，如图 14-5d 所示。

刃磨时，将铣刀的一齿槽引进齿托片，并将前刀面紧贴齿托片顶端，左手摇动手轮，使工作台作纵向进给，右手扶住铣刀心轴，铣刀随工作台作纵向进给的同时也作圆周运动，即形成螺旋运动。起动砂轮，缓慢地作横向进给，刃磨刀齿的后刀面。磨好一齿后，退出齿托片，将铣刀转过一齿，继续刃磨，逐齿磨至要求，如图 14-19 所示。

（4）检查方法　圆柱铣刀有端面后角 α_p 和法向后角 α_n，它们与螺旋角 β 有关，其关系式为

$$\tan\alpha_p=\tan\alpha_n\cos\beta$$

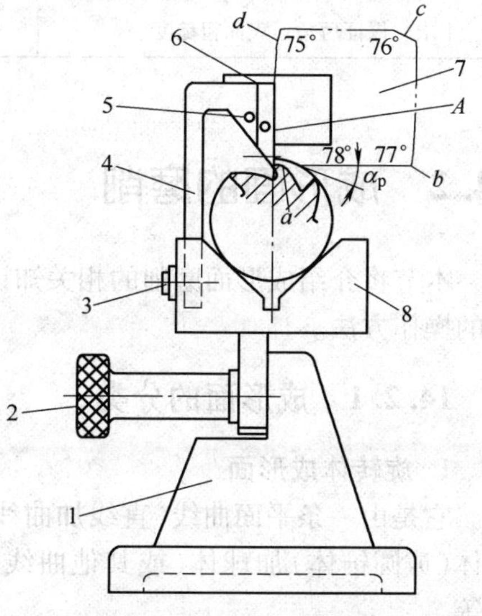

图 14-20　铣刀后角测量

1—底座　2、3—调节螺钉　4—臂架　5—螺钉　6—靠板　7—角度样板　8—V 型块

一般刃磨后只检查端面后角 α_p。检查后角可用多刃角尺测量，如图 14-20 所示。

2. 操作步骤

圆柱铣刀刃磨工艺见表 14-3。

表 14-3　圆柱铣刀刃磨工艺

序号	内容及要求	机床	装　备	切削用量
1	将铣刀装夹在心轴上，磨削铣刀外圆，保证切削刃对铣刀中心的径向圆跳动公差。装夹前检查、研修中心孔	M1320A	—	—

（续）

序号	内容及要求	机床	装备	切削用量
2	刃磨操作前检查、准备 1）修整砂轮，端面修成内凹形 2）装夹好铣刀的心轴于两顶尖间 3）调整砂轮架及砂轮与铣刀相对位置，砂轮架转动2°~3°，安装调整齿托片，使其顶端比铣刀中心低6.55mm，使齿托片支承在待磨刀齿前刀面上	M6025	—	α_p=0.01~0.02mm
3	刃磨后刀面，逐齿刃磨	M6025		α_p=0.01~0.015mm
4	精修整砂轮	M6025	金刚石笔	α_p=0.002~0.01mm
5	精磨刀齿后刀面，逐齿刃磨至要求，保证后角、表面粗糙度	M6025	多刃角尺（或专用后角量具）、表面粗糙度量块	α_p=0.005~0.01mm

14.2 成形面的磨削

本节将介绍成形面磨削的相关知识，包括成形面的分类和成形砂轮的修整以及成形面磨削的操作方法。

14.2.1 成形面的分类

1. 旋转体成形面

它是由一条平面曲线（直线加曲线）围绕某一轴线回转而成的形面，其立体形状多为圆柱体（或圆锥体）加球体（或其他曲线回转体）组成，如图14-21a所示。常见的如手柄、阀杆等。

2. 直素线成形面

它是由一条直线沿某一曲线运动形成的成形面，其立体形状由多个圆柱面（或圆锥面）与平面相切、相交、相接而形成，如图14-21b所示。如样板、凸模、凹模拼块等。

3. 立体成形面

它是由多个曲面体组成的空间曲面。常见的如齿轮、凸轮等，如图14-21c所示。

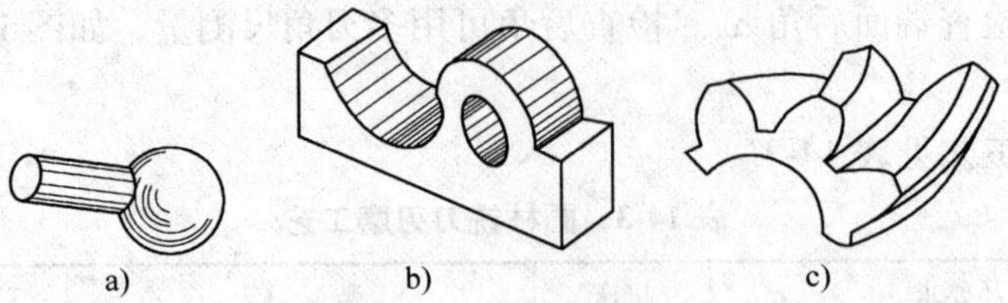

a) b) c)

图14-21　成形面

a）旋转体成形面　b）直素线成形面　c）立体成形面

14.2.2　成形砂轮的修整

在成形面的磨削中，采用成形砂轮磨削法较为普遍，尤其是磨削多件相同成形面的工件时，可保证几何形状的一致性。

简单成形砂轮，若成形面要求不高，可用绿碳化硅砂轮碎块手工修整。有一定要求的成形砂轮则用金刚石笔或专用修整工具进行修整。批量生产的工件，可用滚轮挤压修整成形砂轮。

1. 角度砂轮的修整

修整角度砂轮是采用正弦原理控制砂轮角度，然后用此砂轮磨削工件的斜面。图 14-22 所示为一修整角度砂轮的工具。它主要由正弦规 2、装有金刚石笔的滑块 3 和底座 4 组成。当所需修整砂轮斜角为 α 时

$$\sin\alpha=\frac{P-(H_1+d/2)}{L/2}$$

$$H_1=P-d/2-L/2\sin\alpha$$

式中　H_1——所垫量块组高度(mm)；

P——修整工具回转中心到垫量块面的距离(mm)；

d——正弦规圆柱的直径(mm)；

L——正弦规两圆柱的中心距(mm)。

根据算出的 H_1 值，垫入量块组 1，另一边垫入相应高度的衬块支承。正弦规成斜角后，拧紧螺母锁紧，用手拉滑块 3 右端的把手移动金刚石笔修整砂轮。此种工具可修整 0°~75° 范围内的各种角度砂轮。

2. 圆弧砂轮的修整

修整圆弧砂轮可用修整砂轮圆弧工具，此种工具可修整各种圆弧的成形砂轮，以磨削工件上的圆弧面。

图 14-23 所示是一种修正砂轮的圆弧工具，它主要由支架 6、转盘 2 和滑座 13 等组成。

当金刚石笔尖位于回转中心内侧时，可修整凸(外)圆弧，如图 14-24a 所示；当金刚石笔尖位于回转中心外侧时，则可修整凹(内)圆弧，如图 14-24b 所示。

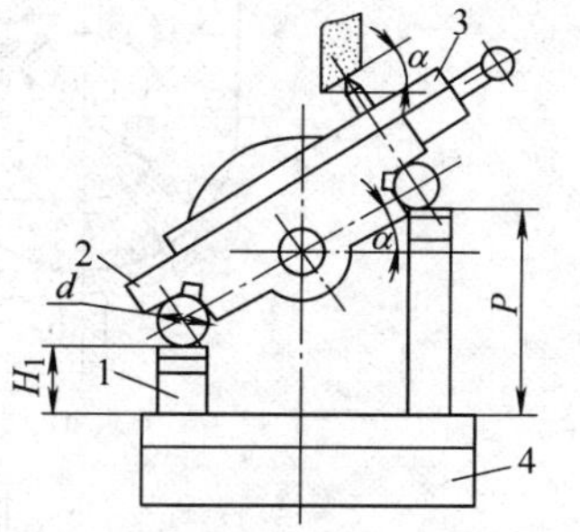

图 14-22　修整角度砂轮的工具

1—量块组　2—正弦规

3—滑块　4—底座

14.2.3　成形面的磨削方法

1. 成形砂轮磨削法

成形砂轮磨削法是将砂轮修整成与工件成形面完全吻合的反形面，然后用此砂轮切入磨削，以获得所需要的形状，如图 14-25a 所示。

2. 工件作轨迹运动的磨削法

工件作轨迹运动的磨削法是指将工件安装在专用夹具上，使工件作回转等轨迹运动，以获得所需成形面的磨削方法，如图 14-25b 所示。它又分靠模法和万能夹具磨削法两种。

(1) 靠模法　将工件安装在带有靠模装置的夹具上，使工件根据靠模的工作成形面作

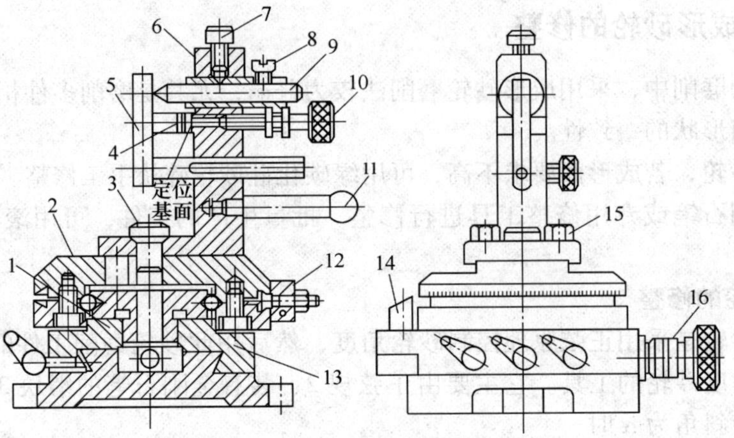

图 14-23 修正砂轮的圆弧工具

1—轴承座 2—转盘 3—定位销 4—量块 5—定位棒 6—支架
7、8、10、15—螺钉 9—金刚笔 11—手柄 12—挡铁 13—滑座 14—固定块 16—手轮

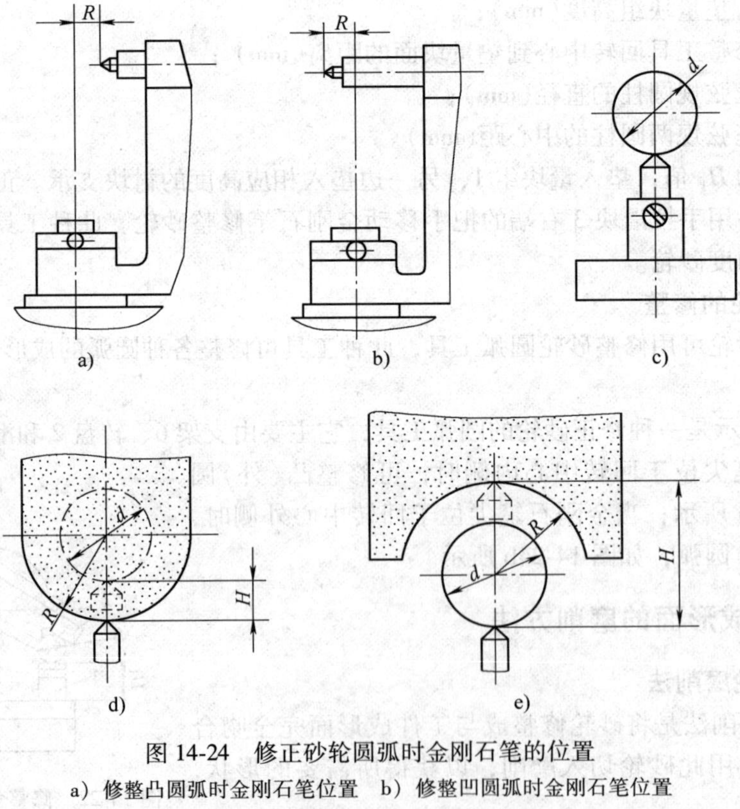

图 14-24 修正砂轮圆弧时金刚石笔的位置

a）修整凸圆弧时金刚石笔位置 b）修整凹圆弧时金刚石笔位置
c）金刚石笔与量棒接触 d）、e）工作位置

轨迹运动而得到所需的成形面。

（2）万能夹具磨削法 万能夹具是一种成形磨削专用夹具，如图 14-26 所示，主要由坐标部分 3、回转部分 1 和分度部分 2 等组成。坐标部分由相互垂直的十字滑板组成，用来调整被磨削工件的回转中心，使其与夹具的主轴中心重合；回转部分通过蜗杆传动使主轴及在

主轴上固定的坐标部分绕夹具的轴线旋转；分度部分则由正弦分度盘、正弦垫板、刻度游标所组成，用来控制工件回转的角度。正弦分度盘上的刻度和角度游标控制精度为3′。用正弦圆柱垫量块的方法控制角度精度为10″~30″。

装夹工件时，可用螺钉和垫柱(或用心轴)连接在滑板的孔槽上。工件必须有工艺螺孔，以便于连接，或者直接在装夹工件部分装夹。

工件装夹后，须调整十字滑板的坐标位置，以使工件回转中心与夹具主轴中心重合。这时可辅以测量调整器垫量块组用百分表比较测量的方法来找正。找正时，将测量调整器斜面上的滑块固定于某一适当位置，在滑块基准面上垫一组量块，使其至底面的距离恰好等于万能夹具的中心高，然后再用百分表和量块组比较测量工件回转中心至某一面的距离，使工件与夹具的回转中心一致。

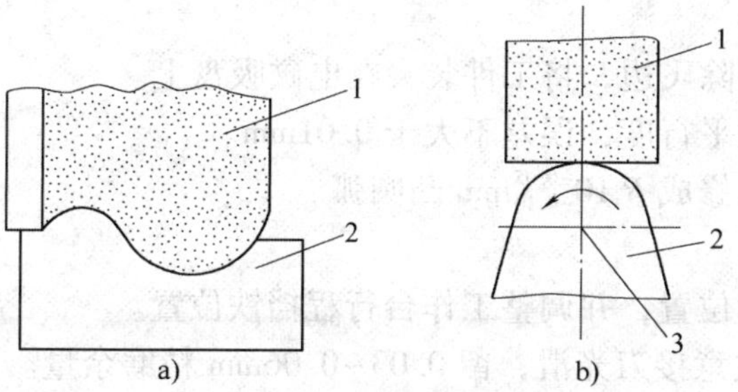

图 14-25　成形面磨削

a) 成形砂轮磨削法　b) 轨迹运动磨削法

1—砂轮　2—工件　3—夹具回转中心

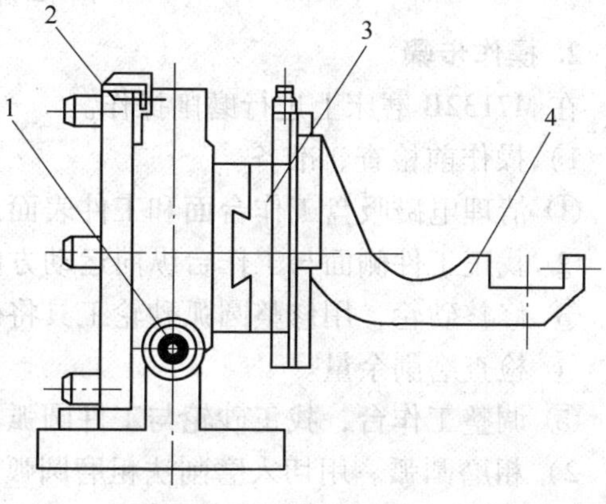

图 14-26　万能夹具简图

1—回转部分　2—分度部分

3—坐标部分　4—装夹工件部分

磨削时，摇动回转部分手柄，工件作回转运动，即可获得所需的成形面。在万能夹具上不仅可以磨削内、外圆弧，还可以磨削平面、斜面，经精心找正，可获得极为精确的形状和尺寸。

14.2.4　成形面的磨削实例

1. 图样和技术要求分析

图 14-27 所示为一圆弧形导轨，材料为 45 钢，热处理淬火硬度为 48~52HRC，高和宽四面均已磨削加工，现要求磨削 $\phi(20\pm0.04)$mm 半圆弧面，表面粗糙度值为 $Ra0.4\mu m$，圆弧轴线对底平面的平行度公差为 0.01mm，对侧面的平行度公差为 0.02mm。

根据工件材料和加工要求，进行如下选择和分析。

(1) 砂轮的选择　所选砂轮的特性为 WA60K5V，修整砂轮用金刚石笔。

(2) 装夹方法　工件用电磁吸盘装夹，并用百分表找正工件侧面与工作台纵向的平行度误差在 0.0lmm 以内，装夹前应清理工件和工作台。

(3) 磨削方法　用修整砂轮圆弧工具将砂轮修成 $R\,10^{-0.01}_{-0.03}$mm 的凸圆弧，调整金刚石笔位置(垫量块组控制)，以便于获得精确的圆弧尺寸。用切入磨削法粗、精磨半圆弧，磨前注意对刀。粗磨后要精修整砂轮圆弧，以保证磨削精度和表面粗糙度。

（4）切削液的选择　选用乳化液切削液，并注意充分冷却。

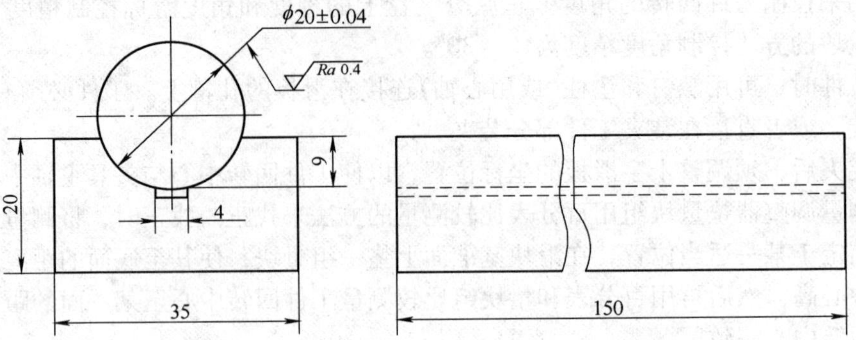

图 14-27　圆弧形导轨

2. 操作步骤

在 M7132B 磨床上进行磨削操作。

1）操作前检查、准备。

① 清理电磁吸盘工作台面和工件表面，去除飞边，将工件装夹在电磁吸盘上。

② 找正工件侧面与工作台纵向运动方向的平行度，误差不大于 0.01mm。

③ 修整砂轮，用修整圆弧砂轮工具将砂轮修成 $R\,10^{-0.05}_{-0.10}$mm 凸圆弧。

④ 检查磨削余量。

⑤ 调整工作台，找正砂轮与工件圆弧相对位置，并调整工作台行程挡铁位置。

2）粗磨圆弧。用切入磨削法粗磨圆弧，注意接刀光滑，留 0.03~0.06mm 精磨余量。

3）精修整砂轮。修成 $R\,10^{-0.01}_{-0.03}$mm 的凸圆弧。

4）精磨圆弧。用切入磨削法精磨圆弧，保证 $\phi(20\pm0.04)$mm 尺寸，圆弧轴线对底平面的平行度误差不大于 0.01mm，对侧面的平行度误差不大于 0.02mm，表面粗糙度值不超过 $Ra0.4\mu m$。

本例的操作要领是要正确修整好砂轮的形状尺寸，找正工件与砂轮的相对位置。

第 15 章

螺 纹 磨 削

螺纹是最常见的机械结构之一，在各种工程设备和机械装置上都有大量应用。螺纹磨削是螺纹精加工的主要方法之一。

本章将主要介绍螺纹以及蜗杆磨削的各种参数和具体操作方法。

15.1 螺纹磨削的种类和加工要求

本节主要介绍螺纹磨削的种类和相应的技术要求。

15.1.1 螺纹磨削的种类

精密螺纹磨削的零件种类繁多，它包括传动螺纹、螺纹滚压工具和切削刀具、量规及量仪、紧固螺纹等。磨削的零件种类、名称和特点见表 15-1。

表 15-1 磨削的零件种类、名称和特点

种类	名　称	特　点
传动螺纹	1）机床梯形螺纹丝杠 2）调节丝杠 3）滚珠螺纹丝杠 4）蜗杆	1）高精度的坐标镗床、坐标磨床、螺纹磨床等都采用精密丝杠，以保证传动的准确性。淬硬丝杠通常用单线砂轮直接磨削螺纹。精密丝杠有较高的精磨要求，常用丝杠磨床为 S57432，可加工 1.5m、2m、3m 的丝杠 2）调节丝杠用于调节相关部件的位置，对螺距有较高的精度要求 3）滚珠螺纹丝杠副的丝杠与螺母都要经过磨削，滚珠螺纹丝杠采用双圆弧滚道，砂轮由双圆弧砂轮修整器修整，用单线砂轮磨削法磨削螺纹，常用内螺纹磨床有 S7620A、S57632A、CNCSK7612 等 4）蜗杆属齿轮类零件，磨削蜗杆螺纹主要应保证齿轮传动的正确性和平稳性要求。按齿廓形状，蜗杆分阿基米德蜗杆、法向直廓蜗杆、渐开线蜗杆三种。在螺纹磨床上用砂轮锥面磨蜗杆时，砂轮与齿面之间有干涉现象，影响齿形精度。常用蜗杆磨床 S7720A、S7712、S7720、S7732 磨削蜗杆
切削刀具和螺纹滚压工具	1）丝锥 2）圆板牙	1）丝锥是螺纹加工的刀具，常见的有手用丝锥、机用丝锥、螺母丝锥、55°非密封管螺纹螺母丝锥、55°密封管螺纹螺母丝锥、挤压丝锥等。通常用多线砂轮法铲磨螺纹，如丝锥磨床为 SB722A、SB7225E

（续）

种类	名　称	特　点
切削刀具和螺纹滚压工具	3）滚丝轮 4）梳形螺纹铣刀 5）圆梳刀板牙头 6）滚刀	2）圆板牙用于加工外螺纹。通常用单线砂轮法铲磨内螺纹 3）滚丝轮用于滚轧外螺纹 4）梳形螺纹铣刀用于铣削外螺纹 5）圆梳刀板牙头用于加工外螺纹 6）滚刀是加工齿轮、花键的刀具，主要有齿轮滚刀、蜗杆滚刀、花键滚刀三种。通常用单线砂轮法铲磨螺纹，常用滚刀铲磨床有 S7810、SG7825A 等
量规及量仪	1）螺纹塞规 2）螺纹环规 3）千分丝杠	1）螺纹塞规是测量内螺纹的量规。用单线砂轮法磨外螺纹 2）螺纹环规是测量外螺纹的量规。用单线砂轮法磨内螺纹 3）千分丝杠包括千分尺的丝杠及量仪的测微丝扛，用单线砂轮法磨外螺纹
紧固螺纹	1）高强度螺栓 2）机械零件的结构要素	1）高强度螺栓用于构件连接中 2）在各种机械零件中，有时需要装配连接其他零件，且用螺纹紧固，如磨床砂轮主轴等
专门用途螺纹	具有螺旋特征的机械结构	螺纹还应用在一些特殊要求的场合，如计量注射器所采用的螺纹，它要满足精确注射量的要求

15.1.2　螺纹零件的技术要求

1. 尺寸精度

螺纹的尺寸精度主要是对螺距和中径尺寸等提出的精度要求。如千分尺的螺杆的螺距公差要求就很高，它直接影响千分尺的测量精度。传动螺纹影响传动精度。螺距误差包括局部误差和累积误差。

螺纹的中径尺寸，则影响外螺纹与内螺纹的旋合。按旋合的要求，对中径尺寸提出精度要求。螺纹旋合时，起实际作用的是作用中径。

2. 牙型精度

螺纹的牙型有多种，如米制普通螺纹的牙型为三角形，牙型角为 60°。米制梯形螺纹的牙型角为 30°，米制蜗杆螺纹的齿形角为 20°。此外，还有矩形螺纹的牙型和滚珠丝杠的双圆弧牙型等。

牙型精度以牙型的半角误差评定，牙型精度对旋合性和连接强度均有影响。

3. 几何形状精度和位置精度

精密螺纹的中径，对几何形状有精度要求。同时中径对支承轴径有一定的位置精度要求。

4. 表面粗糙度

精密螺纹对表面粗糙度有一定的要求。

5. 精度标准

普通螺纹、梯形螺纹、机床传动丝杠、蜗杆螺纹等都有精度标准。

如普通螺纹的精度标准，内螺纹的基本偏差为 G、H，公差等级为 IT4～IT8；外螺纹的基本偏差为 e、f、g、h，公差等级为 IT4 、IT6、IT8。普通螺纹的基本偏差和顶径公差见表 15-2。

表 15-2 普通螺纹基本偏差和顶径公差 （单位：μm）

螺距 P/mm	内螺纹的基本偏差 EI		外螺纹的基本偏差 es				内螺纹小径公差 T_{D_1} 公差等级					外螺纹大径公差 T_d 公差等级		
	G	H	e	f	g	h	4	5	6	7	8	4	6	8
1	+26		-60	-40	-26		150	190	236	300	375	112	180	280
1.25	+28		-63	-42	-28		170	212	265	335	425	132	212	335
1.5	+32		-67	-45	-32		190	236	300	375	475	150	236	375
1.75	+34		-71	-48	-34		212	265	335	425	530	170	265	425
2	+38	0	-71	-52	-38	0	236	300	375	475	600	180	280	450
2.5	+42		-80	-58	-42		280	355	450	560	710	212	335	530
3	+48		-85	-63	-48		315	400	500	630	800	236	375	600
3.5	+53		-90	-70	-53		355	450	560	710	900	265	425	670
4	+60		-95	-75	-60		375	475	600	750	950	300	475	750

15.2 螺纹磨削

本节介绍螺纹磨床的传动系统、部件结构以及螺纹磨削的工艺分析。

15.2.1 S7332 型螺纹磨床的传动系统

图 15-1 a 所示为 S7332 型螺纹磨床。图 15-1b 所示为 S7332 型螺纹磨床的传动系统。机床头架由直流无级调速电动机驱动，经带轮、蜗杆蜗轮传动齿轮并带动主轴回转，其传动关系式为

$$\text{电动机 } 40\sim2400\text{r/min}—\left\{\begin{matrix}\dfrac{106}{106}\\[2mm]\dfrac{70}{140}\end{matrix}\right\}—\frac{1}{40}\left\{\begin{matrix}\dfrac{60}{60}\\[2mm]\dfrac{24}{96}\end{matrix}\right\}—\text{主轴} \tag{15-1}$$

S7332 型螺纹磨床的交换齿轮公式为

$$\frac{a\times c}{b\times d}=\frac{4\times P_h}{25.4}\ \left(\text{螺距扩大传动比}\frac{60}{60}\right) \tag{15-2}$$

或

$$\frac{a\times c}{b\times d}=\frac{4\times P_h}{25.4}\ \left(\text{螺距扩大传动比}\frac{96}{24}\right) \tag{15-3}$$

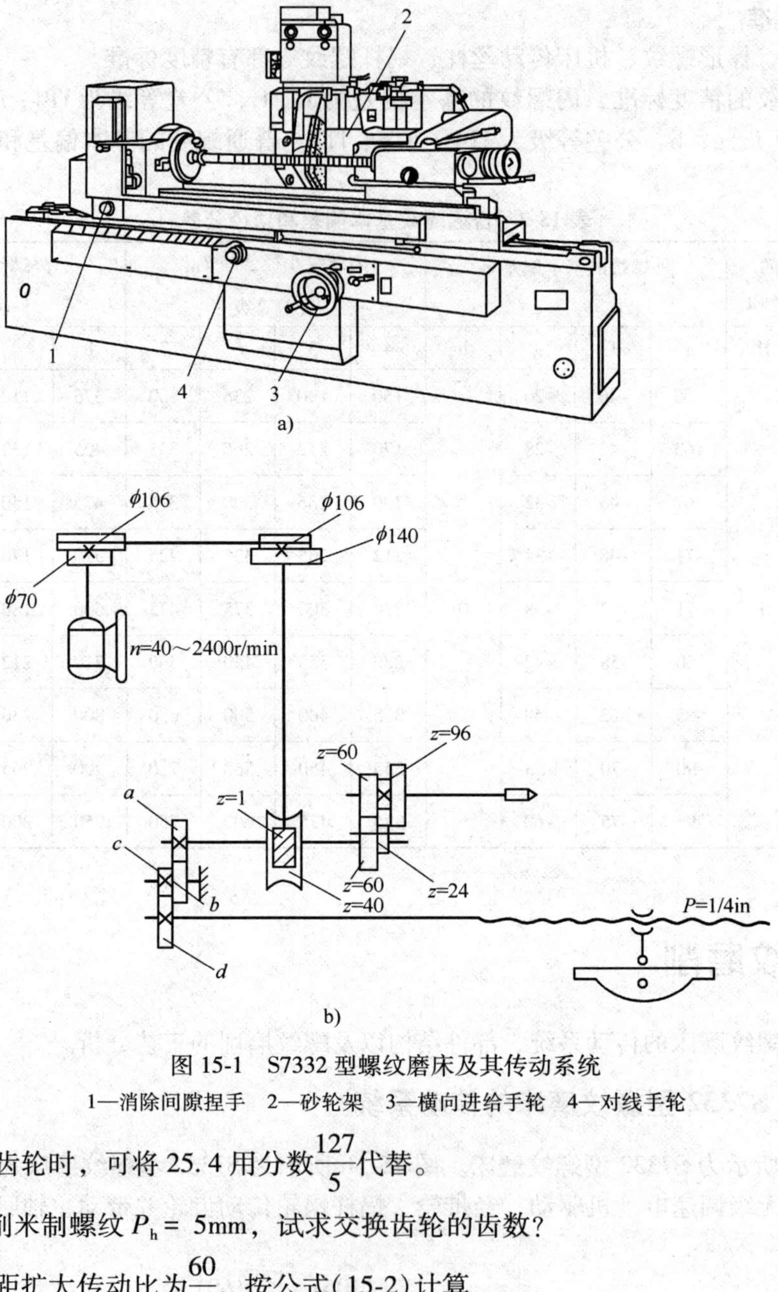

图 15-1　S7332 型螺纹磨床及其传动系统

1—消除间隙捏手　2—砂轮架　3—横向进给手轮　4—对线手轮

计算交换齿轮时，可将 25.4 用分数$\frac{127}{5}$代替。

例 1：磨削米制螺纹 $P_h=5$mm，试求交换齿轮的齿数？

解：取螺距扩大传动比为$\frac{60}{60}$，按公式(15-2)计算

$$\frac{a\times c}{b\times d}=\frac{4\times P_h}{25.4}=\frac{4\times 5}{25.4}=\frac{4\times 5\times 5}{127}$$

$$=\frac{(4\times 5\times 4)\times(5\times 12)}{48\times 127}=\frac{80\times 60}{48\times 127}$$

即交换齿轮为 $a=80$，$b=48$，$c=60$，$d=127$ 。

15.2.2 S7332型螺纹磨床的部件结构

1. S7332型螺纹磨床的部件

S7332型螺纹磨床的主要部件有砂轮架、头架、对线和螺距校正装置、砂轮修整器、尾座等。

2. 部件结构

（1）砂轮架主轴　主轴轴承采用静压轴承，静压轴承可获得较高的旋转精度。S7332型螺纹磨床砂轮架主轴部件的结构如图15-2所示，主轴1与轴承6之间的间隙为0.02～0.04mm。静压轴承在圆周上有4个油腔，输入的液压油使主轴浮在轴承的中心处。主轴的回转是通过带轮4传动，带轮由一对滚动轴承安装在后端盖5上。这种带轮可使主轴卸荷，使主轴不受V带拉力产生的弯曲力矩，从而保持高的旋转精度。

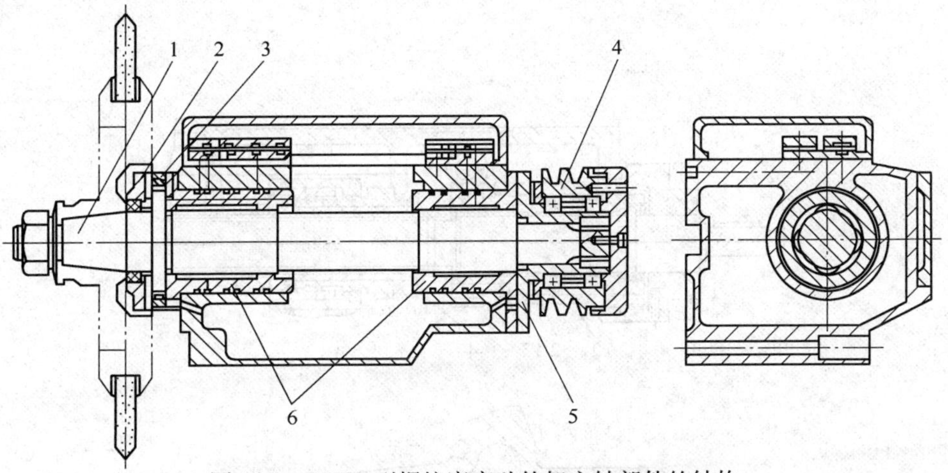

图15-2　S7332型螺纹磨床砂轮架主轴部件的结构

1—主轴　2—轴承盖　3—调整环　4—带轮　5—后端盖　6—轴承

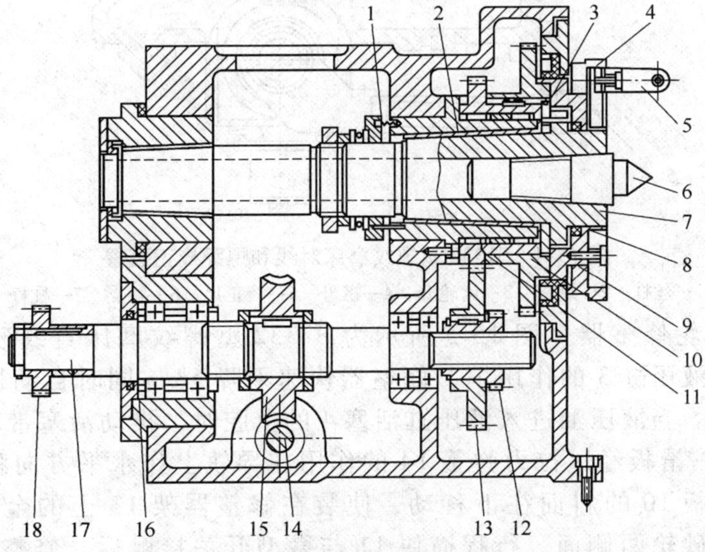

图15-3　S7332型螺纹磨床头架部件的结构

1—弹簧　2、3—轴承　4—拨盘　5—拨杆　6—顶尖　7—主轴　8—圆盘

9—分度盘　10、11、18—齿轮　12、13—滑移齿轮　14—蜗杆　15—涡轮　16—轴承　17—轴

（2）头架　图15-3所示为S7332型螺纹磨床头架部件结构。头架主轴7由直流无级变速电动机经V带轮传动蜗杆14、蜗轮15，由传动轴17上的双联滑移齿轮13和12、传动齿轮11和10，通过拨盘4和拨杆5拨动工件旋转。分度时，操作手柄使齿轮13与11脱开，转动分度盘9即可。螺距扩大传动比有1、4。变换加大螺距手柄，当使滑移齿轮12与10啮合，则工件螺距增大至4倍。轴17左端齿轮18接交换齿轮。磨内螺纹时，主轴上可安装卡盘，主轴的轴承为1∶20锥度的滑动轴承。

（3）对线及螺距校正装置　图15-4所示为S7332型螺纹磨床对线和螺距校正装置。对线时，通过蜗杆2带动齿轮套3旋转，使工件螺纹与砂轮对准，以使砂轮能均匀地磨削。校正机构的螺母4在拉簧作用下，通过杠杆7，使触点6紧压在校正尺5的下面，在工作台移动时，即可校正螺距误差。校正尺可按机床误差调整，尺面可修正。

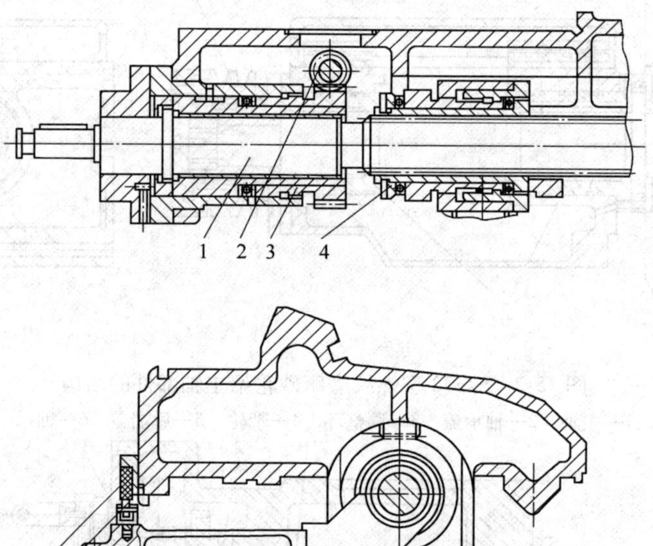

图15-4　S7332型螺纹磨床对线和螺距校正装置

1—丝杠　2—蜗杆　3—齿轮套　4—螺母　5—校正尺　6—触点　7—杠杆

（4）直线砂轮修整器　图15-5所示为S7332型螺纹磨床直线砂轮修整器的结构。在快速进给液压缸3的作用下，修整器快速下降5mm同时自动进给，进给量通过调整手柄获得。当液压油进入液压缸活塞4的上腔时，推动活塞带动销子6和滑板8向下移动。左右滑板经过拉力弹簧14的作用在导轨上作水平方向移动，滚轮2亦同时紧紧沿着样板10的斜面往下移动，使装在修整器架13上的金刚石12随之移动，以完成修整砂轮两侧面。行程撞块11与微型开关接触后，修整器便快速退回。由捏手松开螺钉1可调整样板座的角度。捏手15和16分别调整外圆和侧面的修整速度。转轴7上的金刚钻修整砂轮外圆。

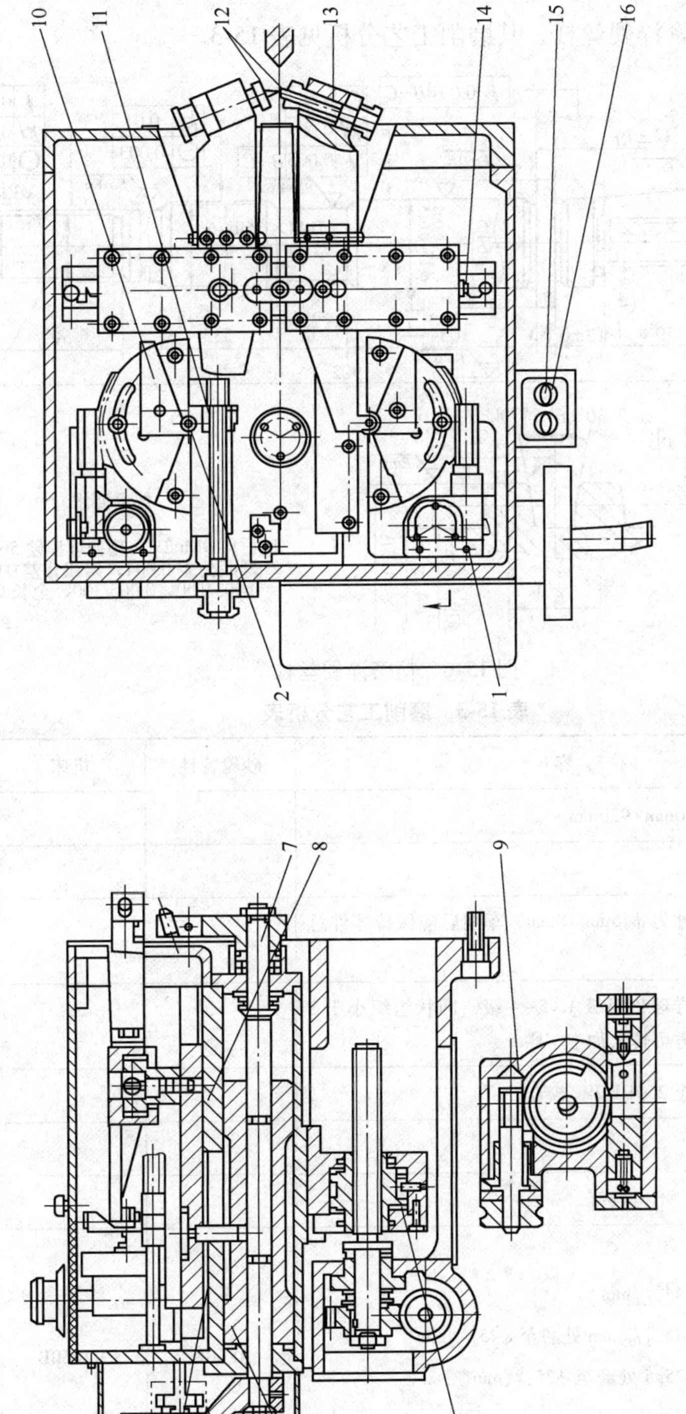

图 15-5 S7322 型螺纹磨床直线砂轮修整器的结构

1—螺钉 2—滚轮 3—快速进给液压缸 4—活塞 5—手柄 6—销子 7—转轴 8—滑板 9—刻度盘
10—样板 11—撞块 12—金刚石 13—修整器 14—拉力弹簧 15,16—担手

15.2.3 螺纹磨削工艺分析

图 15-6 所示为精密淬硬丝杠，其磨削工艺分析见表 15-3。

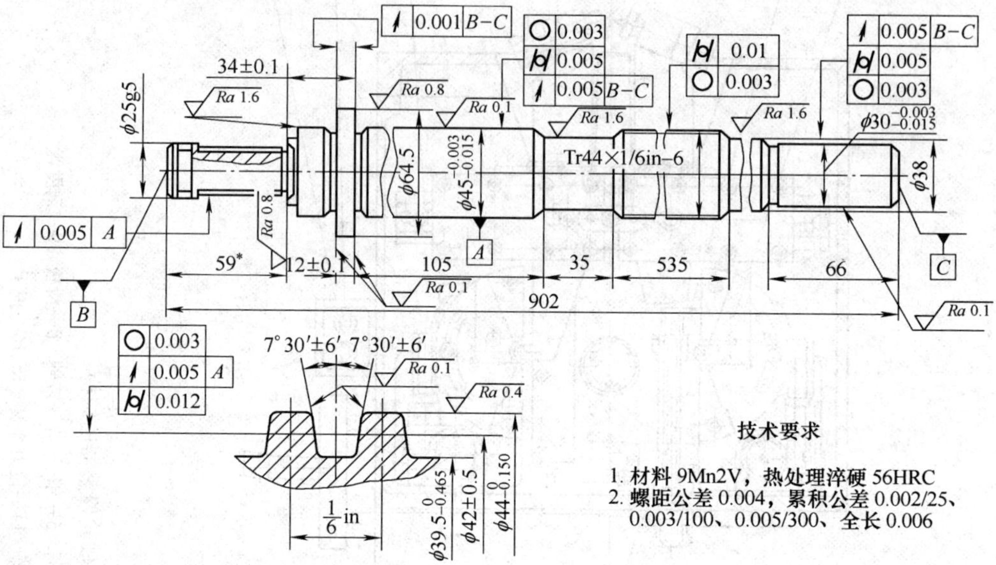

图 15-6 精密淬硬丝杠

表 15-3 磨削工艺分析表

工序	内容	砂轮特性	机床	定位基准
1	备料，热轧圆钢 φ70mm×920mm			
2	热处理，球化退火			
3	车削试样，试样尺寸为 φ45mm×8mm，车削后应保持零件总长 908mm，钢印编号			
4	试样金相分析，试样球化等级 1.5~4 级，网状组织小于 3 级，合格试样编号后方可转入加工工序			
5	热处理，调质硬度至 250HBW，校直			
6	粗车外圆			
7	热处理，消除应力，不得校直			
8	粗磨外圆 1）磨螺纹大径至 $\phi44^{+3.0}_{+2.8}$mm 2）零件设计轴颈 $\phi45^{-0.013}_{-0.015}$mm 处磨至 $\phi45^{+3.0}_{+2.8}$mm 3）零件设计轴颈 φ25g5 处磨至 $\phi25^{+1.0}_{+0.8}$mm 工艺要求 各外圆的径向圆跳动误差均小于 0.05 mm	AF60K	M1450B	中心孔
9	铣键槽至尺寸			

（续）

工序	内　容	砂轮特性	机床	定位基准
10	热处理 1）淬火硬度56HRC 2）260℃中温回火，-60℃冰冷处理，两次 3）表面回火喷砂处理，磁性探伤，全长弯曲小于0.7mm，不得校直			
11	研磨中心孔			
12	粗磨各外圆 1）粗磨设计轴颈$\phi25$ g5、$\phi30_{-0.015}^{-0.003}$mm处外圆，留余量0.55~0.65 mm 2）粗磨设计轴颈$\phi45_{-0.015}^{-0.003}$mm及螺纹大径处外圆，各留余量1.5~1.6mm	AF60K	M1450B	中心孔
13	粗磨螺纹，磨螺纹小径至39.5mm，中径三针测量尺寸为48.7 mm（量针直径d_0=2.135mm） 工艺要求 1）磨削前机床空运转1h 2）背吃刀量小于0.15mm 3）工件转速n_w=4~6r/min 4）用淋浴式工件等温冷却 5）表面粗糙度值低于Ra0.8μm	WAF80J	S7520K	中心孔
14	热处理除应力，磁性探伤。全长弯曲小于0.3mm			
15	研磨中心孔			
16	半精磨各外圆，留余量0.3~0.4mm，磨出各台阶面 工艺要求 1）背吃刀量小于0.03 mm 2）外圆径向圆跳动误差小于0.01 mm 3）表面粗糙度值低于Ra0.4 μm，半精磨螺纹	WAF80K	M1450B	中心孔
17	1）磨螺纹小径至尺寸$\phi39.5_{-0.465}^{0}$mm 2）磨螺纹中径，三针测量尺寸为46.8mm（量针直径d_0=2.135mm） 工艺要求 1）磨削前机床空运转1.5h 2）背吃刀量小于0.06mm 3）工件转速n_w= 3~4r/min 4）表面无烧伤、裂纹，表面粗糙度值低于Ra0.4μm 5）丝杠精度接近6级 6）室温为20℃±1℃	WAF100K	S7520K	中心孔
18	磨去螺纹两端不完整牙型			
19	热处理除应力，全长弯曲小于0.10mm			
20	研磨中心孔			

（续）

工序	内　容	砂轮特性	机床	定位基准
21	精磨各外圆，留余量0.08~0.09mm，磨各台阶面 工艺要求 1）背吃刀量小于0.02mm 2）表面粗糙度值低于 Ra0.2μm 3）各外圆的径向圆跳动误差于0.01mm	WAF80K	M1450B	中心孔
22	精磨螺纹 1）中径三针测量尺寸为45.4mm（量针直径 $d_0=2.135$mm） 2）磨螺纹顶部倒角 C0.5 工艺要求 1）磨削前机床空运转2h 2）背吃刀量小于0.03mm 3）工件转速 $n_w=3\sim4$r/min 4）表面无烧伤、裂纹，表面粗糙度值低于 Ra0.2μm 5）采用等温磨削 6）室温为20℃±1℃	WAF120K	S7520K	中心孔
23	研磨中心孔			
24	精磨螺纹大径至 $\phi\ 44^{0}_{-0.150}$mm，径向圆跳动误差小于0.003mm	WAF100K	M1450B	中心孔
25	精密磨螺纹至尺寸，中径三针测量尺寸为44.413mm（量针直径 $d_0=2.135$mm） 工艺要求 1）磨削前机床空运转2h 2）背吃刀量小于0.02mm 3）工件转速 $n_w=2$r/min 4）表面无烧伤、裂纹，表面粗糙度值为 Ra0.1μm 5）采用等温磨削 6）室温为20℃±1℃	WAF120K	S7520K	中心孔
26	终磨各外圆至尺寸，磨各台阶面	WAF100K	M1450B	中心孔

如上所述，螺纹磨削的工序为工序13、17、22、25。螺纹经粗磨、半精磨、精磨、精密磨削加工，达到加工精度要求。这也是淬硬精密螺纹磨削工艺的要点。

15.3　蜗杆的磨削

蜗杆属于螺纹类零件中一种特殊的结构，其磨削有相应比较特殊的方法，下面简要介绍。

15.3.1 蜗杆的种类

按齿形角不同蜗杆分米制蜗杆和英制蜗杆两大类。

按米制蜗杆的分度曲面形状，又可分圆柱蜗杆、环面蜗杆和锥蜗杆。

1. 圆柱蜗杆

圆柱蜗杆分为阿基米德圆柱蜗杆、法向直廓圆柱蜗杆、渐开线圆柱蜗杆、锥面包络圆柱蜗杆、圆弧圆柱蜗杆，共五种。

2. 环面蜗杆

环面蜗杆分为直廓球面蜗杆、平面包络环面蜗杆、渐开线包络环面蜗杆、锥面包络环面蜗杆，共四种。

3. 锥蜗杆

锥蜗杆分为轴向直廓蜗杆和法向直廓蜗杆，如图15-7所示。轴向直廓蜗杆的齿形在蜗杆轴平面内为直线，在法平面内为曲线，在端平面内为阿基米德螺旋线，因此又称阿基米德蜗杆。磨轴向直廓蜗杆较困难，需用特殊修整器修整砂轮才能磨削。法向直廓蜗杆的齿形在法平面内为直线，在蜗杆的轴平面内为曲线。轴向直廓蜗杆和法向直廓蜗杆在螺纹磨床上都能加工。

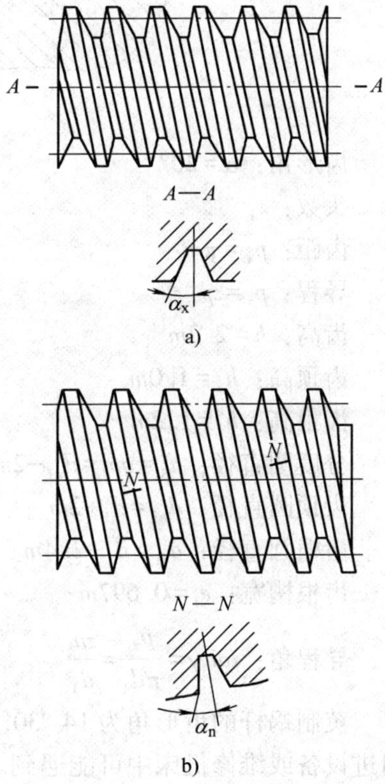

图15-7 锥蜗杆

a）轴向直廓蜗杆 b）法向直廓蜗杆

蜗杆用于蜗杆蜗轮传动中，可获得较大的传动比。例如减速器中常采用蜗杆蜗轮传动，蜗杆蜗轮空间两轴线交错成90°角。蜗杆材料常采用中碳钢或中碳合金钢制造，齿面淬硬至46~48HRC。像这类蜗杆都要经过磨削加工，以达到尺寸和形位精度及表面粗糙度要求。

轴向直廓蜗杆的轴向齿形角 $\alpha_x = 20°$，轴向模数取 m 为标准值。

由上所述可见，蜗杆磨削是一种较复杂的螺纹磨削。它是在螺纹磨床上，用不同的螺距交换齿轮来达到蜗杆的齿距或导程的加工要求。磨单头蜗杆用齿距交换齿轮；磨多头蜗杆用导程交换齿轮。因此蜗杆磨削有与螺纹的磨削很类似的磨削工艺。另一方面由于蜗杆的齿轮几何参数与螺纹不同，蜗杆磨削又有其特殊的工艺内容。

15.3.2 蜗杆的主要参数和尺寸

蜗杆是与蜗轮相啮合的，蜗杆的齿形要与蜗轮的齿形相啮合，因为蜗轮的齿形大小是由模数确定的，所以模数也是蜗杆的基本参数。

如图15-8所示，以中间平面为基准，米制蜗杆的参数和尺寸（中间平面为蜗杆轴向截面）如下：

模数（轴向模数）：m

直径系数：q（确定分度圆直径的系数）

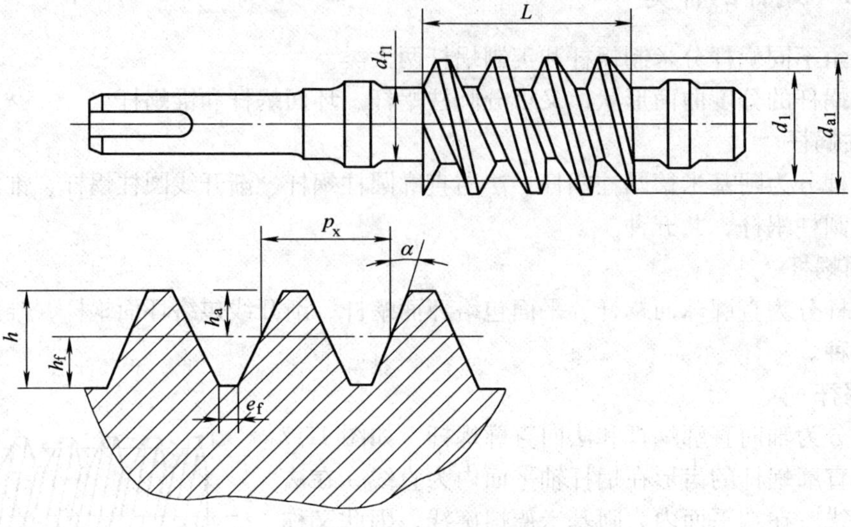

图 15-8 米制蜗杆的参数

齿形角：$\alpha=20°$

头数：z_1

齿距：$p_x=\pi m$

导程：$p_z=zp_x$

齿高：$h=2.2m$

齿顶高：$h_a=1.0m$

齿根高：$h_f=1.2m$

分度圆直径：$d_1=qm=d_{a1}-2m$

齿顶圆直径：$d_{a1}=d_1+2m$

齿根圆直径：$d_{f1}=d_1-2.4m$

齿根槽宽：$e_f=0.697m$

导程角：$tan\gamma=\dfrac{p_z}{\pi d_1}=\dfrac{zm}{d_1}$

英制蜗杆的齿形角为 14 °30′，它的径节以 *DP* 表示。这种蜗杆在我国很少采用，一般在引进设备或维修机床中可能遇到。英制蜗杆的几何参数见表 15-4。本章主要讲解米制蜗杆的磨削工艺。

表 15-4 英制蜗杆的几何参数 （单位:in ）

名称	计算公式	名称	计算公式
径节(*DP*)	基本参数(齿数与分度圆直径的比值)	齿根高(h_f)	$h_f=\dfrac{1.157}{DP}$
齿形角(α)	$\alpha=14.5°$	分度圆直径(d_1)	$d_1=d_a-\dfrac{2}{DP}$

（续）

名称	计算公式	名称	计算公式
齿距(p_x)	$p_x=\frac{\pi}{DP}$	齿顶圆直径(d_a)	$d_a=d_1+\frac{2}{DP}$
导程(p_z)	$p_z=z_1\frac{\pi}{DP}$	齿根圆直径(d_f)	$d_f=d_1-\frac{2.314}{DP}$
全齿高(h)	$h=\frac{2.157}{DP}$	齿根槽宽(e_f)	$e_f=\frac{0.973}{DP}$
齿顶高(h_a)	$h_a=\frac{1}{DP}$	导程角(γ)	$\tan\gamma=\frac{p_z}{\pi d_1}$

15.3.3 蜗杆的精度

米制蜗杆按标准 GB/T 10089—1988 规定有 13 个精度等级，常用 7、8、9 三个精度等级。蜗杆精度包括传动精度和侧隙的结合形式两项。蜗杆精度的公差有下列四个项目：

1）轴向齿距的极限偏差。在轴向剖面内，蜗杆两相邻同名齿形间的实际距离与公称距离之差。在与轴线平行的直线上度量，用于 5~8 级蜗杆。

2）轴向齿距的极限累积偏差。在轴向剖面内，蜗杆齿的任意两个不相邻的同名齿间实际距离与公称距离之差。在与轴线平行的直线上度量，用于 7~8 级蜗杆。

3）蜗杆齿形公差。齿形工作部分内，容纳实际齿形的两理论齿形间的法向距离，在规定的公称齿形剖面内测量。

4）蜗杆齿槽径向圆跳动公差。蜗杆转一周，由蜗杆旋转轴心线至齿槽固定表面间距离的最大变动量。

上述检验的公差项，用以满足蜗杆传动的平稳性要求。7、8、9 级蜗杆的公差见表 15-5。

对传递运动有准确性要求的蜗杆设有两个公差项：蜗杆一转螺旋线公差(单头)；蜗杆螺旋线公差(多头)。

表 15-5 蜗杆公差表

（单位：μm）

名称	精度等级	d_1/mm	模数/mm				
			>1~2.5	>2.5~6	>6~10	>10~16	>16~30
轴向齿距极限偏差	7	12~400	±11	±14	±19	±25	±36
	8		±18	±22	±30	±40	±55
	9		±28	±36	±48	±60	±90
轴向齿距极限累积偏差	7	12~400	±20	±25	±32	±42	±65
	8		±32	±40	±50	±65	±105
	9		±50	±60	±80	±105	±170

（续）

名称	精度等级	d_1/mm	模数/mm				
			>1~2.5	>2.5~6	>6~10	>10~16	>16~30
蜗杆齿形公差	7	12~40	17	22	30	40	60
	8		26	36	48	60	100
	9		42	55	75	100	160
蜗杆齿槽径向圆跳动公差	d/mm		精度等级				
			7		8		9
	12~25		16		25		40
	>25~50		18		28		45
	>50~100		20		32		50
	>100~200		26		42		65
	>200~400		36		55		90

15.3.4 蜗杆的磨削工艺分析

蜗杆的齿形磨削余量为0.30~0.35mm。蜗杆在螺纹磨床上用单线法磨削。磨削工艺主要包括交换齿轮、砂轮架调整、砂轮修整及补偿修整等。

1. 交换齿轮计算

在S7332型螺纹磨床上装交换齿轮。S7332型螺纹磨床的单头蜗杆交换齿轮公式为

$$\frac{a\times c}{b\times d}=\frac{4\pi m}{25.4}\text{（螺距扩大机构传动比为}\frac{60}{60}\text{）} \tag{15-4}$$

或

$$\frac{a\times c}{b\times d}=\frac{\pi m}{25.4}\text{（螺距扩大机构传动比为}\frac{96}{24}\text{）} \tag{15-5}$$

多头蜗杆交换齿轮公式为

$$\frac{a\times c}{b\times d}=\frac{\pi m_{z_1}}{25.4}\text{（螺距扩大机构传动比为}\frac{96}{24}\text{）} \tag{15-6}$$

由于蜗杆尺寸有π这一无理数，所以在计算交换齿轮时会产生一定的误差，影响加工精度。查阅蜗杆交换齿轮表，可减小计算误差。S7332型螺纹磨床单头蜗杆交换齿轮表见表15-6。

表15-6 S7332型螺纹磨床单头蜗杆交换齿轮表

$i=\frac{4\pi m}{25.4}=\frac{47m}{95}\left(\text{螺距扩大机构传动比}\frac{60}{60}\right)$

m	a	b	c	d
1	47	100	100	95
1.25	47	95	105	84
1.5	94	76	60	100
1.75	94	76	63	90
2	94	72	72	95

（续）

$i=\frac{4\pi m}{25.4}=\frac{47m}{95}\left(\text{螺距扩大机构传动比}\frac{60}{60}\right)$				
2.25	94	76	81	90
2.5	94	80	80	76
2.75	94	76	88	80
3	94	70	84	76
3.25	94	48	78	95
3.5	94	48	84	95
3.75	94	48	90	95
4	94	45	90	95
$i=\frac{\pi m}{25.4}=\frac{47m}{95\times4}$（螺距扩大机构传动比$\frac{96}{24}$）				
m	*a*	*b*	*c*	*d*
4.5	94	76	45	100
5	47	100	100	76
5.5	94	76	66	120
6	94	76	60	100
8	94	72	72	95

例2：已知双头蜗杆，模数 $m=4\text{mm}$，求交换齿轮计算值。查交换齿轮选取手册求交换齿轮。

解：按公式(15-6)计算

$$\frac{a\times c}{b\times d}=\frac{\pi m z_1}{25.4}=\frac{3.1416\times4\times2}{25.4}$$

$$=\frac{25.1328}{25.4}=0.98948$$

查交换齿轮表，得交换齿轮 $a=94$，$b=72$，$c=72$，$d=95$。

2. 调整砂轮架倾斜角

蜗杆的导程角较大，需将砂轮架倾斜，导程角按下式计算

$$\tan\gamma=\frac{p_z}{\pi d_1}=\frac{z_{1m}}{d_1} \tag{15-7}$$

调整时松开砂轮架下体壳的偏心压紧轴，转动手轮使砂轮架倾斜 γ。调整后将偏心压紧，以防止砂轮架振动。

例3：已知双头蜗杆 $d_1=\phi44\text{mm}$，模数 $m=4\text{mm}$ 求导程角。

解：　按公式(15-7)计算

$$\tan\gamma=\frac{z_1 m}{d_1}=\frac{2\times4}{44}=0.1818$$

得　　　　$\gamma=10.3°$

3. 砂轮的修整

按齿型修整砂轮。S7332型螺纹磨床采用专用自动修整器修整砂轮。如图15-5所示，修整时调整样板座的角度以及外圆和侧面的修整速度，使修整砂轮的宽度小于蜗杆牙底的宽度，轴向直廓蜗杆齿根槽宽可按公式计算

$$e_f = 0.687\text{m} \tag{15-8}$$

样板座的调整角度为蜗杆的法向齿形角，按下式计算

$$\tan\alpha_n = \tan\alpha_x \cos\gamma \tag{15-9}$$

式中　α_n——法向齿形角(°)；

α_x——轴向齿形角(°)；

γ——导程角(°)。

例4：已知双头蜗杆，模数 $m=4\text{mm}$，导程角 $\gamma=10.3°$，求蜗杆齿根槽宽度及样板座调整角度。

解：按公式(15-8)得

$$e_f = 0.697m = 0.697\times4\text{mm} = 2.788\text{mm}$$

样板座调整角度按公式(15-9)计算

$$\begin{aligned}\tan\alpha_n &= \tan\alpha_x\cos\gamma\\ &= \tan20°\times\cos10.3°\\ &= 0.36397\times0.9839\\ &= 0.3581\end{aligned}$$

$$\alpha_n = 19°41'$$

4. 砂轮的补偿修整

磨削时，由于轴向直廓蜗杆的导程大，齿面又相当深，故砂轮对齿面的干涉比较严重。砂轮对齿面干涉的原因是蜗杆齿顶圆直径、齿根圆直径和分度圆处的导程角不相等，故当按分度圆处调整砂轮倾角后，砂轮的锥面会在齿顶圆和齿根圆处发生干涉，使齿形磨成凸鼓形(图15-9)。当导程角大于4°时，就会明显发生干涉现象。减少齿形干涉的方法是重新调整砂轮架倾角，并重新修整砂轮，以减小齿形的凸形误差。产生齿形误差的另一原因是砂轮处于法向位置。有条件的可采用专用修整器样板修整砂轮，以提高齿形精度。

图15-10所示为采用专用修整弯尺修正砂轮。金刚石固定在弯尺上，弯尺沿着定位圆柱移动，通过调整弯尺夹角α，即可将砂轮修整成凸形锥面(要修整砂轮两面)，以减小蜗杆齿形的凸形误差。此结构简单，使用方便。

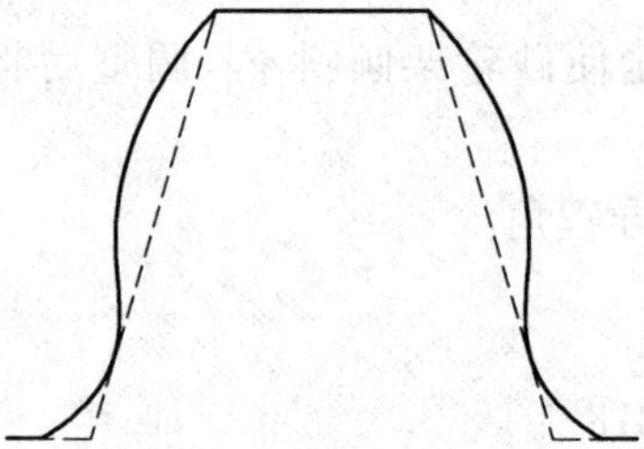

图15-9　蜗杆的齿形误差

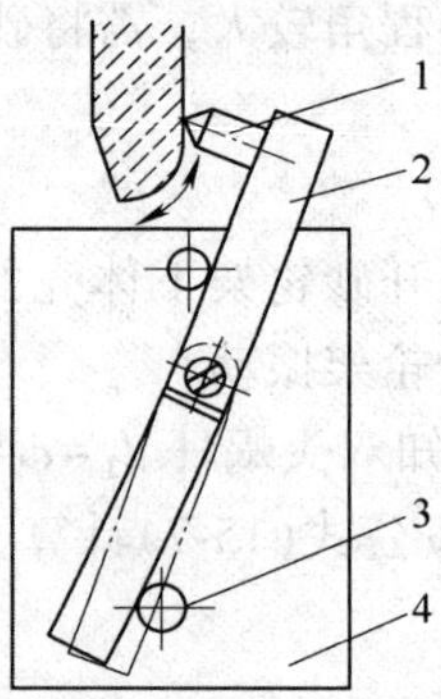

图15-10　采用专用修整弯尺修正砂轮

1—金刚石　2—弯尺　3—圆柱　4—底板

要获得较好的效果，就要使用机床附件。S7332 型螺纹磨床备有的附件是反靠法修整器及靠模样板装置。

图 15-11 所示为 S7332 型螺纹磨床反靠法修整器。修整架固定在螺纹磨床头架及尾座顶尖间。修整时，修整架由头架传动低速回转，且随工作台作螺旋运动。其螺距交换齿轮与被磨蜗杆一致。转动手柄 1 使装有金刚石夹持器 3 的滑枕 4 沿 V 形导轨前后移动修整砂轮一侧。修整器调整是在修整器定位块 6 与定位柱 7 间垫入量块，以调整修整角度，量块尺寸 M 按下式计算

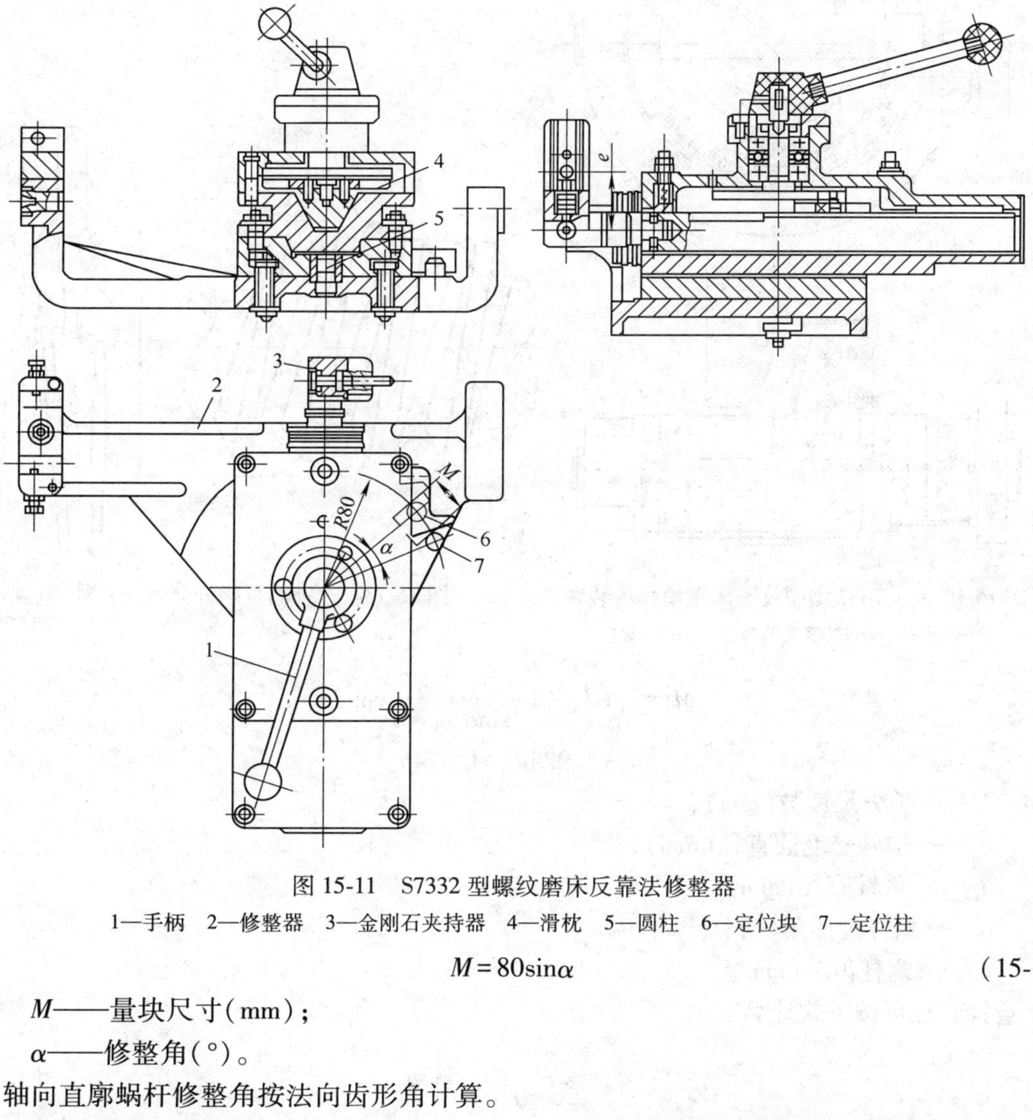

图 15-11 S7332 型螺纹磨床反靠法修整器

1—手柄 2—修整器 3—金刚石夹持器 4—滑枕 5—圆柱 6—定位块 7—定位柱

$$M = 80\sin\alpha \tag{15-10}$$

式中 M——量块尺寸(mm)；

α——修整角(°)。

轴向直廓蜗杆修整角按法向齿形角计算。

调整金刚石尖端离顶尖中心线高度 e，可使金刚石尖端获得不同的修正轨迹。

轴向直廓蜗杆金刚石尖端调整高度 $e=0$。

按上述调整后即可修整砂轮一侧，然后用靠模样板装置修磨螺纹磨床修整器的样板。靠模样板装置如图 15-12 所示。将靠模样板装置固定在螺纹磨床两顶尖间，由水平仪调整装置于水平位置。将被修磨样板用螺钉固定后，按刻度板 3 使样板回转一个蜗杆的导程角 γ，用

修整好的砂轮采用纵向切入法磨样板。修磨样板后，将修磨的两块样板代替修整器中原有的样板，安装在螺纹磨床修整器上。经修磨的样板为中凹形面，砂轮再经反靠修整后，砂轮两侧为中凸的锥面，以减小蜗杆的齿形误差。

5. 精度检验及误差分析

（1）三针测量分度圆直径　图15-13所示为用三针测量蜗杆分度圆直径的方法。千分尺读数可按下式计算

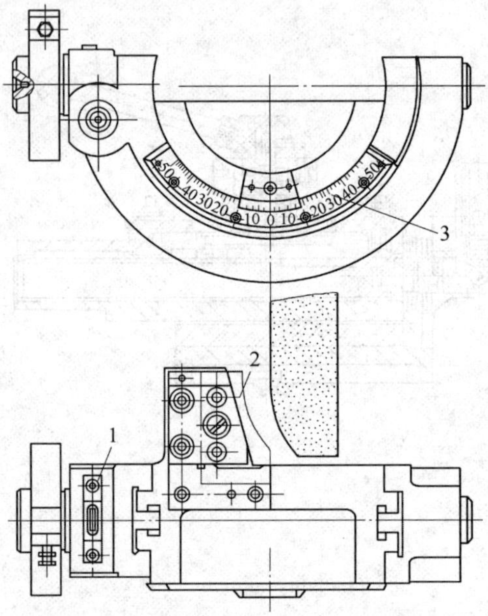

图15-12　S7332型螺纹磨床靠摸样板装置

1—水平仪　2—被修磨的样板　3—刻度板

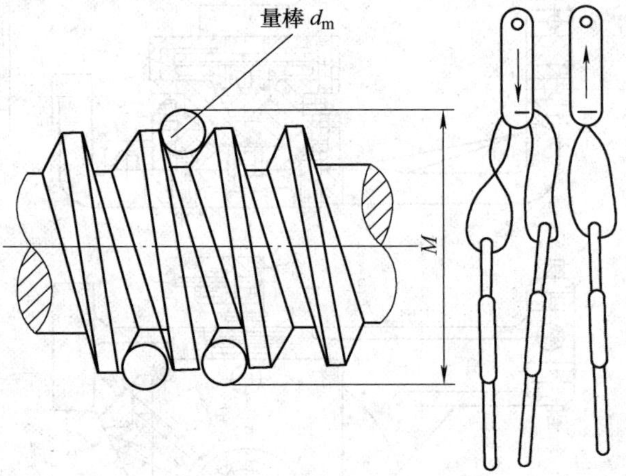

图15-13　三针测量蜗杆分度圆直径

$$M=d_1+d_m\left(1+\frac{1}{\sin\alpha}\right)-\frac{p_x}{2}\cot\alpha$$

$$=d_1+3.924d_m-1.374p_x \tag{15-11}$$

式中　M——千分尺读数（mm）；

d_1——蜗杆分度圆直径（mm）；

d_m——量针直径（mm）；

α——蜗杆齿形角（°）；

p_x——蜗杆齿距（mm）。

量针直径可按下式计算

$$d_m=\frac{p_x}{2\cos\alpha}=0.533p_x \tag{15-12}$$

由于导程角 γ 的影响，使三针测量的读数相应受到影响。当 $\gamma>5°$ 时需加以修正。即三针测量的读数为

$$M_1=M+\Delta M \tag{15-13}$$

修正计算公式为

$$\Delta M=d_m\tan^2\gamma\cos\alpha\cot\alpha/2 \tag{15-14}$$

式中 M_1——修整后千分尺读数(mm);

ΔM——修正量(mm);

d_m——量针直径(mm)

α——齿形角(°);

γ——导程角(°)。

蜗杆的修正计算公式为

$$\Delta M = 1.2909 d_m \tan^2\gamma \tag{15-15}$$

(2) 单针测量分度圆直径 图15-14所示,蜗杆的分度圆直径也可用单针测量。测量时,以蜗杆的齿顶圆直径为基准。千分尺读数 M_0 可按下式计算

$$M_0 = \frac{M + d_{a1}}{2} \tag{15-16}$$

式中 M_0——单针测量千分尺读数(mm);

d_{a1}——蜗杆齿顶圆直径(mm);

M——三针测量千分尺读数(mm)。

(3) 齿距和齿形角的测量 蜗杆的齿距和齿形角可用万能工具显微镜测量。图15-15a所示为万能工具显微镜,该仪器是利用光学系统进行测量。光学系统由光源发出的光经聚光镜、滤色片、透镜、光阑、反射镜、透镜和玻璃工作台,将工件轮廓经物镜、反射棱镜投射到目镜的焦平面上,从而在目镜中观察放大的轮廓影像。图15-15b所示为蜗杆齿形角测量的目镜影像。测量时,转动纵向和横向千分尺并调节目镜手轮,使目镜中的A-A虚线与蜗杆投影的一侧牙型重合。此时,角度读数(目镜中显示的读数)即为该齿侧的齿形角。

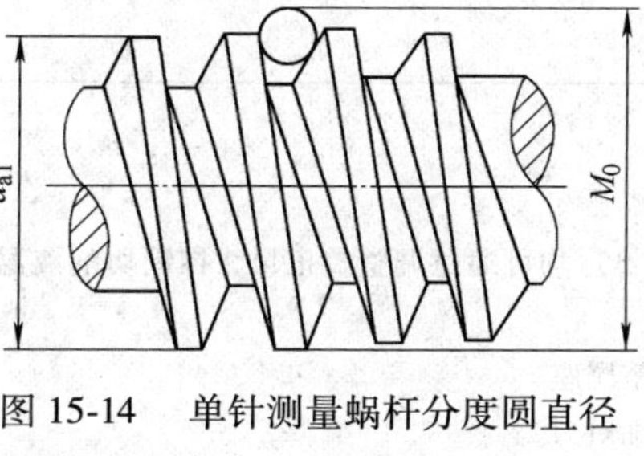

图15-14 单针测量蜗杆分度圆直径

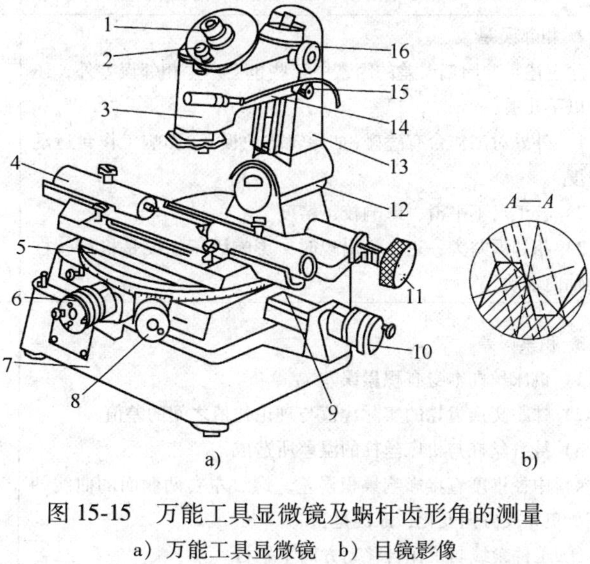

图15-15 万能工具显微镜及蜗杆齿形角的测量

a) 万能工具显微镜 b) 目镜影像

1—目镜 2—角度目镜 3—横臂 4—顶尖

5—工作台 6、10—千分尺 7—底座

8、11—滚滑轮 9—量块 12—支座

13—立柱 14—悬臂 15—螺钉 16—手轮

测量法向齿距、齿厚尺寸时,需尺寸转换。多头蜗杆的法向齿距按下式计算

$$p_{zn} = \cos\gamma p_Z \tag{15-17}$$

式中 p_{zn}——法向导程(mm)；

p_Z——轴向导程(mm)；

γ——导程角(°)。

(4) 误差分析 影响蜗杆齿距精度的是主轴的径向圆跳动、螺纹磨床的交换齿轮系统及螺纹磨床丝杠的误差等，磨削力和磨削热也影响加工精度。由于蜗杆的齿距含有π这个无理数，故存在着理论齿距误差。这些误差可通过调整校正尺校正。在磨床螺纹传动链中，主动齿轮的影响较大，因此应注意齿轮工作面的质量。

螺纹误差产生原因及消除方法见表15-7。

表15-7 螺纹误差产生原因及消除方法

产生原因	消除方法
1. 螺距周期误差 (1) 主轴系统 1) 主轴间隙大，顶尖径向圆跳动太大 2) 主轴轴向窜动量大，窜动量对工件螺距的影响是1:1 3) 头架主轴传动齿轮系统的运动误差和安装误差 4) 头架主轴旋转不均匀，造成中径磨量不一致，影响周期误差和中径圆柱度误差 (2) 机床丝杠系统 1) 机床丝杠轴向窜动 2) 机床丝杠径向圆跳动 3) 机床丝杠本身的螺距误差反映在工件周期误差上 4) 机床丝杠与螺母半角不一致，或安装偏差造成接触不良	(1) 主轴系统 1) 调整间隙，修磨顶尖，使径向圆跳动小于0.002mm 2) 修磨主轴轴肩，使端面圆跳动小于0.01mm 3) 更换误差大的齿轮，仔细安装齿轮 4) 检查直流电动机，使转速稳定 (2) 机床丝杠系统 1) 修磨丝杠台阶面，使轴向窜动在0.001mm以内 2) 误差太大应重新修磨 3) 机床丝杠螺距精度应为六级。若超差，应重新修磨 4) 检查螺母与丝杠的接触情况，有半角误差的要重新修磨，安装时要仔细找正
2. 相邻误差 除上述影响周期误差的因素中某些也会产生相邻误差外，还有以下几项： 1) 外界对工作台有磕碰(如导轨防护板)，影响工作台运动精度 2) 校正尺不平滑，影响校正精度 3) 相邻误差为一正一负出现时，影响因素主要是机床丝杠的轴向窜动	1) 检查、清除磕碰原因 2) 修研校正尺的工作面和触面的圆弧面 3) 消除方法与机床丝杠系统中的相同
3. 积累误差 1) 机床丝杠本身有积累误差 2) 螺距交换齿轮的实际比值与理论比值之间的差值 3) 被磨丝杠与机床丝杠的温差所造成 4) 中径锥度直接影响累积误差，螺纹左右两侧面的曲线朝正、负相反方向变化，原因是： ① 工件素线与工作台移动方向不平行 ② 对刀不正确 ③ 磨削温度变化过大 ④ 单面磨削，两侧温差较大 ⑤ 由头架向尾座方向磨削，工件温升造成两侧磨量不均匀 ⑥ 砂轮磨损	1) 2) 3) 均可通过调整校正尺、控制切削液温度来纠正 ① 调整尾座 ② 仔细对刀 ③ 减小进给量，加大切削液的流量 ④ 用双面磨削 ⑤ 改由尾座向头架方向磨削 ⑥ 选用合适砂轮

第16章

齿 轮 磨 削

齿轮是重要的传动零件，也是最具有代表性的机械零件，在各种工业设备中都要大量而广泛地使用齿轮。本章将介绍齿轮磨削的方法和砂轮的选择以及齿轮磨床的传动系统等知识。

16.1 齿轮磨削的方法

齿轮磨削的方法有两种：成形砂轮磨削法和展成磨削法，下面分别进行讲述。

16.1.1 成形砂轮磨削法

1. 成形砂轮磨削法的工作原理

用成形砂轮磨削法磨齿就是利用渐开线成形砂轮磨削齿轮的渐开线齿形。因此，机床不需要作展成运动，机床结构相对比较简单，需要一套较复杂的砂轮修整装置，按不同的模数把砂轮修成渐开线齿形。在磨削直齿外齿轮(图16-1a)和直齿内齿轮(图16-1b)时，砂轮轴线垂直于齿轮的轴线；砂轮截形的中心平面和被磨齿槽的中心线重合，砂轮的截形就是齿槽的截形。

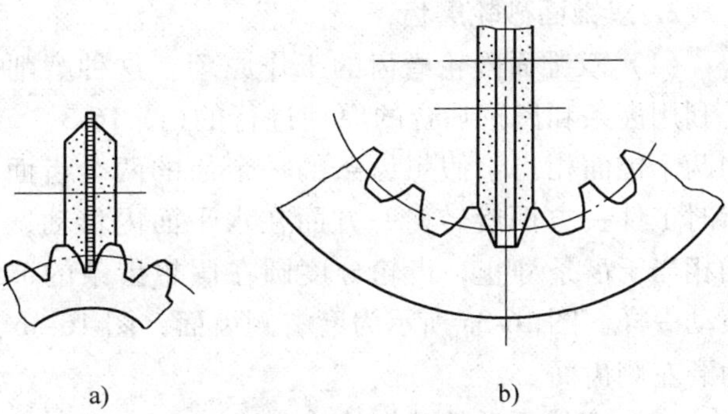

图16-1 成形砂轮磨削法磨齿
a）磨削直齿外齿轮 b）磨削直齿内齿轮

采用成形砂轮磨削法磨齿时无展成运动，齿轮分度由分度机构的分度盘完成。

2. 成形砂轮磨削法磨齿的特点

1） 磨削接触面积大，易烧伤齿面，磨削时必须要用切削液充分冷却。

2） 齿形精度取决于砂轮的成形精度，修整砂轮比较复杂。

3） 生产率比较高。

16.1.2　展成磨削法

展成磨削法磨齿是依靠工件相对砂轮作有规则的运动来获得渐开线齿形的方法。常见有以下几种磨削方法。

1. 双片碟形砂轮磨齿

（1）双片碟形砂轮磨齿的工作原理　两片碟形砂轮倾斜安装后即构成假想齿条的两个侧面，其斜角分别等于齿轮的压力角。磨削时工件采用钢带基圆盘按展成法原理工作，基圆盘与钢带之间的纯滚动和工件分度圆与砂轮节线之间的纯滚动是一致的。一个齿槽的两侧磨完后，工件即快速退离砂轮，然后进行分度，以便磨下一个齿槽。

双片碟形砂轮磨齿常用15°/20°磨削法和0°磨削法，如图16-2所示。采用15°/20°磨削法磨削齿轮，齿面上是网状纹，它对齿面润滑有利；采用0°磨削法可对被磨齿轮的齿形进行修正及磨削鼓形齿。

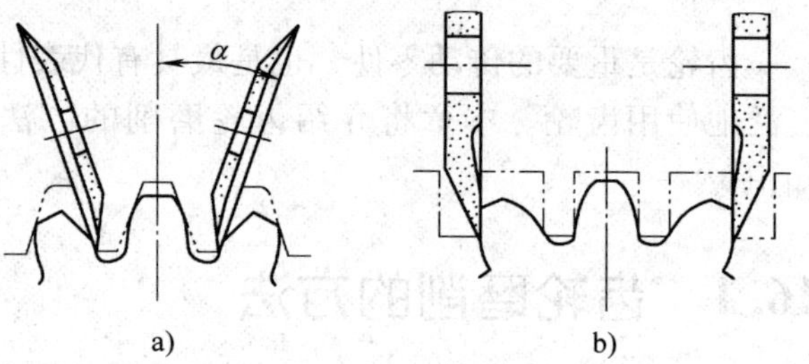

图16-2　双片蝶形砂轮磨齿方法

a) 15°/20°磨削法　b) 0°磨削法

（2）双片碟形砂轮磨齿的特点

1）参加磨削的砂轮接触面窄，易修整，发热少。

2）采用钢带基圆盘展成和分度盘分度，磨削齿轮精度高。

3）砂轮较薄，刚性较差，磨削深度不能太深，生产率相对较低。

2. 双锥面砂轮磨齿

（1）双锥面砂轮磨齿的工作原理　这种磨削方法是利用齿条和齿轮啮合的原理进行的(图16-3)。砂轮的两个锥面相当于假想齿条的一个齿的两个齿面。磨齿时工件一方面旋转，一方面在水平面内移动，其运动相当于齿条静止，齿轮分度圆在假想齿条的节线上滚动一样。图16-3a所示为磨右侧齿面，图16-3b所示为磨左侧齿面。

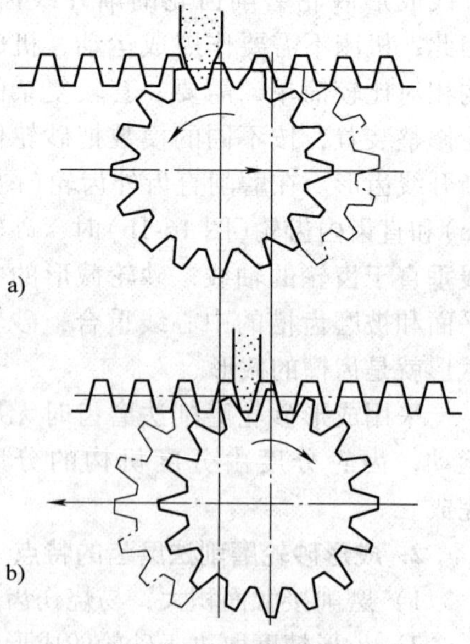

图16-3　双锥面砂轮磨齿

（2）双锥面砂轮磨齿的特点

1）砂轮壁厚，刚性较好，可用大切削量加工。

2）磨头往复运动有冲击，影响加工质量，磨削齿轮精度较前一种磨削方法低。

3）生产率相对较高。

3. 蜗杆砂轮磨齿

（1）蜗杆砂轮磨齿的工作原理　蜗杆砂轮磨齿的工作原理类似于滚刀切削齿轮，蜗杆砂轮相当于一个渐开线蜗杆，其法向基圆齿距等于被磨齿轮的法向基圆齿距。磨齿时，蜗杆砂轮和被磨齿轮相对转动啮合，如图16-4所示。其传动速比取决于蜗杆砂轮的头数和被磨齿轮的齿数。当蜗杆砂轮的螺线是单头时，砂轮每

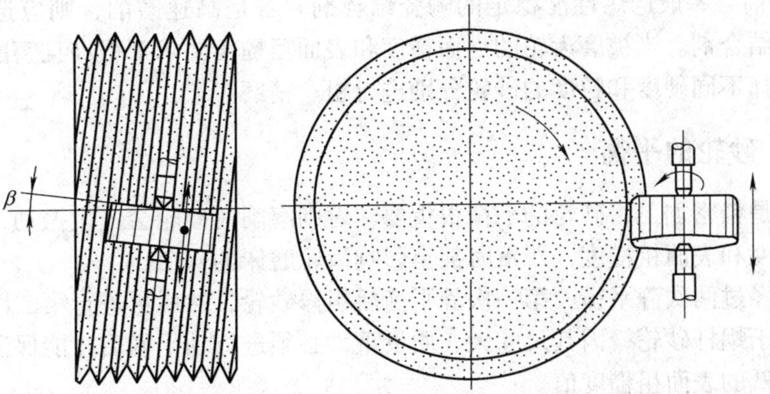

图16-4 蜗杆砂轮磨齿

转一周被磨齿轮转过一个齿；当蜗杆砂轮的螺线是双头时，砂轮每转一周被磨齿轮转过两个齿。和滚齿一样，用蜗杆砂轮磨齿时，砂轮还需沿被磨齿轮的轴线进给移动，以便使被磨齿轮的全部齿宽都被磨到。磨削斜齿轮时，还需通过差动装置使被磨齿轮得到一个附加转动，从而获得所需的螺旋角。图16-5所示为YA7232B型蜗杆砂轮磨齿机，机床采用晶闸管同步变频调速电动机，并用电气校正系统来保证砂轮主轴和工件主轴之间的传动精度。砂轮用金刚滚轮修整器修整。

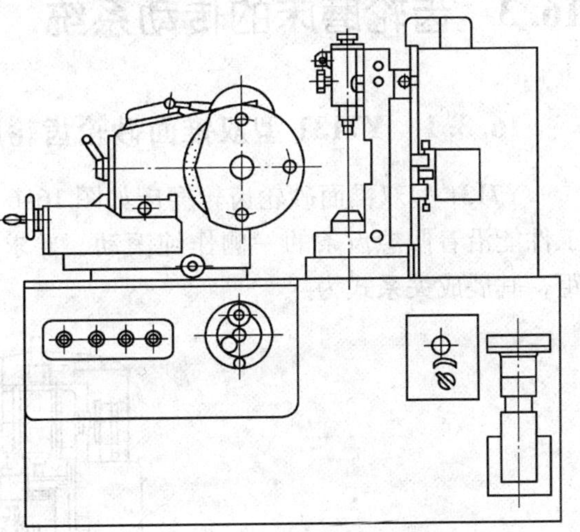

图16-5 YA7232B型蜗杆砂轮磨齿机

（2）蜗杆砂轮磨齿的特点

1）砂轮成形要求高，修整比较复杂。

2）展成运动和分度运动是连续的，因此生产率很高。

3）磨削齿轮精度较高。

16.2 砂轮的选择和平衡

16.2.1 砂轮的选择

（1）磨料　当被磨齿轮的材料为一般牌号的淬硬合金钢和高速钢时，磨料应选用白刚玉（WA）、铬刚玉（PA）或白刚玉和铬刚玉的混合磨料。

（2）硬度　被磨齿轮的硬度越高，选用砂轮的硬度应越软。用成形砂轮磨齿时，因砂轮的接触面大，易烧伤齿面，应选用稍软的砂轮，但为保持砂轮的形状精度，也不能过软。干磨时，因散热差，选用的砂轮硬度也应偏软些。

（3）粒度　粒度的选择应能保证被磨齿轮的齿面精度和表面粗糙度，齿面精度越高和表面粗糙度值要求越低时，选择粒度应越细。

（4）结合剂　一般选用性能稳定的陶瓷结合剂。若是高速磨削，则应选用适合高速磨削的特殊陶瓷结合剂。当被磨齿轮的齿面精度和表面粗糙度要求都很高且磨削余量又比较大时，最好能选择不同硬度和粒度的砂轮分别进行粗、精磨。

16.2.2　砂轮的平衡

齿轮磨削是精密加工，砂轮的平衡很重要。否则磨削时砂轮会产生振动，且会影响被磨齿轮齿面的精度和表面粗糙度，严重时甚至影响齿轮磨床的寿命。

砂轮必须经过两次静平衡，第一次静平衡后粗修砂轮，然后再进行第二次静平衡，最后精修砂轮。对于蜗杆砂轮，因其尺寸大、质量重，必须进行动平衡后才能保证被磨齿轮有较高的精度和较低的表面粗糙度值。

16.3　齿轮磨床的传动系统

16.3.1　Y7131 型双锥面砂轮齿轮磨床的展成运动系统

Y7131 型双锥面砂轮齿轮磨床如图 16-6 所示，磨齿的传动系统如图 16-7 所示。为了使工件能沿着假想齿条的一侧作纯滚动，要求工件转过一齿的同时，工作台相应移动一个齿距，其展成关系式为

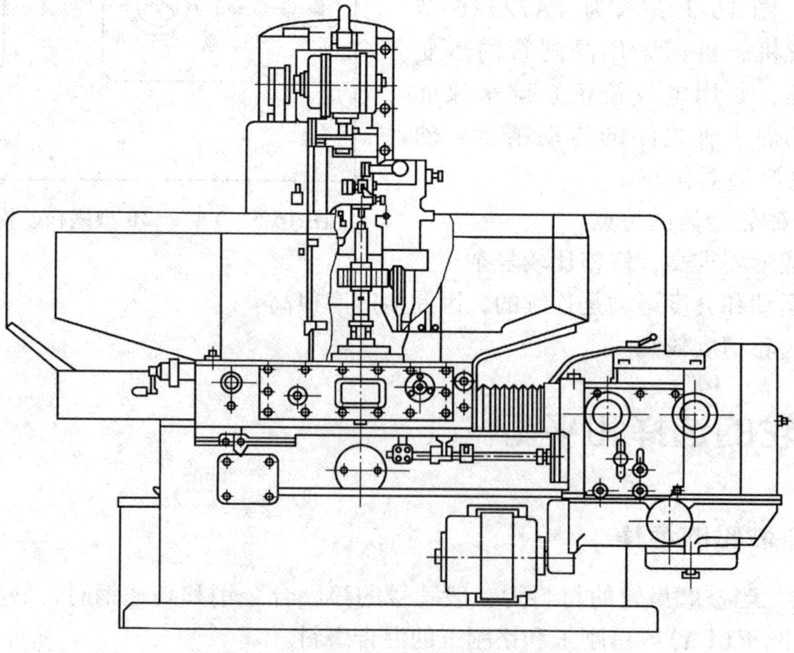

图 16-6　Y7131 型双锥面砂轮齿轮磨床

$$\frac{1}{z}\times\frac{71}{2}\times\frac{32}{22}\times\frac{24}{22}\times\frac{d\times b}{c\times a}\times\frac{40}{72}\times 6=\pi m \tag{16-1}$$

式中　z——工件齿数；

a、b、c、d——变换齿轮的齿数；

m——模数（mm）。

式（16-1）经整理后，可得到交换齿轮公式

$$i=\frac{a\times c}{b\times d}=\frac{59.7686}{mz} \tag{16-2}$$

式中　59.7686——机器常数。

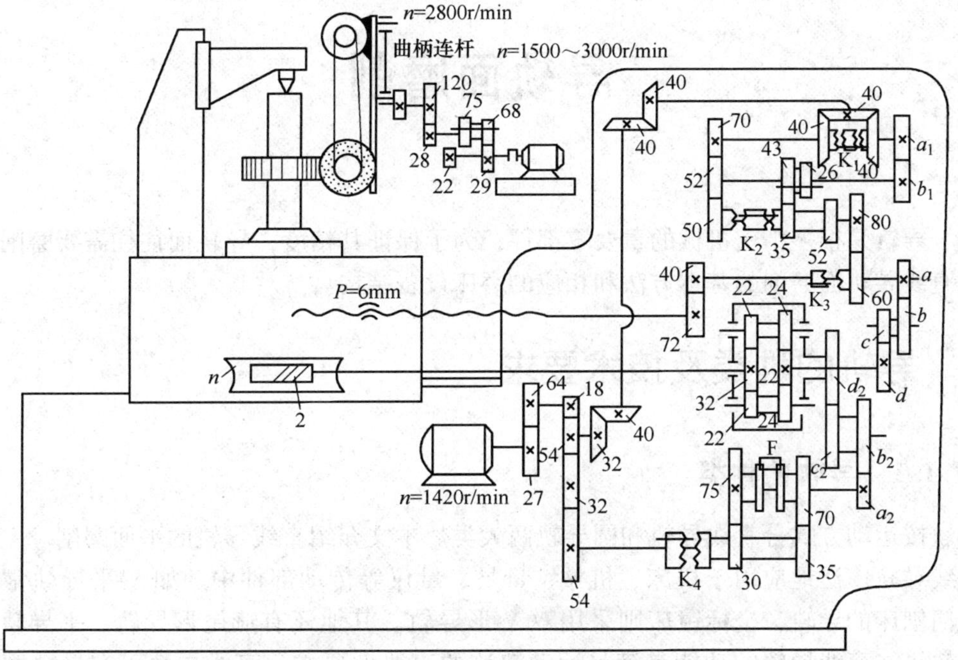

图16-7　*Y*7131型双锥面砂轮齿轮磨床传动系统

16.3.2　分齿运动

完成一个磨齿循环以后，机器作分齿运动，以便在下一个循环中磨削另一个齿槽。

分齿时，离合器 K_2 向左啮合，工作台快速运动，使工件快退砂轮；离合器 K_3 再脱开，工件展成运动停止，与此同时定位块F脱开，离合器 K_4 啮合，使 $z=75$ 与 $z=70$ 作相对运动，当齿轮 $z=30$ 转过10圈后，定位块F镶入，分齿结束。其分齿关系式为

$$10\times\frac{30}{75}\times\left(\frac{a_2}{b_2}\times\frac{c_2}{d_2}\right)\times i_{差动}\times\frac{2}{71}=\frac{1}{z} \tag{16-3}$$

式中　$i_{差动}$——分度差动机构传动比，本机床为71/192。

整理上式后得到差动交换齿轮公式为

$$\frac{a_2\times c_2}{b_2\times d_2}=\frac{24}{z} \tag{16-4}$$

式中　24——机器常数。

16.3.3　左右齿面对刀

磨齿机工作台滑板由丝杠传动，作展成往复运动，其中的间隙会影响左右齿面的切入量和余量。同时，因砂轮宽度小于工件齿槽宽度，也会使左右齿面的切入量不等。机床有间隙选择机构，由两手轮调整磨削火花，使左右齿面保持相等的磨削量。

第 17 章

导轨面磨削

导轨是很多精密机械的重要零部件，为了保证其精度，导轨面往往需要磨削。本章将介绍直线导轨面磨削的基本方法和相应的磨床设备结构。

17.1　导轨的种类及技术要求

17.1.1　导轨的种类

导轨按运动方式分直线导轨和圆导轨两大类。本文介绍直线导轨的平面磨削。

直线导轨广泛地应用于机床、机械、量具、量仪等传动部件中。如 V-平导轨常用作磨床、龙门刨床的导轨，坐标镗床则采用双 V 形导轨。其他还有燕尾形导轨、平导轨、V-平复合导轨等。直线导轨的功能是满足运动轨迹的直线性要求。直线导轨可在导轨磨床上磨削，也可在平面磨床上磨削。

17.1.2　导轨副的技术要求

导轨副的技术要求主要包括三个方面：

1）直线度公差要求。

2）导轨副接触面的百分率要求。

3）导轨面的表面粗糙度要求。

其中前两点对不同的导轨有不同的技术要求。

17.2　导轨面的磨削方法

下面讲述导轨面磨削的基本方法。

17.2.1　导轨磨削的方式及导轨磨床

导轨是一种平面磨削。

导轨磨床磨削的方式分端面磨削和周边成形磨削两类，如图 17-1 所示。

1. 端面磨削法

（1）端面磨削的特点　端面磨削是应用最广泛的磨削导轨的方式，如图 17-1a 所示。采用端面磨削可磨削不同位置、不同角度的导轨面，通用性较好。如图 17-1c 所示，常用碗型砂轮进行端面磨削。粗磨时使砂轮端面对平面倾斜 3°~5°，以减少砂轮与工件的接触面，改善散热条件。精磨时砂轮倾斜 1°。砂轮直径取 $d=(1.5\sim1.5)B$（B 为导轨面宽度）。端面磨削的表面粗糙度值为 $Ra0.4\mu m$，导轨面为凹平面。

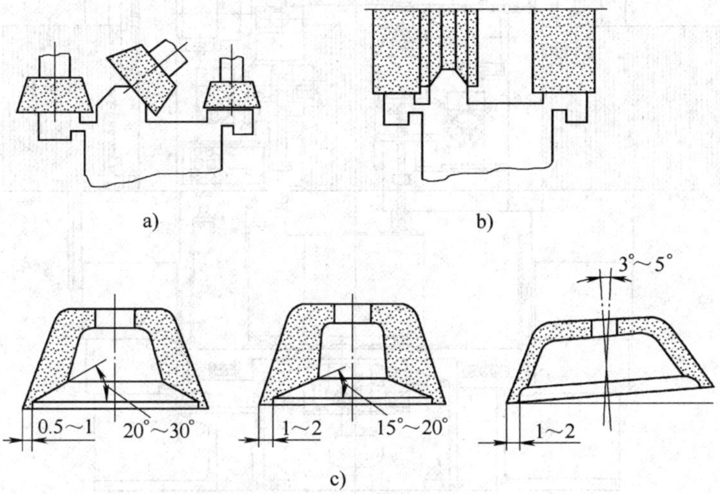

图 17-1　导轨磨削的形式

a）端面磨削　b）周边磨削　c）碗型砂轮

（2）端面磨削的导轨磨床　常用的有落地式导轨磨床、单臂导轨磨床和龙门导轨磨床三种。图 17-2 所示为 M51100 型单臂导轨磨床，有两个磨头。扳转磨头可磨削不同位置、角度的导轨面。精密导轨面采用单配磨削，以床身导轨为基准，配磨工作台导轨面，以达到导轨的精度要求。导轨副的接触面积大于 80%。

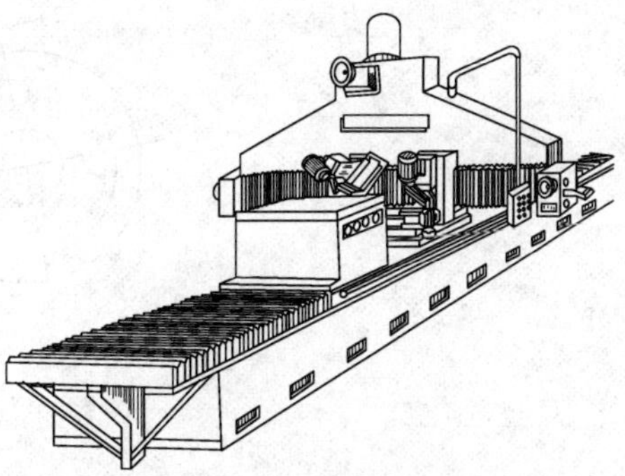

图 17-2　M51100 型单臂导轨磨床

2. 周边成形磨削法

（1）周边磨削特点　周边磨削是一种高效的成形磨削方法，它用多片砂轮同时磨削各导轨面，如图 17-1b 所示。导轨的精度由修整器的修整准确度保证，加工精度比端面磨削更高。磨削时不仅发热少，且易于冷却润滑。磨削的表面粗糙度值可达 $Ra0.2\mu m$。目前，数控定梁龙门式导轨磨床可进行高精度导轨的磨削加工。

（2）周边成形磨削的导轨磨床　图 17-3 所示为龙门式高精度导轨磨床。机床导轨采用静压薄膜反馈式结构，主要采用静压轴承。机床横梁上有两个磨头，均用周边砂轮磨削。一个磨头磨削平导轨面，另一个磨头磨削 V 形导轨面。

图 17-4 所示为磨头结构，通过液动机驱动丝杠 8，可使磨头在水平方向获得点动、连续移动和周期进给。磨头在垂直滑板 2 中也有三种进给：手动进给由手轮 1、蜗轮 7 经驱动丝杠 6 使手轮刻度每格进给 0.002mm；机动进给由液压活塞驱动；磨头的快速升降则由电动机 3 经齿轮 5、蜗杆副 4 驱动丝杠 6 获得。

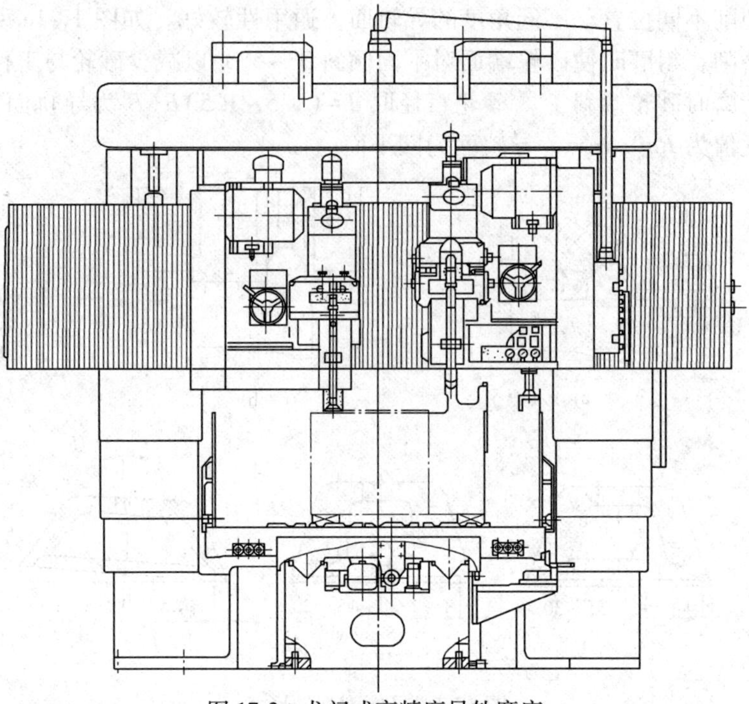

图 17-3　龙门式高精度导轨磨床

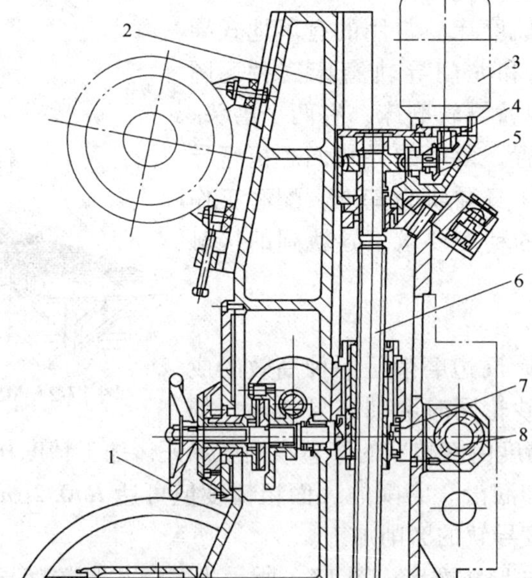

图 17-4　磨头结构

1—手轮　2—垂直滑板　3—电动机　4—蜗杆副　5—齿轮　6—驱动丝杠　7—涡轮　8—液动机驱动丝杠

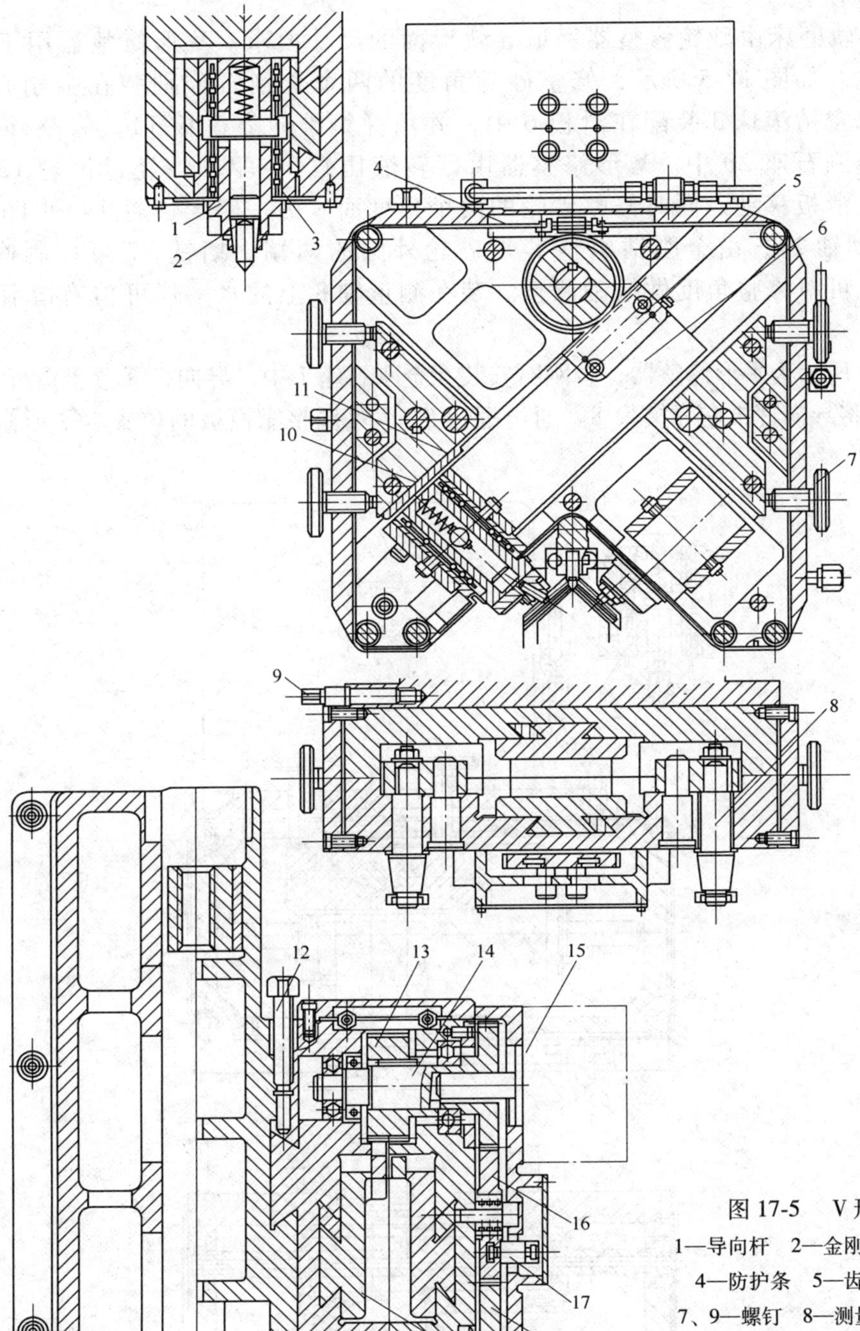

图 17-5 V 形修整器

1—导向杆 2—金刚石座 3—滚珠 4—防护条 5—齿条 6—滑板 7、9—螺钉 8—测量轴 10—测头 11—靠模板 12—螺钉 13、14、16—齿轮 15—回转液压缸 17—挡铁 18—扇形齿轮 19—滑板 20—金刚石座 21—轴 22—切削液喷嘴周边导轨磨床由砂轮修整器保证导轨形面的尺寸要求。V 形修整器用于修整 90°的成形砂轮。如图 17-5 所示，修整砂轮角度的两个金刚石分别装在金刚石座 2 中，导向杆 1 以密植滚珠 3 装配在滑板 6 中，并由弹簧推向靠模板 11。修整外圆的金刚石安装在金刚石座 20 中。V 形修整器由回转液压缸 15 驱动，经过齿轮 13、齿条 5 传动使左右滑板移动，同时修整砂轮的两个角度面。另一路经齿轮 14 和 16、扇形齿轮 18、传动轴 21，由金刚钻修整 V 形砂轮外圆的两端。挡铁 17 可控制修整行程。调节螺钉 7 可对修整角度做精确调整。装在测量轴 8 上的水平仪可精确指示靠模版的调整值。

图 17-6 所示为平形修整器，金刚石安装在金刚石座 1 中，导向杆 2 置于滑杆 11 上，通过弹簧作用将导向杆推向靠模尺 8。通过螺钉 5、7 可调整靠模板的位置。平形修整器由液压缸 12 驱动。

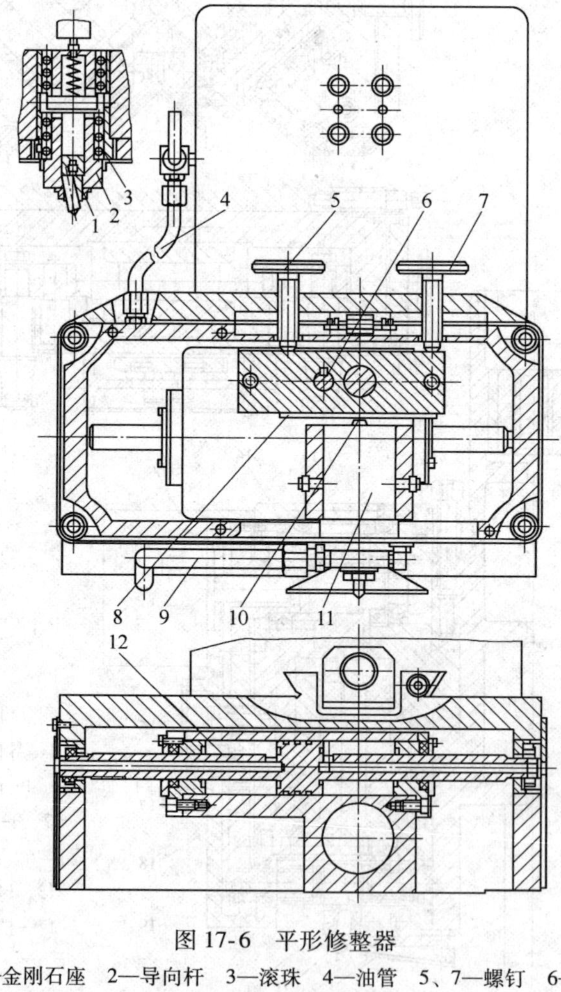

图 17-6　平形修整器

1—金刚石座　2—导向杆　3—滚珠　4—油管　5、7—螺钉　6—轴
8—靠模尺　9—切削液导管　10—测头　11—滑杆　12—液压缸

17.2.2　导轨的制造精度要求及精度检验

导轨是机床中运动部件的重要结构要素。图 17-7 所示为万能外圆磨床床身和工

作台简图。磨床床身及工作台采用 V-平组合导轨结构，V 形导轨面为 90°角，两导轨平行，高度距离尺寸为 210mm。V-平导轨副的截面形状精度是：①V 形导轨的半角误差；②平导轨角度误差；③导轨的等高误差。V-平导轨副的截面形状精度要求能满足导轨副的接触面在纵向不少于 70%，横向不少于 50%。通常，用控制导轨三要素误差的方法来提高导轨副的接触精度。

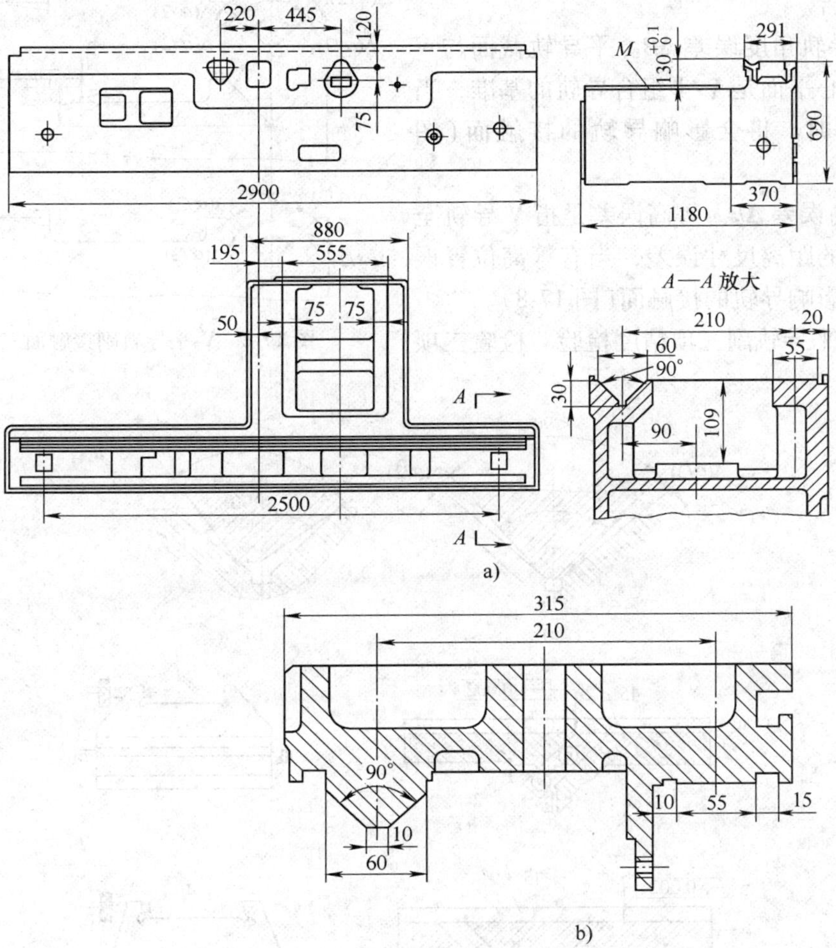

图 17-7　磨床床身及工作台

a) 床身　b) 工作台

移动部件的直线运动精度主要取决于机床导轨的精度，机床导轨的直线运动精度有以下三方面的要求：

1）在水平面内的精度。

2）在垂直平面内的直线度。

3）前后导轨的平行度。

1. V-平导轨副的形状位置精度

（1）V-平导轨副的截面形状精度三要素　图 17-8 所示为 V-平导轨副的接触面三要素，包括三个方面的误差：

1）V 形导轨的半角误差 $\Delta(\alpha/2)$。半角误差是指与基准中心平面成 $\alpha/2$ 角的角度误差。半角误差直接影响导轨副的接触面。当相配的V形导轨的半角不相等时(图17-9a)，导轨的接触面会减小。如图17-9b所示，当半角不对称时，导轨的接触面情况也很差。控制V形导轨的半角误差，能保证导轨截面内的形状能正确吻合。

2）平导轨角度误差 $\Delta\beta$。平导轨截面与V形导轨的中心平面是V-平组合导轨的基准，当平导轨倾斜时，将会影响导轨的接触面(图17-8)。

3）等高误差 Δh。等高误差是指V导轨至平导轨面间的距离尺寸误差，当有等高位置误差时，也会影响导轨的接触面(图17-8)。

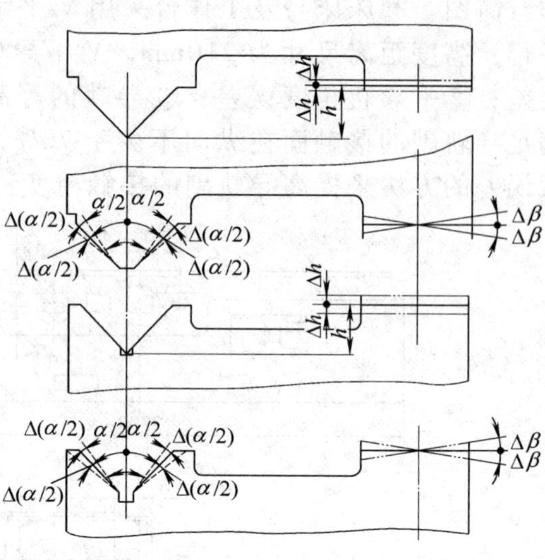

图17-8　V-平导轨副接触面三要素

（2）V-平导轨副三项精度检验　检验三项

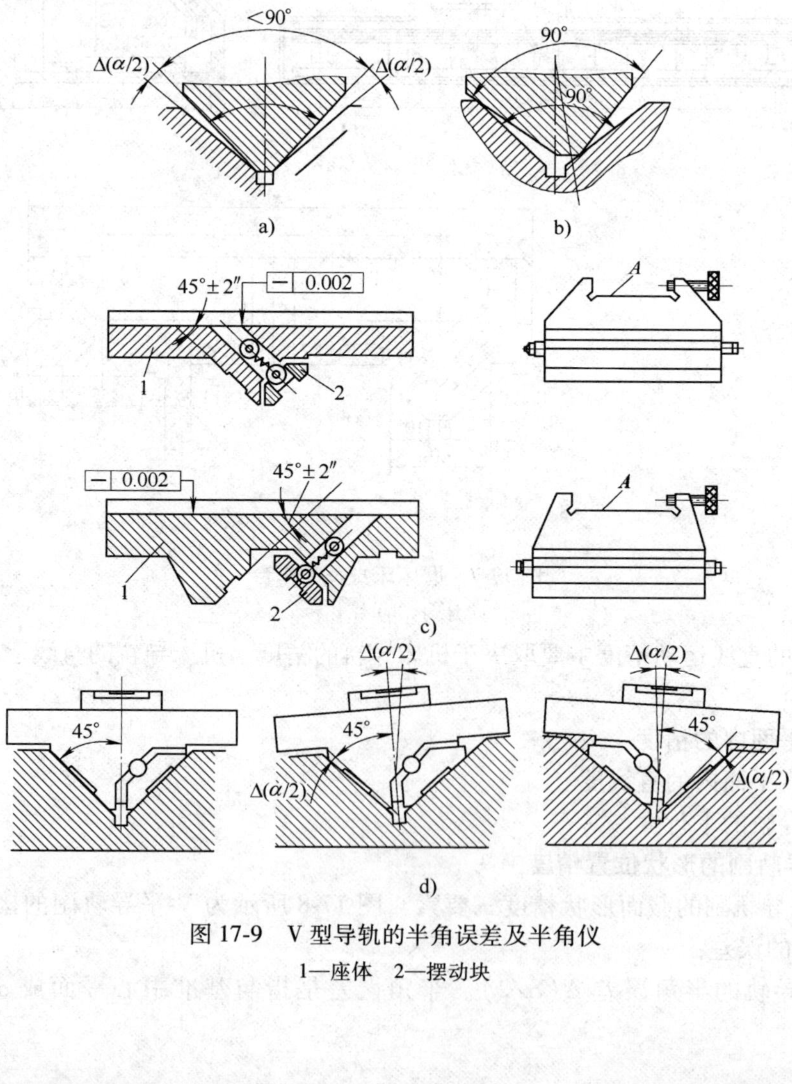

图17-9　V型导轨的半角误差及半角仪

1—座体　2—摆动块

上述误差在公差范围内，就可满足导轨的配磨要求。三项误差的检验方法说明如下：

1）半角误差使用半角仪测量。图 17-9c 所示为测量 V 形导轨半角误差的一套半角仪，由座体 1 和摆动快 2 组成。测量时座体的 45°测量面紧贴被测导轨的一面，摆动块与导轨另一面自动接触。当被侧面有半角误差时，可由安放在座体 A 平面上的水平仪表读出相应读数（图 17-9d）。

2）平导轨角度误差的测量如图 17-10a 所示。使用一套平导轨角度量具进行平导轨角度误差的测量，它由安放在量具上的水平仪读出平导轨的角度误差。

3）等高误差的测量如图 17-10b 所示。等高量具相当于一个理想导轨，测量时可由装在 A 面上的水平仪读出等高误差。

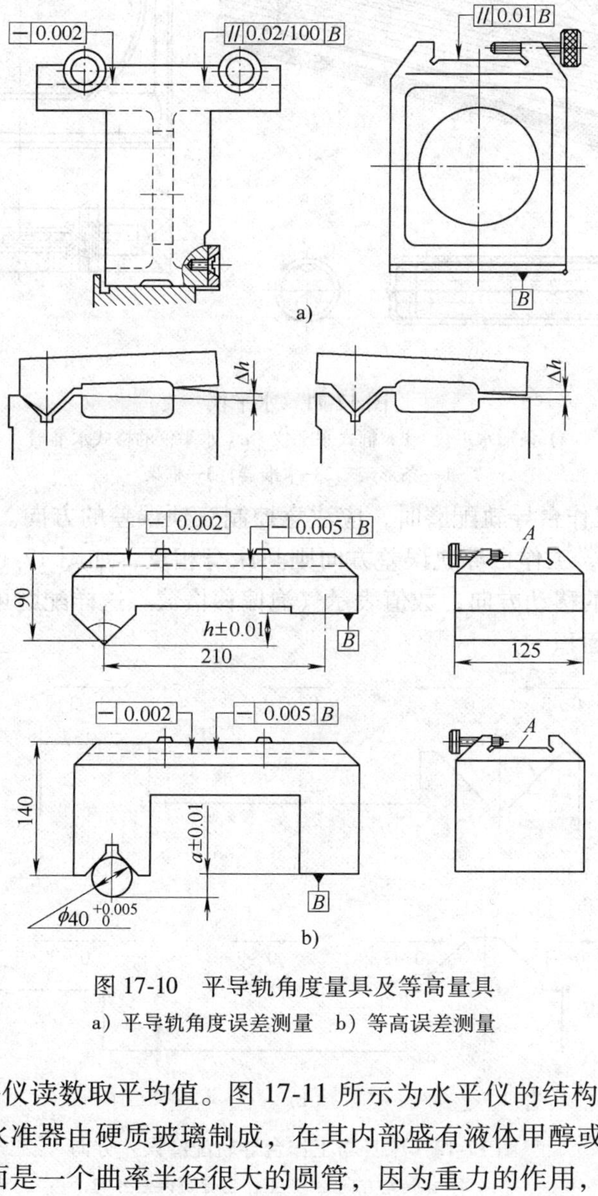

图 17-10　平导轨角度量具及等高量具

a）平导轨角度误差测量　b）等高误差测量

4）测量时对水平仪读数取平均值。图 17-11 所示为水平仪的结构。其中水准器是水平仪的主要结构元件。水准器由硬质玻璃制成，在其内部盛有液体甲醇或乙醇，液体中留有一气泡。水准器的工作面是一个曲率半径很大的圆管，因为重力的作用，水准器中的气泡必定位于工作面的最高位置，即在刻线零位。常用分度值为 0. 02mm/1000mm 的水平仪，其气泡每移动一格是表示在1000mm长度上，两点的高度差为0. 02 mm，即表示斜角为4"。水准器对温度的变化十分灵敏，以致影响水准器的精度。精密的水准器能调节气泡的长度。图17-11c为水平仪的格式水准器，用一个下部有孔的玻璃板把管分为主副两格，可利用副格液体调节主格气泡长度。

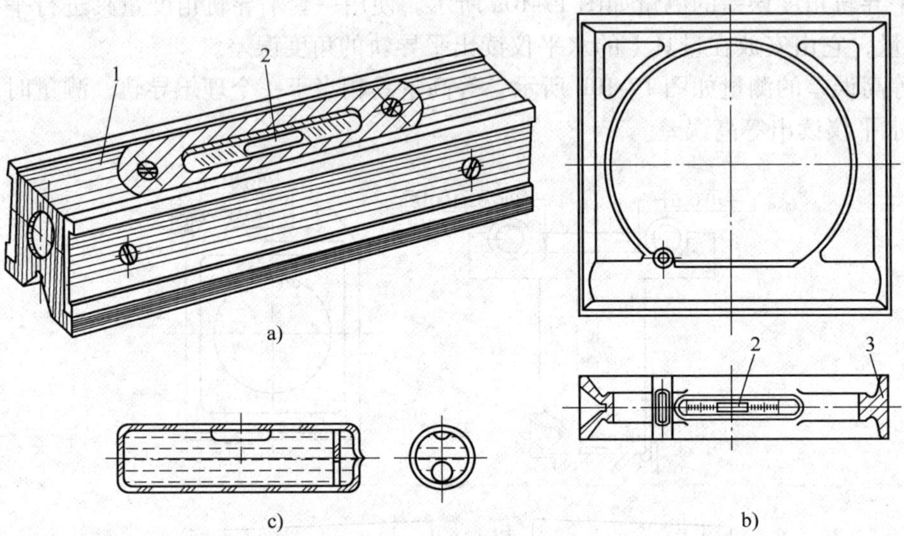

图17-11　水平仪

a）条形水平仪　b）框式水平仪　c）水平仪的格式水准器

1—条形架　2—水准器　3—框架

5）床身导轨与工作台导轨配磨时，应注意控制三项误差的方向。通常规定床身的误差方向如图17-12a所示，工作台导轨误差方向则与床身相反，如图17-12b所示。图中箭头方向表示为水平仪气泡的移动方向，数值表示气泡偏移格数。这样配磨可提高导轨副的接触精度，增加导轨的接触面积。

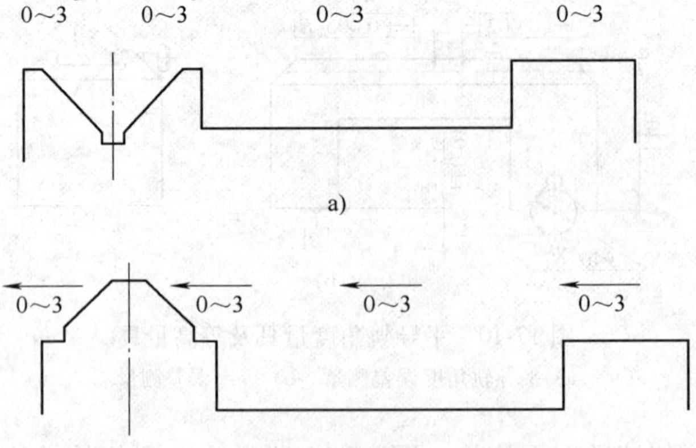

图17-12　床身与工作台导轨配磨误差方向

a）床身误差方向　b）工作台导轨误差方向

2. 导轨的制造精度检验

（1）床身导轨的技术要求　床身导轨的技术要求包括导轨在垂直平面内的直线度、导轨在水平面内的直线度及导轨的平行度公差要求。

（2）用水平仪测量导轨直线度　如图 17-13 所示，通常需将被测导轨在全长上划分成若干等分，并使每一等分的距离等于检具的长度。水平仪放置的方向应与导轨方向一致。测量时，自左向右在导轨全长上依次移动检具，每隔一段记录一次水平仪的读数值，再用作图法或计算法求出导轨的直线度误差。

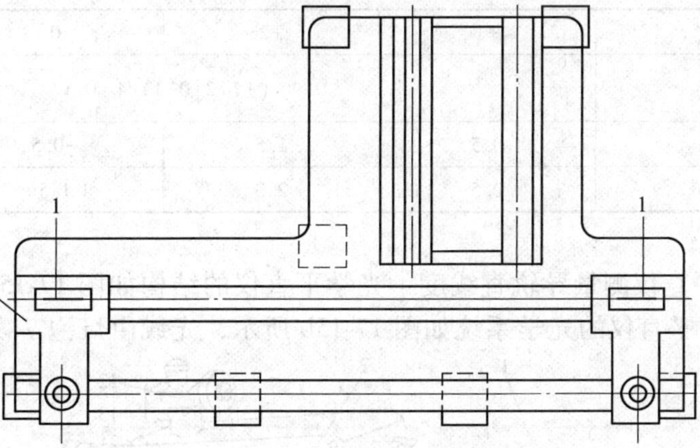

图 17-13　用水平仪测量导轨直线度

1—水平仪　2—检具

1）用作图法求导轨的直线度误差，如图 17-14 所示。图中 x 坐标为导轨长度，y 坐标为水平仪读数值。例如测量长度为 2m 的导轨，检具长度为 250mm，测量 8 段水平仪读数(格数)为："+1"、"+1"、"+2"、"0""-1""-1"、"0"、"-0.5"。其中"+"表示气泡向右移动；"-"表示气泡向左移动。按水平仪读数画出检具的运动曲线。运动曲线与其两端点连线间的最大坐标值为导轨的全长的直线度误差 $\Delta_{max}=0.017\text{mm}$。导轨在 1m 上的直线度误差 $\Delta=0.01\text{mm}$。上述计算经线性换算，水平仪每格读数为 $\frac{0.02}{1000}\times250\text{mm}=0.005\text{mm}$，即 $\Delta_{max}=3.4\times\frac{0.02}{1000}\times250\text{mm}=0.017\text{mm}$，$\Delta=2\times\frac{0.02}{1000}\times250\text{mm}=0.01\text{mm}$。

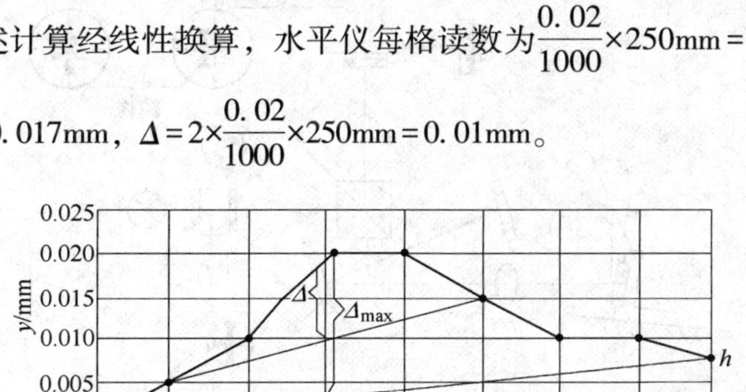

图 17-14　用作图法求导轨的直线度误差

2）用计算法求导轨的直线度误差见表 17-1、表 17-2。分别计算水平仪各读数的代数平均值、相对偏差和累积误差，再经线性换算即可求得相同的结果。

表 17-1　用计算法求导轨的直线度误差实例

气泡移动格数	+1	+1	+2	0	−1	−1	0	−0.5
代数平均值/mm	(+1+1+2+0−1−1+0−0.5)/8=0.1875							
相对偏差/mm	0.8125	0.8125	1.8125	−0.1875	−1.1875	−0.1875	−0.1875	−0.6875
累积误差/mm	0.8125	1.625	3.4375	3.25	2.0625	0.875	0.6875	0

表 17-2　导轨 1mm 直线度误差计算实例

气泡移动格数	+1	+2	0	−1
代数平均值/mm	(+1+2+0−1)/4=0.5			
相对偏差/mm	0.5	1.5	−0.5	−1.5
累积误差/mm	0.5	2.0	1.5	0

（3）用光学平直仪测量导轨直线度　光学平直仪的结构如图 17-15a 所示，它由本体 2 和反射镜 1 组成。平直仪的光学系统如图 17-15b 所示，光线由灯泡 7 发出，使位于物镜焦

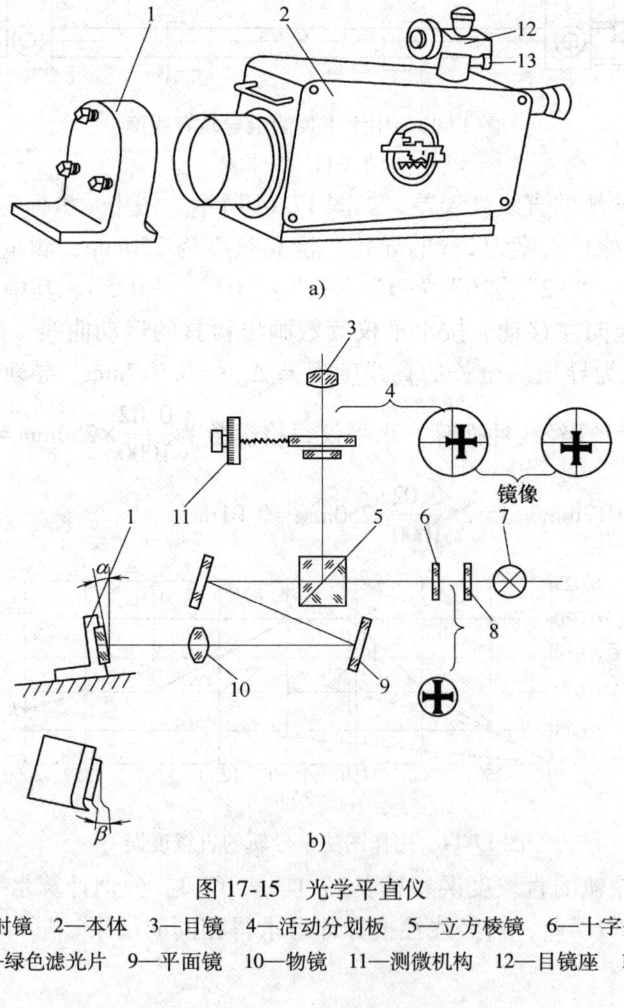

图 17-15　光学平直仪

1—反射镜　2—本体　3—目镜　4—活动分划板　5—立方棱镜　6—十字分划板
7—灯泡　8—绿色滤光片　9—平面镜　10—物镜　11—测微机构　12—目镜座　13—锁紧螺钉

平面上的十字分划板 6 的十字像，经立方棱镜 5、平面镜 9、物镜 10 至反射镜 1，反射光线仍由原光路至立方棱镜 5。由于立方棱镜的对角线上涂有半透明薄膜，故反射回来的一半光线向上反射至活动分划板 4 上。若反射镜 1 倾斜，则在活动分划板上的十字像也随之偏移。其偏移量由测微机构 11 测出。测微机构每格读数 1″，相当于反射镜在长 200mm 的测量座上两端偏差 0.001 mm。可见光学平直仪为精密量仪。光学平直仪的测量方法如图 17-16 所示，将仪器放在水平调整支架上，并将反射镜放在检具上，使反射镜对准光学平直仪。调整目镜位置至测量垂直平面内的直线度位置，如图 17-17a 所示。测量时将反射镜及检具移至被测导轨靠近仪器本体一端，然后调整支架的高度及水平位置，使目镜中的十字像出现在视场中心，对准数字 10 或 5，如图 17-17c 所示。再将反射镜移至导轨另一端，检查十字像的位置，直至在导轨全长两端皆能完整成像为止。调整后需将反射镜在检具上固定。

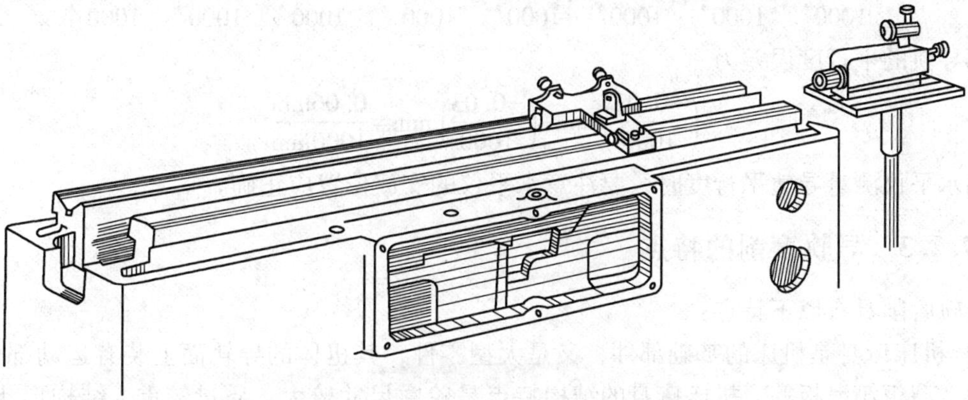

图 17-16 光学平直仪的测量方法

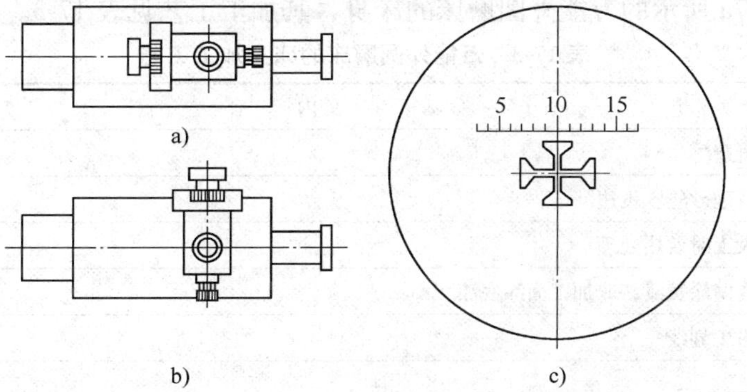

图 17-17 目镜座调整及十字像在分划板上成像

a）测量垂直平面误差目镜位置 b）测量水平面误差目镜位置 c）十字成像

根据测量座的长度，将被测导轨分成若干等分，然后把反射镜依次向前移动并读数，再依次向后移动测量，取两次读数的平均值作为各段的量值。求得直线度误差。若相同位置往返两次的读数相差 1~2 格以上，则表明仪器已走动，需重新调整。测量时按十字像的移动方向正确判断导轨的凹凸。

（4）用钢丝和显微镜测量导轨直线度 在导轨两端拉一直径为 0.1mm 的钢丝，作为基准线，使其平行于被检的总方向。在导轨面配置检具及显微镜，由目镜观察在各测量位置的读数值。此法可测量较长的导轨，测量精度受钢丝挠度的影响。

(5) 导轨平行度的测量　图 17-18 所示为用水平仪测量床身两导轨间平行度的方法。导轨的平行度误差实际上是两导轨相互扭曲所致。水平仪垂直放置在测量座上，移动测量座，每隔 250mm 记录一次读数，其误差的最大代数差即为平行度误差。

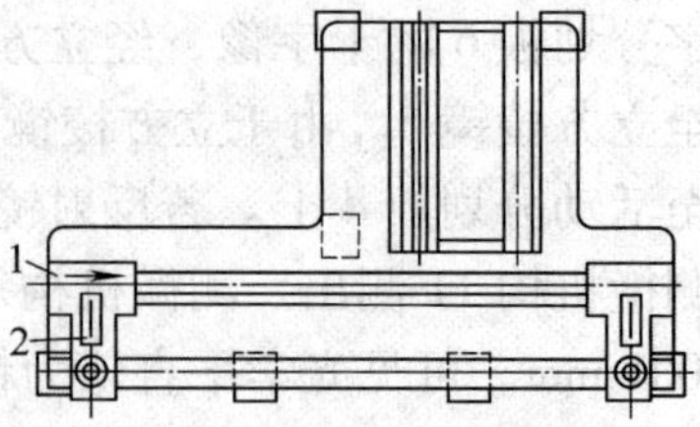

图 17-18　用水平仪测量导轨的平行度
1—检具　2—水平仪

例如有一个 2m 长的导轨，测量的 8 个读数分别为

$$+\frac{0.03}{1000},\ +\frac{0.01}{1000},\ +\frac{0.01}{1000},\ +\frac{0.02}{1000},\ +\frac{0.005}{1000},\ -\frac{0.01}{1000},\ -\frac{0.02}{1000},\ -\frac{0.03}{1000}$$

则导轨的平行度误差为

$$\left(\frac{+0.03}{1000}\right)\text{mm}-\left(\frac{-0.03}{1000}\right)\text{mm}=\frac{0.06\text{mm}}{1000\text{mm}}$$

用水平仪测量导轨平行度时，要注意水平仪的安放位置应正确。

17.2.3　导轨磨削的特点

导轨磨削具有以下特点：

1）机床床身是机床的基础部件，又是大型零件，其机体的导轨面上装有运动部件，如工作台、溜板箱滑板等。机床床身的结构特点是轮廓尺寸较大，质量较重，结构形状复杂，其主要加工表面为导轨面等。通常，将导轨面的工艺流程划分为粗加工、半精加工和精加工三个阶段。图 17-7a 所示的万能外圆磨床的床身，其加工工艺见表 17-3。

表 17-3　万能外圆磨床的床身加工工艺

工　序	内　容
1	铸造
2	清理砂轮、飞边
3	人工时效热处理
4	内壁涂黄漆，非加工面涂底漆
5	钳工划线
6	粗刨 1）刨底面 2）刨前面 3）刨前端顶面 4）刨平导轨面及 V 形导轨面 5）刨导轨内侧面 6）刨液压缸支架面 7）刨 *M* 面
7	人工时效热处理
8	喷砂处理，试泄露，涂底漆

（续）

工 序	内 容
9	精刨各面，V 形导轨工艺要求 1）用校规与 V 形导轨面接触，用 0.03mm 塞尺不能塞入 2）V 形导轨与平导轨等高公差为 0.05mm（只允许 V 形导轨高） 3）导轨直线度全长公差为 0.20mm
10	铣后侧面至尺寸
11	钳工划线
12	钳工钻全部孔，攻螺纹
13	磨导轨面及 *M* 面 工艺要求 1）V-平导轨的半角及等高公差为 0.06mm/1000mm 2）V-平导轨的直线度公差为 0.006mm/1000mm，全长为 0.02mm 3）V-平导轨的平行度公差为 0.015mm/1000mm，全长为 0.03mm 4）*M* 面对导轨平行度公差，纵向为 0.05mm，横向为 0.03mm

在导轨面经过粗刨、人工时效热处理和精刨后，进行导轨磨削，以达到导轨的精度要求。我国在导轨生产早期，传统精加工导轨的方法是刮削或用宽刃精刨刀精刨导轨面。随着导轨加工工艺的发展，机体的加工工艺逐渐发展为以磨代刮，目前在国内已广泛地应用导轨磨削工艺。特别是使用数控导轨磨床磨削高精度导轨工艺的出现，代表了当代先进制造技术的发展方向。导轨磨削的表面粗糙度值为 $Ra0.4 \sim 0.1\mu m$，直线度为 0.007mm/1000mm，且可磨削淬硬导轨。导轨磨床分落地式导轨磨床、悬臂式导轨磨床、龙门式导轨磨床、定梁龙门式导轨磨床四种。

2）导轨磨削是复杂零件的平面磨削，平面的精度要求高。导轨面是机体上运动部件的导向表面。为了保证机床运动部件的直线运动精度，导轨面需规定一定的形状精度和位置精度。导轨的表面粗糙度值也很低，高精度导轨需作低表面粗糙度值磨削加工。导轨周边磨削法属于成形磨削法，导轨的形面精度由砂轮修整器保证，故精确修整成形砂轮即可满足导轨的加工精度要求。

导轨端面磨削法属于找正磨削法，导轨的形面精度需经过多次测量和找正磨头主轴位置，才能达到导轨的加工精度要求。其测量技术复杂，加工的难度较高。

3）导轨磨削变形大。由于工件刚度较低，磨削时，若工件装夹不当，导轨会产生较大的受力变形，使导轨弯曲或扭曲，同时因床身自重也会引起变形。

图 17-19 所示为床身和工作台支承点的布

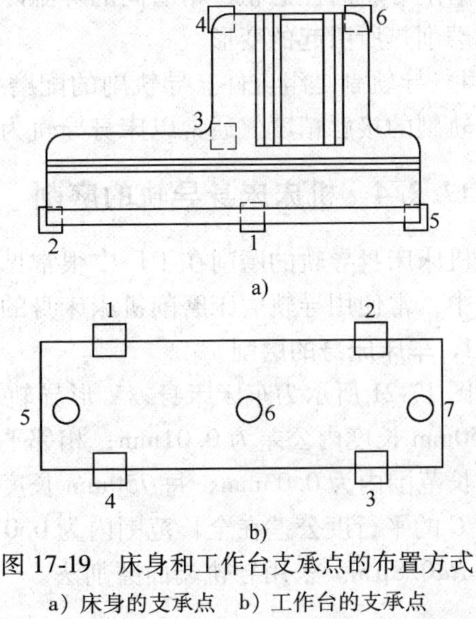

图 17-19 床身和工作台支承点的布置方式
a）床身的支承点 b）工作台的支承点

置方式。床身的垫铁2、4、5决定一平面，垫铁1、3、6为辅助支承，以避免工件因自重而产生变形。工作台在装夹时，因自重引起的变形较大，其垫铁1、2、3、4为支承面，垫铁5、6、7为辅助支承。为克服工作台自重变形的影响，可将辅助支承6顶起些，使工件预变形，将工作台导轨磨成中凹约0. 03~0. 04 mm，加工后导轨便能达到较高的直线度。

常用国产导轨磨床的参数见表17-4。

表17-4　常用国产导轨磨床的参数

型　号	最大磨削尺寸/mm	卧磨头		立磨头		机架垂直行程/mm	工作台速度/(m/min)	垂直度/mm	直线度/mm	表面粗糙度值 Ra/μm
		垂直行程/mm	砂轮/mm	垂直行程/mm	回转角					
M50100	1000×3000×1450	300	300×50×75	140	±180°	300	2~10	0. 01/100	0. 01/1000	1. 6
MM52125A	1000×4000×1250	150	600×100×305	700	+100°~-60°	1250	3~35	0. 005/100	0. 01/1000	0. 4~0. 8
MM5216A	1000×8000×1250	200	600×100×305	700	+100°~-110°	1250	3~35	0. 005/100	0. 005/1000	0. 4~0. 8

导轨磨削时的受热变形也会影响到导轨的精度。用砂轮端面磨削机床导轨时，若不用切削液冷却，导轨会被磨成中凹。机床导轨磨削的热变形分析较复杂，因其是单面受热体，工件上、下面之间形成温差而导致不均匀变形，使导轨面全长成中凸弧状，从而造成磨削后的导轨呈中凹形，影响了导轨的直线度精度。

磨削导轨时注意粗、精磨间的等温冷却，精密导轨磨削则应恒温，并注意充分冷却，以消除磨削热所引起的变形。

4）导轨副是组合件。导轨副的配磨要保证相配导轨在任一横截面内的形状准确吻合，即导轨副的接触精度。通常以床身导轨为基准，配磨工作台的导轨面。

17. 2. 4　机床床身导轨的磨削

机床床身导轨的磨削在工厂中很常见，图17-20所示为常见的床身结构。在机床制造和维修中，常使用导轨磨床磨削机床床身的导轨面。

1. 车床床身的磨削

图17-21所示为车床床身，V形导轨面(A—B)的直线度公差在全长范围内为0. 02mm，每750mm长度内公差为0. 01mm；相邻平导轨对V形导轨(A—B)与平导轨C的平行度公差在全长范围内为0. 03mm，每750mm长度内为0. 02mm；右端V形导轨对左端V形导轨及平导轨C的平行度公差在全长范围内为0. 03mm，每750mm为0. 02mm；各导轨的表面粗糙度值为Ra0. 8μm。采用导轨端面磨削法。

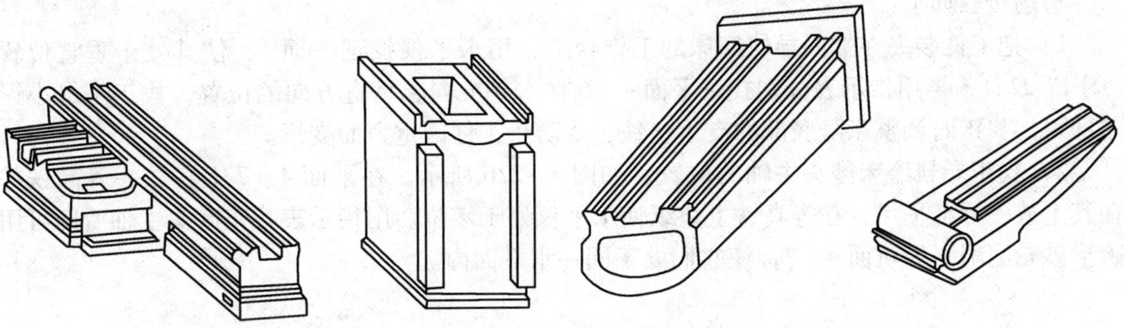

a)　　b)　　c)　　d)

图 17-20　床身机体的结构型式

a）外圆磨床床身　b）牛头刨床床身　c）镗床立柱　d）摇臂钻床摇臂

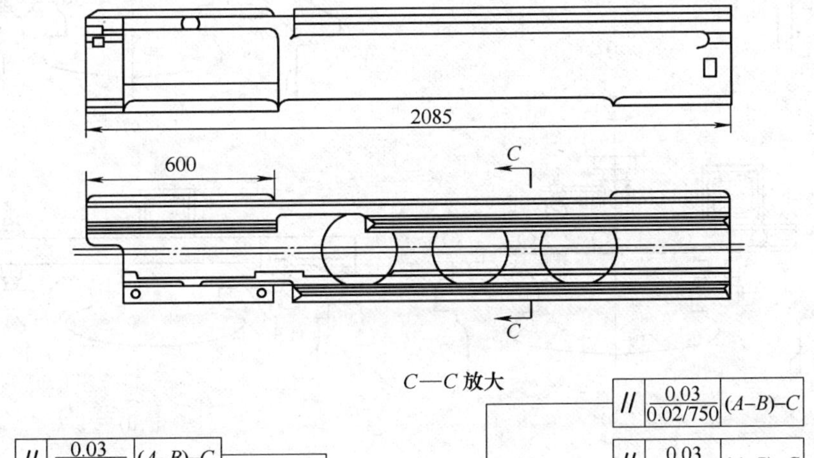

技术要求

导轨面超音频淬火至 50HRC。

图 17-21　车床床身

磨削步骤如下：

1）把工件装夹在端面导轨磨床的工作台上，用水平仪找正平面1，使其处于垂直位置（图17-22a），再用指示表分别找正平面4、6在水平方向、垂直方向的位置，找正至最小误差即可。找正时调整床身底部的支承垫铁，要防止工件因重力而变形。

2）找正导轨磨床磨头主轴的位置，如图17-22b所示，在平面4、7上各放一等高铁并在其上放一标准平尺，在等高铁上垫纸使水平仪处于零位。用指示表找正磨头主轴后即可用碗形砂轮磨削平导轨面4、7，使它们处于同一水平面内。

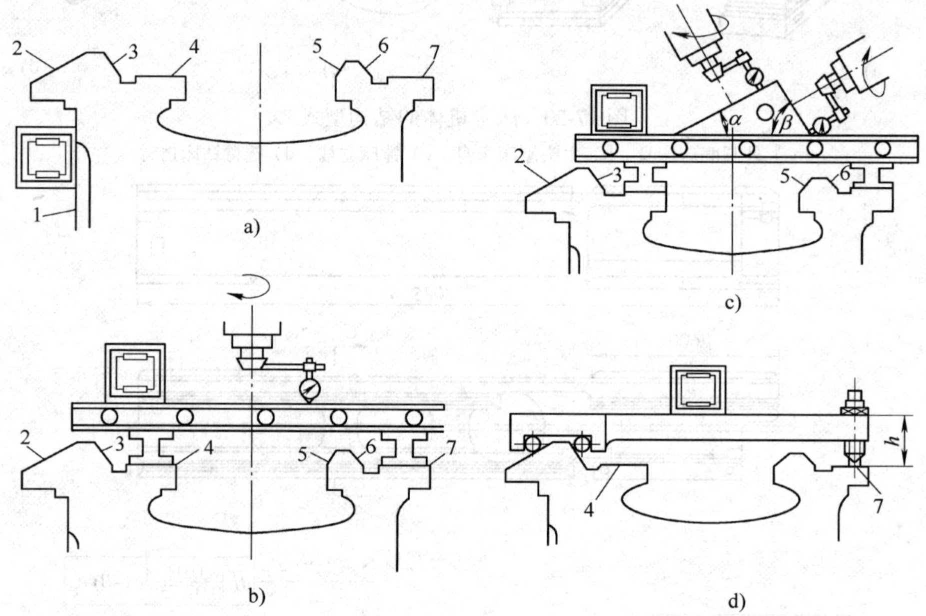

图17-22　磨车床床身导轨

a）找正床身位置　b）找正磨头主轴位置磨平面导轨

c）找正磨头主轴位置磨V形导轨面　d）测量V-平导轨的高度尺寸

3）磨V形导轨面。在已磨的平导轨面4、7上，放等高铁和平尺，并用角度规找正磨头主轴的斜角，如图17-22c所示。找正后，用碗形砂轮磨V形导轨面2、3、5、6至要求。

4）测量V-平导轨的高度尺寸，如图17-22d所示，将桥形测量板置于导轨面上，调整螺钉使水平仪处于零位，用深度尺测量h值后，即可计算V形顶点到平导轨面的高度尺寸。

成批、大量生产车床时，可采用专用磨床，用多片砂轮磨削床身导轨，如图17-23所示。

2. 磨床床身的磨削

图17-24所示为磨床床身，其V-平导轨的直线度公差为0.01mm/1000mm，导轨用涂色法检验，接触面应大于80%。导轨的表面粗糙度值为$Ra0.4\mu m$。采用导轨端面磨削法，磨削步骤如下：

1）装夹和找正工件。如图17-25所示，用六个垫铁支承工件。找正工件时在工件的导轨面上放置检具，使水平仪方向与导轨方向一致（图17-26）。用扳手调整三个定位垫铁找正工件，控制水平仪气泡的偏移在三格内，同时找正使V形导轨面与导轨磨床的工作台运动方向平行。

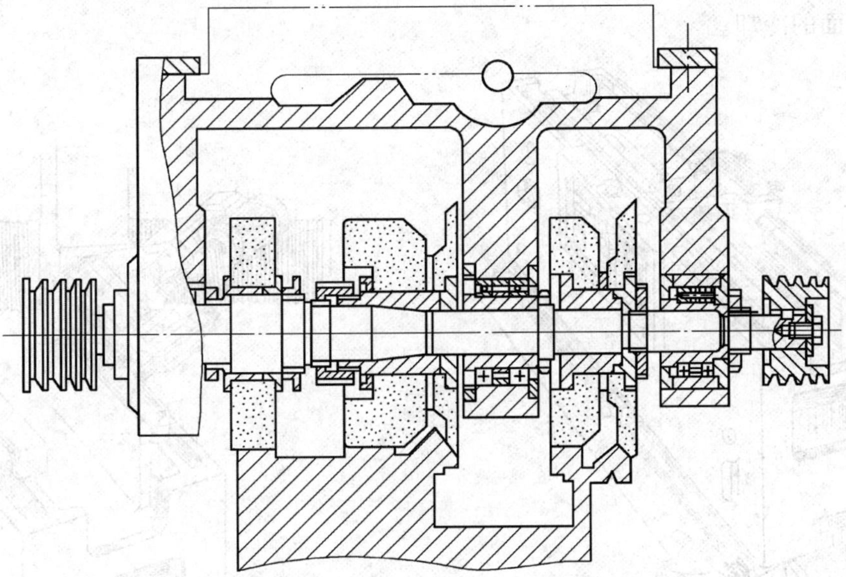

图 17-23　多片砂轮专用导轨磨床

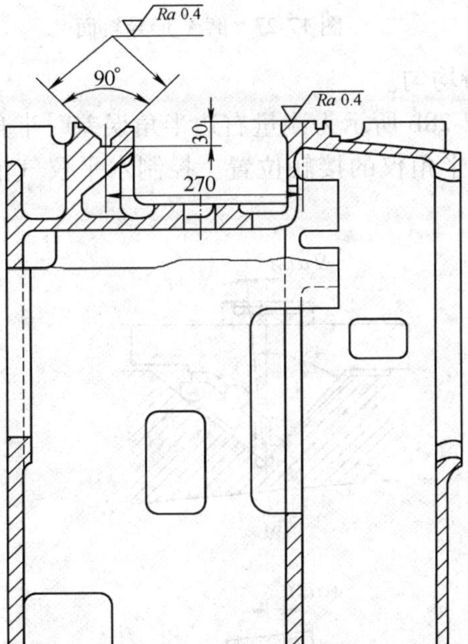

技术要求

1. 导轨的直线度公差为 0.01mm/1000mm，全长 0.03mm。
2. 导轨用涂色法检验，接触面大于 80%。
3. 床身材料为 HT200。

图 17-24　磨床床身

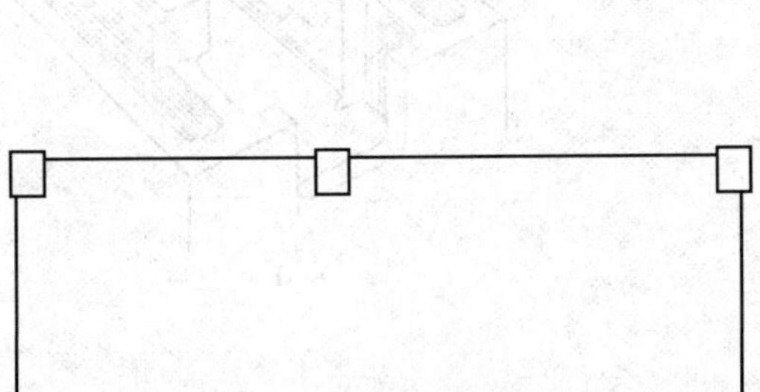

图 17-25　垫块支承的分布

2）调整另三个垫铁，作辅助支承，使其与工件有良好接触，但不能使工件位置移动。

3）粗磨 V 形导轨面。如图 17-27 所示，将磨头架扳转 45°，磨削 90°V 形导轨面。粗磨时背吃刀量取 0.01mm 左右，磨头行程速度取 6~8m/min。留精磨余量 0.12~0.15mm。磨削时注意导轨面的冷却。

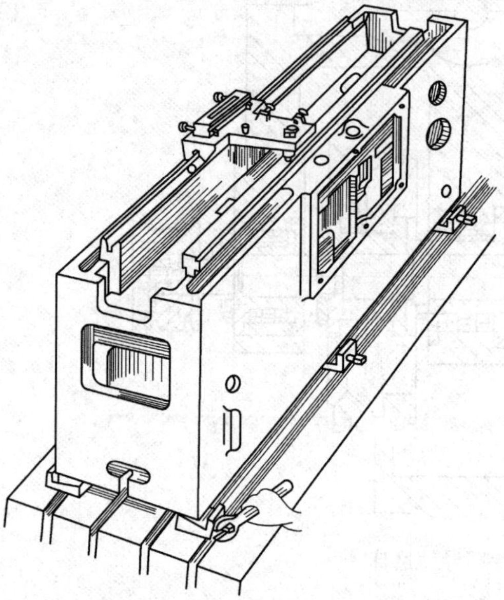

图 17-26　垫铁的调整方法

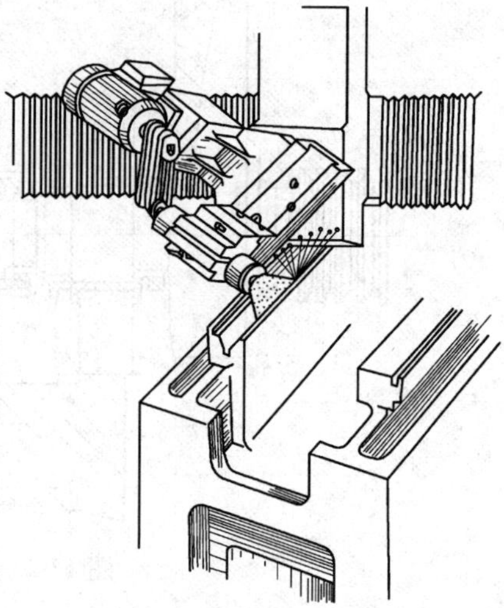

图 17-27　磨 V 形导轨面

4）粗磨另一 V 形导轨面。两面磨削余量保持均匀。

5）测量 V 形导轨的半角误差 $\Delta(\alpha/2)$。图 17-28b 所示为测量右边半角误差时半角仪的接触位置。图 17-28c 所示为测量左边半角误差时半角仪的接触位置。控制水平仪气泡的偏移量在两格内。

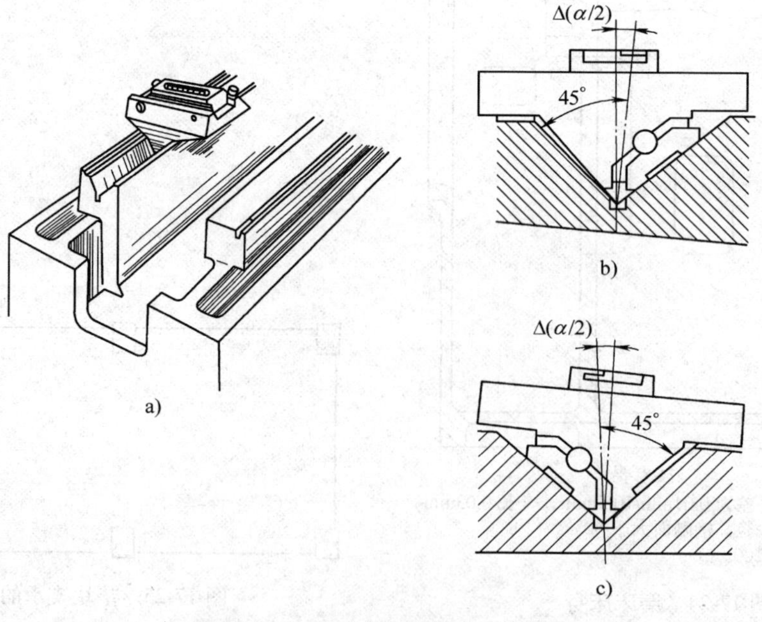

图 17-28　用半角仪测量半角误差
a）测量示意图　b）测量右边半角误差　c）测量左边半角误差

6）粗磨平导轨面。如图 17-29 所示，将磨头一方向转至零度，粗磨平导轨，留精磨余量 0.12~0.15mm。

7）测量平导轨的角度误差 $\Delta\beta$。如图 17-30 所示，用平导轨角度量仪测量角度误差，控制水平仪气泡的偏移量在两格内。

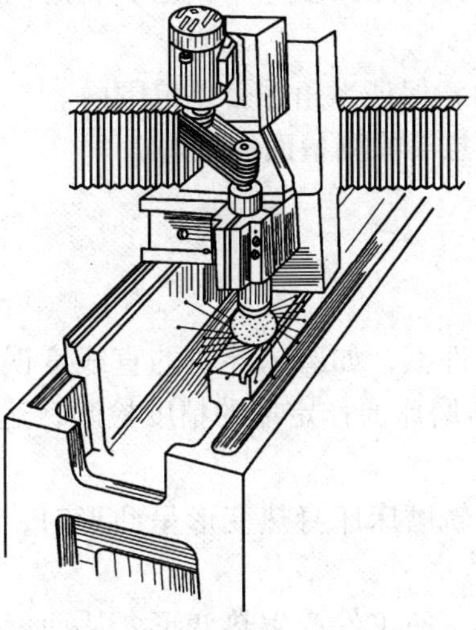

图 17-29　粗磨平导轨面

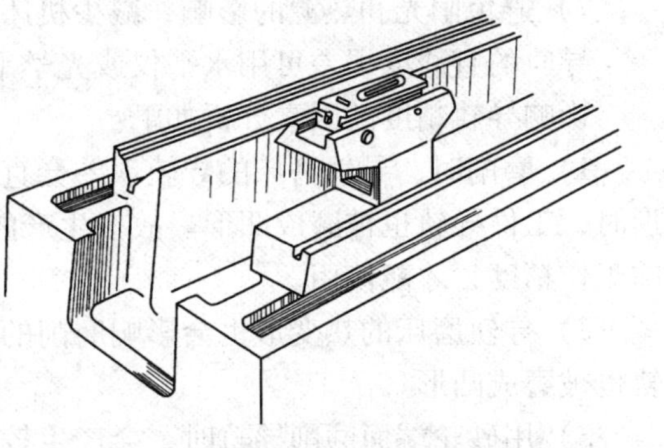

图 17-30　测量平面导轨角度误差

8）测量 V-平导轨的等高误差 Δh。如图 17-31 所示，将检具放在导轨面上，将水平仪沿垂直方向放置，水平仪气泡偏移量应控制在两格内。当平导轨高于 V 形导轨时，则要继续修磨平导轨面至精度要求。

9）半精磨平导轨面。粗磨后经过等温冷却再进行平导轨一面的半精磨，磨平导轨面，留余量 0.03~0.05mm。

10）半精磨 V 形导轨面，留余量 0.03~0.05 mm。

11）精磨 V 形导轨面。半精磨后经过等温冷却后再进行 V 形导轨面的精磨。精磨 V 形导轨面至精度要求，用半角仪测量半角误差，将半角仪上水平仪气泡的偏移量控制在两格内。表面粗糙度值为 $Ra0.4\mu m$。

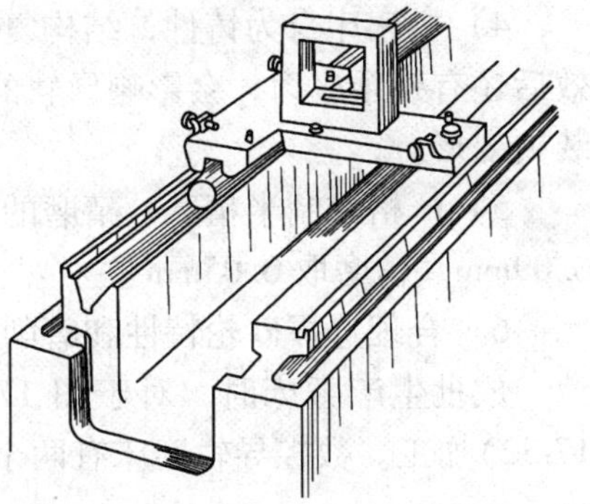

图 17-31　测量 V-平导轨等高误差

12）精磨平导轨面至精度要求。用平导轨角度量仪测量平导轨面的角度误差，控制水平仪气泡偏移在两格内，并用等高量具测量 V-平导轨的等高误差，控制水平仪气泡偏移在两格内。表面粗糙度值为 $Ra0.4\mu m$。

13）检验导轨精度。导轨精度检验包括两个方面，一是导轨面 接触精度，用涂色法检验，与工作台导轨接触面应大于 80%；二是检验导轨的直线度公差为 0.01mm/1000mm，全长公差为 0.03mm。

注意事项：

1）由于工件很重，采用端面磨削时砂轮对工件的磨削力很小，故工件不必用压板夹紧，以防止变形。

成三角形分布的三个垫铁为定位垫铁，注意合理调整此三个定位点，要边测量边调整垫铁。辅助支承要垫实以减小工件因自重引起的变形。调整辅助支承时要防止工件移动。

2）为了减小砂轮的接触面，改善散热条件，需将砂轮端面修成窄边形，且砂轮直径不能太小。

3）精磨时，磨头倾斜角为1°左右。磨削时采用冷风冷却，以减小热变形。

4）粗磨后作等温冷却。精磨余量取0.05mm左右，不能太多。半精磨、精磨时应减小背吃刀量，防止工件热变形。

5）当V形导轨半角误差较大时，应修正磨头斜角，保证半角在公差范围内。

6）测量时，水平仪不允许受到碰撞或振动，并注意清除测量面的飞边。

7）避免阳光和热源的影响，减少机床热变形。

导轨的直线度误差可用水平仪或光学平直仪检验。

影响导轨精度的因素分析如下：

1）磨削时，导轨磨床的导轨误差会直接反映在工件上，如磨床导轨的直线度误差呈凹形时，工件导轨也被磨成凹形。故按生产的批量，导轨磨床要作定期的精度检测，达到一定的工作精度，才能使用。

2）导轨磨床的热变形也会影响磨削的精度。如导轨磨床床身热变形呈凸形时，工件导轨也被磨成凸形。

3）用砂轮端面磨削导轨时，会产生较大的磨削热，使工件产生热变形，从而影响导轨的直线度要求。磨削时注意冷却工件，精密机床导轨磨削应在恒温条件下进行。

4）机床床身为铸件，结构复杂，工件由于铸造和切削加工产生的多种应力，在人工时效后还有残余应力，会影响导轨的精度。精密的机床床身要注意消除残余应力，并注意减少装夹变形。

5）严格控制半精磨、精磨的磨削余量，以减小热变形对直线度的影响。半精磨余量取0.09mm，精磨取0.05mm左右。

6）合理选择砂轮特性和磨削用量，以减小磨削热，防止工件热变形。

成批生产磨床时，对于图17-32b所示较复杂的床身导轨，可采用数控导轨磨床(图17-32)加工。数控导轨磨床有两个磨头，采用多轴数控控制。

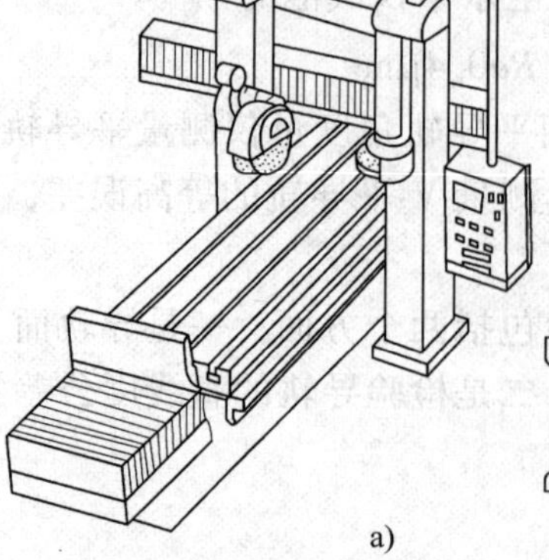
a)

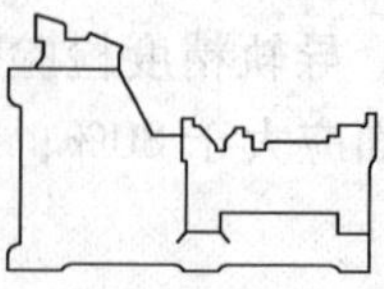
b)

图17-32　数控导轨磨床与床身导轨

第 18 章

珩磨

珩磨是一种低速大面积接触的磨削，加工方法，对工件表面可进行光整加工和精整加工，主要用于高精度孔的精加工和超精加工。

本章将介绍珩磨磨床的结构和珩磨操作的相关方法和技巧。

18.1 概述

珩磨是磨削加工的一种。与珩磨相似的还有研磨、超精加工、抛光等。珩磨与其他磨削相比较，在磨削形式、磨具、磨削速度等方面有较显著的特点。

18.1.1 珩磨的原理

珩磨所用的磨具，是由几根粒度很细的磨石组成的珩磨头。珩磨时，珩磨头在径向加压的条件下具有两种运动，即旋转运动和轴向往复运动。旋转和轴向往复运动是珩磨的主运动，这两种运动的组合，使磨石上的磨粒在孔的表面上形成交叉而又不重合的网纹珩磨痕迹，如图 18-1a 所示，每颗磨粒形成一刻痕，磨屑细长。如图 18-1b 所示，当珩磨头向上运动时，得到的是右螺旋线；向下运动时，则得到左螺旋线。

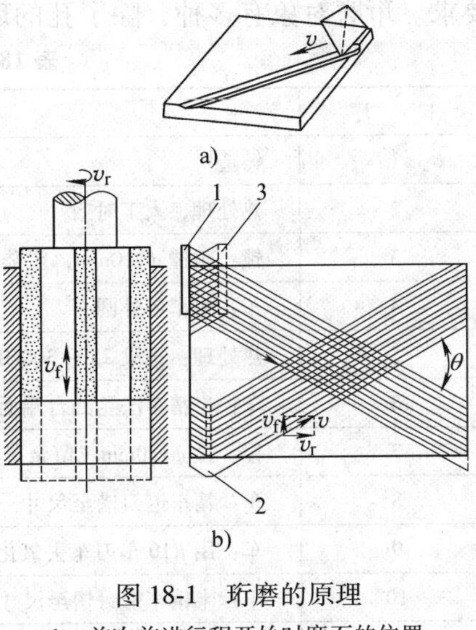

图 18-1 珩磨的原理

1—首次前进行程开始时磨石的位置

2—同一行程终了时磨石位置

3—返回行程终了时磨石位置

图中 v 为珩磨速度。工件孔有圆度误差和圆柱度误差，磨石先与工件表面的凸出部分接触，接触压力较大，使凸出部分很快磨去，随之大量微刃参与切削，且磨粒自锐锋利，工件就会越磨越圆，直至工件表面与磨石全部接触，磨石的磨削作用不断减弱；而摩擦、抛光作用则增强，孔被磨得很光。孔经过珩磨可获得较高的加工精度和较小的表面粗糙度值。

18.1.2 珩磨的特点

珩磨有下列特点：

1）珩磨时磨石与孔壁的接触面大，参加磨削的磨粒数多，在工件单位面积上磨粒的刻痕极多，工件被磨得很光，表面粗糙度值可达 $Ra0.4 \sim 0.2\mu m$，最小表面粗糙度值可达 $Ra0.02\mu m$。

2）珩磨特别适合深孔的加工，加工精度较高。经珩磨的内孔的尺寸公差等级可达IT5~IT6。珩磨能有效消除孔的形状误差达到较高的形状精度，圆度和圆柱度可达到0.003~ 0.005 mm 。

3）磨石的每一磨粒上磨削力极小，仅为磨削的1/50~1/100，加之珩磨速度又低，仅为普通磨削的1/30~1/100，所以珩磨过程中发热少，孔的表面不会烧伤，变形层薄，也不会产生磨削裂纹，从而可获得很高的表面质量，使这类零件的使用寿命延长。如柴油机缸体套的孔，为间隙配合的摩擦面，采用珩磨加工后，具有很好性能。

4）珩磨头相对工件孔有适量的浮动，使磨石能与孔表面均匀地接触，可磨去少而均匀的余量。因此，珩磨头的位置也由工件孔的轴线定位，孔原有位置误差影响珩磨加工精度，珩磨几乎不能消除被加工孔的位置误差和中心距误差，因此孔的位置精度要求应在珩磨前的工序达到，并将公差压缩在一定范围，以利于珩磨。同理，珩磨在消除工件孔的直线度误差上也是无效的。

5）与研磨相比较，珩磨的生产率较研磨高。

6）珩磨的应用范围很广，可加工孔径为5~500mm的铸铁、淬硬钢件等。特别适合加工深孔，如发动机气缸、缸套、液压缸、千斤顶和液压阀体等零件。珩磨不宜加工韧性金属零件；也不适用于断续孔及带槽孔等断续表面的加工。

7）珩磨是上世纪20年代初期，随着内燃发动机制造业的发展而发展起来的。图18-2所示为柴油机缸体套，加工工艺见表18-1，珩磨工艺由粗珩磨、精珩磨达到加工精度要求。珩磨对象有多种，除了孔的珩磨外，还有外圆、平面、球面、齿轮等零件的珩磨。

表18-1 柴油机缸体套的加工工艺

工　序	内　容
1	铸造
2	热处理，人工时效
3	镗：粗镗 ϕ110mm，留余量 2mm
4	车：粗车各外圆
5	热处理：正火 250~300HBW
6	车：半精车法兰凸台端面及外圆 ϕ128d9、ϕ143 f9 至尺寸
7	镗：镗 ϕ110mm，留余量 1mm
8	车：精车退刀槽至尺寸
9	车：用 R10 车刀车去氧化皮
10	车：半精车密封槽至尺寸
11	镗：镗 ϕ110mm，留余量 0.06~0.10mm
12	车：精车 ϕ129f7、ϕ132e8 至尺寸
13	珩：粗珩 ϕ110mm，留余量 0.03~0.05mm
14	珩：精珩 ϕ110mm 至尺寸

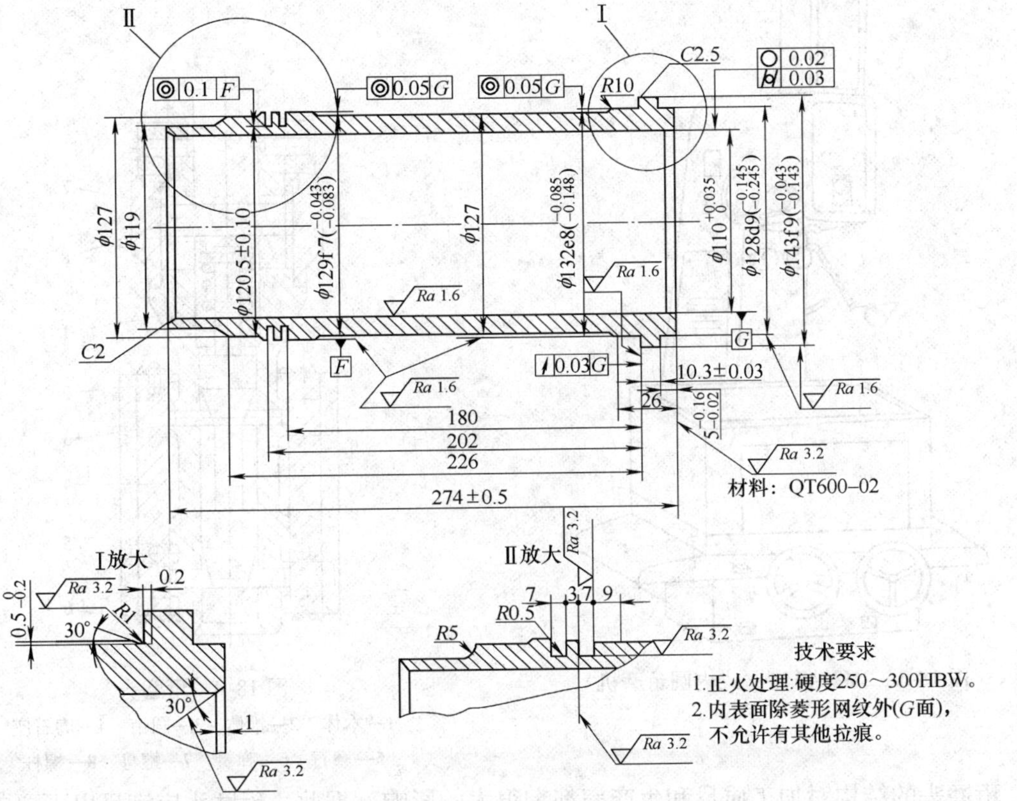

图 18-2　柴油机缸体套

18.2　珩磨机及珩磨头

18.2.1　珩磨机

珩磨机分下列四种：内圆珩磨机、外圆珩磨机、平面珩磨机和球面珩磨机。

内圆珩磨机又分为六种：卧式内圆珩磨机、立式内圆珩磨机、摇臂式内圆珩磨机、龙门式内圆珩磨机、框架式内圆珩磨机和多轴立式顺序内圆珩磨机。

图 18-3 所示为 2M2240 型立式内圆珩磨机，其主轴由电动机经变速箱驱动，主轴转速为 40~300r/min，主轴的往复运动由液压传动，往复行程速度为4~20m/min。工作精度：圆度 0.005mm，圆柱度0.01mm，表面粗糙度值 Ra0.4μm。

常用的珩磨机有：2M2120、2M2125 、2M2135、2MB2216、2M2240、2MB2210 等。

18.2.2　珩磨头

图 18-4 所示为一种珩磨头，本体 1 用浮动装置与机床主轴连接。磨石 5 用粘结剂与磨石座 4 固结在一起，装入本体的槽内，磨石座两端由弹簧 6 箍住，使磨石保持向内收缩的趋向。珩磨头尺寸调整是通过螺母 7 推动锥体 2 经圆销 3 实现的，使磨石在圆周方向均匀地胀开。当磨石与工件孔壁接触后，再继续旋转螺母 7，即可获得工作压力。

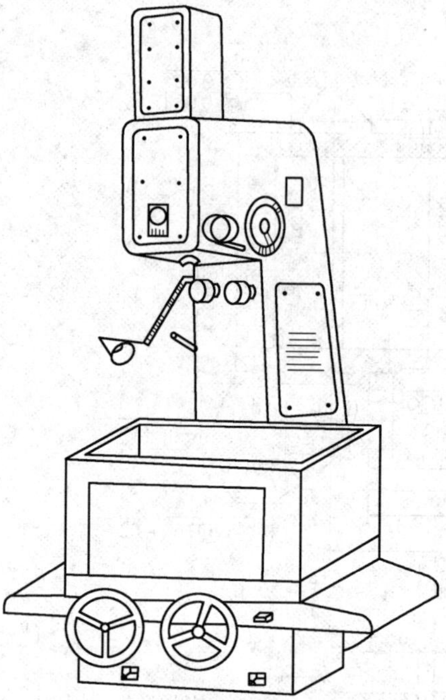

图 18-3　2M2240 型立式内圆珩磨机

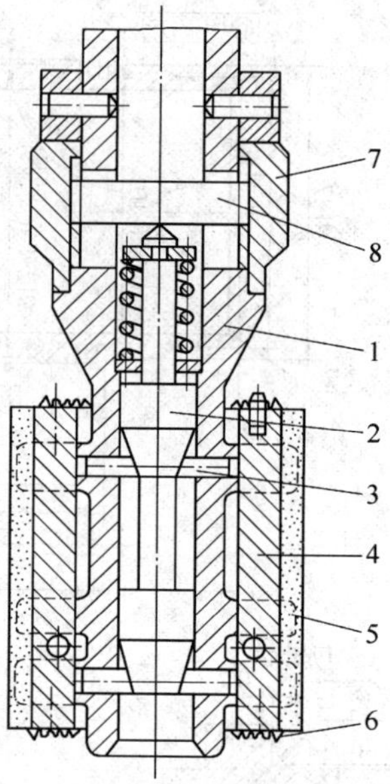

图 18-4　珩磨头

1—本体　2—锥体　3—圆销　4—磨石座　5—磨石　6—弹簧　7—螺母　8—螺杆

珩磨头的结构对加工质量和生产率都有很大的影响。据此，珩磨头应满足以下要求：

1）磨石对加工面的压力要均匀，且能调整并保持在一定的范围内。

2）磨石能在径向均匀地胀缩，使磨石珩磨面保持为圆柱面不变。

3）磨石座具有一定的整体刚度，即当被加工孔的形状误差致使磨石的压力局部增大时，磨石座半径方向不致发生位移或歪斜。

4）磨至最终尺寸时，磨石能迅速缩回，以便于珩磨头从孔中退出。

5）磨石珩磨面应修磨成为圆柱面。

18.2.3　珩磨磨石

（1）磨石的特性　磨石是磨具一种，有四个特性：磨料、粒度、硬度、结合剂。

（2）磨石的选择

1）磨料。目前企业常使用白刚玉磨料加工钢材，也有用绿色碳化硅磨料及超硬磨料。

2）粒度。粒度对表面粗糙度及生产率有很大影响，精珩磨粒度的选择可见表 18-2。

表 18-2　粒度的选择

粒　　度	表面粗糙度（$Ra/\mu m$）
F280、F240	0.1~0.2
F180、F220	0.2~0.4

粗珩磨可选用粒度 F100~F180。

3）硬度。磨石的硬度选择原则与砂轮相同，珩磨淬火钢时，选择 K、J 级；珩磨铸铁时，选用 L~R 级；珩磨未淬火钢时，选择 L~N 级。

4）结合剂。一般采用陶瓷结合剂。

5）珩磨磨石规格。长方形珩磨磨石的规格见表 18-3。正方形珩磨磨石的规格见表 18-4。

表 18-3 长方形珩磨磨石的规格 （单位：mm）

结合剂	B（宽度）	C（厚度）	L（长度）
V	4	3	40
	6	5	63
	8	6	80
	10	8	100
	13	10	125
	16	13	160

表 18-4 正方形珩磨磨石的规格 （单位：mm）

结合剂	B（宽度）	L（长度）
V	3，4	40
	4，6	50
	6，8	80
	8，10，13	100
	10，13	125
	13，16	160

磨石的长度由孔的长度而定，长度太短，生产率低；长度太长，则被加工孔呈鼓形。磨石的选择见表 18-5。

表 18-5 磨石的选择

孔径/mm	磨石数量	磨石断面尺寸（宽×厚）/mm
5~10	1~2	—
10~13	2	2×1.5
13~16	3	3×2.5
16~24	3	4×3
24~37	4	6×5
37~46	3~4	9×6
46~75	4~6	9×8
75~100	6~8	10×8

18.3 珩磨工艺

本节主要讲述珩磨操作的相关工艺和要求。

18.3.1 珩磨工艺参数

1. 珩磨速度

珩磨速度与网纹交叉角有关。

由图 18-1 可知，珩磨速度是磨石圆周速度与轴向往复速度的合成，即

$$v=\sqrt{v_r^2+v_f^2} \tag{18-1}$$

式中 v——珩磨速度（m/min）；

v_r——磨石圆周速度（m/min）；

v_f——磨石轴向往复速度（m/min）。

而工件表面由磨粒磨削所致网纹的交叉角，可由下式求出

$$\tan\theta/2=\frac{v_f}{v_r} \tag{18-2}$$

式中 θ——网纹交叉角（°）；

v_f——磨石轴向往复速度（m/min）；

v_r——磨石圆周速度（m/min）。

θ 角增大后，磨削效率提高，但表面粗糙度值也增大，所以粗珩时取 $\theta=40°\sim60°$；精珩时则减小 v_f，取 $\theta=20°\sim40°$。

珩磨时珩磨头的圆周速度按不同加工材料选择：加工未淬火钢取 $v_r=36\sim49$m/min；加工淬火钢取 $v_r=23\sim36$m/min；加工铸铁取 $v_r=61\sim70$m/min；加工铝合金取 $v_r=70\sim76$m/min。

轴向速度按交叉角计算，为 $v_f=5\sim40$m/min。

2. 珩磨压力

珩磨压力影响金属的切除率。粗珩时取较大珩磨压力；精珩则相反。

加工不同材料的珩磨压力见表 18-6。

表 18-6 珩磨压力 （单位：MPa）

材料	粗珩	精珩
铸铁	0.5～1.5	0.25～0.50
钢	0.8～2	0.4～0.8

3. 珩程及越程量的调整

由图 18-5 可知，珩磨头的珩程可按下式计算

$$L=L_w+2a-L_t \tag{18-3}$$

式中 L——珩程（mm）；

L_w——工件孔的长度（mm）；

a——越程量（mm）；

L_t——磨石长度（mm）。

越程量一般取 $a=(1/3\sim1/4)L_t$。越程量增大，会使孔端的珩磨压力增大，出现多切现象，故调整越程量，可提高加工的形状精度（圆柱度）。

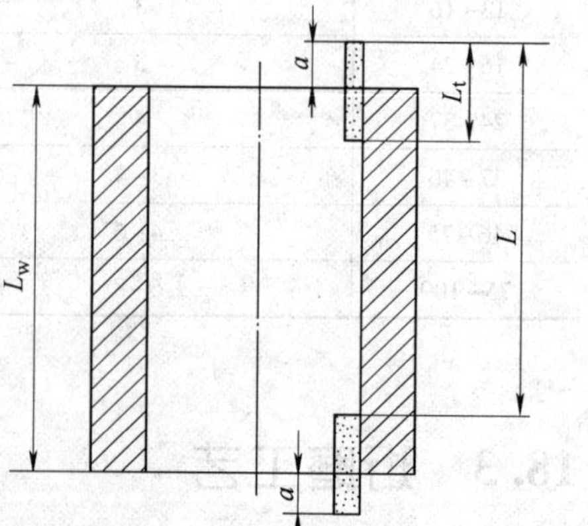

图 18-5 珩程

4. 连接杆

连接杆有三种形式：浮动连接杆、半浮动连接杆、

刚性连接杆。常用的是浮动连接杆。小孔、短孔、深入孔内的孔用刚性连接杆。

18.3.2　珩磨余量与切削液

1. 珩磨余量

珩磨余量对珩磨质量和生产率有很大影响。珩磨前的加工精度为 IT7，通常珩磨余量不超过 0.1 mm，具体数值可参见表 18-7。

表 18-7　珩磨孔的加工余量　（单位：mm）

孔径	直径余量			
	细镗以后		粗镗以后	
	铸铁	钢	铸铁	钢
≤50	0.09	0.06	0.09	0.07
>50~80	0.10	0.07	0.10	0.08
>80~120	0.11	0.08	0.11	0.09
>120~180	0.12	0.09	0.12	—
>180~260	0.12	0.09	—	—

2. 切削液

加工钢和铸铁时，通常用 60%~90%的煤油，加入 10%~40%的硫化油作切削液。切削液标准代号为 MHC-A、MHE-A，具有极压性、减摩性、抗腐蚀性，无化学活性。

珩磨合金钢用 MHF-A，具有化学活性。

18.3.3　孔的珩磨工艺

1. 珩磨车床尾座孔

图 18-6 所示为车床尾座，加工工艺见表 18-8。

表 18-8　车床尾座加工工艺

工　序	内　容
1	铸造
2	热处理，人工时效
3	清理，涂底漆
4	铣：粗铣上平面至尺寸 264.5mm
5	刨：粗刨底平面，刨槽至尺寸 20mm×59.2mm×261mm
6	铣：铣两端平面至尺寸 391mm
7	油漆
8	磨上平面至尺寸 260.5 mm，平面度公差 0.02mm
9	磨：磨底平面至尺寸 260mm，60mm 槽留刮削余量 0.5mm
10	钳：刮槽至尺寸
11	镗：镗 ϕ75H7，留珩磨余量 0.1 mm，平行度、垂直度公差 0.05mm

（续）

工　序	内　容
12	镗：镗 ϕ35mm 至尺寸，铣端面，孔距尺寸 48±0. 05 mm
13	钳：钻孔，攻螺纹
14	钳：刻线，打“0”钢印字
15	珩磨：珩磨 ϕ75 H7 至尺寸，直线度公差 0. 008 mm，平行度、垂直度公差 0. 08mm
16	检验
17	上油

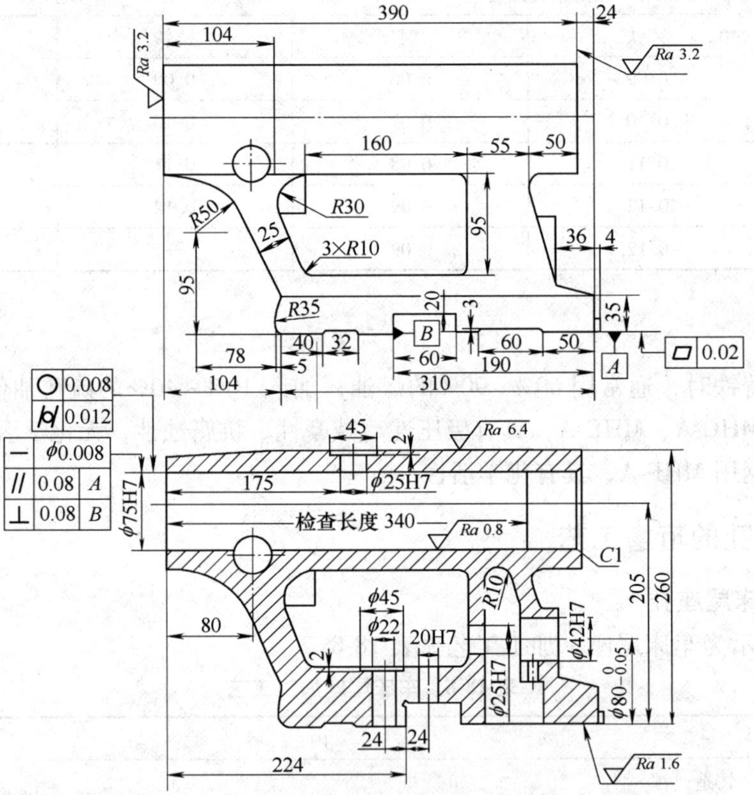

图 18-6　车床尾座

车床尾座 ϕ75H7 孔的珩磨加工要求较高，表面粗糙度值为 Ra0. 8μm。形状精度要求：圆度公差为 0. 008mm，圆柱度公差为 0. 012mm，直线度公差为 0. 008mm。位置精度要求：平行度公差为 0. 08mm，垂直度公差为 0. 08mm 。

采用粗珩磨、精珩磨达到图样六项加工要求，两次珩磨的工艺方法及要求如下：

1）粗珩磨 ϕ75H7 孔。粗珩磨的磨石粒度取 F180，珩磨头转速取 v_r = 70m/min，网纹交叉角取 θ = 50°，以提高磨削效率。珩磨后留精珩磨余量 0. 05mm，并将孔的圆度误差控制在 0. 005mm 内。

2）圆柱度误差发生在孔的两端，按工件的圆柱度误差，调整越程量，将工件圆柱度误差控制在 0. 008 mm 内。

3）更换珩磨头精珩磨 ϕ75H7 孔。精珩磨头的油石粒度取 F220，硬度取 M。越程量同上，减小轴向往复速度，并将珩磨压力减小至 0.25~0.50MPa，精珩磨 ϕ75H7 至尺寸，将直线度误差和圆度误差控制在 0.005mm 内。若直线度误差偏大，则应重新修磨珩磨头磨石的工作面。因为当磨石的工作圆柱面误差较大时，会使珩磨头的轴线偏移，从而造成孔轴线的偏斜。影响位置精度（平行度、垂直度）的因素是珩磨头磨石座的整体刚度不足，使磨石座在半径方向上歪斜。整体刚度是指磨石与磨石座的黏合刚度，以及锥体与本体之间的接触应力。因此，应注意提高珩磨头的制造精度，以满足珩磨的加工精度要求，并将平行度、垂直度公差控制在 0.05mm 内。上述工艺要求的公差值都必须压缩在一定范围内，以便于设法将珩磨加工误差减小到一定的范围内，达到加工精度要求。影响珩磨加工精度的因素很多，按照珩磨的特点，要应对得当，要善于分析问题的所在，提高珩磨加工精度。

4）珩磨时，珩磨头磨石与工件孔壁有一定的接触长度，并使珩磨头对准孔的轴线。被加工工件孔的轴线应有一定的位置精度、直线度精度要求，孔应有一定的形状精度要求。注意珩磨消除孔的位置误差的无效性，并达到加工精度要求。

2. 平顶珩磨柴油机缸体孔

如图 18-7a 所示，柴油机缸体孔的表面粗糙度 *Ra* 曲线要求为平顶。珩磨采用专用珩磨头，如图 18-7b 所示，珩磨头有粗、精珩磨磨石及自动测量装置，在两个对称硬质合金导向条上配有气动测量喷嘴，经测量发出信号，实现粗、精珩交替。平顶珩磨采用两个液压缸进给，先由活塞杆 C 经本体 4，使磨石座 2 胀开，由粗珩磨磨石粗珩，粗珩至一定尺寸后使粗珩磨磨石缩回，精珩磨磨石由活塞杆 B 作用胀开作精珩磨，精珩磨时间为 8~15s。

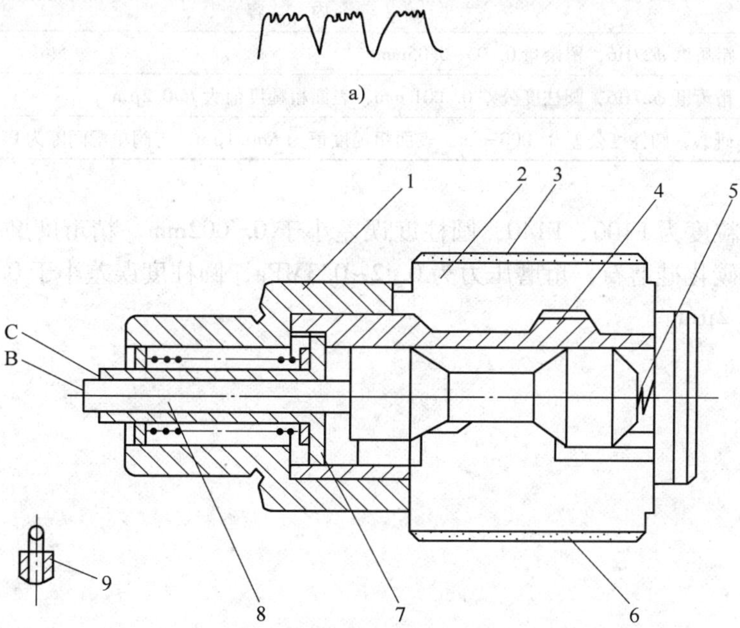

图 18-7 平顶专用珩磨头

1—外胀锥 2—磨石座 3—粗珩磨石 4—本体

5—复位弹簧 6—精珩磨石 7—套杆 8—内胀锥 9—导向条喷嘴

珩磨工艺如下：

1）粗珩磨用人造金刚石磨石，粒度 F100、F140，珩磨参数：珩磨压力为 0. 8 ~ 1. 2MPa，$v_f=52m/min$，$v_r=30m/min$，$\theta=60°$。要求圆柱度误差小于 0. 02mm。

2）精珩磨用绿色碳化硅磨石，粒度 F120、F200，珩磨参数：珩磨压力为 0. 2 ~ 0. 3MPa，珩磨速度小于粗珩。珩磨时间 8 ~ 15s，表面粗糙度 *Ra* 的平顶率达到 50% ~ 80%。

3. 液压阀阀体孔的珩磨

液压元件制造中，有大量的珩磨工艺，如减压阀、溢流阀、顺序阀等。图 18-8 所示为电磁换向阀，ϕ27H6 孔的表面粗糙度值为 *Ra*0. 1μm，圆柱度公差为 0. 0005mm，与阀单配间隙为 0. 001mm ~ 0. 003mm。阀体孔与滑阀的配合间隙非常小。珩磨工艺见表 18-9，采用粗珩磨、精珩磨、研磨的工艺，达到高的加工精度要求。

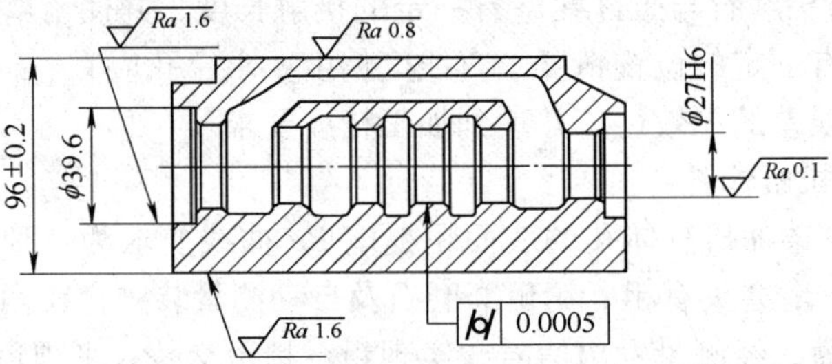

图 18-8 电磁换向阀

表 18-9 电磁换向阀珩磨工艺

工　序	内　容
1	粗珩磨 ϕ27H6，留余量 0. 03 ~ 0. 05mm
2	精珩磨 ϕ27H6，圆柱度公差 0. 001 mm，表面粗糙度值为 *Ra*0. 2μm
3	研磨，圆柱度公差 0. 0005mm，表面粗糙度值为 *Ra*0. 1μm，与阀单配间隙为 0. 001 ~ 0. 003mm

粗珩磨磨石粒度为 F100、F140，圆柱度误差小于 0. 002mm。精珩磨磨石粒度为 F230、F240，采用绿色碳化硅磨石，珩磨压力为 0. 2 ~ 0. 3MPa，圆柱度误差小于 0. 001 mm，表面粗糙度值为 *Ra*0. 2μm。

第 19 章

偏心零件磨削

在机械传动中，把直线运动转变为回转运动或把回转运动转变为直线往复运动，一般都是利用偏心零件来完成的。例如汽车发动机、压缩机、拖拉机、缝纫机中的曲轴等。偏心零件常用作机构的调节元件或控制机构的动作程序。在一些夹紧机构中常用圆偏心夹紧。

本章将讲述偏心零件磨削的基本方法和操作技巧。

19.1 偏心零件的种类和加工要求

19.1.1 偏心零件的种类

如图 19-1 所示，偏心零件根据结构形状可分为偏心套、偏心轴、偏心凸轮、曲轴、曲柄等多种。

根据偏心的特点，又可分为单一偏心和多偏心两类。偏心零件属难加工的零件。

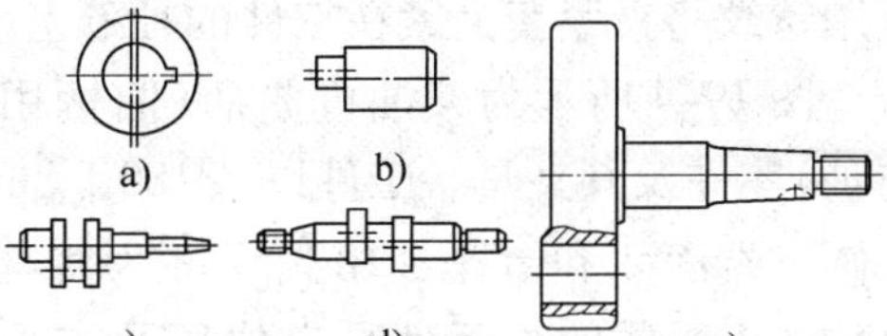

图 19-1 偏心零件的种类
a）偏心套 b）偏心轴
c）曲轴 d）偏心凸轮 e）曲柄

19.1.2 偏心零件的特点

偏心零件的特点是偏心圆轴线与旋转圆轴线不在同一条中心线上，两圆中心线之间的距离称为偏心距。故偏心零件的磨削工艺有其共同的特性。偏心零件的磨削属于复杂的内、外圆磨削。其中，曲轴在动力机械厂、汽车厂、柴油机厂、压缩机厂、拖拉机厂、农业机械厂中都是重要的加工零件之一，都用曲轴磨床磨削曲轴的外圆，曲轴磨削是复杂的外圆磨削。

19.1.3 偏心零件的技术要求

偏心零件按其功能要求，都对偏心圆直径以及偏心距提出公差要求。如曲轴的曲柄圆的尺寸公差等级为 IT6~IT7，圆度公差为 0.01~0.015mm，圆柱度公差为 0.01~0.02mm。曲柄圆的表面粗糙度值为 *Ra*0.62μm。

19.2 偏心零件的磨削方法

本节介绍偏心零件常用的六种磨削方法。

19.2.1 用两顶尖装夹磨削偏心轴

图 19-2 所示工件为有两个偏心圆柱的偏心轴，在工件的两端钻有三对中心孔，磨削轴颈 1 和 4 时，用中心孔 B；磨偏心圆柱 2 时，用中心孔 A；磨偏心圆柱 3 时，用中心孔 C。这种方法的特点是偏心距较小，在偏心轴的两端钻有中心孔，故工件的装夹较简单，但其加工消除偏心距尺寸误差是无效的，偏心距尺寸由原中心孔的偏心距尺寸确定。

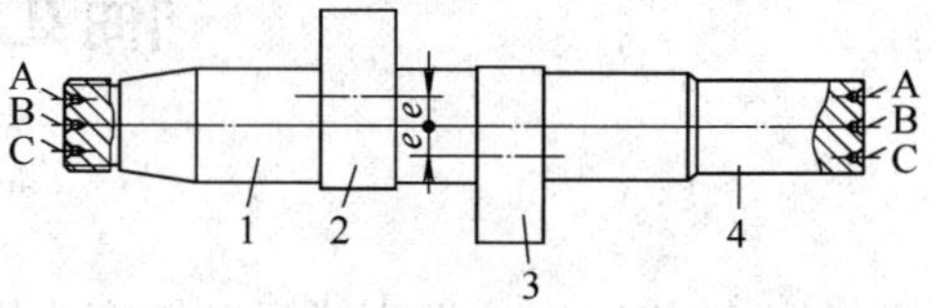

图 19-2 偏心轴

19.2.2 用专用夹具装夹磨削偏心零件

图 19-3 所示为一种带有中心孔的偏心夹具，套装在工件已磨好的两端外圆上，用夹具上的中心孔 A 和 C 定位，磨削偏心圆柱 2 和 3。偏心夹具在套装时，两端分别放在平板上使中心对准，并用螺纹将夹紧套夹紧在工件的轴颈上。

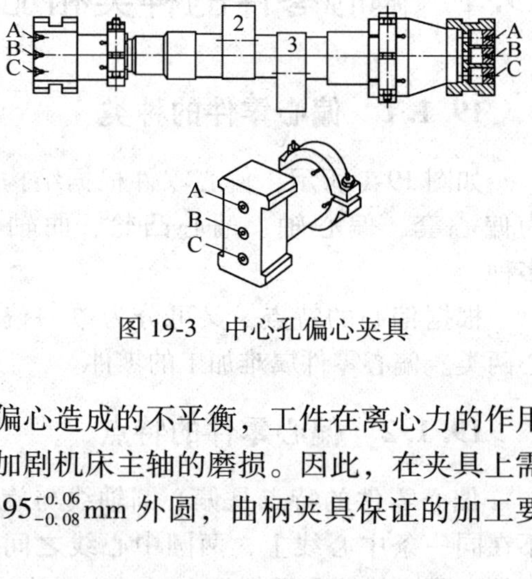

图 19-3 中心孔偏心夹具

图 19-4 所示为柴油机曲柄（曲柄用于组装成曲轴）零件及其夹具。工件以 $\phi 180^{+0.08}_{+0.06}$mm 已磨削外圆、端面 A 和销孔 $\phi 18^{+0.10}_{+0.05}$mm 为基准在夹具上定位。夹具的定位元件是定位环及支承板和菱形定位销。加工前，用两螺旋压板将工件夹紧。由于偏心造成的不平衡，工件在离心力的作用下将造成振动，影响加工的精度和表面粗糙度，并加剧机床主轴的磨损。因此，在夹具上需配置平衡块，以消除不平衡对加工的影响。磨削 $\phi 95^{-0.06}_{-0.08}$mm 外圆，曲柄夹具保证的加工要求如下：

1）偏心距尺寸（75±0.025）mm。

2）$\phi 95^{-0.06}_{-0.08}$mm 对 $\phi 18^{+0.10}_{+0.05}$mm 端面 A 的垂直度公差为 0.015mm。

图 19-5 所示为偏心轴及其夹具，先用中心孔定位磨 $\phi 31.3^{\ 0}_{-0.017}$mm 至尺寸，然后以 $\phi 31.3^{\ 0}_{-0.017}$mm 外圆为基准在偏心套夹具的内圆柱中定位，并校正 30°槽的位置，再将工件夹紧即可磨偏心圆 $\phi 14^{\ 0}_{-0.01}$mm 外圆。夹具保证的加工要求为偏心距尺寸及公差（7.8±0.025）mm（公差为 0.05mm）。操作时先将夹具在单动卡盘上找正。

这种方法的特点是用专用夹具装夹工件能稳定地保证零件的加工精度，同时能迅速地装夹工件，缩短辅助时间，提高劳动生产率。这种方法在成批生产中很常见，如偏心套用偏心心轴装夹等。影响加工精度的因素主要是夹具的定位误差以及与夹具有关的其他误差。通常夹具将定位误差限制在工件公差的 1/3 以内。

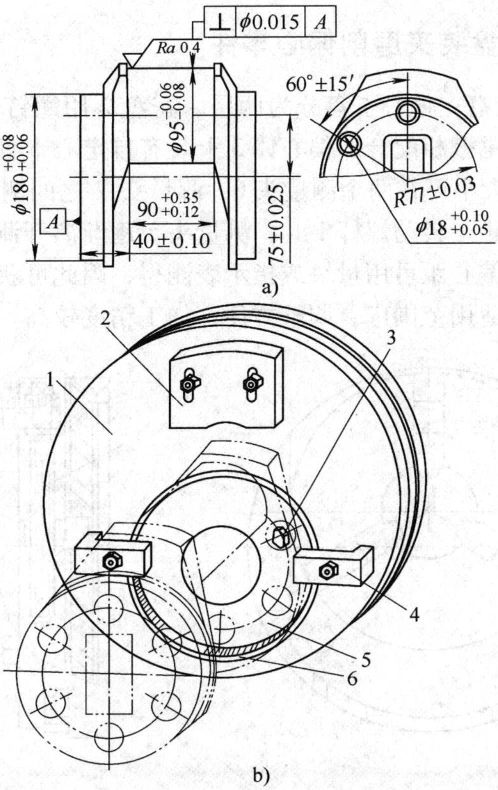

图 19-4　曲柄零件及其夹具

a）曲柄零件　b）曲柄夹具

1—夹具体　2—平衡块　3—菱形定位销　4—螺旋压板　5—支承板　6—定位环

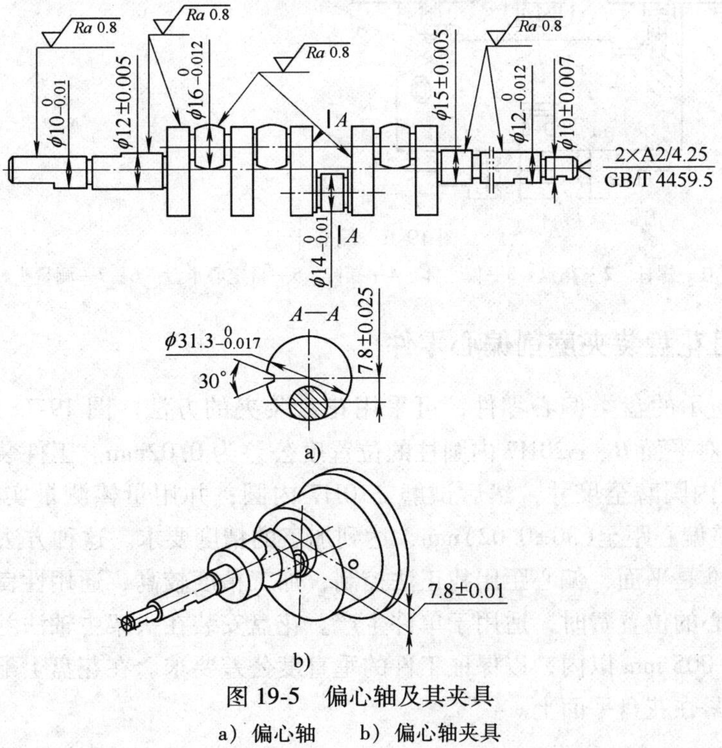

图 19-5　偏心轴及其夹具

a）偏心轴　　b）偏心轴夹具

19.2.3 用偏心卡盘装夹磨削偏心零件

图 19-6 所示为偏心卡盘。偏心卡盘分为两层，花盘 2 用螺钉 4 固定在磨床头架主轴法兰上，偏心体 3 与花盘燕尾槽相配合。偏心体 3 上装有自定心卡盘 5。利用螺杆 1 来调整卡盘的中心距，偏心距 e 的大小可在两个测量头 6、测量头 7 之间测得。当偏心距为零时，测量头 6 和测量头 7 正好相碰。转动螺杆 1 时，测量头 7 逐渐离开测量头 6，离开的尺寸即是偏心距。由于偏心卡盘的偏心距可用量块或指示表测得，因此可获得较高的加工精度。偏心卡盘的特点是通用性强，适用范围广，调整方便，加工精度较高。

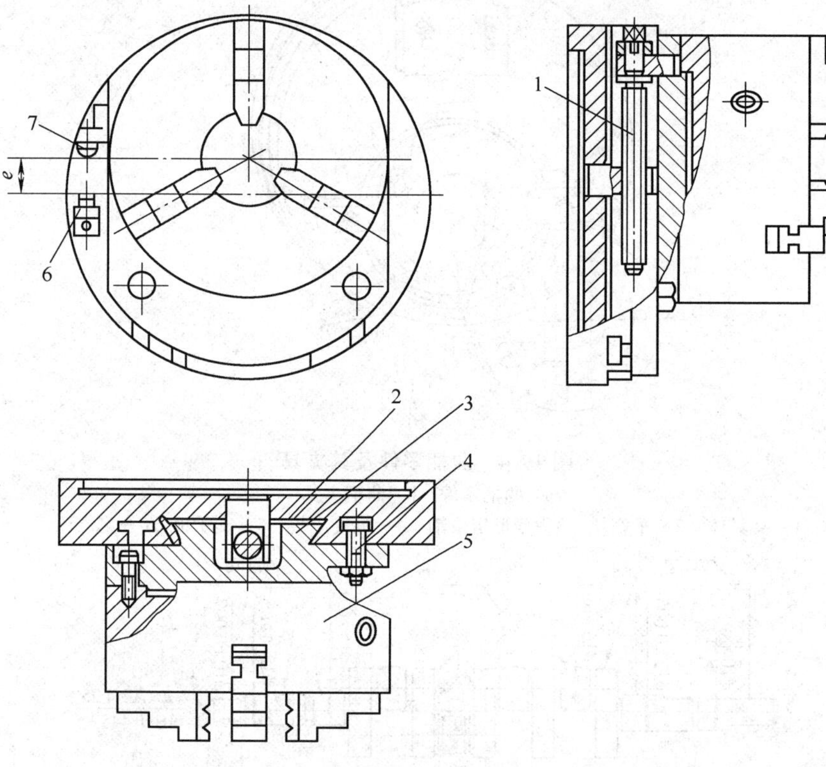

图 19-6 偏心卡盘

1—螺杆 2—花盘 3—偏心体 4—螺钉 5—自定心卡盘 6、7—测量头

19.2.4 用花盘装夹磨削偏心零件

对图 19-7a 所示的盘类偏心零件，可采用花盘装夹的方法。图 19-7a 所示零件磨削的 2×ϕ10H7 偏心孔对平面 B、ϕ20H7 内圆柱的位置度公差为 0.02mm。工件装夹如图 19-7b 所示，先将 ϕ20H7 内圆磨至尺寸，然后试磨 ϕ10H7 内圆；并用量棒测量实际的偏心距尺寸（图 19-7c），调整偏心距至（30±0.02）mm，达到加工的精度要求。这种方法的特点是偏心零件的主要定位基准是平面，偏心距用找正法控制，加工精度较高，通用性良好。但劳动生产率较低，找正偏心的位置费时，适用于单件生产。花盘安装在头架主轴法兰上，花盘端面的圆跳动公差在 0.005 mm 以内，以保证工件的垂直度公差要求。在花盘上配置螺旋压板夹紧机构，将工件夹紧在花盘平面上。

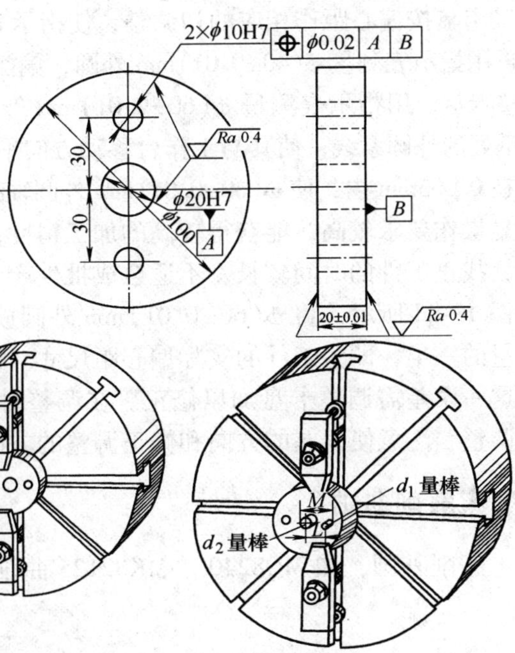

图 19-7　用花盘装夹磨偏心零件

19.2.5　用单动卡盘装夹磨削偏心零件

图 19-8a 所示为偏心轴，用单动卡盘找正磨削偏心。工件的找正位置如图 19-8b 所示，使被加工圆中心与基准圆之间有一偏心距。装夹方法如图 19-8c 所示，用单动卡盘夹 ϕ(60±

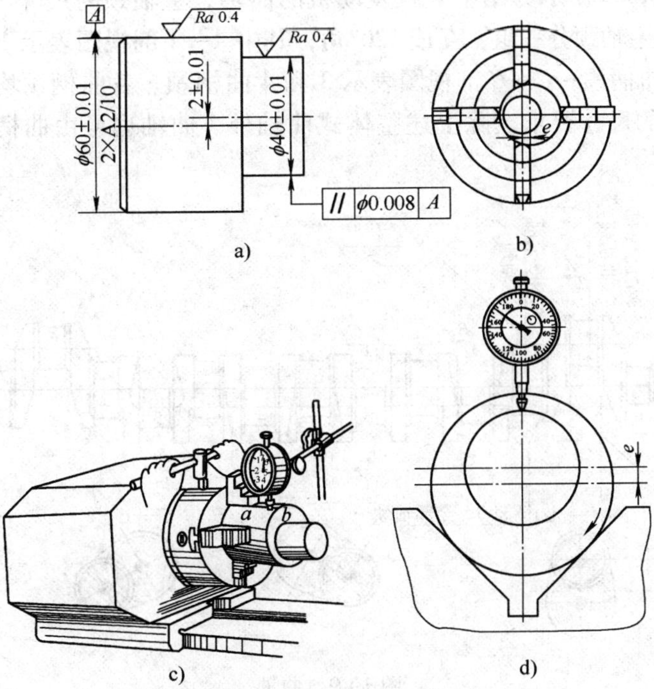

图 19-8　用单动卡盘装夹

0.01)mm 外圆，将单动卡盘按偏心距作相应的初调整，使指示表的偏摆量为4mm，误差控制在±0.005 mm以内。再用指示表测量 ϕ(40±0.01)mm 外圆，偏摆量在0.05mm以内，以保证一定的磨削余量。精调整卡盘，用指示表测量 ϕ(60±0.01)mm 外圆的偏摆量为(4±0.005)mm，同时分别测量任一卡爪处的外圆素线，使其与工作台移动方向平行。如图19-8c 所示，将素线ab的平行度误差控制在0.005mm内，使 ϕ(60±0.01)mm 外圆轴线与磨床主轴轴线平行。

这种方法的特点是操作要求较高，能获得较高的加工精度，适用于单件生产中磨削长度较短的零件。但由于，找正工件的时间较长，不适合成批生产。

偏心距的测量如图19-8d 所示，将 ϕ(60±0.01)mm 外圆放在V形架上，测量时用手转动工件，指示表偏摆量的一半，即为工件的实际偏心距尺寸。粗磨后作一次测量，测出偏心距误差。在精磨时，这一误差需调整卡盘加以修正。在调整时，应以 ϕ(40±0.01)mm 外圆为基准，再作修正的调整。注意使误差的方向和修正调整的方向相反，以使误差减小。

19.2.6 曲轴磨床磨削曲轴

曲轴在曲轴磨床上磨削外圆，如MQ8240、MK82125曲轴磨床等，用于磨削各种规格曲轴的曲柄颈的外圆。

19.3 曲轴的磨削

19.3.1 曲轴结构

曲轴的结构较复杂，主要由主轴颈和曲柄颈组成。按发动机气缸数，曲轴可制成2、4、6、8节曲柄颈。图19-9所示为用于6缸发动机的曲轴，主轴颈的尺寸为 ϕ75h6，曲柄颈的尺寸为 ϕ62h6，6节主轴颈分三组，互成120°角，其中 *A—A* 剖视图表示1和6曲柄颈；*B—B* 剖视图表示2和5曲柄颈；*C—C* 剖视图表示3和4曲柄颈。各曲柄颈均有轴肩宽度尺寸和 *R*(3±0.5)mm 圆弧的尺寸要求。除上述整体式曲轴外，曲轴也可由曲柄装配而成，曲柄可在外圆磨床上磨削。

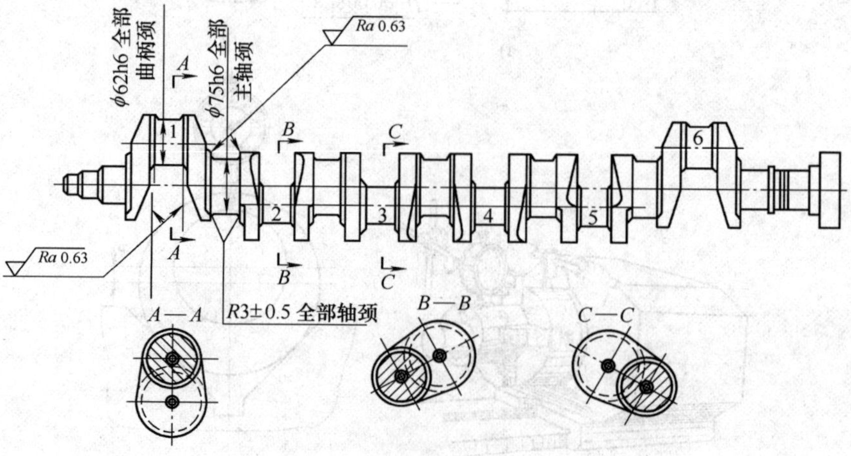

图19-9 曲轴

19.3.2　曲轴磨床

图19-10所示为MQ8240型曲轴磨床，适用于大批量磨削各种曲轴。磨床由床身1、工作台16、头架2、尾座10、左卡盘5和右卡盘8等部件组成。安装工件时用卡盘定位插销4、9将卡盘固定。砂轮架6的快速进退和工作台16的纵向移动，均由液压驱动。机床具有安全的联锁，当加工曲轴时，将选择开关旋在“曲轴”两字位置上，砂轮架在磨削位置时，工作台手轮15手动，不能液动；当手柄12处于使砂轮架后退位置时，工作台可液动。砂轮架进给由手轮11操纵。当磨削一般外圆时手柄14，并用旋钮13调节工作台速度。在曲轴磨床上，可配置在线自动测量装置，实现自动测量曲轴的尺寸。

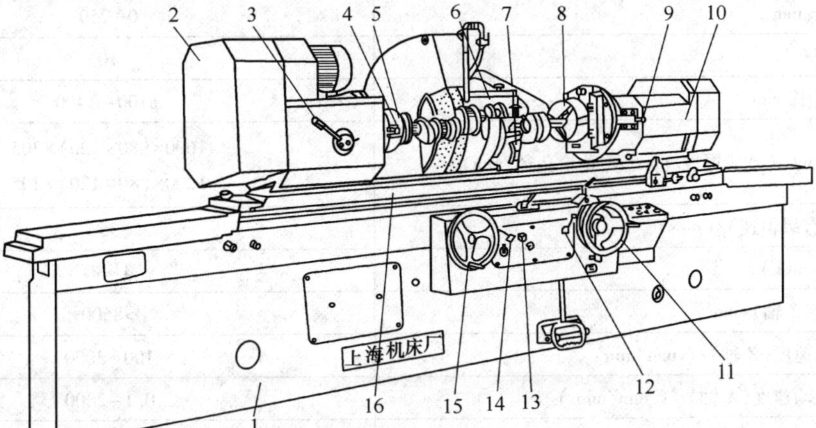

图19-10　MQ8240型曲轴磨床

1—床身　2—头架　3—曲轴磨削起动手柄　4、9—卡盘定位插销　5—左卡盘　6—砂轮架　7—中心架　8—右卡盘　10—尾座　11—横向进给手轮　12—砂轮架快速退刀手柄　13—工作台调速旋钮　14—工作台液压开停手柄　15—工作台纵向手轮　16—工作台

大功率发动机的曲轴，需要用重型曲轴磨床进行磨削。万吨巨轮的820mm缸径瓦锡兰船用柴油机曲轴质量达162t，长为11.5m。重型的船用曲轴，质量为71t，长为8.03m。国家发展重型曲轴制造技术，对于船舶制造业是至关重要的。

图19-11所示为MK82125型数控曲轴磨床，可磨削工件最大质量为10t，其主要参数及规格见表19-1。磨床采用德国西门子840D六轴二联动CNC系统，内装PLC、全数字式驱动装置及交流伺服电动机。

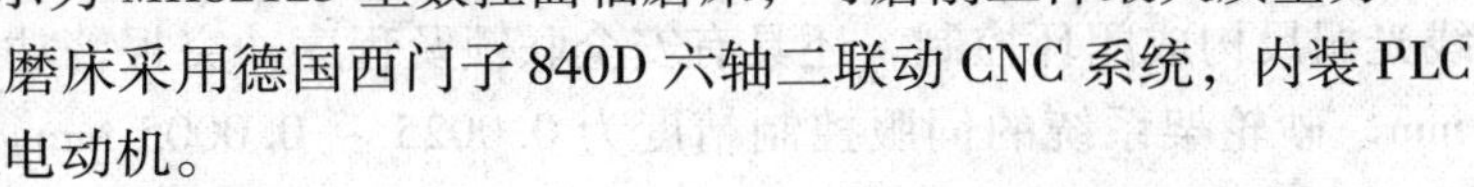

图19-11　MK82125型数控曲轴磨床

数控磨床是以二进制数字信号作为控制器的输入参数，输入参数以控制程序的形式输入控制器，并发出脉冲指令驱动步进电动机经丝杠实现工作台的进给运动，获得精确的加工精度。数控机床的精度很高，单轴重复定位精度达±0.001mm，加工工件的尺寸一致性好。数控磨床加工曲轴属于先进磨削技术。

表 19-1　主要参数及规格

主 要 参 数	规　格
最大回转直径/mm	1250
最大工件安装长度/mm	8500（项尖间）、8000（卡盘间）
可磨轴颈直径/mm	100~400
可磨曲柄半径/mm	0~250
最大工件质量/t	10
中心架托持范围/mm	ϕ100~ϕ400
（砂轮外径/mm）×（砂轮厚度/mm）×（砂轮孔径/mm）	1600×（80~120）×305 1200×（80~120）×305
砂轮线速度（有级恒速）/（m/s）	35
工件转速/（r/min）	4~30
滑板纵向行程（Z 轴）/mm	>8500
滑板纵向移动速度（Z 轴）/（mm/min）	100~3000
砂轮架横向移动速度（X 轴）/（mm/min）	0.1~2000
砂轮架最小进给量（X 轴）/mm	0.002
砂轮电动机功率（交流变频）/kW	30
头架电动机转矩（交流伺服）/（N·m）	50
尾座电动机转矩（交流伺服）/（N·m）	50

为适应曲轴等零件的磨削要求，我国磨床制造厂近年还开发了数控非圆专用磨床。其砂轮圆周速度 v =125m/s。采用西门子数控系统，可实现多轴两轴联动及砂轮架进给与头架回转、砂轮架进给与工作台跳挡移动、头架主轴回转与圆度测量机摆动等联动。砂轮架进给由旋转编码器与直线光栅尺构成闭环控制，还具有安全联锁及程序冲突报警功能。X 轴重复定位精度为 0.002 mm，砂轮架系统的伺服控制精度为 0.0025 ~ 0.0005 mm。在西门子 840D 数控系统上，企业开发了非圆轨迹磨削应用软件等。这种磨床有曲轴颈圆度误差测量系统，可解决测量头不能准确定位所造成的测量误差的补偿问题，使测量精度达到 1μm。

砂轮直径测量系统，可满足准确测量砂轮的磨损量的要求。砂轮直径测量系统采用超声波测量仪或激光测量仪，测量精度为 0.001 mm。

19.3.3　曲轴的磨削工艺

图 19-12 所示为三拐曲轴，主轴颈尺寸为 $\phi\,65^{+0.021}_{+0.008}$mm，表面粗糙度值为 $Ra0.8\mu m$。外圆尺寸为 $\phi\,52^{\,0}_{-0.014}$ mm、$\phi\,50^{\,0}_{-0.021}$ mm，曲柄轴径的尺寸为 $\phi\,64^{-0.020}_{-0.053}$ mm，表面粗糙度 $Ra0.8\mu m$。曲柄互成 120°角，各轴颈的端面圆弧半径为 $R(3\pm0.5)$ mm。曲柄轴颈的位置度

公差为 ϕ0.1mm，工件材料为 QT800-2。

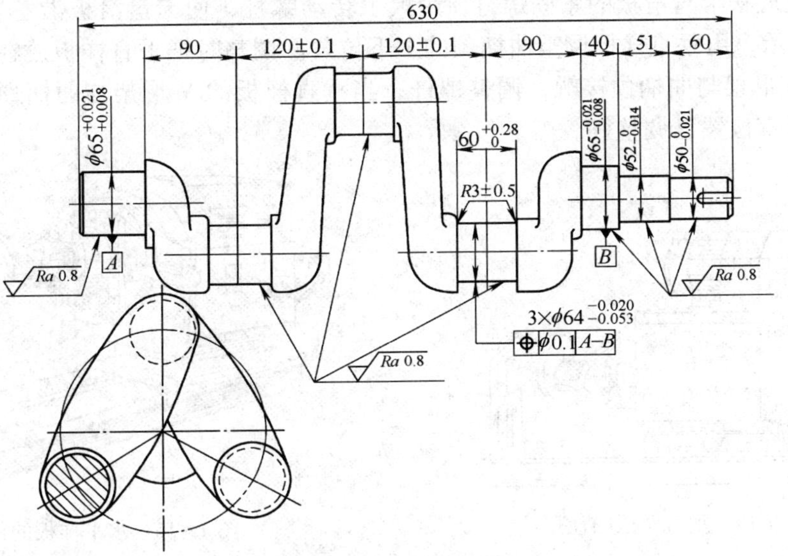

图 19-12　三拐曲轴

磨削工艺分析见表 19-2。曲轴采用切入法磨削，先将主轴颈磨削至尺寸，然后磨削曲柄颈、肩面及 $R(3\pm0.5)$mm。

表 19-2　磨削工艺分析表

工序	内　　容	砂轮特性	机床	定位基准
1	1）磨主轴颈 $\phi65^{+0.021}_{+0.008}$mm 至尺寸，圆度误差小于 0.01mm 2）磨外圆 $\phi52^{0}_{-0.014}$mm、$\phi50^{0}_{-0.021}$mm 至尺寸	WAF60M	MQ8240	中心孔
2	磨曲柄颈 $\phi64^{-0.020}_{-0.053}$mm、肩面及 $R(3\pm0.05)$mm 至尺寸	WAF60M	MQ8240	$\phi65^{+0.021}_{+0.008}$mm

1. 工件的装夹

工件用左右卡盘装夹。如图 19-13 所示，先锁定尾座十字卡盘的定位销，使十字卡盘的移动导轨处于垂直位置。再锁定头架十字卡盘的定位销，如图 19-14 所示，用自定心卡盘装夹工件。

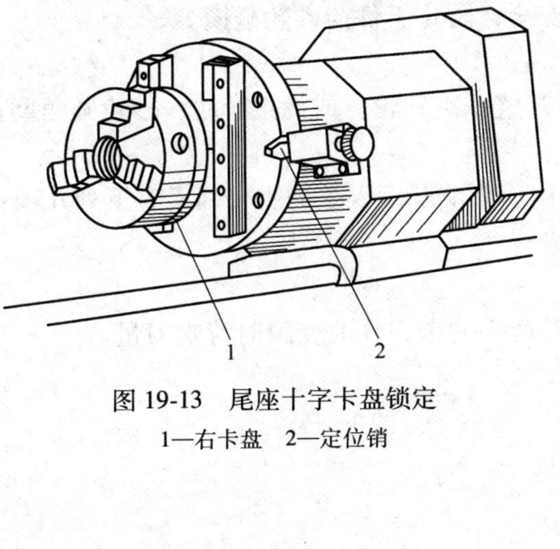

图 19-13　尾座十字卡盘锁定

1—右卡盘　2—定位销

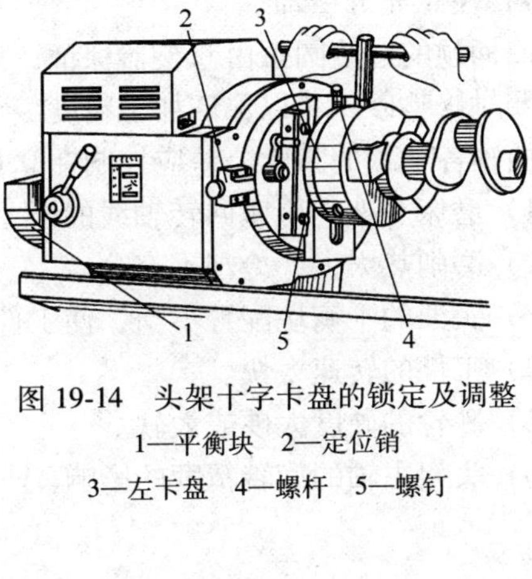

图 19-14　头架十字卡盘的锁定及调整

1—平衡块　2—定位销

3—左卡盘　4—螺杆　5—螺钉

2. 用样板调整被磨曲柄颈的轴心位置

调整时先放松卡盘滑板的紧固螺钉，用扳手转动螺杆，使卡盘滑板沿着导轨上下移动。如图 19-15 所示，用垂直样板调整曲柄颈的上下位置。调整时把垂直样板放在桥板上，并使垂直样板的 V 形架与曲柄颈接触，调整螺杆，当垂直样板的 V 形架与曲柄颈上下全部接触时，即说明垂直位置已调整好。

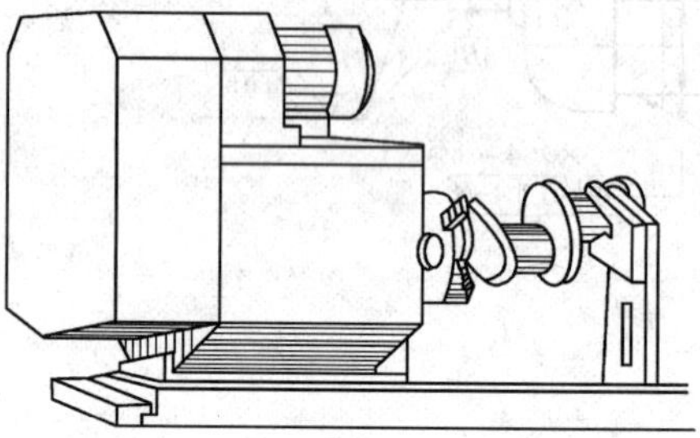

图 19-15　垂直样板的使用

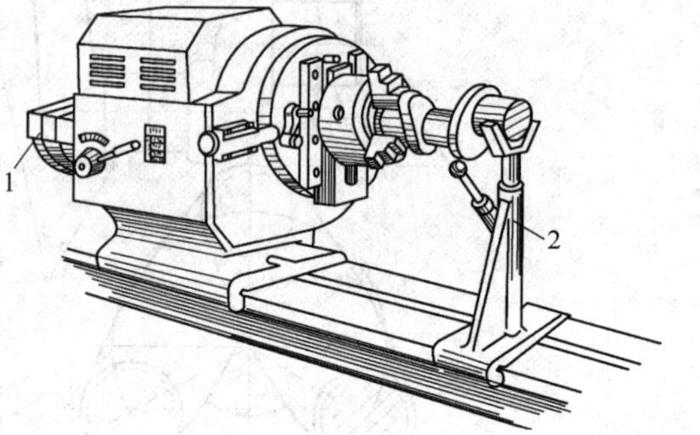

图 19-16　水平样板的使用

1—平衡块　2—水平样板

调整好曲柄颈的上下位置后，再调整曲柄颈的前后位置。图 19-16 所示为用水平样板调整曲柄颈前后位置的方法。当水平样板的 V 形架与曲柄颈前后全部接触时，即说明位置已调整正确。

3. 平衡

装置平衡块，使主轴转至任意位置时均处于静平衡。

4. 磨削

磨曲柄颈。扳动 MQ8240 型曲轴磨床的磨削曲轴起动手柄，将选择开关旋至“曲轴”位置上，则砂轮架在磨削位置时，工作台只能纵向手动，而不能液压传动，起安全联锁的作用。

磨削时注意下列事项：

1）为了减少工件起动时的冲击力，应逐步起动手柄，使工件平稳地旋转。

2）磨削中要及时修整砂轮，以保证砂轮正确的形面。

3）各曲柄颈换挡磨削，换挡时注意操作的安全，防止工件与砂轮碰撞。

4）注意充分冷却。

曲柄颈的过渡圆弧由修整器保证，精磨前要修整一次砂轮。成批生产时，砂轮圆角磨损后要及时修整砂轮，以保证加工精度。

曲轴各轴颈的圆度公差应控制在 0. 01mm 以内。影响圆度误差的主要因素有下列几项：

1）磨床头架、尾座回转轴线的误差。

2）磨削热太大，冷却不充分。

3）头架的平衡块配置不当，使工件在旋转时产生冲击力，改变瞬时背吃刀量。

4）工件的转速太快。

5）砂轮的硬度太硬或太软。

6）头架主轴的旋转精度的影响。

参 考 文 献

[1] 邱言龙，李德富．磨工入门[M]．北京：机械工业出版社，2008.
[2] 郭纪林，余桂英．机械制图[M]．大连：大连理工大学出版社，2005.
[3] 刘力，王冰．机械制图[M]．北京：高等教育出版社，2000.
[4] 乔世民．机械制造基础[M]．北京：高等教育出版社，2003.
[5] 陈于萍，周兆元．互换性与测量技术基础[M]．北京：机械工业出版社，2004.
[6] 薛源顺．磨工(中级)鉴定培训教材[M]．北京：机械工业出版社，2012.
[7] 薛源顺．磨工(高级)鉴定培训教材[M]．北京：机械工业出版社，2012.
[8] 于俊一，邹青．机械制造技术基础[M]．北京：机械工业出版社，2010.
[9] 刘英，袁绩乾．机械制造技术基础[M]．北京：机械工业出版社，2009.
[10] 门佃明．钳工操作技术[M]．北京：化学工业出版社，2005.
[11] 鹿继续，罗顶瑞，朱兆华．电工安全技术[M]．北京：化学工业出版社，2006.
[12] 王兆晶．维修电工(初级)[M]．北京：机械工业出版社，2012.